◎中國近代建築史料匯編編委會 編

中國近代建築史料匯編（第三辑）

——上海市行號路圖録（第四册）

同濟大學出版社

上海市銀行

代理上海市庫收付

扶助上海市互商業

辦理銀行各種業務

存款簡便利息從優

總行：九江路五〇號　電話：一五四三〇號

信託部：南京東路二〇五號

電話：一七八五九‥一七〇八二‥一〇七九九

第一辦事處　愚園路二四七號　電話：二一八一九號

第二辦事處　中華路一四五〇號　電話：(〇二)七〇五〇七號

第三辦事處　中正東路五〇一號　電話：八四〇一一號

第四辦事處　中正北二路二八四號　電話：三〇二九八號

第五辦事處　東大名路一一二四號　電話：五一四九五號

第六辦事處　東門路四九號　電話：(〇二)七一九〇三號

第七辦事處　徐家匯衡山路九八〇號　電話：總行二四號分机

第八辦事處　浦東東昌路七五號　電話：(〇二)七四〇〇六號

第九辦事處　貴州路八號　電話：九五五〇五號

第十辦事處　北四川路一三三六號　電話：四六四五四號

第十一辦事處　西康路一一五一號　電話　六二八九七號

浙贛鐵路局

上海運輸服務所

地址：四川中路六六八號二樓 電話：一二九〇三……四

上海市行號路圖錄

民國三十六年 吳國楨題

SHANGHAI STREET DIRECTORY

一名商用地圖

福利營業股份有限公司出版

PUBLISHED BY

THE FREE TRADING CO. LTD.

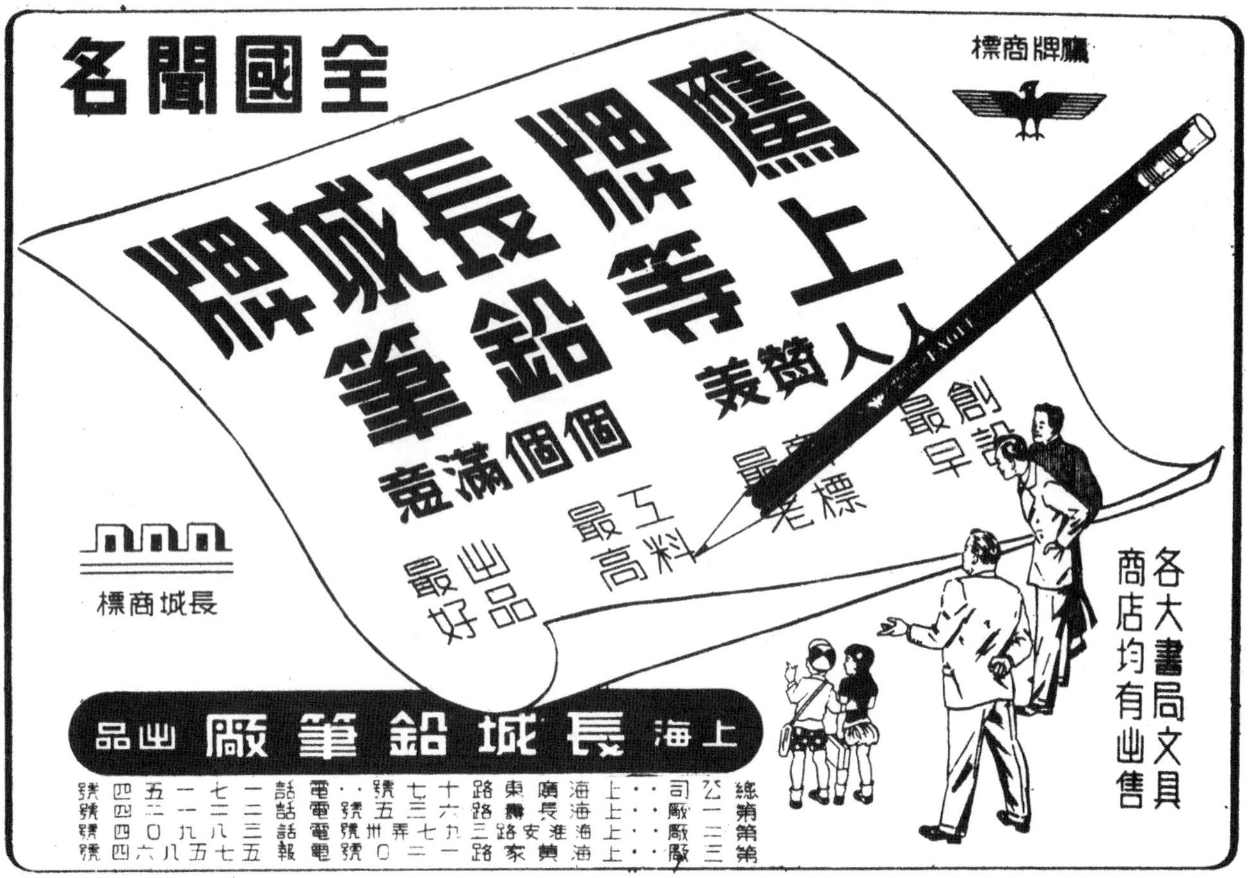

浩和貿易股份有限公司

INSIST UPON TEMPLE OF HEAVEN OF QUALITY

T. HOWARD COMPANY LTD.

Manufaeturing, Exporter and Importer

專營一切進出口貿易業務
介紹國貨手藝工業出口

出口商品： 絲織綉花內衣，蔴布綉花檯布，地毯，銅器，瓷器，象牙，古綉樟木箱紅木雕刻人物以及古玩等

進口商品： 蔴布，紗線

電報掛號 HOWARD　郵政信箱 2065
地址 九江路45號404室　電話12324

序（一）

本圖自三十六年春間，開始重行測繪，至是年十月出版上冊。適逢國家多難，社會不寧，受物價之飛騰，高利之壓迫，福田篳路藍縷，力任艱鉅，終算不負初衷，至于殺青。自上冊出版後，辱蒙黨國先進，社會賢達，讜　獎飾，感情勉勵，使福田不得不更努力于下冊之工作，而成爲完璧也。下冊自三十六年冬季開始，不料測繪之工作愈繁，而物價之動盪也愈甚。歷三十七年而至于現在，所經艱難困苦，較上冊倍之。蓋上冊取二十八年之藍本，祇增閘北虹口兩區，道路平直，房屋整齊，測繪便當，調查容易。而下冊二十九年之版本，僅舊法租界區域，須加城內、南市、法華等區，或則鱗次櫛比，密如蛛網，或則牆灣路曲，狀似蚯蚓，測繪既費時間，調查尤爲困難。不特此也，他如路名之更改未定，門牌之尚無編制，而本圖之採取，務求翔實，不能苟且從事，所以圖樣幾經修改，調查多次覆對，方敢確定修正付印。然而物價瘋狂，一日數變，尤使本公司應付爲難，如測繪費用，印刷工資，以及紙張、製版、裝訂等等，爲數之鉅，駭人聽聞。所以在此時代之出版界，未敢以宏文鉅著問世也。本圖適當此時進行，且爲最艱困之一部份，汲　綆短，其不致中輟也幾希。福田生平爲社會服務，而本圖亦所以貢獻于社會者，是故殫思極慮，不惜任何犧牲，盡最大之努力，始能如願出版，而與世人相見矣。惟尙有滬東、閘北、南市、及新市區等，因毀于戰火，未曾恢復，故未列入，福田當再繼續努力。所有在上冊之中，自認爲缺點之處，已經次第改正。不過魯魚亥豕，在所難免，尙希閱者源源賜以指導，以爲再版時之更正。本公司亦將以僅數成本之定價發售，以求普及，決不以牟利爲前題也。

中華民國三十八年四月葛福田序

擰檬水 沙示水
梳打水 維他鮮橘水

屈臣氏汽水

華商屈臣氏汽水公司出品

ABC
Quality
著名出品
水果糖

Try ABC DELICIOUS CANDY

A.B.C.
ORANGE
FRUIT
DROPS

ABC

BUTTER CUBES

ABC

A B C CONFECTIONERY

序（二）

民國三十五年，寇禍敉平，本公司遷滬復業，首謀『上海市行號路圖錄之再版。鑒於租界收回，市區行政統一，乃變更前定次序，將全市分編上下兩册，以中正路幹道爲界綫，北部屬之上册，南部屬之下册。所有編製經過，已於前序中詳述之矣。迨本書上册出版之後，滬市工商各界，咸稱其內容翔實，測繪準確，有助於其業務發展者甚大。外埠來函更絡驛不絕，紛促下册早日問世。並承市府各局處供給材料，予技術上指導，編者對此熱情厚意，深致感謝之忱。維有一言，不得不爲讀者告。本書材料爲事實之寫照，絕非向壁虛構可比，舉凡一圖之成，無不實地精密調查，重複勘校，而人事變遷，尤須隨時更改修正，在在費時。本書自編製開始迄今，歷時十八閱月之久，始獲付印。回溯年來，經濟動盪，幣值改革，紙張及印製成本，與初期預算，相差懸殊，出版事業瀕於窒息之境。同人中扼於生活，相繼離職者，達三分二，人力物力，兩感拮据。是以出版日期，一再延緩，竟超過預定時間之一倍。幸賴我總經理葛福田兄，百折不撓，毅力支持，多方督促鼓勵，卒告厥成，殊感欣慰。值茲出版之際，用誌數言，惟以匆促付梓，未盡之處，勢所難免，仍希各界指示，以便於再版時加以補充，藉臻完善。本版調查初期，承市立敬業中學，陶廣川陸鏡潭兩先生之贊助，由工科同學，利用暑假，參加工作，使調查部份，在極短期內，迅速完成，功不可沒，附此道謝。

民國三十八年歲次己丑三月植樹節蘭陵鮑士英序

上海市行號路圖錄下册總目錄

國產煙之冠軍
舶來品之勁敵
老
黑牌
中美煙廠榮譽出品

三星高照
高照三星
THREE STAR
CIGARETTES
三星牌
中美煙廠榮譽出品

編輯例言

一　本書繼上册而作，範圍在中正路（愛多亞路）以南，包括前法租界全部，暨滬南區法華區之一部，編輯體裁悉照上册。

二　本書所載路圖一百十八幅，大樓圖九座，均係派員實地調查測繪，惟以編製手續甚繁，距出版時期頗久，其間或有變易，雖經隨時覆查修改，或仍有遺漏之處擬俟再版時更正。

三　本市路名，一再變更，本書詳圖，自上册起卽將新舊名並列，以便查考，現路名續有更改，如中區交通路之改爲昭通路，西區金陵路之改爲秣陵路等，（茲應各界之請）特於本書總圖前刊列新舊路名檢查表二種，以利查閱，凡路名未經更改者概不列入。

四　凡路圖中留有空白處未註字樣者，係正在建築中之房屋，至房屋雖已築成而尚未訂有門牌者，則僅繪一圖形，以示大略，此外，如在本書脫稿付印前，係某某行號或某某建築物，及至付印以後，行號與建築物已有變遷，或在付印前正在建築中之房屋業已落成，或未訂門牌之新屋，至此業已編訂，諸如此類，因事實上不及修改，惟有暫仍其舊，俟再版時改正之。

五　本書於道路里衖及大樓等，均編列索引，俾讀者除於圖中，尋得地址外，並可先於文字中求得之，採圖文並用之意，其編制體例，一如上册。

六　本書廣告各戶，除編列索引外，再就其所在區域，加註郵區，俾檢閱迅速，函購便捷。

七　本書大樓圖編製悉照上册，查本市著名各大工商企業，開設在大樓內者甚夥，原定計劃全數刊出，以補上册之缺，茲因限於時間，未能一一刊出，再版時逐漸補充之。

八　索引一項除里衖及衖號之外，另編有路名索引，大樓索引，及廣告索引，並列於篇首，均以名稱之第一字筆劃多寡爲序，檢查極便。

九　本書於詳細路圖之外，另製總圖一種，註明各詳細路圖圖號，例如某某行號位於某路之某一段，可於此總圖中一查，先知其屬於某一圖號，即可按照其圖號於分幅圖中查得之。

十　本書各頁除按次編列號數外，復於每圖之兩邊，註明圖號，該圖號與總圖所載分幅之圖號相吻合，以便檢查。

十一　本書路圖中列入之行號，有時一個門牌內設有十餘家行號之多者，因限於路圖之篇幅地位，僅就其較爲顯著者註明之，其餘未能一一列入，請閱者諒之。

十二　本書內刊有交通圖，凡公共汽車有軌及無軌電車分別製成現行之路綫，俾乘車者知所由循，惟停車之站，因限於圖幅，未能一一繪入，僅於停車之交叉點附近，合繪一站，以示數種車輛經過時，均停於此，其詳細站位，則詳載於分圖中，查現時交通路綫，時有變動，如某綫之展長，某綫之開闢，或暫停，本書祇能就付印前之情形，極力使之符合實際，餘則需俟再版時修正，其他如火車輪船，及郊區民營汽車，圖上僅指示其起點，故另製交通表，以利檢閱。

十三　現在郵政當局爲求投遞迅速起見，創立分區制，本書爲便利閱者明瞭寄發郵信地區起見照最近郵局規定區界，特製郵區圖，註明區號，以免查詢之勞，至各區郵筒，可於分圖中查見之。

十四　凡不在本書分圖中之路名里衖，以及其他等，暫不列入索引欄。

十五　本書編輯，雖經極意經營，力求切合實用，惟編者才疏學淺謬誤之處，在所難免，而各圖內容或有未盡確實之處，深冀閱者不吝指示，俾再版時據以修正，以臻完善。

鮑士英謹識

上海市行號路圖錄下册路名索引

		圖號
石街	東起薛浜家路西至南倉街	18 20

六劃

		圖號
先棉祠街	東起西倉路西至縣公祠路	35
先棉祠北街	東起西倉路西至先棉祠街	35
光啓路	北起方浜中路南至復興東路	23 24 25 28
合肥路	東起肇周路西至重慶南路	41 45 48 53
吉安路	北起崇德路南至肇周路	39 40 41
同仁街	東起華山路西至徐鎮路	96 97 109
同慶街	東起青蓮街西至民國路	38
多稼路	東起黃浦江西至薛家浜路	18 19
如意街	北起復興東路南至老白渡街	14
安仁街	北起民國路南至方浜中路	11 24 25
安平路	東起安仁街西至障川路	10 11
安亭路	北起永嘉路南至建國西路	85
安康路	東起迪化南路西至安亭路	85
安福路	東起常熟路西至武康路	82 90
安瀾路	東起中華路西至林蔭路	34 42
成都南路	北起中正東路南至林森中路	55
曲尺灣	北起學院路南至復興東路	23 24
朱家街	北起壩基橋後街南至沙場街	22
江西南路	北起中正東路南至民國路	1 2
江陰街	東起跨龍路西至林蔭路	31 33 34
江蘇路	北起長寧路南至華山路	91
池河頭	北起陸家浜路南至大王廟街	19
百鍘路	東起豫園路西至豫園別徑	25
竹行碼頭街	東起外馬路西至王家碼頭街	16 21
老白渡街	東起外馬路西至如意街	14 15
老白渡橫街	北起復興東路南至老白渡街	14
老道前街	北起夢花街南至文廟路	35 36
老新街	東起老白渡橫街西至如意街	14
自忠路	東起西藏南路西至重慶南路	39 40 41 46 47
西民珠街	東起民珠街西至晏海路	10
西林路	北起肇周路南至方斜路	34 40 42
西林後路	北起肇周路南至方斜路	40 42
西林橫路	東起西林路西至憩園	40 42
西倉路	北起復興東路南至何家弄	28 29 35 36
西倉橋街	北起梭子街西至莊家街	28 36
西馬街	北起方浜中路南至金家坊	37
西唐家街	東起梅家街西至望雲路	'3 28 29
西藏南路	北起中正東路南至肇周路	3 4 8 38 39 40
西華路	北起中華路南至江陰街	31 34

七劃

		圖號
利川碼頭街	東起黃浦江西至利川街	17
吳興路	北起林森中路南至徐家匯路	86 87 88
吾園街	東起也是園街北至先棉祠北街	29 30 35
局門路	北起斜徐路南至江南造船所	44 49
局門支路	東起斜徐支路西至局門路	44
局門後路	北起局門支路南至局門路	44
延慶路	東起東湖路西至常熟路	79 80
巡道街	北起復興東路南至喬家路	21 22 23 30
汾陽路	北起林森中路南至靖江路	70 71 77 78
沙家街	北起大林路南至陸家浜路	33 34
沙場街	東起篾竹街西至中華路	22
沉香閣路	東起舊校場路西至侯家路	10 25
車站路	北起陸家浜路南至半淞園路	32 33
車站支路	東起海潮路西至車站路	19
車站東路	東起普育東路西至車站路	32
車站後路	東起車站路西至滬閔南拓路	32 33

八劃

		圖號
佛閣街	北起小南門街南至復善堂街	20
周浦路	南起方浜東路北至楓涇路	12
宛平路	北起林森中路南至徐家匯路	86 87 88
尙文路	東起凝和路西至中華路	30 31 34 35
尙文後路	南起尙文路北至永寧街	31 34
法華路	東起林森西路西至凱旋路	99 104 105 106
法華鎮路	東起林森中路西至種德橋路	99 103 104 105
法華鎮支路	東起華山路西至法華鎮路	99
河南南路	北起中正東路南至民國路	2 10
油車街	東起如意街西至悅來街	14 15 22
油車碼頭街	東起黃浦江西至中山南路	18 19
油車碼頭支路	北起中山南路南至油車碼頭街	18 19
岳陽路	北起汾陽路南至徐家匯路	75 76 77
果育堂街	北起薛街底街南至淘沙場街	27
東街	北起康家街南至復興東路	13 23 24
東台路	北起崇德路南至肇周路	39 40
東平路	東起岳陽路西至迪化南路	77 78
東門路	東起黃浦江西至中華路	13
東青蓮街	東起舊倉街西至青蓮街	26 38
東唐家街	東起大夫坊西至靈濟路	23 29
東馬街	北起方浜中路南至北石皮街	26 27
東梅家街	東起天燈街西至梅家街	22 29
東湖路	東起林森中路西至長樂路	69 70 79 80
東廟橋路	北起斜徐路南至龍華路	116 117
松雪街	北起方浜中路南至復興東路	26 27 37
林森東路	東起浙江南路西至西藏南路	8 9
林森中路	東起西藏南路西至華山路	4 ¦ 8 55 ¦ 57 65 66 70 78 79 83 84 88 89 94
林森西路	東起華山路西至凱旋路	98 99 106 107 108 110
林蔭路	北起方斜路南至陸家浜路	34 42
林蔭支路	東起林蔭路西至又一新邨	42
柳林路	北起金陵中路南至崇德路	4 8 39
武夷路	東起中正西路西至凱旋路	101 102
武康路	北起華山路南至林森中路	88 89 90 92 93
花衣街	北起新碼頭街南至王家碼頭街	15 16
迎勳路	北起中華路南至徽寧路	31 32
迪化中路	北起中正西路南至林森中路	81 82 83 90
迪化南路	北起林森中路南至徐家匯路	75 76 77 83 84 85
金門路	北起金陵東路南至民國路	2 10
金陵東路	東起黃浦江西至西藏南路	1 2 3 8 9
金陵中路	東起西藏南路西至黃陂南路	4 5 8
金陵西路	東起黃陂南路西至中正東路	5 55
長生街	北起福佑路南至大境路	10 26
長樂路	東起英士路西至華山路	5 55 56 66 67 69 79 80 81 82 90
阜民路	北起復興東路南至中華路	23 28 29 30 31
阜春街	北起大境路南至方浜中路	26
青蓮街	北起民國路南至方浜中路	9 37 38
青龍橋街	北起蘆蓆街南至張家街	17 18 20
青龍橋後街	東起薛家浜路西至裘家街	17 18

九劃

		圖號
亭橋街	北起淨土路南至蓬萊路	29
侯家路	北起福佑路南至方浜中路	10 25 26
南京街	北起大王廟街南至國貨路	19
南昌路	東起重慶南路西至汾陽路	6 47 54 55 57 65 70 71
南倉街	北起小南門街南至陸家浜路	20

路名	起訖	頁次
南區街	北起小南門街南至薛家浜路	17 20 21
南翔路	東起中山東二路西至周浦路	12
南陽街	北起西唐家街南至蓬萊路	28 29
南碼頭街	東起黃浦江西至陸家浜路	19
南碼頭橫街	北起陸家浜路南至外馬路	19
南塘浜	東起新橋路西至魯班路	50
南塘浜路	東起魯班路西至打浦路	61
南壩基橋街	北起壩基橋街南至沙場街	22
建國東路	東起肇周路西至重慶南路	45 48 52
建國中路	東起重慶南路西至中正南二路	52 58 59 63
建國西路	東起中正南二路西至宛平路	62 63 72—76 85—87
建德路	東起思南路西至中正南二路	58 59
思南路	北起林森中路南至泰康路	52 53 57 58 59
紅欄杆街	東起松雪街北至金家坊	26 27 37
英士路	北起中正東路南至建國東路	5 6 47 48 52 53
茂名南路	北起中正中路南至復興中路	64 65 66 67
威海衛路	東起黃陂北路西至中正中路	68
保安路	北起滬閔南拓路南至車站支路	33
信泰碼頭街	東起中山南路西至外鹹瓜街	14
虹橋路	東起華山路西至虹橋飛機場	97 98 108 109 110
香山路	東起復興公園西至中正南二路	57 65
重慶北路	北起江陰路南至金陵西路	5 55
重慶中路	北起金陵西路南至林森中路	5 55
重慶南路	北起林森中路南至徐家匯路	6 47 52 53 54

十劃

路名	起訖	頁次
唐家灣路	北起肇周路西至肇周路	42
徐虹路	北起徐鎮路南至虹鎮	109 111 112
徐家匯路	東起肇周路西至華山路	44 45 48 51 52 60 62 74 75 85 86 95 115—118
徐鎮路	東起華山路西至虹橋路	96 109
悅來街	北起復興東路南至油車街	14 22
晏海路	北起民國路南至方浜中路	10 26 27
桃源路	東起雲南南路西至普安路	7 8
桑園街	北起復善堂街南至陸家浜路	20 32
浙江南路	北起中正東路南至民國路	3 9
海潮路	北起陸家浜路南至車站後路	19 32
泰安街	北起方斜路南至安瀾路	34 40
泰安路	東起武康路西至華山路	88 93 94
泰康路	東起徐家匯路西至中正南二路	59 60
留雲寺街	北起復善堂街南至陸家浜路	20
陝西南路	北起中正中路南至徐家匯路	62—67 68—72 74
眞如路	東起陽朔路西至民國路	12
草鞋灣	北起陸家浜路南至淺水溝	19
馬街	北起大境路南至方浜中路	26 27
馬添興街	東起篾竹街西至中華路	21 22
馬園街	北起梧桐街南至方浜中路	12 25
馬當路	北起金陵中路南至徐家匯路	5 6 7 46 47 48
馬路橋北街	北起江陰街南至陸家浜路	31
草塘街	東起新橋路西至魯班路	50
高安路	北起林森中路南至徐家匯路	84 85 86 87 88
高巷頭街	北起沙場街南至小九華街	21 22
高敦街	東起舊倉街西至露香園路	9
高橋路	東起黃浦江西至民國路	12
高郵路	東起復興西路西至興國路	92
皋蘭路	東起復興公園西至中正南二路	57 65

十一劃

路名	起訖	頁次
剪刀橋路	北起徽寧路南至滬閔南拓路	33 43
國貨路	東起滬軍營路西至車站路	19 32
崇德路	東起柳林路西至順昌路	7 39
崧廈街	北起中正東路南至金陵東路	2
常德路	北起澳門路南至中正中路	80
常熟路	北起華山路南至林森中路	79 80 81 82 83
康平路	東起高安路西至華山路	87 88 94 95
張家浜路	東起局門路西至新橋路	49
惟吾路	北起局門支路南至斜徐支路	44
斜土路	東起製造局路西至漕溪路	44 49 50 61 114—118
斜土支路	東起斜土路西至斜土路	41
斜橋東路	南起陸家浜路北至大林路	42
斜徐路	東起製造局路西至天鑰橋路	44 49—51 60—62 74 75 116—118
斜徐支路	北起斜徐路南至惟吾路	44
晝錦路	東起光啓路西至陳士安橋街	21 27
曹家街	北起復興東路南至夢花街	36
望雲路	北起復興東路南至蓬萊路	28 29
望亭路	北起中正東路南至林森中路	4
梅家街	北起蠡濟路南至喬家路	23 29 30
梅園街	東起荳市街西至外郞橋街	15 22
梧桐街	東起丹鳳街西至安仁街	12 25
淨土路	東起望雲路西至西倉路	28 29
淘沙場街	北起土地堂街南至復興東路	27 23
盛澤路	北起中正東路南至民國路	2 9
盛家街	東起光啓路西至三牌樓路	24
紹興路	東起中正南二路西至陝西南路	63 64
荳市街	北起老白渡街南至紫霞路	15
莊家街	北起復興東路南至夢花街	36 37
菜市街	北起同仁街南至徐鎮路	96
船舫路	東起豫園路西至凝暉路	10 25
連雲路	北起中正東路南至金陵西路	5
陸家石橋	南起東門路北至方浜東路	13
陸家宅路	東起東街西至四牌樓路	24
陸家浜路	東起黃浦江西至製造局路	18—20 31—34 42 43 45
陸家浜後街	東起馬路橋北街西至迎勳路	31
陳士安橋街	北起方浜中路南至晝錦路	25 27

十二劃

路名	起訖	頁次
傅家街	北起館驛東街南至學院路	24 25
凱旋路	北起蘇州河南至虹橋路	102 104 107 110
喬家路	東起中華路西至凝和路	21 29 30
喬家柵	東起阜民路西至凝和路	29
富民路	北起中正中路南至東湖路	68 69 79 80
復善堂街	東起南倉街西至跨龍路	20
復興東路	東起黃浦江西至西藏南路	14 22 23 27 28 36 37 4
復興中路	東起西藏南路西至林森中路	40 41 46 47 53 54 57 58 64 65 71 78 83
復興西路	東起林森中路西至華山路	83 89 90 92
敦惠路	南起法華鎮路北至平武路	99 100
普安路	北起中正東路南至崇德路	4 7 8 39
普育東路	北起徽寧路南至國貨路	32
普育西路	北起陸家浜路南至國貨路	32
普育西支路	東起普育西路西至迎勳路	32
湖南路	南起林森中路西至華山路	88 89 92 93
番禺路	北起中正西路南至虹橋路	98—101 103 105 106 108
紫金路	北起中正東路南至民國路	2 10
紫華路	東起侯家路西至大境路	26
紫霞路	東起荳市街西至篾竹街	15 21 22

路名	起訖	圖號
華山路	北起愚園路南至徐家匯路	80 81 82 90—100
華亭路	南起林森中路北至長樂路	79 80
萃秀路	北起豫園路南至九曲橋	11 25
貽慶街	北起方浜中路南至金家坊	37
進賢路	東起其昌茶棧西至陝西南路	67
達布街	北起民國路南至保仁街	11
陽朔路	南起方浜東路北至龍潭路	12
雁蕩路	北起林森中路南至復興公園	6 55 54
雲居街	東起晏海路西至長生街	10
菜市街	東起大境街西至民國路	9
裕德路	東起漕溪北路西至仁餘染織廠	111 112 113
雲南南路	北起中正東路南至壽寧路	3 8 9 38
順昌路	北起太倉路南至徐家匯路	7 39 41 45 46
黃陂南路	北起中正中路南至徐家匯路	5 7 45 46 48
黃家路	東起中華路西至凝和路	21 30 31
黃家闕路	東起中華路北至安瀾路	34 35
黃埭路	東起中山東二路西至民國路	11

十三劃

路名	起訖	圖號
新街	東起中山東二路西至小裕興街	12
新街	東起會館街西至會館後街	17 18
新街	北起學院路南至復興東路	32 24
新新街	東起美泰化學廠西至中正南二路	60 62
新新街	北起復興東路南至老新街	14
新永安路	東起黃浦江西至四川南路	1 11
新開河	東起黃浦江西至民國路	11
新橋路	北起斜徐路南至龍華路	49 50 51
新樂路	東起陝西南路西至東湖路	69 70 79
新碼頭街	東起黃浦江西至花衣街	15
新碼頭橫街	北起新碼頭街南至生義碼頭	15
嵩山路	北起中正東路南至太倉路	4 5 7
會稽路	東起民國路西至西藏南路	38 39
會館街	北起賴義碼頭街南至多稼路	17 18
會館後街	北起蘆蓆街南至薛家浜路	17 18
會館碼頭	東起黃浦江西至會館街	17 18
楊家渡街	東起中山南路西至外鹹瓜街	14
楊家渡橋街	北起新太平街南至復興東路	14
楊家堋街	東起觀音閣街西至安仁街	11
楓林路	北起斜徐路南至斜土路	117
楓涇路	東起中山東二路西至民國路	12

十四劃

路名	起訖	圖號
溪口路	北起中正東路南至金陵東路	1
獅子街	北起大境路南至方浜中路	27 26
筷竹街	東起蔑竹街西至中華路	21 22
聖賢橋街	東起南區街西至南倉街	20 21
萬生路	東起方斜路西至西林路	40
萬生橋路	東起方斜路西至肇周路	40
萬安街	東起晏海路西至長生街	10 26
萬竹街	東起露香園路西至民國路	36 38
萬裕街	北起竹行碼頭街南至董家渡路	16 17
萬豫街	北起王家碼頭街南至公義碼頭	16
萬豫碼頭街	東起黃浦江西至老硝皮街	16
萬聚碼頭	東起中山南路西至荳市街	15
董家渡路	東起黃浦江西至南區街	17 20 21
跨龍路	北起中華路南至徽寧路	20 31 32
鉅鹿路	東起金陵西路西至常熟路	55 56 67—69 80
牌樓路	北起大吉路南至大林路	34
靖江路	東起汾陽路西至迪化南路	77 78 83
裏郎家橋街	東起大東浴室西至蔑竹街	22
裏倉橋街	北起小九華街南至小石橋街	21
裏萃豐街	東起中山南路西至荳市街	15
裏鹹瓜街	北起東門路南至老太平街	13 22
聚奎街	東起東街西至陸家宅路	24
嘉魚路	南起方浜東路北至南翔路	12
嘉善路	北起復興中路南至徐家匯路	71 72 74
嘉寧路	東起民國路西至柳林路	8 38 39
夢花街	東起劉公祠街西至中華路	36
銅仁路	北起南京西路南至中正中路	68
滙站街	北起慈佑路南至徐虹路	109 112
滙西街	東起鎮南街西至徐虹路	109
滙南街	北起漕溪北路南至三角街	112 114 115
寧海東路	東起山東南路西至西藏南路	2 3 8 9
寧海西路	東起西藏南路西至連雲路	4 5
慈佑路	東起漕溪北路西至徐虹路	96 109 115
慈雲街	東起滙南街西至漕溪北路	112 114
榮昌路	北起宛平路南至廣元路	87
榛苓街	北起阜春街南至方浜中路	26
滬軍營路	北起國貨路南至黃浦江	19
滬閔南拓路	東起車站路西至製造局路	32 33 43
漕倉碼頭	東起黃浦江西至會館街	17
漕溪路	北起斜土路南至漕河涇鎮	113
漕溪北路	北起斜土路南至漕溪路	96 112—115
福民街	北起民國路南至福佑路	10 11
福佑路	東起民國路西至舊倉街	9—12 25
福建南路	北起中正東路南至民國路	2 3 9
肇周路	北起西藏南路南至徐家匯路	40—42 45
趙家灣路	東起董家渡路西至裏倉橋街	21
障川路	北起民國路南至福佑路	10
障川老街	北起障川街南至福佑路	10
種德橋路	南起法華鎮路北至中正西路	104

十五劃

路名	起訖	圖號
廣元路	東起宛平路西至華山路	86 87 95
廣西南路	北起中正東路南至林森東路	3 9
廣福寺街	北起方浜中路南至土地堂街	26 27
撫安路	北起復興東路南至火神廟街	22 23
積善寺街	北起民國路南至福佑路	10
潘家街	北起民國路南至福佑路	10
潘家街	北起三角街南至裕德路	112 114
蓬萊路	東起南陽街西至中華路	29 34 35
製造局路	北起陸家浜路南至龍華路	43 44 45
製造局後路	北起陸家浜路南至麗園路	43 44
魯班路	北起徐家匯路南至龍華路	50 51

十六劃

路名	起訖	圖號
凝和路	北起蓬萊路南至尚文路	29 30
凝暉路	北起三林路南至百錫路	10 25
學西街	東起老道前街西至儀鳳街	36
學宮街	北起夢花街南至文廟路	35 36
學前街	北起文廟路南至中華路	31 35
學院路	東起東街西至三牌樓路	13 23 24 27 28
機廠街	北起外馬路南至花園路	19
縣左街	東起四牌樓路西至光啓路	24
縣後街	北起方浜中路南至傅家街	24 25
興安路	東起嵩山路西至雁蕩路	6 7 55
興國路	北起華山路南至林森中路	88 92—94
興業路	東起順昌路西至重慶南路	6 7 46 47
衡山路	東起靖江路西至華山路	77 84 87 85 86 95
豫園路	北起福佑路南至城隍廟	10 11 25 26

路名	起訖	圖號
豫園新路	北起福佑路南至糧廳路	10 25
豫園別徑	東起百鎦路西至舊校場路	25
輻義碼頭街	東起黃浦江西至梅家街	17
靜修路	東起莊家街西至曹家街	35
餘慶路	北起林森中路南至衡山路	86 87 94 95
龍門路	北起武勝路南至桃源路	4 8
龍潭路	東起中山東二路西至民國路	11 12

十七劃

路名	起訖	圖號
應公祠路	北起蓬萊路南至中華路	31 35
濟南路	北起太倉路南至肇周路	7 39 41
薛家浜路	北起南區街南至中山南路	17 18 19
薛街底街	東起陳士安橋街西至土地堂街	27
襄陽北路	北起鉅鹿路南至林森中路	68 69 70
襄陽南路	北起林森中路南至徐家滙路	70 | 74 78
徽寧路	東起普育東路西至製造局路	20 32 33 43
徽寧碼頭街	東起黃浦江西至中山南路	18
館驛街	北起方浜中路南至豐錦路	24 25 27
館驛東街	東起縣後街西至館驛街	24 25
篾竹街	北起壩基橋街南至小九華街	21 22
鎮北街	北起同仁街南至徐鎮路	96
鎮南街	北起徐鎮路南至襄安街	109

十八劃

路名	起訖	圖號
劉河路	東起西藏南路西至吉安路	39
荐倉街	北起民國路南至大境路	9 10 26
舊校場路	北起福佑路南至方浜中路	10 25 26
豐記碼頭街	東起黃浦江西至中山南路	18 19
謹記路	北起斜徐路南至龍華路	116
糧廳路	北起豫園路南至三林路	10 25

十九劃

路名	起訖	圖號
懷安街	北起慈佑路南至蒲滙塘	109 112
懷眞街	北起大境路南至萬竹街	26 38
懷眞西街	東起懷眞街西至同慶里	26 38
麗園路	東起東站路西至斜徐路	33 44 49 50 51
麗園後路	東起新橋路西至智班路	51
醫學院路	東起小木橋路西至上海醫學院	117

二十劃

路名	起訖	圖號
寶慶路	北起林森中路南至靖江路	78 83
蘆蓆街	東起會館街西至薛家浜路	17
醬廳路	東起中華路西至巡道街	22
顧家町路	東起草鞋灣西至海潮路	19

二十一劃

路名	起訖	圖號
露香園路	北起民國路南至方浜路	9 26 37 38

二十四劃

路名	起訖	圖號
壩基橋街	東起悅來街西至中華路	14 22
壩基橋後街	東起篾竹街西至南壩基橋街	22
靈濟路	北起復興東路南至東唐家街	23

二十五劃

路名	起訖	圖號
廳西路	北起徽寧路南至滬閔南拓路	33
觀音閣街	北起民國路南至福佑路	11
鹽碼頭街	東起外馬路西至中華路	14

上海市行號路圖錄下册里衖索引

名稱	地址	圖號
一劃		
一德里	蓬萊路四〇二號	三五
一線天	復興中路一三一七號	七八
二劃		
丁家街	永康路一四二號	七一
丁家街	光啓路一八八號	二八
丁家街	復興中路一三一三號	七八
九如邨	合肥路三四九號	五三
九如里	蓬萊路四二五號	三五
九芝里	淘沙場街四三號	二七
九華里	迪化中路一五五號	八二
九福里	柏枝街七號	二九
九福里	柏枝街九號	二九
人和里	安福路二〇四號	九〇
人傑里	順昌路六九號	三九
八仙坊	金陵中路一〇〇號	四
八仙坊	寧海西路一〇九號	四
八仙坊一街	寧海西路七三號	四
八仙坊二街	寧海西路八三號	四
八棣坊	肇周路三七七號	四二
卜鄰里	金陵東路三八九號	九
卜鄰里	福建南路一三二號	九
卜鄰里	福建南路一五六號	九
又一邨	永康路一四二街內	七八
又一邨	泰康路二七四街內	五九
又一邨	番禺路平武路南	一〇〇
又一新邨	大吉路一九八街內	四二
三劃		
三三坊	復興中路一二五二街內	七一
三三里	英士路二九五號	四七
三友里	黃陂南路七八八號	四八
三民坊	普育東路七二號	三二
三在里	夢花街一〇五號	三六
三在里	夢花街一二五號	三六
三在里	靜修路一一四號	三六
三多里	大吉路一三七號	四二
三多里	大吉路一五七號	四二
三多里	海潮路國貨路北	三二
三多里	會館後街五七號	一八
三多里	會館後街六九號	一八
三多里	靜修路三六號	三六
三安里	順昌路五四七號	四五
三和里	小石橋街七九街內	二一
三和里	南倉街五二號	二〇
三和里	裏倉橋街小九華街南	二一
三官街	外鹹瓜街東門路南	一三
三品里	陸家浜路一二二九號	四二
三星坊一街	黃陂南路九二〇號	四八
三星坊二街	黃陂南路九三〇號	四八
三星坊三街	黃陂南路九四〇號	四八
三星里	永壽路五七號	三
三星里	萬生路四六號	四〇
三星里	萬生橋路一九號	四〇
三星街	安平街三四號	一一
三省里	計家街六〇號	二六
三省里	學院路傳家街西	二四
三泰街	寶帶街九六號	一二
三益里	中華路一〇五〇號	三一
三益里	方浜中路六一四號	三七
三益里	凝和路一五號	二九
三益邨	中正西路一二〇九號	一〇一
三善里	福佑路五六號	一二
三善里	復善堂街糖坊街西	二〇
三瑞里	復興中路七三號	四〇
三鳳里	西倉路一四九號	二八
三裕里	順昌路二二四號	四六
三裕里	復興中路二二〇號	四六
三裕里	復興中路二三四號	四六
三牌樓坊	三牌樓路六二號	二七
三姓里	福安路一〇〇街內	八二
三德坊	重慶南路三九號	六
三德坊	重慶南路四七號	六
三德坊	復興東路一〇號	一四
三德坊	嵩善路一七號	七一
三德里	三官堂路一四三號	三三
三德里	方浜路一五六號	四〇
三德里	沈家宅匯南街東	一一五
三德里	萬生路七四號	四〇
三慶里	自忠路二二九號	四六
三慶里	西唐家街一〇七號	二八
三慶里	順昌路一八〇號	四六
三興坊	永年路一七一號	四五
三興里	建國東路三八〇號	四八
三興里	障川街六四號	一〇
三興街	江陰街西華路東	三一
三餘里	北石皮街三三號	二七
三餘里	學西街二號	三六
三讓里	順昌路一七〇號	四六
三鑫坊	襄陽南路五一〇號	七四
三鑫里	柳林路一〇四號	八
三鑫里	桃源路一二九號	八
上林里	肇周路二八四號	四五
上林里	肇周路二九六號	四五
上海別墅	南昌路一一〇號	五五
上海新邨	林森中路一四八七號	八四
久大里	學院路四牌樓路西	二四
久安坊	金陵中路二五二號	五
久安坊	侯家路一二一號	二五
久安里	大林路四一號	三四
久安里	西藏南路一一〇號	四
久安里	寧海西路八號	四
久安里	黃家闕路八八號	三四
久安里	濟南路二二五號	四一
久安里	龍門路五四號	四
久安里	龍門路六四號	四
久安里	龍門路七四號	四
久成北里	馬當路五三〇號	四八
久昌里	龍潭路一六號	一一
久興里	民國路二五〇號	一一
久興里	北石皮街四六號	二七
久興里	林森中路一五四號	四
久興里	新開河三九號	一一
久興新邨	敦憲路二三九號	一〇〇
也是園街	金家棋杆街吾園街口	二九
凡爾登花園	陝西南路三九號	六六
凡爾登花園	陝西南路四一號	六六
凡爾登花園	陝西南路四三號	六六
凡爾登花園	陝西南路四五號	六六
大中里	外萃豐街外馬路西	一五
大中里	斜土路四七一號	五〇
大夫坊	復興東路撫安路西	二三
大方街	大境路民國路東	三八
大方新邨	襄陽南路四四四號	七三
大生邨	中正南二路四一〇街內	六二
大白柵街	望雲路復興東路南	二八
大吉里	方斜路四〇一號	四二
大吉里	方斜路四〇二號	四二
大吉里	柳林路一二二號	八
大同坊	天平路一二五號	九四
大同坊	盛澤路五號	二
大同新邨	襄陽南路二一七號	七一
大安坊	黃陂南路七〇七號	四五
大安坊	進賢路一五六號	六七
大安里	金陵中路二六九號	五
大安里	林森中路二七〇號	五
大安里	福佑路一七九號	一一
大成里	曲天灣姚家街北	二三
大成里	金陵中路一七四號	四
大西別墅	中正西路一四五三號	一〇二
大西別墅	中正西路一四七九號	一〇二
大來邨	麗園路八一五街內	五一

大明邨 襄陽南路三七九號 七二
大康坊 順昌路五六號 七七
大康里 建國東路三六號 四五
大康里 積善寺街三〇號 一〇
大盛里 南昌路四六號 六
大通別墅 五原路二五二號 九〇
大陸坊 重慶南路二八八號 五二
大陸坊 重慶南路二九八號 五二
大陸新邨 太原路一六五號 七三
大富坊 唐家灣路七六號 四二
大衆新邨 老道前街文廟路北 三六
大華里 太倉路一七三號 七
大華里 自忠路三七號 四〇
大華里 靜修路一二六號 三六
大華邨 匯站街六五號 一一二
大業邨 匯站街慈佑路南 一〇九
大達里 外馬路五四號 一三
大達里 麗園後路管班路東 五一
大境街 大境路民國路東 一四
大境街 青蓮街民國路南 九
大福里 延慶路九號 七九
大德里 中華路一三八六號 四〇
大德里 虹橋路徐鎮路口 一〇九
大德里 林森中路一二七〇號 七九
大德里 淨土路三一號 二八
大德里 鉅鹿路二六〇號 六七
大慶里 傅家街六四號 二四
大慶里 儀鳳街一四號 三六
大樹坊 北石皮街二五號 二七
大興坊 吳家街晏海路東 一〇
大興坊 長樂路茂名南路東 六七
大興里 鉅鹿路五八八號 六八
大豐里 鉅鹿路二九一號 六七
子玉坊 中正西路一五六九街內 一〇二
子訓街 長生街一一八號 二六
小方街 方浜中路青蓮街西 三八
小白柵街 望雲路復興東路南 二八
小浜灣街 鉅鹿路四一九號 六七
小娘浜街 寶帶街五六號 一二
小桃園 小桃園街四〇號 三六
小桃園街 復興東路西倉路西 三六
小桃園街 復興中路一二一八號 七一
小珠街 障川街潘家街西 一〇
小陸家街 中華路復興東路北 二三
工業坊 徐家匯路三四五號 六〇

四劃

中心街 小桃園街復興東路南 三六
中王醫馬街 沉香閣路侯家路東 二五
中石皮街 松雪街復興東路北 二七
中和邨 長樂路二七二號 五六
中信一邨 華亭路長樂路南 七九
中南新邨 林森中路一六五八號 八九
中南新邨 湖南路一一號 八九
中華里 中華路文廟路南 三五
中華里 金陵東路二四六號 二
中華里 寧海東路六九號 二
中華里 福建南路八五號 二
中華里 懷眞街三〇號 三八
中業里 合肥路四八六號 四七
丹桂里 馬當路四一七街內 四八
丹鳳里 吉安路三〇〇號 四一
瓦睦別墅 復興東路八七一號 三七
五瓜街 張家街南倉街東 二〇
五埭頭 匯南街慈雲街北 一一二
五埭頭 蒲東路五三七號 一一二
五雪里 大興後街一〇二號 三四
五雲里 張家浜路八九街內 四九
五雲坊 斜徐路二七八號 四九
五鳳里 林森中路三九八號 五
五福里 連雲路三一號 五
五福里 西倉路一〇五號 二八
五福里 復興東路八六一號 三七
五福邨 建國西路二八八號 七二
五福街 徐家匯路打浦橋街內 六二
五福衖衖 學院路一三四號 二三
五豐里 合肥路一二七街內 四五
五豐里 建國東路二一五街內 四八
仁大里 大境街三三號 九
仁本里 西藏南路五二八街內 四〇
仁本里 東台路三八一街內 四〇
仁吉里 自忠路三二二號 四六
仁吉里 南倉街二一〇號 二〇
仁吉里 福佑路二〇五號 一一
仁安坊 建國西路二一七號 七四
仁安坊 高家街六六號 三六
仁安坊 高家街七四號 三六
仁安里 小閘橋街四三號 二一
仁安里 中山南路一一〇號 一三
仁安里 青蓮街八六號 三八
仁安里 進賢路一四八號 六七
仁安里 蓬萊路一九〇號 三五
仁安里一街 露香園路三六號 九
仁安里二街 露香園路五八號 九
仁成東街 西華路二四號 三四
仁成總里 少年路二四號 三四
仁昌里 金陵中路二〇六號 四
仁昌里 方斜路七六號（四七六） 四二
仁昌里 唐家灣路一七一號 四二
仁昌里 李家宅德記車廠之北 五一
仁阜里 阜民路三四一號 三〇
仁阜里 阜民路三五一號 三〇
仁和坊 陸家浜路八二一號 三一
仁信里 陸家浜路八三二號 三二
仁厚坊 靜修路七九號 三六
仁美里 永壽路一四八號 九
仁美里 同仁街一一號 九七
仁美里 廣西南路四九號 九
仁美里西街 雲南南路一一一號 九
仁美里西街 廣西南路五八號 九
仁記里 麗園路八五三號 五一
仁善里 吳家街六號 一〇
仁善坊 重慶南路六四號 六
仁善坊 中石皮街二四號 二七
仁華里一弄 英士路長樂路之北 五
仁華里二弄 英士路八二號 五
仁智里 大境路一五四號 三八
仁義坊 紅欄杆街五〇號 三七
仁義坊 崇德路一五〇號 七
仁義坊 大林路三六號 三四
仁義里 姚家庵街一五號 二七
仁義里 梅家街八八號 二九
仁義里 陸家浜路八三〇號 三二
仁義里 麗園路斜徐路之東 五一
仁壽里 麗園路四三號 三三
仁壽里 復善堂街南倉街之西 二〇
仁壽坊 學院路二四一號 二四
仁壽坊 蓬萊路二五號 二九
仁壽坊 成都南路一四二號 五五
仁壽坊 成都南路一九二號 五五
仁壽里 東台路一六七號 四〇
仁壽里 順昌路二七九街內 四一
仁壽里 順昌路三一三街內 四一
仁壽里 興業路一三九號 四六
仁壽里 寶帶街一四六號 一二
仁壽里 孔家街一七號 三七
仁德坊 建國東路四四一號 四八
仁德里 小石橋街一〇一號 二一
仁德里 吉安路自忠路之南 四〇
仁德里 肇周路三五號 四二
仁德里 徽寧路三官堂路之西 四三
仁德邨 長樂路六三八街內 六九
仁德里 徽寧路四五七號 三三
仁興里 合肥路四八六號 四七
仁懷里 西倉路一六一號 二八
仁澤里 南孔家街四號 三七
介眉里 翁家街三四號 三七
元合坊 陝西南路一〇五街內 六六
元吉里 西倉路蓬萊路南 二九
元吉里 東台路二九號 三九
元昌里 楊家柵街四二號 一一
元昌里 雁蕩路四〇號 五五
元昌里 雁蕩路五六號 五五
元和里 晏海路三〇號 一〇
元和里 晏海路四〇號 一〇
元城里 安仁街一五七號 二五
元福里 徐家匯路一一〇號 四八
元慶里 太倉路七號 七
元德里 大吉路一七八號 四二
元興里 湯營街三五號 一九
元興里 金家坊一二一號 三七
元興里 東青蓮街一三四號 三八
元龍里 民國路三九一號 一一
元龍里 保仁街二九號 一一

街號	地址	圖號
公安坊	東唐家街鐵濟路東	二三
公安里	中正東路六〇五號	四
公茂里	中正西路九七〇街內	一〇一
公益里	萬竹街九九號	三八
公義里	斜徐路萬泰木行西	五一
公興坊	嘉善路六八號	七一
公興里	南昌路五九四號	七〇
公濟里	陸家浜路九五〇號	三二
公鏡里	復興東路七三九號	二七
六合里	崇德路六六號	三九
六合邨	建國東路一七街內	四五
六合新邨	香山路復興公園口	五七
六興坊	順昌路四七二街內	四五
升吉里	紫霞路一三九號	二二
升安里	朱家街四一號	二二
升安里	蔑竹街二八號	二二
升恆里	晏海路四〇街內	一〇
友益邨	陝西南路一〇五街內	六六
友益里	雲南南路五八號	三
友益邨	長樂路六三七號	七九
友寧邨	太原路二九三號	七四
友寧邨	太原路二九七號	七四
友寧邨	太原路三〇五號	七四
天一坊	興業路四〇號	七
天一邨	五原路一六五號	八三
天生里	同仁街華山路西	九七
天燈街	巡道街警廳路南	二二
天成里	泰康路二四八號	五九
天佑坊	金家坊一八一號	三七
天佑坊	肇周路三六號	四〇
天佑里	虹橋街五四號	二八
天佑里	華山路一一六七號	九五
天和里	自忠路二三九號	四六
天祥里	永年路一四九號	四五
天惠坊	長樂路八三號	五五
天惠坊	長樂路一四四號	五五
天順里	金家坊木橋街口	三七
天福里	三角街五號	一一四
天福里	小九華街一三五號	二一
天福里	建國東路一四號	四五
天福里北街	中華路五一八號	二一
天福里南街	中華路五二六號	二一
天興里	徐家匯路七三號	四五
天錫里	福建南路三六號	三
天籟坊	東台路復興中路南	四〇
太平坊	林森中路一二四號	四
太平里	老太平街六八號	一四
太平里	老太平街七八號	一四
太平里	老太平街八八號	一四
太平里	虹橋街六二號	二八
太和里	楓涇路四二號	一二
太和里	重慶中路一四號	五五
太和里	重慶中路二四號	五五
太原坊	中正東路四〇一號	三
太原坊	寧海東路二五〇號	三
太原坊	萬裕街九號	一六
太原坊一街	廣西南路一二號	三
太原坊二街	廣西南路一八號	三
太原坊三街	廣西南路二二號	三
太原坊四街	廣西南路三〇號	三
太原坊五街	廣西南路三四號	三
太原里	外郎家橋街九三號	一五
孔家街	紅欄杆街金家坊南	三七
引綫街	巡道街警廳路北	二二
巴黎新邨	重慶南路一六九號	四七
文元坊	文廟路二二八號	三五
文元坊	西藏南路二九二號	三九
文元坊	柳林路一一七號	三九
文元坊	柳林路一二五號	三九
文元坊	長樂路四九一街內	六九
文元坊	紹興路九六號	六四
文安坊	永康路一四一街內	七三
文安坊	高安路六一街內	八五
文安坊	黃陂南路二〇號	五
文成坊	喬家路一七六號	三〇
文成里	合肥路二九號	四五
文孝坊	孔家街四五號	三七
文富里	尙文路一三八號	三一
文福里	長樂路四八一號	六九
文鳳里	高家街二七號	三六
文賢里	復興中路一七〇號	四一
文耀里	肇方街一三四號	三七
文廟坊	鉅鹿路一九街內	五五
方斜里	方斜路二一二號	四〇
日省里	方斜路二三八號	四〇
日星里	方斜路西林路之東	四〇
日暉里	新新街中正南二路之東	六〇
日新里	新新街中正南二路之東	六〇
月華坊	林森中路九八七號	七〇
木杓街	復興東路曲尺灣之西	二三
毛家街	中山南的外萃豐街之南	一五
火腿街	大夫坊復興東路之南	二三
王家宅	中山南路國貨路之北	一九
王家街	丹鳳街方浜中路之北	一二
王家宅	華山路林森西路之南	九八
王醫馬街	沉香閣路侯家路之東	二五

五劃

街號	地址	圖號
世德坊	金陵中路一二三號	四
世德坊	尙文路學前街西	三一
世德里	小石橋街七九街內	二一
世德里	油車碼頭街九三號	一九
世德里	鐵濟路東唐家街北	二三
功甫里	徐家匯路四六八號	四七
包家街	丹鳳街一七七號	一二
北王醫馬街	候家路沉香閣路南	二五
北石皮街	廣福寺街方浜中路南	二七
北孔家街	金家坊翁家街東	三七
北長里	同仁街鎮南街西	一〇九
北梅溪街	蓬萊路凝和路西	二九
北張家街	張家街薛衖底街南	二七
北獅子街	馬街大境路南	二六
牛徑園街	蓬萊路學前街東	三五
古拔新邨一街	富民路一四八號	八〇
古拔新邨二街	富民路一五六號	八〇
古拔新邨三街	富民路一六四號	八〇
古拔新邨四街	富民路一七二號	八〇
古拔公寓	富民路一九七號	六九
古福新邨	富民路二〇號	八〇
古慶坊	方浜中路四七九號	二六
可久里	白漾街中華路北	三一
可大里	花園街六一號	三一
可愛里	學院路一二〇號	二三
台拉邨	太原路建國西路南	七四
台拉別墅	太原路建國西路北	七三
台拉新邨	太原路一八八號	七六
台拉新邨	建國西路三六五號	七五
四平里	應公祠路一七七號	三一
四成里	鉅鹿路三九一號	六七
四合里	南昌路二四號	六
四合新邨	南昌路二四街內	六
四明里	林森中路四二五號	六
四明里	重慶南路二一號	六
四明邨	中正中路九一三號	六八
四達里	硝皮街福佑路南	二五
四達里	建國東路一一五號	四五
四達邨	永康路一四二街內	七八
四維里	江陰街四三五號	三四
四維坊	應公祠街一五號	三五
四維邨	敦惠路二六九號	一〇〇
四維邨	廣元路一九〇號	九五
四維新邨	敦惠路二八五號	一〇〇
四維新邨	敦惠路二九一號	一〇〇
四維新邨	重慶南路一六九街內	四七
四義邨	李家宅萬泰板木行西	五一
四德里	寧海西路一五六號	四
四德里	建國東路四七八號	五二
尼山里	民國路八九七號	九
巨籟邨	鉅鹿四〇一號	六七
市隱	柳林路八一號	八
市隱	柳林路八五號	八
市隱	柳林路八九號	八
市隱	柳林路九一號	八
布巷	朱家街四六號	二二
平安坊	晏海街四四號	九
平安坊	大吉路四五號	三四
平安里	紫華路六八號	二六
平安里	林森中路七三六號	五六
平安里	長樂路一六九號	六六
平江里	肇周路二二四號	四五
平原里	施家街一五二號	二一
平原里	江陰街四五號	三一
平原邨	泰康路二七四號	五九
平濟里	濟南路路二七五號	四一

打浦坊 中正南二路四五七號 六〇
正元里 成都南路一〇八號 五五
正安里 普安路一八八號 七
正修里 喬家路二六一號 二九
正德里 尚文路一〇六號 四一
正德里 茂名南路四一號 六七
正蕃小築 永嘉路三九六號 七三
正興坊 沙場街一二號 二二
正興里 林蔭路四八號 四二
正興里 林蔭路六〇號 四二
正興里 林蔭路七〇號 四二
民立里 陸家浜路一二五六號 四三
民生坊 鉅鹿路四五路 五五
民安里 民國路九二五號 九
民厚坊 普安路一〇〇號 四
民國里 民國路七四六號 九
民國里 江陰街二一五號 三一
民福里 中正中路一〇一三號 六八
民賢坊 天燈街二七號 二九
民賢坊 梅家街一一一號 二九
永仁里 翁家街九三號 三七
永仁里 中正中路三〇七號 五五
永吉里 興業路一六〇號 六
永吉里 東唐家街一六號 二九
永吉里 大吉路一〇三號 三四
永吉里 製造局路一二號 四四
永吉里 興業路二〇五號 四七
永吉里 長樂路一二二號 五五
永吉里 鉅鹿路一九號 五五
永安坊 永安路一三號 一
永安坊 新永安路一二號 一
永安坊 舊倉街一三五號 一〇
永安坊 舊校場路一〇號 二五
永安坊 潘家街障川街南 一〇
永安里 王醫馬街沉香閣路南 二五
永安里 永安街一〇號 一七
永安里 永安街一八號 一七
永安里 梅園街一八號 一五
永安里 寧海西路一六八號 四
永安里 學院路七九號 二四
永安里 順昌路八九號 三九
永安里 順昌路九九號 三九
永安里 復興中路二三號 四〇
永安里 復興中路三二號 四〇
永安里 黃陂南路四六四號 四六
永安里 鉅鹿路五七四街內 六八
永安里 重慶中路二八號 五五
永安邨 中山南路一二七號 一三
永安新邨 姚家庵街一九號 二七
永安別業 襄陽南路三五七號 七二
永存坊 長樂路六一一號 七九
永佑里 中山南路三二五號 一四
永利邨 新樂路一〇〇號 六九
永和里 海潮路國貨路北 三二
永和坊 局門後路七二號 四四
永和坊 南昌路五八五街內 七一
永和邨 永康路一一六號 七八
永昌里 永年路六三號 四五
永康里 阜春街三五號 二六
永康里 林蔭路一三一號 三四
永康里 大吉路一〇二號 三四
永康里 牌樓路八號 三四
永康里 濟南路二四三號 四一
永宸里 濟南路七八號 三九
永祥里 中正東路七五一號 五
永益里 合肥路三六六號 四六
永清里 桃源路一六五號 八
永盛里 嘉善路一〇一號 七二
永培邨 剪刀橋路一一三號 三三
永善坊 西林後路一〇四號 四二
永善里 長生街一〇〇號 二六
永裕里 自忠路三〇七號 四六
永裕里 復興中路三二〇號 四六
永裕里 黃陂南路四九四號 四六
永裕里 黃陂南路五一四號 四六
永裕里 黃陂南路五三四號 四六
永祿里 李家宅聯華棉織廠南 五一
永貴里 應公祠街七號 三五
永順里 唐家灣路六六號 四二
永順邨 南昌路五八五街內 七一
永華里 方浜西路三八號 三八
永華坊 順昌路五二〇號 四五
永源里 桃源路一五二號 八
永寧坊 高家街四五號 三六
永福里 董家渡路二七六號 一七
永福里 莊家街四五號 三六
永福里 大方街一四一號 三八
永福里 肇周路二七二號 四五
永業里 先棉祠街三二號 三五
永業里 靜修路一〇〇號 三六
永業大樓 雁蕩路一〇〇號 五五
永業大樓 雁蕩路三二號 五五
永遠里 寧海東路二七九號 三
永壽坊 方浜中路東馬街東 二七
永壽坊 廣福寺街二〇號 二七
永壽里 登雲街一一〇號 二八
永嘉新邨 永嘉路五八四號 七七
永嘉新邨 迪化南路永嘉路北 七七
永德里 江蘇路七六三街內 九一
永德里 阜春街五八號 二六
永德邨 進賢路一〇九號 六七
永慶坊 寶帶街四〇號 一二
永慶坊一街 黃陂南路三五〇號 七
永慶坊二街 黃陂南路三五六號 七
永慶坊三街 黃陂南路三六二號 七
永慶坊四街 黃陂南路三六八號 七
永慶里 民國路九一一號 九
永慶里 東青蓮街一一九號 九
永慶里 浙江南路一六號 三
永慶里 鉅鹿路九八號 五六
永樂里 花園街一九號 三〇
永樂里 陸家浜路跨龍路西 三二
永樂邨 嘉善路二三六號 七二
永樂邨 蒲東路九二九號 一一三
永潔里 董家渡路一九七號 一七
永興坊 黃家路一八〇號 三一
永興坊 富民路一二一號 六八
永興坊 懷安街慈佑路南 一〇九
永興里 晏海路一一六號 一〇
永興里 吉安路復興中路北 四一
永興里 大吉路二九四號 四二
永興里 大吉路三一〇號 四二
永興里 剪刀橋路徽寧路南 四三
永餘里 永興街七五號 二一
永豐邨 重慶南路一七九號 四七
永豐別業 靜修路一四八號 一六
永權坊一街 大方街一〇四號 三八
永權坊二街 大方街一一二號 三八
永權坊三街 大方街一二〇號 三八
玉成里 南梅溪街二九號 二九
玉振里 合肥路四五八號 四七
玉振里 復興中路四一五號 四七
玉雀里 打浦路五三號 六一
玉藻里 悅來街三四號 二二
甘邨 嘉善路永嘉路南 七二
生生巷 南塘浜路打浦路東 六一
生吉里 張家浜路五〇號 四九
生吉里一街 西藏南路二一四號 八
生吉里二街 西藏南路二二四號 八
生吉里三街 西藏南路二三四號 八
生吉里四街 西藏南路二四四號 八
生安里 林蔭路一〇號 四二
生林里 建國西路二七九街內 七四
由義坊 中正南二路四一〇號 六二
申江里 長樂路四八五號 八二
白郎公寓 鉅鹿路五一六號 六八
白漾街 阜民路中華路北 三一
白漾一街 中華路北江陰街西 三一
白漾二街 中華路民立街東 三一
白漾三街 中華路民立街西 三一
白漾四街 中華路民立街西 三一
石皮街 復興中路松雪街西 二七
石灰街 外鹹瓜街老太平街北 一三
立賢里 永壽路一七六號 九
立賢里 廣西南路五九號 九
立興坊 大吉路二九九號 四二
母后坊 阜民路西唐家街北 二八

六劃

亦邨 泰安路興國路西 九三
亦仁里 石皮街一〇號 二七
仰聖里 莊家街八二號 三六
仰蔭里 白漾街一一二號 三一
仰蔭里 白漾街一一四號 三一

街號	地址	圖號
仲安里	中正東路五六一號	四
仲德里	林蔭路三七號	三四
任陸坊	林森中路一八二號	四
企雲里	中華路八一二號	三一
企雲里	高敦街四四號	九
兆安里	法華鎭路六三一號	一〇五
先棉祠南街	何家街西倉路底	二九
光明邨	合肥路一四八號	四六
光明里	南昌路二七八號	六五
光益里	馬當路一一號	五
光華里	鉅鹿路七八六號	八〇
光裕里	小珠街六號	一〇
光裕里	吉安路一四四號	四一
光裕里	建國西路二七九號	七四
光裕邨	老白渡街一二八號	一五
光德里	嵩山路二〇號	五
全裕里	西藏南路四一二號	四〇
全裕里	東台路一五一號	四〇
全興里	長樂路三九六街內	六七
印興里	復興中路一〇六街內	四一
合大里	長樂路八三〇號	八二
合忠坊	復興中路一八八號	四一
合康里	大境路一〇六號	二六
合康里	露香園路一七一號	二六
合盛里	夢花街一八二號	三六
合盛坊	登雲街七〇號	二八
合衆里	雲南南路三九號	三
合衆里	寧海東路二六六號	三
合羣坊	建國西路三一六號	七三
合德里	廣西南路五四號	九
合德里	靜修路三七號	三六
合興里	中山南路一一八號	一三
合興里	西林路三二號	四二
合興里	長樂路八一五號	八二
合興里	金陵西路七二號	五
合興里	肇周路一〇七號	四二
合興坊	南王醫馬街舊校場路西	二五
吉邨	永福路一三一號	八九
吉平里	黃陂南路三四四街內	七
吉平里	興業路八〇街內	七
吉如里	江西南路七四號	二

街號	地址	圖號
吉如里	金陵東路一八三號	二
吉安里	三星街四號	一一
吉安里	民國路五〇六號	一一
吉安里	花衣街六〇號	一六
吉安里	福建南路八四號	三
吉安里	福建南路九四號	三
吉安里一街	江西南路八五號	一
吉安里二街	江西南路七五號	一
吉安里三街	江西南路六五號	一
吉安里四街	江西南路五五號	一
吉安里一街	露香園路八八號	九
吉安里二街	露香園路九八號	九
吉信坊	永壽路七七號	三
吉星里	館驛街一四號	二七
吉桂里	晏海街五四號	一〇
吉祥坊	計家街七〇號	二六
吉祥坊	望亭路三二號	四
吉祥坊	嵩山路中正東路內	四
吉祥里	三星街一九號	一一
吉祥里	吉安路一二五號	四〇
吉祥里	東站路國貨路北	三二
吉祥里	如意街四四號	一四
吉祥里	金陵中路一五六街內	四
吉祥里	松雪街三八號	三七
吉祥里	倒川街七一號	二八
吉祥里	富民路八九號	六八
吉祥街	中山南路四九六號	一五
吉祥街	松雪街方浜中路南	三七
吉益里	太倉路一一九號	七
吉益東里	順昌路四二號	七
吉雲里	賴義碼頭二五七號	一七
吉慶坊	西馬街三號	三七
吉慶里	中山南路四八九號	一五
吉慶里	北孔家街三〇號	三七
同元里	陸家浜路六九三號	三一
同仁坊	唐家灣路九二號	四二
同仁坊	肇周路二八一號	四二
同仁里	中華路七二一號	三〇
同仁里	中華路七三七號	三〇
同仁里	四川南路四四號	一
同仁街	中華路七〇五號	三〇

街號	地址	圖號
同本坊	江陰街四二三號	三四
同吉坊	濟南路一〇五號	三九
同吉坊	濟南路一一三號	三九
同安坊	復興東路八三三街內	二七
同安坊	中石皮街一〇號	二七
同安里	永安路四一號	一一
同安里	永安路五三號	一一
同安里	金陵西路一二一號	五五
同安里	新永安路二一號	一一
同安里	新碼頭街一〇六號	一五
同安里	黃家路八五號	三〇
同成里	中山南路洞庭山街南	一五
同志坊	桃源路一六四號	八
同和里	金陵西路一一二號	五五
同恆邨	鎭南街六二街內	九六
同春坊	王家碼頭街一二七號	一六
同春里	青蓮街一八二號	三八
同益邨	永嘉路四一六號	七七
同益里	黃陂南路三三七號	七
同益里	黃陂南路三四九號	七
同益里	蔓笠街八六號	二三
同泰里	同泰街董家渡路北	一七
同泰街	萬裕街董家渡路口	一七
同康里	中正中路四二九號	五六
同康里	中正南一路一七號	五六
同康里	西藏南路三四三號	三八
同康里	西藏南路三五三號	三八
同康里	敦基街二五號	九
同康里	會稽路三八號	三八
同裕坊	復興中路一二一八街內	七一
同順里	方浜中路七六四號	三七
同登里	寧海西路一八八號	四
同福里	太倉路四五號	七
同福里	中正中路二一一號	五六
同福里	牌樓街七號	二一
同福里	獅子街三二號	二六
同福里	獅子街三六號	二六
同德里	金陵西路一三五號	五五
同德里	蔡陽街定福街西	二一
同德里北街	紫金路一三號	二
同德里南街	紫金路三三號	二

街號	地址	圖號
同慶坊	三牌樓路一四號	二七
同慶里	民國路一〇五五號	三八
同慶里	金陵西路八八號	五
同慶里	新街五三號	一八
同慶里	懷眞西街懷眞街東	三八
同樂坊	進賢路一二二號	六七
同興坊	迪化中路三〇一號	八三
同豐里	徐家匯路三七二號	六〇
同闢里	中華路七〇五街內	三〇
在明坊	長樂路四六六號	六七
多吉里	廣福寺街一七號	二七
多吉里	廣福寺街二五號	二七
多吉里	廣福寺街三三號	二七
多福里	金家棋杆街吾園街北	二九
多福邨	太原路三二一號	七四
多福邨	長樂路三三九街內	六九
如志里	望雲路六二號	二八
如金里	中華路三五三號	二二
如意坊	劉河路四號	三九
如意里	西藏南路四五四號	四〇
如意里	金家坊四七號	三七
如意街	梧桐街四七號	二五
如意胡同	老新街五〇號	一四
存厚里	鉅鹿路三九三號	六七
存恕里	木橋街一九號	三七
存善里	洞庭山街中山南路東	一五
存德坊	跨龍路六九號	二〇
存德坊	警廳路四二號	二二
存德里	張園街二二號	二六
守一里	薛家浜路一六四號	一八
守民邨	永康路一四二街內	七八
安仁坊	復興東路四九七號	三七
安仁里	中正中路一〇〇一號	六八
安仁里	梧桐街六七號	二五
安仁街	安仁街七二號	一一
安平里	方浜西路六一號	四〇
安吉里	合肥路一六八號	四六
安吉里	寧海東路一〇七號	三
安吉邨	懷安街一〇〇號	一〇九
安多里	沈家宅匯南街東	一一五
安定里	復興東路九八三號	三七

名稱	地址	號
安定新邨	永康路一四一街內	七三
安和里	建國西路二四八街內	二
安和邨	江蘇路七六三街內	九一
安納坊	東台路一七七號	四〇
安康里	草鞋灣大王廟街北	一九
安寧里	館驛街二二號	二七
安寧邨	紹興路四七號	六三
安裕坊	青蓮街一三一號	三八
安順里	永年路一四二號	四五
安順里	建國東路一四三號	四五
安順里	建國東路一六九號	四五
安順里	復興東路八七九號	三七
安越里	建國東路一三八號	四五
安越里	建國東路一六四號	四五
安義里	黃陂南路六四一號	四五
安慶坊	望雲路一七六號	二九
安樂坊	先棉祠街九九號	三五
安樂坊	蓬萊路二五二號	三五
安樂坊	龍門路一七一號	八
安樂里	中華路一三五四號	四〇
安樂里	外馬路機廠街西	一九
安樂里	局門路三一號	四四
安樂邨	中正中路三八五號	五六
安樂邨	徐家匯路八一七號	七四
安樂邨	襄陽南路三八三街內	七二
安樂新邨	康平路二〇三號	九五
安樂新邨	斜土路二一六七號	一六
安臨里	徐家匯路三號	四五
安臨里	徐家匯路九號	四五
安瀾坊	安瀾路八九號	三四
安瀾里	會館後街五八號	一八
安瀾里	會館後街六八號	一八
安豐里	鉅鹿路二七二號	六七
年安里	土地堂街一七號	二七
成春坊北街	金家坊二〇號	三七
成春坊南街	紅欄杆街四七號	三七
成美里	方浜中路五六六號	三七
成美里	松雪街一四號	三七
成美里	松雪街三〇號	三七
成美里	松雪街三二號	三七
成泰坊	富民路一三〇號	八〇
成裕里	順昌路二六八號	四六
成裕里	復興中路二二一號	四六
成業里	吉安路一九九號	四〇
成慶里	長生街九〇號	二六
成賢村	醫學院路八〇號	一一七
曲園	建國西路五六號	六三
有餘里	花草街一六號	二四
朱家庫	華山路六五四號	九一
江夏坊	麵筋街中華路西	二二
江夏里	巡道街九〇街內	二二
江夏里	西倉路一七一號	二八
江夏里	淨土路八五號	二八
江夏里	孫家街五二號	二三
江陰邨	江陰街三一一號	三四
汝南坊	永康路一五七號	七三
汝南里	沙場街六二號	二二
百祿里	紫霞路五一號	一五
百壽坊	陸家浜路八〇九號	三一
竹邨	柳林路二五號	八
竹行街	方斜路三八號	四〇
竹蘭邨	蒲東路九四一號	一一四
羊尾里	復興中路東台路西	四〇
羊腸街	西鉤玉街南倉街西	二〇
老九坊	金家坊一一號	三七
老太平街	中華路東姚家街口	一四
老華慶坊	方浜中路七五五號	三八
老新坊	老白渡橫街老新街口	一四
聿德里	黃陂南路三四四街口	七
自由新邨	謹記路斜徐路南	一一六
至善里	三角街一三七號	一一二
艾家街	望雲路復興東路南	二八
西三合里	思南路八二號	五九
西民立街	陸家浜路一二七六號	四三
西成里	自忠路三六七號	四七
西成里	自忠路三九七號	四七
西成里	英士路二〇七號	四七
西成里	馬當路二七八號	四七
西成里	馬當路二八六號	四七
西西坊	馬當路二五四號	四七
西河里	沈家宅匯南街東	一一五
西姚家街	東街學院路南	二三
西林里	西林路八九號	四〇
西林里	泰康路一二五號	六〇
西門里	自忠路三八〇號	四七
西門里	英士路一八三號	四七
西門里	馬當路二三八號	四七
西倉里	西倉路復興東路南	二八
西唐家街	梅家街東梅家街北	二九
西馬里	西馬街一六號	三七
西馬橋街	小方街三五號	三八
西高第里	永壽路一三八號	九
西高第里	廣西南路四三號	九
西湖里	自忠路三一七號	四六
西湖里	馬當路二七三號	四六
西愛里	永嘉路三〇九號	七二
西愛邨	永嘉路一九號	六四
西鉤玉街	南倉街小南門街南	二〇
西壽康里	西姚家街東街西	二四
西獅子街	獅子街方浜中路北	二六
七劃		
亨利坊	新樂路四四號	六九
亨利邨	新樂路五八號	六九
亨利公寓	新樂路一四二號	六九
何合坊	永嘉路六一二號	七六
何家街	尙文路白漾三街東	三五
何家支街	何家街吾園街南	三五
利涉東坊	車站路四一號	三二
利涉南坊	車站路徽寧路南	三二
利涉西坊	車站路三〇號	三三
利涉西坊	車站路二〇號	三三
利涉西坊	陸家浜路一〇〇二號	三三
吟賦里	侯家路九一號	二五
吟賦里	侯家路一〇一號	二五
吳家街	如意街復興東路南	一四
吳家弄	南昌路五二九街內	七一
吳家弄	侯家路五〇號	一〇〇
吳家支弄	侯家路福佑路南	一〇〇
吳興里	大林路二四〇號	四二
吳興里	馬當路九一號	七
吳興里	馬當路一〇一號	七
吳興里	黃陂南路三〇〇號	七
吳興里	黃陂南路三一〇號	七
呂班坊	重慶南路一四六號	四七
呂班坊	重慶南路一五四號	四七
均益里	黃陂南路四二九號	四六
均益坊	東唐家街三〇號	二九
均益坊	梅家街一三號	二九
均益坊	陸家宅路八〇號	二四
孝友里	重慶南路二六街內	六
孝友里	華山路一二〇三號	九五
孝友里	華山路一二二一A號	九五
孝友里	華山路一二三七號	九五
孝友里	華山路一二五五號	九五
孝友里	衡山路九一八號	九五
孝友里	衡山路九六四號	九五
孝思坊	肇方街方浜中路南	三七
孝思里	李家宅聯華棉織廠西	五一
孝敬坊	復興東路一一六七號	四〇
宋家宅	番禺路虹橋路北	一〇八
宏德里	金陵西路一三一號	五五
宏餘坊	中正東路二二三號	二
宏餘坊	寧海東路七〇號	二
宏豫里	民國路七四一號	九
希祥里	西林後路一〇四街內	四二
希善里	萬生路三〇號	四〇
希德里	南昌路四三街內	四七
延慶里	太原路一二一號	七
延齡里	高家橫街一八號	三六
志仁里	寶帶街六號	一二
志成坊	泰康路二一〇街內	五九
志成坊	肇周路一二六號	四一
志成里	桃源路一六七號	八
志遠坊	典當街二九號	四〇
志豐里	南昌路一四八號	五七
戒珠坊	蓬萊路一九九號	三五
杏邨	黃陂南路六六三號	四五
杏花村	外郎家橋街九四號	二二
杜美新邨	長樂路七六四號	八〇
步高里	建國西路一七〇號	六三
步高里	陝西南路二八七號	六三
汪家街	中正西路五九四號	八一
汪家街	中正西路六〇二號	九一

街號	地址	圖號
汪家街	華山路五〇〇號	九一
汶林邨	宛平路二九四號	八六
汶林邨二街	宛平路二九七號	八六
汶林邨三街	宛平路二九五號	八六
汾晉坊	林森中路九二五號	六五
沙安坊	西唐家街七三號	二八
秀水街	薛家浜路多稼路口	一八
秀雲里	英士路二六號	五
秀雲里	英士路三六號	五
秀德坊	鉅鹿路襄陽北路東	六九
良　邨	新樂路五六號	六九
良友新邨	中正西路六〇二街內	九一
良安坊	中華路一〇七一號	三一
良善里	濟南路二四號	三九
良善里	濟南路二六號	三九
貝勒里	黃陂南路八二七號	四五
貝勒里	黃陂南路八三一號	四五
貝勒里	黃陂南路八三九號	四五
貝禘坊	成都南路五七B號	五五
辛民新邨	同仁街華山路路西	九七
延陵里	萬裕街二六號	一六
延壽里	油車街三七號	一四
里仁里	中山南路陸家浜路南	一九
匡　居	夢花街劉公祠街口	三六

八劃

街號	地址	圖號
亞爾新邨	陝西南路五六〇號	七二
亞爾培坊	陝西南路五八二號	七二
京江街	永興路七五號	一
京兆里	靜修路三五號	三六
京兆南里	侯家路一五六號	二六
佳志里	夢花街七三號	三六
來喜新邨	安福路二一八號	九〇
來斯別業	安福路一八九號	九〇
來斯南邨	五原路一七五號	八三
來德坊	林森中路八九九號	六五
兩宜坊	大方街一一三號	三八
兩宜坊	丹鳳街一八二號	一二
兩宜里	西倉路一一四號	三六
兩宜新邨	永嘉路三八四B號	七三
典當街	方斜路萬生路南	四〇
典當街	南區街小普陀街西	二〇
協和坊	中華路一〇八九號	三一
協成里	榛苓街四四號	二六
協祥里	斜徐路二三六四號	一一六
協盛里	合肥路四四四號	四七
協盛里	馬當路四〇四號	四七
協盛里	麗園後路新橋路西	五一
協興坊	徐家匯路打浦橋街內	六二
協興里	海潮路一〇四號	三二
和平坊	望亭路一三七號	四
和平坊	復興東路八八七號	三七
和平邨	永嘉路四八五號	七六
和平新邨	謹記路斜徐路南	一一六
和平南邨	謹記路斜徐路南	一一六
和平里	建國中路一三七號	五九
和平里	舊倉街一四九號	二六
和平里	舊倉街一五七號	二六
和平里	舊倉街一六五號	二六
和平里	舊倉街一七五號	二六
和合坊	局門路局門支路南	四四
和合坊	林森中路五二六號	五五
和合坊	長樂路六三號	五五
和合坊	萬竹街八八號	三八
和合坊	福佑路四五六號	一〇
和合坊	徽寧路四七九號	三三
和合邨	襄陽南路三八三街內	七二
和明邨	安福路五三號	八二
和玫坊	建國中路六一號	五九
和康新邨	復興中路五九八號	六五
和德坊	尚文路二四八號	三一
和樂坊	襄陽南路四四四號	七三
和樂里	迪化中路九六號	九〇
和興里	常熟路四二號	八二
和興里	常熟路七〇號	八二
始明里	馬街五一號	二六
宗德坊	南昌路五八五街內	七一
宗德里	陸家浜路三八八號	一九
定一邨	襄陽南路五五六號	七四
定一邨	襄陽南路五五八號	七四
定安坊	長樂路一五二號	五五
定福街	王家碼頭花衣街西	一六
尚文坊	尚文路二五七號	三五
尚文德里	永年路二三三號	四八
尚德里	徐家匯路宛平路東	八六
尚德里	普安路一三三號	八
尚德里	普安路一四一號	八
尚德廬	小南門街一〇四號	二〇
尚賢坊	襄陽南路二一四號	七八
尚賢里	林森中路三五八號	五
尚義坊	永善路六號	四
尚義坊	永善路二六號	四
尚義坊	永善路四八號	四
居仁里	黃陂南路三四四號	七
居安里	方斜路大吉路南	四二
居安里	寧海東路一九二號	三
居安里	龍門路一七二號	八
幸福坊	重慶南路一六〇號	四七
幸福坊	重慶南路一六六號	四七
幸福里	華山路一四二〇號	一〇〇
怡　邨	天平路二〇八號	九五
怡　邨	天平路二一二號	九五
怡　邨	天平路二一六號	九五
怡安坊	長樂路一六九號	六六
怡如里	西倉路一三一號	二八
怡如里	復興東路方斜路西	四〇
怡和里	方斜路二二八號	四〇
怡怡別墅	合肥路三六九號	五三
怡德坊	林蔭路四五號	三四
怡德坊	望雲路復興東路南	二八
怡德里	天燈街二七號	二九
怡德里	梅家街一一一號	二九
怡德里	復興中路一二九四號	七八
怡樂里	金陵西路八二號	五
怡樂里	陸家浜後街九七號	三一
怡興里	倒川街八〇號	二八
怡　廬	寶帶街一〇六號	一二
念萱邨	陸家浜路一〇一八號	三三
承志里	盛澤路六二號	二
承志里	盛澤路八〇號	二
承志里	楊家柵街四一號	一一
承志里	靜修路一三三號	三六
承志邨	裕德路蒲東路西	一一三
承平里	高敦街六三號	九
承惠里	高敦街五六號	九
承旨里	匯站街慈佑路南	一〇九
承善里	會館碼頭九一號	一七
承業里	鉅鹿路四二號	五五
承德坊	民立街一五號	三一
承德坊	民立街二一號	三一
承德里	孔家街三一號	三七
承德里	劉河路一五號	三九
承德坊	復善堂街二二五號	二〇
承慶里	舊校場路一五九號	二五
承慶里	黃陂南路三八一街內	四六
承慶里	自忠路二五八街內	四六
承慶里	順昌路一〇八號	四六
承餘里	舊倉街五〇號	九
承遂里	黃陂南路四八二號	四六
承遂里	長樂路五〇〇號	六九
承蔭里	典當街八號	四〇
拉都坊	襄陽南路四九九號	七四
拉都邨	建國西路三〇七號	七四
拉都新邨	襄陽南路四三八號	七三
昇平里	金陵東路三九六號	三
昇平里三街	廣西南路三三七號	三
昇平里四街	廣西南路三三五號	三
昇平里五街	廣西南路三三三號	三
昌友新邨	陝西南路八三號	六六
昌平里	肇周路吉安路西	四一
昌平里	吉安路三二八號	四一
昌新里	黃陂南路三四四街內	七
昌平里	中心街六八號	三六
昌興里	吉安路一二六號	四一
昌興里	吉安路一三四號	四一
昌餘里	長樂路一二二街內	五五
明月坊	方浜西路四八號	三八
明志坊	建國西路二四八號	七二
明母坊	建國西路二五八街內	七二
明德里	太倉路二〇七號	六
明德里	馬當路一七四號	六
明德里	馬當路一三九號	七
明德里	馬當路一四七號	七
明德里	安平街八六號	一〇

明德里　斜徐路局門路西　四九
明德里　中正中路五四五號　六七
明德里　襄陽南路三五八號　七三
明德里　裏萃豐街五七號　一五
明德里　中山南路五五〇號　一五
明德里一街　盛澤路七五號　二
明德里二街　盛澤路七九號　二
明德里總街　盛澤路八七號　二
明德里一街　山東南路一〇六號　二
明德里二街　山東南路九六號　二
明德坊　陸家浜路九六一號　三一
明德坊　陸家浜路九二九號　三一
明德邨一街　中正南二路建國西路南　六二
明德邨二街　中正南二路建國西路南　六二
明興里　國貨路南京街西　一九
明慶里　建國東路四〇〇號　四八
明志里　迎勳路三七號　三一
明潔里　西馬街四四號　三七
明霞邨　襄陽南路一〇〇號　七〇
東升里　浙江南路民國路北　九
東平里　曹家街五五號　三六
東安坊　林蔭路二四八號　三四
東林里　泰康路七七號　六〇
東南里　高橋路二二號　一二
東高第里　永壽路九九號　九
東青蓮街　青蓮街六九號　九
東新里　山東南路一一一號　二
東海坊　薛街底街四六號　二七
東唐家街　大夫坊東梅家街北　二九
東姚家街　中華路老太平街口　二三
東海坊　中華路一五五號　二三
東鈞玉街　南倉街小南門街南　二〇
東染坊街　茶館街陸家浜路北　一八
東發里　翁家街一〇三號　三七
東昇里　復興中路馬當路西　四七
東源里　局門路七八號　四九
東興里　丹鳳街二〇九號　一二
東濟陽里　芝市街一六四號　一五
松　邨　柳林路三五號　八
松　邨　太倉路九八號　七
松安里　民國路七二七號　九
松雲里　倒川街七九號　二八
松柏梧桐　晏海路一八七街內　二六
松柏坊　南孔家街七號　二七
松柏里　望亭路八一號　四
松柏廬　濟南路一二四號　三九
松桂坊　林森中路一一六號　八
松陽里　東姚家街二〇號　二三
松陽里　瞿〻街二五號　二五
松陽里　瞿〻街三三號　二五
松盛里　林蔭路一八九號　三四
松盛里　襄陽南路五一四號　七四
松筠里　望雲路一五五號　二九
松筠里　學前街三六號　三五
松雪坊　應公祠路一七八號　三一
松雪坊　應公祠路一八六號　三一
松德里　進賢路一七四號　六七
松壽里　金陵中路一二〇號　四
松慶坊　濟南路二三二號　四一
松慶里　林森中路一〇一號　八
松蔭里　西倉路一二一號　二八
松蔭里　聰西路二四號　三三
松齡里　寧國東路五八號　四五
松韻別墅　復興中路重慶南路東　四六
林　邨　襄陽南路三九三街內　七二
林金里　魯班路一〇九號　五一
武陵里　匯西街一三〇號　一〇九
法益里　興業路五四號　七
法華新邨　法華路二六號　五五
沛國里　大生街六三號　一二
玫瑰別墅　復興西路四四號　八三
秉安里　源姚路五五號　八
育倫坊　重慶北路三九號　五
育德坊　萬生路五九號　四〇
育德里　果育堂街薛街底街南　二七
芝蘭坊　陝西南路二七一號　六三
芝蘭里　望亭路六七號　四
花草街　四牌樓路方浜中路南　二四
花園坊　中正南二路一二九號　五八
花園里　林森中路五一九號　五五
花園邨　重慶南路二〇二號　四七
花園邨　重慶南路二〇六號　四七
花園邨　重慶南路二一〇號　四七
花園別墅　南昌路一三六號　五七
花園街　黃家路阜民路東　三〇
花園街　鹽碼頭街中華路東　一四
迎善里　果育堂街六一號　二七
近市坊　楊家渡街七〇號　一四
近聖坊　夢花街一三號　三六
近聖坊　莊家街七九號　三六
近聖坊　莊家街八七號　三六
迪桂里　魯班路二二六號　五〇
采福里　鉅鹿路四〇七號　六七
采壽里　鉅鹿路三八三號　六七
金仁里　永嘉路一三六號　七二
金江里　肇周路二〇〇街內　四五
金谷邨　紹興路三六號　六四
金波邨　五原路武康路東　九〇
金星里　西華街中華路南　三四
金家坊　中華路方浜中路南　三七
金家棋杆街　凝和路喬家路北　三〇
金祥里　柳林路九五號　八
金壽里　斜土路七五九號　六一
長生街　陳士安橋三六號　二七
長生街　長生街四二號　一〇
長安里　東台路五六號　三九
長安里　南孔家街三九號　三七
長安里　金陵中路一八三號　四
長安里　金陵中路二五七號　五
長安里　麗園路三官堂路西　四三
長吉里　淘沙場街一一四號　二七
長吉里　復興東路七六七號　二七
長林里　長樂路八四二號　八二
長金里　江陰街西華路東　三一
長留邨　泰康路二七四街內　五九
長康里　木橋街方浜中路南　三七
長祿里　泰安街一〇七號　三四
長德里　藥局街四三號　二二
長德里　順昌路二四號　七
長樂里　尚文路一九二號　三一
長樂里　方斜路二六五號　三四
長興坊　黃陂南路六五一號　四五
長興坊　柳林路八二號　八
長源里　福佑路三八三號　一〇
長壽里　倒川街五四號　二八
長壽里　襄陽南路二三九號　七一
長慶里　大夫坊八八號　二九
長餘坊　復興中路一二七〇號　七一
阜民里　復興東路鹽濟路西　二三
阜春街　露香園路大境路南　二六
雨　邨　麗園路新橋路西　五〇
青雲里　潘家街障川街南　一〇
青雲里　襄陽北路長樂路北　六九
青體作街　三角街中山南路西　一八
受百里　方浜中路六七二號　三七
受福里　順昌路一五七號　四一
受福里　順昌路一六五號　四一
受福里　順昌路二〇五號　四一
受福里　順昌路二一三號　四一

九劃

亭元坊　建國西路二七九街內　七四
侯家宅　華山路一四〇六號　一〇〇
侯家街　中正西路一四四八號　一〇三
侯家街　興國路湖南路南　九一
保仁里　普育東路國貨路北　三二
保仁街　障川路民國路南　一〇
保安坊　東台路九號　三九
保安里　三星街二四九號　一一
俞厚里　三角街聖衣院南　一一四
俞家街　永興街喬家路南　三〇
信一里一街　徐家匯路二五七號　六〇
信一里二街　徐家匯路二六六號　六〇
信一里三街　徐家匯路二七五號　六〇
信太坊　信太碼頭街七〇號　一四
信平里　自忠路一二一號　四一
信安里　浴堂街陸家浜路南　一九
信安里一街　東青蓮街一〇二號　三八
信安里二街　東青蓮街一一二號　三八
信昌里　大方街一二一號　三八
信昌里　大方街一三一號　三八
信和別墅　安福路四九號　八二
信陵邨　順昌路六一二號　四五
信誠里　剪刀橋路五一號　三三

名稱	地址	圖號
信誠里一弄	西倉路一三六號	三六
信誠里二弄	西倉路一四六號	三六
信德里	黃陂南路四一九號	四六
冠華里	復興中路二三九號	四六
垣宗村	斜徐路一九二號	四九
南丁家街	永康路一四一號	七三
南山里	馬當路四一七街內	四八
南天二坊	建國東路四九二號	五二
南王醫馬街	舊校場路方浜中路北	二五
南孔家街	復興東路翁家街東	三七
南石皮街	淘沙場街復興東路北	二七
南梅溪街	梅溪街西倉路東	二九
南泰昌里	方浜東路一四號	一二
南張家街	望雲路西唐家街北	二八
南通里	英士路六六號	五
南通里	英士路七六號	五
南湖里	肇周路二〇五號	四一
南湖里	肇周路二一三號	四一
南華新邨	長樂路七七四號	八〇
南陽里	南陽街二三號	二九
南陽里	南陽街西唐家街南	二九
南陽新邨	西藏南路五四七號	四〇
南福昌里	肇周路五六號	四二
南獅子街	方浜中路五三一號	二六
南顧家街	南昌路雁蕩路西	六
厚生里	徽寧路二五六號	三二
厚生街	徽寧路車站路東	三二
厚福里	順昌路太倉路南	七
厚德里	林森中路一九八號	四
厚德里	荳市街四八號	一五
厚德里	鉅鹿路一六三號	五六
厚德里	壽寧路九四號	八
咸益公街	中華路四六三號	二一
品吉里	翁家街一八號	三七
品華坊	安仁街一三九號	二五
品華坊	硝皮街三八號	二五
姚家宅	虹橋路番禺路東	一〇八
姚家庵街	復興東路三牌樓路西	二七
建中里	林森中路一五二二街內	八三
建安里	金陵中路二一八號	四

名稱	地址	圖號
建安里	敦惠街七號	九
建康里	北石皮街四六街內	二七
建業里	定福街五一號	一七
建業西里	建國西路四九六號	七六
建業西總街	建國西路四七〇號	七六
建業里總街	建國西路四五六號	七六
建業東總街	建國西路四四〇號	七六
建餘里	大境街五五號	九
建餘坊一街	大境街六五號	三八
建餘坊二街	大境街五五號	三八
後胡家宅	虹橋路一八一號	九七
思仁里	復興東路四二七號	二三
思恭里	北王醫馬街二三號	二五
思敬坊	大林路二三一號	四二
思齊新邨	永嘉路五〇〇號	七七
恆平里	陝西南路二七一街內	六三
恆吉坊	鉅鹿路六九七號	六九
恆吉里	中正南一路二二三號	五六
恆吉里	荳市街六八號	一五
恆吉里	登雲街七六號	二八
恆安坊	西藏南路四八一號	四〇
恆安總街	方浜西路六三號	四〇
恆昌里	建國東路三一號	四五
恆昌里	黃陂南路六八五號	四五
恆茂里	西藏南路五八號	四
恆茂里	西藏南路六八號	四
恆茂里	西藏南路八二號	四
恆茂里	龍門路八八號	四
恆茂里	龍門路九八號	四
恆茂里	龍門路一一四號	四
恆裕里一街	青蓮街六〇號	三八
恆裕里二街	青蓮街七〇號	三八
恆裕里三街	青蓮街七八號	三八
恆愛里	永嘉路二一號	六四
恆福里	方浜中路三七六號	二七
恆福里	泰康路二〇號	五二
恆德坊	王醫馬街二〇號	二五
恆德坊	王醫馬街六號	二五
恆德坊	徐家匯路打浦橋街內	六二
恆德里	王家碼頭街三三一號	一六

名稱	地址	圖號
恆德里	東台路一六號	三九
恆德里	舊倉街一〇四號	九
恆慶里	成都南路二九號	五五
恆慶里	黃陂南路八四七號	四五
恆慶里	黃陂南路八六三號	四五
恆慶里	黃陂南路八七三號	四五
恆慶里	黃陂南路八八五號	四五
恆慶里	黃陂南路八九一號	四五
恆樂里	長樂路一六九號	六六
恆樂里	泰安街一二三號	三四
恆興里	北孔家街一五號	三七
恆興里	北孔家街二三號	三七
恆興西里	中山南路一〇〇號	一三
恆興里	萬豫碼頭街二一九號	一六
施家街	花衣街生義碼頭街南	一六
星邨	永康路一四二街內	七一
星平里	順昌路二七九街內	四一
星星里	登班路二二六號	五〇
星輝里	安平街二三號	一一
星輝里	保仁街九六號	一一
映華里	也是園街凝和路西	三〇
春在里	王家碼頭街中山南路西	一六
春長里	馬園街二五號	一二
春長里	馬園街三三號	一二
春華里	安福路五九號	八二
春華里	安福路六九號	八二
春華里	露香園路二六二號	三八
春華里	露香園路二七二號	三八
春華里	露香園路二八二號	三八
春源里一街	舊倉街一一八號	九
春源里二街	舊倉街一二八號	九
春源里三街	東青蓮街三九號	九
春暉里	蓬萊路三九一號	三五
春魁里	成都南路五五號	五五
春壽里	金家坊一八號	三七
柏枝街	喬家路凝和路東	二九
柳邨	舊倉街六四號	九
柳林邨	五原路二二八號	九〇
柳新邨	華山路四五六號	九一
染坊街	南倉街陸家浜路北	二〇

名稱	地址	圖號
洗布浜	油車碼頭街三角街口	一九
洗帚街	外倉橋街五八號	二一
洞天別墅	建國西路一五〇號	六三
洞庭山街	外馬路老白渡街南	一五
洪業坊	陸家浜路一〇三四號	三三
洪慶里	法華鎮路二四一號	九九
洽安里	油車街四五號	一四
洽和里	梅家街五九號	二九
洽新里	薛家浜路二六二號	一八
盈慶里	江蘇路七六三街內	九一
盈餘里	徽寧路三官堂路西	四三
眉壽里	建國東路五一九號	五二
眉壽里	泰康路一七八號	五九
紀德興街	迪化南路一六三號	七五
紅莊街	紅欄杆街孔家街口	三七
紅葉邨	襄陽南路三八三街內	七二
紅薇里	香山路一八號	五七
美仁里	成都南路一一四號	五五
美仁里	成都南路一三二號	五五
美琪新邨	迪化中路復興西路北	八三
美樂坊	南昌路二七二號	六五
美麗園	中正西路四五號	八一
英平里	寶帶街二六號	一二
茂德里	鉅鹿路一三三號	五六
茂齡邨	岳陽路七九號	七七
茂齡別墅	建國西路六一九號	八五
茂齡新邨	天平路一二〇號	九四
茂齡新邨	天平路一三〇號	九四
虹橋街	阜民路復興東路南	二八
衍慶坊	丹鳳路四六號	一一
計家街	侯家路紫華路北	二六
貞元里	虹橋街六八號	二八
軍官里	南昌路四三街內	四七
重正里	大佛廠街跨龍路西	三一
重陽里	中正西路六〇二街內	九一
垂澤里	王家碼頭街一四三號	一六
風箱街	蔑竹街一二八號	二一
首安里	金陵中路一〇九號	八
首安里	龍門路一一九號	八
首芝坊	鉅鹿路一七二號	五六

名稱	地址	號
首祿里	浙江南路一二八號	九
首祿里	浙江南路一四八號	九
首祿里	浙江南路一六六號	九
香圍里	方浜東路一七號	一三
十劃		
敎家里	斜土路謹記路東	一一六
淩雲邨	學院路光啓路東	二八
倒川街	淨土路西倉路東	二八
倉基街	南倉街陸家浜路北	二〇
倉橋浜後街	趙家灣街裏倉橋街東	二一
原上里北街	永壽路一〇五號	九
原上里南街	林森中路四號	九
夏家街	迪化南路三九六號	八五
夏家街	迪化南路徐家匯路北	七五
孫家街	中華路東姚家街南	二三
家慶坊	茂名南路一三三號	六五
宴慶里	學前街八一號	三五
峯德里	順昌路八四號	四六
峻俊里	方浜中路六〇五號	二六
峨德里	望雲路一三六號	二八
庭廬	斜土路三六七號	四九
徐匯新邨	徐家匯路五九一號	六二
悅來坊	順昌路五八五號	四五
悅來坊	順昌路六〇五號	四五
息邨	建國西路三五五號	七二
息廬	思南路四二號	五七
恭慶坊	高敦街三四號	九
振平里	金陵中路二四一號	四
振平里	嵩山路五五號	四
振昌里	士地堂街一一號	二七
振飛里	南昌路五九四街內	七〇
振華里	合肥路四〇四號	六四
振華里	西倉橋街一〇三號	三六
振華里	東台路一〇九號	三九
振華里	東台路劉河路南	三九
振華里	馬當路三〇三號	四六
振新北里	浙江南路七〇號	三
振新南里	浙江南路一〇四號	三
振業坊	虹橋路交通大學西	九七
振業里	中山南路二九五號	一四
振業里一街	民國路一〇二七號	三八
振業里二街	民國路一〇三七號	三八
振福里	建國西路二四八街內	七二
振德坊	南昌路五八五街內	七一
振興里	侯家路七七號	二五
晏海街	晏海路一八七號	二六
晉大里	大方街一六號	三八
晉安里	金陵東路一三五號	一
晉昌里	方浜中路六八七號	三八
晉康里	中華路三七號	一三
晉康里	巡道街六七號	二二
晉業里	合肥路一四街內	四一
晉福里	鉅鹿路一八一號	五六
晉德里	夢花街七八號	三六
晉蘭里	孔家街六九號	三七
桐蔭坊	西倉橋街五三號	二八
桂昌里	張家浜路八九街內	四九
桂雲里	濟南路二四二號	四一
桂福里	自忠路二七三號	四六
桂福里	順昌路一三五號	三九
桂蘭里	麗園路四四號	三三
桂馨里	林蔭支路八一號	四二
根德坊	東台路二七八號	四〇
根德坊	茂名南路一三三號	六五
桃源坊	小桃園街三〇號	三六
桃源坊	林森中路五九三號	五七
桃源坊	普安路五一號	四
桃源村	虹橋路後胡家宅內	九七
桃源邨	石皮街一二九號	二七
桃源邨	復興中路一二九五號	七八
桃源里	成都南路六〇號	五五
桃源里	復興中路一二〇〇號	七一
桑園邨	桑園街六六號	二〇
浦行新邨	常熟路九三號	七九
海　園	華山路二三七號	八二
海南西街	海潮路陸家浜路南	三二
海星光里	鎮南街六二號	一〇九
海星光里	鎮南街七二號	一〇九
海格里	天平路二四八號	九五
海格里	廣元路二三三號	九五
海雲坊	青蓮街二七號	九
浴堂街	三牌樓路一二九號	二八
浴堂街	陸家浜路中山南路西	一九
浩然里	江陰街四〇一號	三四
淺明里	硝皮街一三號	二〇
特秀坊	鉅鹿路二〇一號	五六
留　園	長樂路六七二號	六九
留雲寺街	陸家浜路南倉街西	二〇
留蔭小築	曹家街六二號	三六
留賢村	西藏南路一九三號	八
留賢村	西藏南路一九五號	八
留賢村	西藏南路一九七號	八
留餘坊	方浜中路四一〇號	二七
泰山公寓	林森中路六二二號	五六
泰安坊	永年路九二號	四五
泰安坊	重慶南路二六街內	六
泰安坊	泰安街九一號	三四
泰安坊	泰安街九九號	三四
泰安坊	泰安街方斜支路口	四〇
泰安坊	肇周路六五號	四二
泰安坊	肇周路一八四號	四五
泰安里	黃陂南路二號	五
泰安里	學院路一一二號	二三
泰辰里	林森中路六三七號	五七
泰亨里	中華路一三九六號	四〇
泰亨里	中華路一四一六號	四〇
泰亨里	方斜路一五九號	四〇
泰亨源街	鹽碼頭街八三號	一四
泰和坊	自忠路一六三號	四一
泰康里	大林路三一號	三四
泰新里	民國路三四四號	一一
泰源里	露香園路三七五號	二六
泰瑞里	孔家街三〇號	三七
泰瑞里	復興東路九二七號	三七
泰德坊	復興中路方斜路西	四〇
泰德里	徐家匯路一七一號	四八
泰興里	花衣街王家碼頭街北	一六
甡甡里	南昌路五八五街內	七一
益大里	局門路張家浜路北	四九
益安里	張家街紫華路北	二六
益明邨	鉅鹿路五四六號	六八
益智里	西藏南路五七五號	四〇
益新里	永安路三一號	一一
益壽里	崇德路四五號	三九
益慶里	林蔭路八五號	三四
益調里	崇德路七九號	三九
益餘坊	復興中路一二三五號	七一
純德里	西藏南路五二八號	四〇
純德里	東台路三七五號	四〇
純德里	東台路三八一號	四〇
翁家街	金家坊中華路東	三七
翁家支街	中華路復興東路北	三七
耕本里	外鹹瓜街老太平街北	一三
耕雲里	濟南路九六號	三九
耕新里	中正西路六〇二街內	九一
致祥里	重慶北路一六號	五
致靜里	傅家街四二號	二四
茶館街	陸家浜路三角街口	二〇
草塘邨	草塘街二六號	五〇
袁家街	榮昌路廣元路北	八七
財神街	丹鳳路一六號	一一
財源坊	興國路二五二號	九三
陞平里	舊倉街五〇號	九
馬吉里	重慶北路一一號	五
馬吉里	重慶北路二一號	五
馬吉里	重慶北路二九號	五
馬家街	巡道街九〇號	二二
馬樂里	中正東路八七三號	五
高　邨	林森中路七三六街內	五六
高家街	中心街莊家街東	三六
高家橫街	高家街西倉橋街北	三六
高陞里	肇周路一六六號	四一
高恩新邨	高安路一號	八四
高陽里	中正西路六〇二街內	九一
高福里	中正南一路一二一號	五六
高福里	長樂路二九四號	五六
高壽里	蓬萊路六號	二九
高霞新邨	高安路九號	八四
高疇里	中正南一路二四一號	五六
十一劃		
停雲里	復興中路一六〇號	四一
偉成里	肇周路二〇〇街內	四五

名稱	地址	圖號
偉達坊	復興中路五〇九號	五三
務本坊	復興中路一八二號	四一
務本里	竹行碼頭街一五四號	一六
務本里	竹行碼頭街一六二號	一六
務本里	東台路二八四號	四〇
務本里	福佑路七八號	一二
商會街衕	小九華街一一二號	二一
啓昌里	徐家匯路二七九號	六〇
國民里	中正中路五〇七號	六七
國泰新邨	天平路九九號	九四
國泰新邨	天平路一〇三號	九四
國泰新邨	天平路一〇七號	九四
國際新邨	大木橋路一一三號	一一八
國寶坊	學前街六三號	三五
執中里	雲南南路一四一號	九
執中里	廣西南路八六號	九
培福里	陝西南路一八六號	六九
培福里	崇德路九一號	三九
培業邨	英士路二六六號	四七
培德坊	淘沙場街二八號	二七
培德里	計家街三八號	二六
崇一里	馬當路二九一號	四六
崇仁里	嘉善路六九號	七一
崇本里	硝皮街二〇號	二五
崇本里	襄萃豐號中山南路口	一五
崇孝坊	曹祠街五四號	三六
崇孝里	曹祠街一五號	三六
崇孝里	曹祠街二三號	三六
崇孝里	曹祠街三三號	三六
崇善里	西藏南路四三八號	四〇
崇福里	中正中路三六七號	五六
崇業里	永嘉路襄陽南路西	七三
崇德里	西林橫路一〇一號	四二
崇德里	西林橫路一〇五號	四二
崇德里	西林橫路一〇九號	四二
崇德坊	民國路八四八號	三八
崇慶里	方斜路三七一號	四二
崇慶里	方斜路三七二號	四二
崇慶里	大吉路一三五號	四二
庵西街	復興東路姚家庵街西	二七
康村	濟南路二八四號	四一
康吉里	建國東路六一號	四五
康吉里	馬當路四八四號	四八
康吉里	濟南路一〇六號	三九
康安里	斜徐路一五四號	四四
康成里	斜士路八三號	四四
康記坊	中山南路八〇三號	一七
康家街	中華路方浜中路南	二四
康益里	建國東路三九號	四五
康寧里	東台路瀏河路北	三九
康福里	林森中路二七一號	七
康綏公寓	林森中路四九四號	五五
康樂別墅	鉅鹿路七〇三號	六九
康衢里	桑園街六號	二〇
張家宅	番禺路林森西路口	一〇八
張家街	南昌路六〇三號	七一
張家街	復興中路一二五二號	七一
張家街	薛家浜路多稼路北	一八
張家街	薛街底街陳士安橋西	二七
張家小街	張家街南倉街東	二〇
張園街	紫華路侯家路西	二六
得利坊	花園街四五號	三〇
得利坊	建國東路一一二號	四五
得勝里	國貨路三二五號	三二
得勝里	順昌路一〇號	七
惇仁里	薛家浜路二四一號	一八
惟祥里	金陵東路一九六號	二
惟祥里	盛澤路五三號	二
惟善里	浙江南路五七號	三
斜橋南街	陸家浜路一三八二號	四三
斜塘村	斜士路一一一號	一一八
敏村	西藏南路三一一號	三八
敏慎里	西藏南路三五六號	三九
敏慎邨	襄陽南路三九三街內	七二
畫錦坊	畫錦路一三四號	二七
曹家街	永福路一四七號	八九
曹家街	林森中路一五二二號	八三
曹家街	曹家街復興東路南	三六
曹祠街	夢花街學宮街東	三六
望德里	陝西南路二七一街內	六三
望德里	黃陂南路四一二號	四六
望德里	黃陂南路四三〇號	四六
望賢里	吉安路一六四號	四一
望賢里	吉安路一七二號	四一
梨園坊	肇周路三三二號	四五
梅邨	柳林路一五號	八
梅立坊	貽慶街二八號	三七
梅泉里	吉安路復興中路北	四〇
梅泉別墅	法華路五九三號	一〇四
梅家街	梅家街四六號	二九
梅溪街	凝和路蓬萊路南	二九
梅溪支街	梅溪街凝和路西	二九
梅德坊	建國西路三三六號	七三
梅蔭新邨	蓬萊路一〇一號	二九
梅賦里	鉅鹿路陝西南路東	六七
梅蘭坊	黃陂南路五九六號	四六
梓敬里	巡道街一八〇號	三〇
棣華里	林森中路二二二號	四
梭子街	復興東路望雲路北	二八
清泉邨	襄陽南路二七一號	七二
清盛里	舊倉街四二號	九
清雪里	陸家浜路一三五〇號	四三
混堂街	外倉橋街二六號	二一
混堂街	寶帶街一四六號	一二
添潤里	尚文路一三六號	三一
淞南邨	長樂路一三二號	五五
淞雲別墅	復興中路一一九六號	七一
淞德里	鉅鹿路二一二號	六七
涵澤里	自忠路一六二號	三九
畢興坊	汾陽路六四號	七八
盛德坊	中正南二路一七號	五七
盛德里	天燈街四六號	二九
祥仁里	麗園後路華新染廠對過	五一
祥生里	麗園路八五五號	五一
祥安里	金陵東路一五號	一
祥成里	自忠路九三號	四一
祥成里	復興東路四四三號	二三
祥和里	萬豫碼頭街二一八號	一六
祥和里	萬豫碼頭街二二六號	一六
祥康里	何家街何家支街內	三五
祥康里	吾園街何家街西	三五
祥裕里一街	四川南路二八號	一
祥裕里二街	四川南路三〇號	一
祥雲里	復興中路三六一號	四六
祥順里	順昌路四二四號	四五
祥順里	順昌路四四四號	四五
祥啟里	肇方街一四一號	三七
祥樂里	新樂路一三四號	六九
祥慶邨一街	建國東路三一八號	四八
祥慶邨二街	建國東路三三四號	四八
祥興里	打浦路五三街內	六一
祥興里	金陵東路九一號	一
祥興里	金陵中路一一九號	一
祥興里	魯班路一九〇街內	五〇
祥豐里	麗園路魯班路東	五一
祥齡里	江陰街一八〇號	三一
祥廬	西馬街二三號	三七
紹安里	濟南路二〇七號	四一
紹安里	濟南路二一七號	四一
荷花池街	王家嘴角街七〇號	二一
許家街	嘉善路一〇九號	七二
許耕里	裕德路蒲東路西	一一三
通明里	學宮街五三號	三六
通明里	學宮街六三號	三六
通和里	金陵中路二三二號	五
通達里	麗園路三二號	三三
通興里	魯班路一九〇街內	五〇
逢伯里	太倉路三三號	七
野嶺里	復興東路一一五五號	四〇
都福邨	襄陽南路三九三街內	七二
陸平新邨	中正西路六〇二街內	九一
陶邨	南昌路五〇號	六
陳家巷	華山路一六四一號	九四
麥其里	迪化中路一〇二號	八二
麥其里	迪化中路一七九號	八二
麥家街	阜民路西唐家街南	二九
麥賽坊	興安路一六三號	六

十二劃

名稱	地址	圖號
紫來邨	民國路七〇八號	九

紫來邨	林森東路一三號	九
紫祥里	自忠路二四四號	四六
紫陽里	柳林路一四〇號	八
紫陽里	復興中路吉安路東	四〇
紫微里	會稽路五九號	三八
善安里	濟南路自忠路南	四一
善富里	貰錦路六六號	二四
善德里	大方街二三號	三八
善德里	方浜西路西藏南路東	三八
善德里	淘沙場街六一號	二七
善德里	淘沙場街六九號	二七
善德里	復興中路一〇六號	四一
善慶坊	建國東路五八〇號	五二
善慶坊	南昌路八三號	五七
善鐘里	常熟路六一號	八〇
善鐘里	常熟路長樂路北	八〇
喻義坊	學院路二一八號	二八
富生里	局門路六三號	四四
富美里	光啓路五二號	二四
富星里	太倉路一一〇號	七
富德里	林森中路一七六號	四
寧邨	廣元路一五八號	九五
寧康里	方斜支路一六號	三四
寧康里	西華路江陰街北	三一
寧康里	油車街五三號	一四
寧祥里	方浜中路一二一號	一二
寧福里	柳林路一五〇號	三九
寧德里	會稽路八號	三八
寧興里	寧海東路一七號	二
寧興里	寧海東路二五號	二
彭家街	斜徐路八〇四號	六一
循陵別墅	建國西路岳陽路東	七六
復興里	油車街如意街西	一四
復興里	普安路三五號	四
復興里	新永安路八三號	一一
惠邨	金陵中路一九四號	四
惠邨	順昌路四一九號	四五
惠安坊	紹興路八八號	六四
惠安里	中華路一二三六號	三四
惠安里	中華路一二四六號	三四
惠安里	中華路一二五六號	三四
惠祥里	製造局路一四七號	四三
惠順里	民國路八六八街內	三八
惠慶邨	中山南路一三一二號	一九
敦仁里	西藏南路四二六號	四〇
敦仁里	馬當路一七七號	七
敦仁里	馬當路二五七號	四六
敦仁里	馬當路二六五號	四六
敦仁里	荳市街一一九號	一五
敦仁里	新碼頭橫街二二號	一五
敦仁里	興業路九六號	七
敦仁里	露香園路一五號	九
敦安里	紫霞路一一五號	二二
敦和里	襄陽南路二八六號	七三
敦和里	襄陽南路三〇六號	七三
敦和里	襄陽南路三二六號	七三
敦倫里	中王醫馬街三八號	二五
敦倫里	永嘉路四二五號	七三
敦原里	黃家闕路一一三號	三四
敦厚里	金陵中路一五六號	四
敦紀里	三牌樓路學院路北	二四
敦基街	高敦街露香園路東	九
敦順里	東青蓮街四九號	九
敦裕坊	鉅鹿路五一六街內	六八
敦惠坊	敦惠路二五九號	一〇〇
敦潤里	方斜路二〇號	四〇
敦讓里	自忠路吉安路西	三九
斐邨	復興中路英士路東	四七
斯南邨	泰康路一六〇街內	五九
景一里	福民街六五號	一一
景行邨	林森中路五一四號	五
景安里	濟南路一八五號	四一
景明里	福佑路七七號	一一
景昇里	萬裕街一三三號	一七
景益里	馬當路二二二號	四七
景益里	馬當路二二四號	四七
景華新邨	鉅鹿路八二〇號	八〇
景錫坊	長樂路一二二街內	五五
景賢邨	沈家宅匯南街東	一一五
曾豫村	殷家角聖衣院東	一一四
普安里一街	永安路三六號	一一
普安里二街	永安路四八號	一一
普安里總街	民國路四一四號	一一
普安里總街	新永安路六三號	一一
普育里一街	學前街三五號	三五
普育里二街	學前街二五號	三五
普育里三街	學前街一三號	三五
普育里總街	蓬萊路三〇三號	三五
普育新邨	普育東路國貨路北	三二
普益里	車站路一四九號	三二
普餘邨	黃家闕路八九號	三四
普義坊	敦惠路平武路南	一〇〇
普慶里	馬當路三〇六號	四七
普慶里	馬當路三一八號	四七
晚步邨	法華路六九三號	一〇四
晴雪坊	方浜中路二八三街內	二五
智安里一街	東青蓮街九二號	三八
智安里二街	東青蓮街八二號	三八
棉陽里	中山南路新碼頭街北	一五
棲霞邨	五原路武康路東	九〇
森泰里	陸家浜路九七號	一九
森福里	寧海西路一五〇號	四
森福里	望亭路三五號	四
湯山村	武夷路四六六號	一〇二
湯管街	陸家浜路中山南路東	一九
渭文坊	紫金路三號	二
牌樓街	董家渡路小普陀街西	二一
猪作街	小九華街蔑竹街西	二一
琪美新邨	迪化中路一四八號	九〇
登雲街	西倉路復興東路南	二八
發達里	建國中路一一九B號	五九
發興里	麗園路四五號	三三
硝皮街	梧桐街安仁街東	二五
硝皮街	董家渡路小普陀街東	一七
硝皮街	佛閣街復善堂街北	二〇
程榮邨	匯站街七九A號	一〇九
絲線街	方浜中路三〇一號	二五
華邨	五原路七六號	八二
華邨二街	五原路八四號	八二
華園	安福路二五〇號	九〇
華園	華山路江蘇路東	九一
華安坊	徐家匯路一〇八八號	八六
華安坊	高安路溇浦街內	八五
華安坊	福佑路一九七號	一一
華安坊	江蘇路七六三街內	九一
華安坊一街	大方街一三六號	三八
華安坊二街	大方街一四四號	三八
華安坊三街	大方街一五二號	三八
華成坊	西藏南路四〇三號	三八
華成里	中華路一〇三二號	三一
華成里	中華路一〇三六號	三一
華成里	中華路一〇四二號	三一
華成里	陽朔路二八號	一二
華明里	法華鎮路七五一號	一〇三
華林邨	牌樓路八三街內	三四
華盛坊	民國路六二八號	二
華盛坊	金門路一四號	二
華業里	江西南路一一〇號	二
華義里	沈家宅匯南街東	一一五
華福新邨	建國西路三〇九號	七四
華慶坊	大方街一〇三號	三八
華慶坊	中石皮街二八號	二七
華慶坊	同慶街二二號	三八
華興坊	西倉橋街一一二號	三六
華興坊	徽寧路五一一號	三三
華興里	同泰街萬裕街西	一七
華興里	西林後路三二號	四二
華龍別業	雁蕩路五五號	六
華寶坊	崇德路二號	三九
菜市坊	順昌路三〇二號	四六
菜市邨	順昌路五五七號	四五
萍漁里	復興中路三四六號	四六
菊廬	曲尺灣一八四號	二三
萃英坊	孔家街一一九號	三七
萃華里	福佑路一一一號	一一
萩安里	民珠街五六號	一〇
詔諦坊	喬家路一五一號	三〇
貴和坊	嘉善路四五號	七一
貴鄰邨	光啓路一四八號	二四
費家街	建國東路五〇〇號	五二
貽德里	肇周路三八四號	四五
貽慶里	永年路九三號	四五
貽慶里	貽慶街方浜中路南	三七
貽慶街	貽慶街方浜中路南	三七

名稱	地址	圖號
南貽慶街	金家坊六五號	三七
進德里	喬家路二七號	二一
逸　邨	裕德路承志邨內	一一三
逸　邨	永福路四九號	八三
逸　邨	林森中路一六一〇號	八九
逸安里	陝西南路五〇〇號	七二
鈞康里	孔家街四七號	三七
鈞培里	龍門路一四五號	四
鈞福里	西藏南路一二二號	四
鈞福里	西藏南路一四四號	四
閔家街	縣左街二四號	二四
開明里	大境路九七號	二六
開明里	露香園路一四一號	二六
開明里一街	舊倉街一七六號	二六
開明里二街	舊倉街一六六號	二六
開明里三街	舊倉街一五六號	二六
開明里四街	舊倉街一四六號	二六
開泰里	豐記碼頭街九五號	一八
陽徽里	斜徐路局門路東	四四
隆興街	唐家灣路一〇八號	四二
集美里	鉅鹿路二四四號	六七
集益里	中華路一七五號	二三
集益里	永嘉路三二一號	七二
集德里	火神廟街五三號	二三
集賢村	警廳路二三號	二三
雲　邨	北孔家街三三號	三七
雲　圃	林森中路九八七街內	七〇
雲水別墅	襄陽南路四二九號	七二
雲成里	順昌路四七二街內	四五
雲成里	黃陂南路三八一號	四六
雲記里	國貨路車站路東	三二
雲祥里	方浜中路三六二號	二七
雲福里	福佑路四八三號	一〇
雲福邨	順昌路四六四號	四五
雲裳邨	廣元路二二號	八七
雲德里	文廟路八號	三五
雲德里	松雪街九〇號	三七
雲德里	張園街紫華路北	二六
雲隆里	復善堂街留云寺街西	二〇
雲霞坊	馬當路一九〇號	六
雲霞坊	馬當路二一四號	六
順元里	吉安路六〇號	三九
順安里	永嘉路二〇號	六四
順昌里	局門路八三號	四四
順昌里	青蓮街二四六號	三八
順昌里	興業路三一號	四六
順昌里	興業路四一號	四六
順昌里	興業路五一號	四六
順昌里	興業路六一號	四六
順陽里	永年路一〇六號	四五
順陽里	順昌路五〇四號	四五
順陽里	順昌路五〇七號	四五
順樂里	長樂路六六〇街內	六九
順德里	大生街三七號	一二
順德里	大興後街大興街西	三四
順德里	三角街聖衣院南	一一四
順龍里	延慶路一一六號	七九
順鑫里	合肥路七七號	四五
黃家街	陝西南路五五〇號	七二
黃家街	襄陽南路三八三號	七二

十三劃

名稱	地址	圖號
詠　村	襄陽南路四五二號	七三
詠　廬	南孔家街二二號	三七
勤益里	復興東路南孔家街東	三七
勤慎坊	喬家路一三三號	三〇
勤業里	莊家街一八號	三六
勤業里	莊家街四四號	三六
勤德里	會館後街三九號	一七
勤興里	新街學院路南	二三
勤樂邨	泰康路三一六號	五九
勤樂新邨	曹祠街夢花街南	三五
勤餘坊	馬當路一一一號	七
勤餘坊	寧海西路一一八四號	四
勤餘里	曹家街四〇號	三六
勤餘里	警廳路一四號	二三
幹民里	茂名南路五六號	六七
匯成里	山東南路三八號	二
匯成里	山東南路四六號	二
匯成里	山東南路五六號	二
匯興里	沈家宅匯南街東	一一五
匯豐別墅	黃陂南路四六〇號	四六
園　邨	南昌路一〇二號	五五
圓子街	三牌樓路六一號	二四
彙康街	牌樓街蔡陽街之間	二一
慎安坊	泰安街一五五號	三四
慎成里	永嘉路二九一號	七二
慎成里	嘉善路二一八號	七二
慎修里	董家渡路二八一號	一七
慎遠坊	金家棋杆街二三號	二九
慎德坊	方浜中路三八三號	二五
慎德里	丹鳳路五五號	一一
慎德里	白漾四街一〇號	三一
慎德里	白漾四街二六號	三一
慎德里	石皮街一一號	二七
慎德里	糖坊北街七四號	二〇
慎興里	民國路五六四號	二
慎興里北街	紫金路四三號	二
慎興里南街	紫金路五七號	二
慎餘里	大境街七二號	九
慎餘里	孫家街中華路西	二三
慎餘里	會稽路四五號	三八
愛　廬	三官堂路九二號	四三
愛仁里	中正中路一〇七九號	八〇
愛仁里	安瀾路九〇號	三四
愛麥新邨	紹興路一〇二號	六四
愛斯邨	永嘉路一六六號	七二
愛棠新邨	餘慶路一三四號	九五
愛棠新邨	餘慶路一四四號	九五
愛棠新邨	餘慶路一五六號	九五
愛德里	徐家匯路打浦橋街內	六二
敬三一里	安仁街五八號	一一
敬安里	王家碼頭街二五七號	二一
敬和邨	大林路一四九號	四二
敬煦坊	進賢路八九號	六七
敬業里	南昌路四四五號	四五
敬樂里	學前街一五二號	三五
敬樂里	學前街一六〇號	三五
敬禧里	興業路一五一號	四六
新　邨	嘉善路一〇九號	七二
新升里	黃家路五九號	三〇
新井邨	虹橋路二三九號	九七
新仁里	荷花池街王家嘴角街西	二一
新太平街	中山南路鹽碼頭北	一四
新民里	合肥路四八六號	四七
新民里	金陵西路一〇一號	五
新民里	重慶中路二三號	五
新民邨	南昌路五三二號	七〇
新民邨	馬當路三二八號	四七
新民邨	馬當路二三六號	四七
新民坊	桃源路八七號	八
新永興里	大吉路三一〇街內	四二
新安坊	復興中路一二一八號	七一
新昌里	定福街四一號	一七
新明邨	天平路二六〇號	九五
新康里	盛澤街一一二號	二
新康里	盛澤街一三〇號	二
新馬樂里	重慶北路二六號	五
新馬樂里	重慶北路四八號	五
新陸邨	留雲寺街七五號	二〇
新陸邨	留雲寺街八五號	二[illegible]
新源坊	製造局路一四七街內	四三
新華街	白漾三街中華路北	三七
新華邨	崇德路一四三號	三九
新棠邨	蒲東路九二九號	一一四
新義坊	長樂路六一四號	六九
新新北里	新新街中正南二路東	六〇
新新南里	新新街中正南二路東	六〇
新運邨	江陰街三二六號	三一
新福里	吉安路七八號	三九
新福里	吉安路八〇號	三九
新興里	孔家街南孔家街口	三七
新興里	張家浜路二二號	四九
新興順里	嘉善路一〇三號	七二
新興順里	嘉善路一一三號	七二
新興順里	嘉善路一八五號	七二
新樂坊	斜徐路西池庵對過	五一
新樂里北街	西藏南路四二七號	三八
新樂里南街	西藏南路四三九號	三八
新豐里	夢花街九三號	三六

會昌里	華山路四五六街內	九一
會館街	中山南路東門路南	一一三
會館街	陽朔路一〇六號	一一二
暉華里	小普陀街二一號	一一七
業興里	賴義碼頭街九四號	一一七
楊子別墅	中正西路一五八四號	一〇四
楊家街	江陰街跨龍路西	三一
楊家街	福佑路安仁街西	一一
椿萱里	方浜中路五七八號	三七
椿澤里	西倉路二〇五號	二九
源吉里	局門後路七七號	四四
源成里	復興中路一一三號	四一
源長里	中華路四〇六號	二二
源泰里	青蓮街二三六號	三八
源遠里	陸家宅路九四號	二四
源源里	襄陽南路二八六號	七三
源源里	襄陽南路三〇六號	七三
源源里	襄陽南路三二六號	七三
源森里	方斜路大吉路北	四二
煦成邨	中正中路三五九號	五六
照祿坊	馬當路一四二號	六
瑞　邨	西林後路一五號	四二
瑞安坊	肇周路四〇號	四〇
瑞安里	合肥路一二七街內	四五
瑞安里	談家街三五號	二二
瑞昌里	徐虹路綏佑路南	一〇九
瑞武坊	陸家浜路一三五八號	四三
瑞記里	南倉街復善堂街南	二〇
瑞康里	大林路一二號	三四
瑞康里	合肥路一四街內	四一
瑞康里	金陵中路二四四號	五
瑞康里	順昌路三一三街內	四一
瑞清里	桃源路一三五號	八
瑞華坊	復興東路六二五號	二八
瑞華里	合肥路一八八號	四六
瑞華里	吳家街五〇號	一四
瑞華里	復興中路二八五號	四六
瑞福里一街	廣西南路二九號	三
瑞福里二街	廣西南路二三號	三
瑞福里三街	廣西南路一九號	三
瑞福里四街	廣西南路一三號	三
瑞福里五街	廣西南路七號	三
瑞福里六街	廣西南路一號	三
瑞德里	花草街二二號	二四
瑞德里	製造局路一四七街內	四三
瑞德里	障川街一三四號	一〇
瑞慶里	金家坊九六號	三七
瑞興里	中華路三五六號	二二
瑞興里	中華路三六六號	二二
瑞興里	中華路三七八號	二二
瑞興里	中華路三八四號	二二
瑞興里	中華路三九二號	二二
瑞興里	福民街七二號	一〇
瑜興里	陸家浜路八四二號	三二
經益里	馬當路一九〇號	六
經益里	馬當路二一四號	六
經德坊	黃家闕路一五四號	三四
聚興里	麗園後路新橋路西	五一
聚賢坊	中正南二路二九號	五九
義和里	黃陂南路一五三號	五
義安里一街	露香園路六八號	九
義安里二街	露香園路七八號	九
義業里一街	吉安路崇德路南	三九
義業里二街	吉安路崇德路南	三九
義業里三街	吉安路崇德路南	三九
義業里四街	吉安路崇德路南	三九
義興里	麗園路九一二號	五〇
聖家邨	江陰街五號	三一
聖達里	中正南一路五〇號	六七
萬宜坊	重慶南路二〇五號	五三
萬福坊	復興中路五二三號	五三
萬福邨	建國西路一三〇號	六三
萬興坊	建國西路三五四號	七三
萬豫里	萬豫碼頭街七六號	一六
葆仁里	林森中路六九七號	五七
葆眞坊	學前街一五一號	三五
葆隆坊	懷眞街二七號	三八
葆隆坊	懷眞街三九號	三八
萱壽里	靜修路五〇號	三六
葉家街	薛家浜路石街南	二〇
裕民里	金陵中路一三五號	四
裕民里	進賢路一三八號	六七
裕安里	望亭路一〇四號	四
裕成里	典當街五九號	四〇
裕成里	萬生路二三號	四〇
裕厚里	學宮街一一號	三六
裕厚里	學宮街一九號	三六
裕厚里	學宮街二三號	三六
裕厚里	學宮街三三號	三六
裕厚里	學宮街四三號	三六
裕華新邨	富民路一八二號	八〇
裕新里	曹祠街三九號	三九
裕慶坊	山東南路七七號	二
裕慶里	復興東路一〇五七號	三七
裕德里	先棉祠北街五七號	三五
裕德里	長生街六六號	二六
裕德里	重慶南路一二四號	四七
裕德里	福佑路三五三號	一〇
裕德里	蓬萊路二一二號	三五
裕德里	賴義碼頭二二九號	一七
裕德里	舊倉街一二三號	二六
裕興里	方斜路一〇四號	四〇
道生里	南昌路五二一街內	七一
道德里	金陵西路二三號	五
達昌里	外馬路機廠街西	一九
達義坊	永壽路九號	三
達義邨	建國西路一三二A號	六三
達豐里	南昌路二三二號	五七
達豐里	鉅鹿路二三二號	六七
運亨里	羊腸街二八號	二〇
運亨里	羊腸街三八號	二〇
鉅興里	成都南路四二號	五五
鉅興里	鉅鹿路一號	五五
雷米坊	永康路一〇九號	七三
鼎平里	龍門路一九〇號	八
鼎平里	桃源路一三二號	八
鼎吉里	大木橋路二五〇號	一一八
鼎吉里	大木橋路二六二號	一一八
鼎吉里	大木橋路二七四號	一一八
鼎吉里	大木橋路二四九號	一一八
鼎吉里	大木橋路二六一號	一一八
鼎吉里	林森中路一一四號	八
鼎安坊	篾笠街九六號	二三
鼎臣里	建國東路四三三號	四八
鼎臣街	建國西路二四一號	七四
鼎祥里	劉河路五七號	三九
鼎新里	會館碼頭九〇號	一八
鼎新里	會館碼頭一〇〇號	一八
鼎新里	會館碼頭一〇二號	一八
鼎新里	會館碼頭一二〇號	一八
鼎新里	翁家街九八號	三七
鼎新里	翁家街一〇六號	三七
鼎寧里	桃源路一三一號	八
鼎寧里	桃源路一四五號	八
鼎興里	花衣街九〇號	一六
鼎興里	合肥路一四街內	四一

十四劃

廟家街	舊校場路方浜中路北	二五
嘉祥里	丹鳳街一二五號	一二
嘉德里	先棉祠街一〇五號	三五
壽安里	復興東路方斜路西	四〇
壽安里	濟南路一八五街內	四一
壽昌里	中華路四九八號	二一
壽昌里	民國路九三四號	三八
壽昌里	民國路九四六號	三八
壽康里	山東南路一〇號	二
壽康里	盛澤路一七號	二
壽康里	望雲路一四六號	二八
壽昌里	東梅家街二一號	二九
壽康里	學院路二八號	二四
壽康里	學院路五八號	二四
壽祥里	方浜西路二三號	四〇
壽祥里	中華路一五九六號	四〇
壽祥里	中華路一六〇六號	四〇
壽華邨	順昌路四二五號	四五
壽福里	復興東路方斜路西	四〇
壽福里	謹記路一九五號	一一六
慈安坊	合肥路馬當路東	四六
慈安坊	馬當路二七七號	四六
慈安里	馬當路二七五號	四六
慈安里	復興中路三四六號	四六
慈惠坊	西林路三五號	四〇
慈惠坊	西林路四三號	四〇

名稱	地址	圖號
慈雲坊	蒲西路五四五號	一一二
慈雲坊	蒲東路五四七號	一一二
慈雲別業	太倉路一一六號	七
慈壽里	英士路二二五號	四七
慈壽里	英士路二二七號	四七
慈德里	蓬萊路二二四號	三五
慈慶里	油車街六一號	一四
榮仁里	徐家匯路三七號	四五
榮生里	東台路一五六號	四〇
榮生里	濟南路一八五街內	四一
榮年里	梭子街二六號	二八
榮昌里	麗園後路振豐布廠東	五一
榮金公街	建國東路一七號	四五
榮康別墅	常熟路一〇四號	八二
榮康別墅	常熟路一〇八號	八二
榮康別墅	常熟路一一二號	八二
榮康別墅	常熟路一一六號	八二
榮華里	陸家浜路一一五四號	三三
榮華里一街	馬當路四三七號	四八
榮華里二街	馬當路四四七號	四八
榮華里三街	馬當路四五七號	四八
榮華里四街	馬當路四六七號	四八
榮華邨	中正南一路七四號	六七
榮華邨	唐家灣路一一九號	四二
榮陽廬	永嘉路三七一號	七三
榮貴坊	何家街何家支街內	三五
榮業里	林森中路六〇六號	五六
榮誠里	中山南路一三七三號	一九
榮福坊	北王醫馬街候家路東	二五
榮福里	嘉善路一〇九號	七二
榮福里	成都南路八〇號	五五
榮壽里	徽寧路製造局路東	四三
榮慶坊	大境路五一號	二六
榮興里	中正西路六〇二街內	九一
榮興里	文廟路六〇號	三五
槐壽里	安仁街二七街內	一一
毓德里	西倉路一二四號	三六
滬江別墅	長樂路六一三號	七九
漁邨	順昌路四一號	三九
漁邨	順昌路四九號	三九
漁邨	順昌路六一號	三九
漁陽里	林森中路四六二號	五五
漁陽里	重慶中路六四號	五五
漁陽里	長樂路四九號	五五
漊浦街	高安路建國西路北	八五
碧梧新邨	復興西路四九號	八三
碧筠邨	迪化南路三〇二號	八五
福園	武康路一〇七號	九二
福仁里	中正南二路七〇街內	六五
福安里	民國路七五七號	九
福安里	中山南路會館街口	一三
福安里	白漾一街中華路北	三〇
福安里	麗園路二六五號	四三
福安里	張家浜路一二四號	四九
福安里	襄陽北路一〇一號	六九
福安里	徐鎮路二七三號	一〇九
福安坊	蓬萊路三〇〇號	三五
福志里	方浜中路一六九號	二五
福佑里	丹鳳街一〇二號	一二
福佑里	丹鳳街一二〇號	一二
福佑坊	福佑路五〇五號	一〇
福芝坊	興業路八〇街內	七
福芝坊	黃陂南路三四四街內	七
福昌里	林森中路六三號	八
福昌里	方浜中路四五號	一二
福昌里	方斜路二七九號	三四
福昌里	林蔭路一三號	三四
福昌里	建國西路三五四號	七三
福星里	永壽路三三號	三
福星里	永壽路三七號	三
福星邨	中正南二路二九號	五七
福海坊	陸家浜路九六一號	三一
福海里	寧海西路一七四號	四
福海里	鉅鹿路一五五號	五六
福美里	會館街中山南路東	一三
福盛里	順昌路三〇號	七
福康里	福佑路三九六號	一〇
福康里	方斜路方斜支路北	四〇
福康里	復興中路二五〇號	四六
福康里	復興中路二七八號	四六
福華里	丹鳳路三七號	一一
福裕里	自忠路一八號	三九
福裕里	斜徐路德運里內	四四
福源里	東台路七〇號	三九
福源里	自忠路六〇號	三九
福祿邨	中正中路五一七號	六七
福祿邨	建國西路三八四號	七六
福傳里	紫華路候家路西	二六
福綏里	金家棋杆街三九號	二九
福綏里	孔家街一〇號	三七
福綏里	建國西路陝西南路東	六三
福臨里	復興中路一〇六街內	四一
福熙邨	黃陂南路七一〇號	四八
福熙坊	中正中路一一五七號	八〇
福壽里	太倉路一九一號	七
福壽里	桃源路一一六號	八
福壽里	長樂路九三號	五五
福壽里	南昌路七四號	五五
福壽坊	黃家闕路一五四號	三四
福慶里	大境路一四五號	三八
福慶里	學前街一九四號	三一
福慶里	柳林路六五號	八
福慶里	靜修路一〇四號	三六
福潤里	鉅鹿路一號	五五
福興里	浙江南路金陵東路南	九
福興里	福佑路四六八號	一〇
福興里	中山南路會館街口	一三
福興里	張家街九六號	二七
福興里	陸家浜後街一一一號	三一
福興里	牌樓路八三號	三四
福興里	大境路一九八號	三八
福興里	順昌路一〇六號	四六
福興里	斜土路六二三號	五〇
福興里	徐家匯路六四〇號	七四
福興坊	候家路一四四號	二六
福興坊	大吉路二六號	三四
福興坊	順昌路三八六號	四五
福興坊	建國東路三六四號	四八
福興坊	中正南二路三八一號	六〇
福興坊	復興中路一二一八街內	七一
福履邨	建國西路中正南二路西	六二
福履別墅	建國西路三二七號	七四
福顯坊	襄陽南路四一一號	七二
福馨里	畫錦路六五號	二四
種福里	陸家浜路八三七號	三一
種德里	青蓮街一二七號	三八
精益里	盛澤路一〇六號	九
精益里	福建南路一二九號	九
維興里	永年路二四號	四五
維厚里	復興中路二六三號	四六
綢業里	大境路一九八號	三八
綢繆邨	林森中路一八二九號	八八
翠竹鄉	嘉善路一六九號	七二
聚興里	貽慶街二八號	三七
聚鑫里一街	露香園路九九號	九
聚鑫里二街	露香園路一〇一號	九
肇方里	肇方街六五號	三七
肇方里	肇方街七五號	三七
肇方里	肇方街八五號	三七
肇方里	肇方街九五號	三七
肇方街	方浜中路中華路東	三七
肇興里	西倉路九九號	二八
蓉園	永嘉路四七一號	七六
蓉祥里	松雪街七號	二七
蓉祥里	松雪街二一號	二七
蓉祥里	松雪街二九號	二七
蓉祥里	松雪街三七號	二七
蓉興里	榛苓街一〇號	二六
蒲石里	長樂路六八二號	六九
蒲石邨	長樂路三三九號	六九
蒲柏坊	重慶南路三〇號	六
蒲祥里	長樂路六三八號	六九
蒲園	長樂路五七〇號	六九
蓀吉里	中正南一路三九號	五六
蓀順里	南昌路九九號	五七
蓁宜精舍	永嘉路二五號	六四
誠廬	翁家街一一八號	一七
誠德里	茂名南路五五號	六七
趙家宅街	阜民路復興東路南	二三
輔元堂街	梅家街喬家路北	二九

辣斐新邨	復興中路一二四八號	七一
辣斐坊	復興中路五五三號	五八
銘新里	王家嘴角街一六號	二二
銘德里	林森中路五六七號	五五
銘德里	林森中路五六五號	五五
銘德里	南昌路一〇〇號	五五
銀河里	民國路九〇六號	三八
銀河里	民國路九一六號	三八
銀河里	民國路九二四號	三八
銀河里	會稽路一九號	三八
障川街	障川路民國路南	一〇
鳳鳴里	丹鳳街一三三號	一二
鳳鳴里	西倉路九六號	三六
鳳德里	普育西路陸家浜路南	三二
鳳德里	進賢路二〇二號	六七
鳳麟里	方斜路四八六號	四二
鳳麟里	大吉路二七九號	四二
鳴鶴里	中華路八九八號	三一

十五劃

崳德邨	徐鎮路三二〇號	一〇九
儀鳳街	復興東路中華路東	三五
劉公祠街	夢花街莊家街東	三六
劉玫街	露香園路民國路南	九
劉家街	中華路東門路南	一三
劉家街	東街學院路北	二四
劉興街	復興東路八七一號	三七
增和里	中正東路三五三號	三
增德里	中山南路一〇六號	一三
增樂坊	襄陽南路三九三街內	七二
履安邨	長樂路六六〇街內	六九
履福坊	光啓路九二號	二四
慶平坊	崇德路一一九號	三九
慶平坊	濟南路五一號	三九
慶安坊	光啓路八二號	二四
慶安坊	西倉路三四號	二八
慶安坊	傅家街三九號	二四
慶安坊	順昌路七七號	三九
慶安坊	濟南路六四號	三九
慶安里	文廟路二七八號	三五
慶安里	方斜路四五〇號	四二
慶安里	阜民路三九四號	三〇
慶安里	唐家灣路九一號	四二
慶安里	望亭路六八號	四
慶安新邨	局門路一四二號	四四
慶安新邨	局門路二二五號	四四
慶安里	黄家闕路四七號	三四
慶成坊	林森中路九六號	四
慶成里	中華路六五〇號	二〇
慶和里	英士路二二九號	四七
慶祥里	長樂路五一六號	六九
慶華坊	大吉路六六號	三四
慶華里	進賢路七二號	六七
慶雲里一街	黄家闕路二五號	三四
慶雲里二街	黄家闕路一五號	三四
慶順里一街	中正南一路九九號	五六
慶順里二街	中正南一路九三號	五六
慶順里三街	中正南一路八七號	五六
慶順里四街	中正南一路七九號	五六
慶源坊	舊校場路南王醫馬街北	二五
慶福里	長生街一七號	一〇
慶福里	長樂路二三六號	五六
慶福里	嘉寧路一〇八號	八
慶餘里	大境路一八五號	三八
廣平里	同慶街九號	三八
廣益里	舊倉街七六號	九
廣寒坊	林森中路一四九八號	八三
賽餘里	太倉路二三九號	六
德元坊	長樂路六三八街內	六九
德仁里	中華路九六九號	三一
德仁里	復興中路一二六號	四一
德本里	巡道街二八號	二二
德本里	巡道街三四號	二二
德安里	中華路六七二號	二〇
德安里	方浜中路六六三號	一二
德安里	安福路六二號	八二
德安里	壩基橋街二九號	二二
德行里	西藏南路一七七號	八
德行里	雲南南路一五〇號	八
德行里	雲南南路一六二號	八
德明里	自忠路九九號	四一
德明里	荳市街六九號	一五
德沛里	福佑路九一號	一一
德培里	中正東路一〇七號	二
德培里	金陵東路一〇八號	二
德祥里	麗園路七八號	四〇
德清里	麗園後路營班路東	五一
德備里	虹橋街二八號	二八
德康里	長樂路一二二街內	五五
德隆邨	成都南路六號	五五
德善里	西林後路七八號	四二
德善里	西林後路八八號	四二
德善里	西林後路九六號	四二
德善里	復興東路七三四街內	二八
德順里	小桃園街五〇號	三六
德順里	西藏南路一六一號	三
德順里	雲南南路一二八號	三
德順里總街	金陵東路四七六號	三
德順里	吳家街二六號	一四
德勤邨	復興東路六四九號	二七
德勝里	林森中路七五三號	五七
德勝里	重慶南路五〇號	六
德新里	中山南路四一九號	一五
德意里	東台路三三九號	四〇
德意里	東台路三四五號	四〇
德業里	阜民路一四二號	二九
德誠里	肇周路一四六號	四一
德運里	斜徐路製造局路西	四四
德源里	紫華路三〇號	二六
德福里	江西南路三八號	二
德福里	唐家灣路一〇二號	四二
德銘里	長樂路一二二街內	五五
德銘里一街	江西南路九號	一
德銘里二街	江西南路一九號	一
德銘里三街	江西南路二九號	一
德銘里四街	金陵東路五二號	一
德慶里	中正東路七七號	二
德慶里	蓬萊路二一五號	三五
德潤坊	應公祠路一六八號	三一
德潤里	東青蓮街一九號	九
德潤里	高敦街二四號	九
德潤里	普安路中正東路南	四
德鄰里	定福街五一號	二一
德興里	萬生橋路三七號	四〇
德餘里	青蓮街一三六號	三八
德蘭室坊	石皮街二七號	二七
德蘭室坊	石皮街三七號	二七
德蘭室坊	石皮街四五號	二七
德蘭室坊	石皮街六九號	二七
德馨里	也是園街四二號	三〇
德馨里	陸家浜路三四三號	一九
慕陶里	馬路橋北街陸家浜路北	三一
慕陶里	復善堂街一六九號	二〇
慕銘里	裏萃豐街四六號	一五
慕銘里	裏萃豐街六二號	一五
慕銘里	裏萃豐街七四號	一五
慰和坊	肇方街一五號	三七
憩園	肇周路一〇七號	四二
憩廬	裏倉橋街二八號	二一
樂邨	徐虹路一一六號	一一一
樂邨	襄陽南路三八八街內	七三
樂安坊	障川老街八號	一〇
樂安里	林森中路六一三號	五七
樂安里	計家街八三號	一〇
樂安里	晏海路一二三號	一〇
樂安里	唐家灣路一〇一號	四二
樂安邨	儀鳳街二七號	三六
樂裕里	小普陀街四六號	二〇
樂義里	東台路八八號	三九
模範邨	中正中路八七七號	六八
潘家宅	斜徐路日暉港西	一一八
潘家街	裕德路蒲東路西	一一一
澄清里	淘沙場街四二號	二七
澄清里	淘沙場街五二號	二七
澄清里	淘沙場街六四號	二七
澄蘭里	方斜路三六二號	四二
潤身坊	青蓮街一四一號	三八
潤壽坊	同慶街一九號	三八
潤德里	保仁街三四號	一一
潤德里	南昌路五九四街內	七〇
潤德里	萬竹街四六號	三八
潤德里	肇方街三三號	三七
熙邨	鉅鹿路六九五號	六九
瑾瑜里	阜民路一三九號	二九

名稱	地址	圖號
盤谷邨	江蘇路七八九街內	九一
盤香街	復興東路五六三號	二八
盤香街	學院路二四六號	二八
鐃園	華山路一二二○號	一○○
蔣家巷	林森西路番禺路口	一○八
蔣家街	也是園街四二街內	一三○
蔭餘里一街	林森中路七四號	八
蔭餘里二街	龍門路一四二號	八
蔭餘里三街	柳林路一○號	八
蔭餘里四街	柳林路林森中路北	八
蓬萊里	中華路一二一七號	三五
蓬萊里	中華路一二三三號	三五
蓬萊里	蓬萊路四○二號	三五
蓬萊別業	蓬萊路三八八號	三五
進慶坊	方浜中路六六九號	三八
蔡家街	江陰街跨龍路西	三一
蔡陽街	王家碼頭街外郞家橋街東	二一
褒德里	五原路一四二號	八二
談家街	中華路警廳路南	二二
賢成坊	合肥路一四號	四一
賢敬坊	建國西路二三三號	七四
賢德里	進賢路一七四街內	六七
鄰園邨	南昌路四三街內	四七
鄰聖坊	中正中路三九五號	五六
鄰聖坊	西倉橋街高家街口	三六
鄰聖坊	黃家渡路一七四號	一七
鄰德里	方浜中路二二一號	二五
鄰賢里一街	光啓路六五號	二四
鄰賢里二街	光啓路五五號	二四
鄰賢里三街	光啓路四三號	二四
鄰賢里四街	光啓路三三號	二四
鄭家街	永嘉路三九號	六四
震宇邨	襄陽南路一二四號	七一
震惠坊	保仁街三六號	一一
震興里	花衣街王家碼頭街北	一六
震鑫里	露香園路二一一號	二六
震鑫里	露香園路二二九號	二六
頤壽里	喬家路四一號	二一
養仁坊	大吉路三○九號	四二
養仁坊	肇周路二七五號	四二

名稱	地址	圖號
養正街	中華路東門路南	一三
養和邨	淘沙場街六四號	二七
黎陽里	西藏南路五○八號	四○
麵筋街	中華路復興中路南	二二

十六劃

名稱	地址	圖號
緯成里	中山南路六二二號	一六
緯成里	竹行碼頭街九二號	一六
緯成里	竹行碼頭街一一○號	一六
儒林里	薛街底街土地堂街北	二七
劍橋角	復興中路一四六二號	八三
凝和支街	凝和路五八號	二九
凝德里	肇周路二四五號	四二
學潔里	黃家闕路一四九號	三四
憶萱坊	廳西路三八號	三三
憶德里	成都南路一一九號	五五
樹仁里	普育西路一一八號	三二
樹基里	金家坊一一○號	三七
樹新里	壽寧路一五號	三八
樹祥里	順昌路二七九號	四一
樹祥里	肇周路一三七號	四二
樹德里	黃陂南路三七四號	七
樹德北里	興業路八○號	七
樹德里	普安路三三號	四
樹德里	南京街一一七號	一九
樹德里	紫華路六一號	二六
樹德里	濟南路二六○號	四一
樹德里	濟南路二七○號	四一
樹德里	順昌路四三三號	四五
樹德里	鉅鹿路三三五號	六七
樹德坊	天平路二八八號	九五
樹德坊	華山路二二一○號	九七
樹德新邨	方斜路三一二號	四二
樹德新邨	華山路二二一○街內	九七
樹滋里	製造局路一四七街內	四三
樺萱里	西鈎玉街六三號	二○
燕平邨	宛平路二○八號	八六
燕平二邨	宛平路三○九號	八六
燕平家邨	宛平路三二○號	八六
燕瑞坊	建國西路三三一號	七四

名稱	地址	圖號
盧家街	福民街五六號	一○
盧家街	平安街七○號	一○
盧家街	徐家匯路二四四號	六○
磨坊街	豬作街筷竹街南	二一
積邨	迪化中路七七號	八二
積桂里	晏海路一三一號	一○
積善坊	悅來街二九號	一四
積善里	金陵西路六○號	五
積善里	雲南南路三二七號	九
積善里	順昌路一四一號	三九
積善里	建國東路七五號	四五
積德里	徐家匯路二四四街內	六○
積德里	中石皮街二七號	二七
積餘里	高家街三七號	三六
積餘坊	梅溪支街二三號	二九
積慶里	西林路七八號	四二
糖坊街	外馬路老太平街北	一三
糖坊北街	復善堂街佛閣街西	二○
穎邨	小南門街中華路南	二○
穎德里	復興中路一二三二號	七一
篤行里	張園街一一號	二六
興安里	金陵中路四二三號	九
興安里	江陰街三○八號	三一
興安里	陸家浜路九二九號	三一
興安里	西藏南路四○二號	四○
興安里	東台路一五一號	四○
興安里總街	自忠路一五號	四○
興昌里	永壽路六七號	三
興昌里	永壽路六九號	三
興昌里	金陵東路三六四號	三
興昌里	方浜中路三○一街內	二五
興記里	同仁街華山路西	九七
興益里	阜春街九二號	二六
興泰里	大境路九二號	二六
興順里	永康路三八號	七一
興順東里	嘉善路一四○號	七二
興順東里	嘉善路一五○號	七二
興順南里	永康路三七號	七二
興隆邨	長樂路四三號	五五
興隆邨	長樂路四七號	五五

名稱	地址	圖號
興隆里	中正西路六○二街內	九一
興業里	四川南路二五號	一一
興業里	中正南一路二六號	六七
興業里	林森中路九六七號	七○
興業里	華山路一五七○號	九九
興業里	江陰街二六六號	三一
興業里	迎勳路八六號	三一
興業閣	山東南路四一號	二
興達里	中華路一四八號	三四
融安坊	華山路四五二號	八一
衛樂園	華山路一五○一號	九三
衛樂園	華山路一五二七號	九三
衛樂園	泰安路一二○號	九三
衛邨	中華路六七九號	三○
親仁里	華山路二一二二號	九七
親仁里	學西街九號	三六
諸成里	雲居街六號	一○
輯五坊	自忠路二一○號	四六
輯五坊	自忠路二三○號	四六
輯五坊	順昌路一四○號	四六
錦邨	襄陽南路一六六號	七八
錦同邨	徐家匯路四七四號	六二
錦同邨	徐家匯路四八一號	六二
錦元坊	新新街如意街口	一四
錦衣坊	永壽路一○五號	九
錦安坊	傅家街五八號	二四
錦安坊	舊校場路一三七號	二五
錦安坊	英士路三八七號	四八
錦福里	寧海東路八九號	三
錦福里	安福路七八號	八二
錦裕里	壽寧路六四一號	八
錦裕里一街	西藏南路二四五號	八
錦裕里二街	西藏南路二五五號	八
錦裕里三街	西藏南路二六五號	八
錦裕里四街	西藏南路二七七號	八
錦裕里五街	西藏南路二八七號	八
錦裕里六街	西藏南路二九三號	八
錦裕里七街	西藏南路二九九號	八
錦興里	王家碼頭街二○○號	一六
錦興里	王家碼頭街二一○號	一六

錦興里　中心街小桃園街西　三六
錦德里　江陰街四〇六號　三四
錦德里　中正南二路四四一號　六〇
錦綉坊　崇德路四〇號　三九
錦樹里　復興中路馬當路西　四七
錦歸里　南昌路重慶南路西　四七
錦濤新邨　中正南一路七四號　六七
錦韞坊　日暉港斜土路南　一一八
遺德里　普安路一一二號　四
錢家街　豊市街一〇六號　一五
錢家街　林森中路九八七號　七〇
錢家里　方斜路大林路北　四二
錢家宅街　長樂路四六六號　六七
錫昌里　大興街九五號　三一
錫昌里　大興街一一五號　三一
錫祥里　復興中路八七號　四一
錫德坊　中正南二路六九號　五七
錫德別墅　南昌路六九號　五七
錫德里　亭橋街一四號　二九
錫慶里　薛街底街三九號　二七
靜邨　林森中路一四一二街內　八三
靜邨　紹興路三六號　六四
靜安邨　襄陽南路二五號　二〇
靜居里　張家浜路八九街內　四九
靜遠里　西馬街三〇號　三七
靜思廬　建國西路六〇五號　八五
餘祥里　江蘇路七六三街內　九一
餘順里　浙江南路四九號　三
餘順里　麗園路八七〇號　五〇
餘康里　壽寧路二九號　三八
餘康里　壽寧路三九號　三八
餘康里　順昌路三五〇號　四五
餘興坊　合肥路一二七號　四五
餘福里　建國東路三三五號　四八
餘德坊　復興中路一二八二號　七一
餘慶里　寧海東路二六一號　三
餘慶里一街　廣西南路五〇號　三
餘慶里二街　廣西南路四八號　三
餘慶里三街　廣西南路四六號　三
餘慶里四街　廣西南路四四號　三
餘慶里　雲南南路三二六號　八
餘慶里　雲南南路三四六號　八
餘慶里　敦基街高敦街北　九
餘慶里　安平街三一號　一一
餘慶里西街　安平街四七號　一一
餘慶里　丹鳳街一〇七號　一二
餘慶里　藥局街五八號　三〇
餘慶里　橋家路七七四號　三〇
餘慶里　徽寧路二〇一號　三二
餘慶里　一粟街應公祠路西　三五
餘慶里　先棉祠北街六二號　三五
餘慶里　順昌路四九一號　四五
餘慶里　茂名南路一三一號　六五
餘慶里　中正中路五二九號　六七
餘慶里　襄陽南路三五二號　七三
餘慶里　徐鎮路一四五號　九六
餘慶坊　中正東路八六五號　五
餘慶坊　薩珠街四〇號　一〇
餘慶坊　富民路六一號　六八
餘慶坊　復興中路一二八二號　七八
餘慶坊　黃家闕路三八號　三四
餘福里　白漾二街尚文路南　三一
餘德里　紫華路九二號　二六
餘慶坊　順昌路六八號　七
龍邨　江蘇路七八九街內　九一
龍邨　南昌路六一五號　七一
龍門里　尚文路一四九號　三五
龍門里一街　應公祠路一二九號　三五
龍門里二街　應公祠路一一九號　三五
龍門邨　先棉祠街八〇號　三五
龍門邨一街　應公祠路一〇七號　三五
龍門邨二街　應公祠路八一號　三五
龍門邨三街　應公祠路六九號　三五
龍門邨四街　應公祠路五七號　三五
龍門邨五街　應公祠路四七號　三五
龍門邨三街　吾園街九四號　三五
龍門邨四街　吾園街一〇六號　三五
龍門邨五街　吾園街一一八號　三五
龍福坊　夢花街莊家街西　三六
龍德邨　襄陽南路一六一號　七一
龍德邨　襄陽南路一七三號　七一

十七劃

應公祠街　應公祠路蓬萊路南　三五
懋業里　王家碼頭街一三四號　一六
懋德里　喬家路九二號　三〇
濟恆里　大方街五號　三八
濟恆里　大境路二四二號　三八
濟陽里　紫霞路五九號　一五
濟蒼里　永年路一七八號　四五
環龍里　南昌路二四四號　五七
環龍邨　復興中路一二一八街內　七一
環龍別業　南昌路二一二號　五七
環龍新邨　南昌路二二四號　五七
蔓笠街　撫安路一一號　二三
穗農別墅　迪化中路復興西路北　八三
徽寧里　梅園街三二號　一五
徽寧里　福佑路八六號　二五
徽寧里　徽寧路製造局路東　四三
馨廬　西唐家街七二號　二九
聯貴坊　陝西南路二四二號　七〇
聯源里　木橋街方浜中路南　三七
聯源里　陳士安橋一六號　二七
聯義坊　姚家庵街復興東路北　二七
薛華坊　建國中路一五五號　五九
謙吉里　三牌樓路三三街內　二四
霞宇邨　襄陽南路一二四號　七八
霞飛坊　林森中路九二七號　六五
霞飛坊　茂名南路一〇二號　六五
霞飛巷　成都南路九九號　五五
韓康里北街　中華路四二六號　二二
韓康里南街　中華路四三四號　二二
駿德里　南昌路五九四號　七〇
駿業里　紫霞路一五三號　二二
鴛鴦廳街　喬家柵阜民路西　二九
鴻仁里　復興中路三八四號　四七
鴻安坊　重慶南路二二號　六
鴻安坊　興安路一四一號　六
鴻安里　館驛東街三〇號　二四
鴻安里　靜修路一〇五號　三六
鴻來坊　白漾二街中華路北　三一
鴻來坊　尚文路二二號　三一
鴻泉里　英士路二五六號　四七
鴻盛坊　果育堂街北張家街南　二七
鴻當里　西藏南路自思路北　三九
鴻寧里　順昌路四〇九號　四五
鴻裕里　廣元路一六九號　九五
鴻裕里　觀音閣街二一號　一一
鴻源里　計家街五二號　二六
鴻源村　虹橋路三二五號　九七
鴻綏里　靜修路六四號　三六
鴻運坊　寧海西路八四號　四
鴻運坊　寧海西路一二二號　四
鴻運坊　龍門路四九號　四
鴻運里　何家街何家支街內　三五
鴻運里　吾園街一三三號　三五
鴻運里　外馬路老太平街北　一三
鴻德坊　鉅鹿路七六二號　六八
鴻儀里　太倉路一二八號　七
鴻興坊　北張家街一一號　二七
鴻興里　毛家街二六二號　二二
鴻興里　何家街七〇號　三五
鴻興里　觀音閣街二九號　一一
鴻藻坊　巡道街六一號　二二
顧椿別墅　鉅鹿路五〇〇號　六八
顧德坊　襄陽北路六六號　六九

十八劃

儲康里　長樂路四〇一號　六九
歸安里　柳林路林森中路南　八
歸安里一街　西藏南路一九四號　八
歸安里三街　西藏南路一七八號　八
歸詠坊　蓬萊路一七六號　三五
爵德里　中正東路九五三號　五五
瞿家街　方浜中路二八三號　二五
瞻倚坊　張家街六三號　二七
禮和里　黃陂南路一四六號　五
藏暉里　畫錦路五八號　二四
藏華里　中華路一〇三三號　三一
薩珠街　潘家街福佑路北　一〇
豐記里　豐記碼頭街一一〇號　一九
豐裕里　英士路二一四號　四七
鐙記里　襄陽南路二五號　七〇
雙文里　永年路五一號　四五
雙禾邨　林森中路三一一二號　五

名稱	地址	圖號
雙桂里	永年路四四號	四五
雙梅邨	太原路建國西路北	七三
雙龍坊	永嘉路一七二號	七二
十九劃		
懷仁里	西倉路六一號	二八
懷仁里	西倉路七一號	二八
懷仁里	徽寧路車站路西	三三
懷本里	順昌路一一一號	三九
懷安里	慈佑路懷安街北	九六
懷安里	蒲東路二七五號	一一五
懷安里	懷安街慈佑路北	一〇九
懷德里	中心街五四號	三六
懷德里	吳家街四八號	一〇〇
懷德里	計家街四五號	一〇〇
懷德里	外鹼瓜街二五〇號	一四
懷慶里	小南門街一三八號	二〇
懷麟里	徐家匯路一五六號	四八
瀚邨	鉅鹿路一八〇號	五六
繩華里	釐周路二六三號	四二
蘊經里	阜民路喬家柵北	二九
藥局街	巡道街談家街南	二二
鵬程里	樂裕里小普陀街西	一九
麗園里	麗園路七三一號	四九
麗園邨	麗園路二四一號	四三
麗園新邨	麗園路八四〇號	五〇
二十劃		
寶安坊	自忠路一三一號	四一
寶安坊	濟南路一五九號	四一
寶安坊	浙江南路一三一號	九
寶安坊	浙江南路一四三號	九
寶安坊	浙江南路一五五號	九
寶安里	青蓮街一一六號	三八
寶安里	泰康路一六〇號	五九
寶安里	國貨路南京街西	一九
寶安里	黃陂南路二五號	五
寶成里	寧海東路九〇號	三
寶明坊	復興中路馬當路西	四七
寶建坊	翁家街四四號	三七
寶建坊	翁家街五二號	三七
寶康里	林森中路三一五號	七
寶康里	浙江南路三〇號	三
寶康里	學院路二三三號	二四
寶康里	興安路二八A號	七
寶培里	復興中路四四六號	四七
寶祥里	復興東路三二九號	二三
寶帶里	寶帶街一三〇號	一二
寶帶街	福佑路民國路西	一二
寶隆里	翁家支街一四號	三七
寶隆里	復興東路一〇五五號	三七
寶隆里	釐方街一一九號	三七
寶隆里	釐方街一二七號	三七
寶隆里	釐方街一三五號	三七
寶善里	吳家街四六號	一四
寶善里	迪化中路三〇九號	八三
寶善里	迪化中路三一七號	八三
寶善里	寧海西路一四九號	四
寶善里一街	濟南路一七三號	四一
寶善里二街	濟南路一七一號	四一
寶善邨	跨龍路一八二號	三二
寶裕里	中正東路二八五號	三
寶裕里	浙江南路一一一號	三
寶裕里	浙江南路二三三號	三
寶裕里	浙江南路三三三號	三
寶裕里	寧海東路一二〇號	三
寶新坊	車站路一四九街內	三二
寶源里	青蓮街六九號	三八
寶源里	青蓮街七七號	三八
寶源里	青蓮街八五號	三八
寶勳里	牌樓路六二號	二四
寶慶里	釐周路二九八號	四五
寶慶里	釐周路三一二號	四五
寶興里	法華鎮路番禺路西	一〇五
寶興里	高家橫街一九號	三六
寶興里	金陵東路三〇〇號	三
寶興里	浙江南路七七號	三
寶興里	浙江南路八九號	三
寶興里	浙江南路九九號	三
寶興里	浙江南路一〇九號	三
寶興里	寧海東路一二九號	三
寶興里	黃陂南路六七九號	四五
繼和里	翁家街二九號	三七
蘇北村	普育東路七九號	三二
蘇家街	楊家柵街一七號	一一
騰鳳里	白衣街二六號	一〇
二十一劃		
蘭邨	中山南路一三六九號	一九
蘭邨	英興路二四號	八八
蘭石里	普安路一三〇號	四
蘭石里	普安路一三四號	四
蘭因里	中華路七九九號	三〇
蘭亭坊	蔓笠街八六號	二三
蘭發里	翁家街六八號	三七
蘭發里	復興東路一〇四七號	三七
蘭馨里	自忠路一一二號	三九
鉄錨街	中山南路東門路南	一三
顧家街	重慶南路二六號	六
顧家街	雁蕩路五一號	六
顧家街	阜民路喬家路南	三〇
顧家町街	海潮路陸家浜路南	一九
鶴鳴里	普安路五八號	四
鶴園	安福路二四七號	九〇
鷄毛街	青龍橋街九七號	二〇
二十二劃		
懿德里	寧海東路一八二號	三
懿德里一街	河南南路三七號	二
懿德里二街	河南南路四七號	二
懿德里三街	河南南路六五號	二
懿德里一街	紫金路三二號	二
懿德里二街	紫金路四二號	二
懿德里三街	紫金路六〇號	二
懿園	建國西路五〇六號	七六
二十三劃		
蘿邨	嵩山路一〇一號	七
麟雲里	尚文路凝和路西	三〇
麟趾坊	長樂路六三八號	六九
二十四劃		
鑫生坊	復興中路一二一八號	七一
鑫吉里	大興街五三號	三四
二十五劃		
觀音閣街	觀音閣街民國路南	一一
觀津里	同慶街一〇號	三八

上海市行號路圖錄下册街號索引

街號	地址	圖號
一街	江西南路德祉里	一
一街	廣西南路瑞福里六街	三
一街	英士路東興里	五
一街	鉅鹿路福潤里	五五
一街	永嘉路中正南二路西	六四
一街	高安路高恩新邨	八四
二街	黃陂南路泰安里	五
二街	崇德路華寶坊	三九
二街	方斜路吉平里	四〇
二街	肇周路南湖里	四〇
二E街	中正南一路鉅鹿路北	六七
三街	紫金路渭文坊	二
三街	西馬街吉慶坊	三七
三街	徐家匯路安臨里	四五
四街	金門路吉利坊	二
四街	廣西南路太原坊	三
四街	林森東路原上里	九
四街	南孔家街仁澤里	三七
四街	劉河路如意里	三九
五街	盛澤路大同坊	二
五街	庵西街復興東路北	二七
五街	江陰街聖家邨	三一
五街	大方街濟恆里	三八
六街	永善路尚義坊	四
六街	雲居街諸成里	一〇
六街	小珠街光裕里	一〇
六街	寶帶街志仁里	一二
六街	桑園街康衢里	二〇
六街	王醫馬街恆德坊	二五
六街	蓬萊路高壽里	二九
六街	成都南路德隆里	五五
六街	高安路林森中路南	八八
七街	匯站街慈佑路南	一〇九
七街	廣西南路瑞福里五街	三
七街	太倉路元慶里	七
七街	敦基街建安里	九
七街	牌樓街同福里	二〇
七街	松雪街蓉祥里	二七
七街	柏枝街九福里	二九
七街	應公祠街永貴里	三六
七街	南孔家街松柏坊	三七
八街	金門路吉利坊	二
八街	寧海西路久安里	四
八街	障川老街樂安坊	一〇
八街	學院路東街西	二四
八街	牌樓路永慶里	三四
八街	文廟路雲德里	三五
八街	會稽路寧德里	三八
八街	肇周路南湖里	四〇
八街	典當街承蔭里	四〇
八街	法華路林森西路口	九九
九街	江西南路德銘里一街	一
九街	永壽路達義坊	三
九街	萬裕街太厚坊	一六
九街	東梅家街天燈街西	二九
九街	沙家街大林後路南	三四
九街	學西街親仁里	三六
九街	同慶街廣平里	三八
九街	崇德路鼎昌里	三九
九街	東台路保安坊	三九
九街	建國東路榮金公街	四五
九街	徐家匯路安臨里	四五
九街	延慶路大福里	七九
九街	高安路高禮新邨	八四
一〇街	山東南路壽康里	二
一〇街	西藏南路久安里	四
一〇街	順昌路得勝里	七
一〇街	柳林路蔭餘里	八
一〇街	壽寧路文元坊一街	八
一〇街	舊校場路永安坊	一〇
一〇街	復興東路三德坊	一四
一〇街	永安街永安里	一七
一〇街	榛苓街蓉興里	二六
一〇街	中石皮弄同安坊	二七
一〇街	西倉橋街倒川街東	二八
一〇街	吾園街也是園弄西	三〇
一〇街	白漾四街慎德里	三一
一〇街	靜修路永業里	三六
一〇街	孔家街福綏里	三七
一〇街	同慶街觀津里	三八
一〇街	唐家灣路肇周路南	四二
一〇街	林蔭路生吉里	四二
一〇街	雁蕩路永業大樓	五五
一〇街	永康路嘉善路口	七一
一〇街	泰安路武康路西	九三
一一街	浙江南路寶裕里	三
一一街	英士路東興里	五
一一街	撫安路復興東路南	二三
一一街	張園街穎德里	二六
一一街	北張家街鴻興坊	二七
一一街	土地堂街振昌里	二七
一一街	石皮街慎德里	二七
一一街	東馬街方浜中路南	二七
一一街	學宮街裕厚里	三六
一一街	金家坊老九坊	三七
一一街	重慶北路馬吉里	五五
一一街	同仁街仁美里	九七
一二街	新永安路永安坊	一
一二街	廣西南路太原坊一街	三
一二街	梧桐街丹鳳街西	一二
一二街	巡道街火神廟街南	二二
一二街	西姚家街東街西	二三
一二街	淘沙場街土地堂街南	二七
一二街	大林路瑞康里	三四
一二街	製造局路永吉里	四四
一三街	永安路永安坊	一
一三街	紫金路同德里北街	二
一三街	廣西南路瑞福里四街	三
一三街	林森東路棠來邨	九
一三街	硝皮街淩明里	二〇
一三街	東姚家街福康里	二三
一三街	侯家路福佑路南	二五
一三街	獅子街大境路南	二六
一三街	薛街底街陳士安橋西	二七
一三街	梅家街均益坊	二九
一三街	亭橋街蓬萊路北	二九
一三街	剪刀橋路永培邨	三三
一三街	林蔭路福昌里	三四
一三街	學前街普育里三街	三五
一三街	夢花街近聖坊	三六
一三街	大木橋路國際新邨	一一八
一四街	金門路華盛坊	二
一四街	福建南路中正東路南	三
一四街	方浜東路南泰昌里	一二
一四街	會館後街蘆蓆街南	一七
一四街	五瓜街張家街南	二〇
一四街	警廳路勤餘里	二二
一四街	新街學院路南	二三
一四街	館驛街吉星里	二七
一四街	三牌樓路同慶坊	二七
一四街	亭橋街錫德里	二九
一四街	顧家街豳馨里	三〇
一四街	曹家街復興東路南	三六
一四街	曹家街儀鳳街東	三六
一四街	松雪街成美里	三七
一四街	翁家支街寶隆里	三七
一四街	方斜路復興東路北	四〇
一四街	合肥路賢成坊	四一
一四街	建國東路天福里	四五
一四街	重慶中路太和里	五五
一五街	金陵東路祥安里	一
一五街	望亭路中正東路南	四
一五街	柳林路梅邨	八
一五街	露香園路敦仁里	九

街號	地址	圖號
一五街	敦基街建安里	一九
一五街	新永安路龍安里	一一
一五街	梧桐街丹鳳街西	一二
一五街	姚家庵街仁義里	二七
一五街	凝和路三益里	二九
一五街	金家棋杆街愼遠坊	二九
一五街	民立街承德坊	三一
一五街	黃家闕路慶雲里二街	三四
一五街	應公祠街四維坊	三五
一五街	劉公祠街夢花街南	三六
一五街	曹祠街崇孝里	三六
一五街	吉祥街瑞安坊	三七
一五街	北孔家街恒興里	三七
一五街	華方街慰和坊	三七
一五街	壽寧路樹新里	三八
一五街	劉河路承德里	三九
一五街	自忠路興安里總街	四〇
一五街	西林後路瑞邨	四二
一五街	永嘉路中正南二路西	六四
一五街	迪化中路長樂路北	八二
一六街	浙江南路永慶里	三
一六街	重慶北路致祥里	五
一六街	林森中路松桂坊	八
一六街	龍潭路久昌里	一一
一六街	丹鳳路財神街	一一
一六街	王家嘴角街銘新里	二二
一六街	花草街有餘里	二四
一六街	陳士安橋聯源里	二七
一六街	東唐家弄永吉里	二九
一六街	方斜支路寧康里	三四
一六街	西馬街西馬里	三七
一六街	大方街晉大里	三八
一六街	東台路恒德里	三九
一六街	永年路肇周路西	四五
一六街	復興西路迪化中路西	八三
一七街	盛澤路壽康里	二
一七街	寧海[illegible]路寧興	二
一七街	長生街慶福里	一〇
一七街	楊家柵街蘇家街	一一
一七街	西姚家街東街西	二三
一七街	土地堂街年安坊	二七
一七街	廣福寺街多吉里	二七
一七街	柏枝街九福里	二九
一七街	梅溪街凝和路西	二九
一七街	孔家街仁壽里	三七
一七街	建國東路榮金公街	四五
一七街	麗園後路新橋路西	五一
一七街	中正南一路同康里	五六
一七街	中正南二路盛德坊	五七
一七街	嘉善路三德坊	七一
一七街	迪化中路長樂路北	八二
一七街	匯站街慈佑路南	一〇九
一八街	廣西南路太原坊二街	三
一八街	障川老街障川街南	一〇
一八街	安平街安仁街西	一一
一八街	永安街永安里	一七
一八街	學院路東街西	二三
一八街	大林路大興街西	三四
一八街	高家橫街延齡里	三六
一八街	莊家街勤業里	三六
一八街	金家坊春壽里	三七
一八街	翁家街品吉里	三七
一八街	自忠路福裕里	三九
一八街	香山路紅薇邨	五七
一八街	紹興路金谷邨	六四
一八街	寶慶路復興中路南	八三
一八街	高安路衡山路北	八七
一九街	江西南路德銘里二街	一
一九街	廣西南路瑞福里三街	三
一九街	運雲路中正東路南	五
一九街	東青蓮街德潤里	九
一九街	撫安路德興東路南	二三
一九街	姚家庵弄永安新邨	二七
一九街	剪刀橋徽寧路	三三
一九街	大林路黃家闕路西	三四
一九街	高家橫街寶興里	三六
一九街	學宮街裕厚里	三六
一九街	木橋街存恕里	三七
一九街	同慶街潤壽坊	三八
一九街	會稽路銀河里	三八
一九街	萬生橋路三星里	四〇
一九街	鉅鹿路永吉里	五五
一九街	永嘉路西愛邨	六四
一九街	匯站街慈佑路南	一〇九
二〇街	同仁街華山路西	九七
二〇街	富民路古福新邨	八〇
二〇街	永嘉路順安里	六四
二〇街	徐家匯路恒福里	五二
二〇街	車站路利涉西坊	三三
二〇街	廣福寺街永壽坊	二七
二〇街	學西街三餘里	三六
二〇街	金家坊成春坊北街	三七
二〇街	方斜路敦潤里	四〇
二〇街	黃陂南路文安坊	五
二〇街	嵩山路光德里	五
二〇街	東姚家街松陽里	一三
二〇街	新街學院路南	二三
二〇街	硝皮街崇本里	二五
二〇街	王醫馬街恒德坊	二五
二〇街	馬街潁川里	二六
二一街	英士路中正東路南	五
二一街	重慶南路四明里	六
二一街	新永安路同安里	一一
二一街	小普陀街暉華里	一七
二一街	松雪街睿祥里	二七
二一街	東梅家街壽昌里	二九
二一街	民立街承德坊	三一
二一街	應公祠路蓬萊路南	三五
二一街	唐家灣路樹祥里	四二
二一街	重慶北路馬吉里	五五
二一街	皋蘭路思南路西	五七
二一街	永嘉路恒愛里	六四
二一街	吳興路林森中路南	八八
二一街	觀音閣街鴻裕里	一一
二二街	盛澤路美華里	二
二二街	廣西南路太原坊三弄	三
二二街	重慶南路鴻安坊	六
二二街	侯家路福佑路南	一〇
二二街	高橋路東南里	一二
二二街	新碼頭橫街敦仁里	一五
二二街	花草街瑞德里	二四
二二街	馬園街方浜中路北	二五
二二街	張園街計街家南	二六
二二街	館驛街安寧里	二七
二二街	尙文路鴻來坊	三〇
二二街	松雪街成美里	三七
二二街	南孔家街詠廬	三七
二二街	同慶街華慶坊	三八
二二街	張家浜路新興里	四九
二二街	富民路中正中路南	八〇
二二街	復興西路綠邨	八三
二二街	廣元路雲裳邨	八七
二三街	浙江南路寶裕里	三
二三街	廣西南路瑞福里二弄	三
二三街	金陵西路道德里	五
二三街	安平街星輝里	一一
二三街	南倉街小南門街北	二〇
二三街	談家街中華路西	二二
二三街	醫鸝路集賢村	二二
二三街	館驛街方浜中路南	二四
二三街	硝皮街愛聖坊	二五
二三街	北王醫馬街思恭里	二五
二三街	阜春街三德里	二六
二三街	南陽街南陽里	二九
二三街	金家棋杆弄壽康里	二九
二三街	梅溪支街積餘里	二九
二三街	曹祠街崇孝里	三六
二三街	學宮街裕厚里	三六
二三街	北孔家街恒興里	三七
二三街	西馬街祥廬	三七
二三街	大方街善德里	三八
二三街	方浜西路壽祥里總街	四〇
二三街	復興中路永安里	四〇
二三街	萬生路裕成里	四〇
二四街	連雲路百花商場	五
二四街	南昌路四合里	六
二四街	順昌路長德里	七
二四街	高敦街德潤里	九
二四街	王家宅靜安里	一九
二四街	南區街聖賢橋街北	二〇

二四街	縣左街闕家街	二四
二四街	中石皮街仁善坊	二七
二四街	中石皮街仁善坊	二七
二四街	少年路仁成總里	三四
二四街	西華路仁成東街	三四
二四街	沙家街大林路南	三四
二四街	濟南路良善里	三九
二四街	永年路維興里	四五
二四街	重慶中路太和坊	五五
二四街	吳興路蘭邨	八八
二四街	迪化中路長樂路北	九〇
二五街	四川南路興業里	一
二五街	寧海東路寧興里	二
二五街	黃陂南路寶安里	五
二五街	柳林路竹邨	八
二五街	敦基街同康里	九
二五街	馬園街春長里	一二
二五街	小閘橋街小石橋街南	二一
二五街	硝皮街望聖坊	二五
二五街	廣福寺街多吉里	二七
二五街	北石皮街大樹坊	二七
二五街	蓬萊路仁壽坊	二九
二五街	黃家闕路慶雲里一街	三四
二五街	學前街普育里二街	三五
二五街	方斜後路大林路南	四二
二五街	皋蘭路中正南路東	五七
二五街	紹興路陝西南路東	六三
二五街	永嘉路蓁宜精舍	六四
二五街	陝西南路進賢路北	六七
二五街	襄陽南路林森中路南	七一
二六街	永善路尙義坊	四
二六街	重慶北路新馬樂里	五
二六街	英士路秀雲里	五
二六街	重慶南路顧家街	六
二六街	白衣街騰鳳里	一〇
二六街	寶帶街英平里	一二
二六街	吳家街德順里	一四
二六街	裏萃豐街中山南路西	一五
二六街	萬裕街延陵里	一六
二六街	王家嘴角街銘新里	二三
二六街	外倉橋街混堂街	二一
二六街	舊校場路福佑路南	二五
二六街	白漾四街慎德里	三一
二六街	大吉路福興坊	三四
二六街	小方街永福里	三八
二六街	濟南路良善里	三九
二六街	肇周路天佑坊	四〇
二六街	中正南一路興業里	六七
二六街	宛平路康平路北	八八
二六街	敦惠路法華鎮路北	九九
二六街	法華路法華新邨	九九
二六街	同仁街華山路西	九七
二七街	青蓮街海雲坊	九
二七街	安仁街保仁街南	一一
二七街	喬家路進德里	二一
二七街	大夫坊復興東路南	二三
二七街	粵院路東街西	二四
二七街	石皮街德蘭室坊	二七
二七街	中石皮街積德里	二七
二七街	白漾三街餘福里	三〇
二七街	西華路中華路南	三一
二七街	高家街文鳳里	三六
二七街	儀鳳街樂安邨	三六
二七街	懷眞街葆隆坊	三八
二七街	西林橫路西林路西	四二
二七街	南昌路重慶南路西	四七
二七街	建國中路思南路東	五二
二八街	四川南路祥裕里一街	一
二八街	壽寧路文元坊二街	八
二八街	陽朔路華成里	一二
二八街	南京街大王廟街南	一九
二八街	羊腸街運亨里	二〇
二八街	篾竹街升安里	二二
二八街	巡道街德本里	二二
二八街	粵院路壽康里	二三
二八街	淘沙場街培德坊	二七
二八街	中石皮街華慶坊	二七
二八街	虹橋街德備里	二八
二八街	貽慶街聚興里	三七
二八街	西林後路肇周路南	四二
二八街	重慶中路永安里	五五
二八街	匯西街鎮南街西	一〇九
二九街	江西南路德銘里三街	一
二九街	廣西南路瑞福里一街	三
二九街	觀音閣街鴻興里	一一
二九街	悅來街積善坊	一四
二九街	外郞家橋街毛家街北	一五
二九街	壩基橋街德安里	二二
二九街	松雪街睿祥里	二七
二九街	南梅溪街	二九
二九街	陸家浜後街迎勳路東	三一
二九街	天主堂街普育西路西	三二
二九街	壽寧路餘慶里	三八
二九街	東台路元吉里	三九
二九街	典當街志遠坊	四〇
二九街	合肥路文成里	四五
二九街	重慶北路馬吉里	五五
二九街	成都南路恆慶里	五五
二九街	中正南二路福星里	五七
二九街	懷安街同恆邨	一〇九
二九街	翁家街繼和里	三七
三〇街	四川南路祥裕里二街	一
三〇街	浙江南路寶康里	三
三〇街	廣西南路太原坊四街	三
三〇街	順昌路福盛里	七
三〇街	晏海路元和里	一〇
三〇街	積善寺街大康里	一〇
三〇街	紫霞路豈市街西	一五
三〇街	葉家街薛家浜路西	一八
三〇街	館驛東街鴻安里	二四
三〇街	紫華路德源里	二六
三〇街	東唐家街均益坊	二九
三〇街	車站路利涉西坊	三三
三〇街	小桃園街桃源坊	三六
三〇街	老道前街夢花街南	三六
三〇街	松雪街成美里	三七
三〇街	孔家街泰瑞里	三七
三〇街	西馬街靜遠里	三七
三〇街	北孔家街吉慶里	三七
三〇街	懷眞街中華里	三八
三〇街	萬生路希善里	四〇
三〇街	魯班路斜徐路南	五一
三一街	英士路桂馥里	五
三一街	連雲路五福里	一五
三一街	永安路益新里	一一
三一街	安平街餘慶里	一一
三一街	張家衖薛衖底街南	二七
三一街	淨土路大德里	二八
三一街	大林路泰康里	三四
三一街	大興街大林路南	三四
三一街	孔家街承德里	三七
三一街	局門路安樂里	四四
三一街	建國東路恆昌里	四五
三一街	興業路順昌里	四六
三一街	泰康路東海坊	六〇
三二街	紫金路懿德里一街	二
三二街	望亭路吉祥里	四
三二街	外鹹瓜街餘慶里	一三
三二街	裏萃豐街中山南路西	一五
三二街	梅園街徽寧里	一五
三二街	馬園街方浜中路北	二五
三二街	王醫馬街沉香閣路南	二五
三二街	獅子街同福里	二六
三二街	麗園路通達里	三三
三二街	復興中路永安里	四〇
三二街	西林路合興里	四二
三三街	雁蕩路永業大樓	五五
三三街	紫金路同德里南衖	二
三三街	浙江南路寶裕里	三
三三街	永壽路福星里	三
三三街	廣西南路昇平里	三
三三街	普安路樹德里	四
三三街	太倉路逢伯里	七
三三街	大境街仁大里	九
三三街	侯家路福佑路南	一〇
三三街	馬園街春長里	一二
三三街	光啓路鄉賢里四街	二四
三三街	三牌樓路畫錦路南	二四
三三街	曹祠街崇孝里	三六
三三街	侯家路福佑路南	二五
三三街	廣福寺街多吉里	二七
三三街	北石皮街三餘里	二七
三三街	學宮街裕厚里	三六
三三街	北孔家街雲邨	三七

街號	地址	圖號
三三街	肇方街潤德里	三七
三四街	金陵東路溪口路東	一
三四街	盛澤路美華里	二
三四街	廣西南路太原坊五街	三
三四街	高敦街恭慶坊	九
三四街	保仁街潤德里	一一
三四街	安平街三星街	一一
三四街	萬裕街王家碼頭街北	一六
三四街	豐記碼頭街外馬路西	一九
三四街	悅來街玉藻里	二三
三四街	巡道街德本里	二三
三四街	西倉路慶安坊	二八
三四街	海南西街永和里	三二
三四街	翁家街介眉里	三七
三四街	新樂路陝西南路西	六九
三五街	廣西南路昇平里	三
三五街	普安路復興里	四
三五街	望亭路森福里	四
三五街	柳林路松邨	八
三五街	湯管街元興坊	一九
三五街	談家街瑞安里	二二
三五街	阜春街永康里	二六
三五街	學前街普育里一街	三五
三五街	靜修路京兆坊	三六
三五街	南孔家街復興東路北	三七
三五街	小方街西馬橋街	三八
三五街	西林路慈惠坊	四〇
三五街	肇周路仁德里	四二
三五街	吳興路康平路北	八八
三六街	福建南路天錫里	三
三六街	英士路秀雲里	五
三六街	露香園路仁安里	九
三六街	永安路普安里一街	一一
三六街	保仁街震惠坊	一一
三六街	楊家柵街完如里	一一
三六街	獅子街同福里	二六
三六街	陳士安橋長生街	二七
三六街	牌樓路大吉路南	三四
三六街	大吉路泰安街西	三四
三六街	大林路仁義坊	三四
三六街	學前街松筠里	三五
三六街	建國東路大康里	四五
三六街	紹興路靜邨	六四
三七街	河南南路懿德里一街	二
三七街	永壽路福星里	三
三七街	東青蓮街春源里三街	九
三七街	丹鳳路福華里	一一
三七街	大生街順德里	一二
三七街	中華路晉康里	一三
三七街	油車街延壽里	一四
三七街	糖坊街中華路南	二〇
三七街	石皮街德蘭室坊	二七
三七街	松雪街蓉祥里	二七
三七街	吾園街何家街東	二九
三七街	迎勳路明志里	三一
三七街	林蔭路仲德里	三四
三七街	高家街積德里	三六
三七街	靜修路合德里	三六
三七街	自忠路大華里	四〇
三七街	萬生橋路德興里	四〇
三七街	徐家匯路榮仁里	四五
三七街	嘉善路復興中路南	七一
三七街	永康路興順南里	七二
三七街	復興西路迪化中路西	八三
三七街	番禺路平武路北	一〇〇
三七街	吳興路康平路北	八八
三八街	江西南路德福里	二
三八街	山東南路匯成里	二
三八街	大生街寶帶街西	一二
三八街	梅園街永安里	一五
三八街	桑園街陸家浜路北	二〇
三八街	羊腸街運亭里	二〇
三八街	硝皮街品華坊	二五
三八街	中王醫馬街敦倫里	二五
三八街	計家街培德里	二六
三八街	天主堂街普育西路西	三二
三八街	黃家闕路餘慶坊	三四
三八街	松雪街吉祥里	三七
三八街	翁家街金家坊南	三七
三八街	會稽路同康里	三八
三八街	方浜西路永華里	三八
三八街	方斜路竹行街	四〇
三八街	西林後路華興里	四二
三八街	永康路興順里	七一
三八街	番禺路中正西路南	一〇三
三八街	虹橋路華山路西	九七
三九街	重慶南路三德坊	六
三九街	潘家街福佑路北	一〇
三九街	新開河久興里	一一
三九街	會館後街勤德里	一七
三九街	傳開街慶安坊	二四
三九街	錫街底街錫慶里	二七
三九街	金家棋杆街福綏里	二九
三九街	黃家闕路大吉路北	三四
三九街	曹祠弄裕新里	三六
三九街	學西街儀鳳街東	三六
三九街	南孔家街長安里	三七
三九街	懷眞街葆隆坊	三八
三九街	嘉寧路餘慶里	三八
三九街	建國東路康益里	四五
三九街	重慶北路育倫坊	五五
三九街	中正南一路蓀吉里	五六
三九街	永嘉路鄭家街	六四
三九街	吳興路康平路北	八八
四〇街	南昌路思鄉坊	六
四〇街	興業路天一坊	七
四〇街	晏海路元和里	一〇
四〇街	薩珠弄餘慶坊	一〇
四〇街	寶帶街永慶坊	一二
四〇街	東姚中華路西	一三
四〇街	喬家柵凝和路東	二九
四〇街	小桃街小桃園	三六
四〇街	曹家街勤餘里	三六
四〇街	崇德里錦秀坊	三九
四〇街	肇周路瑞安坊	四〇
四〇街	雁蕩路元昌里	五五
四一街	山東南路興業閣	二
四一街	永安路同安里	一一
四一街	楊家柵街承志里	一一
四一街	定福街新昌里	一七
四一街	南施家街南倉街東	二〇
四一街	喬家路顧壽里	二一
四一街	朱家街升安里	二二
四一街	淨土路望雲路西	二八
四一街	車站路利涉東坊	三二
四一街	大林路久安里	三四
四一街	順昌路漁邨	三九
四一街	興業路順昌里	四六
四一街	陝西南路凡爾登花園	六六
四一街	茂名南路正德里	六七
四一街	吳興路康平路北	八八
四二街	紫金路懿德里二街	二
四二街	順昌路吉益東里	七
四二街	長生街生生街	一〇
四二街	楊家柵街元昌里	一一
四二街	楓涇路太和里	一二
四二街	糖坊街復善堂街北	二〇
四二街	淡家街巡道街東	二一
四二街	警廳路存德坊	二二
四二街	傳家街致靜里	二四
四二街	南王醫馬街侯家路東	二五
四二街	淘沙場街澄清里	二七
四二街	梅溪街凝和路西	二九
四二街	也是園街德馨里	三〇
四二街	海南西街三民坊	三二
四二街	成都南路鉅興里	五五
四二街	思南路息廬	五七
四二街	襄陽北路長樂路北	六九
四二街	常熟路和興里	八二
四二街	運雲路百花商場	五
四二街	舊倉街清盛里	九
四三街	紫金路愼興里北街	二
四三街	廣西南路西高第里	九
四三街	桑園街陸家浜路北	二〇
四三街	小閘橋街仁安里	二一
四三街	藥局街長德里	二二
四三街	光啓路鄰賢里三街	二四
四三街	馬街方浜中路北	二六
四三街	淘沙場街九芝里	二七
四三街	艾家街均安坊	二八

四三街　鹿園路仁壽里　三三
四三街　學宮街裕厚里　三六
四三街　西林路慈惠坊　四〇
四三街　南昌路重慶南路園　四七
四三街　長樂路興隆邨　五五
四三街　陝西南路凡爾登花園　六六
四三街　徐鎮路鎮北街西　九六
四四街　四川南路同仁里　一
四四街　廣西南路餘慶里四街　三
四四街　金陵西路九如里　五
四四街　高敦街企雲坊　九
四四街　晏海街平安坊　一〇
四四街　如意街吉祥里　一四
四四街　蟻濟路復興東路南　二三
四四街　花草街光啓路東　二四
四四街　榛苓街協成里　二六
四四街　三牌樓路晝錦路南　二七
四四街　麗園路桂蘭里　三三
四四街　牌樓路大通路北　三四
四四街　黃家闕路大吉路南　三四
四四街　西馬街明潔里　三七
四四街　翁家街寶建坊　三七
四四街　永年路雙桂里　四五
四四街　新樂路亨利坊　六九
四四街　復興西路玫瑰別墅　八三
四五街　太倉路同福里　七
四五街　計家街懷德里　一〇
四五街　方浜中路福昌里　一二
四五街　如意街油車街北　一四
四五街　油車街洽安里　一四
四五街　高巷頭街篾竹街北　二一
四五街　石皮街德蘭室坊　二七
四五街　花園街得利坊　三〇
四五街　江陰街平原里　三一
四五街　麗園路發興里　三三
四五街　林蔭路怡德坊　三四
四五街　大吉路平安坊　三四
四五街　高家街永寧坊　三六
四五街　孔家街文孝坊　三七
四五街　會稽路慎餘里　三八
四五街　崇德路益壽里　三九

四五街　鉅鹿路民生坊　五五
四五街　陝西南路凡爾登花園　六六
四五街　嘉善路貴和坊　七一
四五街　中正西路美麗園　八一
四五街　莊家街永福里　三六
四六街　山東南路匯成里　二
四六街　廣西南路餘慶里三街　三
四六街　萬生路三星里　四〇
四六街　南昌路大盛里　六
四六街　壽寧路文元坊三街　八
四六街　丹鳳路衍慶坊　一一
四六街　吳家街寶善里　一四
四六街　裏萃豐街慕銘里　一五
四六街　小普陀街樂裕里　二〇
四六街　小閘橋街聯芳里　二一
四六街　朱家街布巷　二三
四六街　天燈街盛德里　二三
四六街　薛弄底街東海坊　二七
四六街　北石皮街久興里　二七
四六街　梅家街梅家街　二九
四六街　黃家路衛邨　三〇
四六街　潮海路陸家浜路南　三二
四六街　萬竹街潤德坊　三八
四七街　河南南路懿德里一弄　二
四七街　英士路同益里　五
四七街　重慶南路三德坊　六
四七街　安平街餘慶里西街　一一
四七街　梧桐街如意街　一二
四七街　復善堂街羊腸街　二〇
四七街　小桃園街西倉路西　二八
四七街　凝和路順眞里　二九
四七街　黃家闕路慶安里　三四
四七街　應公祠路龍門邨五街　三五
四七街　金家坊如意里　三七
四七街　紅欄杆街成春坊南街　三七
四七街　孔家街均康里　三七
四七街　長樂路興隆邨　五五
四七街　紹興路安寧邨　六三
四七街　襄陽北路長樂路北　六九
四八街　廣西南路餘慶里二街　三
四八街　永善路尚義坊　四

四八街　重慶北路新馬樂里　五
四八街　吳家街懷德里　一〇
四八街　永安路普安里二街　一一
四八街　觀音閣街民國路南　一一
四八街　荳市街厚德里　一五
四八街　西鈞玉街南倉街西　二〇
四八街　西倉橋街西倉路東　二八
四八街　蓬萊路凝和路東　二九
四八街　曹家街安康里　三六
四八街　方浜西路明月坊　三八
四八街　林蔭路正興里　四二
四八街　魯班路斜徐路南　五一
四八街　中正南二路皋蘭路口　六五
四八街　安福路常熟路西　八二
四九街　浙江南路餘順里　三
四九街　龍門路鴻運坊　四
四九街　廣西南路仁美里　九
四九街　東青蓮街敦順里　九
四九街　安仁街福佑路北　一一
四九街　淨土路望雲路西　二八
四九街　順昌路漁邨　三九
四九街　長樂路漁陽里　五五
四九街　茂名南路進賢路南　六七
四九街　安福路信和別墅　八二
四九街　復興西路碧梧新邨　八三
五〇街　廣西南路餘慶里一街　三
五〇街　南昌路陶邨　六
五〇街　舊倉街陞平里　九
五〇街　老新街如意胡同　一四
五〇街　吳家街瑞華里　一四
五〇街　糖坊街復善街北　二〇
五〇街　外倉橋街小九華街南　二一
五〇街　小桃園街德順里　三六
五〇街　靜修路萱蔭里　三六
五〇街　紅欄杆街仁義坊　三七
五〇街　崇德路六合里　三九
五〇街　張家浜路生吉里　四九
五〇街　中正南一路聖達里　六七
五一街　普安路桃源坊　四
五一街　雁蕩路顧家街　六
五一街　福佑路丹鳳路西　一一

五一街　觀音閣街民國路南　一一
五一街　紫霞路百祿里　一五
五一街　定福街建業里　一七
五一街　定福街德鄰里　二〇
五一街　大境路榮慶坊　二六
五一街　馬街始平里　二六
五一街　淘沙場街九芝里　二七
五一街　剪刀橋路信誠里　三三
五一街　濟南路慶平坊　三九
五一街　永年路雙文里　四五
五一街　興業路順昌里　四六
五一街　陝西南路長樂路南　六六
五一街　延慶路華亭路東　七九
五二街　金陵東路德銘里西街　一
五二街　安仁街安平街南　一一
五二街　南倉街三和里　二〇
五二街　孫家街江夏里　二三
五二街　縣左街光啓路東　二四
五二街　光啓路富美里　二四
五二街　計家街鴻源里　二六
五二街　獅子街方浜中路北　二六
五二街　淘沙場街澄清里　二七
五二街　翁家街寶建坊　三七
五三街　盛澤路惟祥里　二
五三街　永安路同安里　一一
五三街　油車街寧康里　一四
五三街　火神廟街集德里　二三
五三街　學院路四牌樓路東　二四
五三街　西倉橋街桐蔭坊　二八
五三街　大林路黃家闕路西　三四
五三街　大興街鑫吉里　三四
五三街　學宮街通明里　三六
五三街　局門路永樂里　四四
五三街　打浦路玉雀巷　六一
五三街　安福路和明村　八二
五三街　復興西路永福路東　八三
五四街　興業路法益里　七
五四街　龍門路久安里　四
五四街　廣西南路合德里　九
五四街　晏海街吉桂里　一〇
五四街　長生街雲居街南　一〇

街號	地址	圖號
五四街	外馬路大達里	一三
五四街	虹橋路天佑里	二八
五四街	劍川街長壽里	二八
五四街	中心街懷德里	三六
五四街	高家街西倉橋街北	三六
五四街	曹祠街崇孝里	三六
五四街	匯南街五埭頭	一二
五五街	江西南路吉安里四街	一一
五五街	重慶中路林森中路北	五
五五街	雁蕩路華龍別墅	六
五五街	桃源路秉安里	八
五五街	大境街建餘坊	九
五五街	丹鳳路慎德里	一一
五五街	光啓路鄰賢里二街	二四
五五街	曹家街東平里	三六
五五街	成都南路春魁里	五五
五五街	茂名南路誠德里	六七
五五街	中正西路南京西路口	八一
五五街	番禺路平武路北	一〇〇
五五街	慈雲街漕溪北路東	一一四
五五街	金陵西路三多里	五
五六街	山東南路匯成里	二
五六街	順昌路大康坊	七
五六街	高敦街承惠里	九
五六街	民珠街萩安里	一〇
五六街	福民街蘆家街	一〇
五六街	寶帶街小娘浜街	一二
五六街	福佑路三善里	一二
五六街	東台路長安里	三九
五六街	雁蕩路元昌里	五五
五六街	建國西路曲園	六三
五六街	茂名南路幹民里	六七
五六街	新樂路萇邨	六九
五六街	東湖路新樂路南	七〇
五六街	永嘉路陝西南路西	七二
五七街	紫金路愼興里南街	二
五七街	浙江南路惟善里	三
五七街	永壽路三星里	三
五七街	計家街晏海路東	一〇
五七街	裏萃豐街明德里	一五
五七街	會館後街三多里	一七
五七街	桑園街陸家浜路北	二〇
五七街	何家弄吾園街南	二〇
五七街	先棉祠北街裕德里	三五
五七街	應公祠路龍門邨四街	三五
五七街	劉河路鼎祥里	三九
五七街	復興中路吉安路東	四〇
五七街	泰安街德新里一街	四〇
五七街B	成都南路貝禘坊	五五
五八街	雲南南路友益里	三
五八街	西藏南路恒茂里	四
五八街	普安路鶴鳴里	四
五八街	廣西南路仁美西街	九
五八街	露香園路仁安里二街	九
五八街	安仁街敬三一里	一一
五八街	會館後街安瀾里	一七
五八街	外倉橋街洗[illegible]街	二一
五八街	學院路壽康里	二三
五八街	畫錦路藏暉里	二四
五八街	傳家街錦安坊	二四
五八街	阜春街永德里	二六
五八街	凝和路凝和支街	二九
五八街	藥局街餘慶里	三〇
五八街	牌樓路大通路南	三四
五八街	建國東路松齡里	四五
五八街	新樂路亨利邨	六九
五八街	平武路番禺路東	一〇〇
五八街	種德橋路中正西路南	一〇四
五九街	廣西南路立賢里	九
五九街	觀音閣街民國路南	一一
五九街	紫霞路濟陽里	一五
五九街	天主堂東街賴義碼頭北	一七
五九街	黃家路新升里	三〇
五九街	花園街亦家里	三〇
五九街	北孔家街永仁里	三七
五九街	會稽路紫微里	三八
五九街	泰安街德新里二弄	四〇
五九街	萬生路育德坊	四〇
五九街	典當街裕成里	四〇
五九街	安福路春華里	八二
五九街	徐鎭路鎭北街西	九六
六〇街	紫金路懿德里三弄	二
六〇街	金陵西路積善里	五
六〇街	青蓮街恒裕里	九
六〇街	花衣街吉安里	一六
六〇街	萬裕街適可居	一六
六〇街	麵筋街巡道街東	二二
六〇街	計家街三省里	二六
六〇街	黃家闕路大吉路南	三四
六〇街	文廟路榮興里	三五
六〇街	自忠路福源里	三九
六〇街	吉安路順元里	三九
六〇街	復興中路吉安路東	四〇
六〇街	林蔭路正興里	四二
六〇街	製造局路樹滋里	四三
六〇街	成都南路桃園邨	五五
六一街	楊家柵街安仁街東	一一
六一街	油車街慈慶里	一四
六一街	巡道街鴻藻坊	二二
六一街	三牌樓路圓子弄	二四
六一街	紫華路樹德里	二六
六一街	果育堂街迎善里	二七
六一街	淘沙場街善德里	二七
六一街	西倉路懷仁里	二八
六一街	花園弄可大里	三〇
六一街	順昌路漁邨	三九
六一街	方浜西路安平坊	四〇
六一街	建國東路康吉里	四五
六一街	興業路順昌里	四五
六一街	建國中路和玫坊	五九
六一街	富民路餘慶坊	六八
六一街	常熟路善鐘里	八〇
六一街	高安路永嘉路南	八五
六一街	沈家宅匯南街東	一一五
六二街	盛澤路承志里	二
六二街	裏萃豐街慕銘里	一五
六二街	沙場街汝南里	二二
六二街	三牌樓路三牌樓坊	二七
六二街	虹橋弄太平里	二八
六二街	望雲路如志里	二八
六二街	牌樓路寶勳里	三四
六二街	先棉祠北街餘慶里	三五
六二街	曹祠弄尙文路北	三六
六二街	曹家街留隆小築	三六
六二街	嘉善路永康路之北	七一
六二街	安福路德安里	八二
六二街	鎭南街海星光里	一〇九
六二街	鎭南街海星光里	九六
六三街	重慶中路林森中路北	五
六三街	林森中路福昌里	八
六三街	高敦街承平里	九
六三街	新永安浜普安里	一一
六三街	大生街沛國里	一二
六三街	方浜中路德安里	一二
六三街	西鈎玉街樺萱里	二〇
六三街	張家弄贍倚坊	二七
六三街	薛弄底街果育堂街西	二七
六三街	大林路牌樓路東	三四
六三街	學前街國寶坊	三五
六三街	學宮街通明里	三六
六三街	方浜西路恒安坊總弄	四〇
六三街	局門路富生里	四四
六三街	永年路永昌里	四五
六三街	長樂路和合坊	五五
六三街	陝西南路林森中路北	六六
六三街	興國路華山路南	九二
六四街	龍門路久安里	四
六四街	連雲路百花商場	五
六四街	壽寧路錦裕里	八
六四街	舊倉街柳邨	九
六四街	裏倉橋街小石橋街北	二一
六四街	傅家街大慶里	二四
六四街	淘沙場街養和邨	二七
六四街	普育西支路迎勳路東	三二
六四街	應公祠路一粟街北	三五
六四街	靜修路鴻綬里	三六
六四街	濟南路慶安坊	三九
六四街	合肥路東中北里	四一
六四街	重慶中路漁陽里	五五
六四街	汾陽路畢興坊	七八

六五街 江西南路吉安里三弄 一
六五街 河南南路懿德里三弄 二
六五街 柳林路福慶里 八
六五街 舊倉街福佑路南 一〇
六五街 福民街景一里 一一
六五街 光啓路鄰賢里一弄 二四
六五街 晝錦路福馨里 二四
六五街 何家弄吾園弄南 三〇
六五街 金家坊貽慶里南弄 三七
六五街 肇方路肇方里 三七
六五街 萬生路方斜路西 四〇
六五街 肇周路泰安坊 四二
六五街 建國中路思南路西 五九
六五街 五原路常熟路西 八三
六五街 隴站街大華邨 一一二
六六街 英士路南通里 五
六六街 長生街裕德里 一〇
六六街 寶帶弄大生街北 一二
六六街 桑園街桑園邨 二〇
六六街 晝錦路善富里 二四
六六街 大吉路慶華坊 三四
六六街 高家弄仁安坊 三六
六六街 曹祠弄尙文路之北 三六
六六街 松雪街吉祥弄三弄 三七
六六街 崇德路六合里 三九
六六街 唐家灣路永順里 四二
六六街 魯班路斜徐路南 五一
六六街 襄陽北路順德坊 六九
六七街 永壽路興昌里 三
六七街 望亭路芝蘭里 四
六七街 巡道街晉康里 二二
六七街 梧桐街安仁里 二五
六七街 大吉路林蔭路東 三四
六七街 懷安街慈佑路南 九六
六八街 西藏南路恒茂里 四
六八街 望亭路慶安里 四
六八街 滬雲路金陵西路之北 五
六八街 順昌路餘慶坊 七
六八街 露香園路義園里一弄 九
六八街 老太平弄太平里 一四
六八街 荳市街恒吉里 一五

六八街 會館後街安瀾里 一七
六八街 紫華路平安里 二六
六八街 虹橋弄貞元里 二八
六八街 中心弄昌平里 三六
六八街 翁家弄蘭發里 三七
六八街 嘉善路公興坊 七一
六九街 寧海中路中華里 二
六九街 永壽路興昌里 三
六九街 青蓮街小青蓮弄 九
六九街 荳市街德明里 一五
六九街 會館後街三多里 一七
六九街 跨龍路存德坊 二〇
六九街 淘沙場街善德里 二七
六九街 石皮弄德蘭室坊 二七
六九街 應公祠路龍門邨三弄 三五
六九街 孔家弄晉蘭里 三七
六九街 青蓮街寶源里 三八
六九街 壽寧路元聲里 三九
六九街 順昌路人傑里 三九
六九街 張家浜路新橋路東 四九
六九街 南昌路錫業別墅 五七
六九街 中正南二路錫德坊 五七
六九街 嘉善路崇仁里 七一
六九街 安福路春華里 八二
七〇街 寧海東路宏餘坊 二
七〇街 浙江南路振新北里 三
七〇街 王家嘴角街荷花池弄 二一
七〇街 楊家渡街近市坊 一四
七〇街 豐記碼頭街外馬路西 一九
七〇街 計家弄吉祥坊 二六
七〇街 登雲弄合盛坊 二八
七〇街 何家弄鴻興里 三五
七〇街 東台路福源里 三九
七〇街 林蔭路正興里 四二
七〇街 中正南二路香山路口 六五
七〇街 陝西南路鉅鹿路北 六八
七〇街 新樂路襄陽北路東 六九
七〇街 常熟路和興里 八二
七〇街 敦惠路法華鎭路北 九九
七〇街 林森西路華山路西 九九
七〇街 徐虹路慈佑路南 一〇九

七一街 王家嘴角街小九華街北 二一
七一街 舊校場路福佑路南 二五
七一街 松雪街北石皮街南 二七
七一街 西倉路懷仁里 二八
七一街 倒川街吉祥里 二八
七一街 黃家闕路經德坊 三四
七一街 壽寧路元聲里 三八
七一街 大方弄仁壽坊 三九
七二街 金陵西路合興坊 五
七二街 大境街愼餘里 九
七二街 福民街瑞興里 一〇
七二街 安仁街安仁街 一一
七二街 漕倉碼頭中山南路西 一七
七二街 天燈街民賢坊 二九
七二街 西唐家街聲廬 二九
七二街 普育東路三民坊 三二
七二街 局門後路承和坊 四四
七二街 進賢路慶華里 六七
七二街 鎭南街海星光里 一〇九
七三街 寧海西路八仙坊一衖 四
七三街 石皮街德蘭室坊 二七
七三街 北石皮街蓉祥里 二七
七三街 西唐家街沙安坊 二八
七三街 夢花街佳志里 三六
七三街 翁家街翁家支街南 三七
七三街 壽寧路元聲里 三九
七三街 復興中路三瑞里 四〇
七三街 唐家灣路大富坊 四二
七三街 徐家匯路天興里 四五
七三街 五原路常熟路西 八三
七四街 江西南路吉如里 二
七四街 龍門路久安里 四
七四街 森林中路隆餘里 八
七四街 福佑路丹鳳街西 一二
七四街 裏萃豐街嘉銘里 一五
七四街 糖坊北街愼德里 二〇
七四街 四牌樓路縣左街南 二四
七四街 高家街仁安坊 三六
七四街 萬生路三德里 四〇
七四街 南昌路福壽里 五五
七四街 中正南一路長樂路北 六七

七五街 江西南路吉安里二衖 一
七五街 永興路京江衖 二
七五街 盛澤路明德里二衖 三
七五街 安仁街福佑路北 一[illegible]
七五街 留雲寺街新陸邨 二〇
七五街 桑園街陸家浜路北 二〇
七五街 肇方街肇方里 三七
七五街 建國東路積善里 四五
七五街 番禺路平武路北 一〇〇
七五街 懷安街慈佑路南 一〇九
七六街 英士路南通里 五
七六街 舊倉街廣益里 九
七六街 萬豫碼頭街萬豫里 一六
七六街 登雲街恒吉里 二八
七六街 黃家闕路大吉路南 三四
七六街 紹興路陝西南路東 六四
七六街 懷安街慈佑路南 一〇九
七七街 中正東路德慶里 二
七七浙 浙江南路寶興里 五
七七街 永壽路吉信坊 五
七七街 福佑路景明里 一[illegible]
七七街 西鈎玉街佛閣街東 二〇
七七街 侯家路振興里 二五
七七街 青蓮街寶源里 三八
七七街 順昌路慶安坊 三九
七七街 局門後路源吉里 四四
七七街 合肥路順鑫里 四五
七七街 泰康路東林里 六〇
七七街 岳陽路永嘉路北 七七
七七街 迪化中路積邨 八三
七七街 潘家街裕德路南 一一[illegible]
七八街 露香園路義安里二衖 六
七八街 福佑路務本里 一[illegible]
七八街 老太平街太平里 一四
七八街 夢花街晉德里 三六
七八街 吉安路新福里 三九
七八街 濟南路永寧里 三九
七八街 肇周路德祥里總衖 四〇
七八街 西林路積餘坊 四二
七八街 西林後路德善里 四二
七八街 永年路順昌路東 四五

街號	地址	圖號
七八街	局門路東源里	四九
七八街	紹興路陝西南路東	六四
七八街	安福路錦福里	八二
七九街	山東南路裕慶坊	二
七九街	盛澤路明德里一弄	二
七九街	寧海東路福建南路西	三
七九街	小石橋街中華路東	二一
七九街	學院路永安里	二四
七九街	倒川街松雲里	二八
七九街	普育東路蘇北郵	三三
七九街	莊家街近聖坊	三六
七九街	靜修路仁厚坊	三六
七九街	崇德路益潤里	三九
七九街	西林後路方斜路北	四二
七九街	徐家匯路恆慶里	四五
七九街	中正南一路慶順里	五六
七九街	岳陽路茂齡郵	七七
七九街	五原路華郵	八二
七九街	五原路常熟路西	八三
七九街A	匯站街程榮郵	一〇九
八〇街	盛澤路承志里	二
八〇街	興業路樹德北里	七
八〇街	漕倉碼頭中正南路西	一七
八〇街	陸家宅路均益坊	二四
八〇街	倒川街怡興里	二八
八〇街	麗園路太和里	三三
八〇街	先棉祠街龍門郵	三五
八〇街	吉安路新福里	三九
八〇街	張家浜路新橋路東	四九
八〇街	敦惠路法華鎮路北	九九
八〇街	醫學院路成賢郵	一一七
八一街	望亭路松柏里	四
八一街	馬當路吳興里	七
八一街	柳林路市隱	八
八一街	薛弄底街果育堂街西	二七
八一街	學前街晏慶里	三五
八一街	應公祠路龍門郵二街	三五
八一街	林蔭支路桂馨里	四二
八一街	安亭路建國西路北	八五
八二街	西藏南路恆茂里	四
八二街	金陵西路怡樂里	五
八二街	英士路仁華里	五
八二街	柳林路長興坊	八
八二街	光啓路慶安坊	二四
八二街	中心弄莊家街東	三六
八二街	莊家街仰聖坊	三六
八二街	東青蓮街智安里一弄	三八
八二街	合肥路德祥里	四一
八二街	思南路西三合里	五九
八二街A	茂名南路霞飛坊	六五
八二街	復興西路永福路西	九〇
八二街	匯站街慈佑路南	一〇九
八三街	寧海西路八仙坊二街	四
八三街	計家街樂安里	一〇
八三街	新永安路復興里	一一
八三街	鹽碼頭街泰亭源街	一四
八三街	大夫坊火神廟街南	二三
八三街	大佛廠街陸家浜路北	三一
八三街	西林橫路西林後路西	四二
八三街	局門路順昌里	四四
八三街	斜土路康成里	四四
八三街	長樂路天惠坊	五五
八三街	南昌路善慶坊	五七
八三街	陝西南路林森中路北	六六
八三街	進賢路三樂四郵	六七
八四街	福建南路吉安里	三
八四街	寧海西路鴻運坊	四
八四街	賴義碼頭中山南路西	一七
八四街	四牌樓路縣左街南	二四
八四街	侯家路計家街南	二六
八四街	製造局路瑞德里	四三
八四街	進賢路茂名南路東	六七
八四街	五原路華郵二弄	八二
八五街	江西南路吉安里一街	一
八五街	福建南路中華里	二
八五街	柳林路市隱	八
八五街	留雲寺街新陸郵	二〇
八五街	果育堂街北張家街南	二七
八五街	黃家路同安里	三〇
八五街	三官堂街陸家浜路南	三三
八五街	林蔭路益廬坊	三四
八五街	肇方街肇方里	三七
八五街	青蓮街寶源里	三八
八五街	成都南路慶成坊	五五
八五街	五原路迪化中路東	八三
八六街	山東南路金陵東路南	二
八六街	廣西南路執中里	九
八六街	平安街明德里	一〇
八六街	小普陀街南區街北	二〇
八六街	篾竹街蘭亭坊	二三
八六街	計家街晏海路東	二六
八六街	張家街北張家街南	二七
八六街	迎勳路陸家浜路北	三一
八六街	成都南路榮福里	五五
八六街	富民路三樂二郵	八〇
八七街	桃源路新民坊	八
八七街	艾家街望雲路東	二八
八七街	莊家街近聖坊	三六
八七街	復興中路錫祥里	四一
八七街	建國東路順昌路東	四五
八七街	中正南一路慶順里三弄	五六
八八街	龍門路恆茂里	四
八八街	金陵西路同慶里	五
八八街	露香園路吉安里一弄	九
八八街	老太平街太平里	一四
八八街	大夫坊長慶里	二九
八八街	梅家街仁義里	二九
八八街	俞家街花園街東	三〇
八八街	黃家闕路久安里	三四
八八街	萬竹街和合坊	三八
八八街	東台路樂義里	三九
八八街	西林後路德善里	四二
八八街	紹興路惠安坊	六四
八八街	徐虹路慈佑路南	一〇九
八九街	寧海東路錦福里	三
八九街	浙江南路寶興里	三
八九街	英士路興安路南	六
八九街	柳林路市隱	八
八九街	露香園路聚鑫里一弄	九
八九街	安瀾路安瀾坊	三四
八九街	黃家闕路普餘郵	三四
八九街	順昌路永安里	三九
八九街	西林路西林里	四〇
八九街	張家浜路新橋路東	四九
八九街	陝西南路林森中路北	六六
八九街	進賢路茂名南路東	六七
八九街	富民路吉祥里	六八
九〇街	寧海東路寶成里	三
九〇街	花衣街鼎興里	一六
九〇街	會館碼頭鼎新里	一八
九〇街	三角街中山南路東	一九
九〇街	巡道街馬家街	二三
九〇街	長生街成慶里	二六
九〇街	海南西街普育東路東	三二
九〇街	安瀾路愛仁里	三四
九〇街	松雪街雲德里	三七
九一街	金陵東路祥興里	一
九一街	英士路興安路南	六
九一街	馬當路吳興里	七
九一街	柳林路市隱	八
九一街	福佑路德沛里	一一
九一街	會館碼頭承善里	一七
九一街	陸家宅路四牌樓路東	二四
九一街	侯家路吟賦里	二五
九一街	果育堂街姚家庵街北	二七
九一街	泰安街泰安坊	三四
九一街	崇德路培福里	三九
九一街	唐家灣路慶安里	四二
九一街	製造局路斜橋東街	四三
九二街	英士路林森中路北	五
九二街	竹行碼頭街緯成里	一六
九二街	四牌樓路縣左街南	二四
九二街	光啓路履福里	二四
九二街	紫華路餘德里	二六
九二街	大境路興泰里	二六
九二街	阜春街興益里	二六
九二街	喬家路懋德里	三〇
九二街	東青蓮街智安里二街	三八
九二街	唐家灣路同仁坊	四二
九二街	三官堂路愛廬	四三

九二街 永年路泰安坊 四五
九二街 成都南路長樂路北 五五
九二街 林森西路華山路西 九九
九二街 吳興路康平路南 八七
九三街 外郎家橋街太原里 一五
九三街 油車碼頭街世德里 一九
九三街 陸家浜路森泰里 一九
九三街 薛弄底街土地堂街北 二七
九三街 夢花街新豐里 三六
九三街 翁家街永仁里 三七
九三街 自忠路祥成里 四一
九三街 永年路貽慶里 四五
九三街 長樂路福壽里 五五
九三街 中正南一路慶順里二街 五六
九三街 常熟路浦行新邨 七九
九四街 福建南路吉安里 三
九四街 壽寧路厚德里 八
九四街 外鹹瓜街老太平街北 一三
九四街 賴義碼頭業興里 一七
九四街 糖坊北街跨龍路東 二〇
九四街 外郎家橋街杏花邨 二二
九四街 陸家宅路源遠里 二四
九四街 吾園街龍門邨三街 三五
九四街 局門後路局門路東 四四
九四街 永嘉路嘉善路東 七二
九五街 柳林路金祥里 八
九五街 豐記碼頭街開泰里 一八
九五街 大夫坊引線街北 二二
九五街 四牌樓路學院路北 二四
九五街 大興街錫昌里 三一
九五街 肇方街肇方里 三七
九五街 番禺路平武路北 一〇〇
九六街 山東南路明德里二弄 二
九六街 林森中路慶成坊 四
九六街 興業路敦仁里 七
九六街 保仁街星耀里 一一
九六街 寶帶街三泰街 一二
九六街 蘷竹街鼎安坊 二三
九六街 福佑路徽寧里 二五
九六街 張家街福興里 二七
九六街 黃家路阜民路西 三〇

九六街 西倉路鳳鳴里 三六
九六街 金家坊瑞慶里 三七
九六街 濟南路耕雲里 三九
九六街 西林後路德善里 四二
九六街 紹興路文元坊 六四
九六街 五原路迪化中路東 八二
九六街 迪化中路長樂路南 九〇
九七街 青龍橋街雞毛街 一八
九七街 陸家浜後街怡樂邨 三一
九七街 鉅鹿路鉅興里 五五
九八街 龍門路恆茂里 四
九八街 太倉路松邨 七
九八街 露香園路吉安里二街 九
九八街 四牌樓路縣左街南 二四
九八街 侯家路紫華路北 二六
九八街 石皮街亦仁里 二七
九八街 翁家街鼎新里 三七
九八街 鉅鹿路永慶里 五六
九八街 延慶路華亭路東 七九
九八街 裕德路漕溪北路西 一一三
九九街 浙江南路寶興里 三
九九街 永壽路東高第里 九
九九街 西倉路肇興里 二八
九九街 泰安街泰安坊 三四
九九街 先棉祠街安樂坊 三五
九九街 萬竹街公益里 三八
九九街 順昌路永吉里 三九
九九街 自忠路德明里 四一
九九街 成都南路霞飛巷 五五
九九街 中正南一路慶順里一弄 五六
九九街 南昌路蓀順里 五七
九九街 天平路國泰新邨 九四
一〇〇街 金陵中路八仙坊 四
一〇〇街 普安路民厚坊 四
一〇〇街 中山南路恆興西里 一三
一〇〇街 會館碼頭鼎新里 一八
一〇〇街 福佑路福慶里 二五
一〇〇街 長生街永善里 二六
一〇〇街 陸家浜路迎勳路東 三一
一〇〇街 麗園路車站路西 三三
一〇〇街 製造局路斜橋東街 四三

一〇〇街 南昌路銘德里 五五
一〇〇街 建國西路中正南二路西 六三
一〇〇街 新樂路永利邨 六九
一〇〇街 常熟路長樂路北 八二
一〇〇街 安福路迪化中路東 八二
一〇〇街 襄陽南路明霞邨 七〇
一〇〇街 懷安街安吉邨 一〇九
一〇〇街 匯西街徐虹路東 一〇九
一〇一街 金陵西路新民里 五
一〇一街 馬當路吳興里 七
一〇一街 嵩山路蘿村 七
一〇一街 林森中路松慶里 八
一〇一街 露香園路聚興里二街 九
一〇一街 丹鳳街福佑路南 一二
一〇一街 小石橋街仁德里 二一
一〇一街 侯家路吟賦里 二五
一〇一街 蓬萊路梅隴新邨 二九
一〇一街 安瀾路林蔭路東 三四
一〇一街 大林路林蔭路東 三四
一〇一街 崇德路濟南路東 三九
一〇一街 西林橫路崇德里 四二
一〇一街 唐家灣路樂安里 四二
一〇一街 成都南路居仁別業 五五
一〇一街 襄陽北路福安里 六九
一〇一街 嘉善路永盛里 七二
一〇一街 康平路宛平路東 八七
一〇二街 丹鳳街福佑里 一二
一〇二街 四牌樓路學院路北 二四
一〇二街 徽寧路餘慶里 三二
一〇二街 大吉路永慶里 三四
一〇二街 大興後街五雲里 三四
一〇二街 東青蓮街信安里一街 三八
一〇二街 唐家灣路德福里 四二
一〇二街 南昌路園邨 五五
一〇二街 紹興路愛麥新邨 六四
一〇二街 茂名南路霞飛坊 六五
一〇三街 舊校場路松敬里 二五
一〇三街 大吉路永吉里 三四
一〇三街 西倉橋街振華里 三六
一〇三街 翁家街東昝里 三七
一〇三街 大方街華慶坊 三八

一〇三街 製造局路麗園路北 四三
一〇三街 建國中路思南路西 五九
一〇三街 嘉善路新興順里 七二
一〇三街 天平路國泰新邨 九四
一〇四街 浙江南路振新南點 三
一〇四街 望亭路裕安里 四
一〇四街 舊倉街恆德里 九
一〇四街 海潮路國貨路北 三二
一〇四街 靜修路福慶里 三六
一〇四街 大方街永權坊一街 三八
一〇四街 方斜路裕興里 四〇
一〇四街 西林後路方斜路口 四二
一〇四街 進賢路茂名南路東 六七
一〇四街 常熟路榮康別墅一街 八二
一〇五街 永壽路原上里北街 九
一〇五街 南區街薛家浜路西 一七
一〇五街 西倉路五福里 二八
一〇五街 先棉祠街嘉德里 三五
一〇五街 夢花街三在里 三六
一〇五街 靜修路鴻安坊 三六
一〇五街 濟南路周吉坊 三九
一〇五街 西林橫路崇德里 四二
一〇五街 製造局路新源坊 四三
一〇五街 中正南二路復興中路口 五七
一〇五街 陝西南路林森中路北 六六
一〇五街 潘家街裕德路南 一一三
一〇六街 山東南路明德里一街 二
一〇六街 盛澤路精益里 二
一〇六街 陽朔路會館街 一二
一〇六街 寶帶街怡廬 一二
一〇六街 中山南路增德里 一三
一〇六街 荳市街錢家街 一五
一〇六街 新碼頭街同安里 一五
一〇六街 大境路合康里 二六
一〇六街 尚文路正德里 三〇
一〇六街 泰安街安瀾路北 三四
一〇六街 大興後街江陰街北 三四
一〇六街 吾園街龍門邨四街 三五
一〇六街 翁家街鼎新里 三七
一〇六街 濟南路康吉里 三九
一〇六街 復興中路福臨里 四一

街號	地址	圖號
一〇六街	永年路順陽里	四五
一〇六街	順昌路福興里	四六
一〇六街	安福路迪化中路東	八二
一〇七街	中正東路德培里	二
一〇七街	寧海東路安吉里	三
一〇七街	桃源路柳林路西	八
一〇七街	丹鳳街餘慶里	一二
一〇七街	梧桐街崇本里	二五
一〇七街	西唐家街三慶里	二八
一〇七街	泰安街泰安坊	三四
一〇七街	應公祠路龍門邨一街	三五
一〇七街	肇周路懇園	四二
一〇七街	餘慶路康平路北	八八
一〇七街	武康路福園	八九
一〇七街	天平路國泰新邨	九四
一〇八街	金陵東路德培里	二
一〇八街	濟寧路慶福里	八
一〇八街	賴義碼頭天主堂東街口	一七
一〇八街	唐家灣路隆興里	四二
一〇八街	順昌路承慶里	四六
一〇八街	成都南路正元里	五五
一〇八街	延慶路華亭路東	七九
一〇八街	常熟路榮康別墅二街	八二
一〇八街	懷安街徐虹路東	一〇九
一〇九街	浙江南路寶興里	三
一〇九街	寧海西路八仙坊	四
一〇九街	金陵中路首安里	四
一〇九街	東台路振華坊	三九
一〇九街	西林橫路崇德里	四二
一〇九街	魯班路林金里	五一
一〇九街	進賢路永德邨	六七
一〇九街	富民路鉅鹿路北	六八
一〇九街	嘉善路許家街	七二
一〇九街	永康路雷米坊	七三
一一〇街	江西南路華業里	二
一一〇街	太倉路富星里	七
一一〇街	中山南路仁安里	一三
一一〇街	竹行碼頭街緯成里	一六
一一〇街	會館碼頭鼎新里	一八
一一〇街	登雲街永壽里	二八
一一〇街	蹺龍路陸家浜路北	三一
一一〇街	金家坊樹基里	三七
一一〇街	製造局路錦華邨	四三
一一〇街	徐家匯路元福里	四八
一一〇街	南昌路上海別墅	五五
一一〇街	鉅鹿路愛敬坊	五六
一一一街	山東南路東新里	二
一一一街	望亭路金陵中路北	四
一一一街	馬當路勤餘坊	七
一一一街	雲南南路仁美西里	九
一一一街	福佑路萃華里	一一
一一一街	梅家街怡德里	二九
一一一街	順昌路懷本里	三九
一一一街	鉅鹿路中正南二路東	五六
一一二街	盛澤路新康里	二
一一二街	金陵中路福德里	四
一一二街	普安路遺德里	四
一一二街	小九華街商會衖	二一
一一二街	學院路泰安里	二三
一一二街	張家衖三牌樓路西	二七
一一二街	西倉橋街華興里	三六
一一二街	東青蓮街信安里二街	三八
一一二街	大方街永權坊二街	三八
一一二街	自忠路闕馨里	三九
一一二街	金陵西路同和里	五五
一一二街	嘉善路永康路北	七一
一一二街	汾陽路太原路口	七八
一一二街	常熟路榮康別墅三街	八二
一一三街	林森中路德興里	八
一一三街	長生街大境路北	二六
一一三街	黃家闕路敦原里	三四
一一三街	大方街爾宜坊	三八
一一三街	濟南路同吉坊	三九
一一三街	復興中路源成里	四一
一一三街	嘉善路新興順里	七二
一一四街	龍門路恆茂里	四
一一四街	林森中路吉鼎里	四
一一四街	賴義碼頭天主堂東街西	一七
一一四街	四牌樓路學院路北	二四
一一四街	淘沙場街長吉里	二七
一一四街	白漾街仰隆里	三〇
一一四街	西倉路爾宜里	三六
一一四街	靜修路三在里	三六
一一四街	松雪街金家坊南	三七
一一四街	成都南路長樂路南	五五
一一五街	紫霞路敦安里	二二
一一五街	大興街錫昌里	三一
一一五街	建國東路四達里	四五
一一六街	太倉路慈雲別業	七
一一六街	桃源路福壽里	八
一一六街	豐記碼頭街豐記里	一九
一一六街	青蓮街寶安里	三八
一一六街	永康路永和邨	七一
一一六街	延慶路順龍里	七九
一一六街	常熟路榮康別墅四街	八二
一一六街	徐虹路樂邨	一一一
一一七街	南京街樹德里	一九
一一七街	柳林路文元坊	三九
一一七街	合肥路餘興坊	四五
一一七街	中正南二路復興中路南	五八
一一八街	舊倉街春源里一街	九
一一八街	中山南路合興里	一三
一一八街	長生街子訓街	二六
一一八街	阜春街方浜中路北	二六
一一八街	吾園街龍門邨五街	三五
一一八街	翁家街誠廬	三七
一一八街	中正南一路長樂路南	六六
一一八街	醫學院路楓林路東	一一七
一一九街	金陵東路祥興里	一
一一九街	龍門路首安里	四
一一九街	太倉路吉益里	七
一一九街	東青蓮街永慶里	九
一一九街	荳市街敦仁里	一五
一一九街	應公祠路龍門里二街	三五
一一九街	孔家街萃英坊	三七
一一九街	肇方街寶隆里	三七
一一九街	崇德路慶平坊	三九
一一九街	唐家灣路榮華邨	四二
一一九街	成都南路憶德里	五五
一一九街	法華路番禺路西	一〇六
一一九B街	建國中路發達里	五九
一二〇街	寧海東路寶裕里	三
一二〇街	金陵中路松壽里	四
一二〇街	丹鳳街福佑里	一二
一二〇街	會館碼頭鼎新里	一八
一二〇街	學院路可愛里	二三
一二〇街	大方街永權坊三街	三八
一二〇街	建國東路得利坊	四五
一二〇街	建國西路中正南二路西	六三
一二〇街	常熟路長樂路北	八二
一二〇街	安福路迪化中路東	八二
一二〇街	泰安路衛樂園	九三
一二〇街	天平路茂齡新邨	九四
一二一街	普安路林森中路北	四
一二一街	太倉路延慶里	七
一二一街	方浜中路寧祥里	一二
一二一街	侯家路久安坊	二五
一二一街	西倉路松隆里	二八
一二一街	金家坊元興里	三七
一二一街	大方街信昌里	三八
一二一街	自忠路信平里	四一
一二一街	金陵西路同安里	五五
一二一街	中正南一路高福里	五六
一二一街	富民路永興坊	六八
一二一街	太原路永嘉路南	七三
一二二街	寧海西路鴻運坊	四
一二二街	柳林路大吉里	八
一二二街	西藏南路鈞福里	八
一二二街	賴義碼頭天主堂東街西	一七
一二二街	方浜中路鄰德坊	二五
一二二街	三牌樓路復興東路北	二七
一二二街	白漾街仰隆里	三〇
一二二街	金家坊西馬街口	三七
一二二街	長樂路永吉里	五五
一二二街	進賢路同樂坊	六七
一二三街	金陵中路世德坊	四
一二三街	舊倉街裕德里	一〇
一二三街	晏海路樂安里	一〇
一二三街	泰安街恆樂里	三四
一二三街	夢花街三在里	三六

街	地址	數
一二三街	儀鳳街廖花街南	三六
一二三街	延齡路華亭路東	七九
一二三街	永福路復興西路南	八三
一二三街	天平路康平路北	九四
一二三A街	天平路康平路北	九四
一二四街	林森中路太平坊	四
一二四街	張家街三牌樓路西	二七
一二四街	西倉路毓德里	三六
一二四街	濟南路松柏廬	三九
一二四街	重慶南路裕德里	四七
一二四街	張家浜路福安里	四九
一二四街	襄陽南路震宇邨	七一
一二四街	迪化中路安福路北	九〇
一二五街	丹鳳街嘉祥里	一二
一二五街	光啓路學院路北	二四
一二五街	柳林路文元坊	三九
一二五街	濟南路同吉坊	三九
一二五街	吉安路吉祥里	四〇
一二五街	泰康路西林里	六〇
一二五街	天平路大同坊	九四
一二六街	江陰街立興街	三一
一二六街	靜修路大華里	三六
一二六街	復興中路德仁里	四一
一二六街	吉安路昌興里	四一
一二六街	肇周路志成坊	四一
一二七街	中山南路永安邨	一三
一二七街	王家碼頭街同春坊	一六
一二七街	肇方街寶隆里	三七
一二七街	合肥路五豐里	四五
一二七街	南昌路中正南二路西	六五
一二八街	雲南南路德順里	三
一二八街	太倉路鴻儀里	七
一二八街	浙江南路首祿里	九
一二八街	舊倉街春源里二街	九
一二八街	老白渡街光裕邨	一五
一二八街	篾竹街風箱街	二一
一二八街	安福路迪化中路東	八二
一二九街	福建南路精益里	二
一二九街	寧海東路寶興里	三
一二九街	桃源路三鑫里	八
一二九街	石皮街桃源邨	二七
一二九街	三牌樓路浴堂街	二八
一二九街	應公祠路龍門里一街	三五
一二九街	中正南二路花園坊	五八
一二九街	富民路鴻德坊	六八
一二九街	迪化南路永嘉路南	七六
一二九街	華山路中正中路南	八〇
一二九街	安福路迪化中路東	八二
一三〇街	盛澤路新康里	二
一三〇街	普安路關石里	四
一三〇街	寶帶街寶帶里	一二
一三〇街	金家坊瑞德坊	三七
一三〇街	新橋路麗園路北	五一
一三〇街	富民路成泰坊	八〇
一三〇街	天平路茂齡新邨	九四
一三〇街	匯西街武陵里	一〇九
一三〇街	建國西路萬福邨	六三
一三一街	桃源路鼎寧里	八
一三一街	浙江南路寶安坊	九
一三一街	晏海路積桂里	一〇
一三一街	西倉路怡如里	二八
一三一街	蓬萊路安定坊	二九
一三一街	林陰路永慶里	三四
一三一街	青蓮街安裕坊	三八
一三一街	大方街信昌里	三八
一三一街	東台路興安里	四〇
一三一街	自忠路寶安坊	四一
一三一街	茂名南路餘慶里	六五
一三一街	永福路吉邨	八九
一三二街	桃源路鼎平里	八
一三二街	福建南路卜鄰里	九
一三二街	萬裕街景昇里	一六
一三二街	小九華街天福里	二一
一三二街	長樂路淞南邨	五五
一三二街	成都南路美仁里	五五
一三二A街	建國西路達義邨	六三
一三三街	普安路尙德里	八
一三三街	丹鳳街鳳鳴里	一二
一三三街	學院路光啓路東	二四
一三三街	喬家路勤餘坊	三〇
一三三街	尙文路龍門邨	三五
一三三街	靜修路承志里	三六
一三三街	吾園街鴻運里	二八
一三三街	鉅鹿路茂德里	三五
一三三街	茂名南路家慶坊	五八
一三四街	普安路關石里	六八
一三四街	障川街瑞德里	七六
一三四街	王家碼頭街懋業里	八〇
一三四街	學院路五福衕衕	八二
一三四街	張家街三牌樓路西	二
一三四街	肇方街文耀里	四
一三四街	東青蓮街元興里	一二
一三四街	吉安路自忠路南	三七
一三四街	肇周路吉安路西	五一
一三四街	唐家灣路肇周路東	八〇
一三四街	徐家匯路馬當路東	九四
一三四街	新樂路襄陽北路西	一〇九
一三四街	餘慶路愛棠新邨	六三
一三五街	金陵東路晉安里	八
一三五街	金陵中路裕民里	九
一三五街	桃源路瑞清里	一〇
一三五街	舊倉街永安坊	二八
一三五街	肇方街寶隆里	二九
一三五街	順昌路桂福里	三四
一三五街	大吉路崇慶里	三八
一三五街	金陵西路同德里	三八
一三五街	華山路中正中路南	四〇
一三五街	楓林路西毛家宅	四一
一三六街	望雲路峻德里	六五
一三六街	尙文路添潤里	八九
一三六街	江陰街民立街東	八
一三六街	西倉路信誠里一街	九
一三六街	青蓮街德餘里	一六
一三六街	大方街華安坊一街	二一
一三六街	南昌路花園別墅	五五
一三六街	永嘉路金仁里	五五
一三七街	望亭路和平坊	六三
一三七街	舊校場路錦安坊	八
一三七街	肇周路樹祥里	一二
一三七街	建國中路和平里	二四
一三七街	三角街至善里	三〇
一三八街	永嘉路西高第里	三五
一三八街	小南門街懷慶里	三六
一三八街	三牌樓路復興東路北	二七
一三八街	尙文路文富里	三一
一三八街	建國東路安越里	四五
一三八街	進賢路裕民里	六七
一三九街	馬當路明德里	七
一三九街	紫霞路升吉里	二二
一三九街	安仁街品華坊	二五
一三九街	阜民路瑾瑜里	二九
一三九街	興業路仁壽里	四六
一四〇街	柳林路紫陽里	八
一四〇街	肇周路德誠里	四一
一四〇街	順昌路輯五坊	四六
一四〇街	嘉善路興順東里	七二
一四〇街	安福路迪化中路東	八二
一四一街	興安路鴻安坊	六
一四一街	普安路尙德里	八
一四一街	雲南南路執中里	九
一四一街	夢花街曹家街東	三六
一四一街	肇方街祥徵里	三七
一四一街	青蓮街潤身坊	三八
一四一街	大方街永福里	三八
一四一街	順昌路積善里	三九
一四一街	東台路興安里	四〇
一四一街	永康路南丁家街	七三
一四一街	華山路中正中路南	八〇
一四二街	馬當路照祿坊	六
一四二街	龍門路蔭餘里	八
一四二街	阜民路德業里	二九
一四二街	永年路安順里	四五
一四二街	成都南路仁壽新邨	五五
一四二街	新樂路亨利公寓	六九
一四二街	永康路丁家街	七一
一四二街	五原路褒德里	八二
一四三街	崇德路新華邨	三九
一四三街	建國東路安順里	四五
一四三街	新樂路襄陽北路西	七〇
一四三街	迪化南路永嘉路南	七六
一四三街	浙江南路寶安坊	九
一四三街	王家碼頭街垂澤里	一六
一四三街	三官堂路三德里	三三
一四四街	西藏南路鈞福里	八

街號	地址	圖號
一四四街	侯家路福興坊	二六
一四四街	大方街華安坊二街	三八
一四四街	吉安路光裕里	四一
一四四街	長樂路天惠坊	五五
一四四街	餘慶路愛棠新邨	九五
一四五街	龍門路鈞培里	四
一四五街	桃源路鼎寧里	八
一四五街	箴竹街荷花池街	二一
一四五街	大境路福慶里	三八
一四五街	崇德路順昌路東	三九
一四五街	張家浜路新橋路東	四九
一四五街	徐鎮路餘慶里	九六
一四六街	黃陂南路禮和里	五
一四六街	寶帶街混堂街內仁壽里	一二
一四六街	望雲路壽康里	二八
一四六街	西倉路信誠里二街	三六
一四六街	重慶南路呂班坊	四七
一四六街	中正南一路林森中路北	六六
一四七街	馬當路明德里	七
一四七街	製造局路惠祥里	四三
一四七街	華山路中正中路南	八〇
一四七街	永福路曹家街	八九
一四八街	永壽路仁美里	九
一四八街	浙江南路首祿里	九
一四八街	光啓路賞鄰邨	二四
一四八街	靜修路永豐別墅	三六
一四八街	大林路敬和邨	四二
一四八街	南昌路志豐里	五七
一四八街	進賢路仁安里	六七
一四八街	富民路古拔新邨一街	八〇
一四八街	迪化中路琪美新邨	九〇
一四九街	寧海西路寶善里	四
一四九街	舊倉街和平里	二六
一四九街	西倉路三鳳里	二八
一四九街	車站路普益里	三二
一四九街	黃家闕路學潔里	三四
一四九街	尚文路龍門里	三五
一四九街	永年路天祥里	四五
一四九街	廣元路天平路東	九五
一五〇街	寧海西路森福里	四
一五〇街	崇德路仁義坊	七
一五〇街	柳林路寧福里	八
一五〇街	雲南南路德行里	八
一五〇街	建國西路洞天別墅	六三
一五〇街	嘉善路興順東里	七二
一五〇街	迪化中路華山路北	八一
一五一街	喬家路詔諦坊	三〇
一五一街	學前街葆眞坊	三五
一五一街	東台路全裕里	四〇
一五一街	興業路敬禧里	四六
一五一街	襄陽南路南昌路南	七一
一五二街	桃源路永源里	八
一五二街	施家街平原里	二一
一五二街	福佑路安仁街東	二五
一五二街	學前街敬樂里	三五
一五二街	大方街華安坊三街	三八
一五二街	長樂路定安坊	五五
一五三街	黃陂南路義和里	五
一五三街	紫霞路駿業里	二二
一五三街	阜民路麥家街口	二九
一五三街	崇德路仁麟里	三九
一五三街	華山路中正中路南	八〇
一五四街	林森中路久興里	四
一五四街	竹行碼頭街務本里	一六
一五四街	黃家闕路福壽坊	三四
一五四街	大境路仁智里	三八
一五四街	斜徐路康安里	四四
一五四街	重慶南路呂班坊	四七
一五四街	永嘉路嘉善路西	七二
一五四街	康平路宛平路西	八八
一五五街	浙江南路寶安坊	九
一五五街	中華路東海坊	二三
一五五街	望雲路松筠里	二九
一五五街	泰安街愼安坊	三四
一五五街	鉅鹿路福海里	五六
一五五街	建國中路薛華坊	五九
一五五街	襄陽南路南昌路南	七一
一五五街	迪化中路九華里	八二
一五五街	法華鎭路敦惠路東	八九
一五六街	寧海西路四德里	九四
一五六街	金陵中路敦安里	四
一五六街	福建南路卜鄰里	九
一五六街	侯家路京兆南里	二六
一五六街	東台路榮生里	四〇
一五六街	方斜路三德里	四〇
一五六街	徐家匯路懷麟里	四八
一五六街	進賢路大安坊	六七
一五六街	富民路古拔新邨二街	八〇
一五六街	餘慶路愛棠新邨	九五
一五七街	楊家渡街同壽里	一四
一五七街	安仁街元城里	二五
一五七街	舊倉街和平里	二六
一五七街	青蓮街萬竹街北	三八
一五七街	順昌路受福里	四一
一五七街	大吉路三多里	四二
一五七街	重慶南路自忠路南	四七
一五七街	永康路汝南坊	七三
一五八街	廣元路寧邨	九五
一五九街	復善堂街糖坊街東	二〇
一五九街	舊校場路承慶里	二五
一五九街	方斜路泰亨里	四〇
一五九街	濟南路寶安坊	四一
一五九街	茂名南路南昌路口	六五
一五九街	華山路中正中路南	八〇
一六〇街	興業路永吉里	六
一六〇街	學前街敬樂里	三五
一六〇街	復興中路停雲里總街	四一
一六〇街	重慶南路幸福坊	四七
一六〇街	泰康路寶安里	五九
一六〇街	天鑰橋路斜土路北	一一五
一六一街	西倉路仁懷里	二八
一六一街	西倉橋街仁安坊	三六
一六一街	襄陽南路龍德邨	七一
一六一街	延慶路騫華公寓	七九
一六一街	楓林路麗園	一一七
一六二街	雲南南路德行里	八
一六二街	竹行碼頭街務本里	一六
一六二街	自忠路涵澤里	三九
一六二街	成都南路仁壽坊	五五
一六三街	興安路麥賽坊	六
一六三街	自忠路泰和坊總街	四一
一六三街	重慶南路自忠路南	四七
一六三街	鉅鹿路厚德里	五六
一六三街	迪化南路記德興街	七五
一六三街	常熟路恩派亞花園	七九
一六四街	桃源路同志坊	八
一六四街	荳市街東濟陽里	一五
一六四街	薛家浜路守一里	一八
一六四街	吉安路望賢里	四一
一六四街	建國東路安越里	四五
一六四街	富民路古拔新邨三街	八〇
一六五街	桃源路永清里	八
一六五街	舊倉街和平里	二六
一六五街	茂名南路復興中路北	六五
一六五街	進賢路茂名南路西	六七
一六五街	太原路大陸新邨	七三
一六五街	五原路天一邨	八三
一六六街	浙江南路首祿里	九
一六六街	順昌路受福里	四一
一六六街	肇周路高陞里	四一
一六六街	重慶南路幸福坊	四七
一六六街	南昌路思南路東	五七
一六六街	襄陽南路錦邨	七一
一六六街	永嘉路愛斯邨	七二
一六六街	迪化中路安福路南	九〇
一六七街	桃源路志成里	八
一六七街	東街復興東路北	二三
一六七街	東台路仁壽里	四〇
一六七街	茂名南路復興中路北	六五
一六八街	寧海西路永安里	四
一六八街	曲尺灣可愛里	二三
一六八街	應公祠路德潤坊	三一
一六八街	南昌路思南路東	五七
一六九街	金陵中路永樂里	四
一六九街	復善堂街嘉陶里	二〇
一六九街	方浜中路福志里	二五
一六九街	阜民路麥家街南	二九
一六九街	凝和路顧家街南	三〇
一六九街	建國東路安順里	四五
一六九街	重慶南路巴黎新邨	四七

衖	地址	號
一六九衖	茂名南路復興中路北	六五
一六九衖	長樂路怡安坊	六六
一六九衖	嘉善路翠竹邨	七二
一六九衖	廣元路鴻裕里	九五
一七〇衖	跨龍路徽寧路北	三二
一七〇衖	復興中路文賢里	四一
一七〇衖	順昌路三讓坊	四六
一七〇衖	建國西路步高里	六三
一七〇衖	岳陽路永嘉路南	七六
一七〇衖	康平路餘慶路東	八八
一七〇衖	市政府路中山上醫宿舍	一一七
一七一衖	龍門路安樂坊	八
一七一衖	巡道街談家街南	二一
一七一衖	露香園路開明里	二六
一七一衖	西倉路江夏里	二八
一七一衖	唐家灣路仁昌里	四二
一七一衖	永年路三興坊	四五
一七一衖	徐家匯路泰德里	四八
一七一衖	茂名南路復興中路北	六五
一七一衖	嘉善路永嘉路南	七二
一七二衖	龍門路居安里	八
一七二衖	青蓮街種德里	三八
一七二衖	吉安路望賢里	四一
一七二衖	鉅鹿路首芝坊	五六
一七二衖	襄陽南路錦邨	七一
一七二衖	永嘉路變龍坊	七二
一七二衖	富民路古拔新邨四衖	八〇
一七三衖	太倉路大華里	七
一七三衖	濟南路寶善里一衖	四一
一七三衖	大吉路三多里	四二
一七三衖	襄陽南路龍德邨	七一
一七四衖	金陵中路大成里	四
一七四衖	寧海西路福海里	四
一七四衖	馬當路明德里	六
一七四衖	董家渡路鄰聖坊	一七
一七四衖	侯家路方浜中路北	二六
一七四衖	喬家路餘慶坊	三〇
一七四衖	進賢路松德里	六七
一七四衖	安福路迪化中路西	九〇
一七五衖	中華路集益里	二三
一七五衖	舊倉街和平里	二六
一七五衖	凝和路顧家街南	三〇
一七五衖	濟南路寶善里二衖	四一
一七五衖	永康路太原路東	七三
一七五衖	五原路來斯南邨	八三
一七六衖	林森中路富德里	四
一七六衖	永壽路立賢里	九
一七六衖	望雲路安慶坊	二九
一七六衖	喬家路文成坊	三〇
一七六衖	蓬萊路歸詠坊	三五
一七六衖	馬當路敦仁里	七
一七七衖	西藏南路德行里	八
一七七衖	丹鳳街包家街	一二
一七七衖	應公祠路四平里	三一
一七七衖	東台路安納坊	四〇
一七七衖	方斜路泰安街	四〇
一七七衖	同仁街華山路西	九七
一七八衖	西藏南路歸安里	八
一七八衖	應公祠路松雪坊	三一
一七八衖	大吉路元德里	四二
一七八衖	永年路濟蒼里	四五
一七八衖	南昌路思南路東	五七
一七八衖	泰康路眉壽里	五九
一七九衖	福佑路大安里	一一
一七九衖	重慶南路永豐邨	四七
一七九衖	迪化中路麥其里	八二
一七九衖	天平路廣元路南	九五
一八〇衖	巡道街梓敬里	三〇
一八〇衖	黃家路永興坊	三一
一八〇衖	江陰街祥齡里	三一
一八〇衖	順昌路三慶里	四六
一八〇衖	鉅鹿路瀚邨	五六
一八〇衖	新樂路湖南路東	六九
一八一衖	福佑路安仁街西	一一
一八一衖	鉅鹿路晉福里	五六
一八一衖	五原路迪化中路西	八三
一八一衖	虹橋路後胡家宅	九八
一八一衖	廣元路天平路東	九五
一八二衖	寧海東路懿德里	三
一八二衖	林森中路任陵坊	四
一八二衖	丹鳳街兩宜坊	一二
一八二衖	跨龍路寶善邨	三二
一八二衖	夢花街合盛里	三六
一八二衖	青蓮街同春坊	三八
一八二衖	復興中路務本坊	四一
一八二衖	富民路裕華新邨	八〇
一八三衖	金陵東路吉如里	二
一八三衖	金陵中路長安里	四
一八三衖	英士路西門里	四七
一八四衖	寧[illegible]西路勤餘坊	四
一八四衖	曲尺灣菊廬	二三
一八四衖	侯家路方浜中路北	二六
一八四衖	肇周路泰安坊	四五
一八四衖	安福路迪化中路西	九〇
一八五衖	普育西路國貨路北	三二
一八五衖	大境路慶餘坊	三八
一八五衖	濟南路景安里	四一
一八五衖	嘉善路新興順里	七二
一八五衖	法華路番禺路西	一〇六
一八六衖	應公祠路松雪坊	三一
一八六衖	陝西南路培福里	六九
一八七衖	晏海路晏海街	二六
一八七衖	法華鎮路敦惠路東	九九
一八八衖	寧海西路同登里	四
一八八衖	普安路正安里	七
一八八衖	光啓路丁家街	二八
一八八衖	復興中路合忠里	四一
一八八衖	太原路台拉新邨	七六
一八八衖	常熟路安福路南	八二
一八九衖	林蔭路松盛里	三四
一八九衖	建國東路黃陂南路東	四五
一八九衖	進賢路陝西南路東	六五
一八九衖	安福路來斯別業	九〇
一八九衖	同仁街華山路西	九七
一九〇衖	馬當路太倉路南	六
一九〇衖	龍門路鼎平里	八
一九〇衖	普育西路國貨路北	三二
一九〇衖	蓬萊路仁安里	三五
一九〇衖	魯班路麗園路南	五〇
一九〇衖	鉅鹿路中正南一路東	五六
一九〇衖	廣元路四維邨	九五
一九一衖	太倉路福壽里	七
一九一衖	普育西路國貨路北	三二
一九一衖	金家坊肇方街東	三七
一九一衖	安福路迪化中路西	九〇
一九二衖	寧海東路居安里	三
一九二衖	尚文路長樂里	三一
一九二衖	大林路三品里	四二
一九三衖	西藏南路留賢邨	八
一九三衖	巡道街喬家路北	二一
一九四衖	金陵中路惠邨	四
一九四衖	西藏南路歸安里	八
一九四衖	南倉街陸家浜路北	二〇
一九四衖	學前街福慶里	三一
一九四衖	安福路迪化中路西	九〇
一九五衖	西藏南路留賢邨	八
一九五衖	鉅鹿路中正南一路東	五六
一九五衖	謹記路壽福里	一一六
一九六衖	金陵東路惟祥里	二
一九六衖	南昌路思南路西	五七
一九七衖	西藏南路留賢邨	八
一九七衖	福佑路華安坊	一一
一九七衖	董家渡路永潔里	一七
一九七衖	跨龍路徽寧路北	三二
一九七衖	普育西路國貨路北	三二
一九七衖	富民路古柏公寓	六九
一九八衖	林森中路厚德里	四
一九八衖	大境路綢業里	三八
一九八衖	大吉路又一新邨	四二
一九八衖	重慶南路復興中路北	四七
一九八衖	中正南二路建國西路北	六三
一九九衖	陸家浜路執中里	一九
一九九衖	晏海路紫華路北	二六
一九九衖	黃家路凝和路東	三〇
一九九衖	蓬萊路戒珠坊	三五
一九九衖	吉安路成業里	四〇
一九九衖	肇周路合肥路口	四二
一九九衖	大林路林蔭路西	四二
二〇〇衖	丹鳳街方浜中路北	一二
二〇〇衖	王家碼頭街錦興里	一六
二〇〇衖	肇周路合肥路南	四五
二〇一衖	鉅鹿路特秀坊	五六
二〇一衖	迪化中路麥其里	八二
二〇二衖	大境路青蓮街東	三八

衖號	地址	圖號
二〇二衖	重慶南路花園邨	四七
二〇二衖	進賢路鳳德里	六七
二〇三衖	大境路寶源里	三八
二〇三衖	康平路安樂新邨	九五
二〇四衖	大林路林蔭路西	四二
二〇四衖	安福路人和里	九〇
二〇五衖	福佑路仁吉里	一一
二〇五衖	西倉路椿澤里	二九
二〇五衖	普育西路國貨路北	三二
二〇五衖	順昌路受福里	四一
二〇五衖	興業路永吉里	四七
二〇五衖	重慶南路萬宜坊	五三
二〇五衖	南昌路陝西南路東	六五
二〇六衖	金陵中路仁昌里	四
二〇六衖	重慶南路花園邨	四七
二〇六衖	大木橋路斜土路北	一一八
二〇七衖	太倉路明德里	六
二〇七衖	濟南路紹安里	四一
二〇七衖	英士路西成里	四七
二〇七衖	虹橋路交通大學西	九七
二〇八衖	宛平路燕平邨	八六
二〇八衖	天平路怡邨	九五
二〇八衖	廣元路天平路西	九五
二〇九衖	丹鳳街東興里	一二
二〇九衖	馬當路興業路南	四六
二〇九衖	南昌路陝西南路東	六五
二一〇衖	王家碼頭街錦興里	一六
二一〇衖	南倉街仁吉里	三〇
二一〇衖	自忠路輯五坊	四六
二一〇衖	重慶南路花園邨	四七
二一〇衖	泰康路思南路西	五九
二一〇衖	富民路長樂路北	八〇
二一一衖	露香園路震鑫里	二六
二一一衖	鉅鹿路同福里	五六
二一一衖	襄陽南路永康路北	七一
二一一衖	興國路林森中路北	八八
二一一衖	法華路番禺路西	一〇六
二一一衖	同仁街華山路西	九七
二一二衖	蓬萊路裕德里	三五
二一二衖	方斜路方斜里	四〇
二一二衖	南昌路環龍別業	五七
二一二衖	鉅鹿路淞德里	六七
二一二衖	進賢路陝西南路東	六七
二一二衖	天平路怡邨	九五
二一三衖	中正東路盛澤路西	二
二一三衖	巡道街喬家路北	二一
二一三衖	順昌路受福里	四一
二一四衖	馬當路興業路北	六
二一四衖	西藏南路生吉里一衖	八
二一四衖	英士路豐裕里	四七
二一四衖	襄陽南路尚賢坊	七一
二一五衖	江陰街民國里	三一
二一五衖	蓬萊路德慶里	三五
二一五衖	青蓮街同慶街南	三八
二一五衖	建國東路黃陂南路西	四八
二一六衖	市政府路楓林邨	一一七
二一六衖	天平路怡邨	九五
二一六衖	法華路番禺路西	一〇五
二一七衖	濟南路紹安里	四一
二一七衖	大林路林蔭路西	四二
二一七衖	襄陽南路大同新邨	七一
二一七衖	太原路建國西路北	七三
二一七衖	建國西路仁安坊	七四
二一八衖	金陵中路建安里	四
二一八衖	萬豫碼頭街祥和里	一六
二一八衖	學院路喻義坊	二八
二一八衖	嘉善路慎安里	七二
二一八衖	建國西路陝西南路東	七二
二一八衖	宛平路衡山路南	八六
二一八衖	安福路來喜新邨	九〇
二一八衖	天平路廣元路北	九五
二一九衖	萬裕碼頭街祥和里	一六
二一九衖	自忠路瑞康里	四六
二一九衖	慈佑路徐虹路東	一〇九
二二〇衖	復興中路三裕里	四六
二二〇衖	宛平路衡山路南	八六
二二二衖	林森中路棣華里	四
二二二衖	馬當路景益里	四七
二二二衖	陝西南路新樂路南	七〇
二二二衖	天平路廣元路北	九五
二二三衖	中正東路安餘坊	二
二二三衖	永年路尚文德里	四八
二二三衖	徐家匯路思南路東	五二
二二三衖	中正南一路恆吉里	五六
二二四衖	西藏南路生吉里二衖	八
二二四衖	蓬萊路慈德里	三五
二二四衖	肇周路平江里	四五
二二四衖	順昌路三裕里	四六
二二四衖	馬當路景益里	四七
二二四衖	南昌路環龍新邨	五七
二二五衖	福佑路福民街東	一一
二二五衖	濟南路久安里	四一
二二五衖	局門路慶安新邨	四四
二二五衖	英士路慈壽里	四七
二二五衖	鉅鹿路三益里	五六
二二五衖	中正南二路羣賢別業	五九
二二六衖	萬豫碼頭街祥和里	一六
二二六衖	魯班路星星里	五〇
二二七衖	英士路慈壽里	四七
二二八衖	文廟路文元坊	三五
二二八衖	方斜路怡和里	四〇
二二八衖	安福路迪化中路西	九〇
二二八衖	五原路柳林邨	九〇
二二九衖	賴義碼頭街裕德里	一七
二二九衖	露香園路震鑫里	二六
二二九衖	自忠路三慶里	四六
二二九衖	英士路慶和里	四七
二二九衖	永嘉路逸安里	七二
二三〇衖	自忠路輯五坊	四六
二三一衖	王家碼頭街恆餘坊	一六
二三一衖	大林路思敬坊	四二
二三一衖	永年路彭城里	四八
二三一衖	永嘉路陝西南路西	七二
二三二衖	金陵中路通和里	五
二三二衖	阜民路喬家柵南	二九
二三二衖	濟南路松慶里	四一
二三二衖	南昌路達豐里	五七
二三二衖	鉅鹿路達豐里	六七
二三二衖	陝西南路新樂路南	七〇
二三二衖	林森西路番禺路西	一〇六
二三二衖	大木橋路斜土路	一一八
二三三衖	學院路寶康里	二四
二三三衖	建國西路賢敬坊	七四
二三三衖	廣元路海格里	九五
二三四衖	西藏南路生吉里三衖	八
二三四衖	復興中路三裕里	四六
二三五衖	鉅鹿路中正南一路東	五六
二三六衖	青蓮街源泰里	三八
二三六衖	長樂路慶福里	五六
二三六衖	嘉善路永樂邨	七二
二三七衖	華山路海園	八二
二三七衖	徐鎮路鎮南街西	一〇九
二三八衖	方斜路日省里	四〇
二三八衖	馬當路西門里	四七
二三九衖	太倉路賽餘坊	六
二三九衖	自忠路天和里	四六
二三九衖	襄陽南路長壽里	七一
二三九衖	敦惠路久興新邨	一〇〇
二三九衖	虹橋路交通大學西	九七
二四四衖	董家渡路吉雲里	一七
二四〇衖	大林路吳興里	四二
二四一衖	金陵中路振平里	四
二四一衖	薛家浜路惇仁里	一八
二四一衖	學院路仁壽坊	二四
二四一衖	麗園路麗園邨	四三
二四一衖	局門路慶安新邨	四四
二四一衖	中正南一路高曦里	五六
二四一衖	建國西路鼎臣街	七四
二四二衖	大境路濟恆里	三八
二四二衖	濟南路桂雲里	四一
二四二衖	陝西南路聯貴坊	七〇
二四三衖	陸家浜路德馨里	一九
二四三衖	濟南路永康里	四一
二四四衖	金陵中路瑞康里	五
二四四衖	西藏南路生吉里四衖	八
二四四衖	青蓮街方浜中路北	三八
二四四衖	自忠路紫祥里	四六
二四四衖	南昌路環龍里	五七
二四四衖	徐家匯路盧家街	六〇
二四四衖	鉅鹿路集美里	六七

二四五街	西藏南路錦裕里一街	八
二四五街	鑾周路凝德里	四二
二四六街	金陵東路中華里	二
二四六街	學院路盤香街	二八
二四六街	青蓮街順昌里	三八
二四七街	陝西南路紹興路南	六三
二四七街	安福路武康路東	九〇
二四八街	尙文路和德坊	三一
二四八街	林蔭路東安坊	三四
二四八街	泰康路天成里	五九
二四八街	建國西路陝西南路東	七二
二四八街	天平路海格里	九五
二四九街	大木橋路鼎吉里	一一八
二五〇街	寧海東路太原坊	三
二五〇街	民國路久興里	一一
二五〇街	外鹹瓜街懷安里	一四
二五〇街	復興中路福康里	四六
二五〇街	永嘉路嘉善路西	七二
二五〇街	安福路華園	九〇
二五〇街	興國路財源坊	九二
二五〇街	大木橋路鼎吉里	一一八
二五二街	金陵中路久安坊	五
二五二街	蓬萊路安樂坊	三五
二五二街	新橋路斜土路北	五〇
二五二街	五原路大通別墅	九〇
二五二街	興國路財源坊	九三
二五四街	南昌路中正南二路東	五七
二五四街	富民路長樂路北	六九
二五五街	西藏南路錦裕里二街	八
二五五街	自忠路黃陂南路東	四六
二五五街	迪化中路五原路南	八三
二五六街	徽寧路原豐里	三二
二五六街	英士路鴻泉里	四七
二五六街	重慶南路復興中路南	五三
二五七街	金陵中路長安里	五
二五七街	王家碼頭街敬安里	二一
二五七街	賴義碼頭街吉雲里	一七
二五七街	尙文路尙文坊	三五
二五七街	馬當路敦仁里	四六
二五七街	徐家匯路信一里一街	六〇
二五八街	喬家路喬家里	三〇
二五八街	自忠路黃陂南路東	四六
二五八街	建國西路襄陽南路東	七二
二五九街	敦惠路敦惠坊	一〇〇
二六〇街	文廟路中華路東	三五
二六〇街	濟南路樹德里二街	四一
二六〇街	鉅鹿路大德里	六七
二六〇街	天平路新明邨	九五
二六一街	寧海東路餘慶里	三
二六一街	喬家路正修里	二九
二六一街	迪化中路五原路南	八三
二六一街	徐鎭路鎭南街西	一〇九
二六一街	大木橋路鼎吉里	一一八
二六二街	薛家浜路洽新里	一八
二六二街	露香園路春華里	三八
二六二街	大木橋路鼎吉里	一一八
二六三街	鑾周路繩華里	四二
二六四街	大境路大方街	三八
二六五街	西藏南路錦裕里三街	八
二六五街	方斜路長樂里	三四
二六五街	麗園路福安里	四三
二六五街	馬當路敦仁里	四六
二六六街	寧海東路合衆里	三
二六六街	江蔭街興業里	三一
二六六街	英士路培業邨	四七
二六六街	徐家匯路信一里二街	六〇
二六七街	江陰街西華路西	三一
二六八街	重慶南路復興中路南	五三
二六九街	金陵中路大安里	五
二六九街	敦惠路四維邨	一〇〇
二七〇街	林森中路大安里	五
二七〇街	濟南路樹德里	四一
二七〇街	迪化中路五原路南	九〇
二七一街	林森中路康福里	七
二七一街	陝西南路紹興路南	六三
二六一街	襄陽南路清泉邨	七二
二七二街	露香園路春華里	三八
二七二街	鑾周路永福里	四五
二七二街	長樂路中和邨	五六
二七二街	南昌路美樂坊	六五
二七二街	鉅鹿路安豐里	六七
二七二街	法華路番禺路西	一〇五
二七三街	自忠路桂福里	四六
二七三街	馬當路西湖里	四六
二七三街	徐鎭路福安里	一〇九
二七四街	泰康路平原邨	五九
二七四街	大木橋路鼎吉里	一一八
二七五街	露香園路泰源里	二六
二七五街	濟南路平濟里	四一
二七五街	鑾周路養仁坊	四二
二七五街	馬當路慈安坊	四六
二七五街	徐家匯路信一里三街	六〇
二七五街	襄陽南路農園公寓	七二
二七五街	敦惠路平武路南	一〇〇
二七五街	蒲東路懷安里	一一五
二七六街	董家渡路永福里	一七
二七六街	新橋路斜土路北	五〇
二七七街	西藏南路錦裕里四街	八
二七七街	馬當路慈安坊	四六
二七八街	文廟路慶安里	三五
二七八街	東台路根德坊	四〇
二七八街	復興中路福康里	四六
二七八街	馬當路西成里	四七
二七八街	斜徐路五雲坊	四九
二七八街	南昌路光明里	六五
二七九街	寧海東路永遠里	三
二七九街	方斜路福昌里	三四
二七九街	順昌路復興中路南	四一
二七九街	大吉路鳳麟里	四二
二七九街	徐家匯路啓昌里	六〇
二七九街	建國西路襄陽南路東	七四
二七九街	安福路武康路東	九〇
二八〇街	自忠路西門里	四七
二八〇街	迪化中路五原路南	九〇
二八一街	董家渡路愼修里	一七
二八一街	鑾周路同仁坊	四二
二八一街	湖南路武康路西	八九
二八一街	華山路迪化中路東	八二
二八二街	露香園路春華里	三八
二八三街	方浜中路瞿家街	二五
二八三街	法華鎭路番禺路西	一〇五
二八四街	東台路務本里	四〇
二八四街	濟南路康邨	四一
二八四街	鑾周路上林里	四五
二八四街	建國西路襄陽南路東	七二
二八五街	中正東路寶裕里	三
二八五街	敦惠路平武路南	一〇〇
二八五街	慈佑路徐虹路東	一〇九
二八六街	阜民路慶華坊	三〇
二八六街	馬當路西成里	四七
二八六街	襄陽南路敦和里	七三
二八六街	武康路湖南路南	八九
二八七街	西藏南路錦裕里五街	八
二八七街	陝西南路步高里	六三
二八七街	湖南路武康路西	八九
二八八街	復興中路黃陂南路東	四六
二八八街	重慶南路大陸坊	五二
二八八街	永嘉路襄陽南路東	七二
二八八街	建國西路五福邨	七二
二八八街	天平路樹德坊	九五
三八九街	五原路武康路東	九〇
二九一街	馬當路崇一里	四六
二九一街	斜徐路垣宗邨	四九
二八一街	中正中路承業里	五五
二九一街	鉅鹿路大豐里	六七
二九一街	敦惠路四維新邨	一〇〇
二九二街	西藏南路文元坊	三九
二九二街	番禺路法華鎭路北	一〇五
二九三街	西藏南路錦裕里六街	八
二九三街	太原路友寧邨	七四
二九四街	大吉路永興里	四二
二九四街	長樂路高福里	五六
二九四街	宛平路汶林邨	八六
二九四街	法華路番禺路西	一〇五
二九五街	中山南路振業里	一四
二九五街	英士路三三里	四七
二九五街	宛平路汶林邨三街	八六
二九六街	鑾周路上林里	四五
二九七街	晉班路嘉德里	五〇
二九七街	太原路友寧邨	七四
二九七街	宛平路汶林邨二街	八六
二九八街	鑾周路寶慶里	四五
二九八街	重慶南路大陸坊	五二
二九九街	西藏南路錦裕里七街	八

街號	地址	圖號
二九九街	大吉路立興坊	四二
二九九街	宛平路汶林邨一街	八六
三〇〇街	金陵東路寶興里	三
三〇〇街	黃陂南路吳興里	七
三〇〇街	蓬萊路福安坊	三五
三〇〇街	吉安路丹鳳里	四一
三〇〇街	永嘉路襄陽南路口	七三
三〇〇街	迪化南路建國西路南	八五
三〇〇街	衡山路高安路西	八七
三〇〇街	番禺路法華鎮路北	一〇五
三〇一街	方浜中路絲綫街	二五
三〇一街	徽寧路車站路東	三二
三〇一街	迪北中路同興坊	八三
三〇二街	阜民路顧家街北	三〇
三〇二街	建國西路襄陽南路西	七三
三〇二街	迪化南路碧筠邨	八五
三〇三街	蓬萊路普育里總街	三五
三〇三街	馬當路振華里	四六
三〇四街	建國西路襄陽南路西	七三
三〇四街	興國路湖南路南	九三
三〇五街	太原路友寧邨	七四
三〇六街	馬當路普慶里	四七
三〇六街	襄陽南路敦和里	七三
三〇六街	襄陽南路源源里	七三
三〇七街	自忠路永裕里	四六
三〇七街	中正中路永仁里	五五
三〇七街	建國西路拉都邨	七四
三〇八街	江陰街興安里	三一
三〇九街	大吉路養仁坊	四二
三〇九街	建國西路華福新邨	七四
三〇九街	迪化中路寶善里	八三
三〇九街	宛平路燕平二邨	八六
三一〇街	黃陂南路吳興里	七
三一〇街	大吉路肇周路東	四二
三一〇街	天平路衡山路北	九五
三一一街	董家渡路茂成坊	一七
三一一街	江陰街江陰邨	三四
三一一街	西藏南路倣村	三八
三一一街	太原路徐家匯路北	七四
三一一街	法華鎮路番禺路西	一〇五
三一二街	林森中路雙禾邨	五
三一二街	方斜路樹德新邨	四二
三一二街	肇周路寶慶里	四五
三一三街	順昌路合肥路北	四一
三一五街	林森中路寶康里	七
三一五街	徽寧路車站路東	三二
三一六街	泰康路勤樂邨	五九
三一六街	建國西路合肇坊	七三
三一六街	興國路湖南路南	九三
三一七街	自忠路西湖坊	四六
三一七街	迪化中路寶善里	八三
三一八街	馬當路普慶里	四七
三一八街	建國東路祥慶邨一街	四八
三一八街	徽寧路車站路東	三二
三二〇街	復興中路永裕里	四六
三二〇街	宛平路燕平三邨	八六
三二〇街	武夷路凱旋路東	一〇二
三二〇街	徐鎮路儉德里	一〇九
三二〇街	天平路衡山路北	九五
三二一街	太原路多福邨	七四
三二一街	安福路武康路東	九〇
三二二街	自忠路仁吉里	四六
三二二街	英士路合肥路北	五三
三二五街	中山南路永佑里	一四
三二五街	國貨路得勝里	三二
三二五街	順昌路延壽里	四一
三二五街	虹橋路鴻源邨	九七
三二六街	江陰街新運邨	三一
三二六街	襄陽南路敦和里	七三
三二七街	雲南南路積善里	九
三二七街	西藏南路壽寧路南	三八
三二七街	建國西路福履別墅	七四
三二七街	徐鎮路徐虹路口	一〇九
三二八街	蓬萊路學前街西	三五
三二八街	吉安路昌平里	四一
三二八街	復興中路萍漁里	四六
三二八街	馬當路新民邨	四七
三二八街	虹橋路交通大學西	九七
三二九街	復興東路寶祥里	二三
三二九街	徽寧路車站路東	三二
三二九街	江陰街大興街東	三四
三二九街	法華鎮路番禺路西	一〇六
三三一街	建國西路燕瑞坊	七四
三三二街	阜民路蘭馨里	三〇
三三二街	肇周路梨園	四五
三三二街	英士路合肥路北	五三
三三四街	建國東路祥慶邨二街	四八
三三四街	迪化中路復興西路北	八三
三三五街	復興中路衡吉里	四六
三三五街	建國東路餘福里	四八
三三五街	鉅鹿路樹德里	六七
三三六街	馬當路新民邨	四七
三三六街	建國西路梅德坊	七三
三三七街	黃陂南路同益里	七
三三七街	陝西南路徐家匯路北	六二
三三八街	襄陽南路西安公寓	七三
三三九街	東台路德意里	四〇
三三九街	長樂路蒲石邨	六九
三四一街	阜民路仁阜里	三〇
三四一街	建國西路太原路東	七四
三四一街	華山路迪化中路東	八二
三四二街	馬當路復興中路北	四七
三四三街	西藏南路同康里	三八
三四三街	順昌路合肥路南	四五
三四三街	襄陽南路永嘉路南	七二
三四四街	黃陂南路昌新里	七
三四四街	民國路泰新里	一一
三四五街	東台路德意里	四〇
三四五街	英士路合肥路南	四八
三四五街	徐家匯路工業坊	六〇
三四五街	永嘉路襄陽南路西	七三
三四六街	雲南南路餘慶里	八
三四六街	復興中路慈安里	四六
三四七街	鉅鹿路茂名南路東	六七
三四九街	黃陂南路同益里	七
三四九街	合肥路九如邨	五三
三五〇街	黃陂南路永慶坊一街	七
三五〇街	順昌路餘慶坊	四五
三五〇街	興國路泰安路北	九三
三五一街	阜民路仁阜里	三〇
三五二街	襄陽南路餘慶里	七三
三五三街	中正東路增和里	三
三五三街	福佑路裕德里	一〇
三五三街	中華路如金里	二二
三五三街	西藏南路同康里	三八
三五三街	永嘉路襄陽南路西	七三
三五四街	馬當路西西坊	四七
三五四街	長樂路茂名南路東	六七
三五四街	建國西路福昌里	七三
三五五街	建國西路息邨	七四
三五六街	黃陂南路永慶坊二街	七
三五六街	中華路瑞興里	二二
三五六街	西藏南路敏慎坊	三九
三五七街	襄陽南路永安別業	七二
三五八街	林森中路尚賢里	五
三五八街	襄陽南路明德里	七三
三五八街	建國西路太原路東	七三
三五九街	中正中路煦成邨	五六
三五九街	華山路迪化中路西	九〇
三六一街	復興中路崇一里	四六
三六二街	黃陂南路永慶坊三街	七
三六二街	阜民路懋裕里	三〇
三六二街	方斜路澄闌里	四二
三六二街	長樂路茂名南路東	六七
三六三街	建國東路馬當路東	四八
三六四街	金陵東路興昌里	三
三六四街	建國東路福興坊	四八
三六五街	徽寧路車站路西	三三
三六五街	建國西路台拉新邨	七五
三六五街	法華路番禺路西	一〇六
三六六街	中華路瑞興里	二二
三六六街	合肥路永益里	四六
三六六街	陝西南路南昌路南	七一
三六七街	自忠路西成里	四七
三六七街	斜土路庭廬	四九
三六七街	中正中路崇福里	五六
三六八街	黃陂南路永慶坊四街	七
三六九街	合肥路怡怡別墅	五三
三八〇街	陝西南路復興中路北	七一
三七一街	方斜路崇慶里	四二

三七一街	永康路榮陽廬	七三
三七二街	方斜路崇慶里	四二
三七二街	徐家匯路同豐里	六〇
三七二街	鉅鹿路陝西南路東	六七
三七二街	興國路林森中路北	九四
三七四街	黃陂南路樹德里	七
三七四街	馬當路合肥路北	四七
三七四街	興國路林森中路北	九四
三七五街	東台路純德里	四〇
三七六街	方浜中路恆福里	二七
三七七街	肇周路人棣坊	四二
三七八街	中華路瑞興里	二二
三七八街	建國西路太原路東	七三
三七九街	襄陽南路大明邨	七二
三八〇街	建國東路三興里	四八
三八一街	東台路純德里	四〇
三八一街	黃陂南路雲盛里	四六
三八一街	中正南二路福興坊	六〇
三八二街	法華路番禺路西	一〇五
三八三街	福佑路長源里	一〇
三八三街	方浜中路慎德坊	二五
三八三街	鉅鹿路釆壽里	六七
三八三街	襄陽南路黃家街	七二
三八四街	中華路瑞興里	二二
三八四街	肇周路貽德里	四五
三八四街	復興中路鴻仁里	四七
三八四街	建國西路福祿邨	七六
三八四街	法華路番禺路西	一〇五
三八四B街	永嘉路太原路東	七三
三八五街	中正中路安樂邨	五六
三八六街	江陰街大興街西	三四
三八六街	順昌路福興坊	四五
三八七街	英士路錦安坊	四八
三八八街	陸家浜路宗德里	一九
三八八街	蓬萊路蓬萊別業	三五
三八八街	襄陽南路永康路南	七三
三八八街	武夷路凱旋路東	一〇二
三八九街	金陵東路卜鄰里	九
三八九街	襄陽南路永嘉路南	七二
三九一街	民國路元龍里	一一
三九一街	鉅鹿路四成里	六七
三九一街	武康路泰安路口	八八
三九二街	中華路瑞興里	二二
三九三街	鉅鹿路存厚里	六七
三九三街	襄陽南路永嘉路南	七二
三九三街	法華路番禺路西	一〇六
三九四街	阜民路慶安里	三〇
三九四街	西藏南路興安里	四〇
三九五街	中正中路鄰聖坊	五六
三九五街	徐家匯路惠榮里	六〇
三九五街	建國西路岳陽路東	七五
三九六街	金陵東路昇平里總街	三
三九六街	福佑路福康里	一〇
三九六街	長樂路茂名南路東	六七
三九六街	永嘉路正蕃小築	七三
三九六街	迪化南路夏家街	八五
三九七街	自忠路西成里	四七
三九八街	林森中路五鳳里	五
三九八街	法華路香花橋	一〇五
四〇〇街	建國東路明慶里	四八
四〇〇街	番禺路法華鎮路北	一〇五
四〇一街	中正東路太原坊	三
四〇一街	江陰街大興街西	三四
四〇一街	方斜路大吉里	四二
四〇一街	鉅鹿路巨籟邨	六七
四〇一街	長樂路儲康里	六九
四〇二街	蓬萊路蓬萊里	三五
四〇二街	西藏南路興安里	四〇
四〇二街	方斜路大吉里	四二
四〇二街	武康路興國路東	八八
四〇三街	西藏南路華成坊	三八
四〇四街	合肥路振華里	四六
四〇四街	馬當路協盛里	四七
四〇五街	阜民路中華路北	三〇
四〇六街	中華路源長里	二二
四〇六街	江陰街錦德里	三四
四〇六街	興國路林森中路北	九四
四〇七街	鉅鹿路釆福里	六七
四〇九街	蓬萊路一德里	三五
四〇九街	順昌路鴻寧里	四五
四一〇街	方浜中路留餘坊	二七
四一〇街	中正南二路由義坊	六二
四一一街	襄陽南路福順坊	七二
四一二街	林森中路景行里	五
四一二街	西藏南路全裕里	四〇
四一二街	黃陂南路望德里	四六
四一四街	民國路萼安里	一一
四一五街	復興中路玉振里	四七
四一五街	法華鎮路番禺路西	一〇五
四一五街	法華鎮路番禺路西	一〇六
四一六街	永嘉路同益邨	七七
四一七街	馬當路南山里	四八
四一八街	永嘉路太原路西	七七
四一九街	中山南路德新里	一五
四一九街	順昌路惠邨	四五
四一九街	黃陂南路信德里	四六
四二三街	金陵東路篤行里	九
四二三街	江陰街同本坊	三四
四二四街	順昌路祥順里	四五
四二五街	林森中路四明里	六
四二五街	蓬萊路九如里	三五
四二五街	順昌路壽華邨	四五
四二六街	襄陽南路建國西路北	七二
四二六街	中華路韓康里北街	二二
四二六街	西藏南路敦仁里	四〇
四二七街	復興東路思仁里	二三
四二七街	西藏南路新樂里九街	三八
四二八街	徽寧路聽西路東	三三
四二八街	永嘉路敦倫里	七三
四二九街	黃陂南路均益里	四六
四二九街	中正中路同康里	五六
四二九街	襄陽南路雲水別墅	七二
四三〇街	林森中路重慶中路東	五
四三〇街	黃陂南路望德里	四六
四三三街	順昌路樹德里	四五
四三三街	建國東路鼎臣里	四八
四三三街	襄陽南路建國西路北	七二
四三四街	中華路韓康里南街	二二
四三四街	中正南二路徐家匯路北	六二
四三五街	江陰街四維里	三四
四三七街	方浜中路侯家路西	二六
四三七街	馬當路東華里一街	四八
四三八街	西藏南路崇善里	四〇
四三八街	襄陽南路拉都新邨	七三
四三九街	西藏南路新樂里南街	三八
四四〇街	建國西路建業里東總街	七六
四四一街	徽寧路車站路西	三三
四四一街	建國東路仁德坊	四八
四四一街	中正南二路錦德里	六〇
四四二街	復興中路英士路東	四七
四四三街	復興東路祥成里	二三
四四四街	順昌路祥順里	四五
四四四街	合肥路協盛里	四七
四四四街	襄陽南路和樂坊	七三
四四五街	長樂路襄陽北路西	六九
四四六街	復興中路寶培坊	四七
四四七街	馬當路榮華里二街	四八
四四八街	番禺路法華鎮路南	一〇五
四五〇街	方斜路慶安里	四二
四五〇街	武夷路凱旋路東	一〇二
四五二街	襄陽南路建國西路北	七三
四五二街	華山路融安坊	八一
四五四街	西藏南路如意里	四〇
四五四街	順昌路敬業里	四五
四五四街	建國東路英士路西	五二
四五四街	襄陽南路建國西路北	七三
四五五街	建國東路英士路東	五二
四五五街	華山路長樂路北	九〇
四五五街	蒲東路沈家宅口	一一五
四五六街	福佑路和合坊	一〇
四五六街	華山路柳新邨	九一
四五六邨	建國西路建業里總街	七六
四五七街	徽寧路仁德里	三三
四五七街	順昌路大康里	四五
四五七街	馬當路榮華里三街	四八
四五七街	中正南二路打浦坊	六〇
四五七街	迪北中路中正西路南	八一
四五八街	合肥路玉振坊	四七
四六〇街	黃陂南路匯豐別墅	六四
四六二街	林森中路漁陽里	五五
四六三街	中華路咸益公街	二一
四六四街	黃陂南路永安里	四六
四六五街	長樂路富民路東	六九
四六六街	長樂路錢家宅街	六七

街號	地址	圖號
四六六街	武夷路湯山村	一〇二
四六七街	馬當路榮華里四街	四八
四六七街	長樂路文福里	六九
四六八街	福佑路福興里	一〇
四六八街	徐家匯路功甫里	七四
四七〇街	建國西路建業里西總街	七六
四七一街	斜土路大中里	五〇
四七一街	永嘉路蓉園	七六
四七二街	順昌路六興坊	四五
四七四街	徐家匯路錦同邨	六二
四七六街	金陵東路德順里	三
四七六街	方斜路仁昌里	四二
四七七街	馬當路徐家匯路北	四八
四七八街	建國東路四德里	五二
四七九街	方浜中路古慶坊	二六
四七九街	徽寧路和合坊	三三
四七九街	建國東路英士路西	五二
四八一街	西藏南路恆安坊	四〇
四八一街	徐家匯路中正南二路西	六二
四八一街	長樂路川雲里	六九
四八三街	福佑路雲福里	一〇
四八三街	法華鎮路香花橋東	一〇五
四八四街	馬當路康吉里	四八
四八五街	永嘉路和平邨	七六
四八六街	方斜路鳳麟里	四二
四八六街	合肥路中業里	四七
四八九街	中山南路吉慶里	一五
四九一街	順昌路餘慶里	四五
四九一街	長樂路富民路東	六九
四九二街	建國東路南天一坊	五二
四九四街	黃陂南路永裕里	四六
四九四街	林森中路康綏公寓	五五
四九五街	永嘉路岳陽路東	七六
四九六街	中山南路吉祥街	一五
四九六街	建國西路建業西里	七六
四九九街	襄陽南路拉都坊	七四
五〇〇街	建國東路貨家街	五二
五〇〇街	鉅鹿路順春別墅	六八
五〇〇街	長樂路承逸里	六九
五〇〇街	陝西南路逸安邨	七二
五〇〇街	永嘉路思南新邨	七七
五〇〇街	華山路汪家街	九一
五〇二街	建國東路英士路西	五二
五〇四街	順昌路順陽里	四五
五〇四街	馬當路建國東路南	四八
五〇五街	福佑路福佑坊	一〇
五〇六街	民國路吉安里	一
五〇六街	建國西路懿園	七六
五〇七街	順昌路順陽里	四五
五〇七街	中正中路國民里	六七
五〇八街	西藏南路黎陽里	四〇
五〇九街	斜土路晉班路東	五〇
五〇九街	復興中路偉達坊	五三
五一〇街	襄陽南路三鑫坊	七四
五一〇街	林森西路明耀邨	一〇七
五一一街	徽寧路華興坊	三三
五一一街	斜土路晉班路東	五〇
五一二街	南昌路陝西南路西	七〇
五一四街	黃陂南路永裕里	四六
五一四街	襄陽南路松盛里	七四
五一六街	鉅鹿路陝西南路西	六八
五一六街	長樂路慶祥里	六九
五一七街	馬當路徐家匯路北	四八
五一七街	中正中路福祿邨	六七
五一八街	中華路天福里北街	二一
五一八街	徽寧路廳西路西	三三
五一八街	法華路凱旋路東	一〇四
五一九街	建國東路眉壽里	五二
五一九街	林森中路花園里	五五
五一九街	嘉善路徐家匯路北	七四
五一九街	蒲東路慈雲街北	一一二
五二〇街	順昌路永華坊	四五
五二〇街	嘉善路徐家匯路北	七四
五二一街	陸家浜路桑園街東	二〇
五二二街	南昌路陝西南路西	七〇
五二三街	復興中路萬福坊	五三
五二四街	長樂路陝西南路西	六九
五二六街	中華路天福里南街	二一
五二六街	林森中路和合坊	五五
五二八街	西藏南路復興中路南	四〇
五二九街	西藏南路南陽橋市場	四〇
五二九街	中正中路餘慶里	六七
五二九街	南昌路陝西南路西	七一
五三〇街	馬當路久成北里	四八
五三一街	方浜中路南獅子街	二六
五三二街	南昌路新民邨	七〇
五三三街	林森中路成都南路東	五五
五三四街	黃陂南路永裕里	四六
五三四街	復興中路思南路東	五七
五三五街	中正中路茂名南路西	六七
五三七街	蒲東路五埭頭	一一二
五四二街	林森中路飛龍大樓	五五
五四五街	中正中路明德里	六七
五四六街	鉅鹿路益民邨	六八
五四七街	西藏南路南陽新邨	四〇
五四七街	蒲東路慈雲坊	一一二
五五〇街	華山路江蘇路東	九一
五五〇街	中山南路明德里	一五
五五二街	鉅鹿路陝西南路西	六八
五五二街	建國西路迪化南路東	七六
五五三街	復興中路辣斐坊	五八
五五四街	麗園路通達里	四四
五五五街	徽寧路集成坊	三三
五五六街	襄陽南路定一邨	七四
五五七街	順昌路榮市邨	四五
五五八街	襄陽南路定一邨	七四
五五九街	徐家匯路陝西南路東	六二
五六〇街	陝西南路亞爾新邨	七二
五六一街	中正東路普安路東	四
五六一街	蒲東路慈雲街北	一一二
五六三街	復興東路盤香街	二八
五六三街	順昌路永年路北	四五
五六四街	民國路慎興里	二
五六五街	林森中路銘德里	五五
五六五街	復興中路思南路西	五八
五六六街	方浜中路成美里	三七
五六七街	林森中路銘德里	五五
五六八街	法華路凱旋路東	一〇四
五六九街	法華路凱旋路東	一〇四
五七〇街	徐家匯路陝西南路東	六二
五七〇街	長樂路蒲園	六九
五七二街	陝西南路鴻安坊	七二
五七四街	鉅鹿路陝西路南西	六八
五七四街	武夷路凱旋路東	一〇二
五七五街	西藏南路益智里	四〇
五七八街	方浜中路椿萱里	三七
五七八街	南昌路襄陽南路東	七〇
五八〇街	建國東路善慶坊	五二
五八〇街	永嘉路永嘉新邨	七七
五八二街	林森中路仁壽坊	五五
五八二街	南昌路永順邨	七一
五八二街	陝西南路亞爾培坊	七二
五八七街	中華路黃家路北	二一
五八七街	復興中路中正南二路東	五八
五八八街	復興中路中正南二路東	六五
五八八街	鉅鹿路大興里	六八
五九〇街	復興中路中正南二路西	六五
五九〇街	法華路凱旋路東	一〇四
五九一街	徐家匯路徐匯新邨	六二
五九三街	林森中路桃源坊	五五
五九三街	法華路梅泉別墅	一〇四
五九四街	南昌路駿德里	七〇
五九四街	中正西路汪家街	八一
五九六街	黃陂南路梅蘭坊	四六
五九七街	方浜中路露香園路東	二六
五九七街	徐家匯路陝西南路東	六二
五九八街	復興中路和康新邨	六五
六〇〇街	華山路江蘇路東	九一
六〇二街	南昌路襄陽南路東	七〇
六〇二街	中正西路汪家街	九一
六〇三街	南昌路張家街	七一
六〇五街	中正東路公安里	四
六〇五街	方浜中路峻德里	二六
六〇五街	順昌路悅來坊	四五
六〇五街	建國西路靜思廬	八五
六〇六街	林森中路榮業里	五六
六〇八街	復興中路茂名南路東	六五
六一一街	長樂路永存坊	七九
六一二街	順昌路信陵邨	四五
六一二街	永嘉路何合坊	七七

六一二衖 林森中路樂安坊 三七
六一三衖 長樂路滬江別墅 七九
六一四衖 方浜中路三益里 三七
六一四衖 長樂路新義坊 六九
六一五衖 南昌路龍邨 七一
六一六衖 復興中路茂名南路東 六五
六一八衖 建國西路安亭路西 八五
六一八衖 林森西路凱旋路東 一〇七
六一九衖 建國西路茂齡別墅 八五
六二二衖 中山南路緯成里 一六
六二二衖 林森中路泰山公寓 五六
六二三衖 斜土路福興里 五〇
六二四衖 南昌路襄陽南路東 七〇
六二五衖 復興東路瑞華坊 二八
六二六衖 復興中路茂名南路東 六五
六二八衖 民國路華盛坊 二
六三一衖 法華鎮路兆安里 一〇五
一三七衖 林森中路泰辰里 五七
六三七衖 長樂路友華邨 七九
六三八衖 民國路東新里 二
六三八衖 長樂路襄陽北路西 六九
六四〇衖 徐家匯路福興里 七四
六四一衖 中山南路和興里 一六
六四一衖 黃陂南路安義里 四五
六四三衖 林森中路思南路東 五七
六四九衖 復興東路德勤邨 二七
六五〇衖 中華路慶成里 二〇
六五一衖 黃陂南路長興坊 四五
六六〇衖 長樂路順樂里 六九
六六三衖 黃陂南路杏邨 四五
六六九衖 復興東路三牌樓路西 二七
六六九衖 方浜中路蓮慶坊 三八
六七〇衖 長樂路富民路東 六九
六七二衖 中華路德安里 二〇
六七二衖 長樂路留園 六九
六七七衖 林森中路霞飛商場 五七
六七九衖 中華路衡邨 三〇
六七九衖 黃陂南路寶興里 四五
六八一衖 法華鎮路錢家木橋東 一〇三
六八二衖 長樂路蒲石里 六九
六八五衖 黃陂南路恒昌里 四五

六八七衖 方浜中路晉昌里 三八
六八九衖 蒲東路三角街北 一一四
六九三衖 陸家浜路同元里 一三一
六九三衖 法華路晚步邨 一〇四
六九五衖 鉅鹿路熙邨 六九
六九五衖 永嘉路安亭路西 八五
六九五衖 建國西路宛平路東 八六
六九七衖 林森中路葆仁坊 五七
六九七衖 鉅鹿路恒吉坊 六九
六九八衖 長樂路富民路東 六九
七〇〇衖 徽寧路祥德里 四三
七〇三衖 鉅鹿路康樂別墅 六九
七〇五衖 中華路同仁街 三〇
七〇六衖 林森中路中正南一路東 五六
七〇七衖 黃陂南路大安坊 四五
七〇八衖 民國路紫來邨 九
七一〇衖 陸家浜路普育西路東 三二
七一〇衖 黃陂南路福熙邨 四八
七一三衖 林森中路思南路西 五七
七二一衖 中華路同仁里 三〇
七二七衖 民國路松安里 九
七三〇衖 麗園路晉班路西 五〇
七三〇衖 斜徐路打浦路東 六一
七三一衖 麗園路麗園里 四九
七三三衖 林森中路中正南一路東 五七
七三四衖 永嘉路高安路東 八五
七三四衖 江蘇路中正西路南 九一
七三六衖 林森中路平安里 五六
七三七衖 中華路同仁里 三〇
七三九衖 復興中路公鏡里 二七
七四一衖 民國路宏豫里 九
七四四衖 江蘇路中正西路南 九一
七四六衖 民國路民國里 九
七五一衖 中正東路永祥里 五
七五一衖 法華鎮路華明里 一〇四
七五三衖 林森中路德勝里 五七
七五三衖 中正西路江蘇路東 九一
七五四衖 江蘇路中正西路南 九一
七五五衖 方浜中路老華慶坊 三八
七五七衖 民國路福安里 九
七五九衖 斜土路金壽里 六一

七六一衖 蒲東路斜土路北 一一四
七六二衖 鉅鹿路鴻德里 六八
七六三衖 江蘇路中正西路南 九一
七六四衖 方浜中路同順里 三七
七六四衖 長樂路杜美新邨 八〇
七六四衖 江蘇路中正西路南 九一
七六六衖 陸家浜路普育西路西 三二
七六七衖 復興東路長吉里 二七
七七一衖 林森中路中正南二路西 六五
七七四衖 長樂路南華新邨 八〇
七七四衖 虹橋路林森西路東 一〇〇
七七五衖 鉅鹿路富民路東 六九
七七五衖 林森中路中正南二路西 六五
七八六衖 鉅鹿路光華里 八〇
七八八衖 黃陂南路三友里 四八
七八九衖 江蘇路華山路北 九一
七九九衖 中華路蘭因里 三〇
八〇三衖 中山南路康記坊 一七
八〇四衖 斜徐路彭家街 六一
八〇九衖 陸家浜路百壽坊 三一
八〇九衖 中正東路行仁坊 五
八一二衖 中華路企雲里 三一
八一四衖 林森中路茂名南路東 六六
八一五衖 麗園路大來邨 五一
八一五衖 長樂路合興里 八二
八一六衖 黃陂南路建國東路南 四八
八一六衖 林森中路茂名南路東 六六
八一七衖 徐家匯路太原路東 七四
八一九衖 鉅鹿路富民路西 八〇
八二〇衖 鉅鹿路景華新邨 八〇
八二一衖 陸家浜路仁和坊 三一
八二一衖 長樂路常熟路西 八二
八二五衖 中正東路永年里 五
八二七衖 黃陂南路貝勒里 四五
八三〇衖 陸家浜路仁義里 三二
八三〇衖 長樂路合大里 八二
八三一衖 黃陂南路貝勒里 四五
八三二衖 陸家浜路仁信里 三二
八三三衖 林森中路茂名南路東 六五
八三五衖 中正東路興業里 五
八三七衖 陸家浜路種福里 三一

八三九衖 黃陂南路貝勒里 四五
八四〇衖 麗園路麗園新邨 五〇
八四二衖 陸家浜路瑜興里 三二
八四二衖 長樂路長林坊 八二
八四五衖 鉅鹿路富民路西 八〇
八四五衖 長樂路申江里 八二
八四七衖 黃陂南路恒慶里 四五
八四八衖 民國路崇德坊 三八
八五三衖 麗園路仁記里 五一
八五五衖 麗園路祥生里 五一
八五五衖 林森中路永慶里 六五
八五五衖 中正中路威海衞路口 六八
八五八衖 民國路壽寧路南 三八
八六一衖 復興東路五福里 三七
八六三衖 黃陂南路恒慶里 四五
八六五衖 中正東路餘慶坊 五
八七〇衖 麗園路餘順里 五〇
八七一衖 復興東路劉興街 三七
八七三衖 中正東路馬樂里 五
八七三衖 黃陂南路恒慶里 四五
八七七衖 中正中路模範邨 六八
八七九衖 復興東路安順里 三七
八八〇衖 中華路民立街東 三一
八八三衖 復興東路松雪街東 二七
八八八衖 黃陂南路恒慶里 四五
八八六衖 麗園路晉班路東 五〇
八八七衖 復興東路和平坊 三七
八八五衖 斜徐路打浦路西 六一
八九一衖 黃陂南路恒慶里 四五
八九七衖 民國路尼山里 九
八九八衖 中華路鳴鶴里 三一
八九九衖 中華路白漾二街西 三〇
八九九衖 林森中路來德坊 六五
九〇六衖 民國路銀河里 三八
九〇六衖 斜徐路打浦路西 六一
九一一衖 民國路承慶里 九
九一二衖 麗園路義興里 五〇
九一三衖 中正中路四明邨 六八
九一六衖 民國路銀河里 三八
九一八衖 林森中路陝西南路東 六六
九一八衖 衡山路孝友里 九五

街號	地址	圖號
九二〇街	中山南路漕倉碼頭北	一七
九二〇街	黃陂南路三星坊一街	四八
九二〇街	長樂路迪化中路東	八二
九二四街	民國路銀河里	三八
九二五街	民國路民安里	九
九二五街	中正東路重慶中路西	五五
九二五街	林森中路汾晉里	六五
九二七街	復興東路泰瑞里	三七
九二七街	林森中路霞飛坊	六五
九二八街	斜徐路打浦路西	六一
九二八街	蒲東路永樂邨	一一三
九二九街	陸家浜路興安里	三一
九二九街	蒲東路新棠邨	一一四
九三〇街	黃陂南路三星坊二街	四八
九三四街	民國路壽昌里	三八
九三八街	長樂路迪化中路東	八二
九四〇街	黃陂南路三星坊三街	四八
九四一街	林森中路霞飛坊	六五
九四一街	蒲東路竹蘭邨	一一四
九四二街	長樂路迪化中路東	八二
九四六街	民國路壽昌里	三八
九四六街	林森中路陝西南路東	六六
九四七街	復興東路安仁坊	三七
九五〇街	陸家浜路公濟里	三二
九五三街	中正東路爵德里	五五
九六一街	陸家浜路明德坊	三一
九六四街	衡山路孝友里	九五
九六七街	林森中路興業里	七〇
九六九街	中華路德仁里	三一
九七〇街	中正西路武夷路口	一〇一
九八一街	林森中路陝西南路西	七〇
九八三街	復興東路安定里	三七
九八七街	林森中路錢家街	七〇
九九〇街	麗園路魯班路西	五〇
一〇〇一街	中正中路安仁里	六八
一〇〇二街	陸家浜路利涉西坊	三三
一〇〇三街	林森中路襄陽南路東	七〇
一〇一三街	中正中路民福里	六八
一〇一三街	中正西路武夷路南	一〇一
一〇一八街	陸家浜路念萱里	三三
一〇二一街	中正中路富民路東	六八
一〇二一街	斜土路日暉港西	一一八
一〇二七街	民國路振業里一街	三八
一〇三一街	陸家浜路大興街西	三四
一〇三二街	中華路華成里	三一
一〇三三街	中華路載華里	三三
一〇三四街	陸家浜路洪業坊	三一
一〇三六街	中華路華成里	三一
一〇三七街	民國路振業里二街	三八
一〇四二街	中華路華成里	三一
一〇四三街	中正西路武夷路南	一〇一
一〇四六街	中正西路番禺路東	一〇一
一〇四七街	復興東路蘭發里	三七
一〇五〇街	中華路三益里	三一
一〇五五街	復興東路寶隆里	三七
一〇五五街	民國路同慶里	三八
一〇五七街	復興東路裕慶里	三七
一〇七〇街	斜徐路日暉港西	一一八
一〇七一街	中華路裒安坊	三一
一〇七九街	中正中路愛仁里	八〇
一〇八八街	徐家滙路華成坊	八六
一〇八九街	中華路協和坊	三一
三〇八九街	民國路永權坊二街	三八
一一〇一街	華山路廣元路北	九五
一一〇二街	斜徐路日暉港西	一一八
一一〇三街	華山路廣元路北	九五
一一〇五街	華山路廣元路北	九五
一一一一街	斜土路斜塘邨	一一八
一一二一街	民國路華安坊二街	三八
一一三一街	中正西路番禺路口	一〇一
一一四八街	中華路興達里	三四
一一五四街	陸家浜路榮華里	三三
一一五五街	復興中路野嶺里	四〇
一一五七街	中正中路福熙坊	八〇
一一六七街	復興東路孝敬坊	四〇
一一六七街	華山路天佑里	九五
一一七七街	徐家滙路天平路西	九五
一一七九街	中正西路番禺路西	一〇一
一一九六街	復興中路淞雲別墅	七一
一二〇〇街	復興中路桃源邨	七一
一二〇〇街	林森中路華亭路東	七九
一二〇〇街	中正西路番禺路西	一〇三
一二〇一街	復興中路嘉善路西	七一
一二〇三街	華山路孝友里	九五
一二〇九街	中正西路三益邨	一〇一
一二一七街	中華路蓬萊里	三五
一二一八街	復興中路小桃園街	七一
一三二〇街	華山路範園	一〇〇
一二二一A街	華山路孝友里	九五
一二二三街	斜土路大木橋路東	一一八
一二二八街	斜徐路日暉港西	一一八
一二二九街	陸家浜路三品里	四二
一二三二街	復興中路穎邨	七一
一二三三街	中華路蓬萊里	三五
一二三五街	復興中路益餘坊	七一
一二三六街	中華路惠安里	三四
一二三六街	中正西路番禺路西	一〇三
一二三七街	華山路孝友里	九五
一二四二街	陸家浜路三官堂路西	四三
一二四五街	華山路興國路西	九二
一二四六街	中華路惠安里	三四
一二四八街	復興中路辣斐新邨	七一
一二五二街	復興中路張家街	七一
一二五五街	華山路孝友里	九五
一二五六街	中華路惠安里	三四
一二五六街	陸家浜路民立里	四三
一二五六街	林森中路寶慶路西	七八
一二五六街	斜徐路日暉港西	一一八
一二五九街	斜土路大木橋路東	一〇八
一二六二街	復興中路襄陽南路東	七一
一二七〇街	復興中路長餘坊	七一
一二七〇街	林森中路大德里	七九
一二七三街	林森中路寶慶路西	七八
一二七六街	陸家浜路西民立里	四三
一二八二街	復興中路餘德坊	七一
一二八五街	林森中路寶慶路西	七八
一二八六街	復興中路襄陽南路西	七一
一二八九街	中正西路番禺路西	一〇一
一二九〇街	中正西路番禺路西	一〇三
一二九三街	中山南路陸家浜路南	一九
一二九四街	復興中路怡德里	七一
一二九五街	復興中路桃源邨	七一
一三一二街	中山南路惠慶坊	一九
一三一三A街	復興中路丁家街	七一
一三一七街	復興中路一線天	七八
一三三九街	中正西路凱旋路東	一〇二
一三四八街	中正西路番禺路西	一〇三
一三五〇街	陸家浜路清雲里	四三
一三五〇街	林森中路愉園	八三
一三五二街	華山路湖南路北	一〇〇
一三五八街	陸家浜路瑞武坊	四三
一三六九街	中山南路蘭邨	一九
一三七三街	中山南路榮誠里	一九
一三八二街	中華路復興東路南	四〇
一三八二街	陸家浜路斜橋南街	四三
一三八六街	中華路大德里	四〇
一三八九街	華山路湖南路南	九三
一三九〇街	林森中路寶慶路西	八三
一三九六街	中華路泰亭里	四〇
一四〇五街	華山路湖南路南	九三
一四〇六街	華山路侯家宅	一〇〇
一四〇八街	斜徐路大木橋路東	一一八
一四一二街	林森中路復興中路口	八三
一四一四街	林森中路迪化中路西	八三
一四一六街	中華路泰亭里	四〇
一四二〇街	華山路幸福邨	一〇〇
一四二二街	中正西路番禺路西	一〇三
一四二五街	中華路中華商場	三六
一四三三街	中正西路凱旋路東	一〇二
一四四六街	中正西路番禺路西	一〇三
一四四八街	中正西路侯家街	一〇三
一四五三街	中正西路大西別墅	一〇二
一四六〇街	中正西路番禺路西	一〇三
一四六一街	華山路湖南路南	九三
一四六二街	復興中路劍橋角	八三
一四七九街	中正西路大西別墅	一〇二
一四八七街	林森中路上海新邨	八四
一四九八街	林森中路廣寒坊	八三
一五〇一街	華山路衛樂園	九三
一五二〇街	華山路林森西路北	九九

地址	號
一五二五街林森中路曹家街	八三
一五二七街華山路衛樂園	九三
一五三四街林森中路迪化中路西	八三
一五四七街中正西路凱旋路東	一〇二
一五四八街中正西路場子別墅	一〇四
一五六二街林森中路迪化中路西	八三
一五六九街中正西路凱旋路東	一〇二
一五七〇街華山路興業里	九九
一五七五街華山路泰安路南	九四
一五九六街中華路壽祥里	四〇
一六〇六街中華路壽祥里	四〇
一六一〇街林森中路逸邨	八九
一六一四街中華路壽祥里	四〇
一六二三街華山路陳家巷	九四
一六二四街中華路壽祥里	四〇
一六二八街斜徐路楓林路西	一一七
一六三四街中路路壽祥里	九四
一六四一街華山路陳家巷	四〇
一六五二街中正西路凱旋路東	四〇
一六五八街林森中路中南新邨	八九
一六六七街中正西路凱旋路東	四〇
一六七六街林森中路湖南路西	九四
一六八三街中正西路凱旋路東	四〇
一六八八街中正西路三星里	一一七
一六九四街林森中路湖南路西	四〇
一九五〇街林森中路興國路西	九四
二〇〇六街林森中路陳家巷	一〇四
二〇八街林森中路興國路西	八九
二一二二街華山路親仁里	一〇二
二一六七街斜土路安樂新邨	八九
二二一〇街華山路樹德坊	一〇二
二三六四街斜徐路協祥里	一〇四
二三七五街斜土路謹記路東	八九

上海市行號路圖錄下册大樓索引

大樓名稱	郵區	地址	層次	頁數
中法大樓	(0)	中正東路三九號	二，三	一二
中滙大樓	(13)	河南南路十六號	一，二	一六
中滙大樓			三，四	二〇
中滙大樓			五，六	二四
方西馬大樓	(0)	中正東路九號	二，三，四，五	二八
市政府大廈	(0)	漢口路一九三號	一，二，三，四	三二
社會局大廈	(12)	林森中路三七五號	一，二，三	三六
法郵大樓	(13)	中山東二路九號	二，三，四，五	四〇
法郵大樓			六，七，八，九	四四
遜百克大樓	(0)	中正東路二九號	一，二	四八
高登大樓	(0)	中正東路一〇七號	二，三，四	五二
聖亞納公寓	(13)	金陵東路四一號	二，三，四，六	五六

上海市行號路圖錄下册廣告索引

行號名稱	業務	經理姓名	郵遞區號	地址	電話	頁數
一劃						
一大行	工業原料	程國華	(13)	中正東路中匯大樓七〇七室	八五六〇〇 八六六〇〇	四四七
乙豐染織廠	染織	王賡才	(11)	天津路二一二弄二一號(21)(廠址南市保安路七三號)	九八五五〇 轉接各部	〇
二劃						
人和化學製藥廠	西藥	黃素封	(18)	襄陽南路五五〇號	七七五四四	三〇二
人豐錢莊	錢業	陳馥圭	(0)	天津路五一弄七號	一九九七二	九五
九昌織造廠	織綢	陶友川	(11)	天津路一七〇弄一三號(21)(廠址魯班路六二九號)	九四六〇三廠(〇二・七〇八七二)	四六五
九星織造廠	手帕	徐建範	(11)	天津路一七〇弄一三號(餘姚路五二六弄三九五號)	九六〇五五廠(二〇〇二三)	四六五
九龍呢絨公司	呢絨	俞祖琪	(11)	南京東路四二九—四三一號	九一五六三	一九七
三劃						
上海三北機器造船廠	造船	葉竹	(0)	廣東路九三號(16)(工場南市日暉港口)	一二九五〇	二五七
上海女子商業儲蓄銀行	銀行	吳少亭	(0)	南京東路四八〇號	九四一四〇	〇
上海中央日報	報紙	沈公謙	(11)	河南路三〇八號	一五一四三	四五七
上海木業公司	木材	李宜椿	(0)	福州路二二一號一〇一室	一一九四三	〇
上海五金印鐵製罐廠	製罐	吳憲章	(0)	天目路二二五號	四五六六八	三〇五
上海市公共交通公司			(0)	郵政信箱六六六		二三七
上海市銀行	銀行	黃金疇 朱愼徵	(0)	九江路五〇號	一五四三〇	封面裏頁
上海市輪渡股份有限公司	輪渡	張惠康	(0)	北蘇州路四三四號	四六二一二轉接各部	三二三
上海市駱駝絨工業同業公會			(0)	曲阜路一四八號至一五六號	四四〇八六	一八四
上海長德榨油廠	榨油	瞿頌嘉	(13)	金陵東路一二二號	八六九七六	四七七
上海長德榨油廠			(4)	廠址浦東張家浜路二號	(〇二)七四〇〇八	四七七
上海協成銀箱廠發行所	銀箱	施熙鶴	(0)	江西中路三五號(30)(廠其美路五三五號)	一二七八一	一二三
上海美克墨水公司	紅藍墨水	吳志鵬	(0)	漢口路九三號(1)(廠南市黃家闕路九二號)	一七六二〇(廠〇二・七〇三四五)	三四五
上海風琴廠	風琴	樂梓成	(0)	山西北路五四二弄一號	四五九八五	三五六
上海紙廠	紙業	馬積祚	(0)	四川路三三號	一九五二八	三四八
上海國民銀行	商業儲蓄	趙復初	(0)	滇池路八一號	一三〇〇三	二九
上海華中工廠	文具	王亨仁	(12)	黃陂南路四八號	八六七三四	三四
上海科學成記橡膠廠	橡膠工業	鄭仰喬	(18)	嘉善路五一九弄二〇號	七四九五五	三三二
上海愛皮西糖果餅乾廠	糖果餅乾	馬百鏞	(12)	林森中路六二二弄五六號	八八八六四 八五〇一六	2
上海愛皮西糖果餅乾廠			(18)	華山路八五八弄四四—五〇號		
上海鋼鐵股份有限公司	鋼鐵煉製	余名銛	(0)	虎丘路一四號	一〇九九四 一三七一七	五七
上海鐘廠	製造時鐘	於酉峯	(9)	江陰路一五〇號	三五九七五	三七三
上海鉛筆廠股份有限公司	鉛筆製造	章偉士	(25)	徐家匯路三二四號	六八〇〇三	三四五
上海精美食品公司	酒菜食品	李賢影	(11)	南京路英華街二五號	九〇四九三 九〇三四一	二五八
上海慧星電泡廠	電泡	周金闌	(9)	大通路五四六衖十五號	三九〇七五	一五三

行號名稱	業務	經理姓名	郵遞區號	地址	電話	頁數
上海實業公司	運輸貿易	蘇大賚	(0)	虎丘路八八號	一〇四六二 一四九一七	二二八
川康平民商業銀行上海分行	銀行	康潔中	(11)	河南中路五一五號	九八五九六	八七
允中股份有限公司	貿易	趙莊書	(0)	九江路一一三號大陸大樓六一二室	一七六〇八 一四二〇九	四六〇
山西裕華銀行	金融	武渭清	(0)	四川中路二七六號	一八三三五 一一八六六	〇
久大皮行	皮革五金	張錦帆	(11)	北海路一〇九—一一一號	九一九六四	四三一 四三三 三七四 一八三 四〇三
久昌電機五金有限公司	電機五金	周根模	(5)	南潯路四五號	四一三五四	一一九
久信會計法律事務所	會計法律	陸頌亞	(0)	南京路哈同大樓五一三室	一七八二二	四五三
久章染織廠	染織	顧雲凌	(25)	海防路三九一弄八一一號	三四九七三	三二二
久章染織廠			(11)	南香粉弄一八號	九二九六五	三二二
久新製革廠	皮革	馬水有	(11)	北海路五〇號(20)(廠法華鎮敦惠路一八二號)	九七六三九	三八三
久豐綢緞局	綢緞	羅立鑫	(11)	南京路七三九號	九二六八八	56
三友製革廠	製革	茹德勝	(11)	北海路三五號	九〇三六二	一一四
三友實業社	棉織	王雲甫 王家珍	(11)	南京東路五八七號	九七〇八八	四二〇
三北輪埠公司	航業	虞順慰	(0)	廣東路九三號	一三一三一 一二九五〇	三六三四
三義鑫記紙號	紙業	朱柏生	(12)	劉河路四二號	八九二六二	一六三
三慰公司	進出口	虞順慰	(0)	廣東路九三號	一三一三一—二	六二
三興仁企業股份有限公司	航業	李鴻文	(13)	江西南路B字一號	八一二四七 八四二五〇	四六九
三興輪船局	航業	姜琢如	(13)	金陵東路五七號	八七〇一二 八二〇五八	二四八
大上海徽章廠	徽章	施恆明	(12)	西藏南路三一九號	八一二九四	四四九
大不同皮革製品公司	皮鞋皮件	田永林	(11)	西藏中路三九六號	九五九八九	三七五
大公毛紡織染廠	織染	黃克成	(0)	漢口路一二六號(23)(廠址武夷路三五三號)	一八三九〇	〇
大公紡織印染機器製造公司	紡織	唐性存 魯望巖	(11)	南京東路三五六號	九一四二五 九一二八六	一三九
大公商業儲蓄銀行	銀行	戴春風	(0)	寧波路一三〇號	一三七五二 一六一七三	四一二
大公輪船公司	航運	趙文欽	(0)	圓明園路五五號	一〇四五八	四七六
大中工業社股份有限公司	縫針唱針	張榮升	(25)	泰康路二二〇號	七七〇一三 七八〇四六	二九二
大中金屬材料廠	銅料製造	樊景雲	(11)	牛莊路七三四號(5)(虹口天寶路七〇四號)	九〇九八〇(〇二・六〇六七六)	九六
大中瓷電股份有限公司	電機瓷器	劉錫祺	(0)	四川中路三二〇號二〇四室	一四五九七	一三一
大中磚瓦公司	磚瓦窰廠	朱鴻圻	(11)	牛莊路七三一弄四號	九〇三一一	三六五
大中電器廠股份有限公司	電器製造	卜逸慶	(0)	廣東路六四號二樓(19)(廠址平涼路五〇九弄四〇號)	一八三二六(廠五三二一一)	二二三
大中鐵工廠股份有限公司	機器業	余晉卿	(11)	寧波路三四九號五〇三室	九八五三九—〇	八九
大中鐵工廠股份有限公司			(27)	一廠康定路一三九二號(23)(二廠中正西路三四三號)	一廠二〇二三七(二廠二一五九六)	八九
大中央帽廠	呢草帽胎	貝雲階	(13)	金陵東路六三弄(吉如里)七號(18)(廠華山路五五〇弄)	八六一六七(廠二三六〇六)	一四
大中華明記印鐵製罐廠	印製罐盒	姜體臣	(0)	甘肅路一五三弄二十號	四六〇三九	二九七
大中華電器股份有限公司	電器材料	潘克夷	(11)	南京東路五九九號	九二六一五 九三五二〇	一六〇
大中華橡膠廠	橡膠工業	吳哲生	(0)	中正東路二七二弄三二號	一五六〇六—八	三一七
大仁化學工業製造廠	化粧品	金中仁	(11)	河南路五〇五號三〇一室(19)(廠臨青路七七號)	九三六八五(廠五二〇八一)	二七六
大生第一紡織公司	棉紡織	張敬禮	(11)	南京路保安坊一(廠址南通唐家閘)	九四〇二六 九二四一七	
大生第三紡織公司	棉紡織	張文潛	(11)	南京路保安坊一(廠址海門常樂鎮)	九四〇二六 九二四一七	
大生棉藏染織廠股份有限公司	染織廠	高成沅	(11)	台灣路十九弄四號	九二七二五	一七六
大同內衣廠	襯衫	沈鍾棠	(12)	馬當路一七四弄一號	八六〇一九	三二六

大同元記禮品局	禮品	范嘉生	(11)九江路四八二號	九三七一三	四六一
大同徽章廠	徽章	瞿　剛	(11)西藏中路一〇五號	九三七〇二轉	四四五
大成印刷局	印刷	陸源臣	(9)黃河路二五三弄K一二號	三三八一六	15
大成雪記製糖廠	糖果	江義彬	(1)南市方斜路四六〇號	八三九八七	四六〇
大成新皮革製造廠	皮革	黃煥新	(11)河南路五〇五號三〇一室	九三六八五	二九四
大成紡織染公司	紡織漂染	劉國鈞	(11)山東北路四八號	九四五四七 九六二五二	一八一
大成襪針廠總管理處	襪針	張必興	(13)金門路二號二樓九號	八七四九九	一八九
大明化學製藥廠	製藥廠	柳和清	(5)乍浦路三六〇號	四三五三五轉	一〇七
大明油漆廠	油漆	謝晉才	(11)北京東路八〇〇號	九四八六四	三六九
大明信染織廠	染織	周景胡	(11)牛莊路顧家弄積福里七號	九五四四九 九八四六六	一六五
大明信染織廠	染織		(27)一廠長寧路一二三號	二二六〇〇	一六五
大明信染織廠	染織		(20)二廠法華中鎮四一五弄一號		一六五
大明信染織廠	染織		(27)三廠餘姚路五六九號	二三六三五	一六五
大明實業廠	文具	謝錦堂	(18)襄陽南路三七九號	七一三六七	四八八
大昌工業原料行	化學原料	林德源	(11)廣東路三五二弄四號	九四六三八 九二九三七	二六九
大東運輸公司	運輸	謝祺生	(11)九江路七〇二—四號	九一二四二	七八
大東南煙草公司	煙廠	張雨文	(18)徐家匯路四七四弄一七號	七四五二七	三八〇
大來商業儲蓄銀行	銀行	馮伯準	(13)總行中正東路七號	八六三五三 八四九八二	三〇
大來商業儲蓄銀行			(23)分行南京西路一六九四號	三〇三八一	三〇
大來油墨廠	油墨	范文照	(9)長沙路一四九弄二六號	九六一四二	四六五
大來照相材料公司	照相材料	朱今農	(0)南京東路五五號	一四七七七 一六六三三	四六一
大來照相材料公司			(0)南京東路二二號	一四七七七 一六六三三	二七
大來電業廠	電綫	顧興榮	(11)浙江中路一五九號五〇一室	九八二一〇接五〇一號	一〇六
大茂企業公司	紗布棉織	高事恆	(0)北京東路二六六號五樓	一八五五四 一九九〇一	一一五
大威電機廠	電機製造	張品堂	(0)北京東路一五六號一〇一室	一六〇一五	一四〇 二五九
大威電機廠			(9)廠址山海關路四〇六弄三號	三四六八五	一四〇 二五九
大美廣播電台	廣播業務	劉光燾	(12)中正中路三四七號	八五九八四 八八七六〇	一三 二三四
大亞橡膠廠	橡膠品	陳企峯	(13)中正東路一六七號(17)(廠址閘北太陽廟路三二五號)	八一六二〇廠(〇二・六〇五二五)	三三六
大陸毛紡織染廠	毛織	袁惠慶	(13)中正東路三九號(廠址新會路二九五號)	八七〇一七廠(三七九三六)	三一九
大陸染織廠	染織	潘士浩	(11)福建中路二一〇號	九一五二五 九六〇八四	四六五
大陸製罐廠	印鐵製罐	葛勝年	(0)江西北路四五一號	四〇四四〇	三一三
大陸橡膠廠	橡膠	葛寶華	(11)福建中路三五二弄三號	九一八四二	四六〇
大陸機器製造廠	機器業	陸兆榮	(25)肇周路三三二弄一號	八五三四七	一八七
大康輪船公司	運輸	周　棟	(0)漢口路一一〇號四一二室	一八二〇六	二五三
大康內衣公司	襯衫	丁全康	(0)四川中路五七二弄	八七五九〇	〇
大通仁記航業公司	航業	陸英耕	(13)中正東路中匯大樓五二四號	八三五二一	二四五
大通紡織股份有限公司	紡織	胡國樑	(0)江西路四〇六號	一六〇二二	四八〇
大華毛織股份有限公司	毛綫疋頭	王永鍾	(11)南京東路三七四弄一五號(18)(廠址迪化南路三九六弄三三號)	九三六〇〇廠(七五四四八)	四六六
大華紗管梭子廠	紗管梭子	胡庭梅	(5)嘉興路八〇號	四二四一七	一八五
大華紗管梭子廠	紗管梭	胡庭梅	(0)泗涇路三六號二樓四號	一七七〇八	一八五
大華實業工廠	檯燈	葉炳祥	(0)浙江北路一七一號	四二九八〇	二二三

行號名稱	業務	經理姓名	郵遞區號	地址	電話	頁數
大達輪船公司	輪船	楊管北	(0)	四川中路三三號七一七室	一八八二六	二四八
大達電機行	馬達電機	錢雲飛	(5)	乍浦路一九九—二〇一號	四五二七一	一五七
大業工業原料行	工業原料	江鼎康	(11)	交通路六二號	九〇五七六 九七九一九	二六八
大業房地產事務所	地產業	沈燮康	(0)	南京路哈同大樓三二五室B字	一七一五七	四七二
大業橡膠廠	橡膠工業	許承烈	(19)	唐山路一一一二—二〇號(19)(東餘杭路八三一號)	五一九七五	四六
大隆倉庫	倉庫	陸肇崙	(5)	北蘇州路一〇〇號	四二四一二 四一八九四	四七三
大新旅店	旅館	張景堂	(11)	湖北路一〇八號	九四四二九	四六四
大新藥棉紗布廠		陳達仁	(5)	北蘇州路五二街一三一號	四一七三五	四四七
大新興記橡膠廠	鞋靴玩具	唐德森	(11)	福建中路二〇四弄七號	九一四一五	三三三
大榮行	顏料	周中簡	(13)	民國路四四〇—四四二號	八六六四六	〇
大磊行	經理商	蔡苗聖	(11)	廣東路平望街榮陽里二號	九四七四〇轉	六〇七 四三三
大興車行	腳踏車	陳志根	(18)	安福路九二號	七四二八二	三三四
大興實業社	澱粉糊精	徐步青	(0)	九江路二一〇號七室	一八二〇九	四八四
大興實業社			(20)	廠址虹橋路三〇三號	七八二七七	四八四
大興橡膠製品廠	橡膠工業	張軼凡 顧維德	(18)	民國路四八二—四號	八二四九四	三三三
大豐電機織造廠	針織	王鴻源	(13)	金陵東路永興路五〇—五二號	八三三七八	一三八 一九三
大豐電機織造廠			(25)	廠址建國東路順昌路口四達里八號		〇
大豐橡膠廠	橡膠工業	胡鳳章	(13)	中滙大樓四二九室(21)(廠址陸家浜路草鞋灣六二號)	八二九四五廠(〇二・七〇三八四轉)	三三九 八三三
大鑫恒記電業廠	電器	胡恒茂	(11)	福州路七二六弄二八號	九五四二四	八七

四劃

行號名稱	業務	經理姓名	郵遞區號	地址	電話	頁數
中一染料廠	各種染料	蔡介忠	(13)	中正東路中滙大樓六〇一室	八四三八九	三四六
中心製藥廠	西藥	盧緒章	(0)	中山東一路一號三室	一三〇三二	四〇五
中央無線電公司	無線電器	馬師亮	(0)	廣東路一三七號	一八一七四 一八三五〇	一二〇
中央電池廠	電池	張炳甫	(0)	安慶路四〇九弄四二號	四一八三九	二九四
中央藥房股份有限公司	新藥	徐定虎	(11)	南京路七四八號	九三三六六(三線)	四六一
中央製藥廠	西藥	李祖薰	(11)	南京東路慈淑大樓五〇一室	九一五八一	三七九
中光化工廠	工業原料	孫達成	(0)	滇池路一一九號七八室	一二六六四	二七三
中光化工廠			(20)	華山路一五二〇弄(春光坊)七五號		
中孚金筆廠	金筆	王蔣文琴	(0)	河南路四涇路新泰大樓三樓四四室	一九一八四	三九八
中孚文記橡膠廠	橡膠製品	毛文志	(12)	中正中路二九九號(20)(廠址徐家滙裕德路六八弄四一號)	八〇四八九	三三二
中法藥房股份有限公司	西藥	許曉初	(11)	北京東路八五一號	九二三三一—三	三四六 三四七
中和運輸股份有限公司	運輸	張瑞芝	(0)	天目路一八九號	四〇七五八	一四一 四六九
中和證券號	有價證券	張榮觀	(11)	證券大樓七樓五一六—八號	九四三九八 九一四二八	三六
中信棉布公司	棉布	王仁耕	(11)	九江路五一〇號	九二三六四	一九三
中美公司	鐘表	董子星	(11)	南京路四六七號	九〇七七〇	二三二
中美軍用標幟公司	軍裝配件	曹岫聲	(23)	南京西路一二六〇號(23)(廠址中正西路四三五號)	三一七五六廠(二三四二三)	四四一 四五一
中美無線電公司	無線電	季載華	(12)	中正中路三四七號六室	八七七七七	一三〇 三四四
中美煙廠	捲煙	沈祥夫	(9)	北京西路二三九弄四四號	六二三一五	8
中南棉毛織造廠股份有限公司	棉布內衣	李源康	(11)	廣東路靖遠街東廣福里九號	九一八五八 九二五二七	一六九

83

名稱	業別	負責人	地址	電話	頁數
中南輪船實業股份有限公司	運輸	徐宸知	(13)陽朔路四五號	八一二五七	四六九
中崙化學工業廠	製革	徐伯雲	(1)中山南路裏萃豐弄六三號		四六一
中原藥廠	新藥	周大維	(0)四川中路惠羅大樓三五二室	一四九二二	四一二
中國工鑛銀行	銀行	吳可均	(13)中正東路九號	八二一六二 八五三五四	二七四
中國工業玻璃廠門市部	玻璃	陸闓壽	(1)民國路五二九—五三一號	八六一七九 (〇二)六一〇二二	四六五
中國內衣織染公司	紡染內衣	黃漢彥	(23)康定路一〇九九號南京路五六二號	三二九二〇 九一〇六五	56
中國手帕織造廠	手帕	桂香庭	(20)華山路虹橋路一八一弄四—一一號	七七一二三	一八〇
中國石油有限公司	汽煤柴油	張茲闓	(0)江西中路一三一號	一八一一〇轉接各線	一八八
中國申一橡膠帶廠	橡膠帶	穆銘三	(11)北京東路四九八號	九〇六三八 三八三九九	三二四
中國利興煙草公司	捲菸	包賡笙	(0)塘沽路一〇二二號	四二八六七	四六〇
中國油脂工業公司		都樾周	(0)漢口路五〇號	一四三〇〇	〇
中國油輪有限公司	油品航運	李允成	(0)江西中路一一五號	一五八七五 八八〇一九	四七三
中國雨衣廠	雨衣	鄭耕梅	(11)漢口路六一四號	九五〇一六	四七八
中國投資管理股份有限公司	投資管理	陳瑞海	(0)江西路一七〇號漢彌登大樓六樓六〇七室至六一〇室	一四六七四 一九八一五	四六〇
中國汽車機件製造廠	配司登令	應寶興	(18)建國西路二八一號C	七八六六〇	三八
中國軋鋼廠股份有限公司	鋼鐵		(5)北蘇州路六六號	四五三五五	八四
中國通商商業銀行	銀行	杜鏞	(0)中山東一路(外灘)七號	一五五五〇	三七
中國紡織建設公司	紡織	顧毓琭	(0)江西路一三八號	一三五九〇	四
中國紡織建設公司			(0)漢口路一三〇號	一一五二〇	
中國紡織建設公司			(9)江寧路九三一號	三四三七〇	四六九
中國海損理算事務所			(0)九江路一〇三號	一〇一三八 一〇二五六	一二一
中國港粵聯合無線電股份有限公司	無線電	蘇文爵	(9)鳳陽路五三七號	六二四〇〇	一〇三
中國企業銀行	銀行	劉吉生	(0)四川中路三三號	一六九八〇	三六三
中國和興煙公司	捲煙	姚維熊	(9)成都北路二七七號	六〇二八〇	四六四
中國亞浦耳電器廠	電燈泡	胡西園	(11)北京東路四九二號	九四四三三	二四四
中國航運公司	航業	董浩雲	(0)中山東一路一二號	一一二五七 一八七四九	〇
中國航聯意外責任產物保險股份有限**公司**		徐學禹	(0)九江路二一九號	一三〇〇〇轉接各部	〇
中國柴機油廠股份有限公司	柴機油	王貢三	(18)茂名南路三六號	七九四二七	六一
中國號碼機廠	號碼機	朱安全	(0)天潼路五四六弄八八號		四一〇
中國啤酒廠	啤酒	林兆鶴	(23)中正西路一〇四一號	二一四三五	封底裏面
中國國貨銀行	銀行	宋子良 莊叔遐	(0)天津路八六號	一一一六五(五線)	六五
中國絲棉毛織鋼筬廠	紡織五金	陶善賡	(0)七浦路一四二號	四五〇五三	四六一
中國道德油廠	食油類	徐仁傑	(13)寧海東路一五八—一六四號	八一〇一七 八四八八五	三四八
中國標準紙品股份有限公司	帳簿文具	趙麟祥	(11)北京東路五八〇號	九二九二〇 九五五八一	一八六
中國標準鉛筆廠	鉛筆	吳龔梅	(5)東漢陽路二九六號	五〇六〇七	四二〇
中國萃衆製造公司	被單毛巾	李良康	(11)南京路慈淑大樓三二〇號	九五九八八	六一
中國銅鐵工廠	鋼窗工業	李賢堯 吳振家	(0)寧波路四〇號四〇七—四一〇室	一四三九一	三〇二 二九六 三〇六
中國華明煙公司	捲煙	經綸	(9)新昌路二九五弄六四號(23)(廠址西康路四四六號)	六〇四二七 六二七〇九	三九七
中國泰康罐頭食品股份有限公司	食品	樂汝成	(11)南京東路七六六號	九一二三四	三九三
中國精益眼鏡公司	眼鏡		(11)南京東路七九八號	九三八九五	九
中國實業銀行	銀行	奚倫	(0)北京東路一三〇號	一八七二九	

行號名稱	業務	經理姓名	郵遞區號	地址	電話	頁數
中國實業染織廠	染織品	胡忠甫	(13)	寧海東路(菜市街)一八九—九一號	八七〇七九	一九二
中國製針廠	針業	李北海	(11)	廣東路三六九弄二七號(20)(廠徐家滙滙站街三七號)	九四二六四	三八六
中國製膠廠	製膠	華定甲	(9)	中正東路一四五四號浦東大廈五樓五二四室	六一五六四轉	三二四
中國農工銀行	銀行	沈天夢	(0)	四川中路二一五號	一三五四六	四六八
中國農業機械公司	農業機械	林繼庸	(9)	中正東路一三一四號	三四三二八	九七
中國酸碱廠	硫酸	連瑞琦	(0)	江西路四五二號(30)(廠址軍工路)	一八〇九〇—六廠(〇二・五〇四九五)	二七六
中國電機織造廠	針織	楊維新	(11)	漢口路四五七號三八室(27)(廠梵皇渡路八三四弄一—一〇號)	九三八五六	一七七
中國徽章廠	徽章	陸一鳴	(9)	牯嶺路九六號	九四六一五	四四八
中國興康煙草公司	捲菸	汪調鰲	(9)	牯嶺路五一弄四號	九五二九四	三九七
中國興業螺絲廠	螺絲	印鎮國	(13)	中正東路三〇一號廠(普陀路二五一號)	八三六九〇廠(六〇二四五)	七三
中國聯合眼鏡公司	眼鏡	謝錫圭	(11)	天津路一七三號	九六四三八	〇
中國聯合織造廠	毛巾被單	王文彬	(11)	河南路如意里一九號	九二一一五	〇
中國墾業銀行	銀行	董建侯	(0)	北京東路二三九號	一六二九〇	二一
中國鐘表製造廠股份有限公司	鐘表	毛式唐	(11)	南京路慈淑大樓三樓三八室(18)(廠徐家滙路九八〇號)	七〇三五〇 九二二九四	三七三
中國機械工具廠	機器	何安亭	(5)	江寧路花園路五號	(〇二)六〇四一九	九七
中庸商業銀行	銀行	姚德餘	(11)	寧波路二〇四號	九五一八六 九六七二九	二五
中華味上廠	調味粉	施淮清	(5)	寶山路七四八號		三九六
中華紗管廠	紗管	胡庭梅	(9)	歸化路七七八號	三九九七八	一八五
中華紗管廠			(0)	泗涇路三六號二樓四號	一七七〇八	一八五
中華婦女旬刊社	出版			浙江杭州大塔兒一四號		15
中華琺瑯廠	琺瑯	方劍閣	(13)	河南南路五〇—五六號	八四五二〇	〇
中華煤油股份有限公司	煤油	陳能才	(0)	外灘滙豐大樓三四九室	一六一〇六 一四六一八	四二一
中華銀行	銀行	羅伯康	(0)	北京東路二九〇號(18)(支行林森中路九二九號)	一三一七三 (七四八一五)	二六七
中華軟管廠	牙藥膏軟管	王和軒	(9)	江寧路八五四號	三〇九九七	七二
中華製帽廠	製帽		(11)	雲南中路三四八—三五三號	九一七二三	四七七
中華製鐵廠	鋼鐵		(0)	蘇州路三一七號	一六六四四 一六六三五	七八
中華勸工銀行	銀行	孫同鈞	(11)	南京東路三二八號	九八五一三 九八五一四—五	三一〇
中匯玻璃廠	玻璃	王安定	(0)	河南北路四八號二樓	四〇八三三 四六七〇六	四三三
中匯銀行	銀行	浦心雅	(13)	中正東路一四三號	八〇一六〇	一七
中興華行	進出口	顧文生	(0)	虎丘路一五號	一二〇九三 一四六九九	一〇七
中興輪船公司	航務	程餘齋	(0)	四川路二六一號	一二八七〇 一六三八七	二四一
中興製藥廠	製藥	陳谷夫	(9)	茂名北路七六弄一五號	六〇四九三	三九〇
中聯企業公司	輪船運輸	周曹裔	(0)	四川中路五四九號	一五五一〇	〇
中聯印刷公司	印刷	黃仲明	(9)	茂名北路三五號	三八五九七 一九一	一一〇
中蘇化學製藥廠	西藥	趙銘綱	(9)	北京西路六〇五弄B字五號	六〇二九一 三四三	四四六
太平洋輪船公司	航業	童少生	(5)	東大名路三七八號	五一八一六	四六九
太平洋織造廠	棉織	趙才生	(11)	寧波路六六六弄一四號(21)(總廠斜土路六四五號)	九八六三〇廠(〇二)七一八六九	二五一
天工化工廠	化工原料	劉長庚	(0)	漢口路一一五號三〇四室	一二二五八	四五八
天山工業公司	化工	林繼庸 莊茂如	(0)	江西路一四一號	一九九三七	二七三
天天衣莊	衣業	王慶餘	(11)	福建路一一四號	九二七七一	一六

天元味王廠	調味品	楊秉襄	(12)林森中路五四二弄一三號(19)(唐山路一一九八號)	八三七九六 五二六七七		三九六
天平藥廠	製藥	吳士槐	(9)江寧路一〇六三號	六二三〇五		七五
天成玻璃廠	玻璃	陳永富	(19)通北路六五九號	五二〇八五		四三二
天星化學廠		梁紹坤	(0)四川中路一一〇號四樓	一二三〇五		二八一
天香味寶廠	調味粉	何維石	(0)山西北路五二七弄六號	四三五〇八 四五二五六		三九七
天祥實業公司水泥廠	水泥	顧禎祥	(9)新閘路西蘇州路二〇—四〇號	六〇一九四		四六四
天廚味精製造廠	調味粉	吳蘊初	(25)順昌路三三〇號	八〇〇九〇 八〇〇九九		一六三
天華針織機器廠	針織機器	曹麟禔	(25)黃陂南路七九二號	八〇六五五		一四
天然協記釀造廠	釀造醬油	金以煥	(17)閘北西寶興路天通庵路五〇七號	(〇二)六二二〇七		三三四
天然鮮味晶廠	調味粉	瞿冰彰	(11)六合路七九號	九〇二三六		三七八
天翔駝絨織造廠	駝絨工業	黃盛和	(25)徐家匯路三四三號	七二八七二		一七三
天隆西藥行	西藥	徐思忠	(5)北蘇州路一〇〇號	四一八九四		〇
天隆染織廠	染織	曾紀宏	(11)南京路慈淑大樓六二二室	七三九九六		一七六
友利煙廠	捲煙	鄔申彰	(12)濟南路一號	八〇八一六		三五八
元中布號	棉布	朱純亮	(11)福州路三八三號	九〇七四九		〇
元和公行	進出口貿易	王如椿	(0)四川中路一二六弄二一號	一七七二七 七一三八九		二二〇
元記皮號	皮革	陸斌方	(11)北海路七八—八〇號	九〇六七四		三四七
元泰實業公司	電機馬達	張春炎	(11)中正東路四〇二—四〇四號	九五四三〇 九〇五二二	二二〇	三〇二
元華煙公司		王章甫	(9)大沽路一一二號(9)(成都路一四〇弄二七號)	三二七二九 三一九一二		三八五
元順錢莊	錢莊	張耀南	(11)南京東路三五三弄四至十號	九五九五〇 九六一四七		三七一
元發製罐廠	製罐	林咸成	(0)七浦路五八三號	四六五一〇		三〇九
方九霞昌記銀樓		倪祖光	(11)南京東路八一九號	九四四五〇		三八九
文化齋香莊	奇南綫香	沈允康	(1)障川路六號			三九三
文新實業社	鐵絲布拉絲	黃少文	(11)山西路二五五街一四號	九二八六三		四六四
文誼筆廠	金筆	沈順聲	(25)泰康路二四八弄一一號	六八〇〇一	三四一	三四三
五育膠木電器製造廠	電器	吳起龍	(23)中正中路一二三八弄二九號	六〇四八一	一〇八	二七九
允泰膠木製品廠	膠木業	童智開	(11)廈門路七六弄四號	九二六五六		一〇九
五華染織廠	染織	李詠圭	(13)福建南路一五〇號(27)(廠餘姚路五二六弄)	八三六〇四(二二六〇四)		四五〇
五洲大藥房	西藥	張輔忠	(11)福州路二二〇號	一九七五九		二三〇
五洲電器製造廠	電器五金	陳耿民	(5)虹口嘉興路四〇號	四三三六二		一一六
公明電泡廠	電泡	許石炯	(13)紫金街B字二號	八三九五六		四五一
公信電器製造廠股份有限公司	電器	李信惠	(9)新昌路三一三號	三三三二〇 三九五九五		一一六
公建廣播電台	廣播	劉光燾	(9)中正東路一〇六〇號七四室	三八〇〇〇		二〇三
公茂機器造船廠有限公司	機器造船	伍大名	(13)中山東二路九號四二室(4)(浦東白蓮涇口)	八三三九四		二五七
公益實業股份有限公司	漁撈運輸	胡淺泉	(11)天津路一〇七號	九八四六二		四七六
公裕行	顏料	趙慶濤	(12)林森中路三五八弄十號	八三一九一		二三〇
公興製罐廠	製罐	沈士魁	(1)九畝地青蓮街一一六弄一號	(〇二)七〇六〇七		三〇五
仇順興五金拉鍊廠	五金拉鍊	仇克明	(0)天潼路三一八弄六〇號	四三一一一		四六四
永美大襯衫商店	襯衫	水蓮祥	(23)南京西路一二五三號	三五二〇三		三三一
六合公司	舊貨	馮惠民	(12)林森中路四六八號	八二六六二		〇
六合化學工業廠有限公司	化學工業	張珍俠	(23)餘姚路三三八號	三七五〇三		二八五

行號名稱	業務	經理姓名	郵遞區號	地址	電話	頁數
仁利實業公司	家庭日用品	錢建治	(0)	江西北路四一三號	四〇二七三	一七一
王仲記蓄電池行	蓄電池	王仲鈺	(25)	復興中路三四一號(21)(廠南市新橋路)	八五一一三	〇
王福隆棉行	棉紗花布	王晉杰	(0)	四川中路三三號三一四室	一八二〇三 一三八四三	一九三
王榮興機器廠	機器	王善根	(0)	安慶路四〇九弄三號	四三〇八二	七三

五劃

行號名稱	業務	經理姓名	郵遞區號	地址	電話	頁數
永大銀行	銀行	楊叔鼎	(0)	寧波路二四號	一九六九六	四六八
永生五金製造廠股份有限公司	五金	丁鴻蓀	(11)	牛莊路七三五號(19)(廠桂陽路四四九號)	九三八九八 五一一七一	六四
永生無綫電製造廠	無綫電	虞瑞中	(9)	中正東路一〇九六弄內	六六〇一四	一一七
永利銀行	金融	錢道五	(0)	天津路三〇號	一八四三二	二五
永長製革廠	製革	馮世英	(11)	北京東路三八四號二〇一室		四三二
永明瓶蓋廠	瓶蓋製造	顧錦炎	(25)	泰康路二一〇弄五號	七三七〇六	二四三
永昌漢記電筒廠	電筒	王漢正	(19)	唐山路九五二弄九一號	五二九四三	二四七
永昌熱水瓶廠	熱水瓶	洪永興	(19)	東餘杭路一〇五一弄三〇—三二號	五〇三〇六	一一五
、利固記針織廠	襪子	黃永年	(25)	順昌路二七九弄一號	八四五〇四	〇
永和實興股份有限公司		葉翔庭	(1)	民珠街五六號		四七
永和實業股份有限公司			(13)	中正東路二五五號	八八八三九 八二五八八	一八
永祥印書館	印刷出版	陳安鎮	(11)	福州路三八〇號	九二二一三 九二五一〇	四三八
永泰商業銀行	銀行	冷榮泉	(0)	四川中路五〇一號	一三五二八 一八二二三	二五
永泰教育用品社			(5)	吳淞路三一一號	四二〇七四	四六七
永泰豐船務報關行	報關運輸	王世祥	(13)	中山東二路黃棣路一五號	八二三四〇	四六九
永華電工器材廠	電料	馬壽輝	(11)	北京東路八五〇弄三號	九〇四三一	一一九
永新工業廠	火油爐	陸永江	(11)	湖北路一五四至一五六號	九五五八二	二九三
永新化學工業公司	化學	趙春咏	(0)	河南中路昌興里三號	一三二七七	二八三
永新漢記雨衣製造廠		陳漢泉	(9)	成都北路四六四號	六〇九三七 六二六九三 一六六—四六一	四六四
永新織造廠	內衣織造	張顯丞	(0)	北京東路二五五號聚業大樓二〇八室	一五七〇七	三六六
永興倉庫股份有限公司	倉庫	鄧栽岑	(0)	中正東路一六〇號	一六七九四 一七〇一六	四七三
永豐軟管廠	軟管	嚴光弼	(23)	餘姚路五〇號	六一九四一	九六
永麗內衣服裝廠	內衣襯衫	馬德稱	(11)	西藏中路三三〇弄一六號	九四五三七	一五五
正大會計師事務所	會計法律	陳憲謨	(0)	廣東路九三號三樓	一二六六九	四五三
正大製罐廠	印鐵印罐	秦竟成	(23)	昌平支路三八五號	三九四九六	三〇九
正方五金工廠		虞正方	(9)	成都北路一〇二八弄二〇號	六〇三六七	九六
正中會計法律事務所	會計師	王龍章	(0)	北京東路一五九號四〇一室	一八二四〇	四五六
正昌祥顏料靛青號		郁秉剛	(0)	寧波路一二〇弄二四號	一五八一一	四六五
正泰信記橡膠廠	橡膠製品	洪福楣	(13)	中正東路五三號(19)(大連灣路五一六號)	八一五〇九(五〇一一〇)	三二一
正華油廠	礦油	林樹華 錢青	(0)	南京路哈同大樓A二二一室	一四〇一二	〇
正德大藥房	化學藥品	陳星五	(12)	英士路五〇—五六號	三二六八三 三二九四八	一九四
正興電筒電池廠	電器	毛信菊	(12)	重慶中路二三弄一三號(12)(廠金陵西路八五號)	八二一八六	四四三
世界汽車保修股份有限公司	保修汽車	何佩福 黃秉鈞	(0)	北蘇州路三七六號	四〇二六一	二二六
世界筆廠	鋼筆	殷亞光	(23)	常德路五一九弄六一—六三號		一一四
民生實業公司	航業	盧作孚	(5)	東大名路三七八號(0)(中山東一路九號)	五一八一六 (一三五五五)	四六九

民生橡皮廠	橡膠靴鞋	唐和衷	(27)	安遠路六一四號(23)（新會路二三一號）	二三二五三（六一六五九）	三二五
民治紗織染公司	毛織紡	高士愚	(11)	九江路二八四號二二五室(19)（廠楊樹浦軍功路）	九六二二二 九四四七四	四六五
民益運輸公司	運輸報關	王憑麒	(0)	江西中路三一六—二〇號	一二六四四	二四九
民衆粹記菸廠	機製捲菸	李樹粹	(5)	多倫路一三六弄六一號	四六九三四	三八四
民華汽車材料廠	汽車材料	王安殿	(9)	新閘路六三八弄二〇七號	三三〇五八	四六三—四八六
兄弟內衣廠	內衣製造	沈仁漢	(0)	江西路A四一二—四號	一六〇九九	二九九
仙鶴草素藥廠	製藥	方殿咸	(23)	愚園路五三二弄五〇號	二二六七七	三三九
可成房地產股份有限公司	房地產	胡柏英	(0)	圓明園路一三三號二二二室	一〇四〇七	四七二
申禾橡膠製品廠		謝木泉	(13)	盛澤街承志里四號	八五一九一 八四九四九	三二四
中江順升記營造廠	營造	謝誠謙	(0)	虎丘路一四號二七室(5)（廠邢家宅路六三號）	一〇九七六	四六四
申報館	報業	陳訓悆	(11)	漢口路三〇九號	九三二四八	四五六
四川合衆輪船公司	航業	許滄濤	(0)	北京東路一九〇號三樓一八室	一三七三〇	四六九
四川旅行社	旅行社	王拂禪	(13)	金陵東路二二號	八四五〇八	〇
四川商業銀行	銀行	周松鶴	(11)	九江路三二二號	九七九九三 九四三七二	二〇〇
四明堂藥酒局	藥酒	陳濟	(11)	中正東路五五六號	九七四九九	一八
四明銀行	銀行	吳啓鼎	(0)	北京路二四〇號	一五五〇五	四六八
四達實業股份有限公司	文具	蔣學成	(9)	成都北路四七四號	六六〇九八	五四—三四六
立成興記印鐵製罐廠	製罐	李漢卿 喬學棻	(19)	保定路三一八號	五一五二〇	三〇五
立新倉庫	倉庫	祝棠健		北四川路八六一號四七三		四七三
立興長城熱水瓶廠股份有限公司	熱水瓶	傅瑞卿	(13)	江西南路二九弄五號	八三四三九	四一六

六劃

西川企業公司	百貨進出口	朱聯馥	(0)	北京路聚業大樓三〇六室	一〇九二八	三二一
百安膠木電器製造廠	膠木電器	施步周	(9)	江寧路三八五弄六號(23)（昌平路三七四弄八六號）	六二七六五	一五七
百宋鑄字印刷局	印刷鑄字	韓佑之	(11)	浙江路六八九號	九二九八八	二三一
百達華行	西藥	張元康	(0)	圓明園路一四九號	一六九六二—六分機六號	〇
百樂汽車行	出租汽車	梁金浩	(23)	北京西路一六一〇號	三三八五三	〇
百靈大藥房	西藥	陳達仁	(11)	北海路二三一號	九三八〇四	四〇九—四六三
兆豐電業廠	電綫	施兆麟	(0)	海寧路八一四弄四〇號	四五六五〇 四五六五八	一二五
光中染織廠	染織	曲萬森	(0)	天津路四四弄七號(5)（唐山路一二九號）	一四七八四（五一二六五）	一六八
光化製藥廠股份有限公司	製藥業	王爾錫	(0)	虎丘路一二八號五三三室(23)（常德路二六四弄五號）	一八二三一（六一九八九）	四六一
光亞金屬製品廠	床墊傢具	單國琦	(11)	貴州路一五一號(23)（廠中正西路五九七弄K二〇號）	九二三九一	九三
光華商業儲蓄銀行	銀行	陸光照	(0)	寧波路一二一號	一〇二六四 一四一七二	一〇二
光華電業製造廠	電線	朱立德 屠盛康	(0)	江西路四二一號三七室(28)（廠長寧路一五五一號）	一〇〇七一	四六二
光華製帽廠		華伯良	(0)	曲阜路源茂里一六號	四四七四四 四一一一	四七七
光華衛生工程行	水電工程	曹寶鏊	(0)	虎丘路一四號二七室	一〇九七六	四六四
光華衛生電器工程行	水電工程		(0)	虎丘路一四號二七室	一〇九七六	一二七
光華營業股份有限公司	地產保險	陳有燮	(11)	天津路二一四號	九八三六六	二〇九—三六七
光裕內衣廠	襯衫	王志文	(9)	重慶北路四〇—四號	三八三〇〇	一五一
光裕銀行	銀行	馬伯衡	(0)	中央路二〇號	一七四九〇 一七四九八—九	一三
利達行	化粧品	張子輔	(5)	中州路八三弄五號	(〇二)六一八七四	四一七

行號名稱	業務	經理姓名	郵遞區號	地址	電話	頁數
全安貿易股份有限公司	進出口	姚智衡	(13)	中正東路中匯大樓六二六室	八六八五七	二二八
全安航運公司	輪船運輸	儲可坊	(0)	江西路一七〇號五〇九室	一〇四七五	三一四四二二
安吉糖行	糖精糖類	計震翰	(13)	中正東路三七七號	八三五九一	一八三—四〇六
安利內衣廠	襯衫	秦安泉	(12)	太倉路二〇一號	八五五八一	三五
安記堆棧	倉庫	周蔚伯	(4)	浦東楊家渡三號	一八五七二轉	四七三
安康錢莊	銀錢	張禹臣	(0)	寧波路興仁里二六號		〇
安通貿易公司	進口	高華德	(11)	浙江中路一五九號二〇五室	九一二七七	[illegible]
安通運輸股份有限公司	運輸堆棧	錢齊鎏	(0)	廣東路一五三號	一〇三三〇 一六七一九	四七六
同生貿易公司	進出口業	楊布慶	(0)	南京東路二三三號二〇二—五室	一四九三五	四六九
合成發記機器廠有限公司	機器	韓鑫榮	(11)	南京路五福弄五七號(23)(廠長壽路一七二弄三號)	三九一〇三	八四
合作五金製造公司		胡叔常	(11)	牛莊路七三四號	九〇九八〇	六四
合衆西藥行	西藥	馬簡文	(0)	北京路四一號	一二三七六	四六一
合衆冷氣工程公司	進出口	郁鑫堯 馬德祥	(0)	江西路三二〇號	一四三五〇	九二
合衆電器五金業廠	五金電器	朱嘉修	(9)	新閘路九一一弄五號	六二三一〇	一四八
合衆營業股份有限公司	進出口	石景彥	(0)	北京路四一號	一二三七六	二〇八
合衆橡膠廠股份有限公司	橡膠製品	林子振	(25)	復興東路三二九弄	(〇二)七〇三一五	三二〇
合興昌德記印鐵製罐廠		李文德	(9)	成都北路一二八弄一八號	三六〇七一	一〇六
合興泰印鐵製罐廠	製罐業	薛海麟	(11)	六合路三六弄一三號	九〇三一五	三〇四
同安膠鞋車胎行	橡膠	李燾賢	(11)	漢口路六三二號	九五八一五	三三三
同孚銀行	銀行	張宗鈺	(13)	金陵東路三八號	八八六五四—二	四六八
同昌車行	車業	胡渭源	(11)	雲南中路三五九—六七號	九〇一五二 九一七四四	〇
同昌營造廠	營造	朱運鈞	(0)	中正東路二三〇弄二五號	一〇三八六	〇
同昌顏料靛青號	顏料靛青	許經道	(13)	民國路四九六至八號	八九二九六 八四六七七	二八九
同記營造廠	建築工程	徐嘉炎	(0)	南京東路二三三號二二六室	一七八一九	四六四
同甡來顏料股份有限公司	顏料	王延三	(0)	北蘇州路五二〇弄七號	四一三六一	二八九
同康信託公司	信託銀行	金季玉	(0)	江西路三八二—三八六號	一一三〇八 一三六六八	一〇
同康工業原料行	工業	方名善	(11)	交通路七〇號	九二八五五	二六五
同新呢絨有限公司	呢絨	夏定齋	(11)	河南中路二二號	一一四二一 一一四二二	一九六
同德錢莊	銀錢	管仲三	(0)	甯波路七一號	一九〇三三	一八七
同慶和顏料雜貨染料靛青號	顏料	徐承勳	(13)	民國路三六四—三六八號	八〇六四四	四六五
同餘永記莊	錢莊	田相儒	(0)	江西中路四一二弄三三號	一九二二〇 一四〇一九	一〇七
同興油廠	火油	林兆鶴	(23)	中正西路一〇四一號	二一四三五	四一〇
同興製革皮帶皮結廠	製革皮帶結	陳森福	(0)	天潼路六七六弄五號(27)(廠愚園路一三五弄六九七號)	四二一六四 二三四五三	四二八
同興實業社	襪子	徐志超	(12)	吉安路一四四弄三號	八三三〇三	〇
同濟酒精廠	油精	林兆鶴	(23)	中正西路一〇四一號	二一四三五	四一〇
同濟機織印染公司	內衣	潘志賢	(0)	九江路四五號	一七五三五	一八一
同豐印染公司	印染	韓長生	(0)	北京路五六六衖五一號	九五三八一 九七二五〇	〇
同豐泰顏料號	顏料	潘甫忠	(0)	北蘇州路五二〇弄一一號	四六五一二	二八九
存誠錢莊	銀行業務	沈日新	(11)	山西南路一八六號	九三六五二	四六八
朱小南醫師	內科中醫		(9)	北京西路九六號	九七八二三 三三六七五	四六一
					三三六七五	二八九

朱怡昌軋邊廠	鐵片軋邊	朱明青	(9)	成都北路七一一弄四〇號	三一六六七	二五五
朱鶴皋醫師	內婦科		(9)	北京西路九六號	九二七五六	〇
成大筒管廠	筒管	謝繼祖	(19)	許昌路五六八號	五三三六〇	一〇一
成都商業銀行	銀行	周鍾漢	(0)	江西路三一九號	一四六九二	四六八
江源昌製罐廠	製罐	江華清	(5)	滿陽路一五〇—二號	四〇七三八	二九一
江蘇省銀行	銀行	許葆英	(0)	江西路三七一號	一一二七七	三三
江蘇省農民銀行上海分行	銀行	趙英	(0)	寧波路三五號	一一八五三 一六八〇五—七	四一—三七一
至中銀行	銀行	陳子受	(0)	寧波路一四四號	一一六九〇 一一六九九	一八七
自興製罐塑膠廠		蕢燮臨	(9)	歸化路九二一弄六—八號	三四九八六	七一
老公茂棉布號	棉布批發	虞嘉祥	(11)	漢口路五二四號	九二六〇九	四六五
老介福綢緞局	綢緞	程用六	(0)	南京路河南路之角	一三三四八	一九六
老裕泰酒菜館	酒菜	朱潤安	(11)	雲南路一三五—七號	九四五四一	四一九

七劃

宏興雨衣服裝織造廠	雨衣服裝	程宏伯	(1)	西藏南路五二九弄一一五號	(〇二)七一七二九	一六六
良工鋼精製品廠	鋼精製品	王汝庭	(5)	海寧路二四一弄四〇—四二號	四一三七七	五三
良圃藥廠	新藥業	石映池	(11)	北京東路七九六弄一九號	九〇五〇五	一五一 一五二 二五四 二八九 三一五 三三九 三六三 三七〇 四六〇 四七〇
利民火油公司	煤油	何炳蔚	(11)	福州路六六六號二樓	九五〇二五	四二一
利民製鐵廠	軋製鋼鐵	陸榮堂	(0)	南蘇州路三二一號	一六六四四 一六六三五	四六七
利來大藥房	各國西藥	張吉	(11)	西藏中路三八號	九七八四九 九一七六五	二七〇
利泰五金號	五金	張祖慷	(5)	東大名路三五〇號	五二七三一 五二七三二	〇
利泰企業有限公司		楊瑞洲	(13)	中山東二路三號	八五五七八	二〇四—二九五
利華製約衛生材料廠	衛生材料	張永正	(1)	方斜路四〇二弄一四號	(〇二)七〇九二五	一七四
利衆工程行	水電工程	彭畊	(0)	江西路一七〇號	一六五三〇	三九九
利達行	化粧品	張子輔	(5)	中州路八三衖五號	(〇二)六一八七四	四一七
利達文具製造廠	紙品文具	鄭亨銓	(0)	安慶路三九六弄三號	四二七五九	二一九—四七一
利濟實業股份有限公司	輪船運輸	李文衡 林魚亭	(0)	香港路一二二號	一三五五六	四六九
佑慈藥廠股份有限公司	製藥	楊學聃 方善鈞	(0)	廣東路九三號	一六六七四	四六一—二一〇—四二二
亨利皂燭碱廠	皂燭碱	薛金鏞	(12)	西門路一九五號	八二三一一 八七九一〇	一九〇
吳金記運輸堆棧股份有限公司	運輸堆棧	吳金生	(0)	福州路八九號二〇九—一〇室	一八九七七 五三一一五	四七六
吳祥鑫拉鍊廠	拉鍊	吳金壽	(11)	九江路七二三號(1)(廠南市西倉路一二一弄三號)	九〇〇六八	一一八
吳詔璘建築師	設計測圖	吳詔璘	(11)	天津路二三八號五樓	九七五六四	三六五
志康號	雜糧	姚志善	(13)	中正東路中匯大樓六二六室	八六八五七	二二八
李復光醫師	婦科		(5)	乍浦路乍浦里一八號	四七二九二	四六一
沈雲記新號電機製造廠	電機	沈錦甫	(11)	北京路六三三號	九六二二四	
沈德昌製罐廠	製罐	沈雲祥	(0)	北蘇州路七七六弄裕安里一八號	四〇六〇五	三〇九
沈鴻記運輸行	運輸	沈鴻清	(0)	滇池路一〇〇號	一二二二四 一九〇〇七	九九
阮耀記製造縫紉機器廠	機器	阮貴耀	(13)	鄭家木橋三〇號	八二四六九	封底封頁
求益書社股份有限公司	書業文具	洪晉甫	(11)	福州路三七七號	九三四〇三	三三七

八劃

行號名稱	業務	經理姓名	郵遞區號	地址	電話	頁數
定一化學股份有限公司	製藥工業	錢匡一	(21)	愚園路九一〇號	一四一四六	一七八
兩浙商業銀行		孫月樓	(13)	四川南路七號	八八八六〇 八二二二七	四六八
京滬機彩廠	百貨	宗順生	(0)	四川北路四九一號	四一七三三	二〇〇
京滬滬杭鐵路管理局	鐵路			四川北路一四五一號	四四一四八—九	二七八
依巴德電器公司	電料	華錫榮	(0)	廣東路一八〇號	一〇五七〇 一六七三二	〇
屈臣氏汽水公司	汽水	孫允中	(23)	膠州路三四三號	六〇〇五四	二
其昌商業銀行	銀行	李子靜	(11)	九江路三三〇號	九五四八二	六六
直東輪船公司	運輸	盛崐山	(13)	中正東路三九號三樓一六四—六室	八三〇四四 八一九九〇	四七六
奇美服裝廠股份有限公司	內衣	李錦儀	(11)	六合路牛莊路太原里口	九二八三七	二六二
周東記製罐廠	製罐	周正起	(19)	東餘杭路一〇五一弄二八號	一〇一一三	三〇四
周茂興機器廠	軋輾米機	朱湘紷	(11)	漢口路二六六弄六號	九七七二八	四三五
周泉記洋鐵製罐廠	製罐	周根生	(11)	廣東路六二九號		三一六
和平日報	報紙	羅敦偉	(0)	南京東路一六六號	一九四六〇	四五七
和泰商業銀行	銀行	吳仕勳 仇慶森	(0)	南京東路一三六號	一〇五五四 一三七六二	二三五
和盛製造廠	汽燭車料	勞偉勳	(11)	廣東路五二三—五號	九六六〇七	三一九
和興運輸公司	運輸	何勝之	(11)	黃浦區昭通路五八號	九四二一六	二四九
固特電業機械器材廠	電器	舒昌其	(1)	西藏南路五二九弄一〇六號	(〇二)七一七二九	三八九
怡大錢莊	銀錢	羅炳銳	(11)	天津路一九一號	九〇五九二 九五四〇八	〇
怡中號	顏料	陳榮臻	(11)	河南路六三九號	九四六一九	二〇八
怡太運輸股份有限公司	運輸	徐挹和	(0)	廣東路四三號	一〇三二〇 一三八九一	二四〇
怡康行	進出口	包海濤	(0)	廣東路一七號四〇一室A	一六五四二 一七六五六	二三二
怡豐銀行	銀行	錢家楨	(0)	江西中路四六七號	一二〇二〇 一五四六八	四六八
協信膠木廠	膠木	楊森榮	(1)	中華路蓬萊路口四一九號		一二二
協泰工業原料行	工業原料	麥文瀾	(0)	虎丘路三四號	一三三九一 一八九〇七	二六四
協貿行	進出口	汪玉山	(0)	江西中路一二八號	一七九〇八 一九九一八	二一三
協隆運輸公司	運輸	丁大德	(0)	江西路四五二號二〇五—六室	一三三二二 一四二六二	四七六
協興運動器具廠	運動器具	章仲英	(12)	甞安路三三弄一一號	八一四〇九	三六〇
(美商)協豐洋行	進出口	JJRYAN	(0)	福州路三〇號匯豐大樓一二二室	一六九〇六—七	二三二
承豐棉織廠	棉織內衣	馮天驃	(11)	牛莊路六五六號	九四三〇九	三六二
招商局輪船股份有限公司機器造船廠	機器造船	陳紹煥	(0)	廣東路廿號四〇一室廠(廠浦東泰同碼頭)	一一八九〇(〇二)七四〇八一	二五六
拔提書店			(5)	吳淞路三一〇號		四六七
林基工業廠	噴務器	陳萬甫	(23)	常德路五四五弄二四七號	六一三八四	五八
東南日報	新聞	胡健中	(11)	南京路三七七號	九一二四三	四五七
東南建築行	地產買賣	過養默	(0)	九江路一一三號八一一室	一二八五六—七	四七二
東南藥房	西藥	顏義方	(11)	中正東路七三四號	九一七二七 九三五八八	四一三
東新福記書局	書業	夏金松	(12)	重慶南路一七號	八三八四六	三一
明星香水廠	化粧品	周鳳儀	(11)	福州路三三五號	九八二〇〇	一八三一
昌明化學工業廠	油墨顏料	葉光賢	(9)	新南路一一二弄五六號	三七五〇〇	四六五
昌業地產公司	房地產	丁山柱	(11)	河南路四九九號三〇三室	九六九九四	四七二
協昌金屬印刷製罐廠	製罐	孫志勤	(19)	唐山路六九六弄一五—一七號	五二五二一	三〇〇

名稱	業別	負責人	地址	電話	頁次
金山飯店	旅業		(11)漢口路六七八號	九八〇三〇	四〇〇
金谷飯店	中西餐館	張益齋	(11)西藏中路四三九號	九八〇二六 九〇六〇五	8
金星工業原料行	工業原料	李一新	(11)交通路二七號	九二七三九 九五一七三	二六五
金星自來水筆製造廠	文具	賀聚道	(18)徐家滙路四七四街三至四號(滬南區斜土路小木橋路西)	七五三四二	三四〇
金星搪瓷廠	搪瓷	王安定	(0)河南北路四八號二樓	四〇八三三	四三七
金城乾洗商店	乾洗	金壽燦	(12)重慶南路二一五號	八一一三九	〇
金源錢莊	銀行	夏杏芳	(11)河南中路五七五弄九號	九四二一五 九五九四一	六七
金融日報	報紙	范鶴言	(0)九江路一五〇號	一四六五三	四五六
長安輪船股份有限公司	輪輪	王震歐 沈華庭	(0)江西路三一六號	一六〇三四	七六
長城工業廠	號碼訂書機	張惠璋	(0)河南北路二四四弄一〇號	四六一八七	三四四
長城電業廠	電業	王永康	(11)山東中路一九弄一二號(20)(廠徐家滙徐虹路八八號)	九五四四三 (〇二)七五〇九七	一二九
長城鉛筆廠股份有限公司	製造鉛筆	郭志明	(0)廣東路一七號	一七一五四	序文前頁
邵聚興製罐廠	製罐	邵南棠	(27)愚園路一二二一弄孫家宅二九一號		三一二

九　劃

名稱	業別	負責人	地址	電話	頁次
星星工業社		張季言	(23)愚園路二五九弄一四號	二一五三〇	三一四
前線日報晚刊	報紙	馬樹禮	(5)哈爾濱路一號	四二三九二—四	二七〇
洪利工業原料行	工業原料	沃懷琴	(11)交通路六一號	九〇四一一 九三四八一	二六八
咸昌永顏料號	顏料	張榮奎	(0)北蘇州五二〇弄一一九號	四三二六三	二八八
保咸泰記針織廠	針織	林洪彬	(13)福建南路九四弄一一號	八一六五三	四三〇
紅福棉織廠	內衣	戚元芳	(9)成都北路一五五弄三二號	三六四一九	一八〇
韋廉士醫生藥局	藥業	穆克難	(0)江西中路四五一號	一二五二一	四五九
重慶商業銀行	銀行	朱敬西	(0)九江路八〇號	一六八一二—四	一四三
虹橋療養院	醫院	丁惠康	(18)林森中路九九〇號	七〇〇〇六	四〇一
盈豐染織廠	染織	謝楚隆	(9)新聞路四四五弄三號	六一〇四一	二八九
春光織染公司	織染	王汝舟	(13)中正東路中滙大樓四二〇室	八六九一〇	一九二
春華藥房	西藥	陳鼎勳	(11)漢口路七一〇號	九〇六二五	四〇四
皇后大戲院	電影	楊顯林	(11)西藏中路二九〇號	九七七七七	二九三
皇家織造廠	內衣	胡應蓀	(9)武定路一九〇街六一號(23)陝西北路八四九街八二—八八號)	三三二一二 三八七二八	二四
建新實業股份有限公司	織漂印製藥	吳錦華	(25)上海(二二五)馬當路四六七弄一一號	八五九三四	二一二
建業銀行	商業銀行	龔再僧 黃肇興	(11)天津路二〇一號	九四五九三 九七一五〇	四一
飛達車行	交通工具	陳洪紀	(9)江寧路七五—七號	六二七二九	三九
飛達電器製造廠		黃瑞堂	(0)天潼路四七八弄四七號	四一一四四	一五三
科學自來水筆廠	製自來水筆	陳漢聲	(11)福州路四〇〇號	九三九二九	三四四
科學油爐廠	製造油爐	楊培元	(0)四川中路一四九號	一九一五六	四二四
科藝公司	鐘表眼鏡照相材料	洪如川	(0)南京東路一九〇號	一七一〇七	三九二
美成電業廠股份有限公司		張漢貝	(9)南京西路五八七號一〇七室	六二五二四	一二八
美星機器廠		金海圻	(0)圓明園路一六九號(廠小木橋路二七八號)	一八〇一〇	四八三
美亞鐘表行	鐘表	金善鏞	(13)金陵東路五〇一號	八〇五一八	二三八
美亞內衣漂染織造廠	棉織	汪伯生	(11)福州路六三六弄九號	九二九二七	一七七
美亞織綢廠	綢緞	童莘伯	(11)天津路二〇七號	九四〇〇〇	四七三

行號名稱	業務	經理姓名	郵遞區號	地址	電話	頁數
美泰化學工業廠	工業原料	朱純	(25)	徐家匯路三四一號	七七四九八	二四七—二六七
美通航業有限公司	航業	高瑞農	(0)	四川北路八六十號一樓	四六二五六 四一九九三	四六九
美通電業廠	電器	顧振聲	(9)	威海衛路二六七號	三四一五四 三六二〇五	一二四
美益工程行	水電	林霭青	(18)	中正中路五三五弄二號	七六五八一	三七三
美商中國營業公司	地產經租	考浦司	(0)	四川中路二九〇號	一五四一〇	四七二
美商金鷹藥房	西藥	朱學靈	(0)	四川中路六四一號	一七〇九七	四〇五
美雲服飾公司	時裝	丁忠	(9)	南京西路九五二號	三九五五五	81
美新內衣廠	襯彩	黃安怀	(12)	黃坡南路三四四弄八號	八六四五二	三四
美達大藥房	西藥	胥祝耆	(12)	林森中路六六四號	七一三七〇	〇
美豐商業銀行	銀行	諸兆希	(11)	河南路五二一號	九七一二〇	二九
美齡玉牙膏	化粧品	邵美泉	(0)	江西中路一七〇號一三二室	一七〇六四 一三二八〇	四一七
茂利爐灶工程廠	爐灶	美元茂	(9)	北京西路八一九號(威海衛路九三六—八號)	三九一九六	三六八
茂林香精原料股份有限公司	香精原料	張翅鵬	(0)	九江路二一〇號四〇五室	一二三五四	四六一
茂昌股份有限公司滬南辦事處	冷藏冰	張緒銘	(13)	中山東二路一九六號	八〇一七〇 八五二五七	四六四
茂昌股份有限公司總辦事處	冷藏堆棧運輸	鄭源興 鄭學優	(5)	黃浦路二二九號	四〇〇五〇	〇
茂興鋼鐵廠股份有限公司	鋼鐵製造	朱恆清	(11)	北京東路三五六號四〇一室	九〇三七〇	五七
南洋兄弟烟草公司	捲烟	潘銘新	(13)	中正東路一八三號	八二〇八三	三八八
南洋企業公司	進出口貿易	朱文熊	(0)	四川中路三三〇號	一三一九五 一七九三五	二〇五
南洋漂染廠	漂染	李晉陽	(25)	順昌路四二五弄一一號	八四九九〇	一七二
南洋慧記藥房	西藥	唐昌祖	(9)	鳳陽路七四〇—二號	三六三四九	七一—一六三
南華內衣廠發行所	襯彩	徐偉峯	(11)	山東路九一號	九一〇四三	一七〇
南華製皂廠	肥皂	陳國錚	(9)	鳳陽路五七一弄二六號	三八四三六	四二〇
南豐實業公司	航業	陳滌生	(0)	四川路一一〇號一樓一八室	一六四二〇	四六九
信大磚瓦廠	磚瓦	唐熊源	(0)	江西路四二一號二樓	一五七七二	三六九
信中實業公司	輪船貿易	湯葆甫 洪商侯	(0)	四川中路三四六號七〇六—八室	一〇七五三	二二五
信孚實業公司	工業原料	瞿堯康	(11)	福州路四三一號	九七一四六—七	二二五
信孚煤球廠	煤球	徐光宇	(9)	歸化路一〇三〇號	三九九八二	〇
信和紗廠	紗線	黃首民	(0)	博物院路八八號	一七八四〇	四六五
信美內衣廠	內衣	應文光	(0)	天潼路三一八弄一〇六號	四五二一四	二七八
信業內衣廠	襯彩	汪信孚	(1)	陸家浜路八三七弄一〇號	八六〇三九	三九〇
信餘合記堆棧	倉庫	丁瑞香	(13)	民國路八六—八八號(陽朔街八一號)		四七三
信義機器廠	紡紗機器	劉千虹	(0)	虎丘路八八號廠(莫干山路八號)	一四二四四(三九八三九)	六八
恆大糧食號	油餅雜糧	陳炳初	(1)	南市外馬路三九六號	(〇二)七〇二三四	〇
恆大永記堆棧	堆棧	戎椿棠	(5)	武昌路五八號	四一三七五	四七三
恆利鐵號	銅鐵五金	陳貴生	(0)	南蘇州路三一五號	一六六四四	七八
恆泰祥顏料行		秦柏壽	(23)	西康路六二〇號	六二二七九	四六五
恆源電機行有限公司	電器	蔡金山	(17)	武進路三五九號	四五五九二	一六一—二〇二 二四二 二四六
恆源祥公記絨線號	毛絨線	沈萊舟	(13)	金陵東路一三九—一四三號	八〇八七一 八六二七四	五九
恆達印鐵製罐廠	印鐵製罐	胡耀庭	(9)	成都北路一五五弄三四—四一號	三六七八六 二二八七四	三九八
恆德行	雜糧	徐弁梅	(13)	中正東路一四七號中匯大樓六二六室	八六八五七	二二八

恆餘鋼鐵五金號	鋼鐵	榮翰泉	(0)	北蘇州路六〇八—六一〇號	四〇九二八	四六六
恆餘榨油廠股份有限公司	榨植物油料	朱丹初	(0)	虎丘路一四號五樓五五號	一八七二九	〇
恆興工業原料廠	工業原料	樊寶林	(11)	河南中路六五〇號	一九二九九	四六五
恆豐紡織公司	紡織	聶含章 吳柏年	(11)	寧波路四四六弄五號	九六五二三	〇
候國森(錫五)		住宅	(5)	餘杭路恆祥里二一號		〇

十劃

第一堆棧運輸有限公司	堆棧運輸	高富民	(0)	江西中路四五二號	一一五一〇	四七六
浩和公司	出口	曾浩華	(0)	九江路四五號花旗大樓四〇四室	一二三二四	序文前頁
徐重道國藥號	國藥	徐之萱	(9)	北京西路一〇一號	九一一三三	四六一
紐約家用化學廠	化粧品	洪才賢	(9)	中正北二路四一弄七四號	三二九八四	二七七
根記營造廠	營造	陸根法	(9)	武定路二三號	三八三〇六	三六六
悅康電料五金行		丁惠康	(11)	河南中路二八七號	九五九三六	七一
倍開五金電機廠	無線電器材	邵禮忠	(19)	海門路二二號	五二一一五	一六〇
時盛內衣廠	襯衫	莊振德	(5)	峨眉路三五二弄一一號	四一三九四	四二七
眞裕地產公司	房地產	黃檀甫	(0)	南京東路六六號四樓	一四八四九	四七二
浴德池德記浴室	浴業	佘春華	(11)	天津路四七九號	九〇七〇九	四八一
海光鐘表行	鐘表	沈鐘琪	(9)	南京西路十三號	九七五八四	四六一
海興產物保險公司	保險	施惠德	(0)	九江路一〇三號七樓	一〇一三八 一〇二五六	〇
海鷗輪船公司			(0)	九江路一〇三號	一〇一三八	四六九
秦祥興瓷器號	瓷器	秦潤生	(1)	民國路四八一號(支號金陵東路四二五號)	八一四六二	四三六
秦祥興榮記瓷號	瓷器	秦鏞聲	(1)	福佑路二二九號福民路八八—九二號	八八二五八	四四〇
徐興泰五金撳鈕廠	撳鈕五金	徐惠庚	(11)	山東路一一七弄二六號	九〇四三九	八八
徐興泰鉸鏈廠	鉸鏈	徐惠庚	(11)	山東路一一七弄二六號	九〇四三九	八八
浙江第一商業銀行	銀行	陳選珍	(0)	福州路一二三號	一八〇五〇(六線)	三七
浙江建業銀行	銀行	金觀賢	(11)	山西路二二六號	九三七五六 九一三九五	三七四—四六八
浙江建業銀行八仙橋辦事處			(12)	龍門路一二六—八號	八二一七五 八四五三三	三七四
浙江省銀行	銀行	樓啓鈞	(13)	朱葆三路八—十號	八七七七三	三三
浙江商業儲蓄銀行上海分行	銀行	洪植頁	(0)	江西路四五四號	一一三七七—八 一六六七九	二一
浙江興業銀行	銀行	項叔翔	(0)	北京東路二三〇號	一五六六六	三三
浙江儲豐銀行	銀行	葛成章	(0)	江西路六二號	一二〇六〇 一〇七七一	一九四
浙贛鐵路局上海運輸服務所	客貨運輸	許傳本	(0)	四川中路六六八號二樓	一二九〇四	封面對頁
泰山磚瓦有限公司	磚瓦	黃首民	(23)	西康路四八六—八號	三五五三二	一七九
泰安經租號	房地產	沈利中	(0)	南京路哈同大樓三二五B室	一七一五七	四七二
泰利有限公司	地產	W.BRANDT	(0)	江西中路三九一號	一一一六九	二
泰昌機器廠	修理船鍋爐	應書麒	(13)	中山東二路九號九三室	八〇〇三三	九三
泰東紡織五金廠	紡織五金	金家銓	(0)	天潼路三一八弄二七號	四三〇五七	三九〇
泰東麵粉公司	機製麵粉	孫聯璋	(9)	南京西路七六四號	三二八四六	三九七
泰豐搪瓷廠	搪瓷	聞鳴皋	(13)	金陵東路一三八號	八四一八三	四三七
泰豐棉織廠	毛巾	汪松亮	(12)	民國路八五八弄三〇號	八〇四九一	一五九
振文教育用品社	文具	王育恕	(13)	永安路永安坊十一號	八七七六六	四二六

行號名稱	業務	經理姓名	郵遞區號	地址	電話	頁數
振泰機電廠	機電業	朱仁之	(11)	浙江中路一五九號四〇三室	九八二一〇	一三六—二五八
振華橡膠廠	橡膠	張鑑之	(11)	北京東路四九八號	九〇六三八	三二五
振華襯彩廠	內衣	黃柯楝	(9)	南京西路一〇三七號	三五八三七	三三八
振業工業原料號	工業西藥		(11)	昭通路三一號	九〇三〇四 九六二五八	四〇三
振業商儲蓄銀行	銀行	陸麟勛	(0)	九江路二〇〇號	一八六七三—四	二九
振興毛絨紡織廠	紡織染整	薛祖恒	(18)	徐家滙路四九一號	七三八七〇	二五四
振興糧食公司	糧食	高國政	(0)	九江路二一〇號四〇一室	一三八四二	四六〇
振豐電器廠	電筒	牟子寬	(9)	新昌路四八〇弄三—四號	三二八四五	四六四
亞美化學品股份有限公司	製各種油漆	馮廷輝	(25)	泰康路二〇〇號	七五四三六—七	二八四
亞美斯古香料廠	香料	陳瑞楨	(23)	愚園路八八四號	二一〇九〇	二三三
亞洲商業銀行	銀行		(0)	寧波路八九號	一七五〇〇	九一
亞洲電器公司	電器	季維壽	(0)	南京東路一八〇號	一五〇九〇	四五五
亞洲熹記糖果廠	糖果	趙縱熹	(1)	南市關橋老白渡街一二〇號		四六〇
亞特拉斯鋼有限公司	進口	高華德 許鏡	(11)	浙江中路一五九號二〇五室	九一二七七	八一
益大昶錢莊	錢業	何晉之	(0)	寧波路一〇二號	一一七〇二	四六八
益世報	新聞	李愼襄	(11)	山東路二九〇號	九一五六九	四五七
益利烟廠	捲烟	柴錫珍	(9)	武定路三一五弄一六號 （永安街永安坊一〇號）	三七三四四 八一三九一	四六二
益昌橡膠物品製造廠	橡膠	曹濤聲	(13)	老永安街永安坊一五號	八三三二九	五一
益祥輪船股份有限公司	輪船	楊管北	(0)	廣東路四三號	一四四五二 一八八五二	二四一
益通公司	航業	曾介眉	(0)	虎丘路八八號四樓	一一三三五	一五四
晉中烟廠	捲烟	楊瑞龍	(25)	建國東路三九〇號	八四〇七六	三八一
晉昌鐵工廠	機器	張遴方	(19)	東餘杭路一〇六二號	五二六七四	〇
晉華油廠	礦油	陳慶甫	(0)	福州路八九號二三四室	一〇五四八	四二四
晉華貿易公司	進出口	趙楷亭	(0)	九江路二一〇號	一二一二七	四三八
晉華電機製造廠	電機	張遴方	(19)	東餘杭路一〇六二號	五二六七四	九四
浦東第一玻璃廠	玻璃業	潘恃楨	(9)	淮安路二一〇號	三三六三八	三一五
浦東銀行	銀行	馬文祥	(0)	中正東路二八四號	一七四二七	一七
浦海商業銀行	銀行	衛仲明	(0)	寧波路九四號	一六三〇七	四六八
家庭工藝社	服裝	陳慧珍	(1)	蓬萊路二一九號		一四六

十一劃

行號名稱	業務	經理姓名	郵遞區號	地址	電話	頁數
國光內衣廠	襯彩	童聯賚	(12)	民國路八四八弄二〇號	八七三八二	一四二
國光電器廠	膠木電器	張惠璋	(0)	河南北路二四四弄一〇號	四六一八七	一五七
國信銀行	銀行	鄭筱舟 王叔和	(11)	漢口路四二二號	九二三九六	二一
國華商業銀行	銀行	饒韜叔	(11)	北京東路三四二號	九二三二〇	三三〇
國豐企業公司	投資	朱衡義	(11)	貴州路一九號	九五五七四	三八八
婦女工藝社	洋囡囡	葉月英	(0)	浙江北路一七一號	四二九八〇	〇
黃三泰印鐵製罐廠	製罐	黃雲峯	(9)	中正東路九九六號	八九七〇九	三一六
黃興泰製罐廠	製罐	黃杏桃	(0)	浙江北路二二一號	四〇四七七 四三七一〇	二九六
野味香	點心	顧鴻聲	(18)	林森中路九一八弄A一號	七九〇一九 七九一六〇	二七一—二八六

慧星協記燈泡廠	製造燈泡	周金鶘	(9)	大通路五四六弄一五號	三九〇七五	一五三
東泰印鉄機器製罐廠	製罐	李松林	(5)	四川北路虬江路廣東街一四五—九號		二九七
康樂煙廠	捲煙	王自本	(12)	中正東路六〇七號	八一二五四	二五九
綢記經租賬房	房地產	水桂卿	(9)	青海路四四號	三八〇〇八	四七二
章華興記煙草公司	捲烟	李佐臣	(11)	河南路四九五號永利大樓二〇五室	九七一四一	四三九
密勒轉運行	運輸倉庫		(0)	北京東路一〇六號	一五六九〇	四三一
祥生棉織廠	汗衫棉毛衫	畢仲英	(9)	南京西路七〇弄一八號	九八七八六	四二二
祥裕公清記運輸報關行	運輸	金桐侯 何秉香	(11)	山東中路二二七弄一〇—二一號	九六二〇八	二五二
祥興營業公司	房地產	李日猛 李日紅	(0)	江西路三九一號	一一一六九	四七二
陸興發製罐廠	製罐	陸志明	(0)	七浦路五一七號	四七二一七	三〇四
盛錩電池廠	電池業	盛士錩	(1)	中華路一二九二—六號	七〇五三五	一四七
捷興大藥房	西藥	李光文	(12)	林森中路七九號	八二〇四七	四〇八
張利昌鋼鉄廠	文具銀箱	張取誠	(11)	北京東路五三九號	九三六六三 九六五三八	二七四
張鶴年國藥號	國藥	張啓裕	(9)	新閘路九六九號	三五二七四	四四七
梅林罐頭食品公司	罐頭食品	馮義祥	(12)	中正東路七五一弄五號	八〇一三三 八〇一三二	三〇七
梅龍鎮酒家	酒家	吳 湄	(9)	南京西路江寧路對面	三五三五三	四〇〇
啓文機器廠	機器	李翊生	(0)	福建北路三三〇號		四九
啓明書局	書業	隱啓元	(11)	福州路三二八號	九五九六七	二三九
啓通航業股份有限公司	航運	王清輝	(13)	四川南路興業里七號	八〇三九七 八一九六八	二四五
陳天一帽店		吳長林	(13)	江西南路六八—七〇號		〇
陳新鈕扣廠	飾品鈕扣	陳國端	(9)	中正北一路八六號	三九七九九	四六四
陳德興南記印鉄製罐廠	製罐	陳雨山	(0)	天潼路裕慶里八弄九號	八六五九八	三一六
通用藥廠	藥廠	冷榮泉	(23)	康定路五二八號	三一三五五	四三
通安輪船公司	航運	孟力平	(0)	四川中路二二〇號三〇七室	一三二五六 一四〇二四	二四八
通匯信託公司	銀行	鮑和卿	(0)	九江路一五〇號	一〇八九二 一〇七八一	四三五
通業輪船運輸公司		彭德順	(0)	漢口路一二三弄一二五號三樓二一一室	一七一三〇	四一八
裕泰電筒廠	手電筒	俞自勉	(0)	天潼路八六〇弄裕慶里一弄一—五號	四一五三一 四一一八六	一三七
裕興棉織廠	汗衫棉毛衫		(11)	山東路一九弄十二號	九五四四三	一六九
培林食品廠		李德華	(0)	圓明園路一六九號	二八〇一〇	四八二
培成電業廠	電線	鄭佩民	(9)	鳳陽路二二八弄七號	九六三〇三	四八七
培泰墨水廠	墨水	王仲如	(0)	江西中路四六九弄一六號	一〇八〇三	三四五
培福藥廠	製藥	戎善堅	(9)	新閘路五六六弄二〇號	三八九九九	一四三
陶秉記雕刻鋼模所				西藏南路一一一弄端安里二號	八九七八一	55
培豐股份有限公司	進出口	葉序馨	(0)	中正東路二七四號四樓	一六九一〇—三線	一四
開源銀行上海分行	銀行	殷惠祖	(0)	江西中路一三二號	一四二一八 一四八六九	四二
開聲無線電唱機行	收音機	趙性善	(11)	漢口路五〇三號	九七二五二	四六四
開靈電業製造廠	馬達電機	卓志偉	(25)	徐家匯路二八六至九號	七五九一八	二四六
開爐藥廠	製藥	黃文岳	(11)	天津路一一〇弄四一號	九六〇九二	二〇三—四〇五

十二劃

集成大藥房	新藥	屠開徵	(11)	南京東路二八六號	九一一四〇	二六三

行號名稱	業務	經理姓名	郵遞區號	地址	電話	頁數
富安紡織公司	紡織	倪葆生	(0)	北京東路二八○號	一三三五九	四八○
衆成會計師事務所		龔懋德	(13)	中正東路中匯大樓六一九室	八七○二一 八六六○三	82
衆孚倉庫	堆棧	董兆豐	(13)	中山東二路九號A	八○○三三	四七三
遠東織造廠	內衣織造	徐有庠	(13)	中正東路二八九—二九五號	八八六四○	三二七
雲南鑛業銀行	銀行	施務本	(0)	江西路二七○號	一三七三三 一七八二三	四六三
勞英鵬爐灶工程處	爐灶	勞英鵬	(0)	廣東路二○七號	一一八○四	二六九
惠豐呢絨公司	呢絨	糜灝生	(11)	河南中路一六四號	一九五一七	二五九
滋豐錢莊	銀行	李仲選	(11)	寧波路二四○號	九五○四八	○
菱湖繅絲公司		王穉泉	(11)	天津路二三八號	九四七四四	二一八
菱湖化學廠股份有限公司	化工	邵永春	(11)	天津路二三八號四樓	九四七四四	○
港粵滬華美電器行	電器	陳知新	(11)	南京東路五六五號	九四一二二	一四五
偉利棉毛內衣織造廠	棉毛內衣	楊偉民	(17)	寶山路二二六弄二二號(高福坊)	(○二)六○一一○	○
偉新內衣織造廠	內衣	黃福棠	(5)	北海寧路二一號	四○九六五	二一○
偉達正記針織廠	針織內衣	李正介	(13)	河南南路二三一—二五號	四一八九九 八四五七七	二三八—二三九
普及電器五金廠	電器	范思濤	(12)	南陽橋方浜西路六四號		一五六
普球消防工業廠	救火機器	吳明之	(11)	福建中路三九一號	九五五七七 九○七三三	○
(寧波)柴橋敬業製鎂廠	化學廠	鄭仰喬	(0)	海寧路七○七弄一號	四二九五四	二六四
(寧波)恆豐印染織廠	染織	王稼瑞	(25)	馬當路五七二號	八一一六○ 八六一七二	一九八
順成棉織廠	棉織	錢子珍	(0)	寧波路二○號三二○室	一二六五三	四○二
順泰製罐文具玩具廠	製罐	郁順發	(0)	北蘇州路九九六弄六三—五號	四三六二六	三一三
順康錢莊	銀行	陸書臣	(11)	天津路一五七弄六號	九三五六○	四二七
景福彩襪織造廠股份有限公司	針織內衣	徐文照 徐雲慶	(13)	溪口路一二號(徐家匯路三九五弄一—三三號)	七七七六二	一八九
景綸彩襪廠	彩襪	徐雨孫	(0)	四川路三三號企業大樓四一七室	一○二三四 一一九一九	二○一
華一電器製造廠	電器用具	顧德仁	(17)	武進路五三六號	四三三九四	二四二
華大皮革股份有限公司	皮革	謝貽豪	(11)	北海路四四號	九三四八三	四二五
華元化學廠	化工	李名懿	(13)	中正東路一二三弄二二號	八○二二○	二一一
華中藥廠	婦的寧	李復光	(5)	武昌路口乍浦路乍浦里十八號	四七二九二	四一二
華中實業股份有限公司	航業	朱維勳	(0)	北蘇州路四○○號河濱大樓四○四室	四二三六三—六	二一一
華生電器廠	電器	葉友才	(11)	福建中路四三一—三號	九八四三二 九八四三三	一四九
華光食品廠	糖果瓶酒	黃家邦	(11)	廣西路二二九弄二三一號	九七一五九	九四
華光信內衣染織廠	襯衫服裝	徐開先	(9)	成都北路一二八弄一九號	三六四○三	五九
華成印鐵製罐廠	印鐵製罐	章又新	(9)	中正東路一四六二弄六一號	三一一四○	三一二
華成煙草公司	捲菸	陳楚湘	(11)	寧波路四七六號(江寧路六三一號)	九三四九八(六二四七一)	三七七
華成顏料行	顏料	高丹華	(11)	福建中路一四○弄一六號	九五一四八	二八八
華成橡膠廠	橡膠工業	葉問梅	(23)	康定路六○三弄一三○號	六二五○一	三二八
華孚工業公司	機製磚瓦	汪和笙	(9)	重慶北路馬立斯新邨十二號	三○一四七	四三
華孚金筆廠	金筆	周莉庭	(18)	襄陽南路三九三衖五號	七二○五八	三○三
華孚橡膠廠	橡膠工業	陳偉	(11)	南京東路三五三號五三五號	九四九二四	三二一 三三六
華孚橡膠廠	橡膠	顧志成	(20)	徐家匯裕德路一○一號	(○二)七五○五八	三二一 三三六
華利電線廠	電業	吳秀昌	(11)	廈門路七六弄二四號	九四八五八	四六一

華昌無線電器材製造廠	無線電	陳懷恩	(9)	威海衛路三五七弄七八號	三六二五七	四六一
華昌電機廠	機器	朱文龍	(23)	武定路七八一號	六〇八一三 七三九九〇	一三二
華東機械五金行		顏志楚	(0)	天潼路三三六號		六九
華威商業銀行	銀行	傅麗侯	(0)	寧波路一〇九號	一九五八四 一五〇八四	九〇
華美烟公司	捲烟	金亦耕	(11)	西藏中路六三〇號	九〇七〇六 九一一七三	三八四
華美顏料靛青號		洪法錦	(11)	北無錫路六四號	九三四〇二	四六五
華洋軟木製造廠	軟木	强正福	(9)	中正東路一二一六弄九號	三三四三二	八二
華英企業公司	進出口	蔣砮堂	(0)	香港路四〇號	一七二三四	四六〇
華泰行	航海用具	王菊生 陳文楠	(0)	四川中路五六九號	一〇八〇五	二二四
華商進出口股份有限公司	進出口貿易	錢培榮	(0)	江西中路二六四號二一三室	一九九〇七	二二八
華國裝訂所	裝訂	張林生	(17)	西華路渭陽坊一四號	(〇二)六〇八五七	一六八
華菲烟草公司	捲菸	林朝聘	(11)	河南中路五一〇—五一二號	一〇六一五 一〇七六四	四六〇
華富堆棧	倉庫	華敬堂	(5)	東長治路三三〇號	九七七二七	四七三
華新金筆廠	自來墨水筆	錢久華	(11)	六合路三六弄二七號	九四七八〇	一二三
華新印鐵製罐廠股份有限公司	印鐵製罐	曹川平	(11)	廣西北路一二弄三號(永安坊)	九六四九〇	三〇〇
華新儀器文具廠	儀器文具	顧燮豐	(11)	福州路四二〇弄八號	九六六六六 九五三三三 三五二	三五〇
華福工業原料行	工業原料	蔡有青	(11)	昭通路五五號	九一三三〇 九五三三八	二六九
華德尊藥廠	製藥	范益香	(0)	南京路哈同大樓A三二一號	一二二九八	二二七
華僑銀行	銀行	陳維龍	(0)	九江路一二〇號	一三一七六 一三一七七	一三
華聯生化物學製藥廠	製藥	張滋祥	(12)	自忠路四三四號	八〇四五四	一三四
華聯乒乓球製造廠	賽璐珞製品	顧殿生	(11)	福州路四二〇弄八號	九六六六六 九五三三三 三五三	三五〇
華豐工業原料公司	工業原料	楊紹臣	(13)	金陵東路三三號	八一〇五〇 八七七一三 二六一	四三一
華豐皮行	皮革鞋料	俞時霖	(11)	北海路一一〇號	九二八七七	三四七
華豐榮記皮革廠	皮革	陳瑞生	(9)	中正北二路四一一弄八四號	三〇五八二	四二九
華豐電器機械製造廠有限公司	電機	周謀道	(17)	武進路三八二號	四五五七二 四四二八五	一一二
華豐電器機械製造廠股份有限公司	電機		(5)	吳淞路天潼路口一〇一弄四—八號	四三四三五	一五二
華豐鋼鐵廠	冷鐵冷鋼	蔡叔厚 嚴開鎬	(0)	江西路漢彌登大樓一五一室	一三七三四 (〇二)七五〇八八	八五
華懋口琴廠	口琴	楊鴻奎	(0)	四川中路五〇號	一七二六八	三五七
華麗實業公司	鋁片熱水瓶	金益寶	(0)	天潼路新唐家弄二一〇號	四五五七九	四一六
森泰昌招牌油漆工程行	油漆工程	沈友麟		新閘路八九七號	三二四八五轉	四五一
復旦電機廠股份有限公司	電器機械	潘聯森	(9)	中正中路五〇四弄三六號	三二三二三	一二九
復昌倉庫	倉庫	耿雪馥	(0)	廣東路一三一弄二〇—二一號	一三六七四 一七六〇六	四七三
復順電機製造廠	電機	范國安	(9)	江西路一四七號	一九九八九	一六〇
復華大藥房	西藥	郭登瀛	(13)	金陵東路三〇〇弄一九號	八一四三八 八五八八五	一九
復華銀行	銀行	連西峯 李逸飛	(0)	廣東路一三七號	一三九八三	三〇七
復興商業銀行	銀行	勞紹璣	(0)	天津路三七號	一三九〇〇 一九三一八	三二六
復興恆新記號	顏料	汪辛人	(11)	漢口路三八六弄十六號	九五五二三	四六五
復興航業股份有限公司	航業	譚伯英	(0)	四川中路二二〇號一〇〇室	一五〇〇九	二六〇
勝利內衣製造廠	襯衫	陳啓明	(11)	浙江中路五九九弄四號	九〇九六三	二九一
勝德新藝化工廠	可塑性製品	顧衛烝	(23)	西康路四七一號	三六一七四	一二二
越東菸廠	捲煙	王松鶴	(12)	中正南一路七六號	七三四八八	三四二

十三劃

行號名稱	業務	經理姓名	郵遞區號	地址	電話	頁數
蘊利製藥廠	製藥	劉伯恆	(9)	威海衛路三一號	六〇八三五	四三四
蘊昌化工廠	顏料石羔粉		(21)	國貨路一二三—一四五號		〇
蘊昌南號	顏料什貨		(1)	中山南路一九二號		〇
蘊昌顏料雜貨號	顏料雜貨	王忠廉	(0)	寧波路一二〇弄四號	一八五三八 一四六四五	55六三
勤昌五金膠木廠	印鐵製罐	孫文剛	(23)	陝西北路一二五號	三六九二七	一〇五
勤業文具公司	謄寫用品	陳葆笙	(9)	北京西路黃家沙花園二二號	三八六八八	82 二〇六
勤興紡織襪彩廠	針織工業	何伯衡	(11)	漢口路二六四號廠馬當路四一七弄二〇號	九四八六八 八四四六八	一九八
經偉紡織機製造公司	機器	李升伯	(0)	九江路一五〇號五〇七室（長寧路二五〇一號）	一六九五二—三（二九四八〇）	一〇四
瑞安商輪公司	航運	姜選卿	(13)	中正東路中匯大樓一一一室	八五〇三七	四七六
瑞和行	進出口	盧積明	(0)	圓明園路一四九號西五樓	一八八九七 一一九〇六	四六九
瑞蔡源顏料靛青號	顏料	汪瑞欽	(11)	九江路四六五號	九〇二三七 九二五八四	二八八
瑞麟工程有限公司	工程	徐孝禮	(13)	永安路四一弄B一〇號	八三二〇一 六六三六一—一六三—一三六	
新大陸輪船公司	航運	陳蘇生	(13)	中正東路中匯大樓一一一號	八五〇三七	四七六
新中內衣廠	襪彩	王志明	(9)	威海衛路三五七衖二〇號		一五四
新中華捷運通商股份有限公司	進出口	程嘉壇	(0)	廣東路五八號	一三二八九	四八五
新中華刀剪廠	刀剪	陳發源	(11)	廣東路四一九—四二一號	九五四一八 九六二二一	一〇〇
新生鈕扣廠	鈕扣	王應清	(11)	山東中路九弄四號	九四〇七一	四六四
新生電機製造廠	電機	吳俊耀	(0)	山西北路三五號		四一五
新光乒乓球廠		張憲璋	(0)	河南北路二四四弄一〇號	四六一八七	三六〇
新光化學工業廠	化粧品	謝祖銘	(1)	老北門晏海路計家弄七〇弄二號		二八〇
新光標準內衣染織整理廠	染織內衣	傅夏駿	(12)	重慶南路二七號	八二一六七 八四四五二	一五
新光線廠	線	謝祖銘	(1)	老北門晏海路計家弄七〇弄二號		二八〇
新安電機廠	電機	孫鼎	(9)	南京西路八九三號廠常德路八〇〇號	六〇〇九〇 三五七五三	四六一
新成元記顏料號	顏料	張明海	(0)	北蘇州路九二〇弄一二三號	四五〇五六	四七〇
新利記營造廠	建築	朱錦德	(12)	太倉路八八號	八四九八七	三六四
新泰玉記機器廠	印刷機	顧志夏	(0)	七浦路一二五號	四五〇七〇	五二
新華公司	日用百貨	徐祇棠	(18)	林森中路九七三號南京西路一〇五三號	六八二二九	二八七
新華信託儲蓄商業銀行	銀行	王志莘	(0)	江西中路二五五號	一二八六三	四五
新華電器製造廠	電器表	邵鶴年	(0)	北京東路一五六號	一八三二九	四八
新華航務局	運輸	吳立鞏	(0)	江西路一七〇號一四七室	一四二四〇	四七六
新華地產公司	房地產	周昌熾	(0)	圓明園路一三三號四〇七室	一五一〇六	四七二
新華琺瑯廠	搪瓷用品	張陵洲	(0)	北京東路二六六號四四室	一七九九八	
新華琺瑯廠	搪瓷用品	張陵洲	(25)	徐家匯路三一六號	七三一六〇	二六六
新新有限公司		蕭宗俊	(11)	南京路七二〇號	九七二〇〇	六〇
新新印刷廠	照相製版	王兆明	(9)	威海衛路五〇二弄三一號	三四八九四	二四九
新聲棉織廠	內衣	孫奇	(11)	中正東路三一二號（廠北京西路七三六號）	九八七五六 三七七五九	二八七
新豐紡織印染廠	紡織印染	舒昭賢	(0)	南京東路一五三號	一六一六八 一六一三一	一六四
萬邦印刷廠	彩印	周萬邦	(5)	周家嘴路五一〇號	五三一三四	九八

萬利織造廠	內衣	胡潤蓀	(9)	武定路公安里二七號	三三二二二 一二六五三	二〇二
萬國化學工業社	牙膏	丁玉樹	(13)	金陵東路四一號四六室	八一五三五 八九二五六	二七二
萬國橡皮物品機器工廠	橡膠物品	鄭祥辰	(5)	虹口東倫路五五弄四〇號	五一一九九	二三三
萬國藥房	西藥	史致富	(11)	福州路三三〇號	九八一二二—五	四二六—四三〇
義生昌公記倉庫		金春寶	(13)	金陵東路一四九號	八二四一二	四七三
義生搪瓷廠股份有限公司	**搪瓷工業**	吳璜祥 楊康泰	(12)	望亭路一〇八號康定路九六〇號	八四四二六	封裏對頁
義利染織廠	染織	屠彥容	(0)	滇池路一一九號三樓五五室	一三二〇四	二〇一
義錩宗記印鉄製罐廠	印製罐盒	曹鴻洲	(9)	新昌路四四一弄一號	三三九五二	二九七
義豐錢莊上海分莊	錢業	劉兆豐	(11)	寧波路二二二號	九一九八七 九三四三三	〇
達成堆棧捷運股份有限公司	堆棧捷運	李銘之	(0)	九江路一五〇號新康大樓一〇四室	一一九〇五	二三七
達豐貿業商行	進出口	李伯榮	(5)	大名路四七號	四一五六三	四八四
達豐染織廠	染織	崔福莊	(11)	寧波路三四九號	九三二一三	一六八
羣益書社	實用	陳漢聲	(11)	福州路四百號	九三九二三	三三七
發康藥廠	製藥	施根華	(18)	南昌路一二七弄九號	七四一二四	三五一
褚掄記營造廠	營造	褚文彬	(20)	天平路二四六號F		三六四
愛華製藥社	製藥	高培頁	(11)	山東中路二三二號	九四三二二	一五八
鄭復昶內衣廠	內衣	陳斌堂	(0)	四川中路五六〇號	一九〇八〇	一三一
聖業祥五金鋼精廠	鋼精器皿	林嗣德	(9)	成都北路九七一弄一二號	三九七〇八	三九七
聖業祥五金鋼精廠			(17)	閘北止園路三四號	(〇二)六一三六三	四四三
雷允上誦芬堂	國藥	雷顯之	(13)	民國路永興街口	八二五八六 四五三三四	一一一
裕生顏料靛青號		盛智强	(0)	北蘇州路五二〇弄一九三號	四六〇三〇	四六五
裕記成營造廠	營造	嚴成有	(11)	北京東路顧家衖八八號三樓八室	九四二七八	三六四
裕盈企業公司	倉庫運輸	錢秉鈞 周惠建	(5)	黃浦路一四九號	四二一三一 四二八二二	二一六
裕新染織廠	染織	徐潤庠	(0)	滇池路一一九號三樓五五室	一三二〇四	二〇一
源順福記木行	中西木材	沈賢麟(思敏)	(9)	北京西路四七四弄八號	三〇四四四 三五九四九	〇

十四劃

福中化工廠	化工廠	潘浩明	(0)	七浦路三〇三弄五號	四一四五六	四五四
福民製藥廠	製藥	張雲誼	(11)	六合路六一號	九七九〇二 九五八八七	四〇二—四〇七
福民菸廠	捲煙	王松鶴	(12)	中正南一路七六號	七三四八八	三八八
福利營業股份有限公司	出版貿易	葛福田	(5)	武昌路三二二號	四一三八九	〇
福利錢莊	錢業	張錫康	(0)	四川中路三三號	一六一九六 一〇五五九	二七四
福來頓化學工廠	化粧品	張拮成	(11)	寧波路六二〇弄五號		三七二
福昌電器行	電器	朱文龍	(18)	永康路一二九號	七三九九〇	一三二
福昌銀號	銀行	裴醒伯	(13)	山東南路三七—四七號	八八一九三 八七二五八	一六六
福建建設公司	輪船	許書亮	(0)	四川中路六六八號七〇四室	一八八三三	三三五
福康餅乾廠	餅乾	姚興發	(25)	建國東路四七三號	八五五一七	二一四
福華內衣廠	內衣	沈仁水	(0)	江西路四一二號二樓	一六〇九九	三三九
福華玻璃廠	料器瓶	張道芳	(27)	梵王渡路北蕨薛宅一〇四四號	二〇三八八	四六四
福新藥廠	西藥	殷紹康	(9)	南京西路一〇二五弄一四號	三六六九六	四六一
福新菸廠	捲烟	丁盤泉	(23)	澳門路九七號	三四三〇二—三	三八八

行號名稱	業務	經理姓名	郵遞區號	地址	電話	頁數
福源錢莊	錢莊	徐文卿	（0）	寧波路七十號	一一七五一—三	四六八
福黎股份有限公司	進出口	應鍾福	（11）	南京東路慈淑大樓七一六室	九一八一七	一六七—二〇三
福興印鉄製罐廠	印鉄製罐	朱明青	（9）	成都北路七一一弄二二號	三一六六七	二五五
種玉堂大藥行	製藥	蔣蔭寶	（12）	南陽橋自忠路口東台路一五六弄五號	八六七一七	四〇八
粹華卡片廠	紙品	黃滌生	（11）	福建中路一二七弄七號	九三一九二	三四九
維大紡織用品公司	紡織用品	吳光漢	（0）	江西中路一七〇號漢彌登大廈二二三室	一七八五〇	四六三
維明貿易有限公司	電氣染料	經强士	（11）	河南路五〇五號錦興大樓二〇七室	九七四四九	四六九
綸康棉織廠	毛巾	王悅康	（13）	廣西南路六二號	八八三五九	〇
聚康銀行	商業銀行	孫蘊奇	（13）	中正東路九十七號	八三三三九 八六二七五	一五〇
銘昌營造廠	營造建築	唐漢理	（19）	海門路三十號	五一一四六	三六五
遠東化工廠	化工原料	張抱一	（11）	河南中路五七五弄一二號	九六七九六	三二二—三三三
臺灣航業公司上海分公司	航業	毛晉初	（0）	中山東一路三一號	一八二一九	二四四
臺灣銀行	金融	謝惠元	（5）	大名路六五號	四六三九一—三	九
臺灣糖業公司	糖	沈鎭南	（0）	福州路三七號	一六八三五	4
鼎元錢莊	錢業	周少彭	（0）	四川中路四四五號	一一七九三	三五四
鼎泰輪船行	運輸	姚抱眞	（13）	中正東路九號二樓一二室	八四二〇九	四七六
鼎新染織廠	染織	姚義璋	（12）	寧海西路四二號	八四二九七 八二四四六	四七一
實生橡膠廠	橡膠製品	顧方千	（20）	徐家匯同仁街七九號 寧波路二十號三二一室	一七七六二 （〇二）七五一四三	三二八
寶球五金號	五金	周梅庭	（0）	北蘇州路四六二號	四四七一一	一〇一
寶球醫療器械行	醫療器械	貢敖發	（12）	普安路一〇六號	八〇六一二	四〇九
嘉美印鐵製罐廠	印鐵製罐	吳壽康	（9）	新閘路大通路五四六弄三號	三〇九〇五	四三九
嘉茂合記製罐廠	印鐵製罐	謝福仕	（0）	浙江北路一八二號	四四〇〇〇轉	三〇八
嘉昶錢莊	銀錢	葉履彬	（0）	天津路五一弄一二號	一九九七八 一二〇九五	一三九
嘉豐顏料號	顏料	陳渭蓀	（13）	金陵東路三七〇號	八四四〇六	一九
德大飯店	西菜	陳國寶	（5）	總店塘沽路一五—八一號支店（〇）（四川中路三三九號）	四〇四六〇 支一三八一〇	二九九
德大航輪局	航業	周崇舫 黃仁傑	（0）	福州路三五號二樓	一七六五三	二五三
德利運輸有限公司	運輸	沈維軒	（0）	廣東路六四號	一六四〇七 一〇六五三	四七六
德孚機油行	車油火油柴油	應瑞隆	（11）	河南中路六五六號	一四〇八三	〇
德孚電工器材廠	電器	黃國鈞	（11）	廣西路二八七弄四號	九八三四七	一六一
德和電池廠	電器	周義生	（11）	廣西路二八七弄四號	九六八六八	一一六 一四五
德和輪船公司	航業	吳仲亞	（0）	九江路一一三號四一〇室	一八三二四	四六九
德豐皮號	皮革	夏達華	（11）	湖北路三〇—三二號	九四五〇九 九一六四三	85
廣大藥房	西藥	楊延修	（11）	廣東路三八九號	九六一六三 九〇四九六	四〇四
廣東銀行上海分行	金融	汪智涌	（0）	寧波路九二號	一六二八六	一七
廣新商業銀行	銀行	王榮時	（13）	中正東路一〇七號	八八三五八 八六三一七	二六
廣達螺絲廠	螺絲五金	華文和	（11）	北京東路八三一號	九二六九三	四八 六六 九四 二九八 三〇
漢生機器公司		郭鷹	（0）	虎丘路八七號	一〇三三三 一六一一七	六九
漢達利醫療器械行		王子中	（13）	河南南路三三—三五號	八五六三九	四一三
漢愼華行	倉庫	葛自安	（0）	四川中路一二六弄二七號		四七三
潤昌祥盛記顏料號	顏料	黃如蘭	（13）	民國路三八六號	八二八九二	五〇

匯衆烟草公司	捲菸	郝銘三	(11)	中正東路六四六號	九〇六一八		三八五
滙豐堆棧	客貨	席德柄	(9)	莫干山路三八號	三四三九〇	一二八九〇	四七三
榮康地產公司	地產	楊仲齡	(11)	南京路慈淑大樓五一三室	九五一〇四		四四三
榮醒徽章廠	證章	勵榮慶	(11)	西藏中路一八五號	九五四六五		四四四
榮豐行股份有限公司	工業原料	楊春華	(11)	山東中路二一九號	九一二一〇	九三六四三	二〇一
榮豐紡織廠股份有限公司	紡織	韓志明	(11)	天津路二三八號	九八三二四		一九三 四六五
榮豐實業信託股份有限公司	進出口信託	馬仲文	(11)	天津路二四四號	九八五五五	九二七八七	四六九

十五劃

震旦興記製革廠	製革	沈鴻賓	(11)	北海路一二三號	九一七五二		四二五
震旦絲織廠股份有限公司	絲織品	姚順甫	(11)	天津路一七〇弄六號(杭州刀芳巷二四號)	九四九五一	二一七三	四六七
震旦機器鐵工廠	機器工程	薛威麟	(0)	北蘇州路四〇〇號	四〇九八〇		〇
黎明金筆製造廠有限公司	鋼筆	徐亘傑	(11)	河南路一二八號	一〇七七五		四六四
徵祥錢莊	銀錢	胡養吾	(11)	寧波路二三二號	九六八一一	九六二八七	四六八
鄭永昶皮球廠	體育用品	鄭永泉	(9)	成都北路七七一弄一五號	六一三三八		七四
鄭協成工業原料號	工業原料	鄭仰喬	(0)	海寧路七〇七弄一號	四二九五四		二六四
鄭興泰汽車機件製造廠	汽車機件	鄭才寶	(23)	中正西路一三〇三號(威海衛路四八二號)	二一〇八五	三六九五六	四七一 一四一—四九
澄德行	進出口	姚培基	(11)	北京東路三五六號四一二室	九〇一四五	九七五五一	二一三
標準服裝製造廠	內衣	朱燮林	(11)	六合路十八號	九一七五〇		二三四
標準電器廠	燈泡		(0)	安慶路二七〇號	四三六八四		四六四
慶華航業公司	航業	李明亘 冉慶之	(0)	天潼路二八八號二〇二室	四一七四一		二四五
整業電器公司	特種無線電	范志濤	(12)	中正中路四〇七號	六八四五九		一四四
模範印鐵製罐廠	製罐	孫國燦	(19)	惠民路三〇五號六九—七五號	九五〇一五		三一三
蔡福德堂	藥品百貨	蔡天龍	(1)	南市裏馬路毛家路紅屋	九四七四〇轉		四一三 六七
魯興隆印鐵機器製罐廠	印鐵製罐	魯德華	(5)	東餘杭路五四〇號	五〇八八五		三〇一

十六劃

興中電機工廠	電機	余衡仲	(1)	復興東路七八四—六	(〇二)七一六九一		一三三
興記花號	棉花進口	余永茂	(0)	寧波路四〇號二〇七室	一一三七一—二		四六九
興泰織造廠	針織	馬雲龍	(12)	吉安路義業里一四號	八一四一四		一一〇
興泰電業機器廠	電器	葉鴻昌	(0)	江西中路四六〇弄三號	一四一二二轉		二一九
興泰印鐵製罐廠	印鐵製罐	張國安	(5)	東杭餘路一七八弄三二—六號	五二七四七		三〇〇
興通國記機器廠	機器	徐英章	(0)	福州路八九號四三七室(廠華山路六〇〇弄A128)號	一七九二九	二二〇〇九	一二七
興業印鐵製罐廠	印鐵製罐	諸鑫生	(9)	龍門路六號	九二九四〇		二三一
興業實業工程公司	機器工程	榮德馨	(0)	江西路四二一號(廠凱旋路一三八二號)	一九六二〇	二〇六二二	二二九
興業製銅廠	銅皮	陳榮甫	(23)	陝西北路一三一五號	六〇六六九		一〇一
歐冶化學工業廠	化工業	朱鐘清	(0)	泗涇路廿二號廠(徽寧路一八三號)	一二〇八六		二七二 一二六
錦昌鐵廠	機器工業	陳滄海	(0)	虎丘路一四號三樓四一室	一三六九五		七二
錦章號倉庫	倉庫	丁益生	(0)	江西中路一三五弄一一號	九〇九一七		四七三
錦華內衣廠	內衣	楊錦春	(0)	塘沽路五九四弄二三號	四〇八九六轉		二一五
錦華烟廠	捲烟	陳裕仁	(12)	中正南一路一四六弄A四號	七五二九三		四六〇

行號名稱	業務	經理姓名	郵遞區號	地址	電話	頁數
龍華烟廠	捲烟	魏行之	(27)	餘姚路五二六弄八十號	九〇六二九 二二四七五	三八九
十七劃						
聯工實業公司	進出口貿易	王劭南	(0)	廣東路十七號四〇一號	一九六九九	二五三
聯合華行	無線電	陸關雲 鐘德霖	(9)	中正東路一四五四號浦東同鄉會大樓五一九室	三五一一七	一一三
聯合電業公司	電器	陸關雲 鐘德霖	(18)	林森中路一二九五號	七九三四三	一一三
聯合商業儲蓄信託銀行	銀行	周德孫	(0)	四川中路二六一號	一八〇六〇	三七
聯安輪船局	航業	王劭南	(0)	廣東路十七號四〇一號	一九六九九	二五三
聯美有限公司	照相材料	徐潤泉	(0)	南京東路二三五號	一五四八〇分機三十二號	封裏對頁
聯益商行	進出口	蔣嘉琤	(0)	四川中路三二〇號四〇五室	一四二四二 一二二七九	二一七
聯益房產商行	房地產	沈振華	(0)	南京東路二三三號哈同大樓三〇七室	一三二三四	四七二
聯益電器有限公司	檯燈	張鑄鏞	(9)	中正東路一四七二弄一〇號	三四六〇六	一四八
聯業電料行	電料	殷宗如	(5)	武昌路二九二號	四五三五八 四五二九九	三七五
頤中烟草公司	捲烟		(0)	蘇州路一七五號	一三四八二	三七六
鴻安商輪公司	航業	虞順懋	(0)	廣東路九十五號	一二九五〇	二四四
鴻安商輪公司倉庫	倉庫碼頭	虞順懷	(1)	十六鋪公用局南市碼頭	(〇二)七一五六五 (二〇)七一五三五	二三六
鴻昌營造廠	建築	周鴻昌	(9)	中正東路一四六二弄一〇二號	三九三〇八	一八三
鴻祥呢絨公司	呢絨	曹光彪	(11)	河南中路四二號	一六五四九	一九六
鴻康電料行股份有限公司	電料	袁永定	(11)	南京東路三一四號	九三二九八	四六四
鴻霞服飾公司	時裝		(9)	南京西路七三七號	三四四四四	84
鴻豐紡織公司	紡織	榮鴻元	(0)	江西中路三八三號	一七一二四 一〇三〇四	四六五
鴻豐麵粉廠股份有限公司	麵粉製銷	胡載之	(0)	江西中路三八三號	一七一二四 一〇三〇四	四六〇
禮益地產公司	房地產	朱潤生	(0)	四川中路四一六號一七室	一七六六五	四七二
謙泰豫商業銀行	金融	楊鑽華	(11)	漢口路五六一號	九五三〇八	四五
甌海實業銀行	銀行	鍾夏生	(0)	四川中路一四九B號	一〇〇七三 一八八一九	三五四
環球五金號	五金		(0)	北蘇州路四六二號	四四七一一	一〇一
環球內衣織造廠	襯衫	李光熾	(9)	北京西路六〇五弄B五號	六〇二九一 一七六七六	三一一—三五五
環球無線電報公司	電報	R.C.PHILL-PS	(0)	廣東路五十一號	一五〇三六	三
駿發堆棧	倉庫	余名熏	(13)	永安路九號	八六三五一轉	四七三
濟華堂藥房	西藥	袁鶴松	(11)	雲南路四七號	九八一六六 九一七二六	四一四
十八劃						
魏文記			(0)	九江路一〇三號七樓	一〇一三八 一〇二五六	四六九
魏律師事務所			(0)	九江路一〇三號	一〇一三八 一〇二五六	四六九
十九劃						
麗安百貨公司	百貨	金賢生	(11)	浙江中路四六二號三〇二室	九一三一五	六七
麗華化學工業廠	化學工業	王煥民	(9)	江寧路一〇八〇弄一五五號	一二二六三 三九七五四	二十九
譚泮蓄電池公司	蓄電池	譚泮	(9)	中正東路九三三號	三二〇八九	四四六
羅信達機器廠		羅品圭	(13)	雲南南路一七六號	八六四〇七	九三

行號名稱	業務	經理姓名	郵遞區域	地址	電話	頁數
二十劃						
寶大祥棉布莊	棉布	徐和卿	(12)	金陵中路十四—十八號	八三五五〇	一九七
寶山造紙廠股份有限公司	造紙	陳承陵	(9)	中正東路一四五四號五〇七室（廠武昌路二〇二號）	六二三七五 二三八八九	四六〇
寶成錢莊	錢業	趙鴻生	(0)	四川中路五八四號	一六二一〇	三九〇
寶昌首飾商店	鑽石翡翠	鍾毓琇	(9)	中正北一路三〇八號	三一五三〇	三五一
寶豐錢莊	銀錢	沈景樑	(11)	天津路一二八號	九四八一七	〇
嚴森泰石廠	石料坟墓	嚴步雲	(20)	一廠虹橋路虹橋公墓 (28)二廠哈密路淮陰路口		三七二
藝光鋼精廠	製造	李渭堂	(23)	昌平路四三八號	三八五五四	一〇〇
藝通電器製造廠	電器	鄧積餘	(12)	林森中路二〇二號	八七三四二	二三
藝華化學製皂廠	肥皂業	李名聽	(0)	南京路二三〇弄科發大樓三樓	一〇三三四	七〇
瀛州染織廠		馮彥卿	(18)	徐家匯路一〇五〇號	七七一九一—二	〇
二十一劃						
攝生氏製藥廠	製藥批發	李攝生	(2)	衡山路九六四弄五十號	七二〇三五	三八六
鶴鳴鞋帽商店	鞋帽	楊撫生	(13)	金陵東路四八六—五〇四號	八一三一八	〇

中法藥房股份有限公司

董事長　趙棣華
總經理　許曉初
廠　長　周夢白
副廠長　沈濟川
主任藥師　吳冠民

上海總店

總管理處

上海北京東路八五一號，自建鋼骨水泥大廈，電話九二三三一……三號轉往各部，電報掛號五六七三。

總製造廠

上海中正西路一七九〇號，佔地二十餘畝，設備完美，規模宏大，技術人員均為國內外著名大學畢業，經驗豐富。

分店分廠

本埠設有分店五處，聯號一處，國內外各大埠均設有分支店及辦事處，在重慶設有分廠一所，西南區分公司一所。

著名出品

賜爾福多延年益壽粉，艾羅補腦汁，艾羅療肺藥，羅威健身素，九一四藥膏，克敉伏，胃寧，果導，滅痛，蟑蟻淨，肅疥，羅威水菓鹽，羅威沙而，及百吉牌各種醫用針藥化學合成製劑，嬰孩兜面，雙獅牌花露水等藥品化粧品不下五百餘種。

創設簡史

創立於前清光緒十六年，迄今已閱五十餘載；歷史悠久，信用卓著，居全國新藥業之領導地位。

聯繫事業

中法化學製藥廠，中華製藥公司，中法油脂製造廠，中法血清菌苗廠，及中法化工實驗所、中法生物研究所等。

上海總廠

鴻霞聯號美雲

時裝公司

鴻霞南京西路七三七号
（大華大戲院对面）
電話·三四四四四

時裝·呢絨·皮貨

設計新穎　式樣美觀　漂亮大方

禮服出租

美雲
南京西路九五二号
電話·三九五五五

德豐皮號

運銷船來名廠

各色紋皮★京羊皮★司緯皮★機用皮

獨家經銷之五大國產名皮

註冊商標

大量供應★歡迎採購

地址・湖北路三十・三十二號

電話・九四五〇九・九一六四三號

電報掛號・七七一一號

新舊路名對照表

(一)由新路名檢查舊路名

新名	舊名
二劃	
九龍路	斐倫路
人和路	競賽路
三劃	
大名路	百老匯路
大連路	大連灣路
川沙路	近勝路(南段)
山東南路	麥底安路
山東中路	山東路(南段)
山東北路	山東路(北段)
山西南路	山西路
山西北路	北山西路
山陰路	施高塔路
四劃	
中山東一路	黃浦灘
中山東二路	法界外灘
中山南路	裏馬路
中山南路	康衢路
中山西路	中山路
中山北路	中山路
中正東路	愛多亞路
中正中路	福煦路(西段)
中正西路	大西路
中正南一路	聖母院路
中正南二路	金神父路
中正北一路	同孚路
中正北二路	卡德路
中州路	赫司克而路
天平路	姚主教路
天山路	林肯路
天目路	界路
太倉路	蒲柏路
太倉路	吳淞江路
太原路	台拉斯脫路
丹徒路	鄧脫路
五台路	東新嘉路
五原路	趙主教路
方浜東路	小東門大街
方浜中路	方浜路
方浜西路	欒鹿路
文昌路	文極司脫路
六合路	勞合路
五劃	
四川南路	天主堂街
四川中路	四川路
四川北路	北四川路
北京東路	北京路
北京西路	愛文義路
永安路	永安街
永年路	杜神父路
永定路	華記路
永福路	古神父路
永嘉路	西愛咸斯路
永善路	孟神父路
永康路	雷米路
永興路	興聖街
永壽路	東自來火街
平望路	平望街
古北路	霍必蘭路
句容路	馬崎路
民國路	法華民國路
仙霞路	佑尼干路
白河路	北河路
六劃	
自忠路	西門路
自忠路	白爾路(東段)
西藏南路	敏體尼蔭路
西藏南路	藍維藹路
西藏中路	虞洽卿路
西藏北路	北西藏路
西康路	小沙渡路
西[illegible]路	滙司林路
西湖路	比亞士路
安亭路	國富門路
安國路	愛而考克路
安東路	大國路
安福路	巨潑來斯路
安遠路	檳榔路
安慶路	愛而近路
江浦路	齊物浦路
江陰路	孟德蘭路
江寧路	戈登路
江蘇路	憶定盤路
江西南路	吉祥街
江西中路	江西路
江西北路	北江西路
成都南路	貝締鏖路
成都北路	成都路
合肥路	勞神父路
吉安路	茄勒路
七劃	
同德路	鄧脫街
多倫路	寶樂安路
曲阜路	阿拉白斯脫路
百官路	派克街
伊犁路	法磊斯路
吳江路	斜橋路
吳興路	潘興路
吳興路	白利圖路
延慶路	格羅希路
汾陽路	畢勛路
八劃	
周浦路	京州路
[illegible]賢路	麥邊路
宛平路	汶林路
岳陽路	祁齊路
東台路	安納金路
東平路	賈爾業愛路
東湖路	杜美路
東大名路	東百老匯路
東長治路	東熙華德路
東漢陽路	東漢璧禮路
東餘杭路	東有恆路
松江路	宋卑路
武夷路	惇信路
武定路	開納路(東段)
武康路	福開森路
武勝路	跑馬廳路
武進路	靶子路
河南南路	老北門街
河南中路	河南路
河南北路	北河南路
虎丘路	博物院路
金山路	禮查路
金門路	典當街
金華路	英華街
金陵東路	法大馬路
金陵中路	愷自邇路
金陵西路	福煦路(東段)
長治路	熙華德路
長陽路	華德路
長壽路	勞勃生路
長寧路	白利南路
長樂路	蒲石路
林森東路	寧波路
林森中路	霞飛路
林森西路	陸家路
林谷路	靈桂路
迪化南路	巨福路
迪化中路	麥琪路
迪化北路	地豐路
法華路	安和寺路
九劃	
南京東路	南京路
南京西路	靜安寺路
南昌路	陶爾斐司路
南昌路	環龍路
南翔路	南翔街
南匯路	大華路
南[illegible]路	亞田南路
哈爾濱路	湯恩路
哈密路	羅別根路
建平路	基昌路
建德路	樹本路
建國東路	康悌路
建國中路	薛華立路
建國西路	福履理路
柳林路	格洛克路
茂林路	瑪禮遜路
茂名南路	邁爾西愛路
茂名北路	慕爾鳴路
重慶南路	呂班路
重慶中路	白爾部路
重慶北路	重慶路
香山路	莫利愛路
思南路	馬斯南路
英士路	薩坡賽路
英士路	淡水路
十劃	
唐山路	塘山路
峨眉路	密勒路
庫倫路	歐嘉路
旅順路	亞德路
桃源路	愛來格路
浙江南路	新橋街
浙江中路	浙江路
浙江北路	北浙江路
泰安路	勞利育路
泰康路	賈西義路
泰興路	麥特赫斯脫路
海拉爾路	海勒路
海門路	茂海路
海南路	海能路
眞如路	閔行路
馬當路	白來尼蒙馬浪路
高安路	高恩路
高郵路	高逖愛路
高陽路	北豐路
高橋路	太古路
陝西南路	亞爾培路
陝西北路	西摩路
皐蘭路	高乃依路
十一劃	
商邱路	元芳路
崇德路	喇格納路
常德路	赫德路
常熟路	善鐘路
康平路	麥尼尼路
康定路	康腦脫路
康樂路	克能海路
望亭路	李梅路
梵皇渡路	極司非而路
淮安路	麥根路
淮陰路	麥克勞路
紫金路	紫來街
紹興路	愛麥虞限路
許昌路	華盛路
通北路	韜朋路
連雲路	呂宋路
盛澤路	磨坊街
十二劃	
富民路	古拔路
彭澤路	伯頓路
惠民路	倍開爾路
揚子江路	北揚子路
曹安路	維爾蒙路
湖南路	居爾典路
番禺路	哥倫比亞路
菜市路	麥克脫路
華山路	海格路
華亭路	麥陽路
貴陽路	桂陽路
進賢路	普恩濟世路
陽朔路	洋行街
隆昌路	格蘭路
雁蕩路	華龍路
雲南南路	八里橋路
雲南中路	雲南路(南段)
雲南北路	雲南路(北段)
順昌路	白爾路(北段)
順昌路	菜市路
黃河路	派克路
黃渡路	黃陸路
黃埭路	台灣路
黃陂南路	貝勒路
黃陂北路	馬霍路
復興東路	大碼頭街
復興東路	羅嘉路
復興東路	和平路
復興中路	辣斐德路
復興西路	白賽仲路
景星路	近勝路(北楚)
逸仙路	中山北路
開原路	開納路(西段)
十三劃	
塘沽路	文監師路
嵩山路	葛羅路
新化路	芻浦路
新昌路	梅白克路
新建路	新記浜路
新泰路	三泰路
新會路	馬白路
新鄉路	白保羅路
新樂路	亨利路
新橋路	新石橋路
新永安路	新永安街
會稽路	華成路(法界)
楓涇路	福建路(法界)
溧陽路	狄思威路
溪口路	朱葆三路
滇池路	仁記路
鉅鹿路	巨籟達路
靖江路	恩利和路
綏遠路	碑坊路
十四劃	
嘉魚路	魚行街
嘉善路	甘世東路
壽寧路	皮少耐路
寧海東路	寧興路
寧海西路	華格臬路
慈谿路	池浜路
漢陽路	漢璧禮路
福建南路	鄭家木橋街
福建中路	福建路
福建北路	北福建路
福祿路	福特街
銅仁路	哈同路
鳳陽路	白克路
榮昌路	戴勞耐路
十五劃	
廣元路	台司德郎路
廣州路	光州路
廣西南路	西自來火街
廣西北路	廣西路
廣德路	廣信路
十六劃	
興安路	麥賽爾蒂羅路
興國路	雷上達路
興業路	望志路
衡山路	貝當路
餘杭路	有恆路
餘姚路	星加坡路
餘慶路	愛棠路
鴨綠江路	鴨綠路
龍門路	麥高包祿路
龍潭路	舟山路
霍山路	滙山路
十七劃	
濟南路	平濟利路
臨清路	臨青路
臨潼路	麥克利克路
襄陽南路	拉都路
襄陽北路	勞爾東路
十八劃	
瀏河路	奥利和路
蟠龍路	阿而盤街
歸化路	東京路
十九劃	
懷德路	威妥瑪路
羅浮路	福生路
二十劃	
寶慶路	寶建路
醴陵路	源昌路
二十一劃	
蘭州路	蘭路

新舊路名對照表（二）由舊路名檢查新路名

筆劃	舊名	新名
二劃	八里橋路	雲南南路
三劃	三泰路	新泰路
	大西路	中正西路
	大國路	安康路
	大連灣路	大連路
	大華路	南匯路
	大碼頭街	復興東路
	小沙渡路	西康路
	小東門大街	方浜東路
	山西路	山西南路
	山東路（南段）	山東中路
	山東路（北段）	山東北路
四劃	仁記路	滇池路
	元芳路	商邱路
	天主堂街	四川南路
	太古路	高橋路
	戈登路	江寧路
	文極司脫路	文昌路
	文監師路	塘沽路
	比亞士路	西湖路
	方浜路	方浜中路
	中山路	中山西路
	中山路	中山北路
	中山北路	逸仙路
五劃	北河路	白河路
	北京路	北京東路
	北山西路	山西北路
	北四川路	四川北路
	北江西路	江西北路
	北西藏路	西藏北路
	北河南路	河南北路
	北浙江路	浙江北路
	北揚子路	揚子江路
	北福建路	福建北路
	卡德路	中正北二路
	古拔路	富民路
	古神父路	永福路
	台司德朗路	廣元路
	台拉斯脫路	太原路
	四川路	四川中路
	巨福路	迪化南路
	巨潑來斯路	安福路
	巨籟達路	鉅鹿路
	平望街	平望路
	平濟利路	濟南路
	永安街	永安路
	甘世東路	嘉善路
	白利南路	長寧路
	白利圖路	吳興路
	白克路	鳳陽路
	白來尼蒙馬浪路	馬當路
	白保羅路	新鄉路
	白爾路（南段）	自忠路
	白爾路（北段）	順昌路
	白爾部路	重慶中路
	白賽仲路	復興西路
	皮少耐路	嘉寧路
六劃	兆豐路	高陽路
	光州路	廣州路
	吉祥街	江西南路
	同孚路	中正北一路
	地豐路	迪化北路
	安和寺路	法華路
	安納金路	東台路
	有恆路	餘杭路
	朱葆三路	溪口路
	江西路	江西中路
	池浜路	慈谿路
	百老匯路	大名路
	老北門街	河南南路
	舟山路	龍潭路
	西自來火街	廣西南路
	西門路	自忠路
	西愛咸斯路	永嘉路
	西摩路	陝西北路
七劃	亨利路	新樂路
	伯頓路	澎澤路
	克能海路	康樂路
	吳淞江路	太倉路
	呂宋路	連雲路
	呂班路	重慶南路
	宋埠路	松江路
	成都路	成都北路
	李梅路	望亭路
	杜美路	東湖路
	杜神父路	永年路
	汶林路	宛平路
	狄思威路	溧陽路
	貝勒路	黃陂南路
	貝當路	衡山路
	貝禘鏖路	成都南路
	佑尼干路	仙霞路
八劃	亞爾培路	陝西南路
	亞田南路	南[illegible]路
	亞德路	旅順路
	京州路	周浦路
	典當街	金門路
	和平路	復興東路
	孟神父路	永善路
	孟德蘭路	江陰路
	居爾典路	湖南路
	拉都路	襄陽南路
	東自來火街	永壽路
	東京路	歸化路
	東有恆路	東餘杭路
	東百老匯路	東大名路
	東新嘉路	五台路
	東熙華德路	東長治路
	東漢璧禮路	東漢陽路
	河南路	河南中路
	法大馬路	金陵東路
	法華民國路	民國路
	法界外灘	中山東二路
	法磊斯路	伊犁路
	林肯路	天山路
	祁齊路	岳陽路
	近勝路（南段）	川沙路
	近勝路（北段）	景星路
	金神父路	中正南二路
	阿而盤弄	蟠龍路
	阿拉白司脫路	曲阜路
九劃	南京路	南京東路
	南翔街	南翔路
	哈同路	銅仁路
	姚主教路	天平路
	威妥瑪路	懷德路
	施高塔路	山陰路
	星嘉坡路	餘姚路
	洋行街	陽朔路
	派克弄	百官路
	派克路	黃河路
	界路	天目路
	英華街	金華路
	茂海路	海門路
	茄勒路	吉安路
	重慶路	重慶北路
十劃	倍開爾路	惠民路
	哥倫比亞路	番禺路
	恩利和路	靖江路
	格洛克路	柳林路
	格羅希路	延慶路
	格蘭路	隆昌路
	桂陽路	貴陽路
	浙江路	浙江中路
	海格路	華山路
	海能路	海南路
	海勒路	海拉爾路
	荔浦路	新化路
	馬白路	新會路
	馬崎路	句容路
	馬斯南路	思南路
	馬霍路	黃陂北路
	高乃依路	皐蘭路
	高恩路	高安路
	高逖愛路	高郵路
十一劃	國富門路	安亭路
	基昌路	建平路
	密勤路	峨眉路
	康悌路	建國東路
	康腦脫路	康定路
	康衛路	中山南路
	惇信路	武夷路
	敏體尼隆路	西藏南路
	斜橋路	吳江路
	望志路	興業路
	梅白克路	新昌路
	淡水路	英士路
	畢勛路	汾陽路
	紫來街	紫金路
	莫利愛路	香山路
	陶而斐司路	南昌路
	陸家路	林森西路
	魚行街	嘉魚路
	麥克勞路	淮陰路
	麥尼尼路	康平路
	麥克利克路	臨潼路
	麥克脫路	茶市路
	麥底安路	山東南路
	麥根路	淮安路
	麥特赫司脫路	泰興路
	麥高包祿路	龍門路
	麥琪路	迪化中路
	麥陽路	華亭路
	麥賽爾蒂羅路	興安路
	麥邊路	奉賢路
十二劃	勞合路	六合路
	勞利育路	泰安路
	勞勃生路	長壽路
	勞神父路	合肥路
	勞爾東路	襄陽北路
	博物院路	虎丘路
	善鐘路	常熟路
	喇格納路	崇德路
	斐倫路	九龍路
	普恩濟世路	進賢路
	湯恩路	哈爾濱路
	菜市路	順昌路
	華格臬路	寧海西路
	華記路	永定路
	華盛路	許昌路
	華成路（法界）	會稽路
	華德路	長陽路
	華龍路	雁蕩路
	跑馬廳路	武勝路
	開納路（東段）	武定路
	開納路（西段）	開原路
	閔行路	眞茹路
	雲南路（南段）	雲南中路
	雲南路（北段）	雲南北路
	黃浦灘路	中山東一路
	黃陸路	黃渡路
十三劃	匯山路	霍山路
	匯司林路	西[illegible]路
	塘山路	唐山路
	奧利和路	劉河路
	愛文義路	北京西路
	愛多亞路	中正東路
	愛而考克路	安國路
	愛而近路	安慶路
	愛來格路	桃源路
	愛麥虞限路	紹興路
	愛棠路	餘慶路
	愷自邇路	金陵中路
	新永安街	新永安路
	新記浜路	新建路
	新石橋路	衢橋路
	新橋街	浙江南路
	極司非而路	梵皇渡路
	源昌路	醴陵路
	熙華德路	長治路
	聖母院路	中正南一路
	葛羅路	嵩山路
	虞洽卿路	西藏中路
	賈西義路	泰康路
	賈爾業愛路	東平路
	雷上達路	興國路
	雷米路	永康路
	靶子路	武進路
	碑坊路	綏遠路
十四劃	寧波路	林森東路
	寧興路	寧海東路
	漢璧禮路	漢陽路
	瑪禮遜路	茂林路
	福生路	羅浮路
	福建路	福建中路
	福建路（法界）	楓涇路
	福開森路	武康路
	福煦路（東段）	金陵西路
	福煦路（西段）	中正中路
	福特弄	福祿路
	福履理路	建國西路
	維爾蒙路	晉安路
	臺灣路	黃陂路
	蒲石路	長樂路
	蒲柏路	太倉路
	趙主教路	五原路
	赫司克而路	中州路
	赫德路	常德路
	辣斐德路	復興中路
	齊物浦路	江浦路
	肇嘉路	復興東路
	裘馬路	中山南路
十五劃	廣西路	廣西北路
	廣信路	廣德路
	慕爾鳴路	茂名北路
	歐嘉路	車倫路
	潘興路	吳興路
	鄧脫路	丹徒路
	鄧脫弄	同德路
	鄭家木橋街	福建南路
十六劃	憶定盤路	江蘇路
	樹本路	建德路
	磨坊街	盛澤路
	興聖街	永興路
	靜安寺路	南京西路
	鴨綠路	鴨綠江路
	霍必蘭路	古北路
十七劃	環龍路	南昌路
	臨青路	臨清路
	薛華立路	建國中路
	薩坡賽路	英士路
	邁爾西愛路	茂名南路
	霞飛路	林森中路
	麋鹿路	方浜西路
十八劃	檳榔路	安遠路
	禮查路	金山路
	藍維靄路	西藏南路
	戴勞耐路	榮昌路
十九劃	羅別根路	哈密路
	韜朋路	通北路
二十劃	寶建路	寶慶路
	竇樂安路	多倫路
	競華路	人和路
二十一劃	蘭路	蘭州路
二十二劃	[illegible]桂路	林谷路

上海分
總圖
北
體育場
黃浦江
總圖圖例
鉄路
馬路
擬築馬路
河浜
橋樑
碼頭
分圖線
圖號
船塢
市鎮

總圖

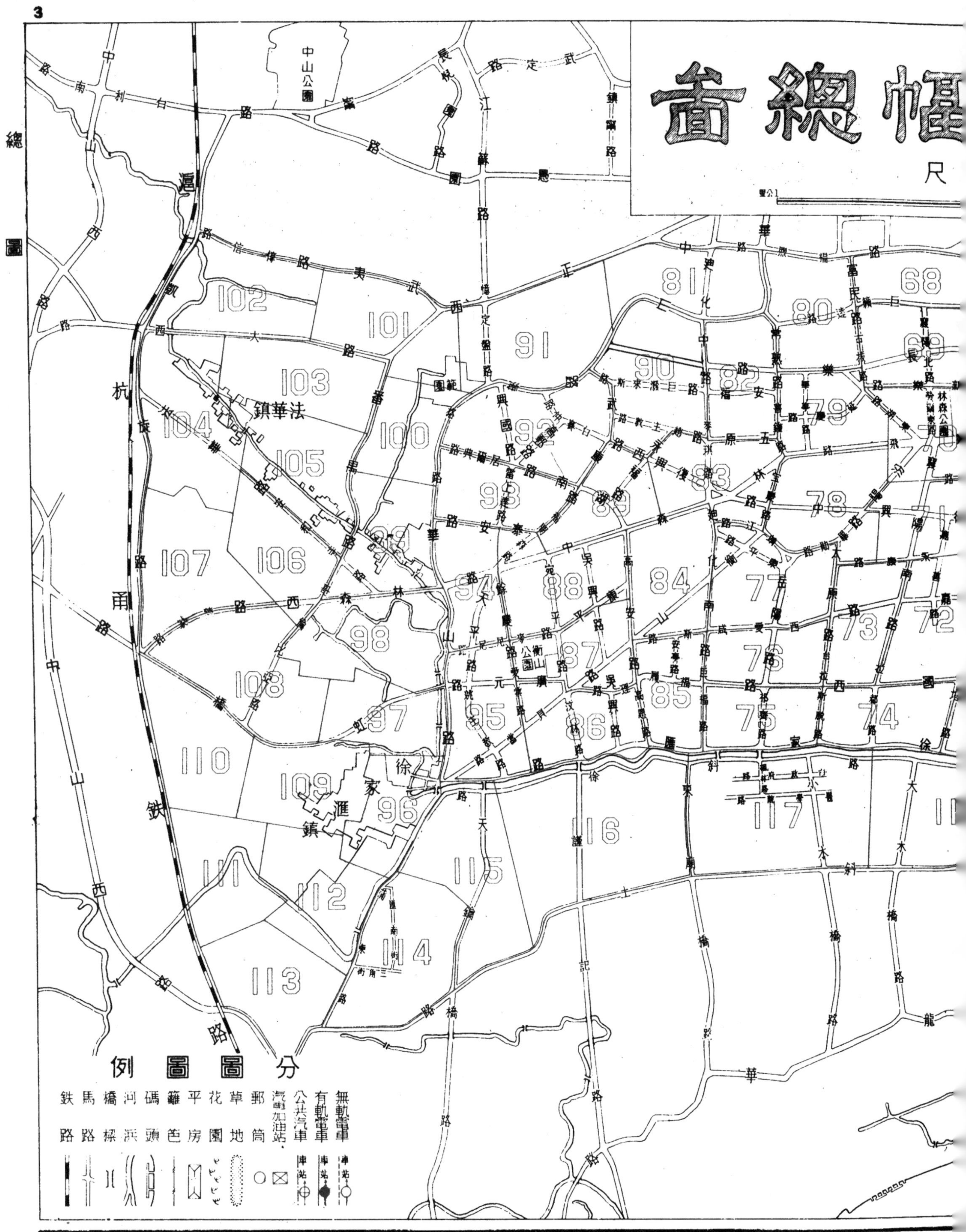

中國紡織建設公司

⊙上海⊙

業務綱要

第一門市部

銷售

百貨
布疋
呢絨

地址：南京西路九九三號

電話：三九六四三．六二四二三
三三八七一．三六三〇六

第二門市部

銷售

棉紗
布疋

地址：金陵東路五二五號

電話：八八八五八

電車行駛綫路說明表

類別	公司	路別	起訖地點	經行路線
有軌電車	英商電車公司	1	靜安寺—中正公園	南京西路常德路北京西路中正北二路南京西路南京東路中山東一路北蘇州路四川北路
有軌電車	英商電車公司	2	靜安寺—南京東路外灘	南京西路常德路北京西路中正北二路南京西路南京東路
有軌電車	英商電車公司	3	中正東路浙江中路口—山海關路	湖北路浙江中路芝罘路新閘路
有軌電車	英商電車公司	5	中正東路浙江中路口—北站	湖北路浙江中路浙江北路天目路
有軌電車	英商電車公司	7	十六鋪—提籃橋	中山東二路中山東一路長治路大名路東大名路
有軌電車	英商電車公司	8	廣東路外灘—楊樹浦路軍工路口	中山東一路長治路大名路東大名路楊樹浦路
有軌電車	英商電車公司	10	廣東路外灘—提籃橋	中山東一路長治路大名路東大名路
有軌電車	英商電車公司	11	廣東路外灘—中正公園	中山東一路北蘇州路四川北路
有軌電車	法商電車公司	1	十六鋪—武康路	中山東二路金陵東路龍門路林森中路
有軌電車	法商電車公司	2	十六鋪—徐家匯	中山東二路金陵東路龍門路林森中路天平路
有軌電車	法商電車公司	4	十六鋪—華山路常熟路口	中山東二路金陵東路龍門路林森中路常熟路
有軌電車	法商電車公司	10	十六鋪—徐家匯路重慶南路口	中山東二路金陵東路龍門路林森中路重慶南路
無軌電車	英商電車公司	14	中正東路福建中路口—北站	福建中路北京東路河南中路河南北路
無軌電車	英商電車公司	16	中正東路江西中路口—長壽路西康路口	江西中路北京東路北京西路中正北二路武定路泰興路康定路江寧路長壽路
無軌電車	英商電車公司	17	大世界—四川路橋	西藏中路福州路江西中路北京東路四川中路
無軌電車	英商電車公司	19	恒豐路橋—昆明路	中正北二路北京西路北京東路河南中路河南北路天潼路吳淞路漢陽路東漢陽路新建路唐山路
無軌電車	英商電車公司	20	中山公園—福州路外灘	愚園路梵皇渡路北京西路常德路新閘路陝西北路威海衛路武勝路西藏中路福州路江西中路漢口路
無軌電車	英商電車公司	24	中正中路陝西北路口—長壽路西康路口	陝西北路新閘路西康路
無軌電車	法商電車公司	17	大世界—打浦橋	西藏南路西門路順昌路建國東路建國中路中正南二路
無軌電車	法商電車公司	18	大世界—斜橋	西藏南路西門路順昌路徐家匯路
無軌電車	法商電車公司	24	西門—中正中路陝西南路口	復興中路陝西南路

附註：已經停駛各線路暫未繪入前頁圖與編列本表之內

公共汽車行駛綫路說明表

公司	路別	起訖地點	經行路線
法商電車公司	20	中山南路東門路口—斜橋	東門路民國路方斜路
法商電車公司	21	中正東路外灘—大木橋	中正東路中正中路中正南一路中正南二路
法商電車公司	23	斜橋—徐家匯	沿徐家匯路行駛
公用交通公司	1	環城圓路	中華路民國路
公用交通公司	2	西門—虬江路	民國路四川河南（南中北）路武進路寶山路
公用交通公司	2甲	西門—中正公園	（暫停駛）
公用交通公司	2乙	西門—中山北路	民國路四川河南（南中北）路武進路寶山路西寶興路
公用交通公司	3	北京東路外灘—番禺路	中山東一路中正東路中正中路華山路南京西路中正西路
公用交通公司	3甲	中正西路番禺路口—凱旋路	番禺路法華路
公用交通公司	4	北京東路外灘—蘭州路	中山東一路長治路東長治路長陽路
公用交通公司	5	徐家匯—曹家渡	華山路梵皇渡路
公用交通公司	6	西門—曹家渡	民國路雲南南路林森東路西藏南路西藏中路武勝路威海衛路中正北一路南京西路江寧路康定路
公用交通公司	7	中正東路外灘—中正公園	（暫停駛）
公用交通公司	9	南京東路外灘—楓林橋	南京東路南京西路中正北一路中正中路華山路迪化中路（安福路武康路復興西路）迪化南路徐家匯路
公用交通公司	10	南京東路外灘—中山公園	南京東路南京西路華山路愚園路長寧路
公用交通公司	10甲	中山公園—大夏大學	長寧路中山西路中山北路
公用交通公司	11	中正東路外灘—臨青路	中山東一路長治路天潼路吳淞路漢陽路東漢陽路唐山路大連路平涼路
公用交通公司	11甲	臨青路—滬江大學	臨青路軍工路
公用交通公司	12	提籃橋—新閘橋	海門路東長治路公平路唐山路高陽路周家嘴路鴨綠江路海寧路河南北路天目路浙江北路新疆路大統路
公用交通公司	13	南碼頭—北站	外馬路國貨路車站路陸家浜路肇周路西藏（南中北）路新閘路海寧路浙江北路天目路
公用交通公司	14	北京東路外灘—宜昌路西康路口	北京東路北京西路中正北二路新閘路江寧路宜昌路
公用交通公司	15	北站—徐家匯	天目路浙江北路浙江中路北京東路北京西路梵皇渡路華山路常熟路寶慶路衡山路
公用交通公司	20	中山南路東門路口—斜橋	東門路民國路方斜路

附註：右列各線路除暫停者外均為現在行駛者並繪入前頁圖內

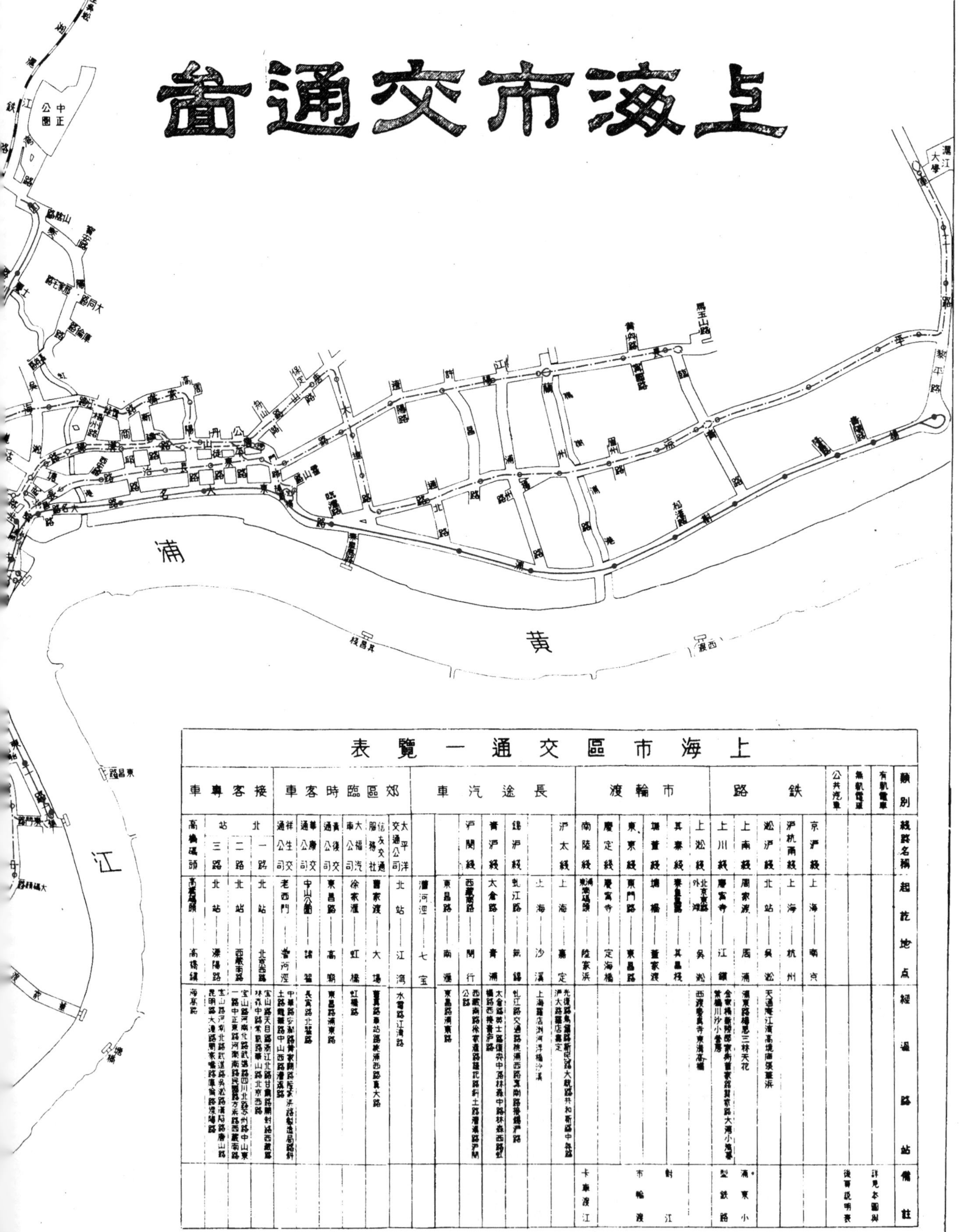

上海市區交通一覽表

類別		線路名稱	起訖地点	經過路站	備註
有軌電車					詳見本圖與後面說明表
無軌電車					詳見本圖與後面說明表
公共汽車					詳見本圖與後面說明表
鐵路		京滬線	上海——南京		
		滬杭甬線	上海——杭州		
		淞滬線	北站——吳淞	天通庵江灣高境廟張華浜	
		上南線	周家渡——周浦	浦東路楊思三林天花	浦東小型鐵路
		上川線	慶寧寺——江鎮	金家橋新陸邵家街曹家路賀家路大灣小灣暮紫橋川沙小營房	浦東小型鐵路
市輪渡		上淞線	北京東路外灘——吳淞	西渡慶寧寺東溝高橋	
		其秦線	秦皇島路——其昌棧		對江市輪渡
		塘董線	塘橋——董家渡		對江市輪渡
		東東線	東門路——東昌路		對江市輪渡
		慶定線	慶寧寺——定海橋		
		南陸線	浦東南碼頭——陸家浜		卡車渡江
長途汽車		滬太線	上海——嘉定	光復路烏鎮路新民路大統路共和新路中興路滬太路羅店嘉定	
			上海——沙溪	上海羅店瀏河浮橋沙溪	
		錫滬線	虬江路——無錫	虬江路交通路桃浦西路真南路接錫滬路	
		青滬線	太倉路——青浦	太倉路英士路復興中路林森中路林森西路虹橋路西接青滬路	
		滬閔線	西藏南路——閔行	西藏南路徐家匯路肇嘉路斜土路漕溪路滬閔公路	
			東昌路——南匯	東昌路浦東路	
			漕河涇——七宝		
郊區臨時客車		太平洋交通公司	北站——江灣	水電路江灣路	
		信友交通服務社	曹家渡——大場	曹真路車站路桃浦西路真大路	
		大福汽車公司	徐家匯——虹橋	虹橋路	
		青復交通公司	東昌路——高橋	東昌路浦東路	
		華康交通公司	中山公園——諸翟	長寧路北翟路	
		祥生交通公司	老西門——漕河涇	中華路安瀾路黃家闕路陸家浜路製造局路斜土路龍華路中山西路漕溪路	
接客專車	北站	一路	北站——北京西路	寶山路天目路浙江北路甘肅路開封路西藏路林森中路常熟路華山路北京西路	
		二路	北站——西藏南路	寶山路河南北路武進路四川北路蘇州路中山東一路中正東路河南南路民國路方浜路西藏南路	
		三路	北站——溧陽路	寶山路河南北路武進路吳淞路漢陽路唐山路昆明路大連路周家嘴路惠倫路溧陽路	
	高橋碼頭		高橋碼頭——高橋鎮	海高路	

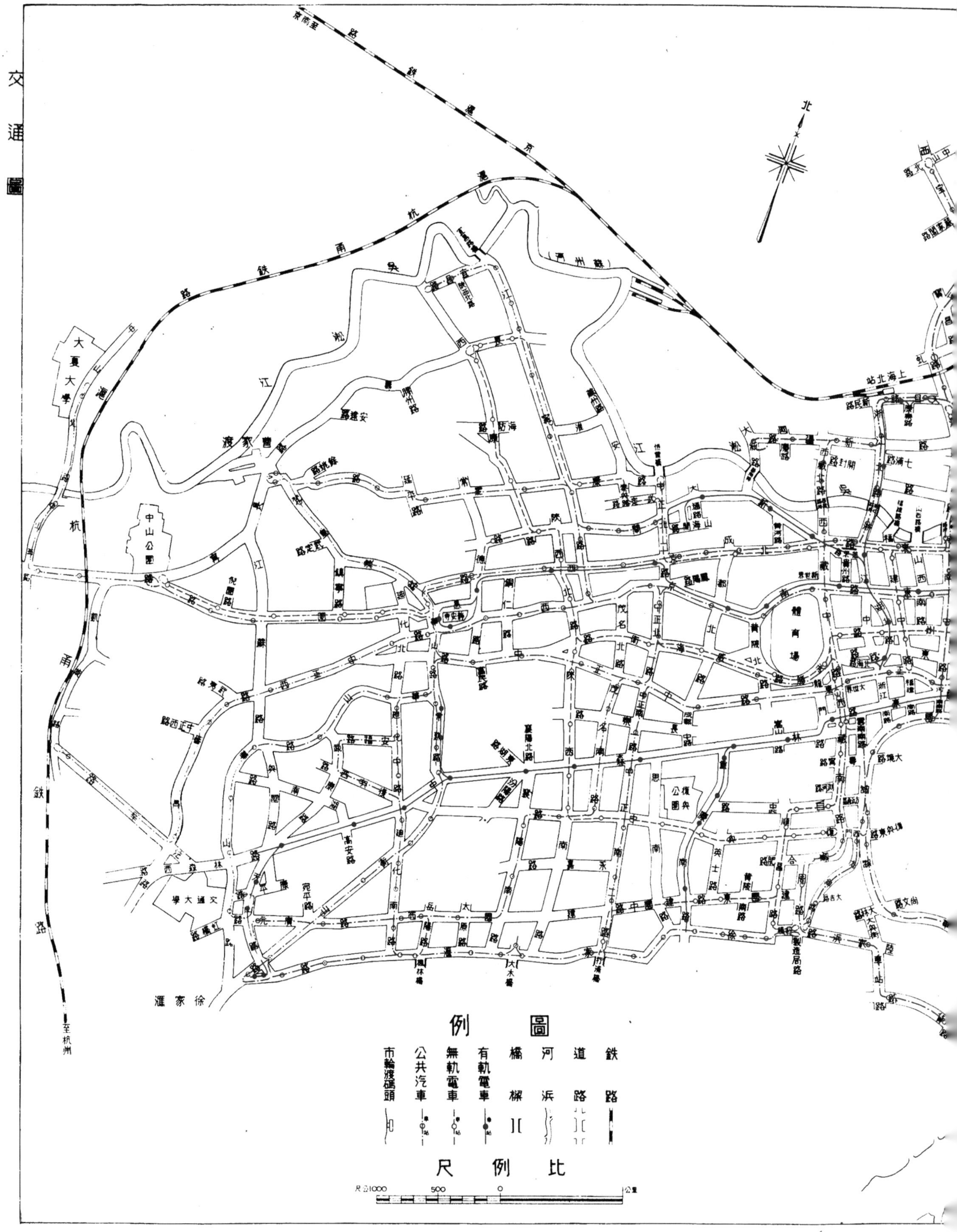

京滬鉄路
滬杭甬鉄路
上海北站
大夏大學
中山公園
曹家渡
吳淞江
體育場
復興公園
交通大學
徐家滙
至杭州
圖例
鉄路
道路
河浜
橋梁
有軌電車
無軌電車
公共汽車
市輪渡碼頭
比例尺
1000公尺
500
0
1公里

交通圖

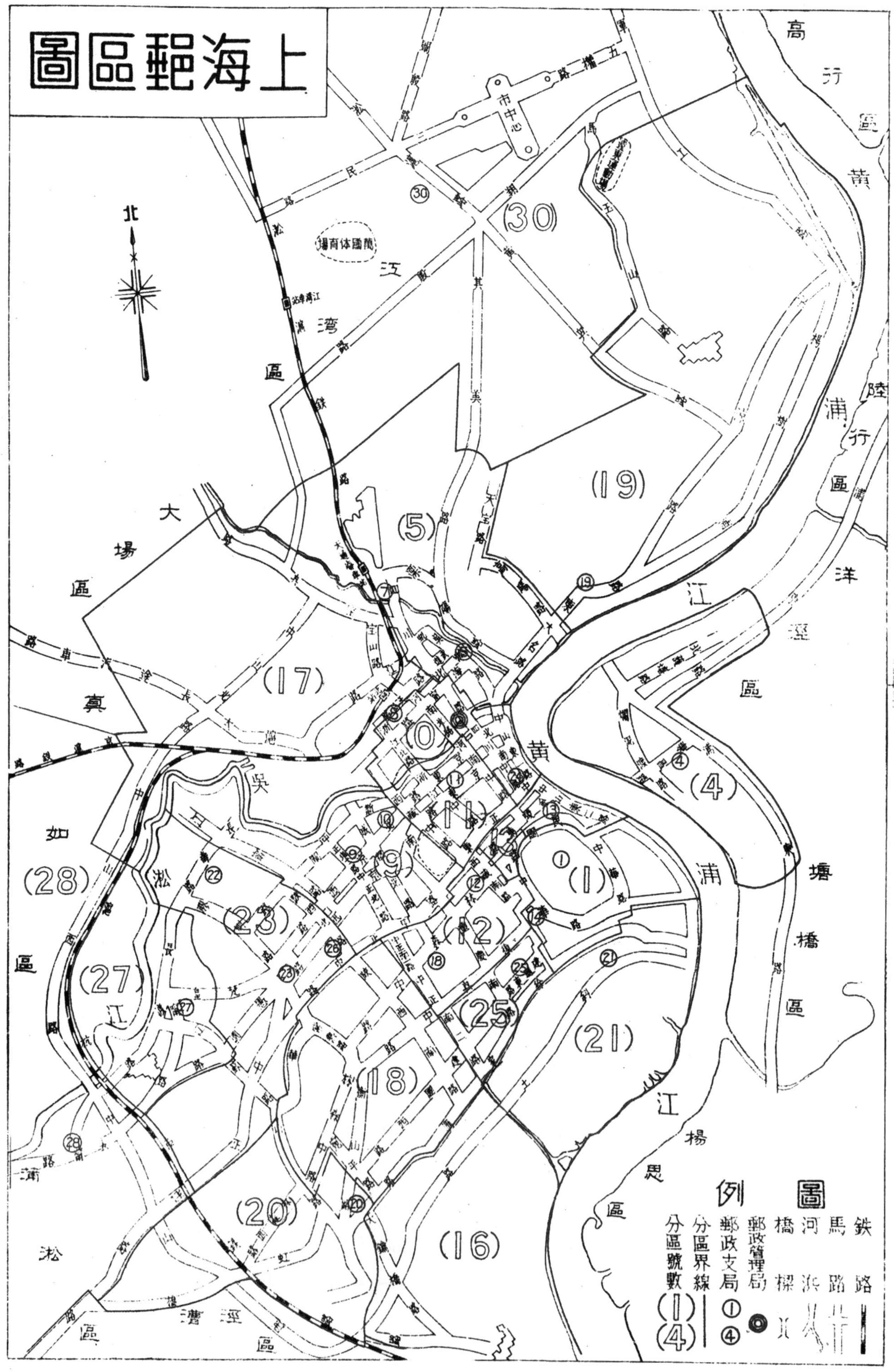
上海郵區圖
北
圖例
鉄路
馬路
河浜
橋樑
郵政管理局
郵政支局
分區界線
分區號數
市中心
江湾体育場
大場區
真如區
江湾區
高行區
陸行區
洋涇區
塘橋區
楊思區
漕涇區
黄浦江
吳淞江

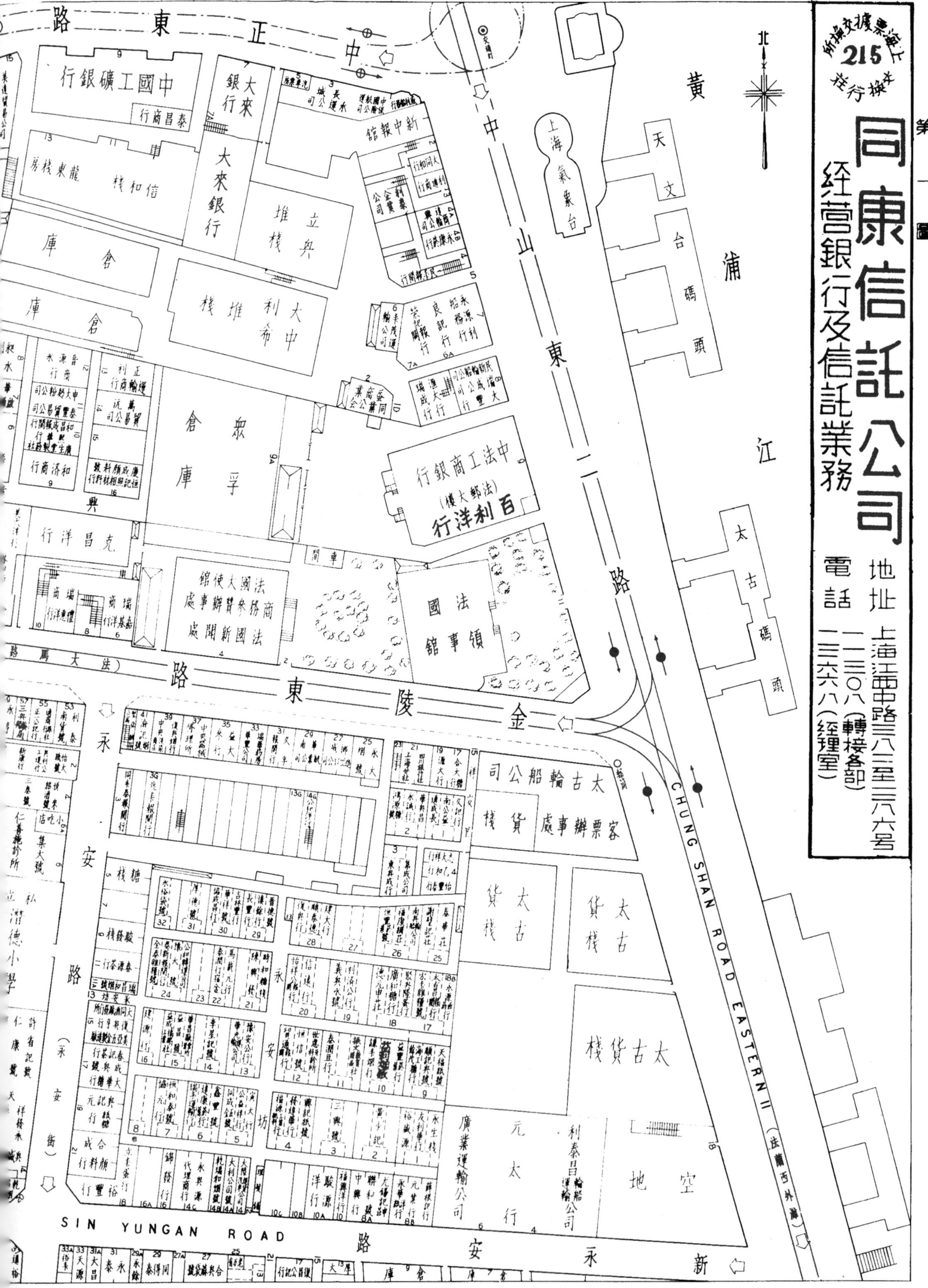

第一圖
上海票據交換所
215
交換行莊
同康信託公司
經營銀行及信託業務
地址 上海江西中路三八二至三八六号
電話 一一三〇八(轉接各部) 一三六八(經理室)
中正東路
中山東二路
金陵東路
法大馬路
永安路
(永安街)
新永安路
SIN YUNGAN ROAD
CHUNG SHAN ROAD EASTERN II
黄浦江
天文台
台碼頭
太古碼頭
上海氣象台
中國工礦銀行
泰昌商行
大來銀行
信和棧
龍東棧房
倉庫
立興堆棧
大中利希堆棧
新中報館
中法工商銀行
(法郵大樓)
百利洋行
衆孚倉庫
克昌洋行
法國大使館商務參贊辦事處
法國新聞處
法國領事館
太古輪船公司
客票辦事處
貨棧
太古貨棧
空地
利泰昌輪船運輸公司
元太行
廣業運輸公司
私立潛德小學
仁善施診所

第一圖

中正東路
CHUNG-CHENG ROAD EASTERN
金陵東路
KINLING ROAD EASTERN
江西南路
KIANGSE ROAD SOUTHERN
四川南路
S-Z-E-C-H-U-E-N R-O-A-D S-O-U-T-H-E-R-N
(天主堂街)
溪口路
(朱葆三路)
永興路
(興聖街)
民國路
(吉祥街)
CFC BUILDING
FRISCO
天主堂
類思小學
神父宿舍
校舍
堆棧
瑞豐轉運公司
亞細亞油站
聖母院
拯亡會
上海洋涇浜
明女子中學
安建洋行
荷國
郵局
比例尺
10 0 10 20 30 40公尺

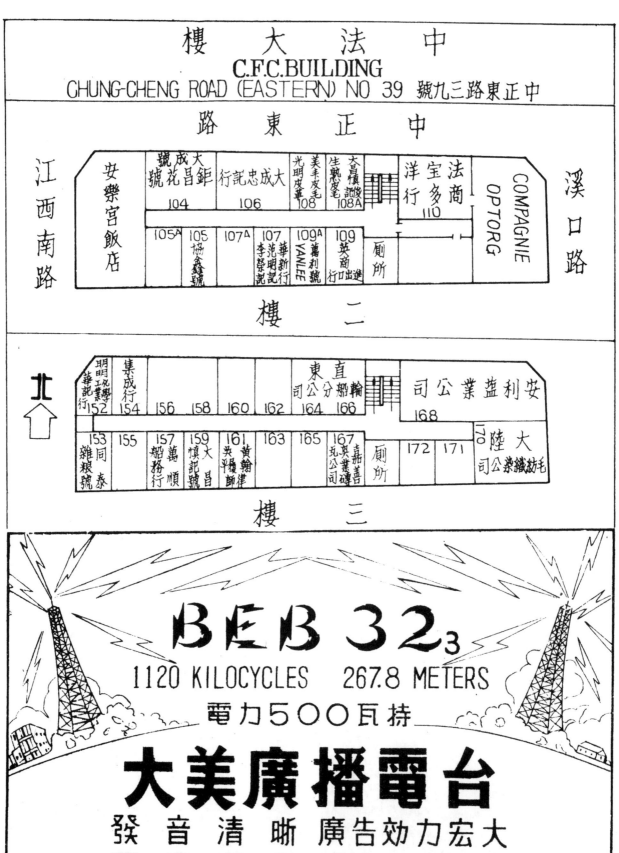

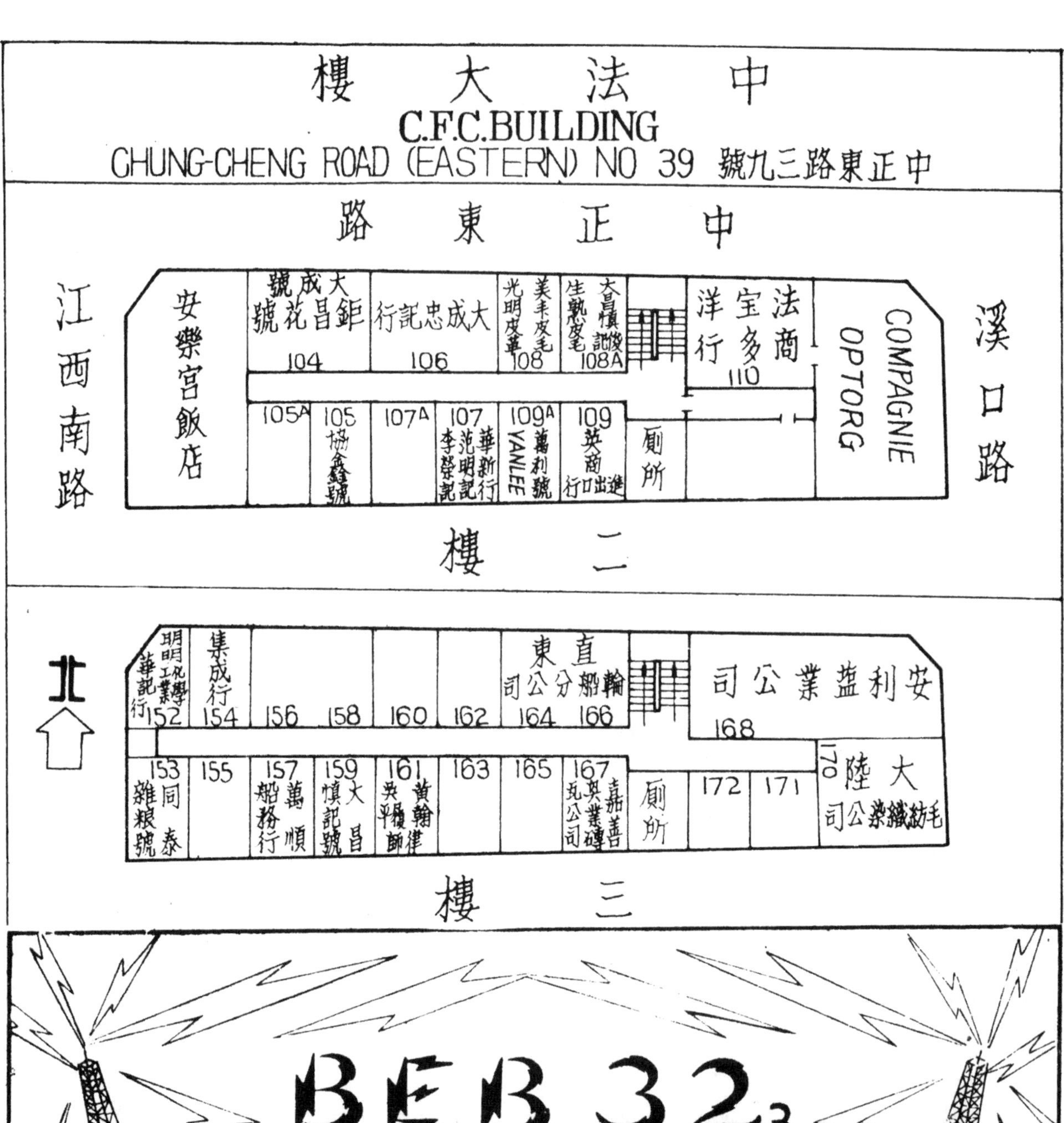
中法大樓
C.F.C.BUILDING
CHUNG-CHENG ROAD (EASTERN) NO 39 中正東路三九號
中正東路
江西南路
溪口路
安樂宮飯店
104
大成忠記行
106
美丰皮毛
光明皮革
108
108A
法商
多宝
洋行
110
COMPAGNIE OPTORG
105A
105
協鑫號
107A
107
華新行
范明記
李發記
109A
萬利號
VANLEE
109
英商進出口行
厠所
二樓
北
152
154
集成行
156
158
160
162
直東
輪船分公司
164
166
安利盐業公司
168
153
同泰
雜粮號
155
157
萬順
船務行
159
大昌
慎記號
161
163
165
167
厠所
172
171
170
大陸
毛紡織染公司
三樓

上海大中央製帽廠
出品
註册
商標
博士牌
呢帽
帽胎
自織
自染
自造
天華
針織机器廠
第二圖
培豐股份有限公司
經營進口出口
投資生產事業
地址 中正東路一七四號四樓
電話 一六九一〇……三線
B.F.
中正東路
EASTERN
(安多亞路)
河南中路
河南南路
HONAN ROAD SOUTHERN
(老北門街)
金陵東路
(法大馬路)
紫金路
TZEKAM ROAD
(紫來街)
江西南路
KIANGSE ROAD SOUTHERN
(吉祥街)
民國路
上海市華商紗布交易所
浦東銀行
中滙銀行
長城銀行
廣新商業銀行
聚康銀行
立德行
鴻運樓菜館
亞洲飯店
玉泉浴室
北恒茂貨棧
大中華橡膠廠
比例尺

第二圖
中正東路
CHUNG CHENG R
福建南路
寧海東路
山東南路
金陵東路
KINLING ROAD EAST
民國路
FOKIEN ROAD SOUTHERN
SHENGTSEH ROAD
SHANTUNG ROAD SOUTHERN
上海市警察局
黃浦分局
春茂錢莊
BEST QUALITY
SMART Shirt
新光標準內衣染織整理廠股份有限公司
總管理處：重慶南路廿七號 電話：八二二六七 八四四五二
廠址：唐山路二二六號 電話：五〇七六七・五二〇三八
南京路樣子間：南京東路七三號 電話：九六三四三
STANDARD SHIRT

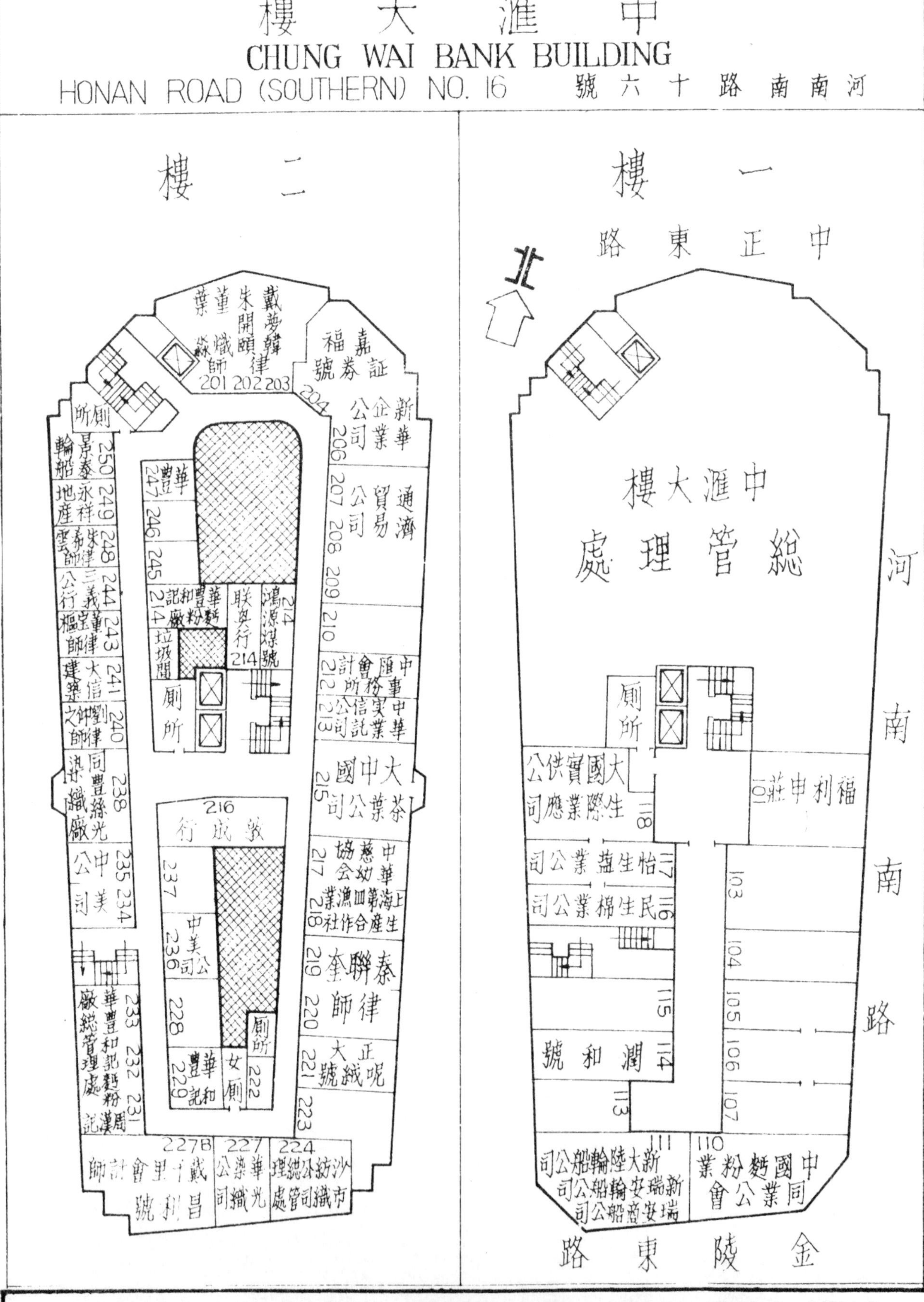

中滙大樓
CHUNG WAI BANK BUILDING
HONAN ROAD (SOUTHERN) NO. 16
河南南路十六號
二樓
一樓
中正東路
北
戴夢韓律師 201
朱開頤
董織
葉淼
202 203
嘉福證券號 204
新華企業公司 206
通濟貿易公司 207 208
209 210
中匯會計事務所 212
中華實業信託公司 213
大中華茶葉公司 215
中華慈幼協會 217
上海第四漁業生產合作社 218
泰聯律師 219 220
正大呢絨號 221
222 223
沙市紡織總管理處 224
華光染織公司 227
戴子里會計師 昌利號 227B
華豐和記麵粉廠 214
鴻源煤號 214
联奥行 214
垃圾間
廁所
華豐 247 246 245
敦成行 216
237
中美公司 236
228
華豐和記 229
女廁
廁所
景泰輪船 250
永祥地產 249
朱雲鈞律師 248
三義公行 244
華寶樞律師 243
大信建築 241
劉鈞之律師 240
同豐絲光染織廠 238
中美公司 235 234
華豐和記麵粉總管理處 周漢記 233 232 231
中滙大樓總管理處
大生國際實業供應公司 118
福利申莊 102
怡生鹽業公司 117
民生棉業公司 116
115
潤和號 114
113
103 104 105 106 107
新大陸輪船公司 瑞安輪船公司 新瑞安商船公司 111
中國麵粉同業公會 110
金陵東路
河南南路

上海市銀行商業同業公會會員銀行

浦東銀行

創設於民國十七年

經營商業銀行一切業務兼營儲蓄倉庫業務

以服務社會為宗旨★使顧客滿意為原則

總行：上海中正東路二八四號

電話：一七四二七

上海市銀行公會會員銀行

廣東銀行有限公司

民國元年設立

資本：港幣七，七六一，七二〇元

公積金：港幣三，〇〇〇，〇〇〇元

宗旨：協助國內工商展拓國外貿易

營業：存放款項國內外匯兌及押匯買賣有價證券及其他銀行業務

總行：香港

分行：上海、漢口、廣州、台山、汕頭、澳門、暹羅、舊金山

上海分行：甯波路五十二號 電話一六二八四—六 電報掛號三六〇〇

林森路支行：林森中路四百二十七號 電話八四一七三

中匯銀行

經營商業銀行一切業務

兼辦儲蓄信託

總行 上海中正東路一四三號

上海分行 上海天津路五〇號

南京分行 南京中山東路二四號

電話

八〇一六〇

一一三八八

二二八〇二

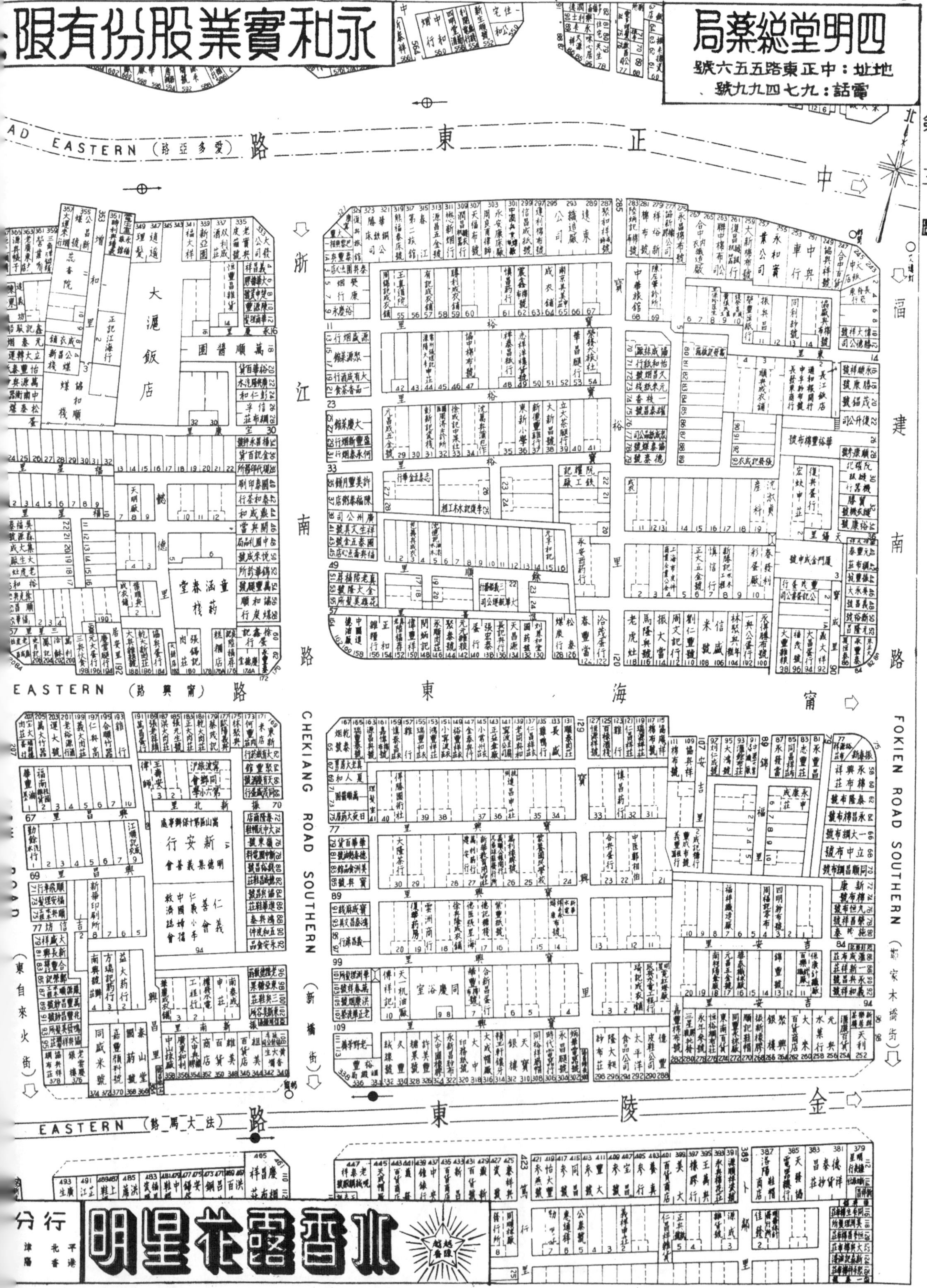

永和實業股份有限
四明堂総藥局
地址：中正東路五五六號
電話：九七四九九號
第三圖
北
AD EASTERN (愛多亞路) 路
中 正 東 路
浙江南路
CHEKIANG ROAD SOUTHERN
(新橋街)
福建南路
FOKIEN ROAD SOUTHERN
(鄭家木橋街)
EASTERN (寧興路) 路
寧 海 東 路
EASTERN (法大馬路) 路
金 陵 東 路
(東自來火街)
大滬飯店
萬順醬園
新安行
明星花露香水
分行
平 北 津
港 香 陽

第三圖

上海嘉豐顏料靛青號
地址：金陵東路三七〇號
電話：八四四〇六號
電報掛號：五三七〇號
地址・上海中正東路二五五號
電話・八八三九・八二五八八
中 正 東 路
CHUNG CHE
西藏南路
SITZANG ROAD SOUTHERN
大世界
共舞台
電影場
中國通商銀行
大京劇場
老協大祥綢布莊
群芳會
大原劇場
三和樓菜館
東南大旅社
雲南南路
YUNNAN ROAD SOUTHERN
廣西南路
KWANGSE ROAD SOUTHERN
寧海東路
NINGHAI R
基督教青年會
上海電話公司
金城銀行
汽車間
金陵東路
KINLING
比例尺
復華大藥房
上海金陵東路三百卅九號
電話 八一四三八 八五八八五
電報掛號 553121
成藥原料 批發零售
歡迎電詢 報價正確

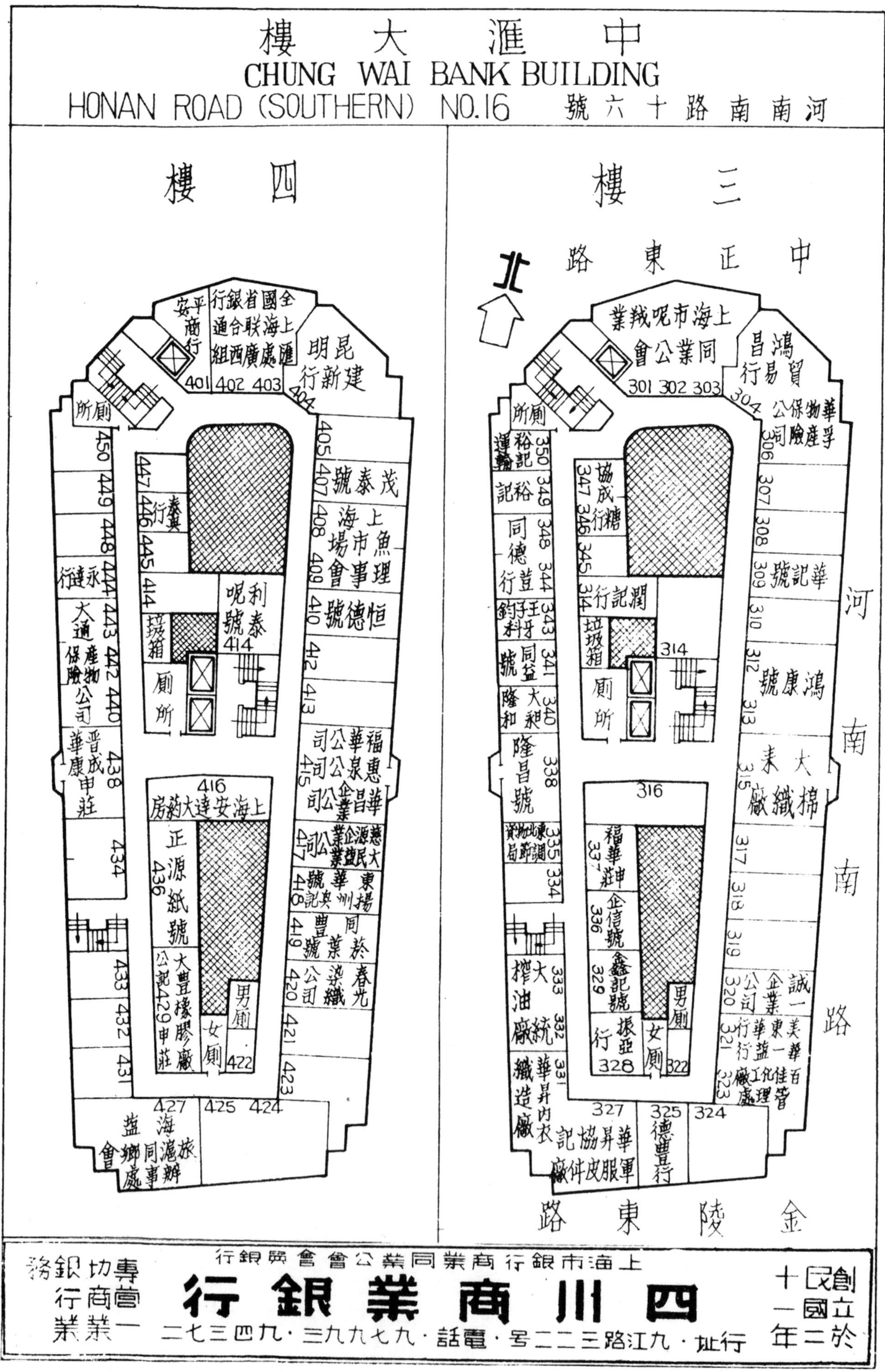

中滙大樓
CHUNG WAI BANK BUILDING
HONAN ROAD (SOUTHERN) NO.16 河南南路十六號
四樓
三樓
中正東路
北
河南南路
金陵東路
平安商行 401
全國省銀行通訊處 402
上海聯合廣西組 403
昆明新建行 404
茂泰號 405 407
上海魚市場理事會 408 409
恒德號 410
412 413
福惠華泉公司 華公司 415
華昌企業公司
慈源大企業公司 民盛企業公司 417
東揚華興洲記號 418
同豐蔡葉號 419
春光染織公司 420
421 423 422
男廁 女廁
利泰呢號 414
垃圾箱 廁所
上海安達大藥房 416
正源紙號 436
大豐橡膠廠 公記 429 申莊
427 425 424
上海旅滬同鄉辦事處 鹽會
431 432 433 434
晉成申莊 華康 438
大通保險公司 產物 440 442 443
永達行 444 448 449 450
泰興行 445 446 447
廁所
上海市呢絨業同業公會 301 302 303
鴻昌貿易行 304
華孚產物保險公司 306
307 308
華記號 309
310
鴻康號 312 313
大來棉織廠 315
316
317 318 319
誠一企業公司 320
美華東一華盛行 百佳管理處 化工廠 321
323 322 324
德豐行 325
華昇服軍協記皮件廠 327
振亞行 328
鑫記號 329
華昇內衣織造廠 331
大統榨油廠 332 333
企信號 336
福華申莊 337
資源調節局 335 334
隆昌號 338
大昶隆和 340
同益號 341
王子釣料 343
同德行 348 344
裕記 349
裕記運輸 350
協成糖行 347 346 345
潤記行 314
垃圾箱 廁所 314
上海市銀行商業同業公會會員銀行
四川商業銀行
專營一切商業銀行業務
創立於民國二十一年
行址·九江路三二二号·電話·九九七九三·九四三七二

第八圖
中正東路
(愛多亞路)
龍門路
西門路
(華格臬路)
西海
西藏南路
永善路
(孟神父路)
八仙橋小菜場
金陵中路
(恺自邇路)
LUNGMEN ROAD
(麥高包祿路)
柳林路
(格洛克路)
林森中路
(霞飛路)
(敏體尼蔭路)
SITZANG ROAD SOUTHERN
南京大戲院
NANKING THEATRE
南京大旅社
新華公司
香樂書店
黃金大戲院
黃公館
西湖浴室
郵政局
三和樓
上海商業儲蓄銀行
金城銀行
中國銀行
寶大祥綢布莊
老協大祥綢布莊
恒茂中小學
新鼎染織廠
大世界
北

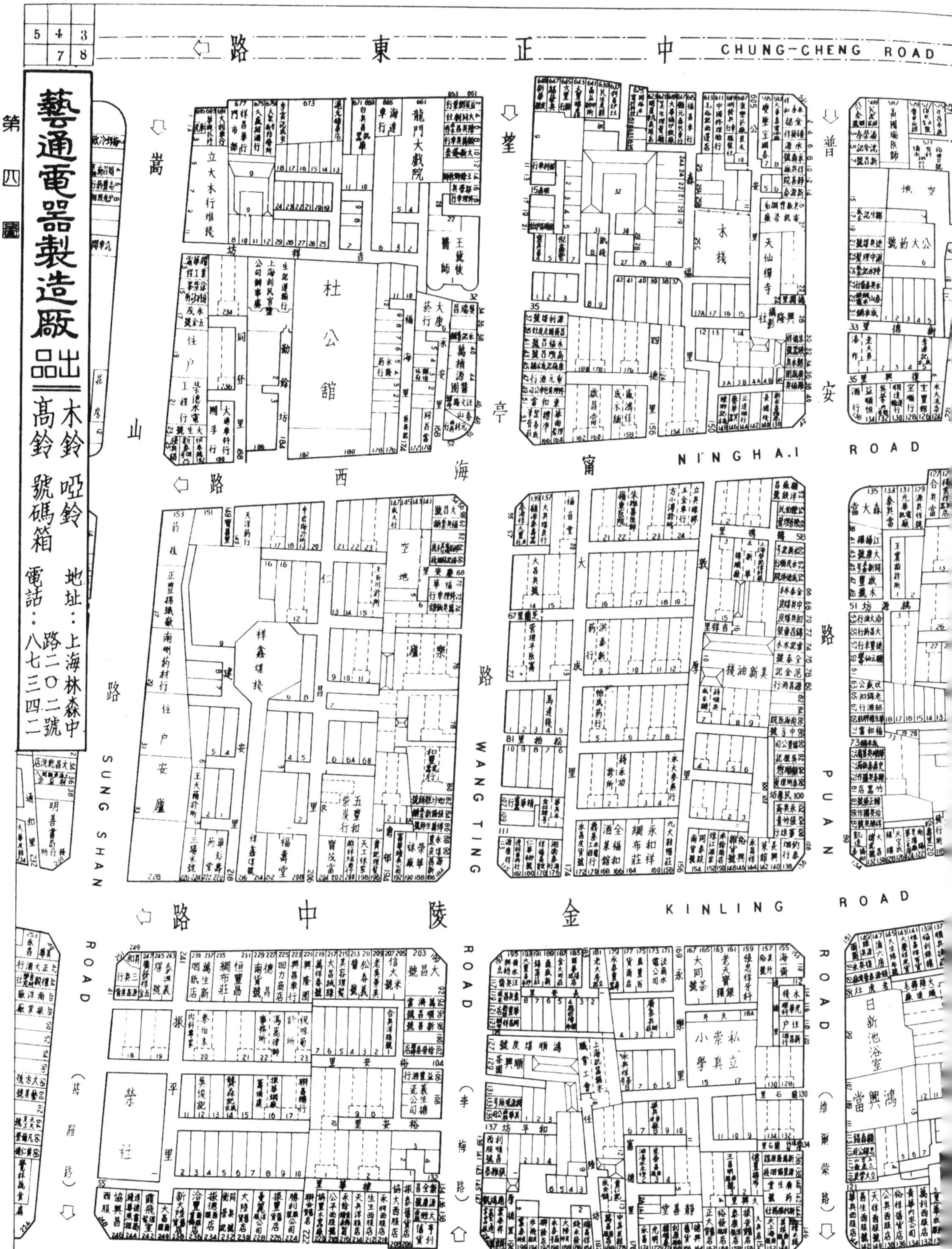

	5	4	3
		7	8

第四圖

中正東路 CHUNG-CHENG ROAD

嵩山路 SUNG SHAN ROAD

望亭路 WANG TING ROAD

普安路 PUAN ROAD

寧海西路 NINGHAI ROAD

龍門大戲院

杜公館

大木行堆棧

天仙禪寺

木棧

公大藥號

空地

祥鑫煤棧

樂廬

住户安廬

美新油棧

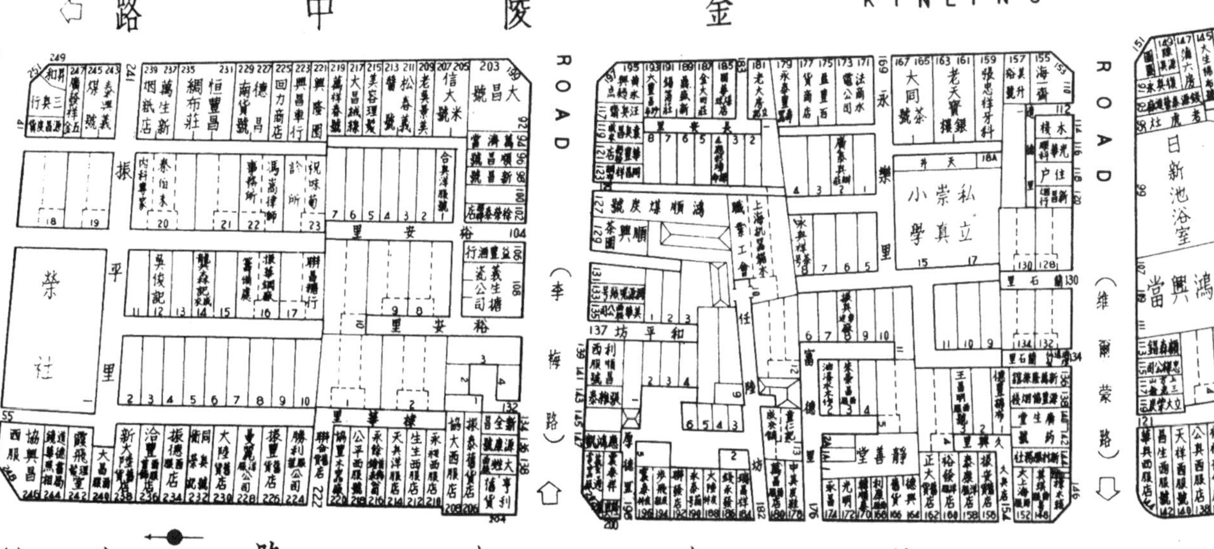

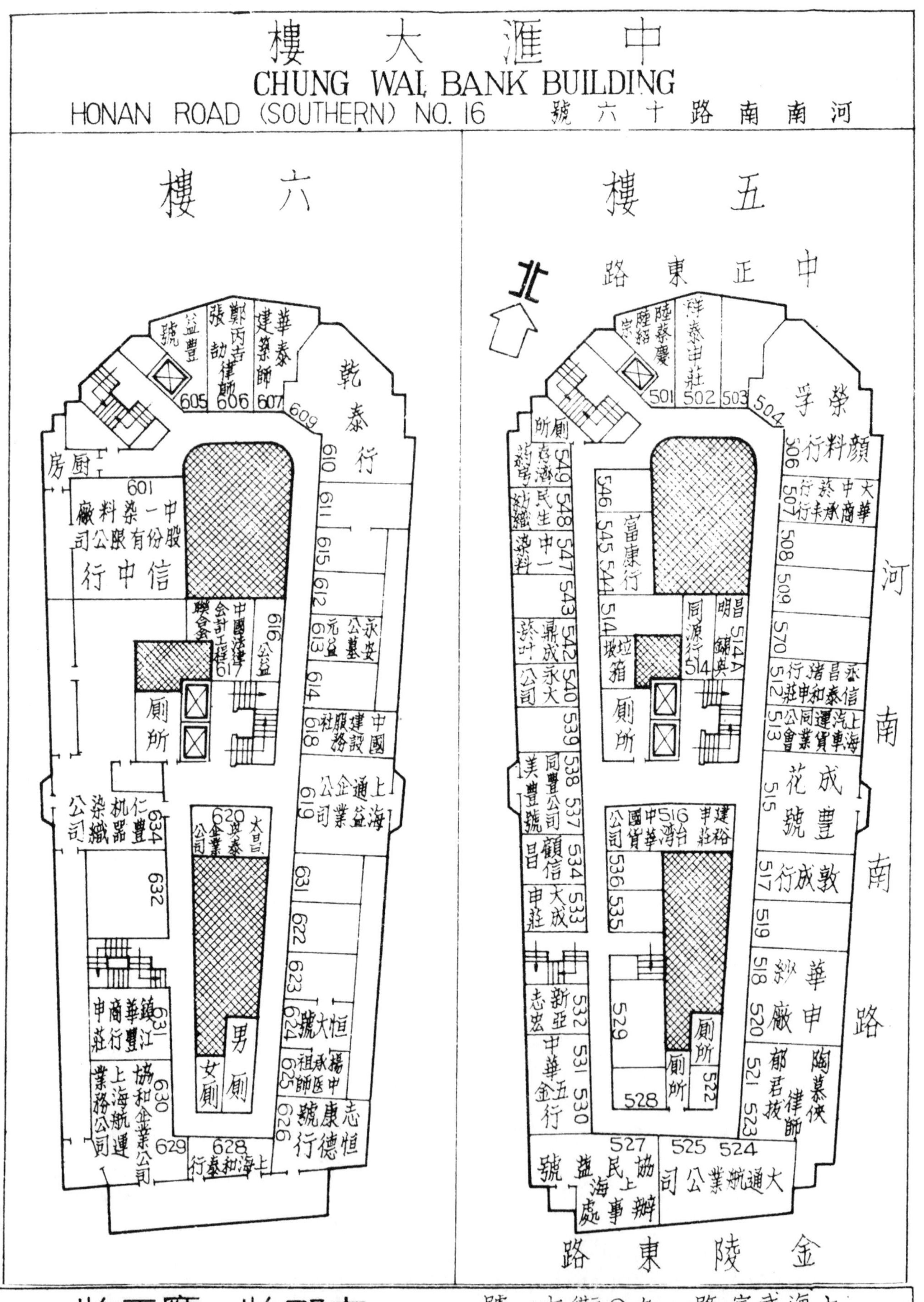
中滙大樓
CHUNG WAI BANK BUILDING
HONAN ROAD (SOUTHERN) NO. 16
河南路十六號
六樓
五樓
北
中正東路
河南南路
金陵東路
益豐號 605
鄭丙吉律師 606
華泰建築師 607
乾泰行 609
610
611
615
612
永安公墓 元益 613
614
中國建設服務社 618
上海通益企業公司 619
廚房
601
中一染料廠股份有限公司
信中行
中國法律會計工程聯合會 617
616 公益
廁所
仁豐機器染織公司 634
632
大昌興泰企業公司 620
631
622
623
鎮江華豐商行申莊
恒大號 624
楊中承祖醫師 625
協和企業公司 上海航運業務公司 630
志康號 恒德行 626
男廁
女廁
629
628 上海和泰行
陸蔡慶 501
祥泰申莊 502
503
榮孚 504
顏料行 506
大華中商 507
508
509
570
512
上海汽車運貨同業公會 513
成豐花號 515
敦成行 517
519
華申紗廠 518 520
陶慕俠 郁君拔律師 521 523
廁所 522
528
529
中華五金行 530 531
新亞志宏 532
大成申莊 533
顧信昌 534
535 536
建裕申莊 中華台灣國貨公司 516
同豐公司 美豐號 537 538
539
永大公司 540
鼎成 542
543
中一染料 547
民生紡織 548
549
廁所
富康行 546 545 544
垃圾箱 514
同源行 514
昌明 514A
協民益號 上海辦事處 527
大通航業公司 525 524

永利銀行

上海市銀行商業同業公會會員

服務社會　扶助生產

經營一切商業銀行業務

定期存款：存期隨訂　利息優厚

活期存款：袖珍支票　收付簡便

匯兌：取費低廉　交款迅速

總行漢口前花樓口

上海分行天津路三〇號　電話一八四三二轉各部　電報掛號九一二七

上海市銀行商業同業公會會員

永泰商業銀行

以服務社會為宗旨

經營商業銀行業務

通匯地點

南昌　廣州　漢口　南京

鎮江　揚州　六合　蚌埠

南通　無錫　常州　杭州

九江　蘇州

行址：上海四川中路五〇一號

電話：一三五二八　一八二二三

電報掛號：〇九七二

辦理銀行一切業務

手續簡便　服務週到

中庸商業銀行

地址　寧波路二〇四號

電話　經理室　九五一八六

營業室　九六七二九

第五圖
STERN (愛多亞路) 路 東 正 中
嵩山路
連雲路
黃陂南路
HWANGPI ROAD SOUTHERN
寧海西路
(華格臬路)
(呂宋路)
NG ROAD WESTERN
金陵中路
SUNGSHAN ROAD
(葛羅路)
馬當路
(白來尼蒙馬浪路)
(貝勒路)
林森中路
(霞飛路)
滬光大戲院
ASTOR THEATRE
大華舞廳
AMBASSADOR
百花商場
華隆中醫院
維納斯咖啡舞廳
西揚初級中學
金城銀行
覺林蔬食處
廣新商業銀行
地址：中正東路一〇七號
電話：八八三五八

第五圖

55 5 4
6 7
中正東路
CHUNG-CHENG RO
重慶北路
CHUNGKING ROAD NORTHERN
英士路
西門
重慶中路
CHUNGKING ROAD CENTRAL
金陵路
YING SZE ROAD
長樂路
林森中路
LING-SEN ROAD CENT
比例尺
10 5 0 10 20 30 40公尺
正德藥廠
尚賢夜校
運動場
正行女子中學
福禪寺
上海市成衣業同業公會
關帝廟
申江印刷所
洋醫院
張慶記水木油漆工程行
鐵廬
高生職業助學校
法大汽車行
林園飯店
泰東聖經學院
萬紅時裝公司
蘭心時裝公司
大地興業公司
尚賢婦孺醫院
金陵汽車行
大慶號
一大煤號
茂源當
江東小學

方西馬大樓

FONCIM BUILDING

CHUNG-CHENG ROAD (EASTERN) NO. 9 中正東路九號

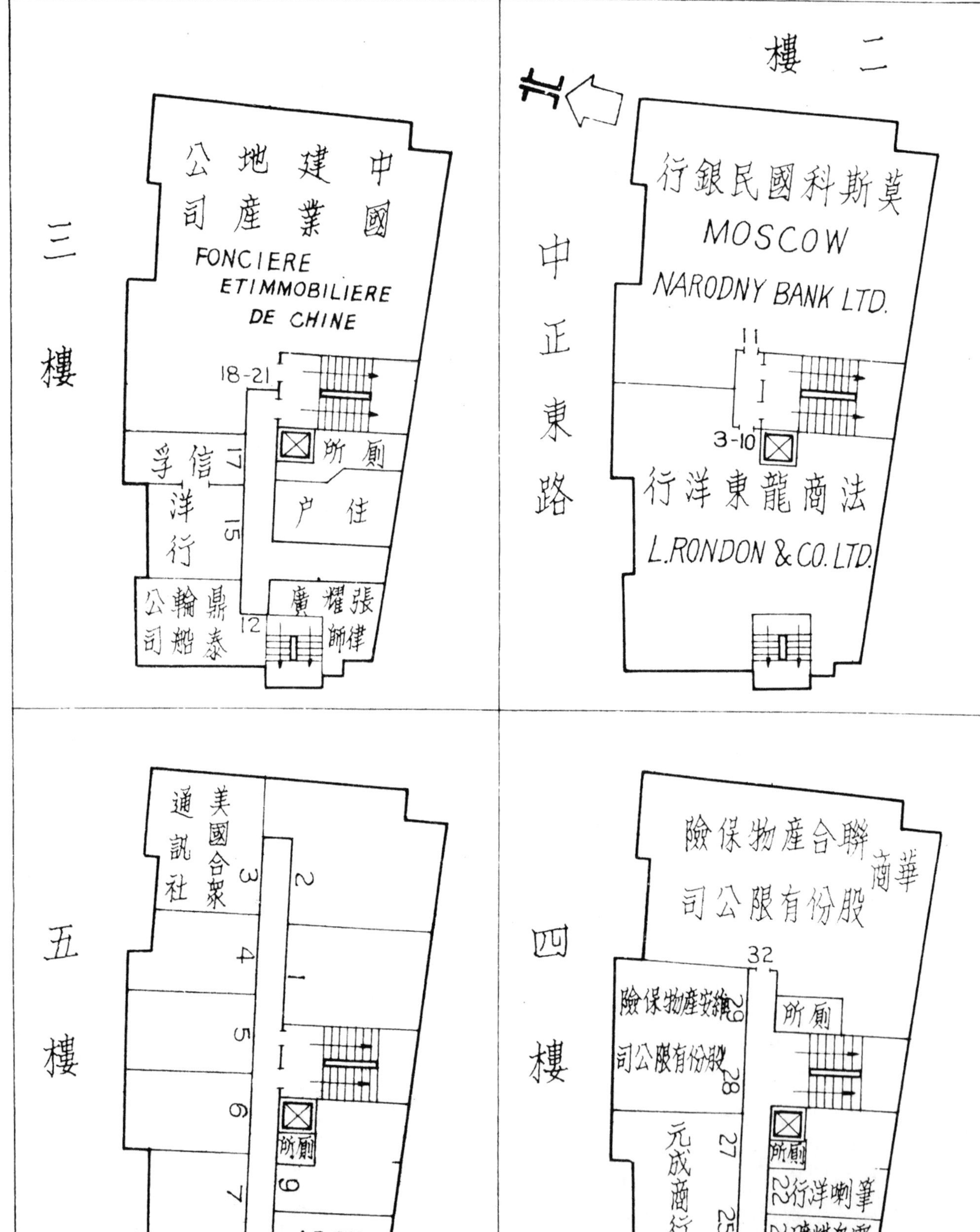

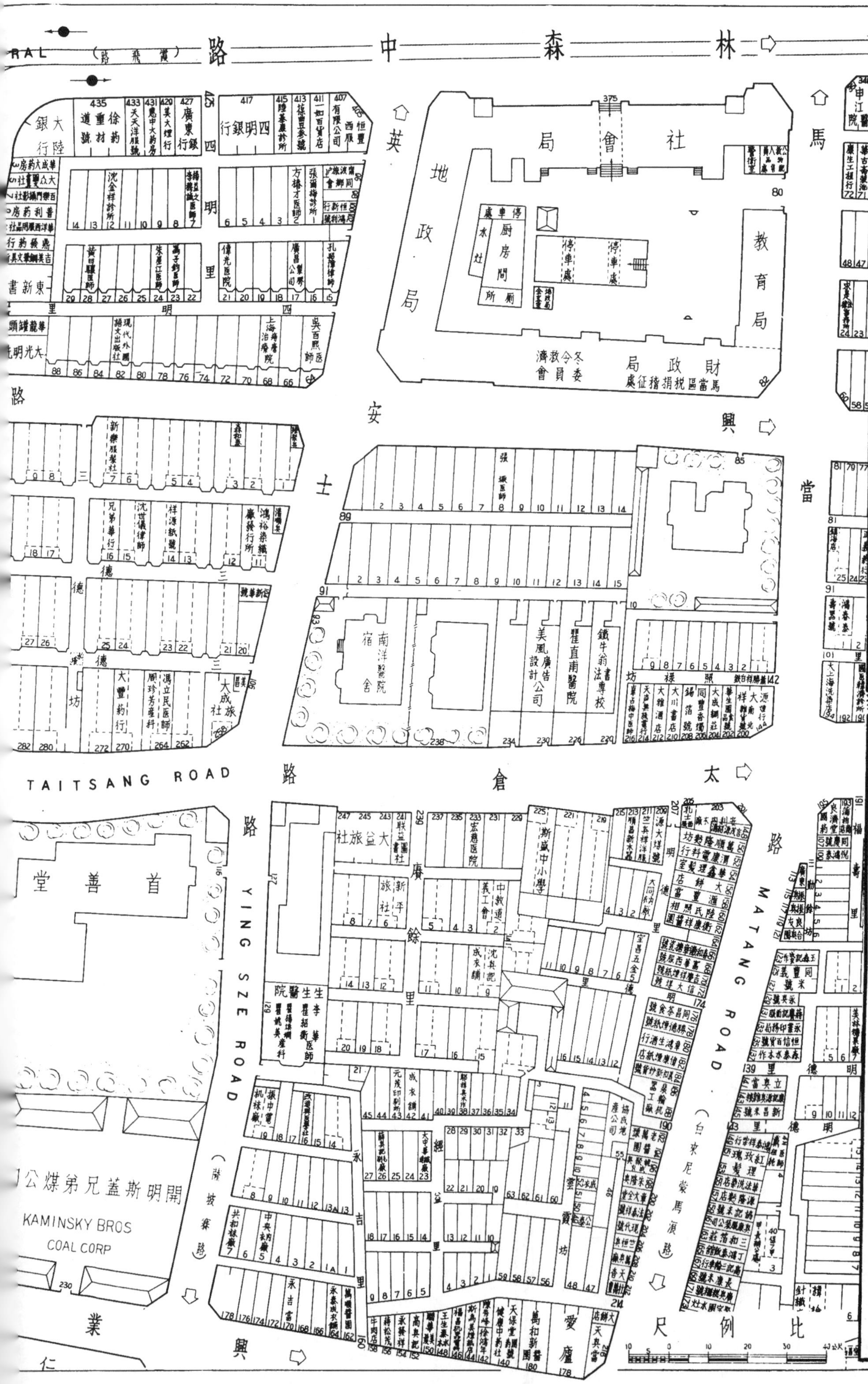

第六圖

大來商業儲蓄銀行

林森中路
(霞飛路)
RAL
四明里
四明銀行
廣東銀行
大陸銀行
東新書
英士路
地政局
社會局
教育局
財政局
馬當區捐稅征稽處
冬令救濟委員會
廚房間
停車處
馬當路
安興
當
士
南洋醫院宿舍
美風廣告設計公司
瞿直甫醫院
鐵牛翁法書專校
大成旅社
大豐藥行
TAITSANG ROAD
太倉路
首善堂
大益旅社
斯盛中小學
生生醫院
中教道義工會
YING SZE ROAD
英士路
(薩坡賽路)
MATANG ROAD
馬當路
(白來尼蒙馬浪路)
開明斯蓋兄弟煤公司
KAMINSKY BROS
COAL CORP
興業路
仁
雲霞坊
愛廬
比例尺

第六圖

林森中路
LING-SEN ROAD
北
HINGAN ROAD
雁蕩路
YENTANG ROAD
重慶南路
CHUNG KING ROAD SOUTHERN
四明銀行
商務印書館
華龍小學
公寓
普濟醫院
群愛女子中學
務本小學
上海市工務局
上海市政府印刷廠
六合化學藥品工業原料行
雲林書畫社
馬利工藝社
濟堂

上海市政府大廈

193 HAN KOW ROAD 漢口路一九三號

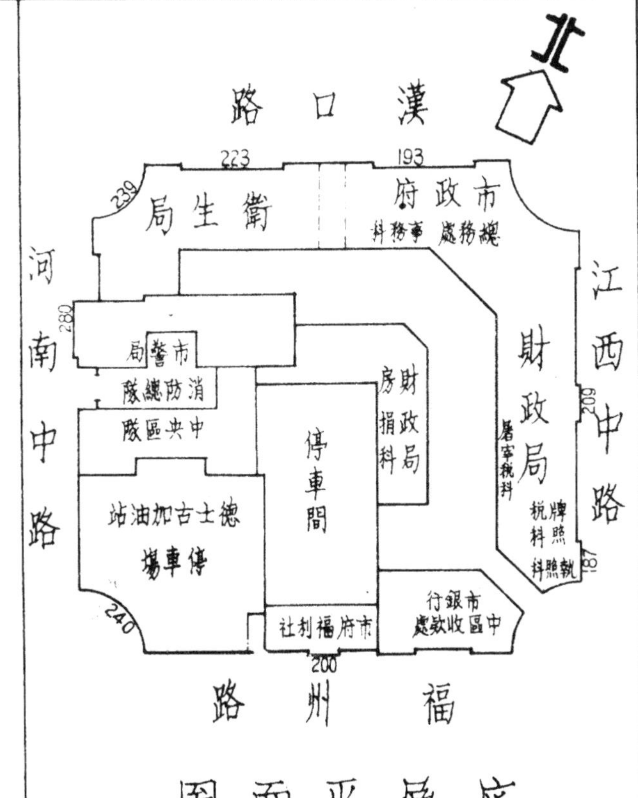

底層平面圖

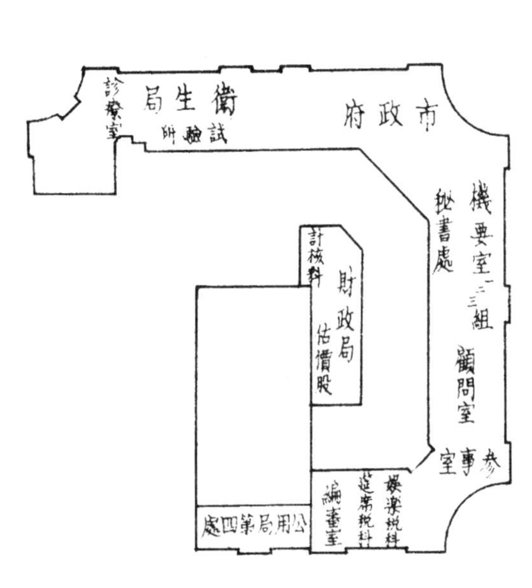

一層平面圖

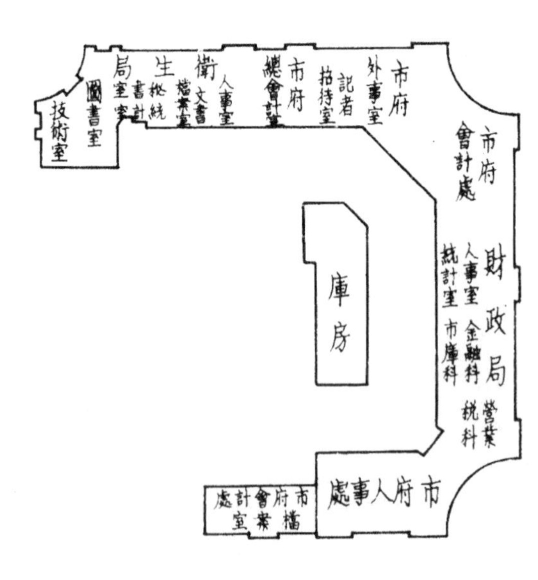

二層平面圖

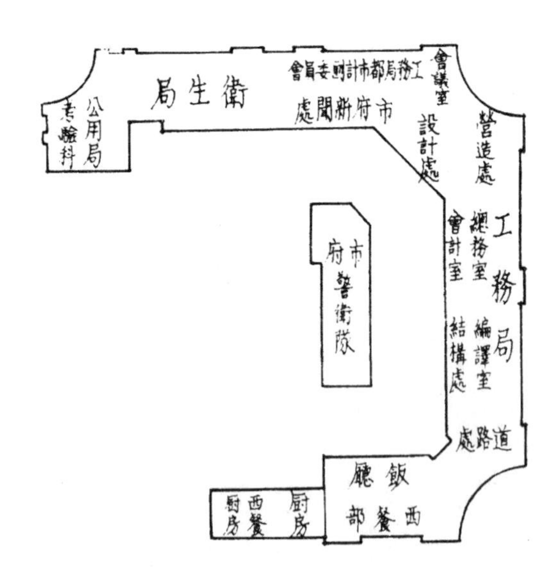

三層平面圖

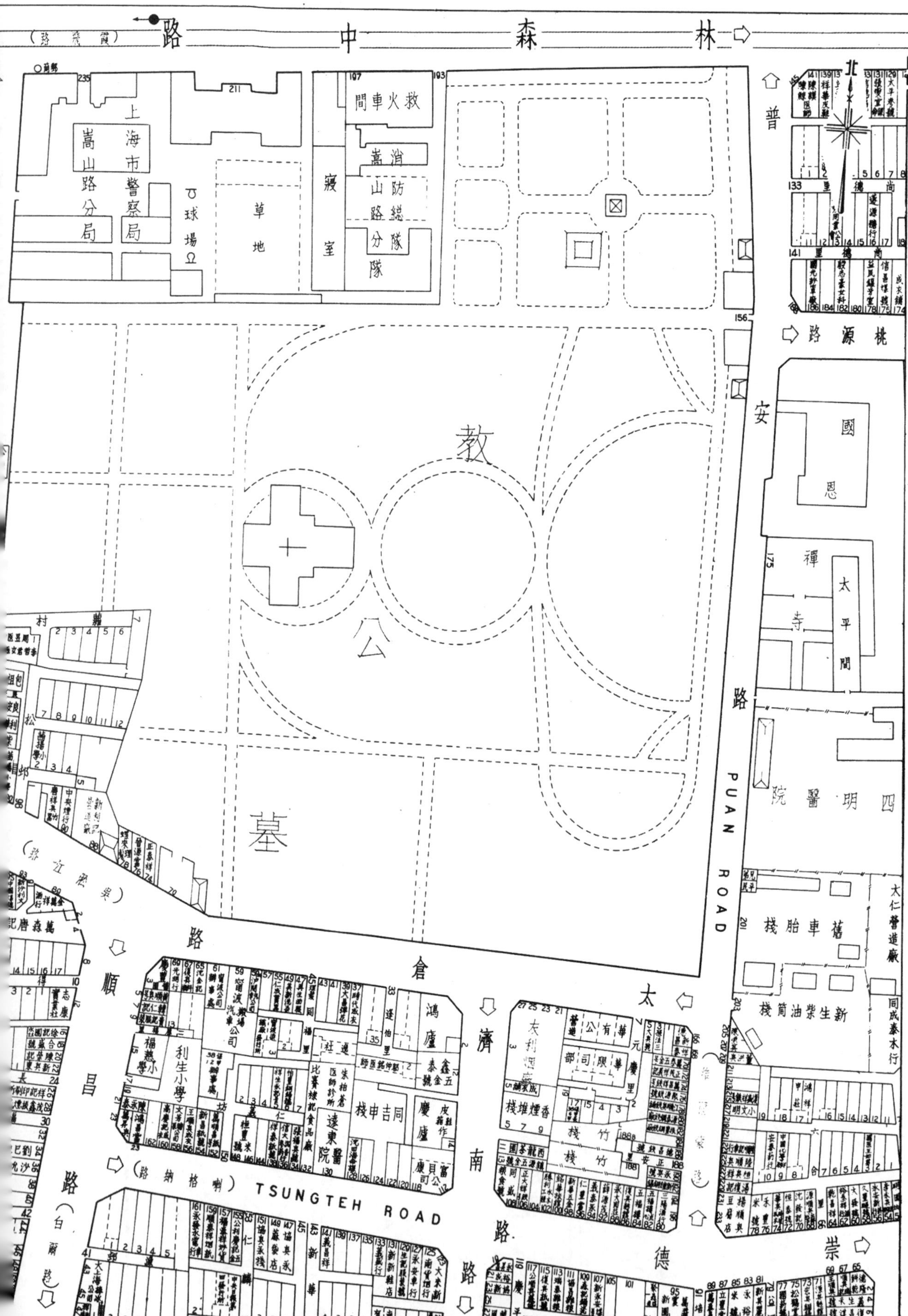

第七圖

林森中路（霞飛路）
上海市警察局嵩山路分局
球場
草地
救火車間
寢室
消防總隊嵩山路分隊
教
公
墓
普安路
PUAN ROAD
桃源路
國恩
禪寺
太平間
四明醫院
舊車胎棧
新生紫油筒棧
大仁營造廠
同成泰木行
太倉路
濟南路
順昌路
（白爾路）
崇德路（喇格納路）
TSUNGTEH ROAD
利生小學
福惠小學
遠東醫院
同吉申棧
鴻慶廬
香煙堆棧
竹棧

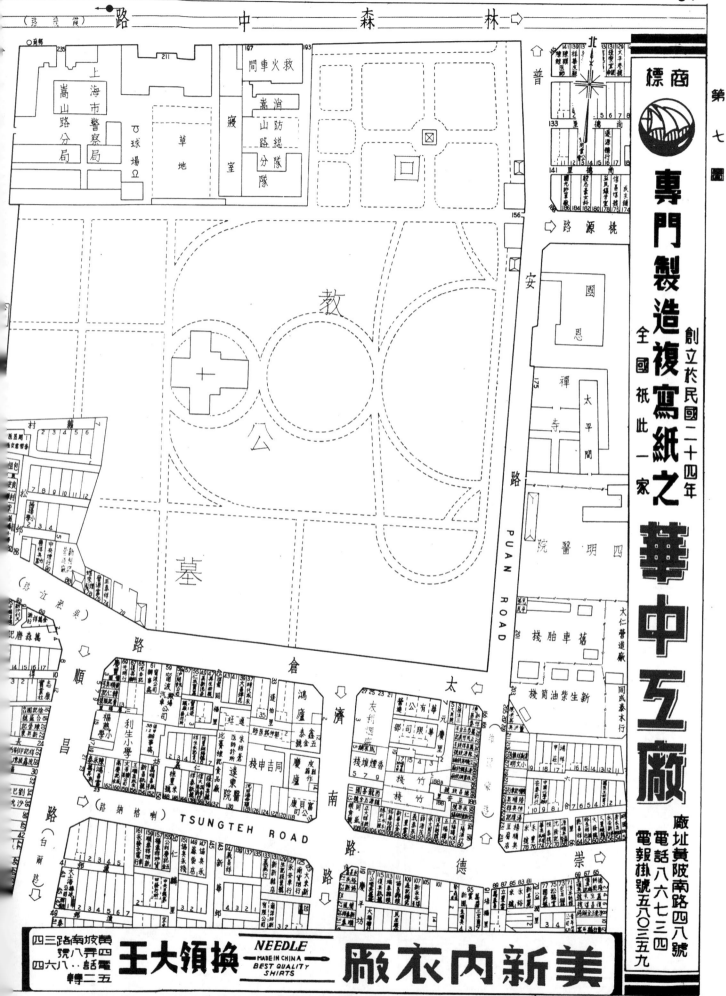

5 4
6 7 8
47 46 39
林森中路
LING-SEN ROAD
第七圖
安利內衣製造廠出品
HIGH QUALITY
BEST
Shirt
脫司辦
上海
安利內衣製造廠出品
上海大倉路二〇一號
電話：八五五八一號
社會局
教育局
財政局
馬當區稅捐稽征處
HINGAN ROAD
興安路
黃陂南路
太倉路
TAITSANG
HWANGPI ROAD SOUTHERN
馬當路
MATANG ROAD
HINGYEH ROAD
興業路
大陸書場
新新小學
五區公所
錦章書局
莊嚴寺
羊棧
人和織造廠
比例尺
40公尺

社會局大廈

375 LING-SEN RD. CENTRAL 林森中路三七五號

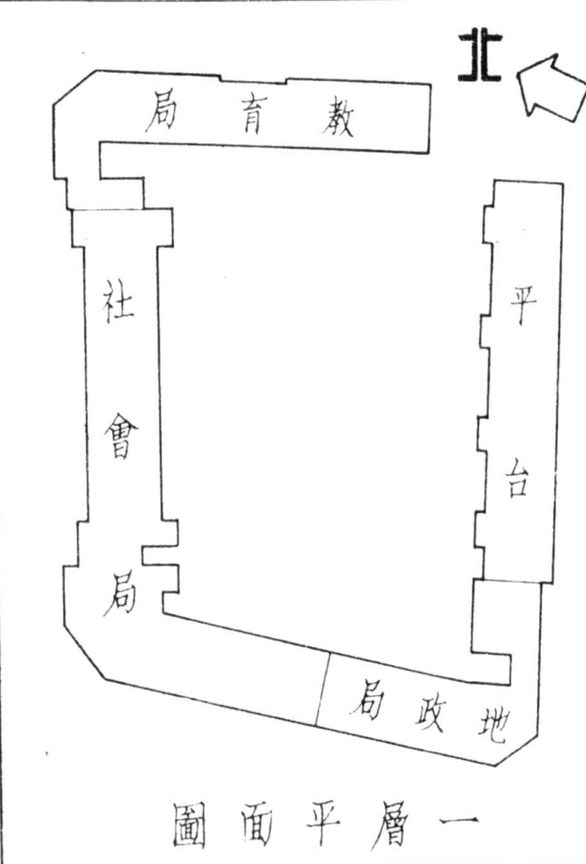

一層平面圖

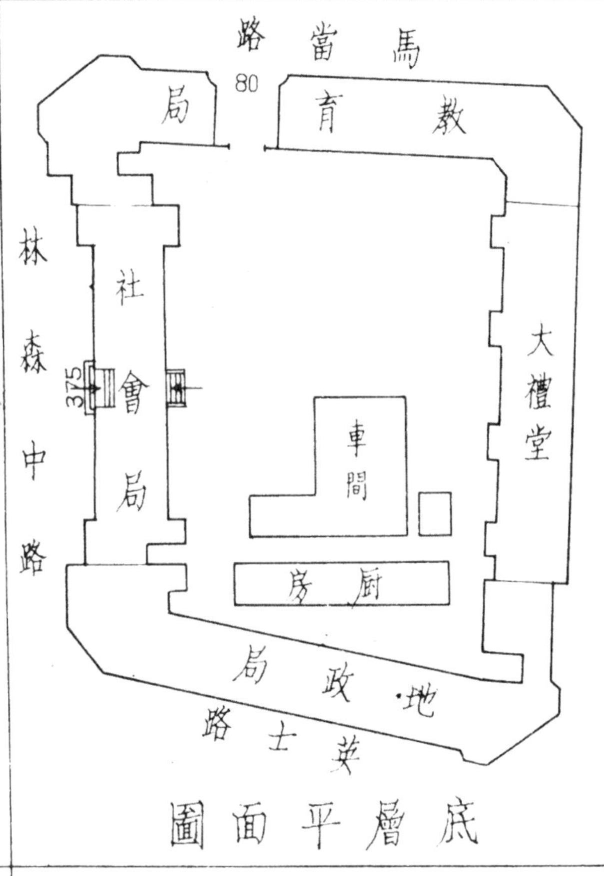

底層平面圖

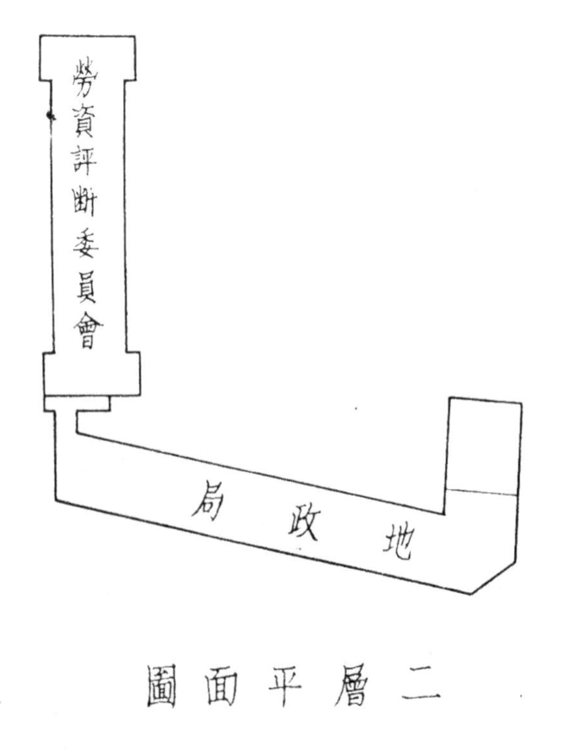

二層平面圖

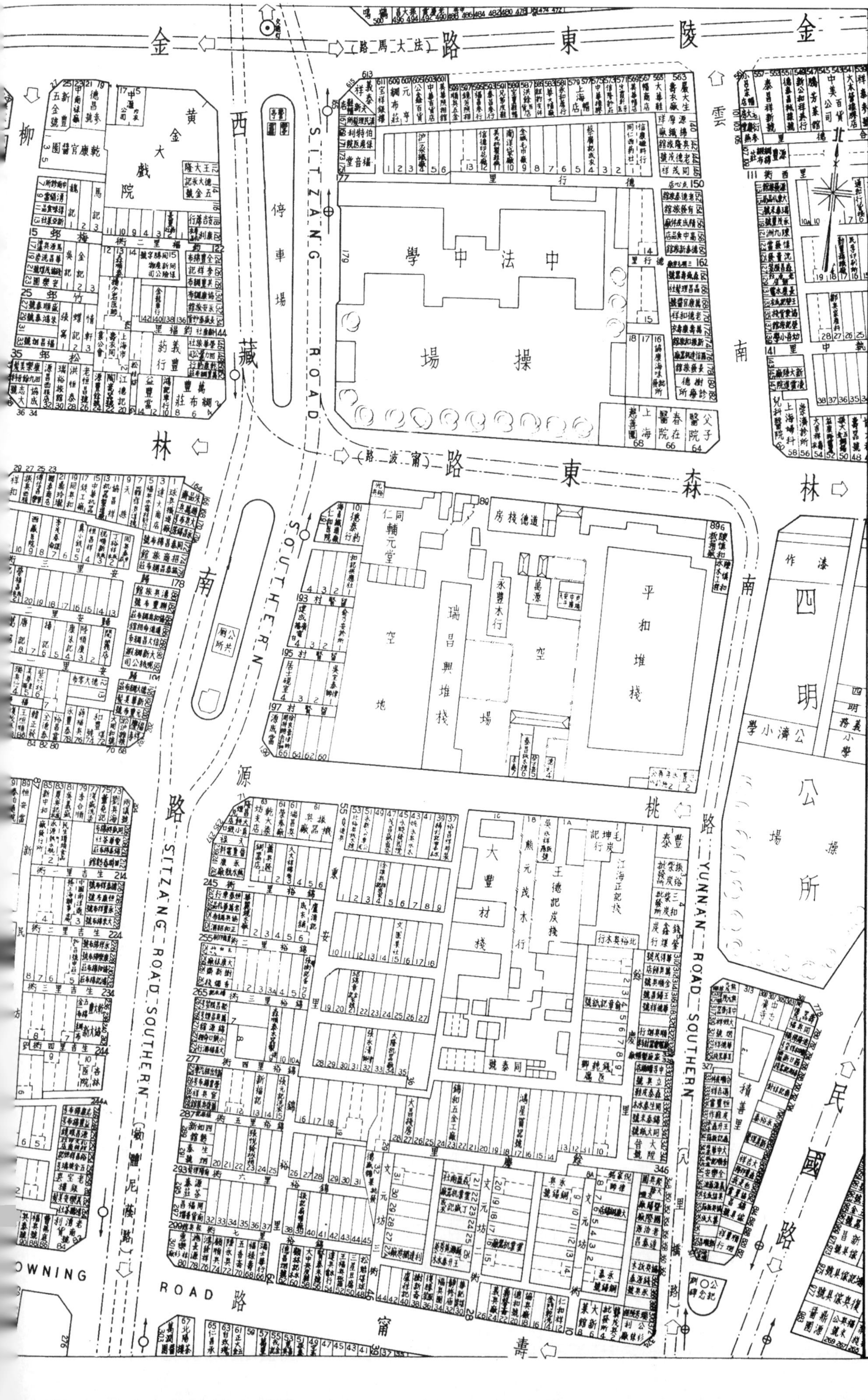

第八圖

金陵東路（法大馬路）

林森東路（霞飛路）

西藏南路 SITZANG ROAD SOUTHERN（敏體尼蔭路）

雲南南路 YUNNAN ROAD SOUTHERN（八里橋路）

雲南路

桃源路

民國路

柳林路

壽寧路

DOWNING ROAD

黃金大戲院

停車場

中法中學

操場

平和堆棧

瑞昌興堆棧

大豐材棧

空地

四明公所

四明小學

公濟小學

公共廁所

第八圖

KINLING ROAD CENTRAL
路 中
(路 運 自 憎)
LING-SEN ROAD CENTRAL
(路 飛 霞)
TAOYUAN ROAD
(路 格 來 愛)
PUAN ROAD
(路 爾 蒙 維)
LIULIN ROAD
(路 克 洛 格)
仙鶴草素藥廠
地址：愚園路五三二弄五〇號
電話：二二六七七
飛達車行
戈登路75至79號
美琪大戲院對面
專營進出口各國各廠機動車脚踏車及橡膠車料五金零件
四明醫院
男病院
女病院
門診室
太平間
禪寺
國恩
四明高級護士學校
廚房
飯間
和平小學
宿舍
操場
公教墓
黃公館
椿森木棧
新池浴室
鴻興當
西湖浴室
郵政局
私立崇真小學
靜善堂
恩派亞大戲院
瑞祥當
車和記營造廠
大仁營造廠
王記木行
信仁木行
聯易木行
聯合木行
順大木行
舊車胎棧
比例尺

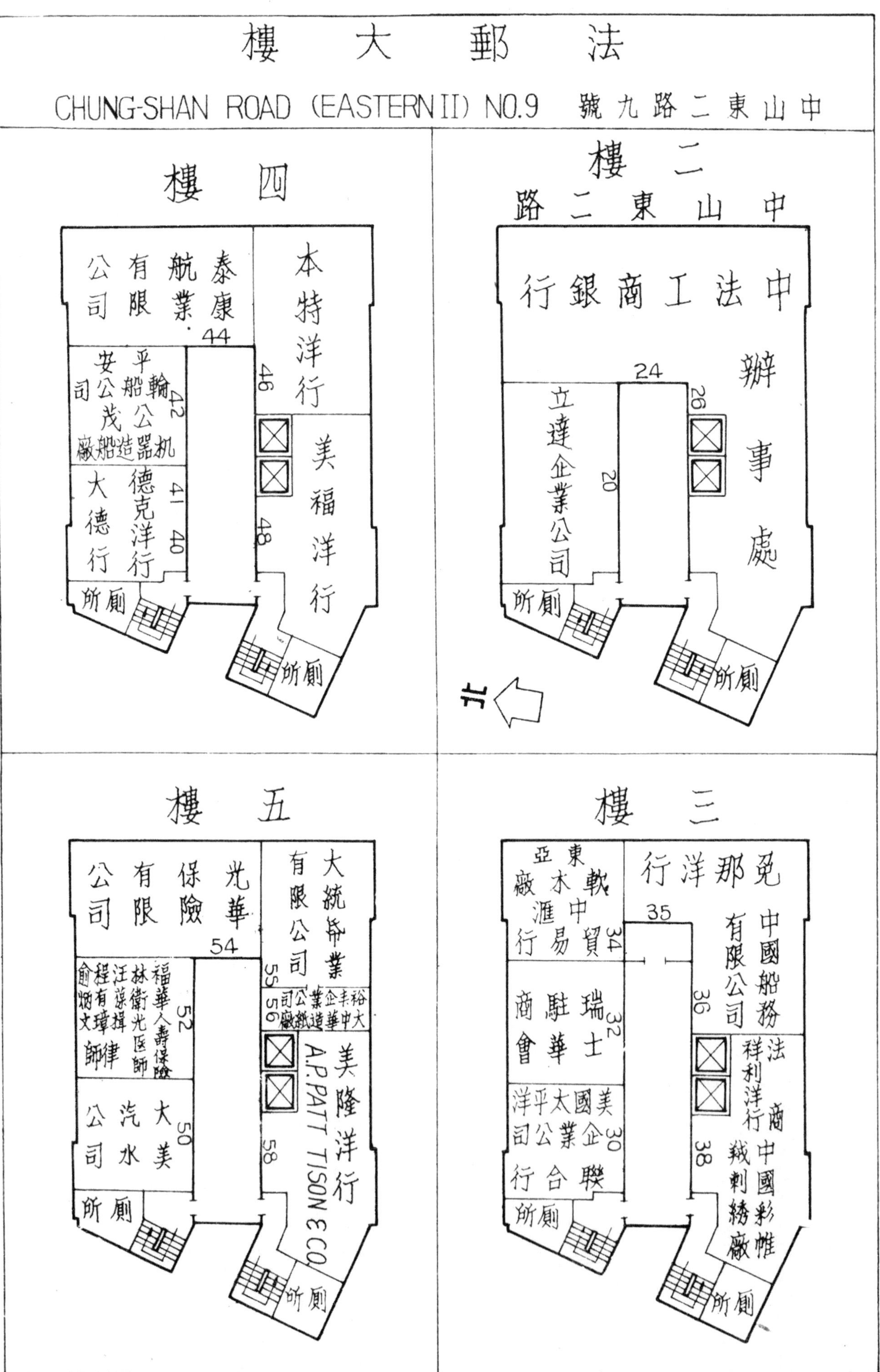
法郵大樓
CHUNG-SHAN ROAD (EASTERN II) NO.9 中山東二路九號
四樓
泰康航業有限公司
44
本特洋行
46
平安輪船公司
42
公茂機器造船廠
德克洋行
41
大德行
40
美福洋行
48
厠所
厠所
二樓
中山東二路
中法工商銀行
24
辦事處
26
立達企業公司
20
厠所
厠所
北
五樓
光華保險有限公司
54
大統企業有限公司
55
裕美企業公司
大中華造紙廠
56
福華人壽保險
林衛光醫師
汪葆揖
程有璋
律師
俞炳文
52
大美汽水公司
50
美隆洋行
A.P.PATT TISON & CO.
58
厠所
厠所
三樓
東亞軟木廠
兎那洋行
35
中滙貿易行
34
中國船務有限公司
36
瑞士駐華商會
32
法商祥利洋行
美國太平洋企業公司聯合行
30
中國彩帷刺綉廠
38
厠所
厠所

第九圖

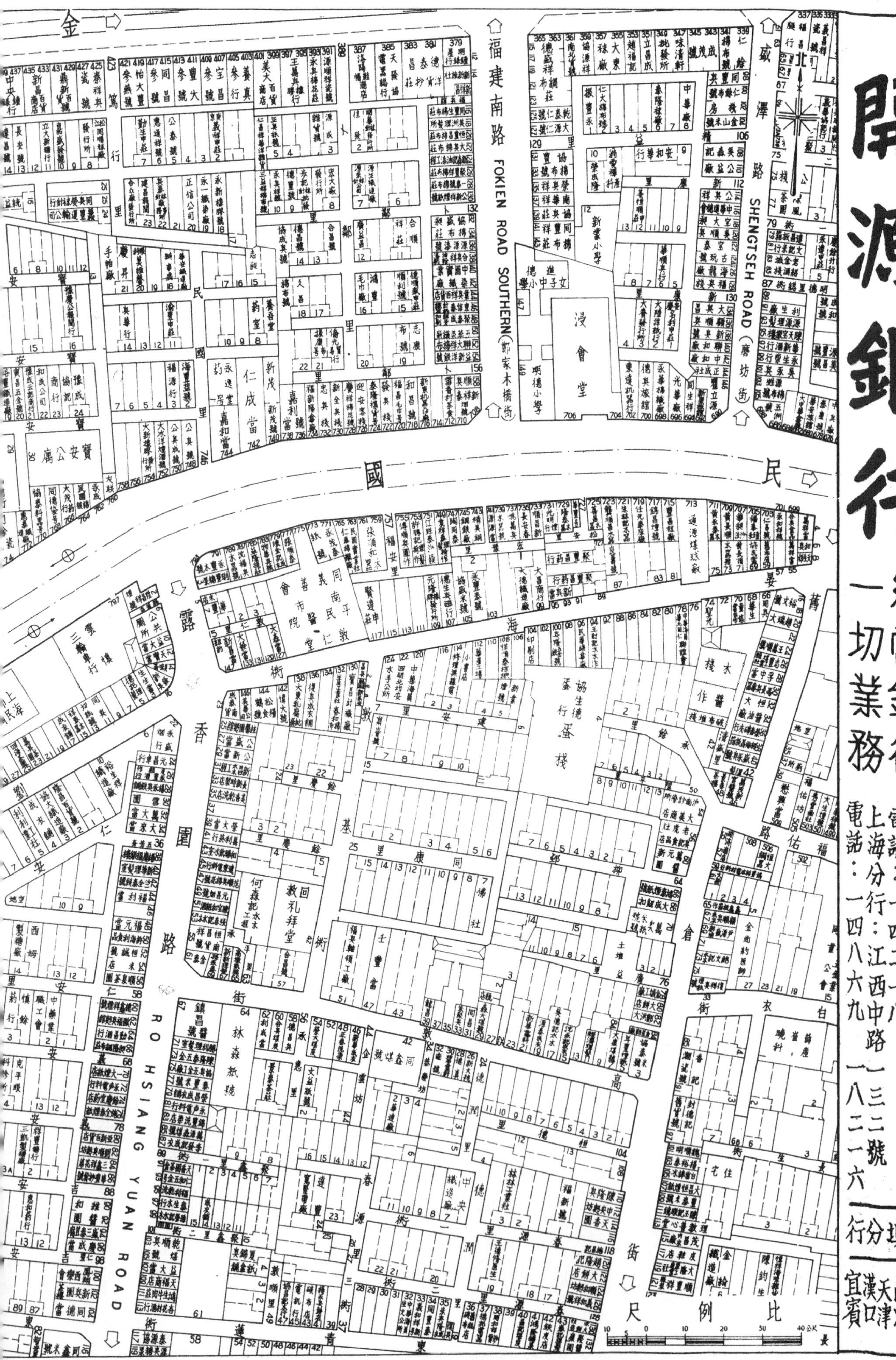
福建南路
FOKIEN ROAD SOUTHERN
盛澤路
SHENGTSEH ROAD
國
民
露香園路
RO HSIANG YUAN ROAD
浸會堂
寶安公廣
比例尺

第九圖

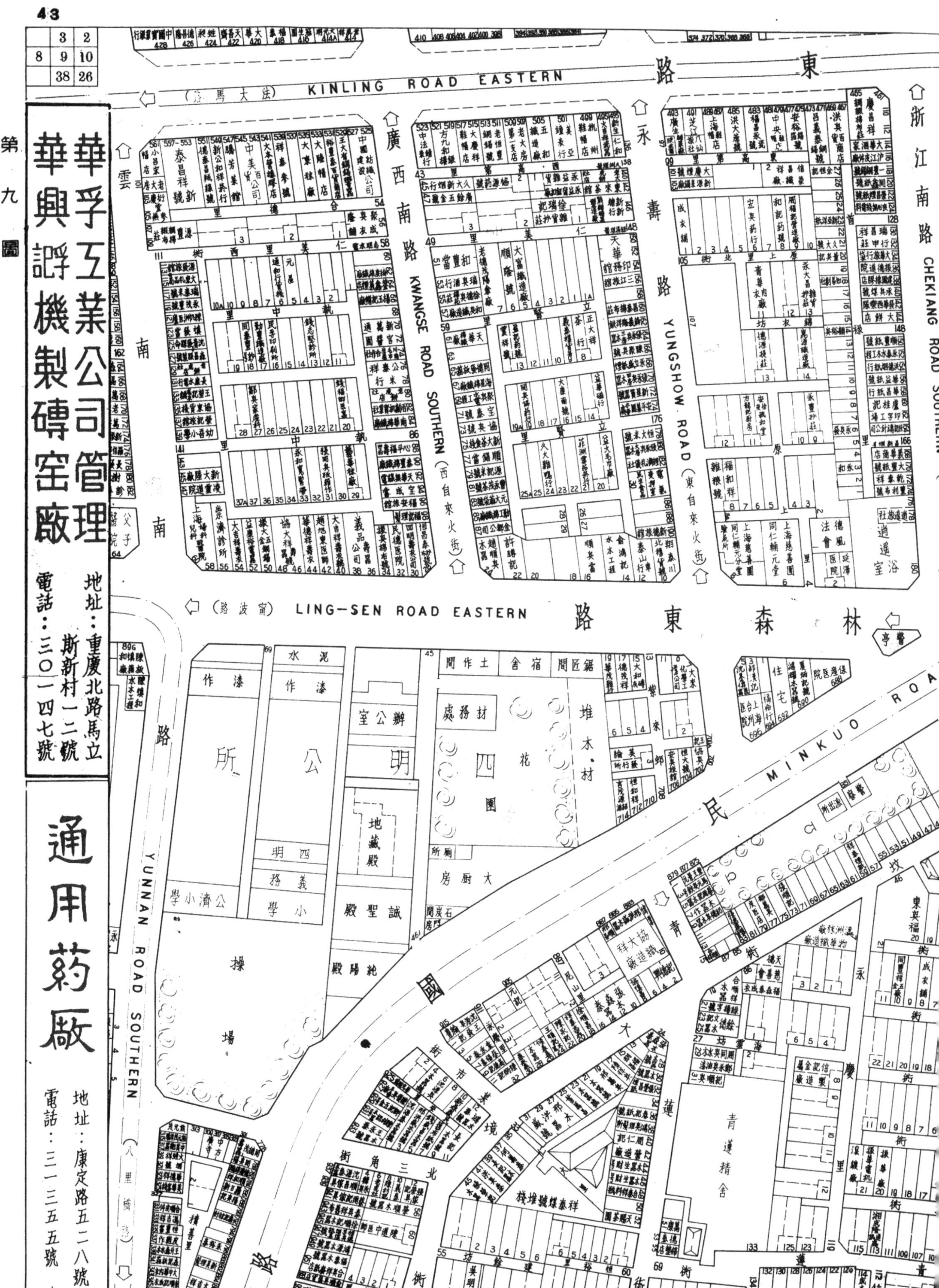

KINLING ROAD EASTERN
東路
LING-SEN ROAD EASTERN
林森東路
KWANGSE ROAD SOUTHERN
廣西南路
YUNGSHOW ROAD
永壽路
CHEKIANG ROAD SOUTHERN
浙江南路
YUNNAN ROAD SOUTHERN
雲南路
MINKUO ROAD
民國路
華孚互業公司管理
華興評機製磚窑廠
地址：重慶北路馬立斯新村一二號
電話：三〇一四七號
通用藥廠
地址：康定路五二八號
電話：三一三五五號
公所
明
辦公室
四明公學
地藏殿
誠聖殿
純陽殿
操場
花園
青蓮精舍

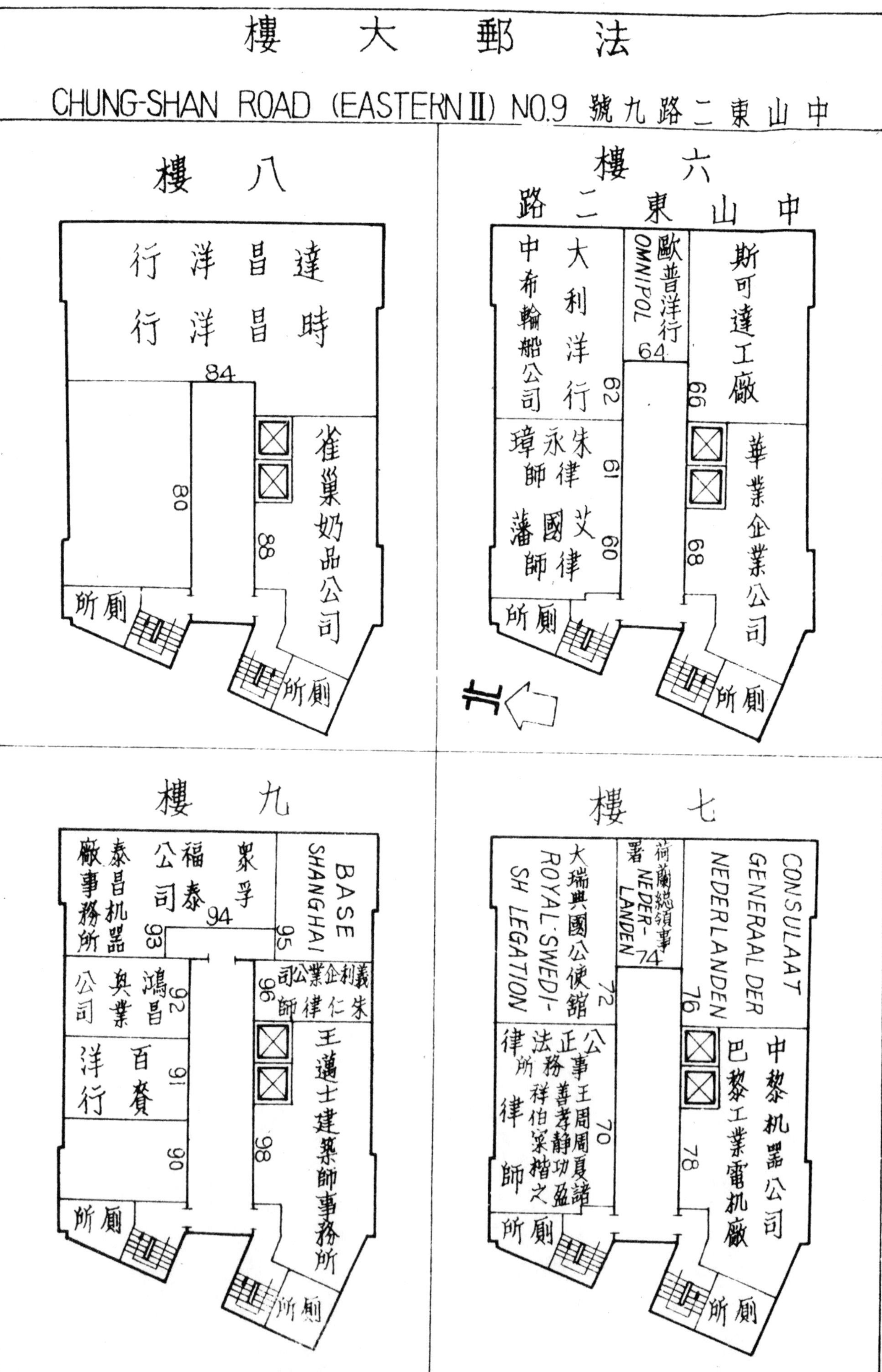
法郵大樓
CHUNG-SHAN ROAD (EASTERN II) NO.9 中山東二路九號
八樓
達昌洋行
時昌洋行
84
80
88
雀巢奶品公司
廁所
廁所
六樓
中山東二路
中布輪船公司
大利洋行
62
歐普洋行
OMNIPOL
64
斯可達工廠
66
朱律師永璋
61
艾國藩律師
60
華業企業公司
68
廁所
廁所
九樓
泰昌机器廠事務所
93
福泰公司
94
孚衆
BASE SHANGHAI
95
鴻昌興業公司
92
義利企業公司
朱仁律師
96
百賚洋行
91
90
王邁士建築師事務所
98
廁所
廁所
七樓
大瑞典國公使館
ROYAL SWEDISH LEGATION
72
荷蘭總領事署
NEDERLANDEN
74
CONSULAAT GENERAAL DER NEDERLANDEN
76
公正法律事務所
諸周周王善孝静功盈伯祥之楷粱
律師
70
中黎机器公司
巴黎工業電机廠
78
廁所
廁所

第十圖

國民路 ROAD

潘家街 · 積善寺街 · 障川路 · 福佑路 · 侯家路 · 舊校場路 · 香閣路 · 沉香閣路 · 計家路 · 安仁街 · 保安街 · 平家弄 · 盧家弄 · 穿心街 · 三牌樓 · 九獅林 · 大境路 · 福佑路 · 新北門

中國煒達印刷所 · 新新戲院 · 大發煤號 · 寶豐五金號 · 泰祥興瓷號 · 寅記木號 · 南華紙木號 · 天寶銀樓 · 信大祥皮貨局 · 協豐南北雜貨號 · 恒發瓷號 · 增餘號

惠蒙小學 · 中式木器業同業公會 · 海州小學 · 春申君廟 · 曠場 · 浙紹公所 · 森泰木行 · 空地 · 積善講寺 · 青榮小學 · 陶泰興瓷號 · 泰祥興榮記瓷號 出口攤子間 · 義勇警察總隊

上海市珠玉商 · 珠玉業新豪市 · 慈雲禪寺 · 湯樹記堆棧 · 空地 · 新聖義務小學 · 作房 · 皮毛廠 · 老萬元醬園 · 靈學會藥舖 · 棧房 · 福佑聯合商場 · 振興珠玉市

第十圖

民國路
MINKU
河南南路
金門路
紫金路
山東南路
舊倉街
晏海路
海晏路
安仁街
吉祥里
元和里
雲福里
佑海路
白衣街
長生街
雲居街
三牌樓
長生廟
市府宿舍
典業公所
空地
住宅
青華小學
上海市五金業同業公會
上海市木商業同業公會
張清和醫室
雲居禪院
私立南海小學校
比例尺
永和實業股份有限公司
民珠街五十六號

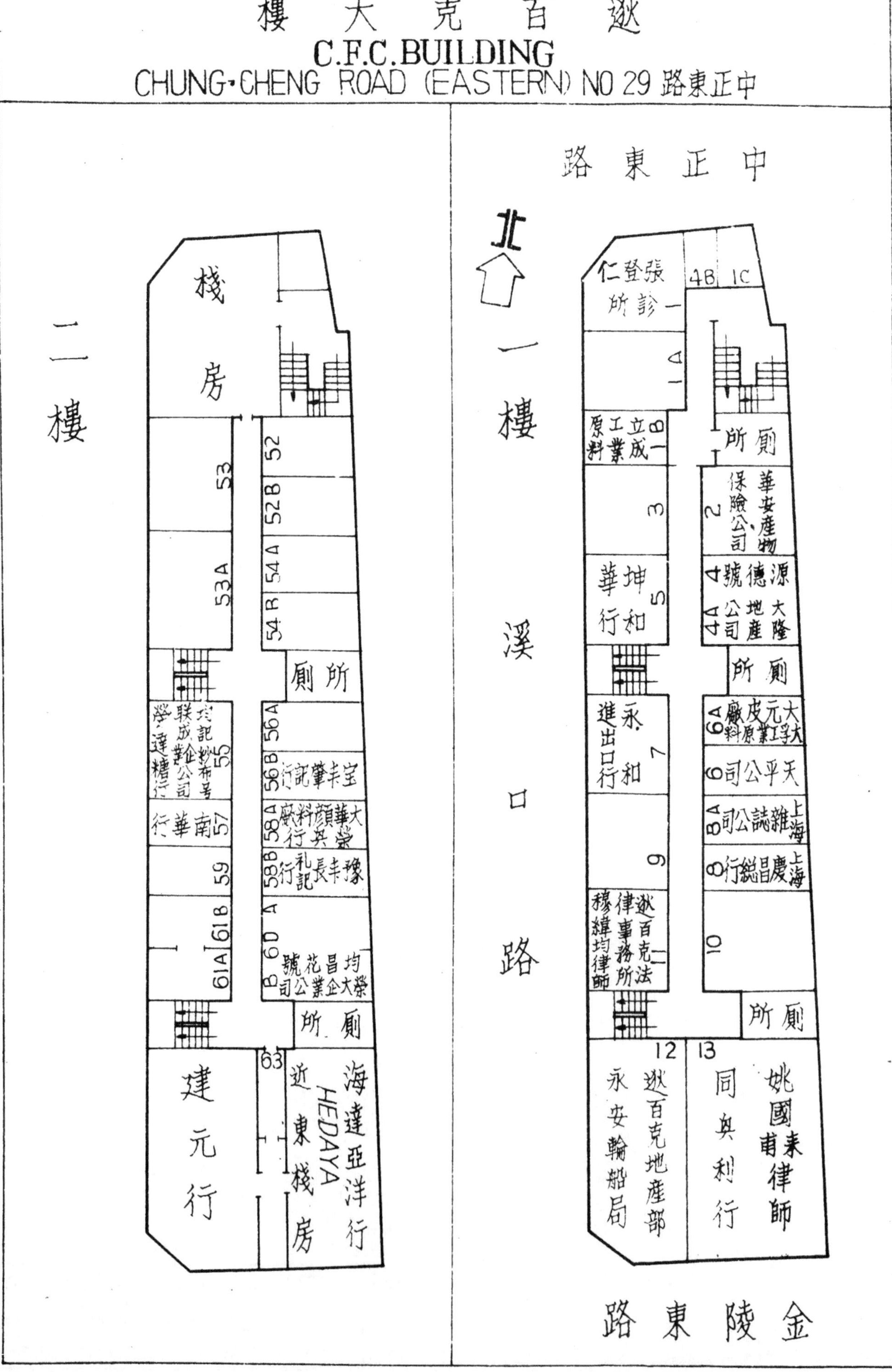

遜百克大樓
C.F.C. BUILDING
CHUNG-CHENG ROAD (EASTERN) NO 29 中正東路
中正東路
北
二樓
一樓
溪口路
金陵東路
棧房
建元行
海達亞洋行
HEDAYA
近東棧房
南華行
張登仁診所
華安產物保險公司
源德號
大隆地產公司
坤和華行
永和進出口行
天平公司
上海雜誌公司
上海慶昌總行
遜百克法律事務所
永安輪船局
遜百克地產部
同與利行
姚國東律師
廁所

上海
啟文機器廠
CHI VAN MACHINE WORKS

商標

啓文印刷號碼機

開始製造于民國十七年製工準確材料優美二十年間始終保持崇高的榮譽

本廠設備精良經驗充足舉凡各種構造複雜用途特別之號碼機概能承造交貨迅速定價亦復公道印有詳細樣本函索即贈

上海(○)區福建北路三三○號

電報掛號五九四六九四

330 FOKIEN ROAD (NORTERN) SHANGHAI (0),CHINA.

CABLE ADDRESS: CHIVAN.

第十一圖

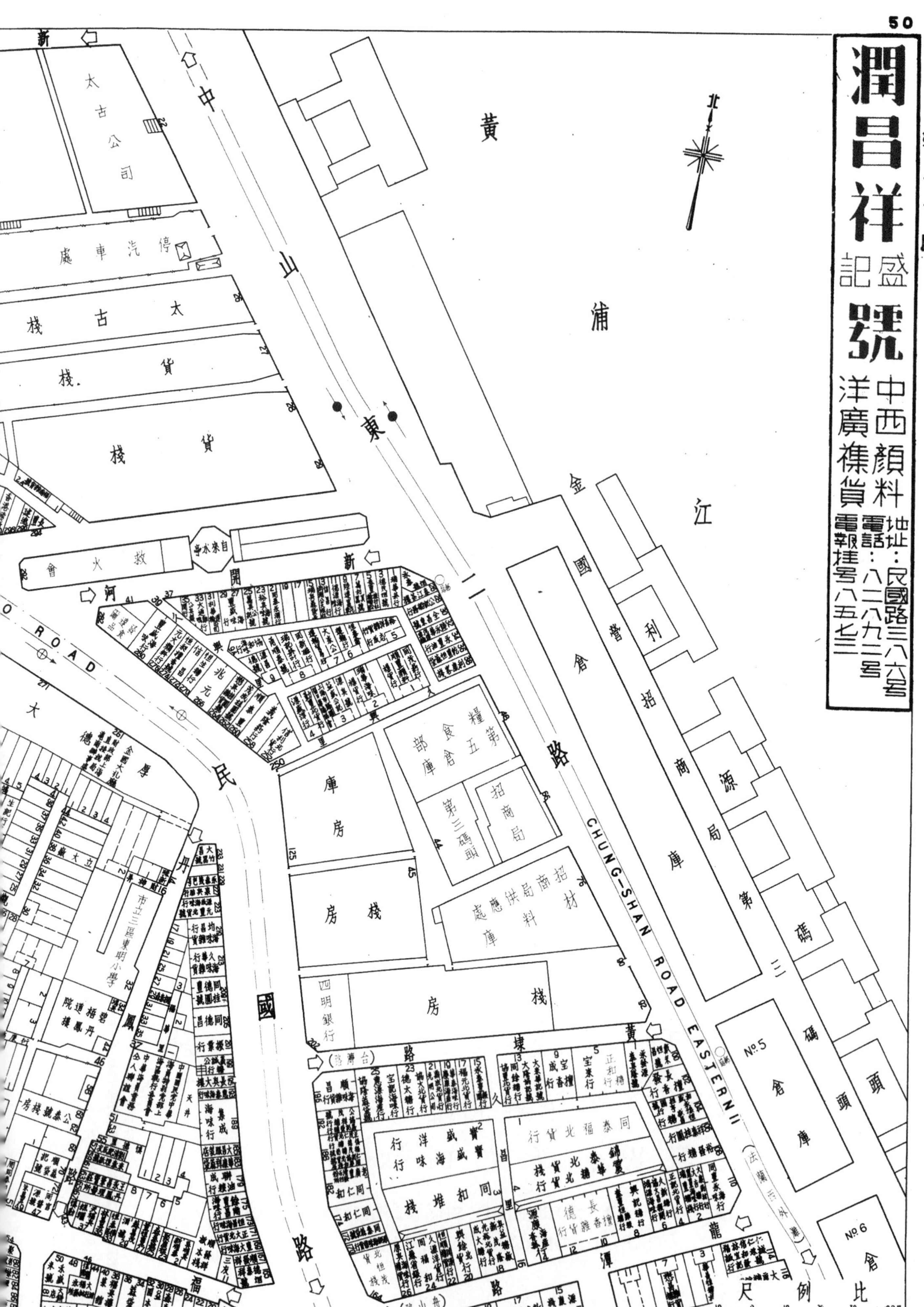

潤昌祥
盛記
號
中西顏料
洋廣襍貨
地址：民國路三八六号
電話：八二八九二号
電報掛号八五七三
北
黃
浦
江
中
山
東
二
路
CHUNG-SHAN ROAD EASTERN II
太古公司
停汽車處
太古棧
貨棧
貨棧
救火會
自來水亭
新開河
新
河
民
國
路
大
O ROAD
金利源第三碼頭
招商局
金利源碼頭
糧食第五倉庫部
第三碼頭
招商局
招商局供應處材料庫
庫房
棧房
棧房
四明銀行
市立三民東明小學
黃浦路
台灣路
舟山路
龍潭路
福
No.5 倉庫
No.6 倉
同泰福北貨行
寶盛洋行
寶盛海味行
同和堆棧
比例尺
公尺

四川南路
永安路
民國路
福佑路
安仁街
長盛堆棧
倉庫
邑廟警察局
假山花園
得意樓書場
魯班殿

高登大樓

CHUNG-CHENG ROAD (EASTERN) NO.107 中正東路一〇七號

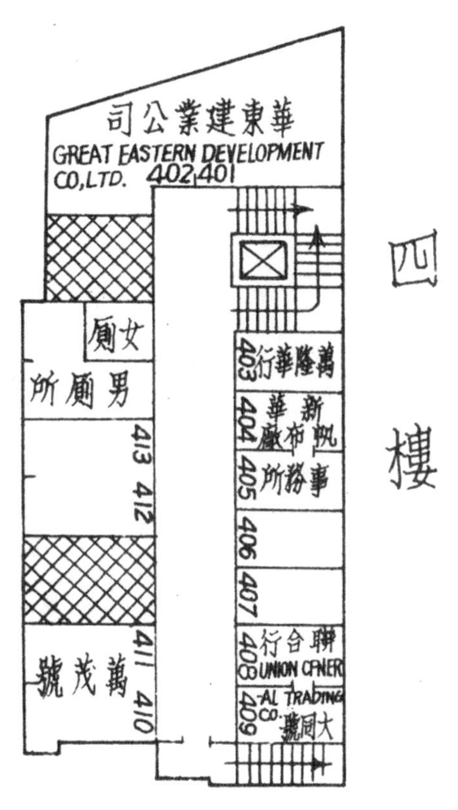

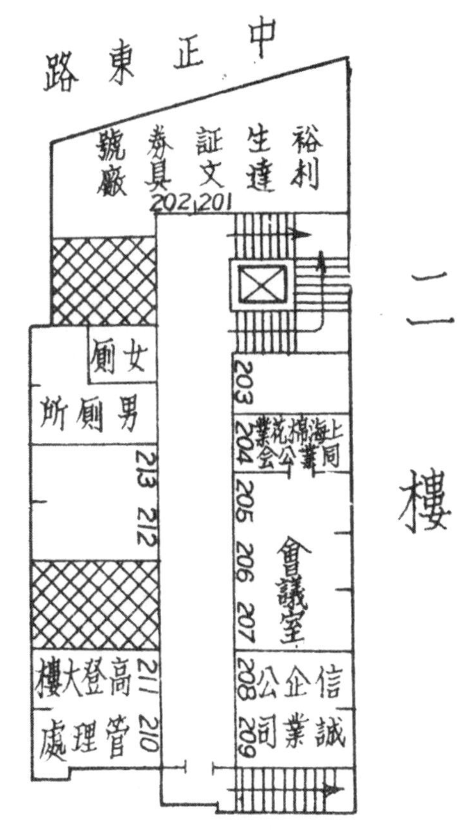

新泰玉記機器廠

本廠專製鉛印機器及切紙機器等。

地址七浦路一二五號
電話四五〇七〇

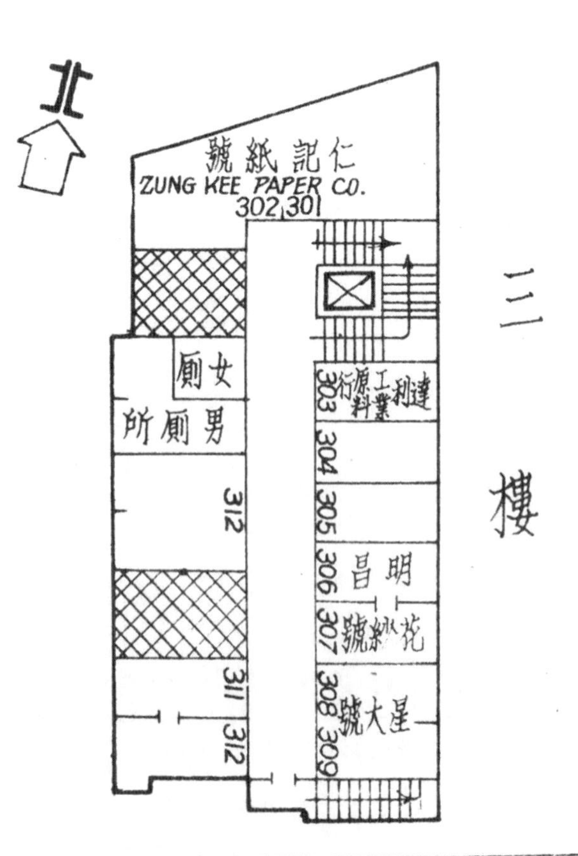

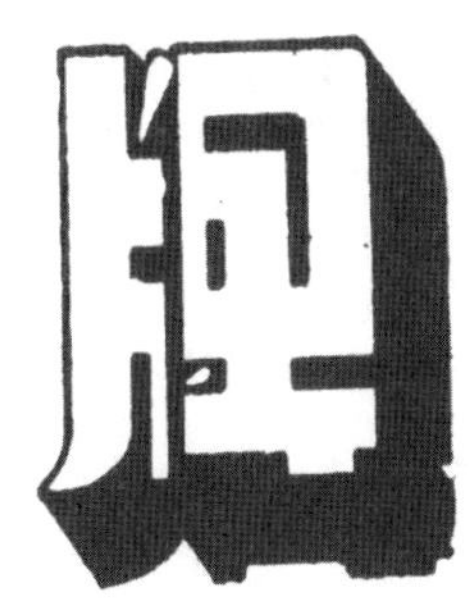

陽極電化 染色鋼精

中國首創 國產極品

發揚我國古有藝術
人工彫刻奇異花紋

烟灰缸＋香粉盒
烟匣＋皂盒
痰盂＋牙刷套

良工鋼精製品廠

廠址 上海海寧路二四一弄四〇四至四二號 電話四一三七七

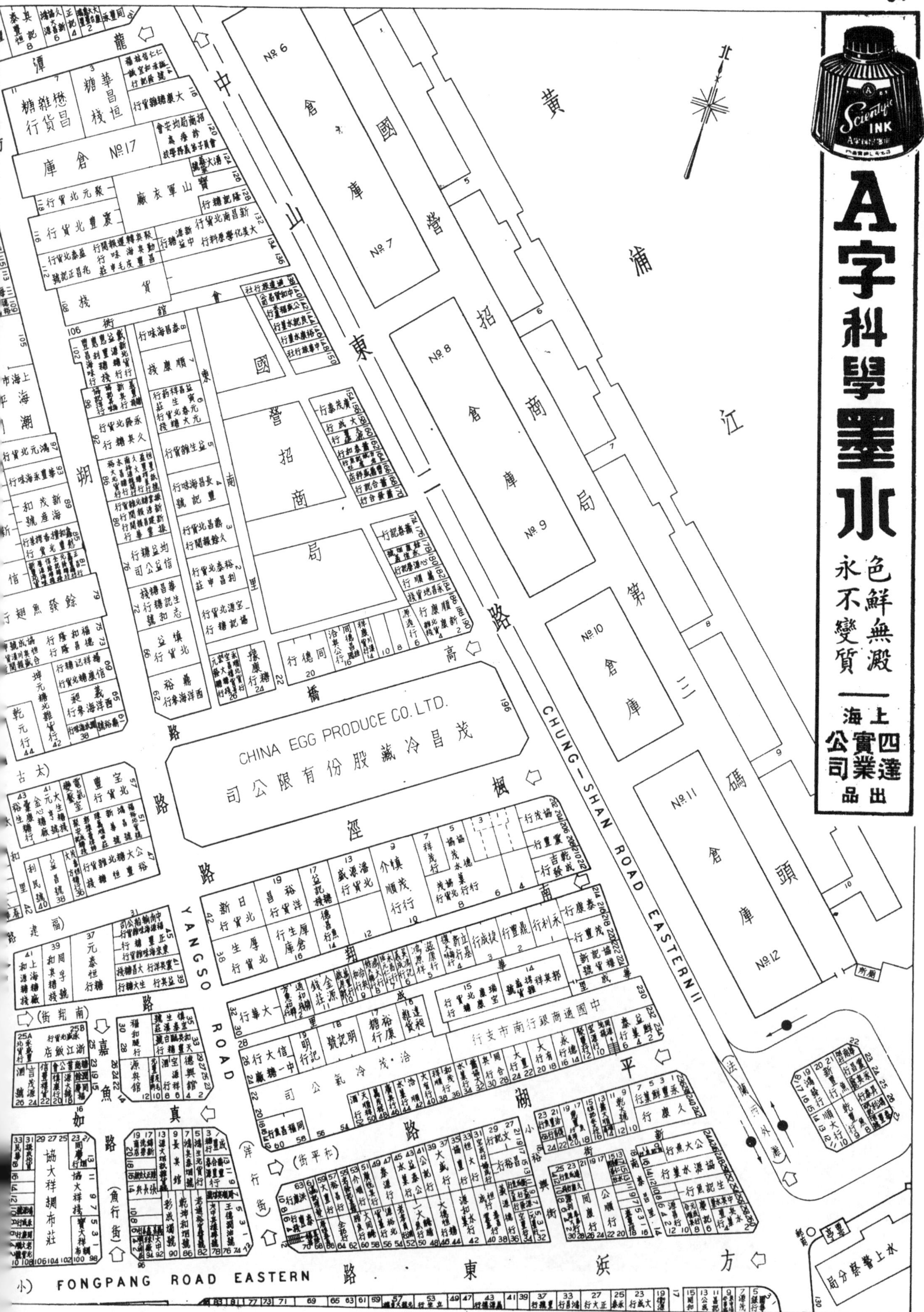

第十二圖
北
A字科學墨水
色鮮無澱
永不變質
上海四達實業公司出品
Scientific INK
黃浦江
招商局第三碼頭
中山東二路
CHUNG-SHAN ROAD EASTERN II
招商局倉庫
國營招商局
No 6
No 7
No 8
No 9
No 10
No 11
No 12
CHINA EGG PRODUCE CO. LTD.
茂昌冷藏股份有限公司
高橋路
楓涇路
YANGSO ROAD
洋涇路
平湖路
小平湖街
南陽街
嘉魚路
真如路
洋行街
方浜東路
FONGPANG ROAD EASTERN
龍潭路
湖州路
中國通商銀行南市支行
洽茂冷氣公司
協大祥綢布莊
法外灘
水上警察分局

第十二圖

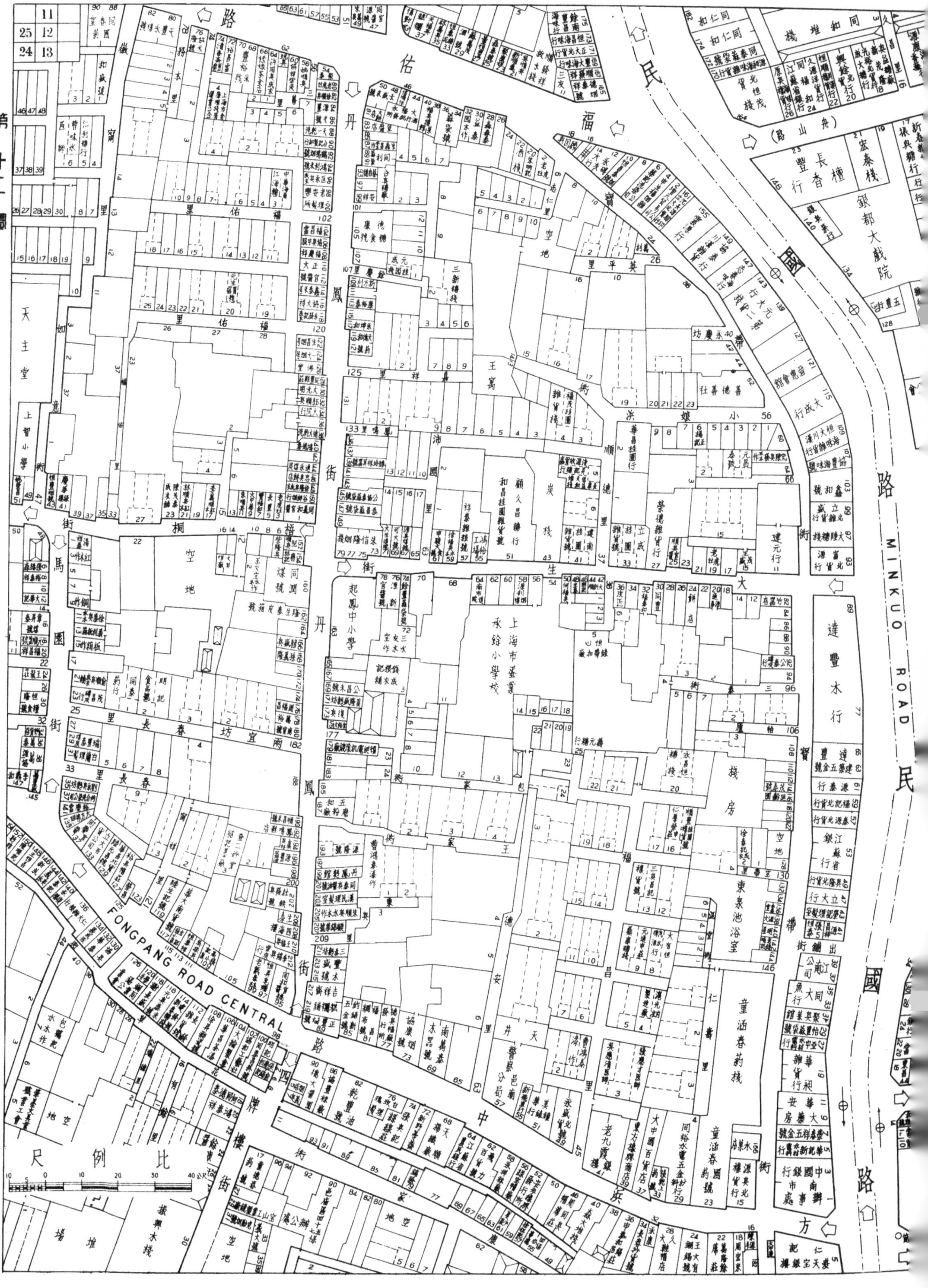

MINKUO ROAD 民國路

FONGPANG ROAD CENTRAL 方浜中路

福佑路

舟山路

大生街

天主堂

上智小學

起鳳中小學

上海市蛋業永錦小學校

達豐木行

東泉池浴室

童涵春藥棧

銀都大戲院

老九章綢緞

大中國百貨店

比例尺

10 5 0 10 20 30 40 公尺

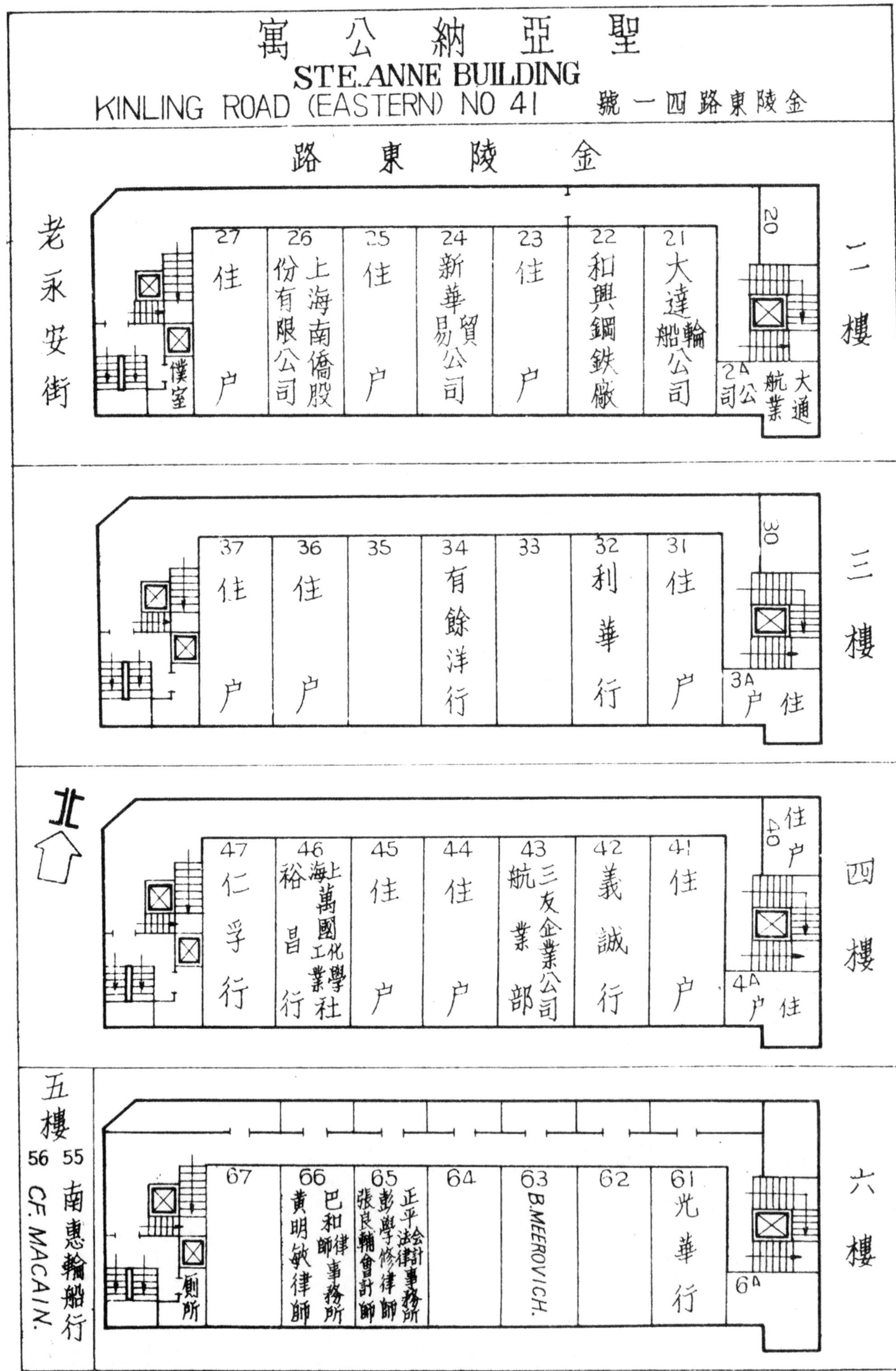

聖亞納公寓
STE.ANNE BUILDING
KINLING ROAD (EASTERN) NO 41 金陵東路四一號
金陵東路
老永安街
二樓
20
21 大達輪船公司
22 和興鋼鐵廠
23 住户
24 新華貿易公司
25 住户
26 上海南僑股份有限公司
27 住户
僕室
2A 大通航業公司
三樓
30
31 住户
32 利華行
33
34 有餘洋行
35
36 住户
37 住户
3A 住户
北
四樓
40 住户
41 住户
42 義誠行
43 三友企業公司航業部
44 住户
45 住户
46 上海萬國化學工業社 裕昌行
47 仁孚行
4A 住户
五樓
55 南惠輪船行
56 C.F. MACAIN.
六樓
61 光華行
62
63 B.MEEROVICH.
64
65 正平法律會計事務所 彭學修律師 張良輔會計師
66 巴和律師事務所 黄明敏律師
67
厠所
6A

上海鋼鐵股份有限公司

商 標

業務要目

冶煉鋼鐵原料
軋製鋼鐵成品
銷售鋼鐵材料

總公司 上海(0)虎丘路一四號 電話 10994・13717・13726
第一廠 上海吳淞大上海路 電話 (02)65000(20)分機
第二廠 上海(19)黄興路二一四號 電話 (02)50422・50523
第三廠 上海浦東周家渡 電話 (02)74121

上海

茂興鋼鐵廠股份有限公司

商標  註册

專製

3/8"至1"元方竹節鋼條，元方扁鋼，元方扁絲，及魚尾板等材料。

事務所：北京東路三五六號四〇一室
電話：九〇三七〇
電報掛號：五二〇一一四
工廠：長壽路八三一號
電話：二二八九八

第十三圖
黃浦江
東方路
中山東二路
水上警察分局
漁行碼頭
寗紹碼頭倉庫
售票處
中山南路
外馬路
CHUNG SHAN ROAD SOUTHERN
(裏馬路)
WAI MA LU
中央市
三北輪埠公司
三北鴻安輪埠棧
忠信倉庫
大達公司倉庫
大達輪船公司管理
大益倉庫
恒和有限公司第二倉庫
比例尺
林基噴霧器
國民政府特許專利
各大公司電器部及各電料行均有出售
林基工業廠出品
上海赫德路545弄247號
電話六一三八四

第十三圖

12
24 13
23 14
上海唯一專門絨線商店
恆源祥公記絨線號
名廠紙線
花色齊備
售價公道
歡迎比較
總店金陵東路一三九號
電話八〇八七一
支店南京西路八二九號
電話三三九六
小東門大街
FONG PANG ROAD EAST
TUNG MEN ROAD
中華路
CHUNG WA ROAD
陸家石橋
浙江興業銀行
中華禮廳
福安公司樂園
福源木行
海園
海園劇場
海園興記柴炭商場
柴炭堆棧
大陸車間
新生紙盒廠
陸永華汽車行間
新華洋紙棧
堆棧
天井
空地

第十四圖

黃浦江

外馬路

WAI MA LU

中山南路

CHUNG-SHAN ROAD SOUTHERN

（裏馬路）

復興路

老白渡

老太平碼頭

第四號碼頭

上海市公用局

上海市公用局第五號碼頭

第六號碼頭

第八號碼頭

行政院物資供應局倉庫

三行政院物資供應局倉庫

利泰堆棧

鴻豐棧

長豐堆棧

溫州木業聯合堆棧

三北長豐堆棧

永昌肇記木行

利泰駁房

滬南區救火會

國營招商局宿舍

水塔

中國植物油料廠

恒生木行

邵森泰木行堆棧

農林部中華水產公司

華勝網廠

大來有限公司第二倉庫

鮑姓泰瓷堆棧

中國礦工業倉庫

空地

新泰陶棧

宏盛木棧

元華大中堆棧

合大炭行

南市閘橋江海關職員宿舍

乾茂長棧

振業里

永佑里

第十四圖

中華路

CHUNG WA ROAD

FU SHING ROAD EASTERN

外咸瓜街

上海工廠

軍政部特約大公軍裝廠

同合汽車運輸公司

二倉庫

學校

空地

比例尺

合作五金製造股份有限公司

No 37

AUTOMATIC LIGHTER

CO-OPERATION MFG. CO., LTD.

SHANGHAI · CHINA

CMC 神火式打火機

出品標準化　價格大衆化

本廠製造各項五金具有二十年信譽

合作實業公司總管理
合作五金製造廠出品

廠　址西康路九八七號　電話三三四八〇
辦事處牛莊路七三四號　電話九〇九八〇

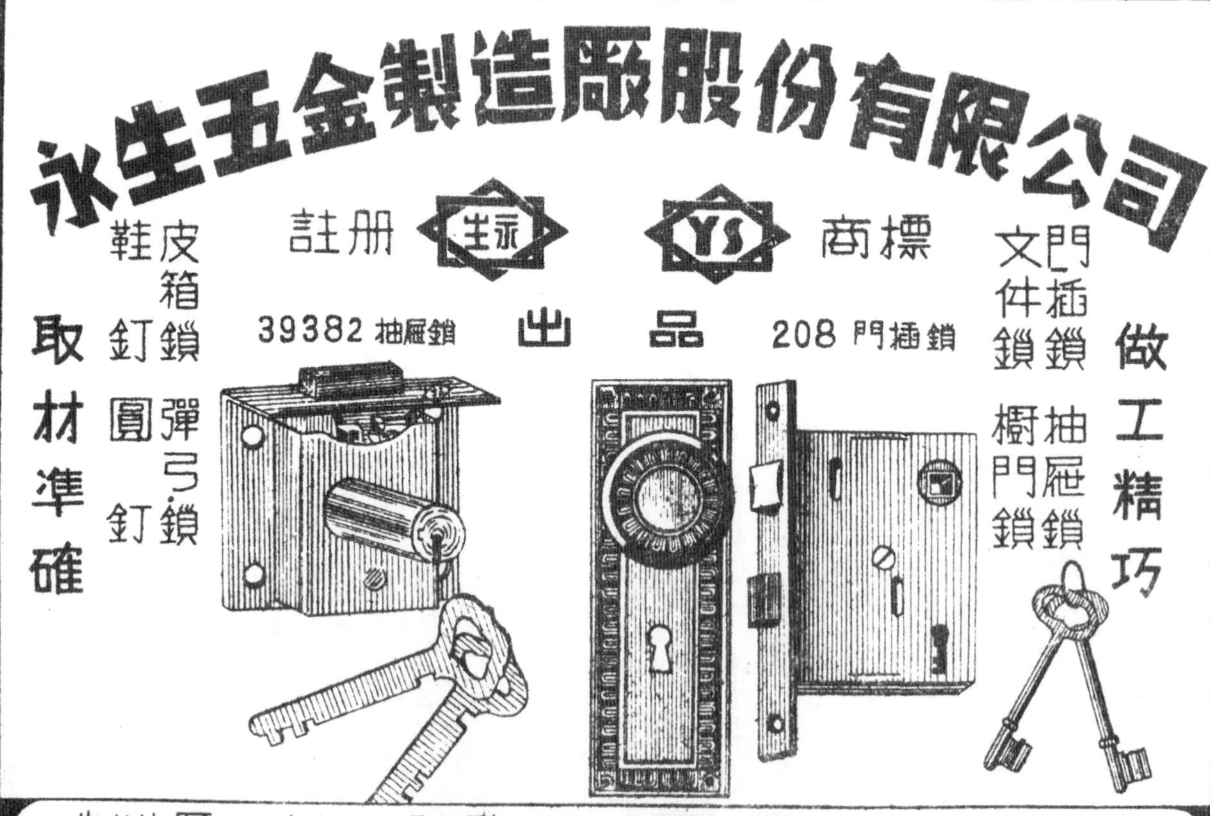

製造廠：上海桂陽路四四九號　電話：五一一七一
營業所：上海(11)牛莊路七三五號　電話：九三八九八

上海

中國絲棉毛織鋼簆廠

是中國最完備之紡織機械用品製造廠

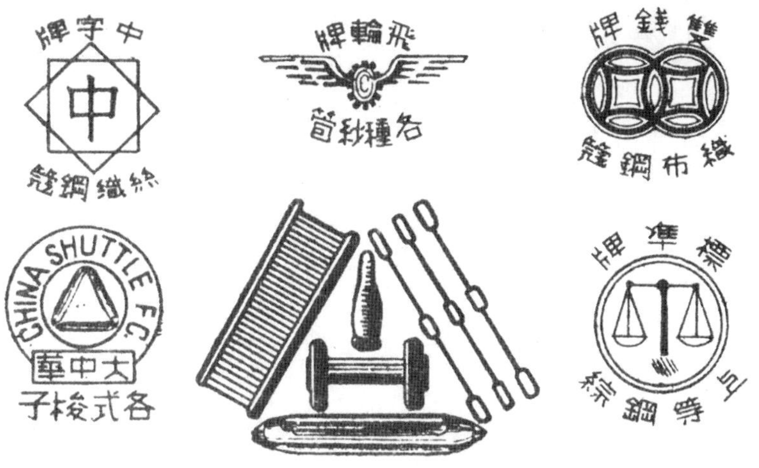

本廠管理

大中華梭子廠　中國鋼絲綜廠

中孚紗管廠　南洋電瓷廠

萬能鋼片廠

備有大批現貨

總管理處：上海七浦路一四二號電話四五〇五三　電報掛號九三七九

第一廠：七浦路一五〇號

第二廠：周家嘴路五一四號　電話五一二六八號

第三廠：安國路二八七弄三十一號

無錫分銷處：漢昌路三十二號　電話九六八號

第十五圖

北
老
中山南路
外馬路
黃浦江
大利公司碼頭
南市閘員職宿舍
江海關
棧房
竹廠
美商安慎洋行經理
德安倉庫
大康第二堆棧
民生實業公司
民生堆棧倉庫
民生公司
德新堆棧
煤炭堆棧
天一盐號倉庫
利泰倉庫
東南木行
中國植物油料廠倉庫
中國植物油料廠上海第三廠
堆棧
萬聚堆棧
上海潮惠中小學校
三北輪埠公司
盛豐倉庫
乾元北棧
乾元南棧
乾元倉庫
行政院物資供應局第十四倉庫
新碼頭街
民生實業公司倉庫
聚豐棧
CHUNG-SHAN ROAD SOUTHERN
WAI MA LU
空地
比例尺

第十五圖

蔡同德堂
大藥行
榮譽出品
龍標414疥靈
北平紅葯膏
原子複寫版
北平賽磁
街車油
渡
光裕郎
湧泉浴室
外
梅
豈
慶豐油棧
中益化工業廠
厚德里
吉
家
市
毛
頭
萬聚醬棧
萬聚醬園
位中善堂
位中義務學校
馮萬通醬棧
萬祥醬園
王家嘴角街
路
霞
紫
聚順油行
楊洪記砂石堆棧
滬南錢市
馮萬通醬棧
劉子記汽車停場
公益祥貨棧
花衣
頭碼
義生
錢業公所

信義機器廠股份有限公司

SINE

專製全套紡紗機器
式樣新穎·製作精密

本外埠各大紗廠·皆經採用滿意

棉条機

細紗機

鋼絲機

事務所　上海亮卯路八八號電話一四二四四
工　廠　上海莫干山路八號電話三九八三九

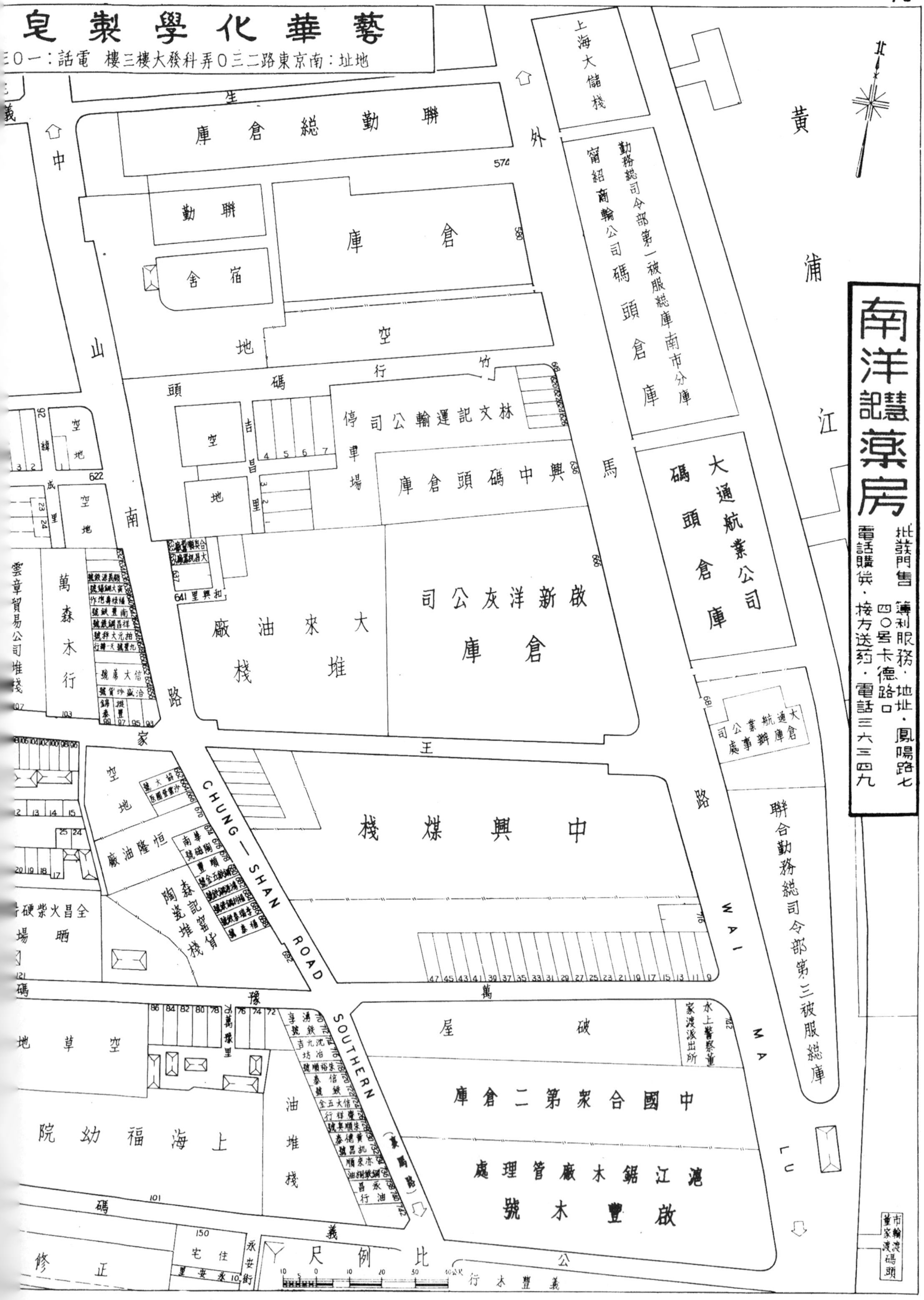

第十六圖

上海大儲棧
聯勤總倉庫
外馬路
黃浦江
勤務總司令部第一被服總庫南市分庫
甯紹商輪公司碼頭倉庫
聯勤
倉庫
宿舍
空地
竹行碼頭
中山南路
林文記運輸公司停車場
興中碼頭倉庫
大通航業公司碼頭倉庫
啟新洋友公司倉庫
大來油廠堆棧
萬森木行
雲章貿易公司堆棧
成里
吉昌里
扣興里
王家路
大通航業公司倉庫辦事處
CHUNG—SHAN ROAD
中興煤棧
恒隆油廠
陶瓷堆棧
森記窰貨
全昌火柴硬砂曬場
聯合勤務總司令部第三被服總庫
WAI MA LU
萬豫碼頭
萬豫里
破屋
水上警察董家渡派出所
中國合衆第二倉庫
滬江鋸木廠管理處
啟豐木號
SOUTHERN
（里馬路）
油堆棧
上海福幼院
空草地
住宅
永安街
永安里
正修
義碼
比例尺
10 5 0 10 20 30 40公尺
義豐木行
公
市輪渡董家渡碼頭

第十六圖

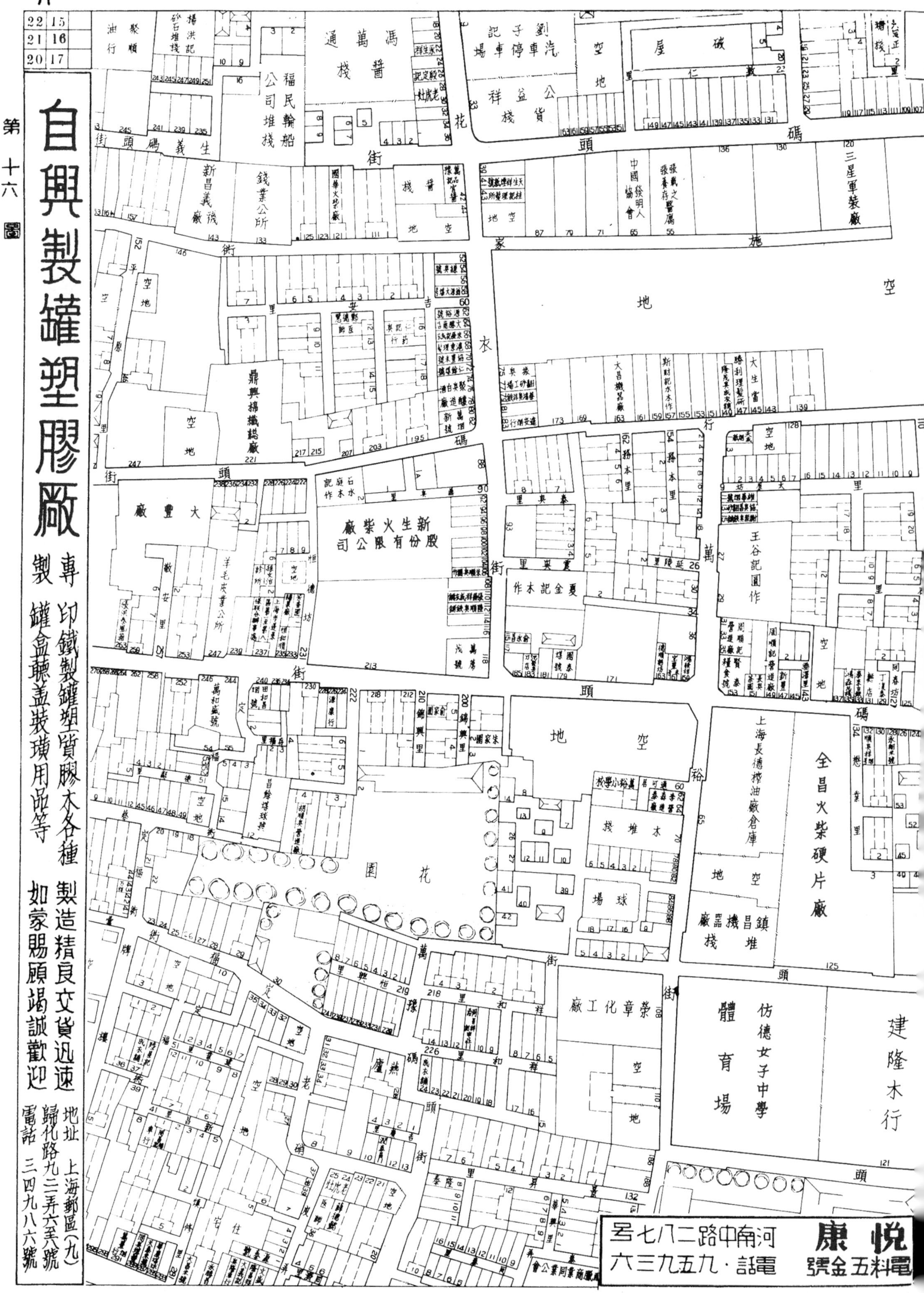

自興製罐塑膠廠
專印鐵製罐塑質膠木各種
製造精良交貨迅速
製罐盒聽蓋裝璜用品等
如蒙賜顧竭誠歡迎
地址 上海郵區(九) 歸化路九二弄六至八號
電話 三四九八六號
馮萬通醬棧
劉子記汽車停車場
公益祥貨棧
破屋
空地
福民輪船公司堆棧
新昌義棧廠
錢業公所
中國發明人協會
三星軍裝廠
鼎興棉織總廠
大豐廠
新生火柴廠股份有限公司
王谷記園作
上海長德椿油廠倉庫
全昌火柴硬片廠
花園
木堆棧
球場
鎮昌機器廠堆棧
榮章化工廠
仿德女子中學體育場
建隆木行
花衣街
悅康電料五金號
河南中路二八七号
電話・九五九三六

王榮興印刷機器製造廠

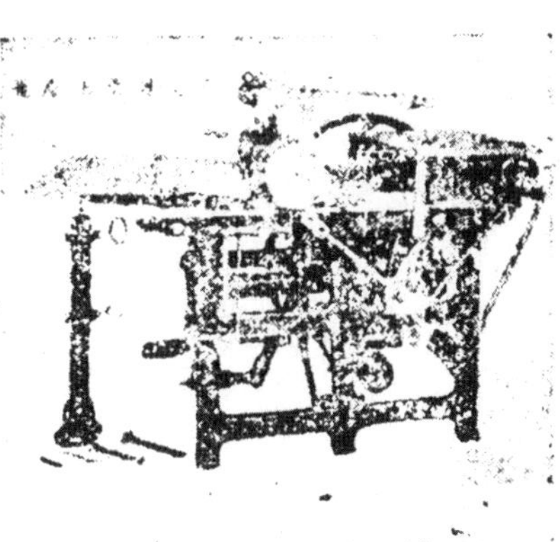

專門製造印刷機械：

報紙對開機　四開機

切紙機　脚踏機

廠址　安慶路四〇九街三號

電話四三〇八二

上海

中國興業螺絲廠

註冊商標

雙箭牌木羅絲　白鉛羅絲

大炮牌平元頭機器羅絲

A字牌羊眼圓燈鈎

★價格低廉★

本廠精製各種木羅絲機器羅絲羊眼圓燈鈎等並定製各式異型螺絲

★交貨迅速★

惠臨選購 ◉ 無任歡迎

廠　址：普陀路二五一號　電話：六〇二四五　發行所：中正東路三〇一號　電話：八三六九〇

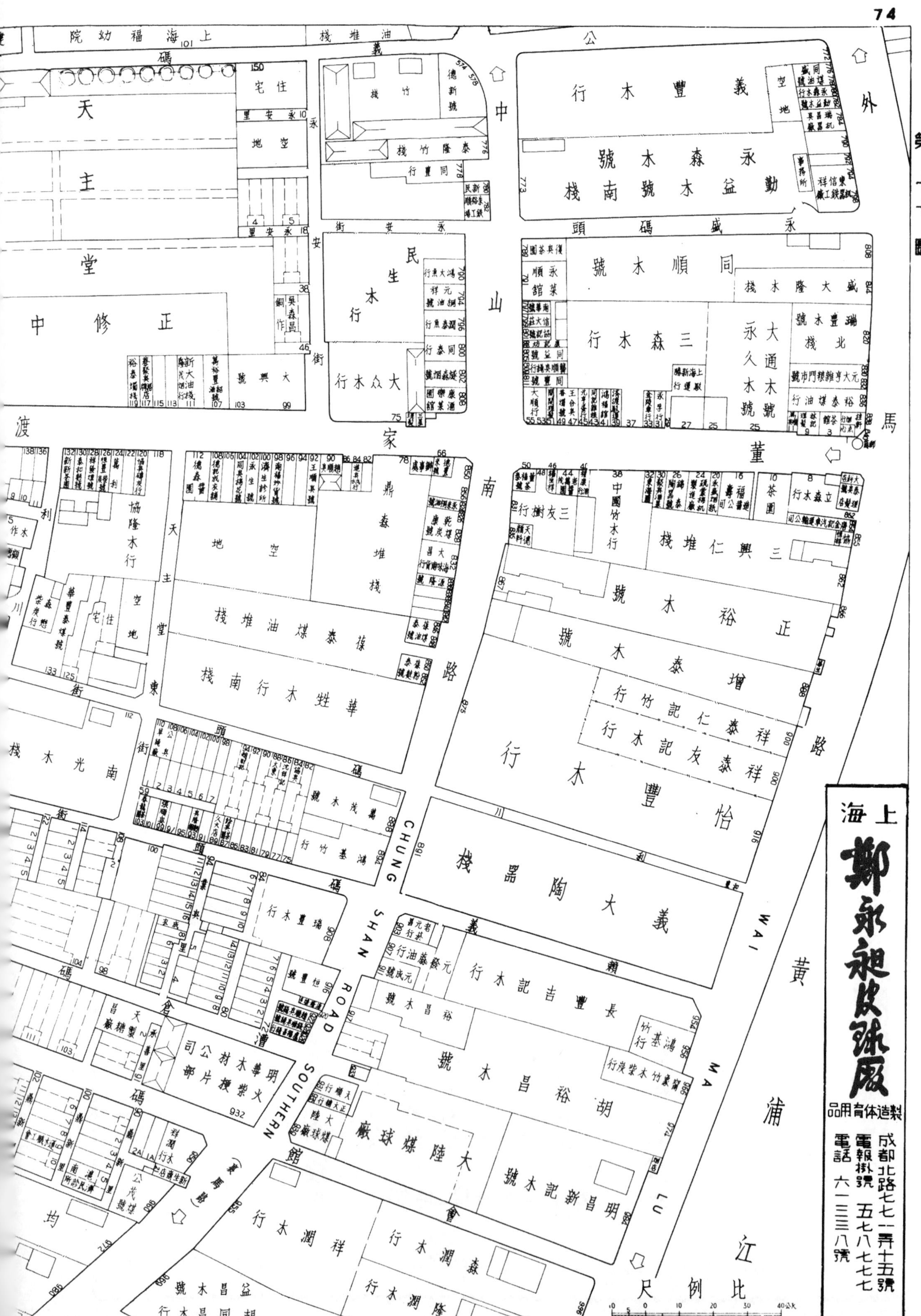
第十七圖
上海福幼院
油堆栈
天主堂
正修中
住宅
空地
永安里
竹栈
德新號
泰隆竹栈
同豐行
義豐木行
永森木號
勤益木號南栈
外馬路
中山南路
永盛碼頭
同順木號
盛大隆木栈
三森木行
大通木號
永久木號
瑞豐木號北栈
元大亨雜糧門市號
裕泰油行
民生木行
大众木行
大興號
董家渡路
鼎森堆栈
空地
裕泰煤油堆栈
華姓木行南栈
協隆木行
中國竹木行
三友樹行
三興仁堆栈
立森木行
正裕木號
增泰木號
祥泰仁記竹行
祥泰友記木行
怡豐木行
南光木栈
義大陶器栈
萬茂木號
鴻泰竹行
瑞豐木行
恒豐號
長豐吉記木行
裕昌木號
胡裕昌木號
大陸煤球廠
明華木材公司火柴梗片部
天昌製糖廠
明昌新記木號
祥潤木行
森潤木行
隆潤木行
益昌木號
胡同昌木行
CHUNG SHAN ROAD SOUTHERN
WAI MA LU
黄浦江
比例尺
0 10 20 30 40公尺
上海
鄭永昶皮球廠
製造体育用品
成都北路七七一弄十五號
電報掛號 五七八七七七
電話 六一三三八號

第十七圖

TUNG CHIA TU ROAD

董家渡路

上海市警察局董家渡分局路口派出所

市立第四區南倉國民學校

江西會館

小菜場

張祥豐茶食號

張祥豐蜜餞作

萬裕街

天主堂

天主堂施醫局

仿德女子中學體育場

仿德女子中學

正修小學

大發鉄工廠

景宜化學廠

大陸輪船運輸部車間

上海魷鯗商業同業公會

新豐製造廠第二工場

賀培森醫生

建生小學校

市立南倉國民學校

龍山中小學

十家聯合寄棧

上海聯誼化學工業社

上海市沙船業公會船商所

商船會館

商船小學

安瀾道院

南倉街

薛家浜路

青龍街

會館街

普育街

硬表面

第勞樓司特來特金屬合金電焊桿

工具與建築零件

鋁落料與拉模用第勞樓司特來特使其表面堅硬

最簡單便利以第勞樓司特來特用氧氣
焊於磨壞之工具表面上

發動機壓氣門與壓氣門坐子用第勞樓司
特來特以保最高之耐火力與酸性及磨力

★★★★★★★★★★★★★★★★★ 抵抗冷熱磨力有效方法 ★★★★★★★★★★★★★★★★★

用高效力經济耐用合金刀去車萬能工作

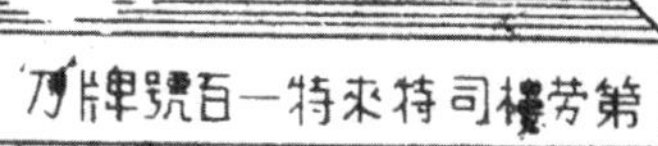

第勞樓司特來特可用普通沙輪磨出鋒
頭實是簡單便利

無論何種車頭快慢與震擊第勞樓司特來
特之鋒頭永不改變亦無折裂之弊

用第勞樓司特來特經济便宜而且減省
工具之原料

★★★★★★★★★★★★★★★ 寸合金刀車出萬里鋼末 ★★★★★★★★★★★★★★★

安通貿易有限公司獨家經理

浙江中路一五九號二〇五室　電話九一二七七

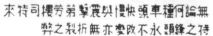

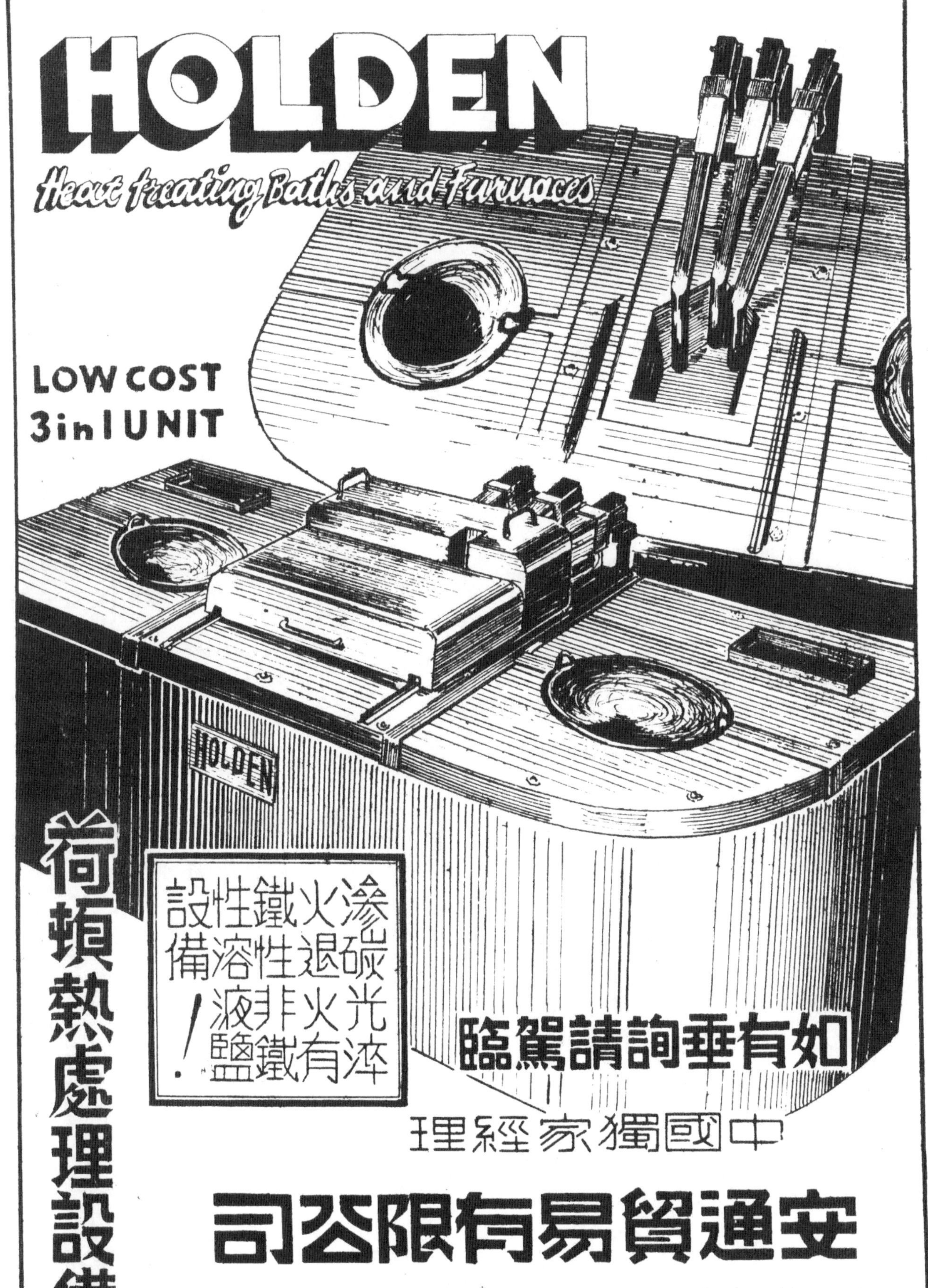
HOLDEN
Heat treating Baths and Furnaces
LOW COST
3 in 1 UNIT
HOLDEN
荷頓熱處理設備
滲碳光淬火退火有鐵性非鐵性溶液鹽設備！
如有垂詢請駕臨
中國獨家經理
安通貿易有限公司
地址：浙江中路一五九號玲奮大樓　電話：九一二七七號

第十八圖

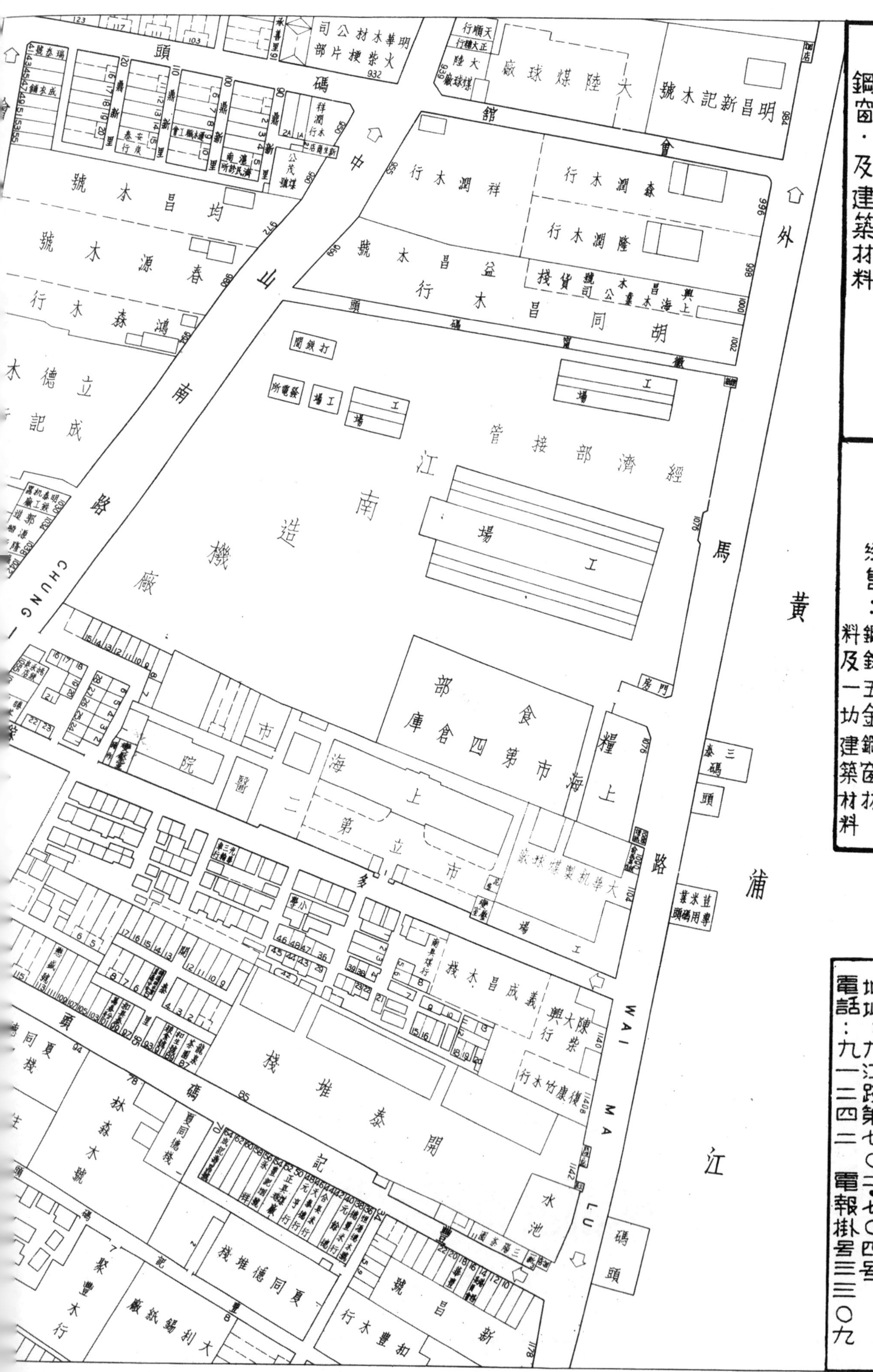

中華製鉄廠

地址南苏州路三一七号
電話一六六三五号

出品：元方扁鉄·竹節鋼條·鉄絲
鋼窗·及建築材料

恒利鐵號

地址南苏州路三一五号
電話一六六四四号

经售：鋼鉄五金鋼窗材料及一切建築材料

大東運輸公司

專辦鉄路運輸貨物

地址：九江路第七〇二·七〇四号
電話：九一二四二　電報掛号三三〇九

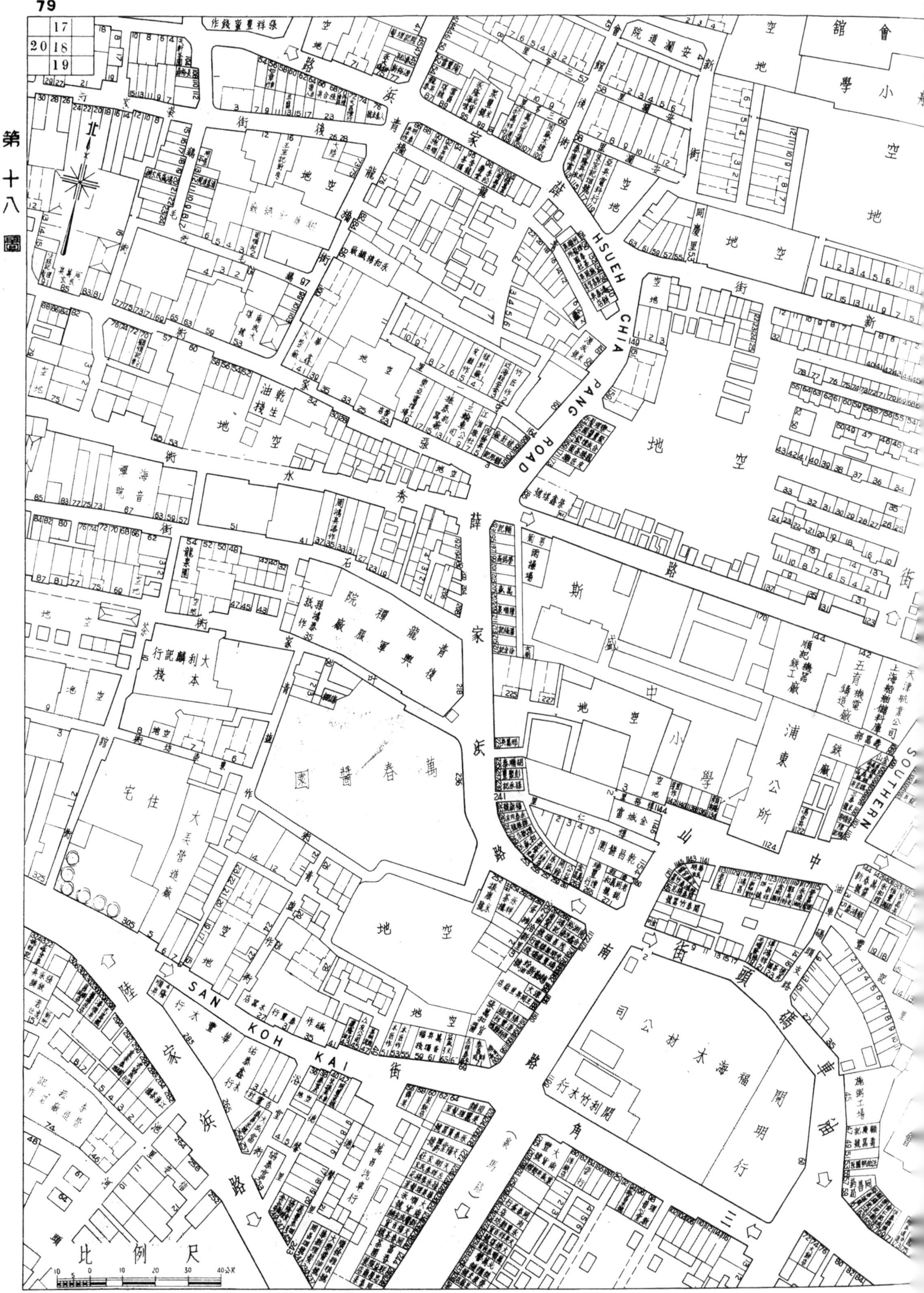
第十八圖
北
HSUEH CHIA PANG ROAD
SAN KOH KAI
SOUTHERN
薛家浜路
浦東公所
福海木材公司
開明行
比例尺
10 5 0 10 20 30 40公尺

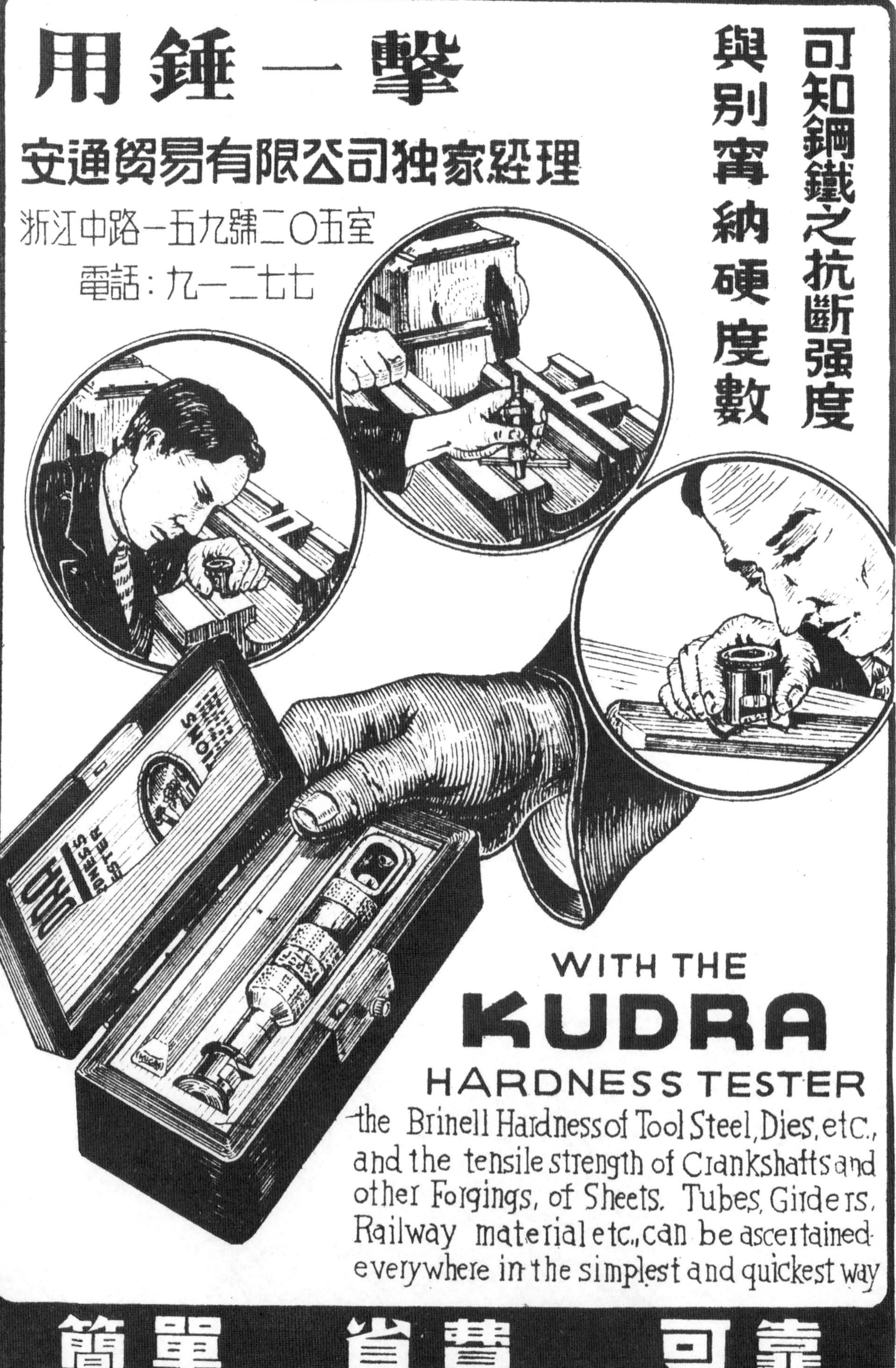
用錘一擊
安通貿易有限公司独家經理
浙江中路一五九號二〇五室
電話：九一二七七
可知鋼鐵之抗斷强度
與别𥨊納硬度數
WITH THE
KUDRA
HARDNESS TESTER
the Brinell Hardness of Tool Steel, Dies, etc., and the tensile strength of Crankshafts and other Forgings, of Sheets, Tubes, Girders, Railway material etc., can be ascertained everywhere in the simplest and quickest way
簡單 省費 可靠

加拿大亞特拉斯鋼有限公司

工具用鋼指導

亞特拉斯鋼

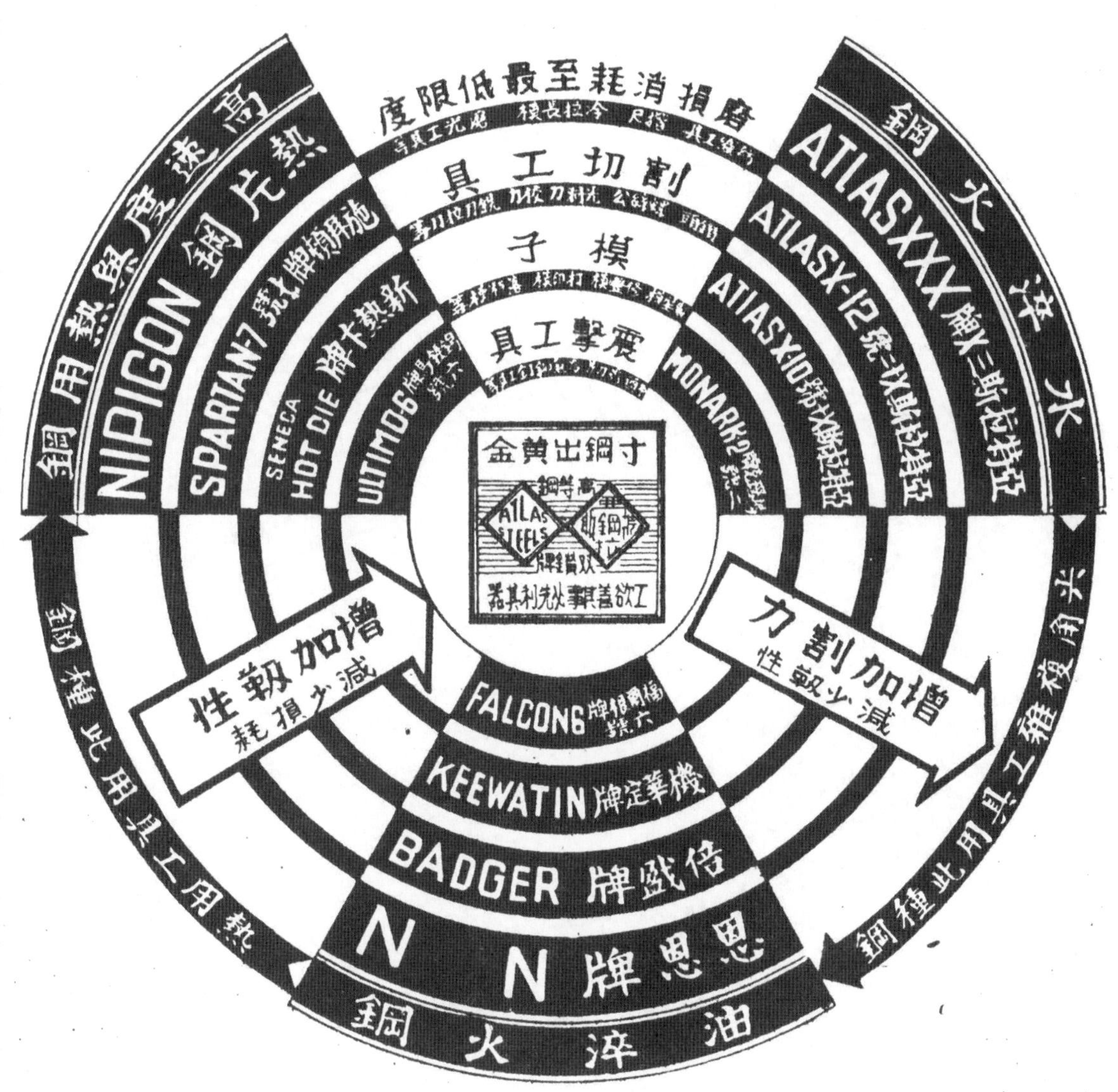

總公司：上海浙江中路一五九號郵政信箱二〇七一
電話九一二七七‥電報掛號"ATLASCHINA"
南京分公司‥南京新街口中山路三號A
台湾辦事處 基隆愛二路六十九號
台北博愛路九十一號‥電話四六七二二號

安通貿易有限公司中國独家经理

華洋軟木製造廠
地址：中正東路一二一六弄九號
電話：三三四三二號轉
第十九圖
外
馬
路
黃
浦
江
WAI MA LU
比例尺
福海木材公司
開明行
滬南慈善會
夏同德房棧
林森木號
泰開堆棧
夏同德堆棧
新昌號
和豐木行
益盛木號
其昌木業公司
長源木號
大利錫紙廠
祥大豬行
聚豐木行
恆豐木行
茂泰堆棧
鼎泰堆棧
森春木行
聚萬森木行
永泰木行
茂森木行堆棧
泰木行
元泰
德森竹行
祥泰森木行
寶山柴行
王合興柴行
寶豐木行
寶豐木號
永豐木行
永豐木行
興華記信煤球廠
煤棧
許志大冶廠
濟泰當
沈元來倉庫
倉庫
倉庫
機廠街
工房
泰昌木廠
胡氏祠
洗布浜
新昌碼頭
豬碼頭
豐記碼頭
南碼頭
市輪渡
水池
公泰和木行
豐木棧

第十九圖

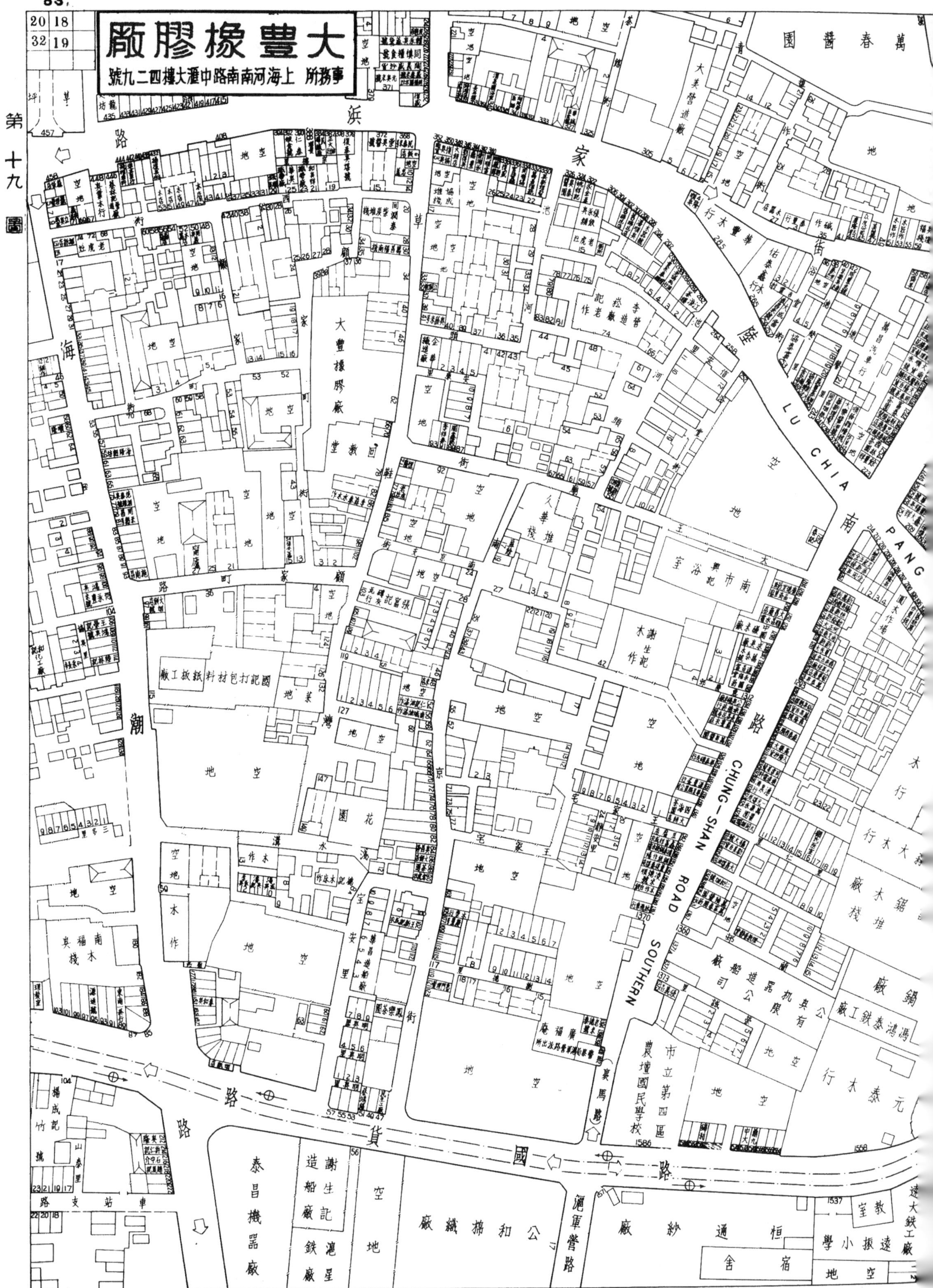
大豐橡膠廠
事務所 上海河南南路中滙大樓四二九號
陸家浜路
LU CHIA PANG
南
中山南路
CHUNG-SHAN ROAD SOUTHERN
國貨路
車站支路
滬軍營路
大豐橡膠廠
萬春醬園
大美營造廠
南市浴室
花園
市立第四區農壇國民學校
泰昌機器廠
謝生記造船廠
滬星鐵廠
公和棉織廠
恒通紗廠
宿舍
遠振小學
教室
元泰木行
馮鴻泰鐵工廠
南福興木棧
國記打包材料鐵板工廠

第二十圖
NAN CHONG KAI
豐泰木行
利民糖廠
江西會館
小菜場
張祥豐蜜餞作
王大有香廠
南市大戲院
大有文記軍服第一廠
同興航業公司船用材料處
比例尺
0 10 20 30 40公尺

第二十圖

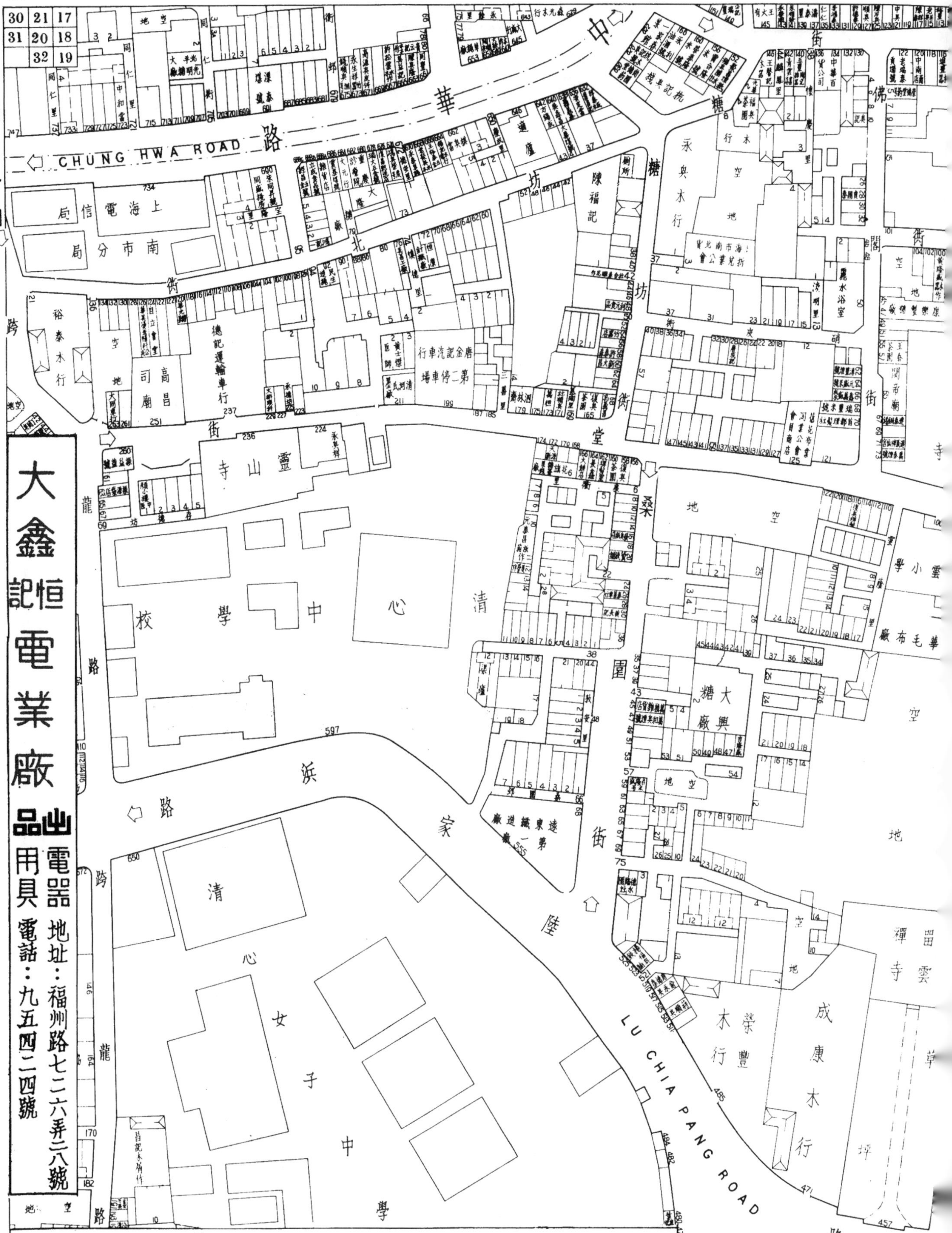

30	21	17
31	20	18
	32	19

中華路
CHUNG HWA ROAD
上海電信局
南市分局
北坊街
糖坊街
堂街
桑園街
靈山寺
清心中學校
陸家浜路
LU CHIA PANG ROAD
清心女子中學
跨龍路
永興木行
陳福記
麗水浴室
雲小學
華毛布廠
大興糖廠
遠東鐵道廠第一廠
榮豐木行
成康木行
留雲禪寺
裕泰木行
高昌廟
總記運輸車行
唐金記汽車行第二停車場
上南北市海商街公會

徐興泰鉸鏈廠

SSS

TRADE MARK

SHIN TAI HINGE FACTORY

MADE IN CHINA

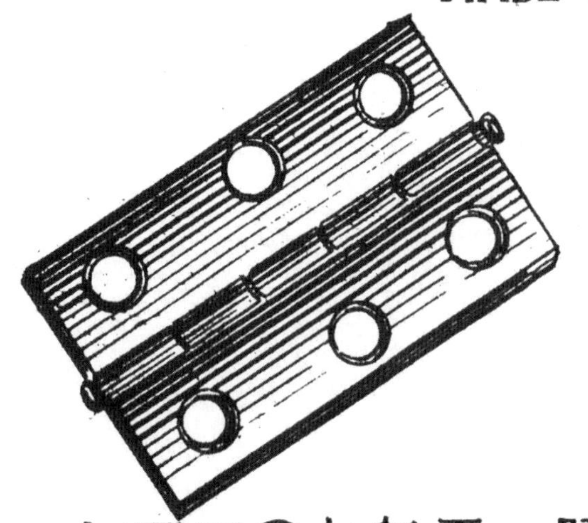

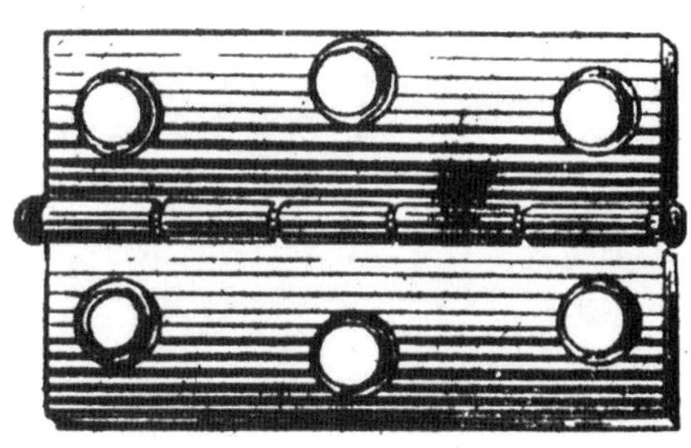

山東路一一七弄二六號‥電話九〇四三九

徐興泰五金撳鈕廠

單馬商標

MADE IN CHINA

興泰

RUSTPROOF
SPRING PRESS STUD

山東路一一七弄二六號　電話九〇四三九

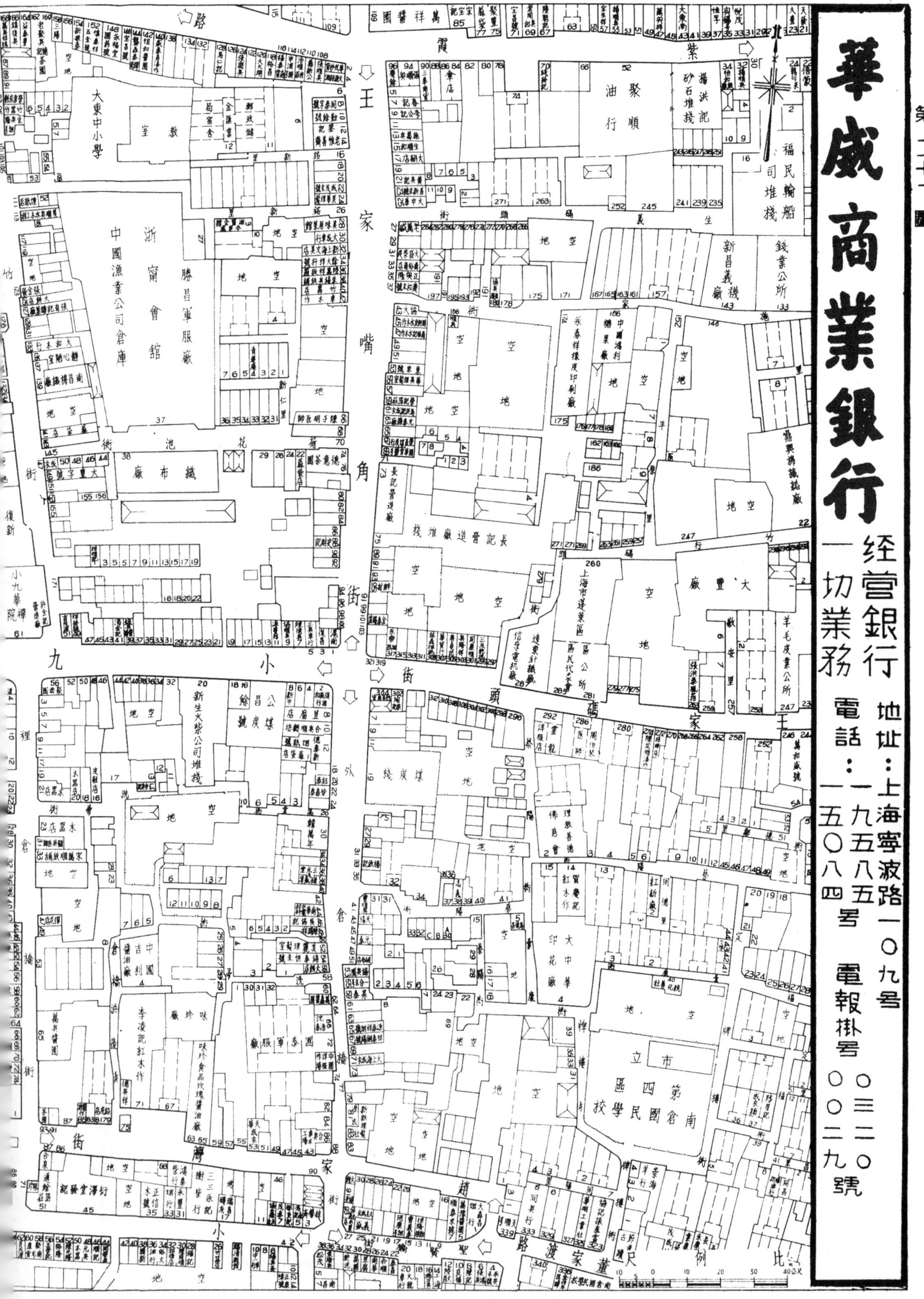
第二十二圖
華威商業銀行
经营銀行一切業務
地址：上海寧波路一〇九号
電話：一九五八五号
一五〇八四号
電報掛号
〇三二〇
〇〇二九號
大東中小學
浙寧會館
中國漁業公司倉庫
勝昌軍服廠
織布廠
長記營造廠堆棧
上海市邑廟區區公所
聚順油行
福民輪船公司堆棧
錢業公所
新昌義棧廠
羊毛皮業公所
大豐廠
鼎興搪瓷廠
煤炭棧
新生火柴公司堆棧
公昌餘炭號
佛教慈善會
大中華印花廠
味珍食品玫瑰醬油廠
李淩記紅木作
泰昌軍服廠
市立第四區南倉國民學校
小九華禪院
王家嘴角街
小九華街
花池街
比例尺

30	22	15
	21	16
	20	17

第二十一圖

中華路

CHUNG HWA ROAD

喬家路

永興路

家黃街

巡道街

石橋街

門

小閘

上海市立基督民國學校

群學會附屬小學

私立廣才中小學

廣才中學操場

上海市公用局滬南區管理所

上海市警察局保安第二大隊第一中隊

震益木料廠

永利油廠

福記滬昌木行

國佳炭煤行

永盛鋸木廠

永盛鋸木廠堆棧

上海市商會商業職業學校

上海貧兒工藝院

上海惠生醫院

上海救火聯合會

寧海禪院

三官堂

大平洋織襪第二廠

大平洋

寶成曬場

寶成印染廠

永昌織襪廠

品盧

梧善堂

國民大戲院

浩成針織廠

新元木行記

空地

光亞金屬製造廠

輕便三用沙法床

全部以純鋼盤香彈簧爲芯，織花線綢爲面，裝新式克羅米或噴漆靠背，柔軟舒適，精美絕倫，且可作一雙人床或雙單人床，此種合臥床坐椅於一體，爲床墊中最輕便靈敏者，亦郎最合理想之時代傢具也！

光亞電銀餐具

是本廠超特出品，由專家設計，式樣精巧，以機器製造，均勻整齊，足稱最高之藝術結晶，爲最合理想之飲食器皿。

貴州路一五一至三號　電話九二三九一　廠址：大西路汪家衖

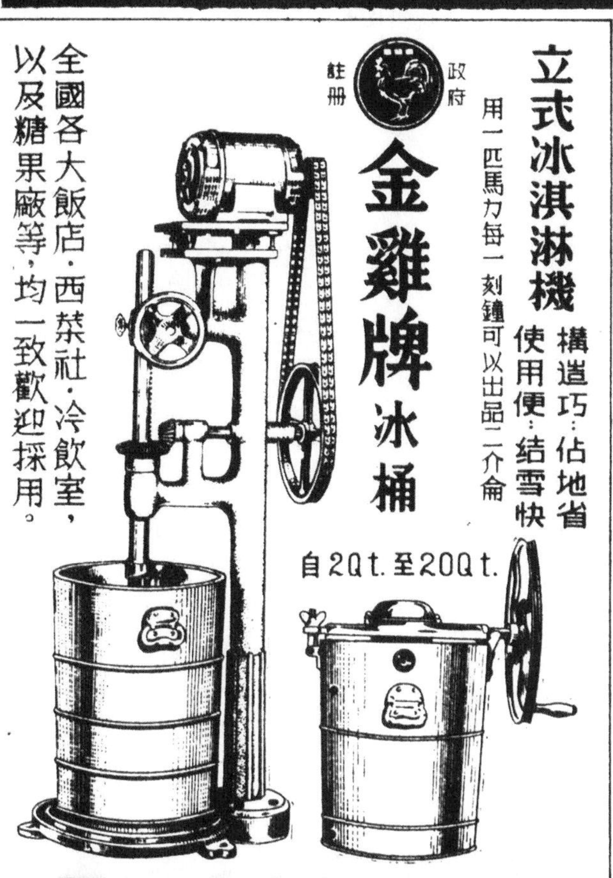

泰昌機器造船廠

本廠專門修造
大小輪船機器
及鍋爐等工程

廠址：建國中路二七衖二四號　電話：七一九八二

事務所：中山東二路九號九三室　電話：八〇〇三三

第二十二圖

大東中小學
基督教普益社
浙甯會館
中國漁業公司倉庫
勝昌軍服廠
王家嘴角街
紫霞路
位中義務學校
大東浴室
緒綸公所
永利油廠

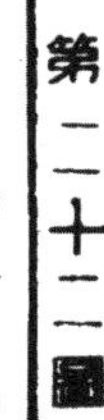

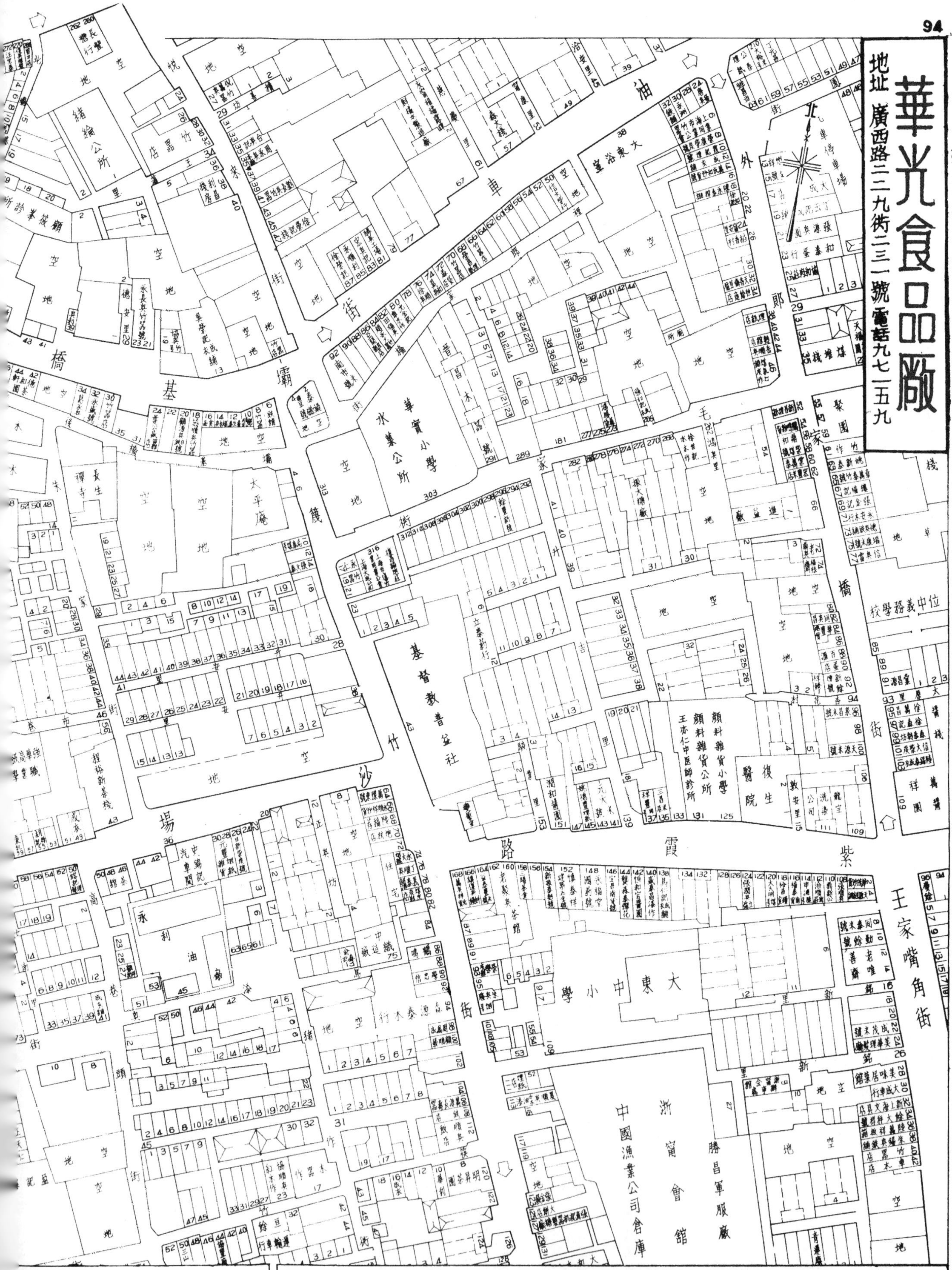

第二十二圖

上海市錢商業同業公會會員錢莊
人豐錢莊
地址：天津路五一弄七号
電話：一九九七二号
晉華電機製造
地址：東餘杭路一〇六二
市立朝宗國民學校
私立同仁義務小學
火神廟
強國軍裝廠
上海市漆業公會
上海皮革業號市
時宜小學校
淞滬警備司令部
第四稽查大隊大隊部
巡道街警察派出所分局
水仙宮
藥皇廟
同仁輔元堂第二施衣所
震益木料廠
中華路
CHUNG
空地
比例尺
10 5 0 10 20 30 40公尺

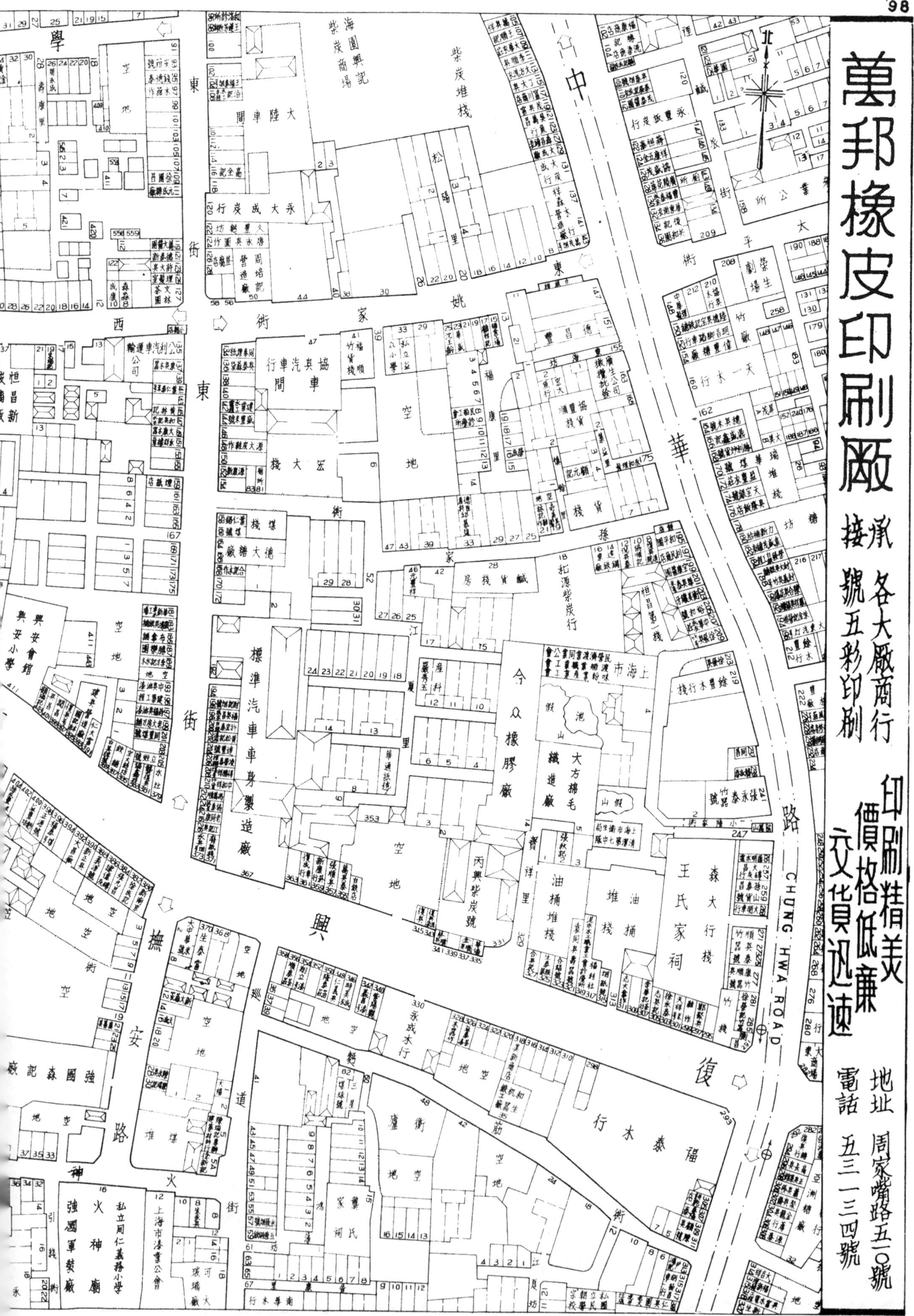

第二十三圖
萬邦橡皮印刷廠
承接各大廠商行號五彩印刷
印刷精美
價格低廉
交貨迅速
地址 周家嘴路五一〇號
電話 五三一三四號
北
中華路
CHUNG HWA ROAD
柴炭堆棧
海興柴炭商場
大陸車間
承大成炭行
協興汽車行車間
宏大棧
標準汽車車身製造廠
令众橡膠廠
大方棉毛織造廠
丙興柴炭號
王氏家祠
森大行棧
油桶堆棧
油桶堆棧
福泰木行
永成木行
盧氏家祠
火神廟
強國軍裝廠
私立同仁義務小學
上海市漆業公會
強國森記廠
興安會館
興安小學

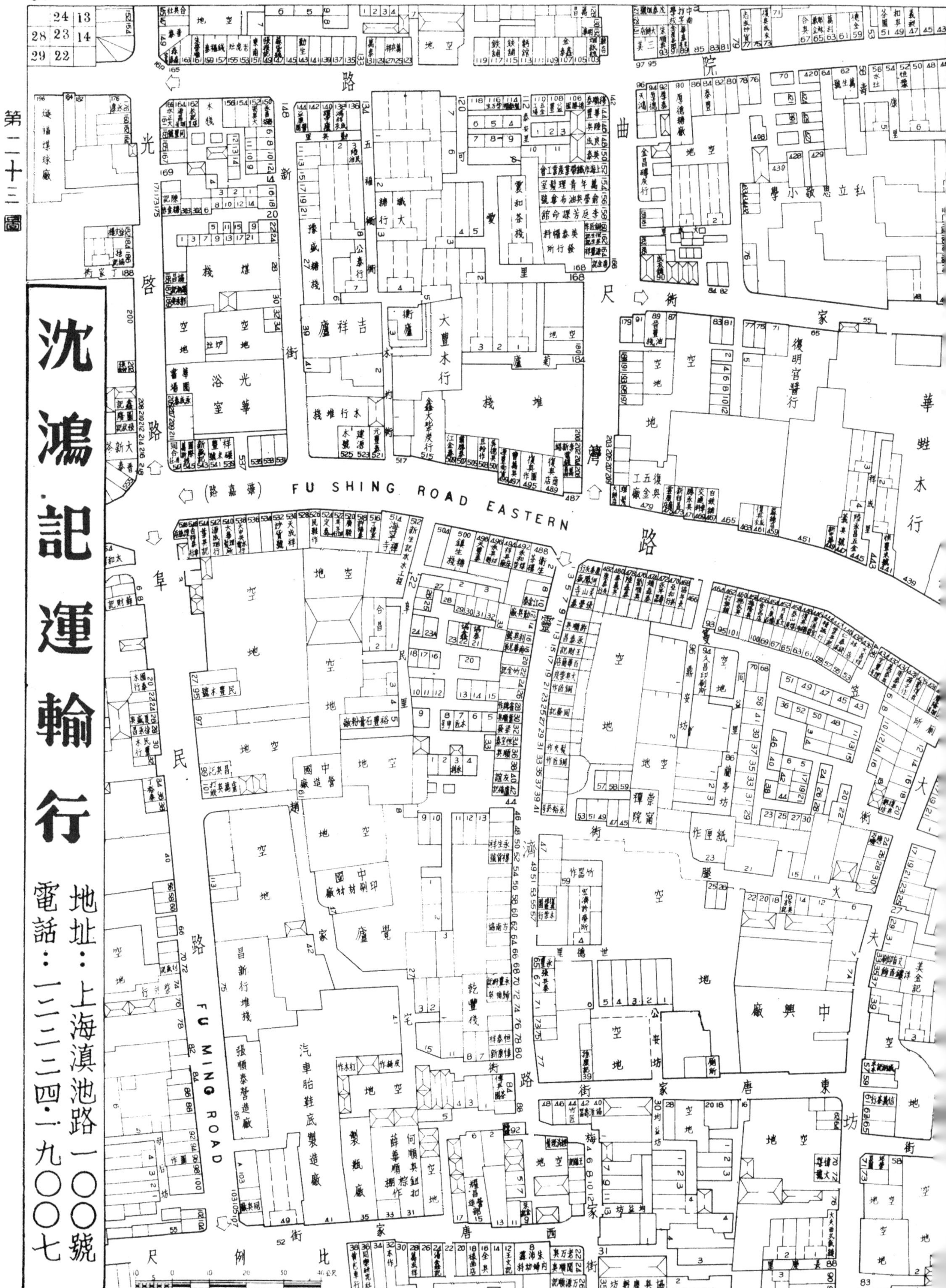
第二十三圖
沈鴻記運輸行
地址：上海滇池路一〇〇號
電話：一三三二四·一九〇〇七
FU SHING ROAD EASTERN
FU MING ROAD
私立思敬小學
中興廠
吉祥盧
大豐木行
光華浴室
比例尺

雙箭牌

新中華刀剪廠

出品

SIN CHUN HWA CUTLERY

各式刀剪

理髮器具

上海廣東路四一九至四二一號

電話九五四一八

鏈工牌

註冊商標

NO.108 藝光飯鍋

NO.105 藝光茶壺

藝光鋼精廠出品

廠址：呂平路四三八號 電話：三八五五四號

民國二十三年五月開業
光華商業儲蓄銀行
有十餘年悠久之歷史堅強之信用
第二十四圖
方浜中路
方浜東路
中華路
四牌樓路
學院路
東街
劉家街
曲尺灣
姚家衖
CENTRAL
ROAD
TUNG KAI
浙江興業銀行
盈豐公司堆棧
南貨業公會
中華禮廳
振興木棧
宏豐棧
福源木行
海園劇場
私立思敬小學
花園觀山
假山
空地

第二十四圖

北
方浜中路
方浜路
FONG PANG
安仁街
文昌路
光啓路
KUANG CHI ROAD
三牌樓路
學院路
HSUEN
北區救火會
城隍廟
永盛木行
華南煤球廠
華記汽車運輸行
中國企業銀行
行址：四川中路三三號
電話：一六九八〇號

第二十五圖
合興昌德記
印鐵製罐廠
印鉄部成都北路一二八弄一八號
電話：三六〇七一號
製造部成都北路二七弄一四號
電話：三一五八四號
佑
福
安
仁
街
方
浜
中
路
光
啟
路
天主堂
豐裕棧
勤德小學
上智小學
魯班殿
軒轅殿
布業公所
空地
得意樓書場
玉清宮
內殿
正殿
羣忠祠
北區救火會
益生堂
大成當
森懋木棧
永盛木行
ENTRAL)
牌
註册
商標
電線
TARDE MRAK
出品精良
经久耐用
國產權威
取價低廉
大來電業廠出品
上海南市董錦路：六十六弄一號
事務所浙江中路一五九號五〇一室
電話九八二一〇接五〇一號

第二十五圖

福佑路
侯家路
慈雲禪寺
珠玉業新市
湯記樹堆棧
沉香閣路
舊校場路
作房
棧房
老萬元醬園
同寶泰酒棧
福佑聯合商場
振興珠玉業市場
HOU CHIA ROAD
方浜路
FONG PANG
比例尺
10 0 10 20 30 40公尺
同餘錢莊
地址 江西中路四一二衖三三號 電話一四〇一九
大明化學製葯廠出品 名貴
大咳安 大力雄 大抹散 大健食
乍浦路三六〇号
經營進出口
營業專製花
边繡衣佛珠
芉行銷歐美
中興華行
上海虎丘路十五號
電話 12093 14699
電報掛號
"KOO WEN SUN"

五育膠木電器製造廠

WUYU BAKELITE ELECTRIC APPARATUS WORKS

中正中路一二三八弄二九號

電話六〇四八一號

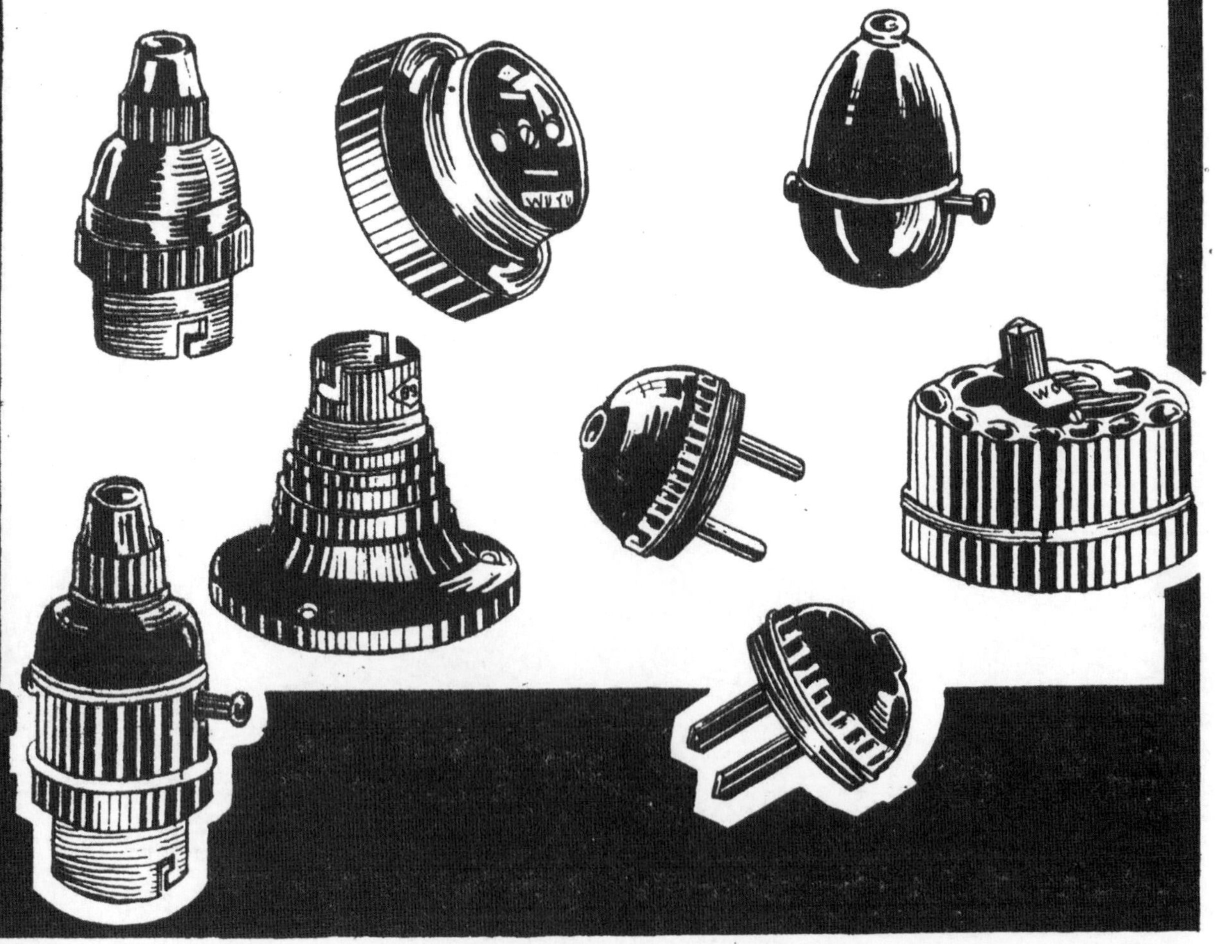

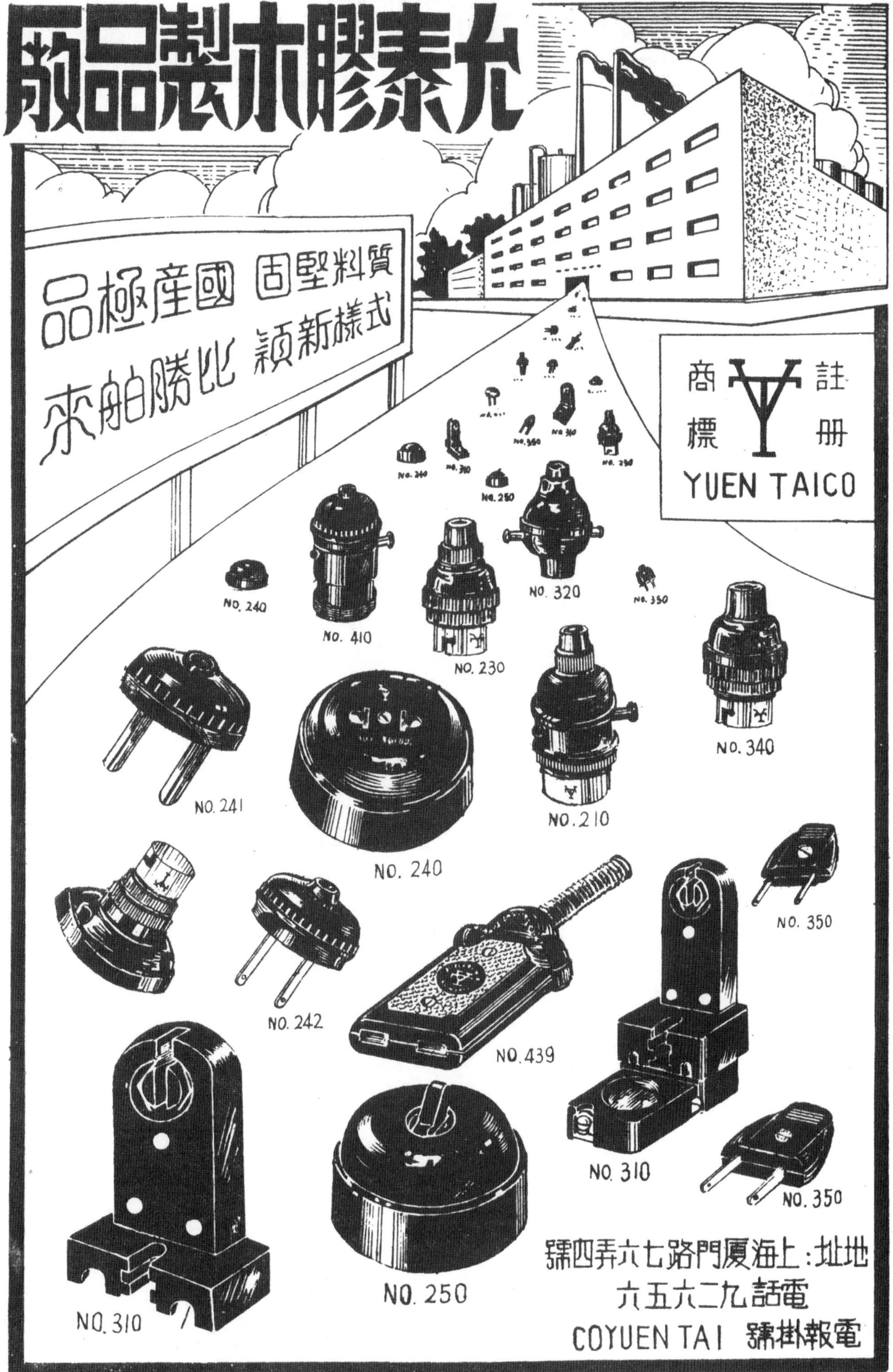

允泰膠木製品廠
質料堅固 國產極品
式樣新穎 比勝舶來
註冊商標
YUEN TAICO
NO. 240
NO. 410
NO. 230
NO. 320
NO. 350
NO. 340
NO. 241
NO. 210
NO. 240
NO. 242
NO. 439
NO. 350
NO. 310
NO. 350
NO. 250
NO. 310
地址：上海厦門路七六弄四號
電話九二六五六
電報掛號 COYUEN TAI

開爾口福乙
上海
佑慈藥廠出品
藥房均售
CALCUFE-B

第二十六圖

私立南海小學校
慈安產科醫院
旦華國民學校
新光化學工業廠
大雄寶殿
民生軍服工廠
廣福寺
佛殿
祠堂
第二區教育會
永明針織廠
操場
宿舍
紫金小學
空地
玻璃棧房
烟葉公所
黃園
HOU CHIA ROAD
大海路
紫華路
方浜中路
比例尺

9	10	
38	26	25
37	27	

第二十六圖

FONG PANG ROAD (CENTRAL)
RO HSIANG YUAN ROAD

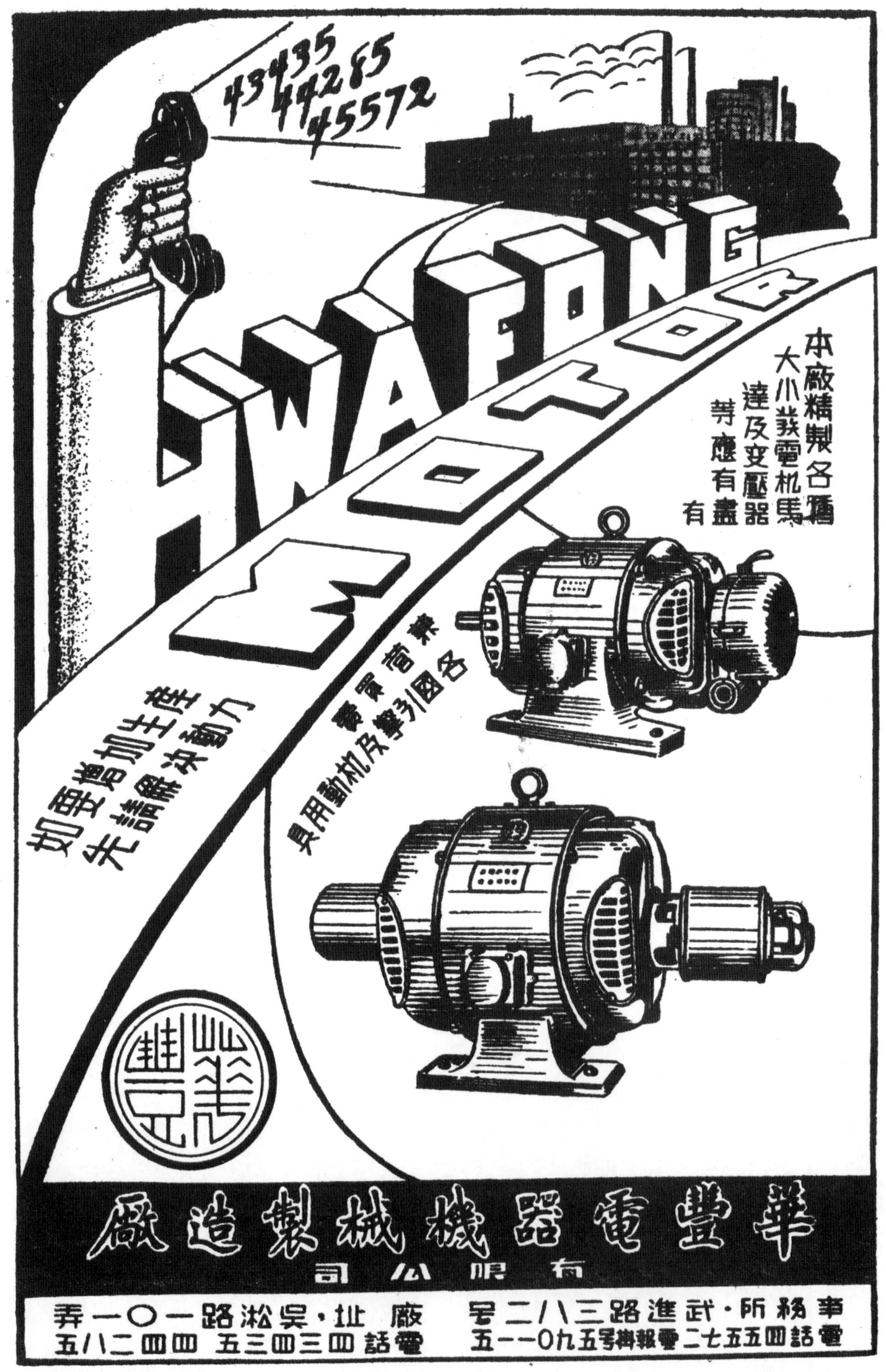

43435
44285
45572
HWAFONG
MOTOR
本廠精製各種大小發電机馬達及变壓器等應有盡有
如要增加生產
先請解决動力
兼營軍需
各國引擎及動机用具
華豐電器機械製造廠
有限公司
事務所・武進路三八二号
電話四五五七二 電報掛号五九〇一一五
廠址・吳淞路一〇一弄
電話四三四三五 四四二八五

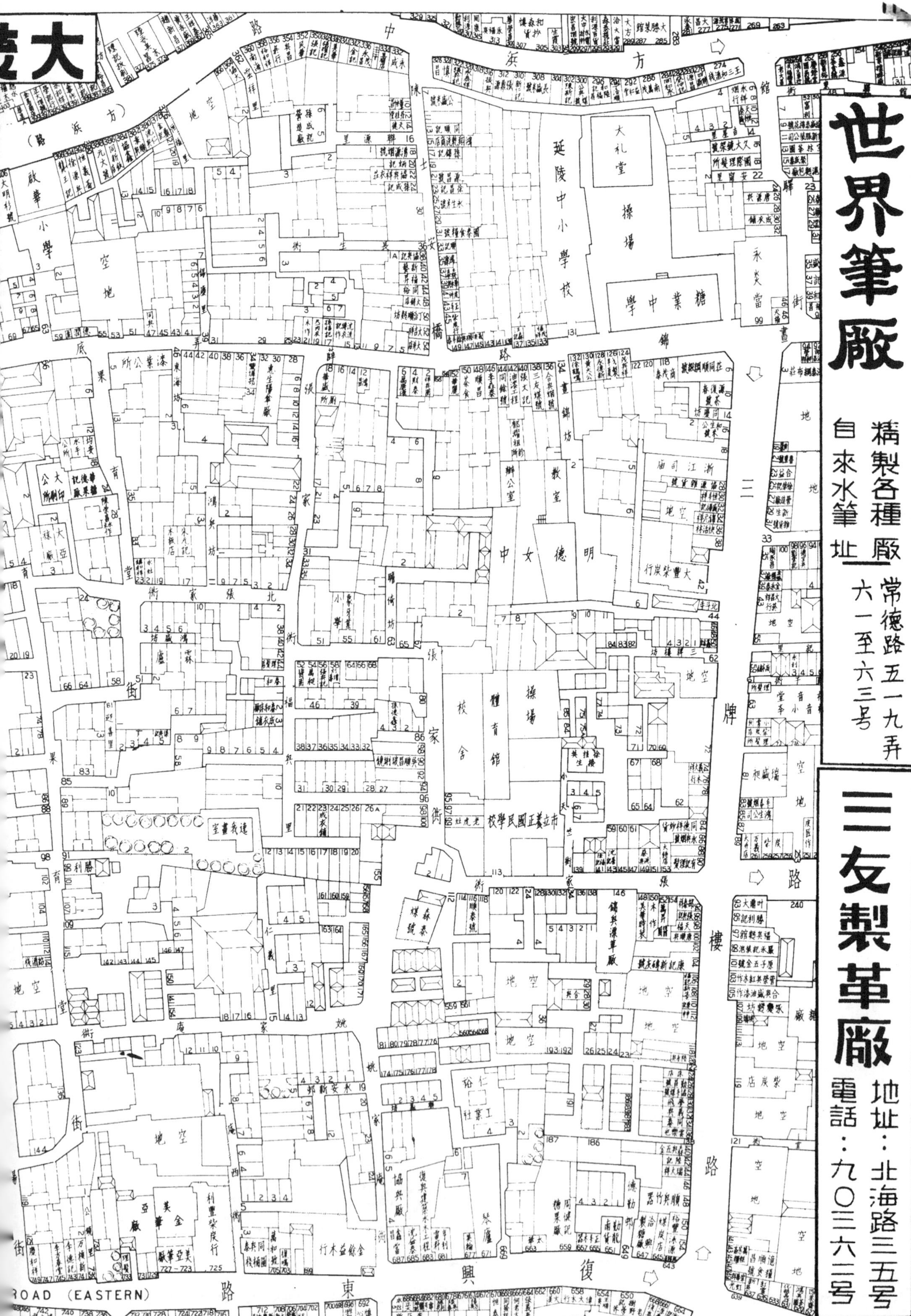
方浜中路
延陵中小學校
大礼堂
操場
糖業中學
永炎當
明德女中
辦公室
教室
體育館
校舍
操場
市立養正國民學校
浙江司廟
大豐柴炭行
三牌樓路
錦興濮筆廠
協興廠
美華金亞廠
利豐柴炭行
復興東路
ROAD (EASTERN)
世界筆廠
精製各種自來水筆
廠址 常德路五一九弄六一至六三号
三友製革廠
地址：北海路三五号
電話：九〇三六二号

第二十七圖

企業公司
北京東路二六六號五樓
良園枇杷膏
傷風咳嗽請服
最靈
永昌熱水瓶廠出品
金山牌麒麟牌熱水瓶
地址東餘杭路一〇五一弄三二號
電話：五〇三〇六
FONG PANG ROAD (CENT
方浜中路
復興東路
上海中醫專科學校
廣益中醫院
比例尺

公信電器廠

股份有限公司

各種膠木

電器用具

廠址：上海新昌路三一三號　電話：三三三二〇　三九五九五

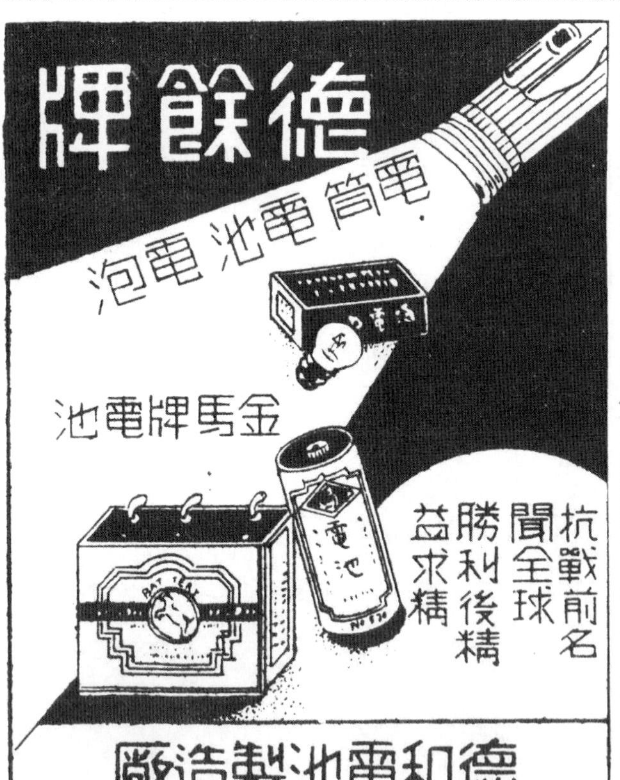

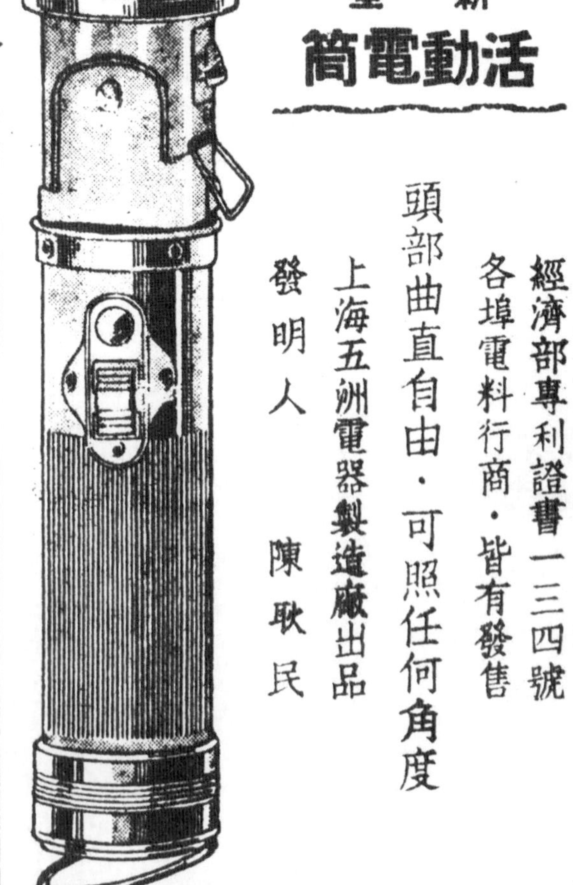

永生無線電製造廠

驚人超越出品

與衆不同
改良製造

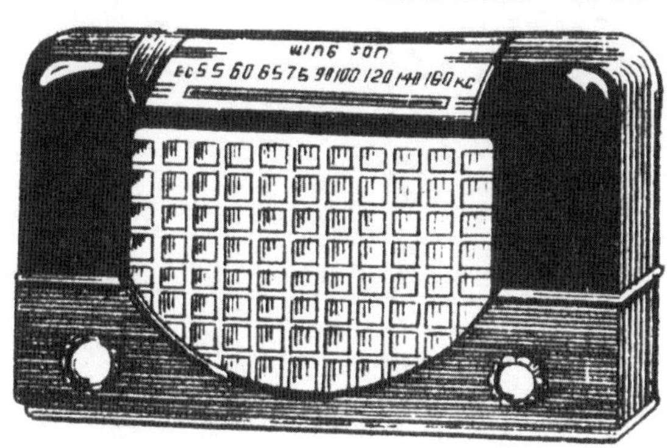

永生
老牌

霸王號五燈長短波機

有方棚
五燈機

希望顧客不要無價
專聽價錢　還概還
須看看貨色
例舉一部份來說：
本廠採用AEROVOX
儲電器　可以保證
二三年不壞　如普
通用雜牌儲電器
祗多數月或不到一
月就是可以免費掉
換　但是精神時間
車資損失
結果還是不合算

式樣之新市上從未有過短波之靈可說無與論比創世界新記錄

歡迎顧客携帶歐美任何名牌長短波
收音機來比較試聽　該機能在下列

台漢北天南杭福廣貴昆南重成
灣口平津京州州州陽明昌慶都

以及邊疆地區均可應用

各地收聽上
海廣播保證
成績極好

廠址　中正東路一〇九六弄內(龍門戲院斜對面)
電話六六〇一四

第二十八圖

華南煤球廠
華記汽車運輸行
復新糖廠
佳發煤棧
同康藥行
怡成藥行
鴻元藥行
張鼎裕棧
湖玲木行
光華浴室
中國印刷材料廠
覺廬
中南織造廠
中國立豐棉毛織造廠
汽車胎鞋底製造廠
張順泰營造廠
昌新行堆棧
仁善小學
仁善育嬰堂
張竹銘醫師
公濟善堂城區辦事處
操場
晒場
空地
比例尺
註冊商標
請用國貨
鐵錨牌
各種拉鍊
鐵錨拉鍊
機器製造
經久耐用
輕鬆玲活
各色齊備
歡迎選購
吳祥鑫拉鍊廠
發行所 上海九江路七三三號
廠址 西倉路一二二弄三號
電話 九〇〇六八

第二十八圖

復興東路

FU SHING

淘沙場街

小桃園街

西倉路

西倉橋街

文廟路

蓬萊路

方浜路

淨土街

侯家路

方宏大白酒坊

唐生記漆作

境成小學

操場

私立崇本小學

四維食品公司製造廠

恒大棉織廠

財政局南市區稅捐稽徵處

市公庫南市區收款處

永和棉毛織造廠

華成襪機

致真道院

申新棧

蔚康糧行住宅

至誠小學

上海市警察局蓬萊路分局

徐正和紙盒廠

海上一善社

尹均秋診所

恒美齋墨莊

福利漂染廠

新申棉毛織造廠

胡聞文製造廠

康記醬園

淨土庵

森泰柴炭行

鑫大柴行

天華綢廠

三五棉廠

報關業同業公會

姚家祠

石牌坊

空地

資源委員會

中央無線電器材有限公司

製造及供應一切無綫電器材

主要出品

廣播發射機　擴音機
廣播收音機　手搖發電機
通訊發射機　電源設備
通訊接收機　交直流電表
軍用報話機　各種零配件

承接營業處

總公司　上海廣東路一三七號三樓
上海四川中路六七〇號四樓
電話　一八一七四　一八三五〇

門市部　上海乍浦路三一六—八號
電話　四一二〇二　四一二〇三

南京珠江路二七四號
重慶中山三路二九九號
天津一區羅斯福路一九七號
北平東四南大街八五號

PACIFIC RADIO COMPANY

CABLE ADDRESS: PACIFICRDO
TEL. 87777

中美無線電公司

經理

美國名廠出品
各種廣播收音機
無線電報話收發機

發售

無線電真空管
一切另件材料

上海中正中路三四七號六室

驚人貢獻 名貴出品

港粵牌收音機

選料高貴
機件耐用
發音準確
負責保用

歡迎批發 零售 試聽

地址・鳳陽路五三七號

電話・六二四〇〇 電報掛号五七〇二七五

中國港粵聯合無線電股份有限公司

孫科題

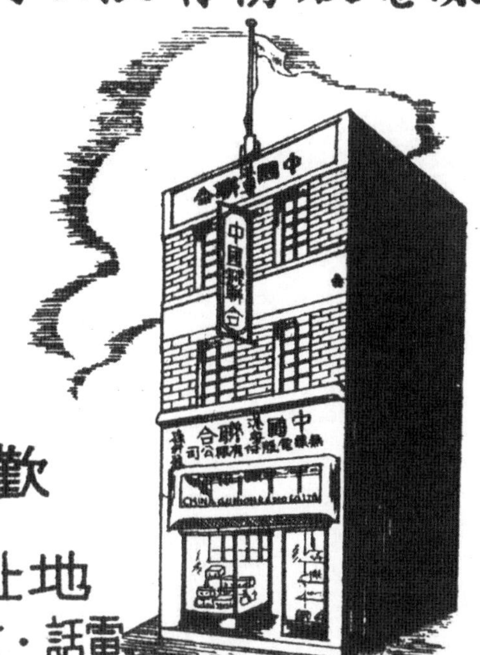

星教育局立案中

中國港粵聯合無線電傳習所
無線電裝修實習班

緣起 本所創設已有悠久之歷史，向以服務社會為目的，名播全國，深為社會各界所贊許，茲以無線電應用日廣，我國在建設期內，需材更殷，本所校長有鑒於此，曾遍歷十五省，再由粵轉港返滬，親自主持創辦本所之無線電訓練班，推行職業教育，養成技術人才，以應社會國家之急需。

宗旨 造就無線電專門人才，俾得為人群服務，個人方面事業得以發展，生活方面得以解決。

科系 暫設無線電裝修實習班，專修班，函授班，及電訊班。

簡章備索 報名從速

地址白克路五三七號

上海

中國港粵聯合無線電股份有限公司

製造 買賣 修理

本公司榮譽出品

港粵牌收音机 港粵牌方棚

發行

中國標準收音机電路集

地址・・鳳陽路五三七號

電話・六二四〇〇 電報掛号五七〇二七五

第二十九圖
東唐家街
FU MING ROAD
CHIAO CHIA ROAD
中國立豐毛織造廠
汽車胎製造廠
製瓶廠
久新米號
怡和煤炭行
隆盛木栈
天德小學
時代金廠
上海市豆腐業公所
同仁輔元堂第二庇寮所
同仁輔元堂
藥皇廟
小客栈
新大木號
空地
比例尺
九鏈
商標
勝德新藝牙簽
廠地：西康路四七一號
電話：三六一七○四
發行所：泗涇路廿二號
電話：一○九八七
器膠木廠出品
BAKLITE FACTORY
出品各種電器用具 應有盡有

第二十九圖

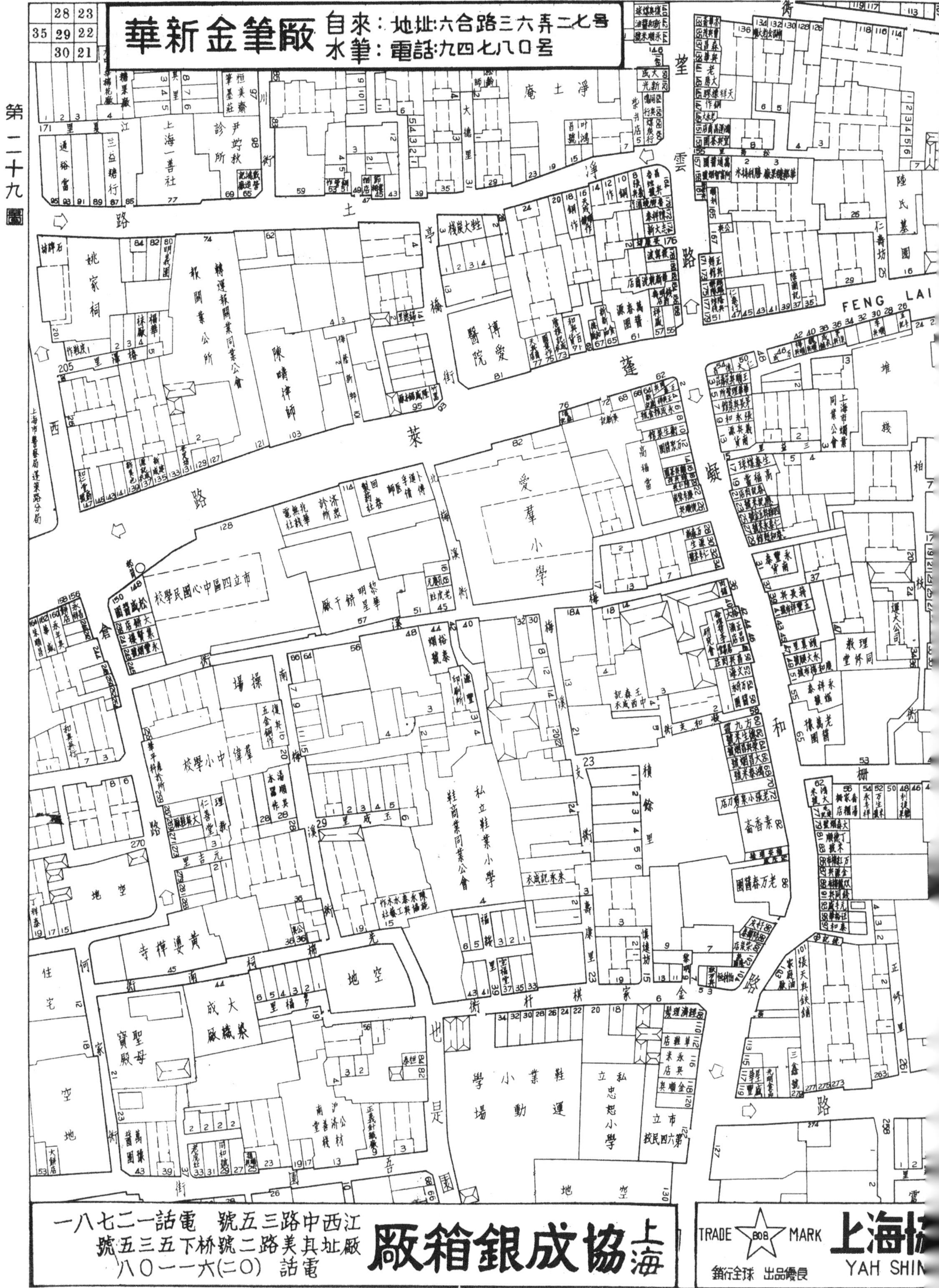
淨土庵
上海一善社
姚家祠
轉運報關業同業公會
陳曉津律師
博愛醫院
蓬萊路
FENG LAI
凝和路
陸氏墓園
愛華小學
市立四區中心國民學校
黃婆禪寺
私立鞋業小學
鞋商業同業公會
大成染織廠
聖母殿
鞋業小學運動場
私立忠恕小學
空地

美通電業廠

股份有限公司

MYTUNE ELECTRIC MFG. CO., LTD.

本廠首先創製發明 · 採料高貴 + 光澤堅韌

國貨電木電器用品 · 避電安全 + 經久耐用

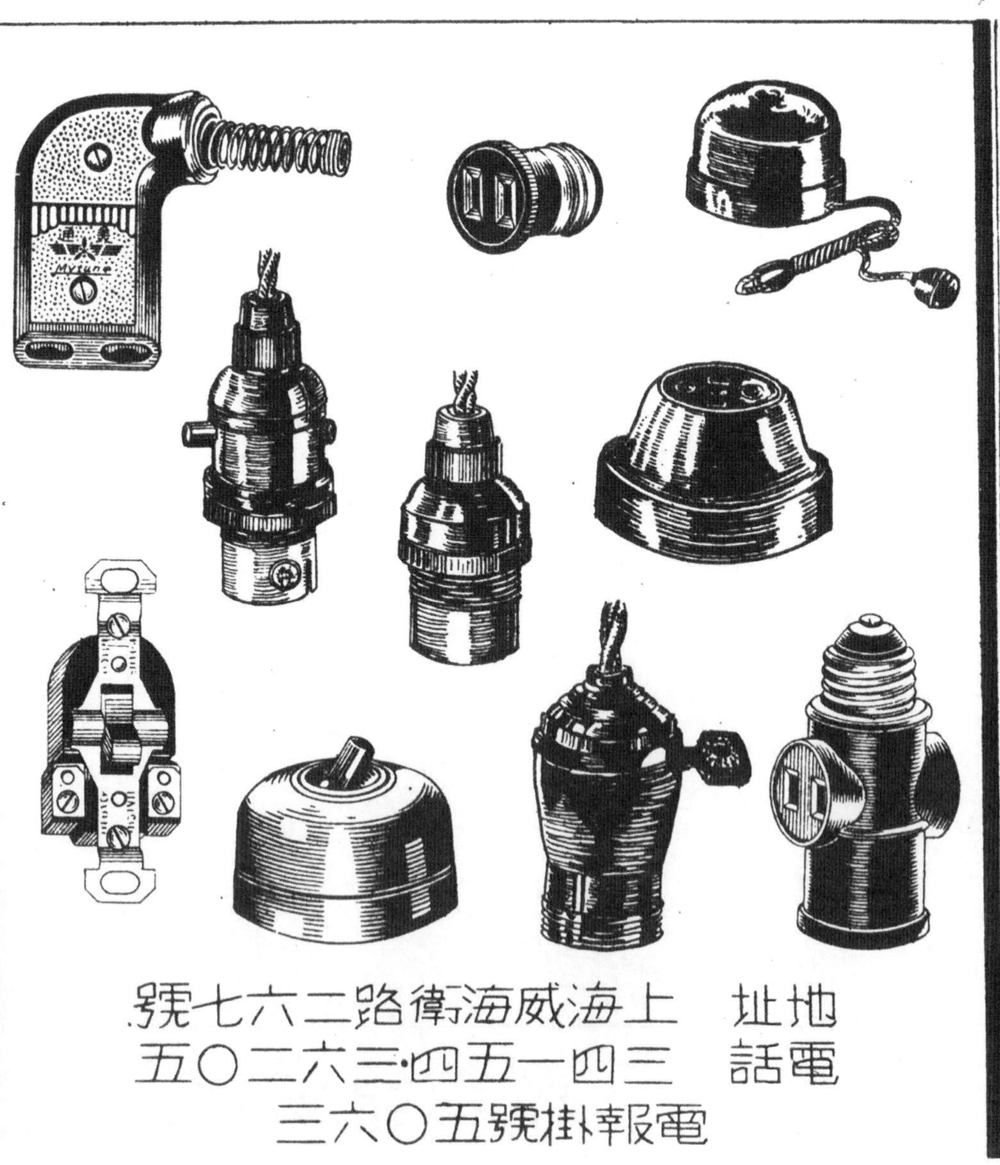

地址 上海威海衛路二六七號

電話 三四一五四·三六二〇五

電報掛號五〇六三

本廠

專製各種

粗細電線

上海

兆豐電業廠

出品

海寧路八一四弄四○號

電報掛號

"CHAOFOONCO"

電話 45650

45658

註冊商標
興
美麗肥皂
肥皂領袖
絲絲去垢 ★ 點點除污
歐治化學工業廠出品
發行所泗涇路廿二號 電話一二〇八六
FU MING ROAD
中華路
南洋醫院
私立廣才中小學
聯義善會
永池
亭
空地
私立正明小學
私立靜文小學
國光火柴廠
上海祥記
琴口製造廠
木作
小客棧
壽器作
安利木行
恆隆木行
大陸運搬車行
和興柴炭行
煤棧
木棧
晨星工藝社
竹棧
同仁里
同安里
曾樹德律師

第三十圖

國記 機器廠
製造廠－華山路六〇〇弄A字一二八号 電話：二二〇〇九号
營業所－福州路八九号四三七室 電話：一七九二九号
光華衛生工程行
總行：上海郵〇區虎丘路一四號 電話：一〇九七六號
分行：南京郵五區林森路一一二至四號 電報掛號六六三一號
CHIO CHIA ROAD
CHUNG HWA
中華路
龍門中學
永鑫鉄工廠
震南糖廠
康元木行
景瑞小學
比例尺

美成電業廠股份有限公司出品
MEI CHEN ELECTRIC & MANUFACTURING CO., LTD.

立鶴牌

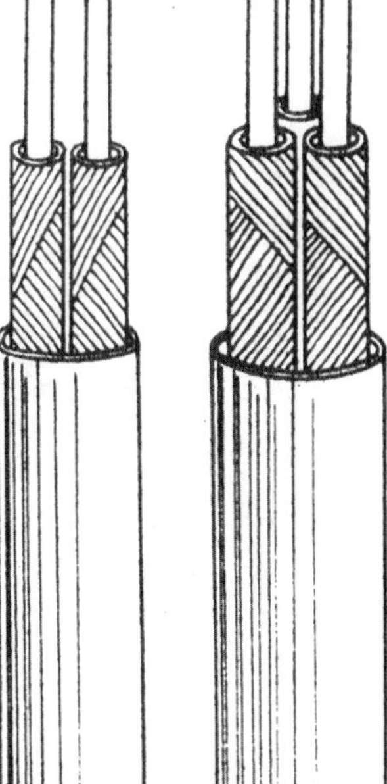

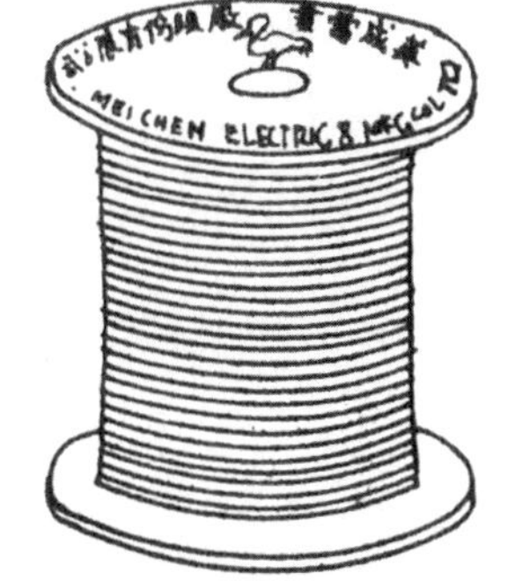

雙絲包綫
D. S. C. WIRE
SIZE FROM #14 TO #42SNG

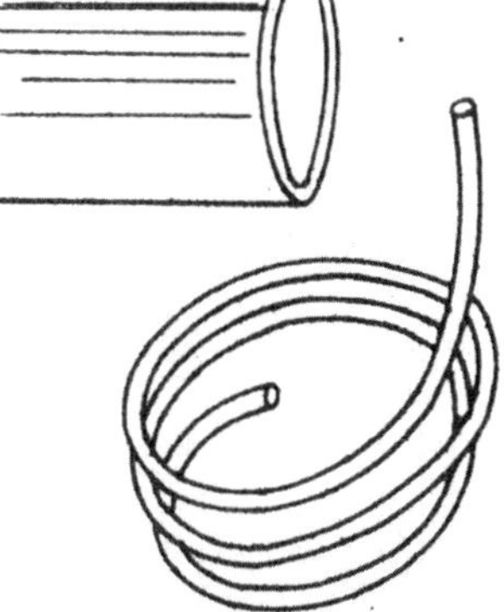

青鉛管子
SEAMLESS
LEAD PIPE

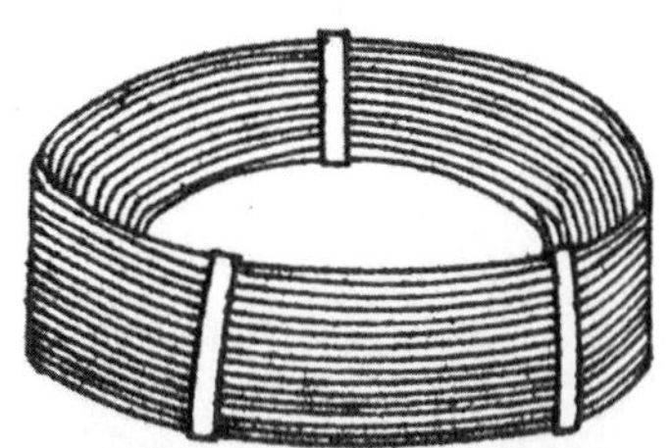

雙紗包綫
D. C. C. WIRE
SIZE FROM #8 TO #26SWG.

鉛包電纜
LEAD COUERED CABLES

管理處：南京西路587號107室 TEL. 62524
製造廠：虹口物華路178號 TEL. (02) 61997

長城電業廠股份有限公司

THE GREAT WALL ELEC. MFG., CO., LTD.
SHANGHAI CHINA

優等花線 品質精良

色紗細緻
橡質純粹
耐熱祛潮
銅絲準確

長城牌

註册 商標

GREAT·WALL

精良皮線 保證安全

廠址 上海徐家滙徐虹路八十八號
發行所 上海山東中路十九弄二十號 電話 九五四四三

復旦電機廠股份有限公司

Eastern Electric Company
Limited

註册 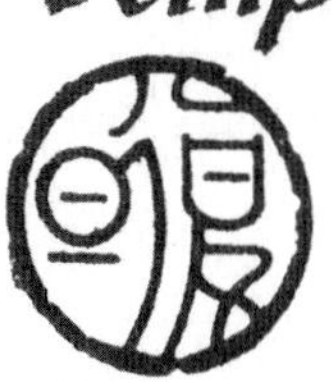 

商標

本廠專門設計製造無線電電氣機械器材

主要業務及經常出品

無線電廣播電台以及
播音室設備
船舶無線電收發報機
移動式及固定式無線電收發機
長短波收音機
低週波放大設備
電留聲機馬達
晶体電唱頭
廣播收音機可變儲電器
波長表
單相感應式馬達
長短波波段開關
鉄心調整中週波變壓器

地址 上海中正中路五〇四弄三六號 電話：三二三二三
電報掛號：中文「五七〇五五〇」西文「EASTERNECO」

第三十一圖

北
中華路
陸家浜路
大佛廠街
北江陰街
江陰街
馬路橋街
黃家路
KAI
景瑞小學
市敬業中學初中部
私立龍門中學
康元木行
聯勤總司令部第一被服庫
上海電信局
南市分局
裕泰木行
鎮海寺
中和冶坊
清心中學
清心堂
教室
操場
永安殯儀館
華利線毯廠
華嚴禪寺
南萬茂木號
友益木行
新達木行
女子中學
三樂食品公司
大豐第二餅乾廠
恒隆木行
和興柴炭行
安利木行
接引禪寺
龍門中學
惠生醫院
永鑫鐵工廠
大陸搬運車行
帽織廠
空地
空場
比例尺

	35	30
34	31	20
33	32	

第三十一圖

福昌電器行

修理部 修理電工器材 修理電機馬達

出租部 出租大小馬達

批發部 各國電器工材 經售華昌馬達

工程部 代客設計打樣 承裝電氣工程

地址承康路一二九號　　電話七三九九〇

華昌電機廠

負責保用　拖力宏大

省電耐用　華昌馬達

事務所　雷米路一二九號(拉都路西)　電話　七三九九〇

製造廠　武定路七八一號(赫德路東)　電話　六〇八一三

興中電機工廠

出品種類

油開關
變壓器
配電盤
電動機
起動器

註冊商標

本廠定製各種高低電壓電氣計備設計精密較驗準確

復興東路七八四至六號　電話（〇二）七一一六九一

電報掛號　五六〇五六九

第三十二圖
LU CHIA PANG ROAD
PU YU TUNG ROAD
KUO HUO ROAD
HAI CHAO ROAD
清心女子中學校
新普育堂
一心中小學校
天主教鮑斯高慈幼會
操場
清心中學
達東織造廠第一廠
成康木行
榮豐木行
聖心女中
懷鴻小學
衛泰木棧
彙昌工廠
和記化工廠
萬春醬棧
空地
草地
北

34	31	20
33	32	19

第三十二圖

陸家浜路

迎勳路

徽寧路 HWEINING ROAD

車站路 CHE CHAN ROAD

國貨路

滬閔南拓路

天主堂街

中華職業學校

校舍

操場

菜市場

工場

柴炭棧

空地

大名板木柴炭行

祥泰木行

益康樹木行

焕記木行

南萬茂號木

友益木行

歐治化學工業社

住宅

余氏墓堂

聖墓堂

木行

木棧

三友實業社製造廠

興業碾銅廠

滬閔南拓長途汽車修理公司

興泰木行

協豐興柴炭棧

天成染廠

看方地

比例尺

10 5 0 10 20 30 40公尺

振泰機械電業製造廠

簡稱振泰機電廠

CHIEN TAI MECH. & ELEC. ENG. WORKS.

大量製造
現貨供應

定價低廉
負責保用

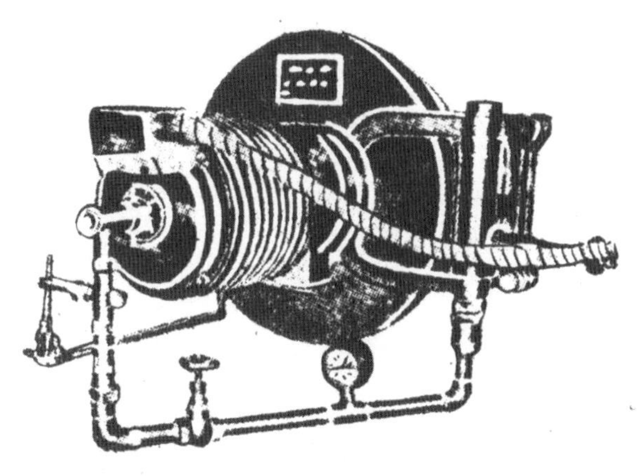

旋轉式柴油燃燒機

主要出品

零號至八号旋轉式柴油燃燒机
各種大小高低压離心力抽水機
各式小大交直流馬達
各式大小水火管鍋爐

馬達

離心力抽水機

事務所：浙江中路一五九號四〇三室
電話：九八二一〇接二號分機
廠址：永年路一四九弄三十六號
電話：八五二九〇號

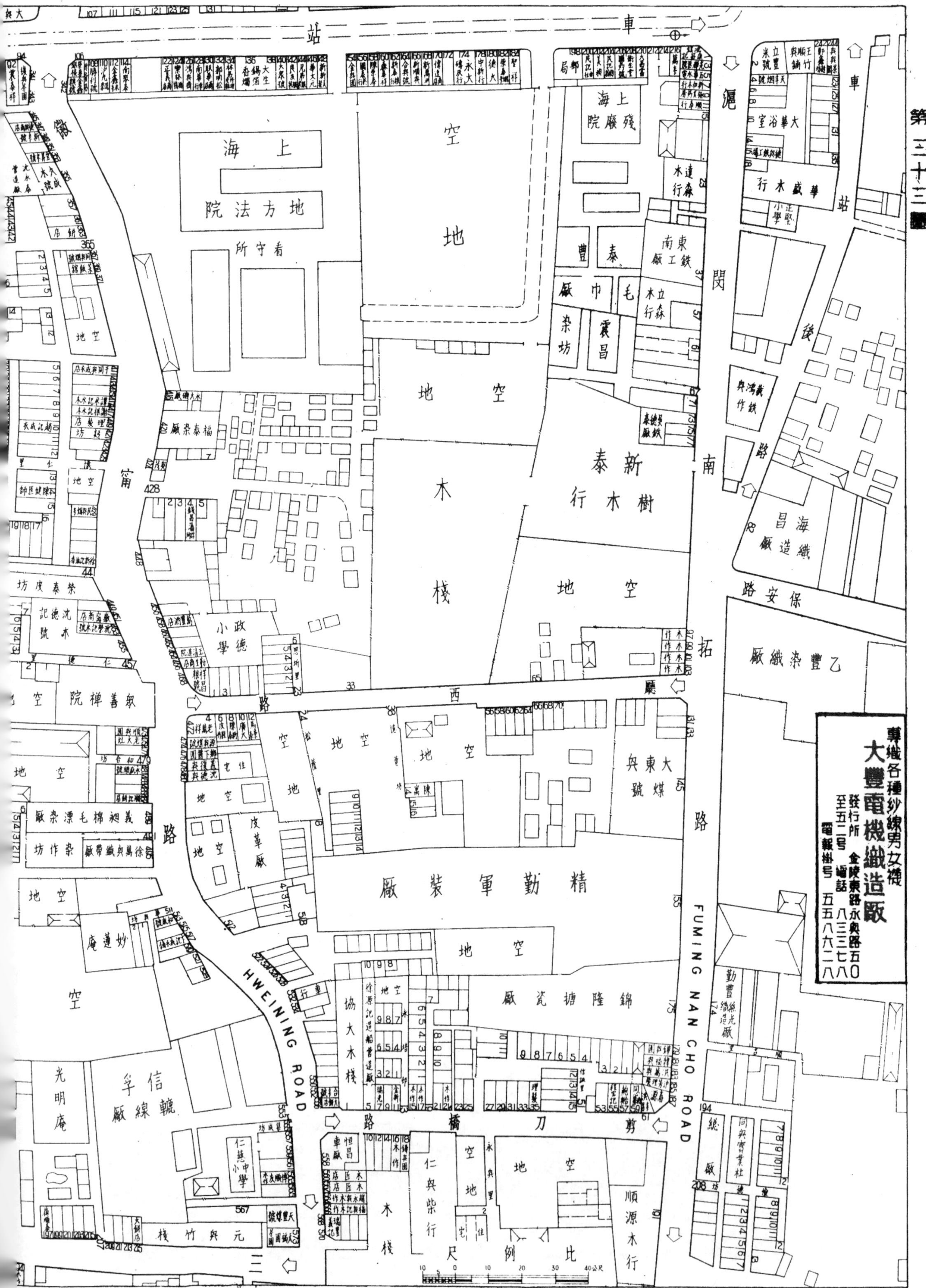
車站路
滬閔南拓路
FUMING NAN CHO ROAD
HWEINING ROAD
剪刀橋路
保安路
上海地方法院
看守所
空地
木棧
新泰樹木行
上海殘廢院
郵局
東南鐵工廠
豐泰
毛巾廠
染坊
震昌
立森木行
大華浴室
華盛木行
海昌織造廠
乙豐染織廠
大東興煤號
精勤軍裝廠
錦隆搪瓷廠
協大木棧
皮革廠
政德小學
叙善禪院
義昶棉毛漂染廠
妙蓮庵
光明庵
信孚轆線廠
仁慈小中學
元興竹棧
仁興柴行
順源木行
比例尺
專織各種紗線男女襪
大豐電機織造廠
發行所 金陵東路永興路五〇至五二号 電話 八三三七八〇
電報掛号 五五八六二八

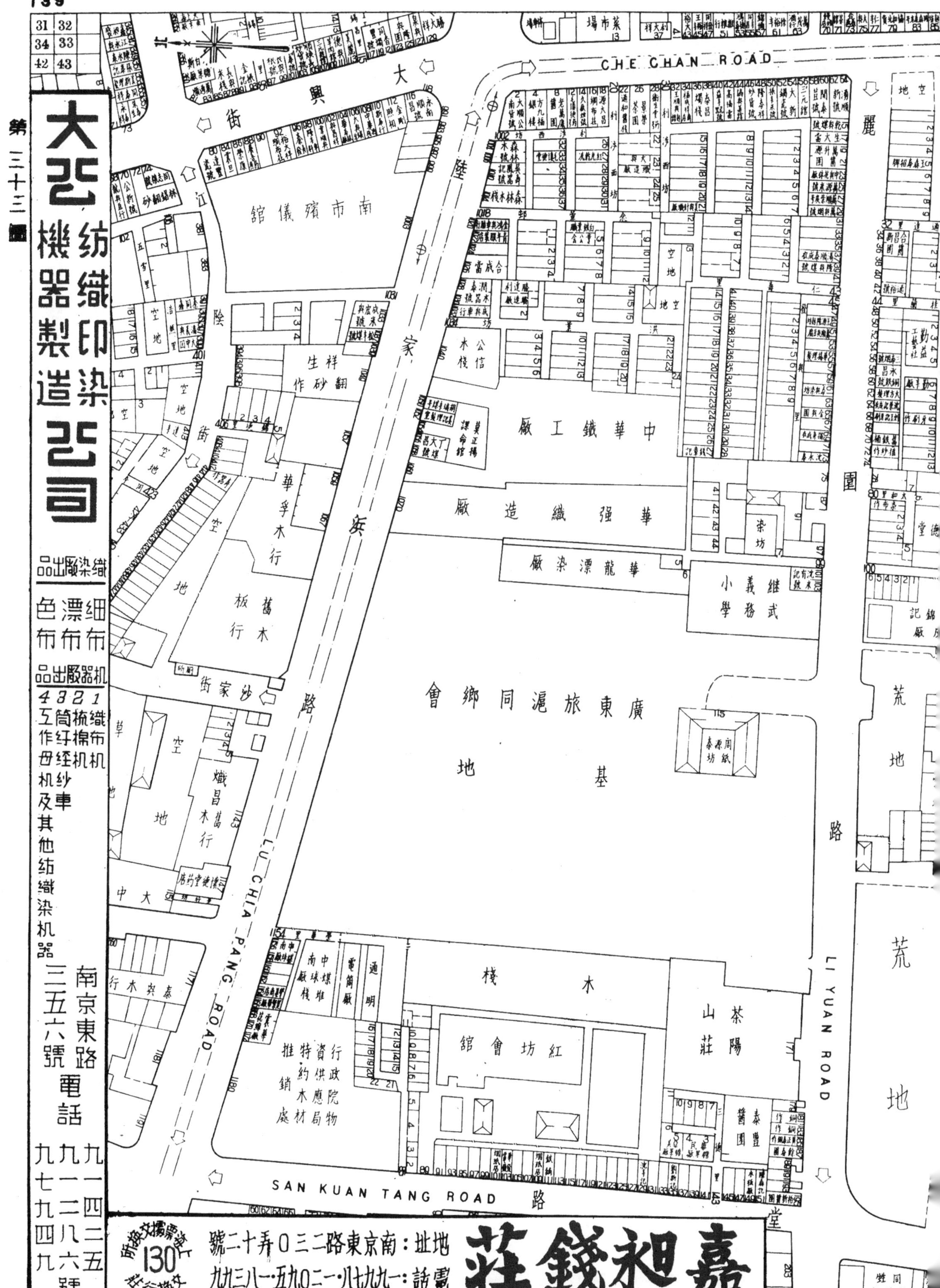
第三十三圖
大公司
紡織印染機器製造公司
織染廠出品
細布
漂布
色布
機器廠出品
1 織布機
2 梳棉機
3 筒紗紆紗機
4 工作母機及其他紡織染機器
南京東路三五六號
電話
九一四二五
九一二八六
九七九四九號
CHE CHAN ROAD
大興街
南市殯儀館
陸家浜路
LU CHIA PANG ROAD
中華鐵工廠
華強織造廠
華龍漂染廠
繼義小學
武務
廣東旅滬同鄉會
基地
泰源周紙坊
沙家街
舊木行
華孚木行
祥生翻砂作
信公木棧
黃正陽課命館
舊昌木行
熾昌
空地
木棧
茶陽山莊
紅坊會館
行政院物資供應局特約木材推銷處
通明電筒廠
中南煤球堆棧
泰豐醬園
荒地
麗園路
LI YUAN ROAD
SAN KUAN TANG ROAD
菜市場
嘉昶錢莊
地址：南京東路二三〇弄十二號
電話：一九九七八一二〇九五一八三九九
票據交換所交換號130

大威馬達

馬達權威

大威電機廠

DELTA YEI ELECTRIC WORKS

事務所：上海北京東路156號101室
電話16015 電報掛號510117

中和

運輸股份有限公司

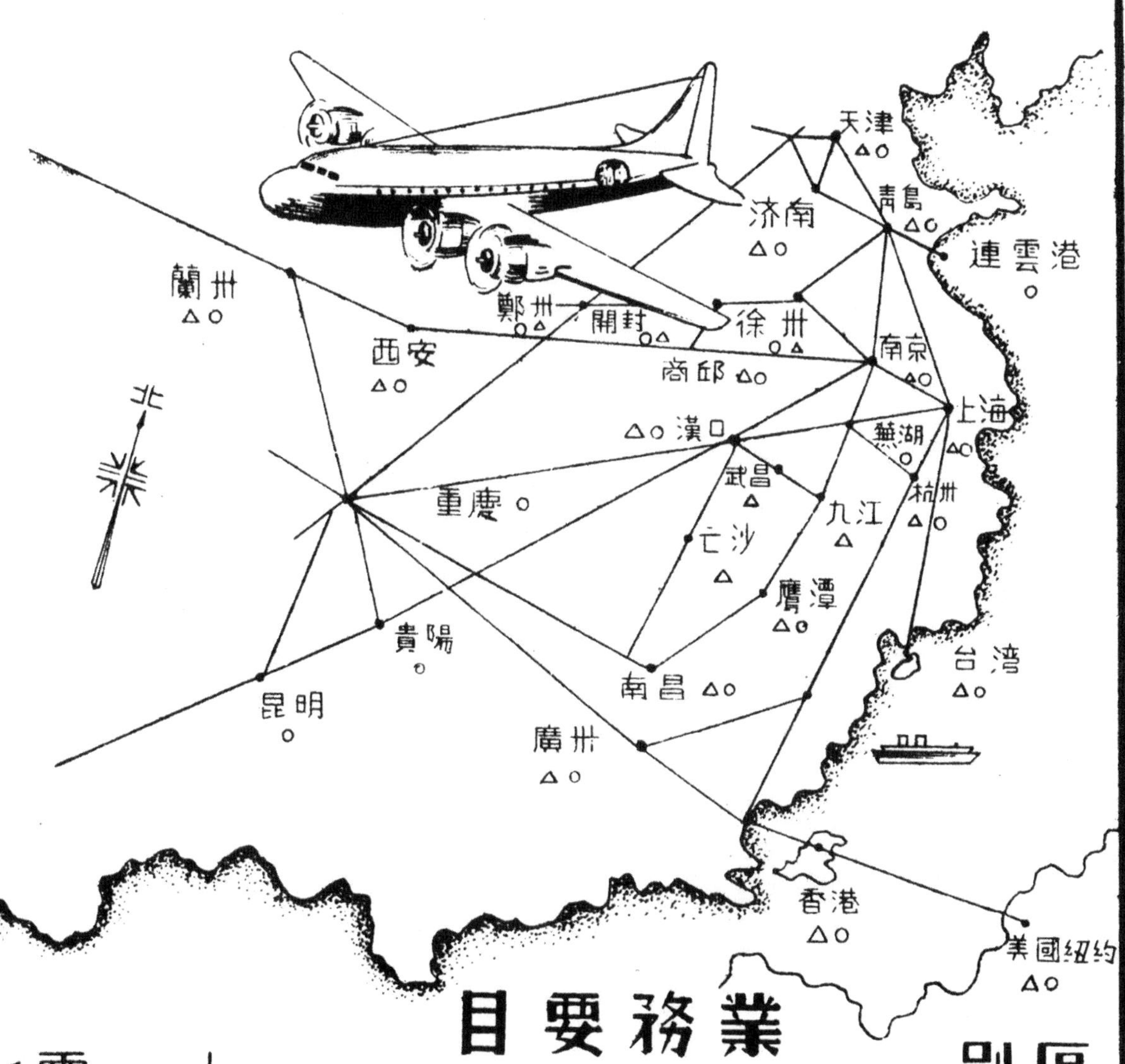

業務要目

承辦運輸 迅速安全

代客押滙 代客保險

倉庫堆棧 代理船務

區別

船 △

机 ○

上海天目路一八九號

電話：四〇七五八號

第三十四圖

西華街
江陰街
大興街
黃家闕路
陸家浜路
LU CHIA PANG ROAD
KIANG YIN KAI
江陰街
大林路
黃家路
陸家街
蔭林路
官堂路
尚文路
江陰小學
旅滬學
康札製造廠
人和木行
南市殯儀館
育嬰廬
南姚小學
上海煤球廠
華孚木行
舊板木行
大中木行
泰興木行
廣東旅滬同鄉會基地
春生製糖廠
中國女子
培記鋸木廠
生祥翻砂作
公信木棧
合記汽車行
閘泰染廠
新星工業社
煤球廠
中南煤球堆棧
通明電筒廠
空地

比例尺
10 5 0 10 20 30 40公尺

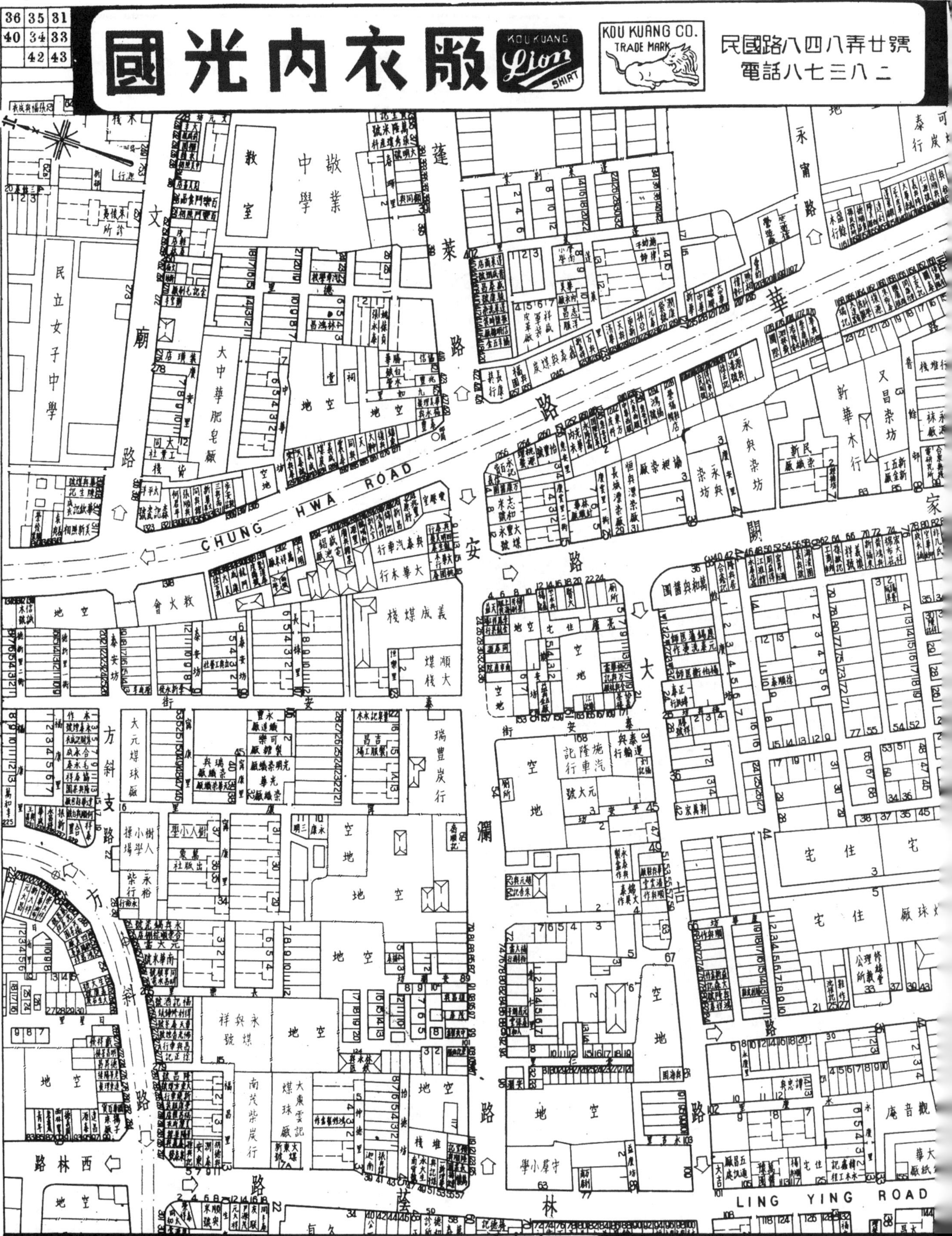

36	35	31
40	34	33
	42	43

第三十四圖

中華路 CHUNG HWA ROAD

文廟路

蓬萊路

安瀾路

大吉路

永寧路

方斜支路

方斜路

西林路

林蔭路 LING YING ROAD

民立女子中學

敬業中學

教室

大中華肥皂廠

救火會

義成煤棧

順大煤棧

瑞豐炭行

大元焊珠廠

永與祥煤號

南茂柴炭行

大東雲記煤球廠

新華木行

又昌染坊

永興染坊

觀音庵

懋業電器公司

專營各國名廠無綫電收發報機裝置設備專門技師代客設計航海電台及各種無線電報用具應有器材！

中正中路四〇七號　電話：六八四五九號

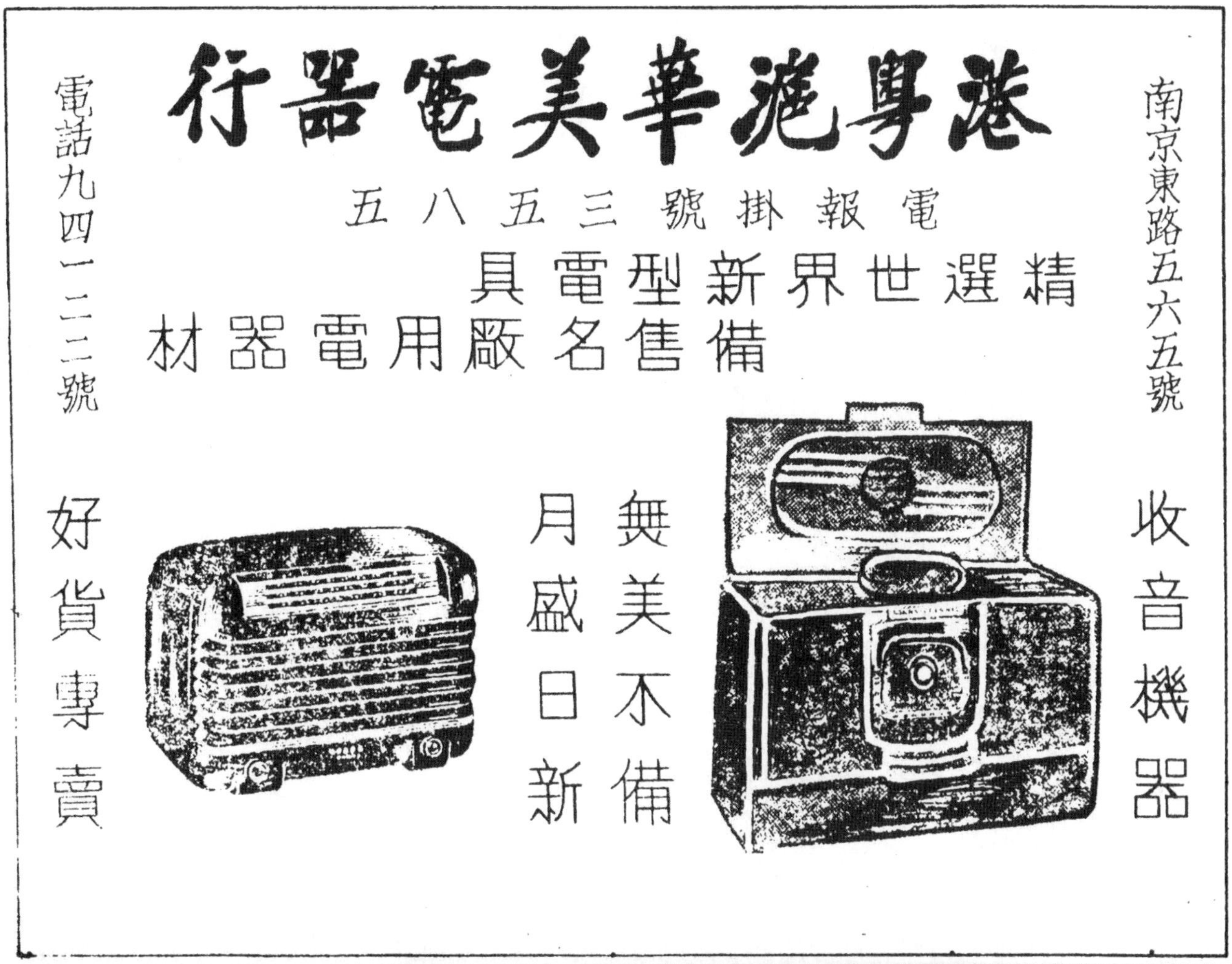
港粵滬華美電器行
電報掛號三五八五
精選世界新型電具
備售名廠用電器材
南京東路五六五號
電話九四一二三號
收音機器
無美不備
月盛日新
好貨專賣

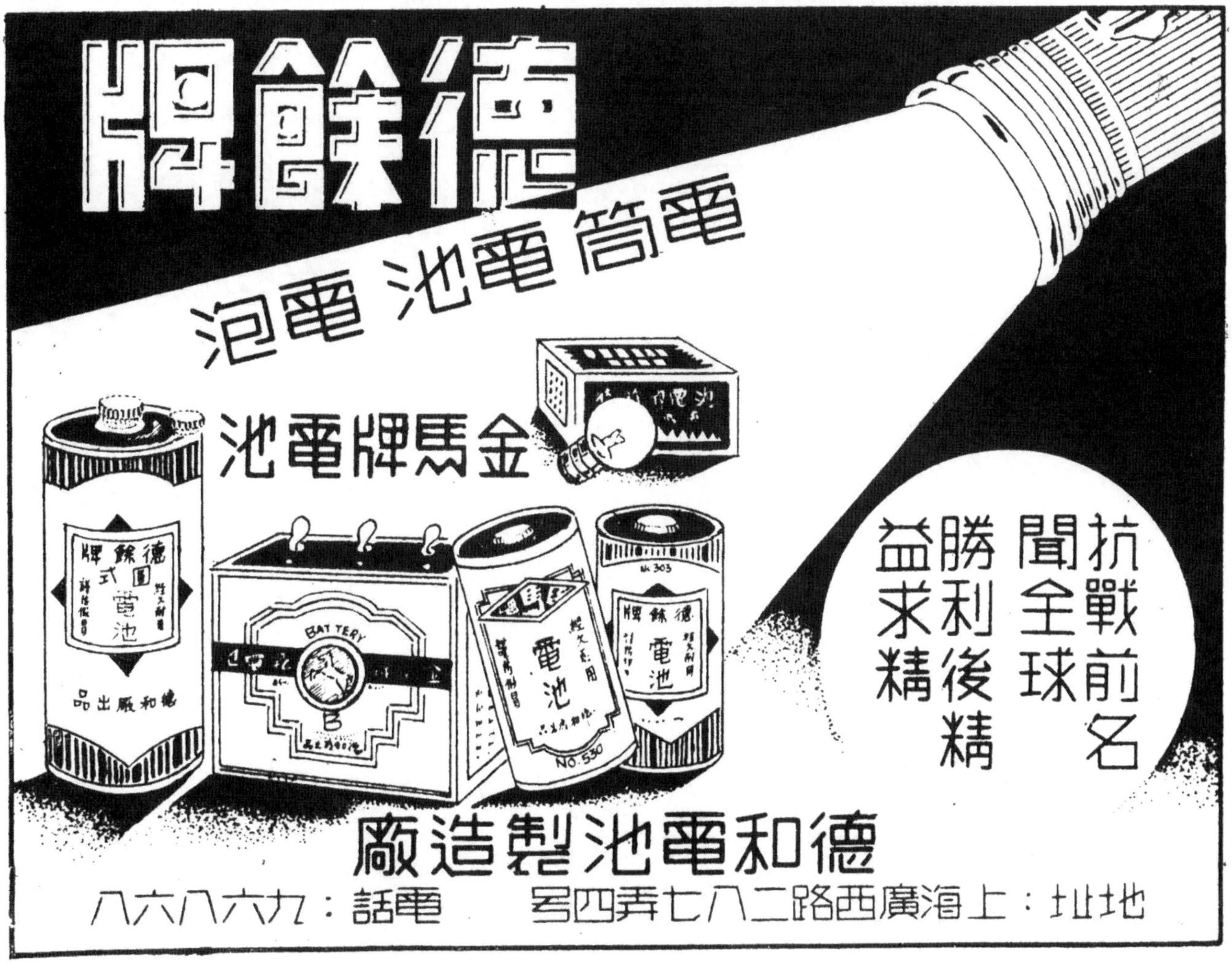
德餘牌
電筒 電池 電泡
金馬牌電池
德餘牌
電池
德和廠出品
BATTERY
NO. 530
No. 303
抗戰前名聞全球
勝利後精益求精
德和電池製造廠
地址：上海廣西路二八七弄四号
電話：九六八六八

第三十五圖

上海市警察局蓬萊路分局
憲兵隊
市南
西成小學
同仁輔元堂報屍處
上海市總工會
上海慈善團養濟院
文廟路
蓬萊路
先棉祠街
龍門路
龍門中學
大經中小學
應公祠路
文廟
聖母寶殿
婆禪寺
正昌染坊
恒豐線廠
復鍚織造廠
廬仁
住宅
空地

第三十五圖

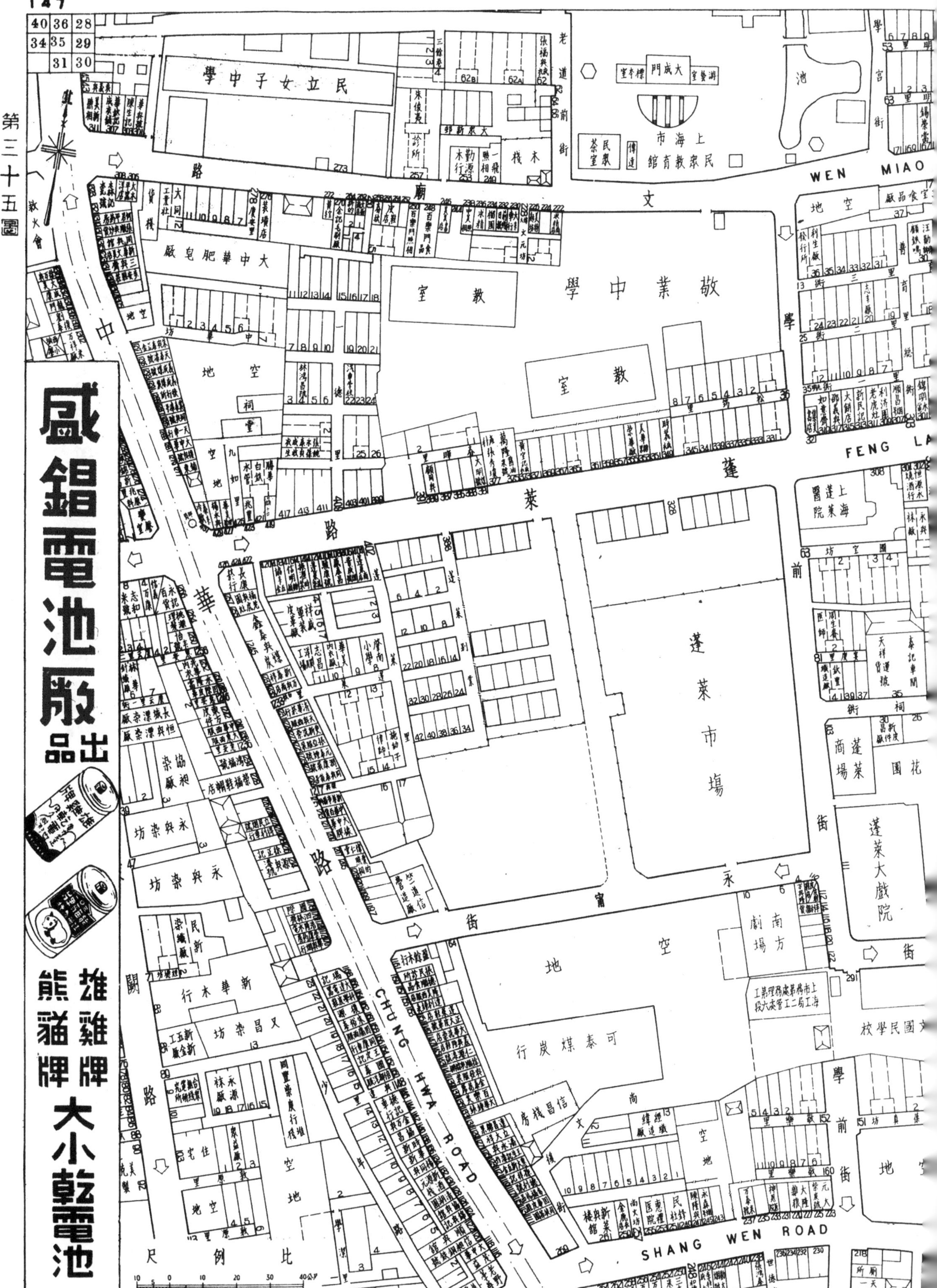
民立女子中學
上海市民眾教育館
大成門
文廟路
WEN MIAO
老道前街
敬業中學
教室
大中華肥皂廠
中華坊
空地
蓬萊路
FENG LAI
蓬萊市場
上海蓬萊醫院
蓬萊商場
花園
蓬萊大戲院
永寧街
南方劇場
可泰煤炭行
信昌棧房
中華路
CHUNG HWA ROAD
SHANG WEN ROAD
新華木行
永興染坊
協和染廠
又昌染坊
救火會
北
比例尺
盛錩電池廠
出品
雄雞牌
熊貓牌
大小乾電池

電容式吊扇
註冊商標
WAHSON ELECTRIC FANS
華生電風扇
華生電器廠股份有限公司出品
事務所・福建中路四三一至三號 電話・九八四三二至三

聚康銀行
上海分行
辦理商業銀行一切業務
FU SHING ROAD (EASTERN)
復興東路
第三十六圖
萬和醬棧
合成棉織廠
大元醬業廠
慶昇手帕廠
回教堂
礼拜
明誠小學
恒大棉織廠
華成襪棧
寄廬
雜廬
靈恩小學操場
至誠小學
水池
經世中學
曹氏宗祠
鐸庵
麗華棉織廠
蔚康糧行住宅
中新棧
上海市警察局
蓬萊路分局
南市憲兵隊
文廟路
西倉路
小桃園街
比例尺

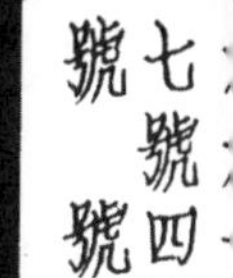

第三十六圖

復興東路
中華路
CHUNG HWA ROAD
文廟路
WEN M
靜室禪院
修靜庵
同和當
大富貴酒菜館
廣東大埔旅滬同鄉會
新華内衣織造廠
崇和中學
業順泰營造廠
大隆木行
希孟廬
國術場
保甲處
國術部
展覽室
市立圖書館第一分館
閲報處
池
市立忠信國民學校
大成門
標本室
游藝室
上海市立民衆教育館
民衆茶室
民立女子中學
學西街
大中華肥皂廠
敬業中學

43435
44285
45572
HWAFONG
MOTOR
本廠精製各種大小裝電机馬達及变壓器等應有盡有
如要增加生產先請解決動力
各國引擎及動机用具兼營買賣
華豐電器機械製造廠
有限公司
事務所·武進路三八二号
電話四五五七二電報掛号五九〇一一五
廠址·吳淞路一〇一弄
電話四三四三五 四四二八五

上海慧星電泡廠出品

慧星老牌

商標 註冊

商標 註冊

省電耐用　完全國貨

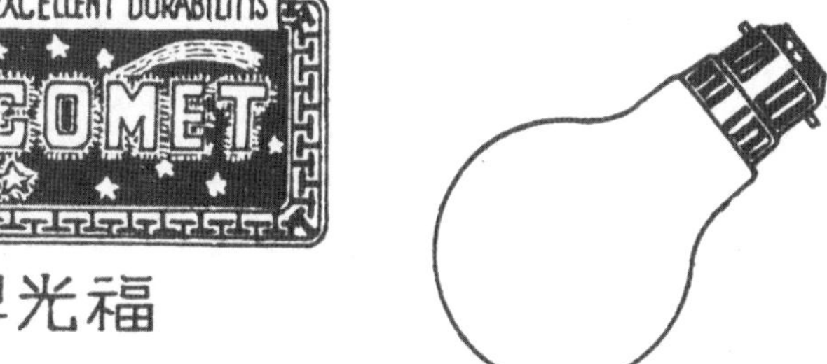

福光牌燈泡

地址大通路五四六弄十五號

電話：三九〇七五五電報掛號五七九四〇九

飛達電器製造廠有限公司

飛達燈泡

美國机器　美國原料

發光明亮　省電耐用

商標 註冊

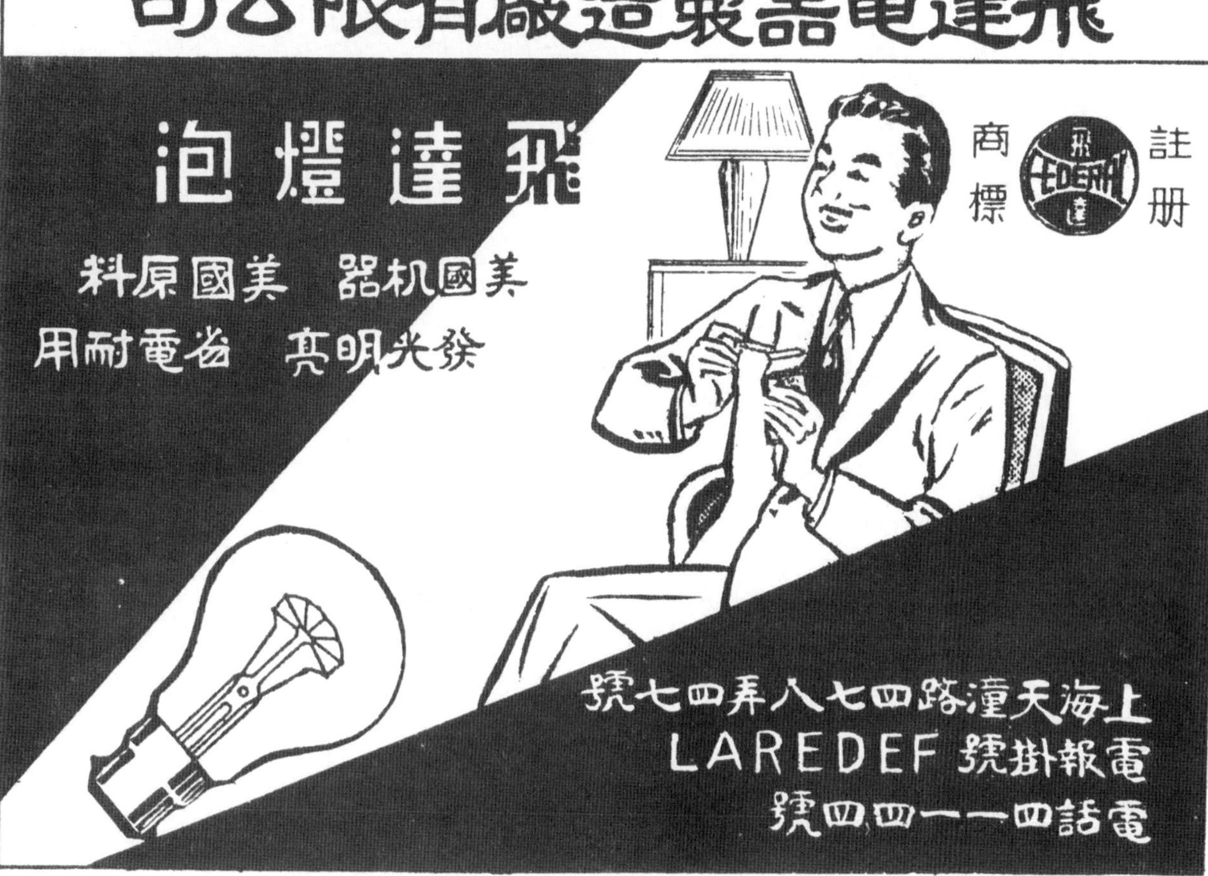

上海天潼路四七八弄四七號

電報掛號 FEDERAL

電話四一一四四號

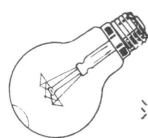

第三十七圖

益通公司
虎丘路八八號
電話一一三三三
NG PANG ROAD (CENTRAL) (方浜路)
方浜中路
強華紙棧
私立天恩小學暨幼稚園
私立樂華中學復校籌備處
磚灰公所
錦昌燭棧
上海圍警區司令部
復興東路
EASTERN) (華嘉路)
比例尺
高樂司襯衫
BEST QUALITY
KORES
Shirt
MADE BY
SINCHUNG SHIRTS FAC.
SHANGHAI CHINA
新中內衣廠
威海衛路三五七弄二〇至三三號

第三十七圖

Youthey
西藏中路
三三〇弄十六號 電話九四五三七
永麗服裝公司
方浜西路
方浜中路
中華路
CHUNG HWA ROAD
復興東路
FU SHING
上海市衛生局
蓬萊區衛生事務所
中華大戲院
西門大戲院
紅星劇場
南華小學
經世中學
華成皮件軍服廠
靜文女子中小學
大公報宿舍
寶山書局
偉利軍服皮件廠

普及電器五金廠

省電　安全　便利　美觀

請採用

註冊商標

地球老牌

普　及

UNIVERSAL

各種膠木電器用品

本廠出品

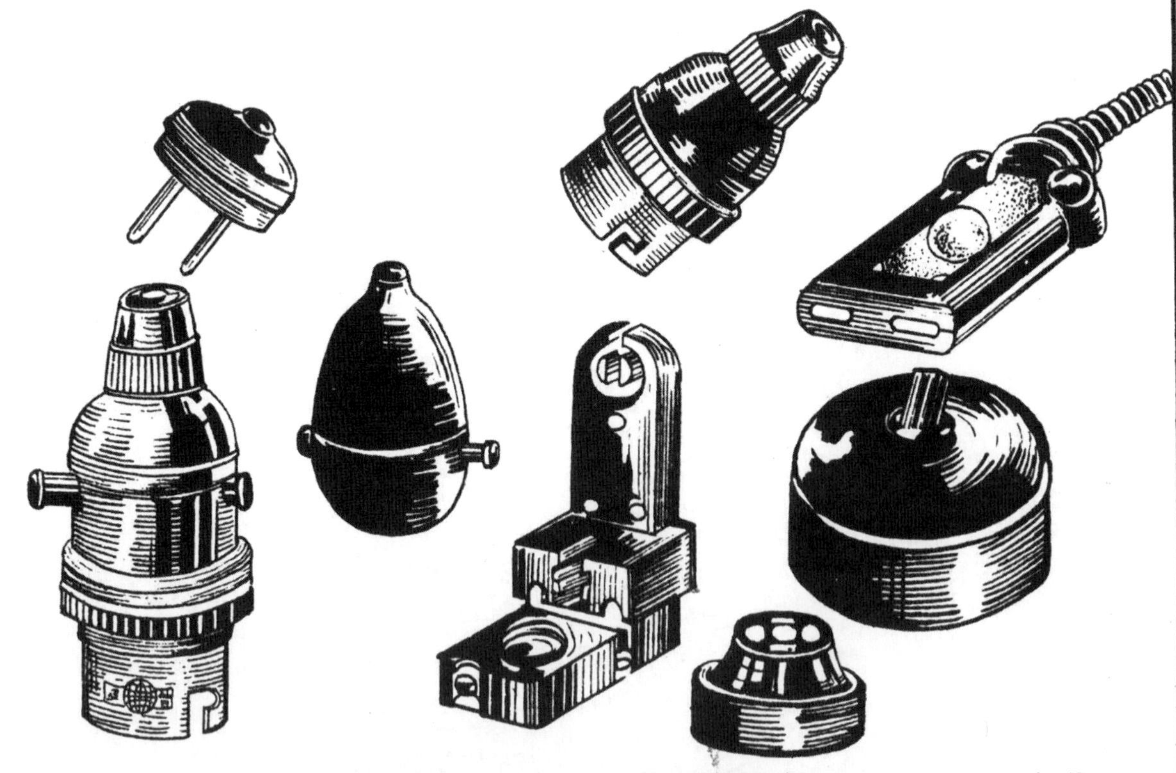

廠址：上海南陽橋方浜西路六四—一六號

電報掛號五八一六一五

國光電氣廠

國貨之光

榮譽出品

國圖牌

各種膠木電器用品

• 品質超群 •

• 應有盡有 •

管理處 上海河南北路二四四弄十號

電話 四一六八七電報五九二二三六

大達機電製廠

營業處：上海乍浦路一九九至二〇一號

營業要目

修造高低壓馬達方棚發電機

承裝工廠大廈電器工程代客設計

校驗各種電機

包排電廠發電設備

經售各國名廠馬達發電機電工器材及各種引擎

電話：四五二七一

電報掛號：五九八五二二

百安

膠木電器製造廠

PAH AN

GUMWOODEN & ELECTRIOAL

MATERIAL MANUFACTORY

發行所

江寗路三八五弄六號

電話 六二七六五

製造廠 昌平路三七四弄八六號

第三十八圖

青蓮街
東
露香園路
大境路
萬竹街
大境
青蓮街
方浜中路
萬竹小學
敦化小學
尚德小學校
RO HSIANG YUAN ROAD
潤廬
空地
星華烟草公司
玻璃業公會
豐裕織造廠
泰生當
復順隆堆棧
公順煤球廠
天馬煤號
梵音庵
萬元糕糰
上海市通俗教育館大境
同業公會
桐廬旅滬同鄉會
比例尺
10 0 10 20 30 40公尺
家家必備
人人必需
長城牌
民丹
功效
辟暑解穢
防疫治痧
消食醒酒
四時常備
解毒清心
強腦安神
開胃生津
百病莫侵
上海山東中路
愛華製藥社發行
本社附設總經理
唯一乾菜筍
津津有味

第三十八圖

SHOW NING ROAD

壽寧路

(皮少耐路)

西藏南路

上海市立第二宰牲場

(華成路)

會稽路

民國路

MIN KUO ROAD

雲南南路

(敏體尼蔭路)

(敏體尼蔭路)

方浜西路

恒源機電製造廠

商標 

註冊

本廠特請優等技師專門製造電氣用具各種引擎及發電机器大小馬達應有盡有兼營買賣各廠電氣用具如蒙賜顧無任歡迎

地址：上海四川北路武進路三五九號
電話：四三二四七　四五五九二號

德孚電工器材廠

紗包線

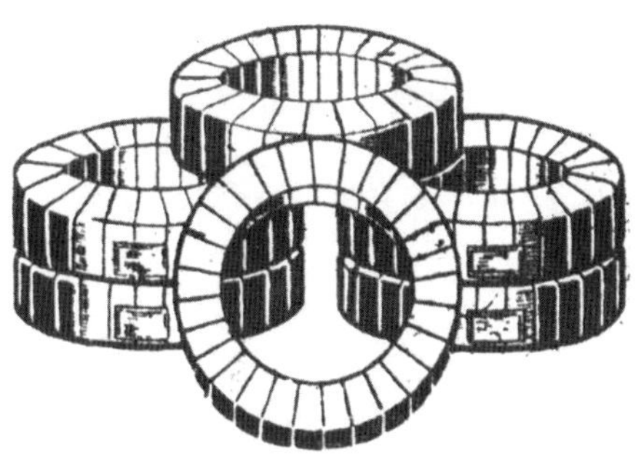

本廠出品之一

上海廣西路二八七弄四號　電話九八三四七

第三十九圖

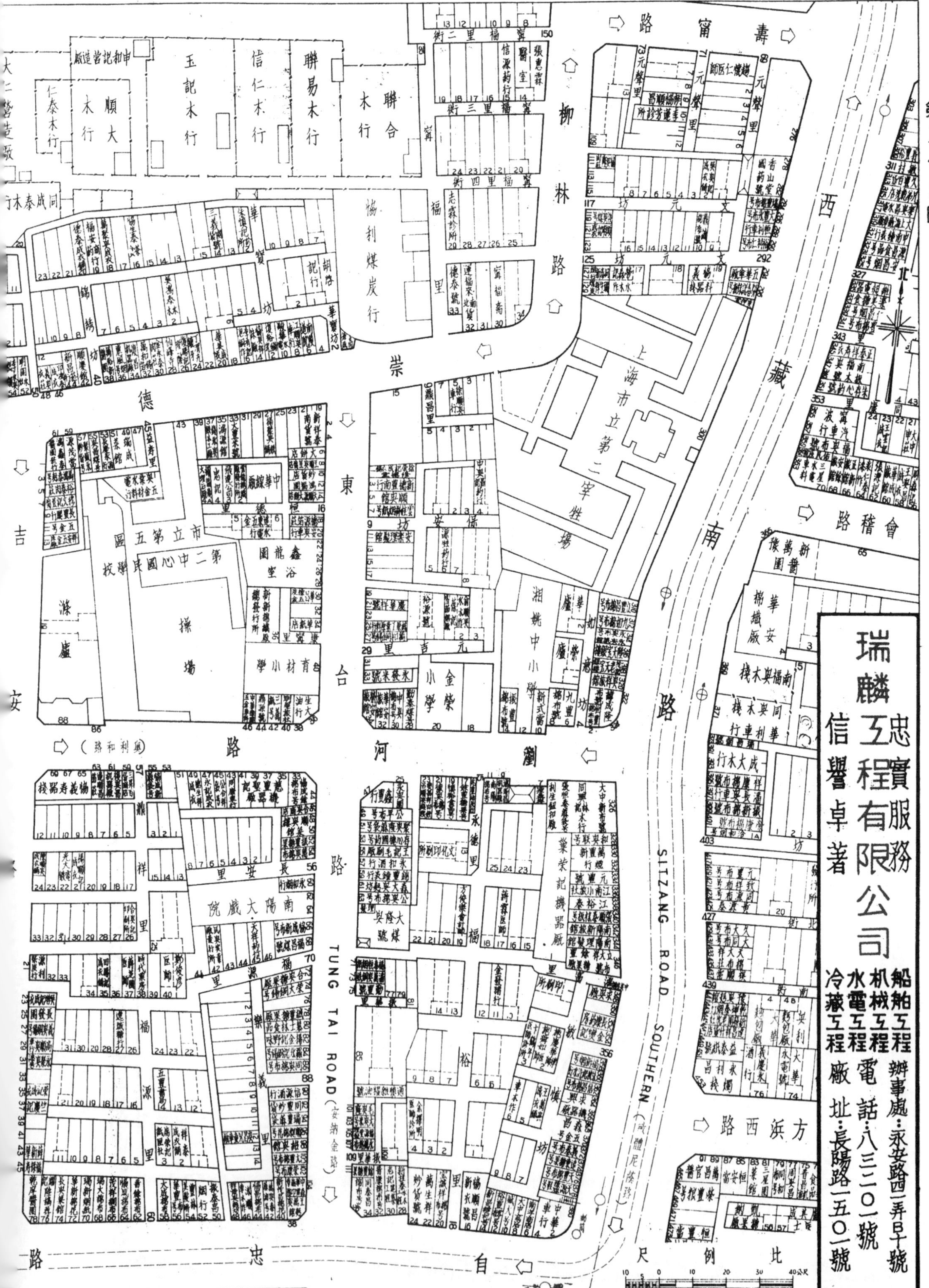

壽甯路
柳林路
崇德路
東台路
河南路
劉河路
西藏南路
SITZANG ROAD SOUTHERN
TUNG TAI ROAD
自忠路
會稽路
方浜西路
吉安路
上海市立第二牢牲場
市立第五國民學校
第二中心國民學校
協利煤炭行
湘姚中小學
金榮小學
南陽大戲院
比例尺
忠實服務
瑞麟工程有限公司
信譽卓著
船舶工程
机械工程
水電工程
冷藏工程
辦事處：永安路四一弄17號
電話：八三三〇一號
廠址：長陽路一五〇一號

第三十九圖

三義鑫記紙號
推銷中西紙張
惠顧格外克己
地址：劉河路四二二號
電話：八九二六二號
南洋慧記藥房
批發門售薄利服務
地址：鳳陽路七四〇號
卞德路口
電話購藥接方送藥電話：三六三四九號
天廚味精製造廠
各廠地址
寶山路七八二號
凱旋路六三四號
復興西路三三六四號
順昌路三三〇號
太倉路
順昌路
濟南路
普安路
TSUNG TEH ROAD
SHUN CHANG ROAD
TSINAN ROAD
TZU CHUNG ROAD
寧波汽車公司
鴻盧五金號
鑫泰
同吉申棧
遠東醫院
友利煙廠
華華有限公司營造部
香烟堆棧
竹棧
民生墨水廠
公記堆棧
公記運輸報關公司
江浙煙草公司
定海會館
定海旅滬第一小學
陳正泰印刷廠
慶成祥行
春和永號
晏心寺
乾昌藥行

白貓花布
大衆花布
泡泡紗。
花洋紡。
花麻紗。
花府綢。
花樣鮮艷
永不褪色
注意每隔兩碼
貼有白貓永不
褪色保單
上海新豐紡織印染廠出品
自紡·自織·自印·自染

第四十圖
藍鷹牌雨衣服裝
EVERFIT SHIRT MFRS
BEST OK SHIRT
SHANGHAI CHINA
Everfit's
SHIRT & U'WEAR MFRS.
SHANGHAI CHINA
如意襯衫
OK服裝
宏興織造廠出品
地址上海西藏南路五三九弄
電話(〇二)七一七二九號
上海市銀行公會會員銀行
福昌銀號
山東南路37至47
電話八八九三·八七三五八
八六五七
FONG ZIA ROAD
方斜支路
大元煤球廠
協森昌記木行
利百達化學工業有限公司
念慈小學校
森泰木號
協森木堆棧
運動場
中華製造汽車車身廠
東山小學
西林禪寺
中國汽水廠
西園植物釀造廠
源順昌板箱廠
華明電池廠
曹氏墓
裕華烟廠
西門浴室
紫竹菴
正中書法研究社
水木作
住宅
教室
比例尺
公尺

第四十圖
中華路
CHUNG HWA ROAD
中華大戲院
西門大戲院
方浜西路
斜路
復興東路
京江公所
上海市衛生局邑廟區衛生事務所
萬和醬園
西泉池浴室
正光小學校
正誠中小學
江宗師祠
花園
住宅
西藏南路
復興中路
自忠路
TUNG TAI ROAD
KIAN ROAD
義成木行
明德堂
王源順鋸木廠
一元製冰廠
源昌木號
藏寺
福黎
股份有限公司
地址 南京東路慈淑大樓七一六號
電話 九二八一七號

第四十一圖
吉安路
（薪勒路）
濟南路
（平濟利路）
肇周路
合肥路
（勞神父路）
SHUN CHANG ROAD
（菜市路）
比例尺
普濟禪寺
德龍寬緊帶織物廠
通明電器廠
明園電池廠
平泉浴室
上青中學
新泉池浴室
華安染織廠
永和針織廠
聯文食品廠
松廬
益昌當
同樂劇場
空地
住宅
First SHIRT
否司脱襯衫
設計新穎
美觀耐穿
南華內衣織綢廠榮譽出品
發行所：上海山東中路九十一號
電話：九一〇四三
廠址：上海鴨綠江路一三六號
電話：五一六四六

第四十一圖

吉安路
KIAN ROAD
濟南路
TSINAN ROAD
自忠路
順昌路
39 40 41 42 46 45
晏心寺
景逸盧
寄盧
東方化學工業社
民生墨水廠
五和織造廠
勞動局技社
大豐印刷有限公司
順昌百貨商場
天祿糖果號
采芝堂國藥號

南洋漂染廠
代客
漂燙 整理
各式
毛巾浴巾汗巾被巾
上海順昌路四二五弄十一號
電話：八四九九〇

禦寒恩物：

無敵牌
蜜蜂牌

軟駱駝絨

柔軟適體　華貴大方

天翔駝絨織造廠著名出品

廠址上海徐家匯路三四三號

電話七二八七二號

電報掛號八五三二號

第四十二圖

南市運動場
上海西門婦孺醫院
兩江中學第二院
尚德小學
中國女子中學
春生製糖廠
富泰染織廠
堆場
空地
墓地
教會醫院
五昌木棧
永泰木號
森與樹行
祥興鋸木廠
永泰柴炭行
培記鋸木廠
觀音庵
大成製藥
陸家浜路
三官堂路
大林路
大吉路
方斜路
肇周路
FONG ZIA ROAD
TA LING ROAD
LU CHIA PANG ROAD

第四十二圖

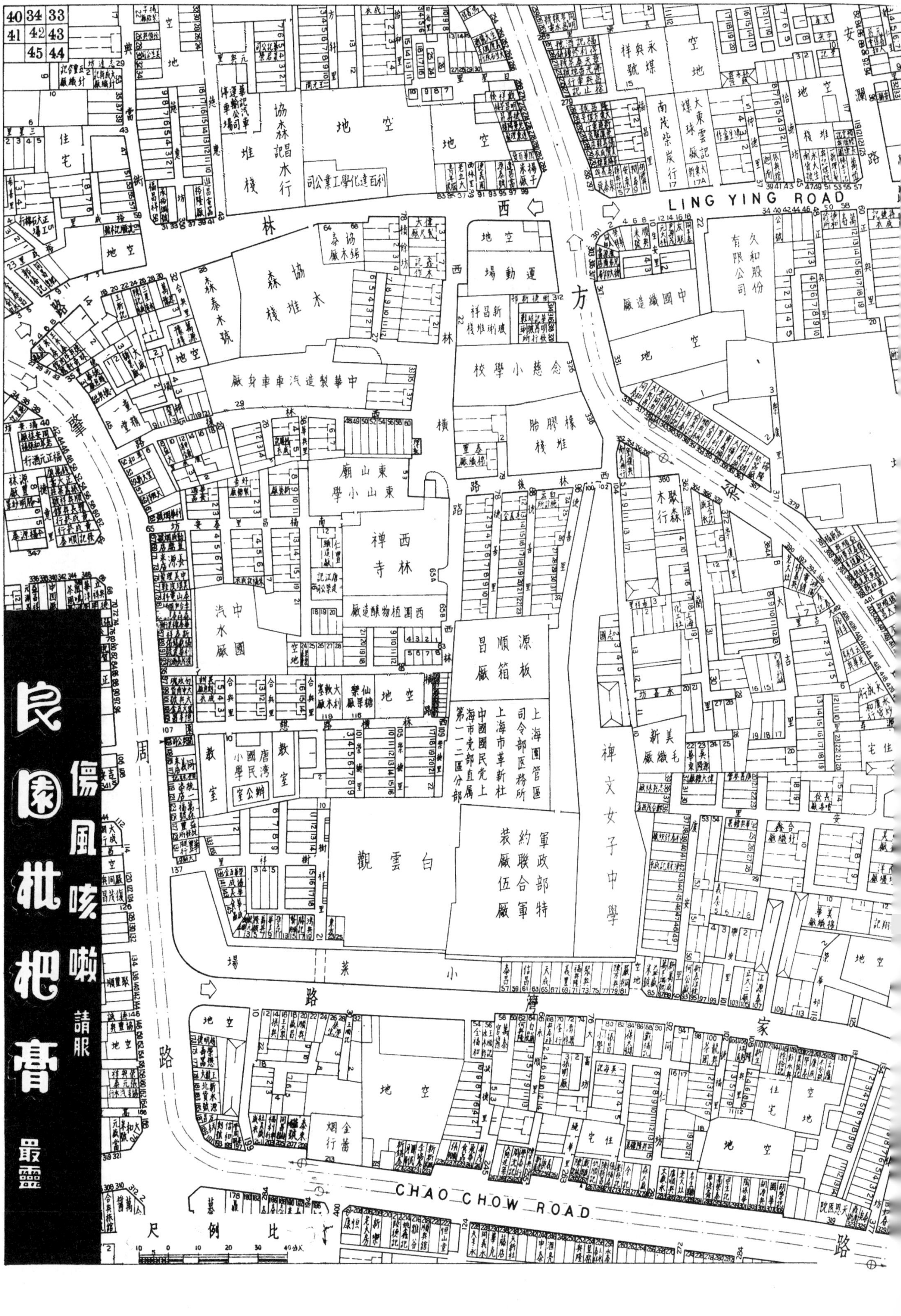

40	34	33
41	42	43
	45	44

大生龍鳳被單

細線紋成　柔軟舒適

新穎別緻　與衆不同

大生棉蔴染織廠股份有限公司

事務所：台灣路一九四弄四號電話九二七二五二號

天隆染織廠股份有限公司

總管理處　南京路慈淑大樓六二三號　電話九三二九九六號

廠址　中正西路武夷路張家宅一五〇號

中國電機織造廠

註册商標

四君子

黑白貓

世界

强國

發行所　漢口路四五七號二一八—二一九室

電話　九九六六一號

廠址　梵皇渡路八三四弄一號至十號

出品

各種絲光男女線襪

最新花式絲光西裝羅口襪

男女套襪

採用上等原料・電機織造水汀染燙・精良整理

美亞內衣漂染織造廠

註册商標

綠葉牌

雪花棉毛衫

雪花細絨衫

漂亮大方

柔軟舒適

到處風行

發行所福州路六三六弄九號・電話九二九二七

一廠虬江路九五八弄一三號電話(〇二)六〇七九四

二廠虬江路一〇四六號

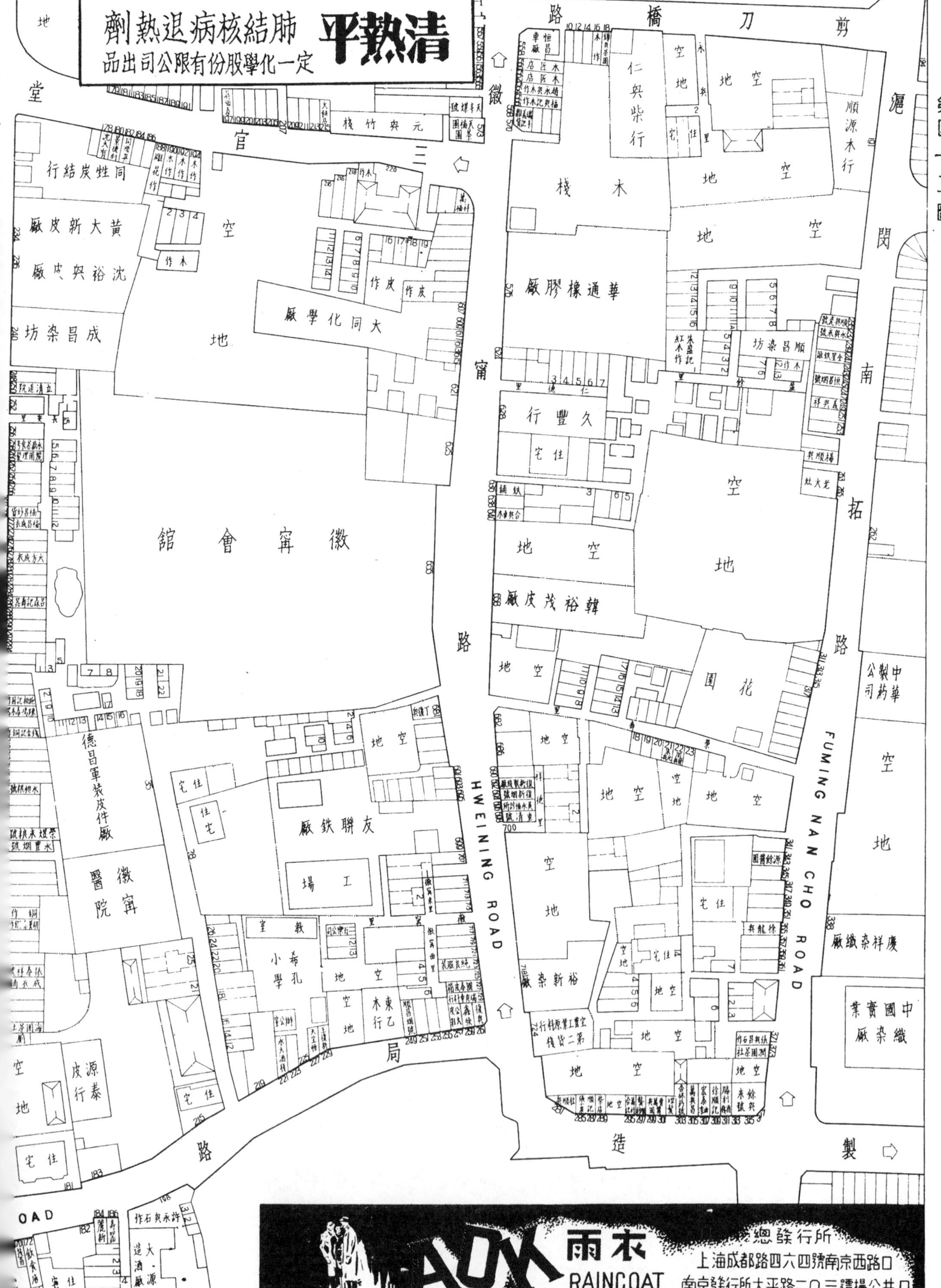

清熱平
肺結核病退熱劑
定一化學股份有限公司出品
剪刀橋路
滬閔南拓路
徽寧路
HWEINING ROAD
FUMING NAN CHO ROAD
製造局路
官堂
ROAD
徽寧會館
大同化學廠
華通橡膠廠
木棧
仁興柴行
順源木行
久豐行
韓裕茂皮廠
花園
中華製藥公司
友聯鐵廠
工場
德昌軍裝皮件廠
徽寧醫院
孔希小學
教室
泰源皮行
乙東木行
裕新染廠
第二貨棧
慶祥染織廠
中國實業染織廠
順昌染坊
成昌染坊
沈裕興皮廠
黃大新皮廠
同姓炭結行
元興竹棧
大源酒廠
空地
住宅
AOK 雨衣
RAINCOAT
總發行所
上海成都路四六四號南京西路口
南京發行所太平路二〇三號揚公井口

第四十三圖

SAN KUAN TANG ROAD
陸家浜路
LU CHIA PANG ROAD
製造局路
CHIH TSAO
華陽紡織染廠
空地
大公木行
協記新木行
益中造紙第二廠
慈中小學
世界紅卍字會
和新染廠
義昌漂染廠
中德洋線廠
普理善教堂
水池
正新茶社
金茂記柴炭行
永豐號
永泰木號
科橋大戲院
中一煤球廠
煤焦場
都鑫室
金筆廠
醬菜作
鴻興棧房
吉普化學廠
長春小學
路比例尺

FLOSOL
Shirt
富樂芭
襯衫
同濟印染廠內衣部出品

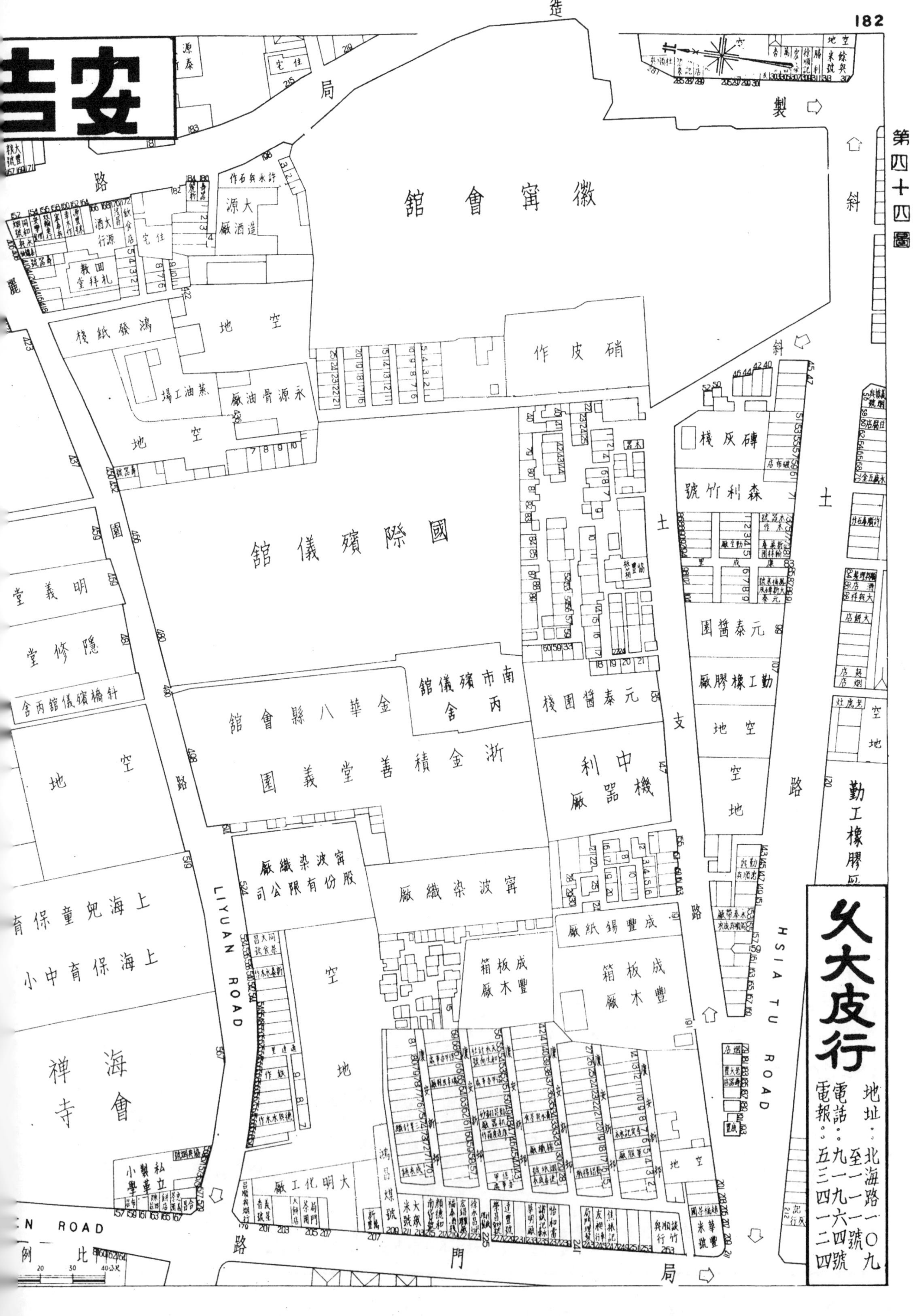
第四十四圖
徽寧會館
國際殯儀館
金華八縣會館
南市殯儀館丙舍
浙金積善堂義園
寧波染織股份有限公司廠
寧波染織廠
中利機器廠
元泰醬園棧
元泰醬園
成豐錫紙廠
成豐木板箱廠
成豐木板箱廠
大明化工廠
鴻昌煤號
上海兒童保育院
上海保育中小
海會禪寺
斜橋殯儀館丙舍
隱修堂
明義堂
鴻發紙棧
永源骨油廠
蒸油工場
硝皮作
磚灰棧
森利竹號
勤工橡膠廠
回教禮拜堂
大源酒造廠
許永興石作
私立華製小學
空地
製造局路
麗園路
LIYUAN ROAD
斜土路
HSIA TU ROAD
局門路
久大皮行
地址：北海路一〇九至一一一號
電話：九一九一六四號
電報：五三四一二四號

第四十四圖

製造局路
CHIH TSAO CHU ROAD
華東煤球廠
大吉祥油號
東昇鉄工廠
上海市花樹商業同業公會
湖南會館
斜橋殯儀館
第一小學
東山會館
信徒公墓
斜橋丙舍
麗園殯儀館
王志記毛廠
全德小學
天豐煤號
順利號
斜徐支路
陳永興皮廠
烟紙號
四海茶園
勝利越劇場
鄭生民服裝廠
環球號
源興染廠
永泰彈花廠
志成印刷所
志成織造廠
信和泰煤棧
梁新記牙刷廠倉庫
中國泰康公司
HSIA ZI ROAD
ZIKAWEI ROAD
徐家匯路
空地
住宅

請採用

駱駝絨

裁製

各種

服裝

輕溫經美大
便柔濟觀方

上海市駱駝絨工業同業公會

宣傳委員會

中華紗管廠

專製：紡織應用各種紗管

定價低廉
交貨迅速

設備完善
品質精良

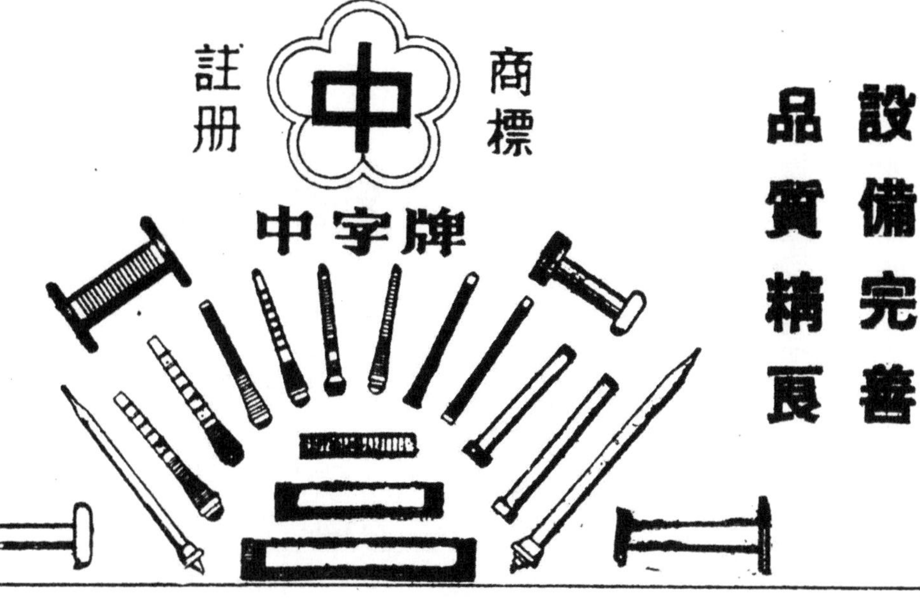

廠　址　上海歸化路七七八號　電話三九九七八號
事務所　上海泗涇路三十六號二樓　電話一七七〇八號
電報掛號　五三八四三五

大華紗管梭子廠

規模宏大·設備完善
專家監製·出品精良·定價低廉·交貨迅速

註册商標

紗管部：專製粗細經緯各種紗管

梭子部：專製棉毛蔴絲各種梭子

廠　址：上海嘉興路八十號　電話四二四一七
事務所：上海泗涇路三十六號　電話一七七〇八
電報掛號：八四三五號

大陸
第四十五圖
中國標準鉛筆廠
飛機牌 鼎牌 鉛筆
總公司 上海東漢陽路二九六號
辦事處 北平八面槽甲三十號
分公司 重慶菜園垻正街十五號
廣州太平南路嘉南堂西樓五樓502室
周肇路
ROAD
陸家浜路
教會医院
製造局路
永年路
惠中中學
滬新球場
森大鐵廠
成華毛織廠
徐家匯路
ZIKAWEI ROAD
順昌路
HANG ROAD
YUNGAN ROAD
上海美術專科學校
永錫堂
滬新中學
國泰康公司第三廠
利華袜廠
勤豐紗廠
黃陂南路
NGPI ROAD SOUTHERN
震豐染織廠
比例尺
經

第四十五圖

肇周路
CHAD C
合肥路
HOFEI ROAD
順昌路
建國東路
KIEN KWO ROAD EASTERN
黃陂南路
勞神父路
康悌路
菜市路
貝勒路
慕爾堂
基督教堂
裕康針織廠
裕興織造廠
恒興染織廠
和豐織造廠
德昌洋行
永新起漂毛染廠
新生染織廠
華物染色廠
鴻興織造廠
寶宏織造廠
天廚味精廠
金榮大戲院

輕爽

涼快

飛馬汗衫

景福衫襪織造廠

上海

大成織針製造廠總管理處

管理

延豐織針公司門市部

浙江南路一〇八號

管理處

金陵路金門路二號二樓九室

電話八七四九九號

電報掛號五五〇一三三

第一製針廠

徐家匯南馬家宅三德里一至四號

第二製針廠

南市薛家浜路守一里四號

第四十六圖

順昌路
復興中路
FU SHING ROAD CENTRAL
黃陂南路
合肥路
HO FEI ROAD
馬當路
TANG ROAD
SOUTHERN ROAD
天廚味精廠
球場
廣明小學
律師公會
辣斐大戲院
萬山區衛生事務所
振華小學
中國醫院
比例尺

第四十六圖

順昌路（白爾路）
自忠路
興業路 HING YEH ROAD
黃陂南路（貝勒路） HWAN…
馬當路
西門路（西門路） SZE CHUNG ROAD
（菜市路）
（白來尼蒙馬浪路）
（華志路）

亞業大戲院
市立東明國民學校
力行小學
崇實中學
崇實小學
惠小學
小菜場
大中華郵社
馮炳南 大律師
上壽堂 藥號
東方汽車公司
啟智印務所
康滋南貨號
濟生堂藥號

第四十七圖
ROAD
ROAD
馬當路
合肥路
英士路
復興中路
FU SHING ROAD CENTRAL
PARK APARTMENTS
聖德小學
中華聖教會諸聖堂
東南醫學院附屬醫院
西成小學
尚文小學
康福多
滋補 療咳
祛痰 防痨
上海正德药厂出品
浙江儲豐銀行
地址：上海江西中路二六二號
電話：一〇二〇六〇號
一〇七七一號

第四十七圖

馬當路

（白來尼蒙馬浪路）

MATA

自忠路

興業路

英士路

（薩坡賽路）

YING

SZE CHUNG ROAD

西門路

望志路

呂班路

CHUNGKING ROAD SOUTHERN

南昌路

開明斯蓋兄弟煤公司

方濟堂

醫務處

仁愛會總院

花園

義順聚醬園

華豐當

和豐公司

胡海字化學社

露香園小學

私立聲國小學

齊魯中學小學幼稚園

圖書館

教室

花園

天井

山東旅滬同鄉會

阜春小學

牛津英語補習學校

公寓

上海海軍服務社

草地

上海市工務局堆棧

市政印刷

復興公園

DR. J. G. KOPAIEFF

比例尺

7	46	
6	47	48
55	54	53

世界馳名 中國第一

老介福

綢緞 顧繡

呢絨 布疋

福

註冊商標

牌子最老

信用最好

花色最多

價鈿最巧

上海南京路河南路之角 電話一三三三四八

鴻祥呢絨總號

河南中路四二號

同新呢絨公司

河南中路二二號

定價不妨落後

備貨務必爭先

重慶 鴻祥分號 保安路一二一號

中國鴻祥呢絨製造廠

廠址江蘇路(憶定盤路)東諸安濱十九號

努力生產 自給自足

南京 鴻祥分號 中華路二一一號

九龍
呢絨公司
專營呢絨大公司
花色新穎 定價低廉
南京東路四二九至四三一號
電話九一五六三

甯波恒豐印染織廠
註冊商標
一廠：上海馬當路五七
電話：八一一六〇 八六一
二廠：餘姚路均泰里五
批發所：北無錫路二八弄三
電話：九七一二六 九二六
ROAD SOUTHERN
南陜路
黃
徐家匯路
ZI KA WEI ROAD
震豐染織廠
達記工廠
久新漂染起毛廠
瑞昶織綢廠
洪康綢廠
勤與紡織廠
光大文記熱水瓶桶罐廠
金星熱水瓶廠
NG ROAD
馬當路
美亞織綢廠
南市清潔局車務處
甯波恒豐印染廠
恒豐廠宿舍
鑄亞鐵工廠
和豐染織廠
財神廟
大勤漂染廠
馮萬通醬栈
萬祥醬栈
新萬豫醬栈

第四十八圖

第四十八圖

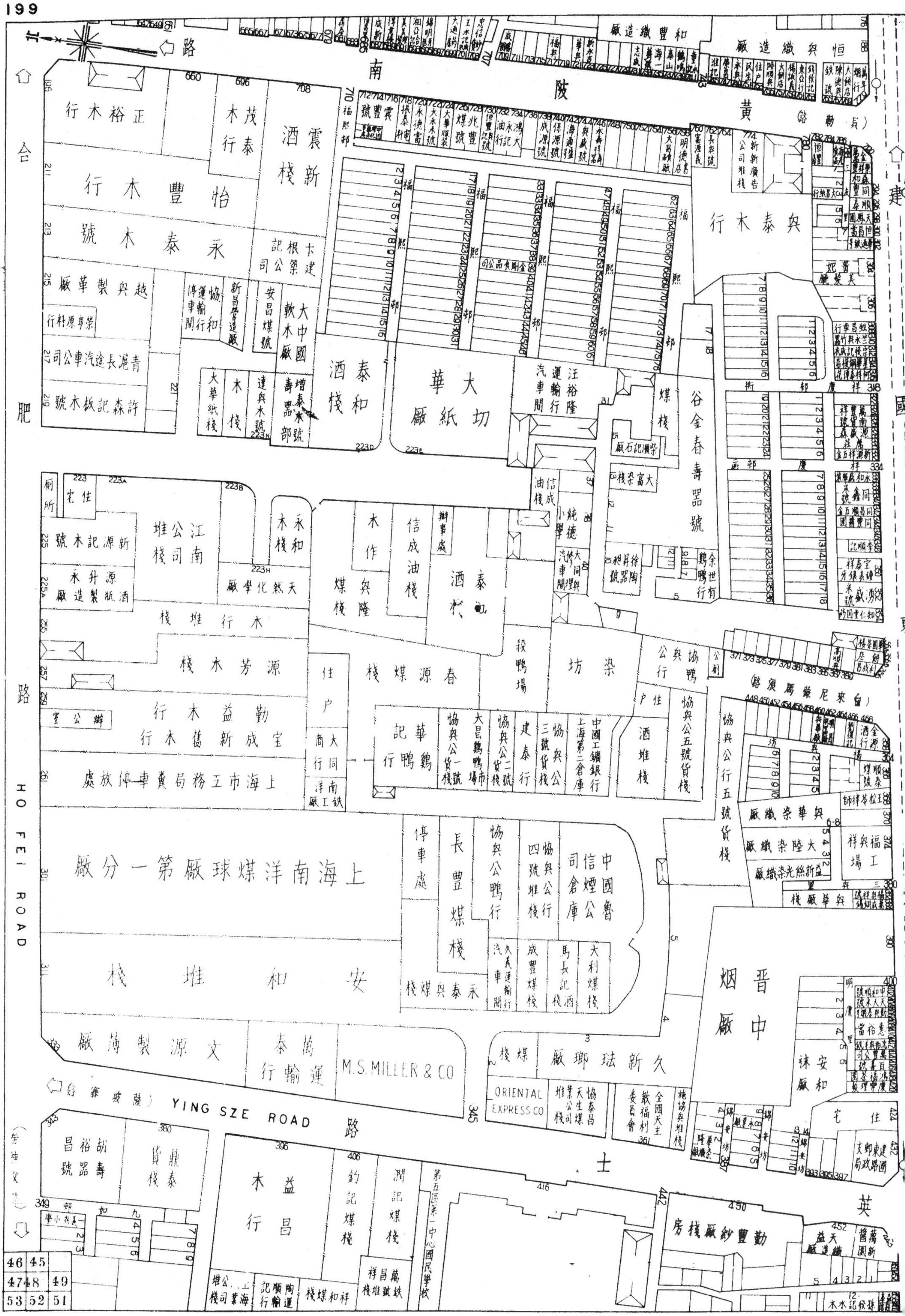

南陂路
黃陂南路（貝勒路）
合肥路
HO FEI ROAD
建國東路
（台來尼蒙馬浪路）
（薩坡賽路） YING SZE ROAD 士英路

和豐織造廠
恒興織造廠
正裕木行
茂泰木行
震新酒棧
怡豐木行
永泰木號
建築公司 卡根記
越興製革廠
榮亨原料行
青滬長途汽車公司
許森記板木號
協和運輸行停車間
新昌營造廠
安昌煤號
大中國軟木廠
增泰木器號
大華紙棧
達興木號
泰和酒棧
大華切紙廠
汪裕隆運輸行汽車間
興泰木行
谷金春壽器號
福熙里
嘉慶里
祥慶里
新新廣告公司堆棧
住宅
江南公司堆棧
新源記木號
永升源酒瓶製造廠
天然化學廠
永和木棧
作木
信成油棧
泰和酒棧
興隆煤棧
辦事處
信成油棧
純德小學
大同汽修車理間
大富染棧
榮記石廠
徐昇記陶器號
余世有鴨行
木行堆棧
源芳木棧
殺鴨場
染坊
協興公鴨行
春源煤棧
勤益木行
宝成新舊木行
辦公室
上海市工務局糞車停放處
住戶
大同商行
南洋鐵工廠
華記鷄鴨行
協興公一號貨棧
大昌鷄鴨市場
協興公二號貨棧
建泰行
協興公三號貨棧
上海第二倉庫
中國工礦銀行
酒堆棧
住戶
協興公五號貨棧
協興公行五號貨棧
興華染織廠
大陸染織廠
益新絲光染織廠
興華廠棧
福興祥工場
上海南洋煤球廠第一分廠
停車處
長豐煤棧
協興公鴨行
協興公四號堆棧
中國魯信煙公司倉庫
安和堆棧
永泰興煤棧
久義運輸行汽車間
成豐煤棧
馬長記酒棧
大利煤棧
晉中烟廠
文源製帽廠
萬泰運輸行
M.S. MILLER & CO
煤棧
久新琺瑯廠
ORIENTAL EXPRESS CO
天生煤業公司堆棧
協泰昌
全國天主教福利委員會
協興堆棧
安和襪廠
住宅
建國東路郵政支局
胡裕昌壽器號
鼎泰貨棧
益昌木行
鈞記煤棧
潤記煤棧
第五區第一中心國民學校
勤豐紗廠棧房
天益織造廠
萬新醬園
上海公業公司堆棧
陶順記運輸行
祥和煤棧
萬昌鐵堆棧

46	45	
47	48	49
53	52	51

京滬衫襪廠
絨線百貨之王
四川北路四九一一號（前警備司令部舊址）
電話：四一七三三

上海　山東中路二一九號

榮豐行
股份有限公司

電話　九一二一〇　九三六四三
電報掛號　三〇五四

榮豐分公司　香港必打街畢打行六樓

專營：各國化學工業原料香料
顏料靛青西藥五金雜貨

成份準確.價格特廉.零躉批發.竭誠歡迎

YOUNG FOONG CHEMICAL INDUSTRIES CO LTD
219 SHANTUNG ROAD CENTRAL
SHANGHAI
CABLE 3054　TEL 93643 91210
BRANCH OFFICE PEDDER BLDG 5TH FLOOR HONGKONG

DEALER IN
ALL KINDS OF INDUSTRIAL
CHEMICALS DYESTUFFS INDIGO
PHARMACEUTICALS ESSENTIAL OILS HARDWARES & SUNDRIES

註冊商標

金爵牌

汗衫
衛生衫

內衣鼻祖

景綸衫襪廠出品

上海四川中路・三三號四樓四一七室
電話・一〇二三四・一一九一九

裕新染織廠　義利染織廠
股份有限公司　股份有限公司
裕新牌　義利牌

註冊商標

出品
細布裁布嗶嘰・斜紋線呢卡其

總公司
上海濱池路一一九號五五室
電話一三二〇四　電報五〇八二〇四
廠址常州大南門外
電話五〇六　電報〇五四一
廠址常州小南門外廣化橋境
電話六四〇　電報六三三六

上海萬利織造廠
雙吉牌
武定路二五八街二七號
電話 一二六五三 二三一二
棉毛衫
衛生衫
第四十九圖
上海麗明染織公司
局門路
ROAD
麗園路
中華玻璃廠堆棧
許森記木號
徽寧墓園
金城火柴廠
斜土路
浙紹永錫堂
石子堆棧
草地
彌陀禪院
大與漂染廠
華豐機器廠
HSIA TU ROAD
空
新橋路
永順皮坊
皮坊
金輪記行
比例尺
中國華明烟草公司
總管理處新昌路二九五
電話 六〇四二
製造廠西康路四四六號
恒源電業机械製造廠有限公司
武進路三五九號 電話 45592 43247 電報掛號 HYECO

第四十九圖
福黎股份有限公司
南京東路慈淑大樓七一六號　電話九二八一七
開靈藥廠
天津路一一〇弄四一號
電話：九六〇九二號
門
局
路
斜
徐
張
家
大
浜
路
徐家匯路
HSIA ZI ROAD
新橋路
SIN CHIAO
信和泰煤棧
萬森竹木行
餘昌新煤號
裕鑫池浴室
草地
益豐搪瓷廠
錦源針織廠
義成鋸木廠
ABC橡皮廠
福記營造廠
宏甡商行
大火柴盒廠
染紗廠
空地
東南汽車公司
鉄桶棧
兩康木行堆棧
大元工程公司
翻砂作
住宅
戴順興底作
台州公所
經昌絲線分廠
震豐染廠
定海善長公所
定海旅滬同鄉會第二小學
海公建廣播電台
暫停播音
中正東路一〇六〇號跑馬廳公寓七四號
電話・三八〇〇〇號

第五十圖

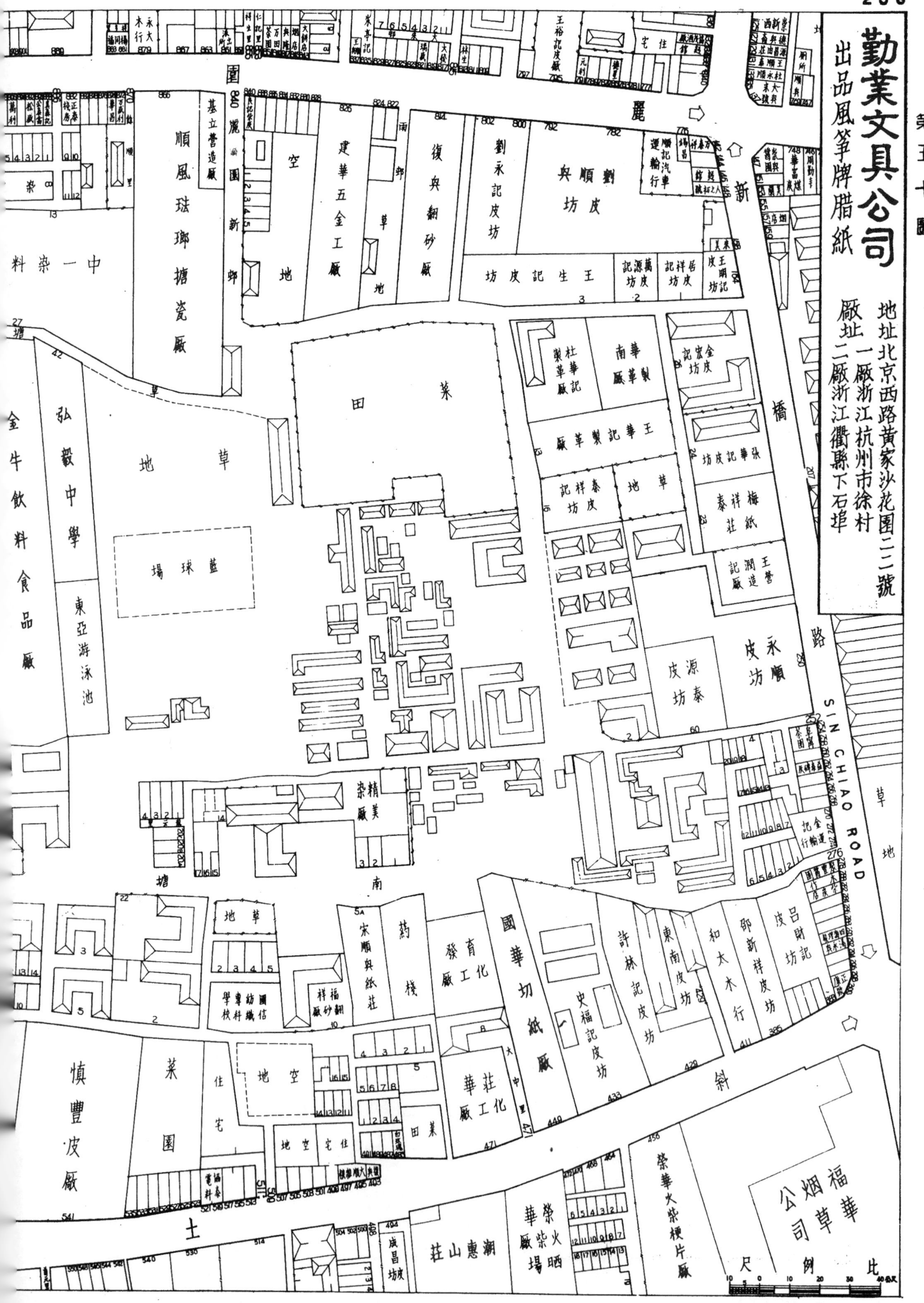
勤業文具公司
出品風箏牌腊紙
地址 北京西路黃家沙花園二二號
廠址 一廠浙江杭州市徐村
二廠浙江衢縣下石埠
順風琺瑯搪瓷廠
基立營造廠
麗園新邨
麗園路
新橋路
SIN CHIAO ROAD
斜土路
空地
建華五金工廠
復興翻砂廠
劉永記皮坊
劉順興皮坊
順記汽車運輸行
王生記皮坊
萬源記皮坊
居祥記皮坊
王明記皮坊
中一染料
菜田
杜華記製革廠
華南製革廠
金宏記皮坊
王華記製革廠
張華記皮坊
泰祥記皮坊
草地
梅祥泰紙莊
王潤記營造廠
永順皮坊
泰源皮坊
弘毅中學
藍球場
金牛飲料食品廠
東亞游泳池
精美染廠
金記運輸行
宋順興紙莊
葯棧
育發化工廠
國華切紙廠
史福記皮坊
許林記皮坊
東南皮坊
和太木行
邵新祥皮坊
呂財記皮坊
福祥翻砂廠
慎豐皮廠
菜園
住宅
華莊化工廠
大中里
榮華火柴梗片廠
榮華火柴晒場
潮惠山莊
成昌皮坊
福華烟草公司
比例尺

第五十圖

LI YUAN ROAD
斜徐路
HSIA TU ROAD
LU PAN ROAD
鲁班路
工務局工場
鋼精廠
鹹菜作
萬泰豐糖果棧
光華染織廠
新越煤球廠
中和机器廠
空地
菜園
寄柩所
菜園
生生巷
曹氏南山墓地
美豐工業廠
華豐木行
通用橡膠廠
太平洋織造廠
煤棧
存仁堂
辛仁堂
木行
協昌翻砂工廠
達成毛織廠
住宅
呂金記皮革廠
草地
福慈庵
上海煤球廠
棧房

合衆營業股份有限公司

THE UNIVERSAL DEVELOPMENT COMPANY. LTD.

General Importers & Exporters

Exports	Imports
Bristles	Chemicals
Hog Casings	Dyestuffs
Feather	Electrical supplies
Furs	Iron, Steel & Metals
Tea	Machinery
Tuug Oil	Paper & Pulp

Chairman: Wang Tse Sing 王志莘
Direetor: R. Y. Cheng 鄭益之
Direetor: C. N. Wu 吳覺農
General Manager: K. Y. Zah 石景彥

Head office: 41 peking Road, Shanghai.
Telephone: 12376 Cable address: "UNIVELOP"
Branches: Hongkong Canton Taipeh

怡中顏料靛青號

YEE CHUNG & COMPANY

DYES & INDICO DEALER

羽鐘牌

專營：靛青顏料及助染劑

上海河南路六三九號　電話九四六一九　電報六四七二

639 HONAN ROAD SHANGHAI CHINA
TEL. 94619 CABLE ADD. 6472

光華營業股份有限公司

附設光華建築師事務所

建築設計　房產代管　買賣估價　經租管理　代理保險

⊙ 經理 ⊙

茂昌有限公司經租部
愉園房產管理處
新豐產物保險公司

總公司：上海天津路二一四號
電話：九八三六六　電報掛號YPCHEN
分公司：南京中山路一四四號
台北市開封街二段七巷四號
電報掛號〇九三〇

NATIONAL REALTY CO., LTD.

HEAD OFFICE: 214 TIENTSIN ROAD SHANGHAI
CABLE ADDRESS **YPCHEN** TEL. 98366
BRANCH OFFICE: 144 CHUNG SHAN ROAD NANKING
NO. 4/7TH. STREET, KAI FENG JIE (2 DUANN)
TAIPEH TAIWAN CABLE ADDRESS 0930
AGENTS:
CHINA EGG PRODUCE CO., LTD. RENTING DEPT.
HAPPY GARDEN ESTATE
CHINA PRUDENTIAL INSURANCE CO., LTD

第五十一圖

徐家匯路
新橋路
SIN CHIAO ROAD
麗園路
ROAD
新萬豫醬棧
鑄亞鐵工廠
萬新醬棧
江淮戲院
德勝班劇場
利源木行
與昌木廠
華聯棉織廠
空地
萬泰板木行
萬通新醬棧
西池庵
住宅
足球場
安平子廟
小學
王裕記皮廠
永大木行
比例尺
品質式樣
一致贊美
地地司特製襯衫
偉新內衣織造廠
地址 北海寧路二一號
電話 四〇九六五號

第五十一圖

華元化學廠
地址：中正東路一二三三衖二三號　電話：八〇二二〇二號
59 52 48
60 51 49
61 50
法商電車公司
徐家匯路
ZI KA WEI ROAD
斜徐路
SHIA ZI ROAD
魯班路
LU PAN ROAD
麗園路
四明柴炭行
唐寅記切紙廠
聯合實業投資公司製革廠
合联實業社
联合烟行
義泰彈花廠
上海市衛生局清潔總隊
江永興煤棧
建昌煤棧
鉄工廠
裕康廠
普育小學
美泰化工廠倉庫
天益染織廠
濟良医院基地
建新營造廠
王順記營造廠
陳茂興煤棧
上海市工務局工場
三民針織工會
恒義昌糖果廠
正太木行
湯錫記机器廠
立信化工廠
乾泰木行
又昌煤號
曹順昌圃作
荳芽醃菜作
越新煤球廠
空地

藥行經理

到處有售

家庭必備
以保健康

兒科
政府
註冊
良藥

小兒驅蟲消食藥粉

原名 鷄金菜

藥性和平
四季宜服

上海建新製藥社出品

主要功能
除疳積
助消化
清腸胃
通便秘

上海中正東路五三六號電話九〇四〇八一七

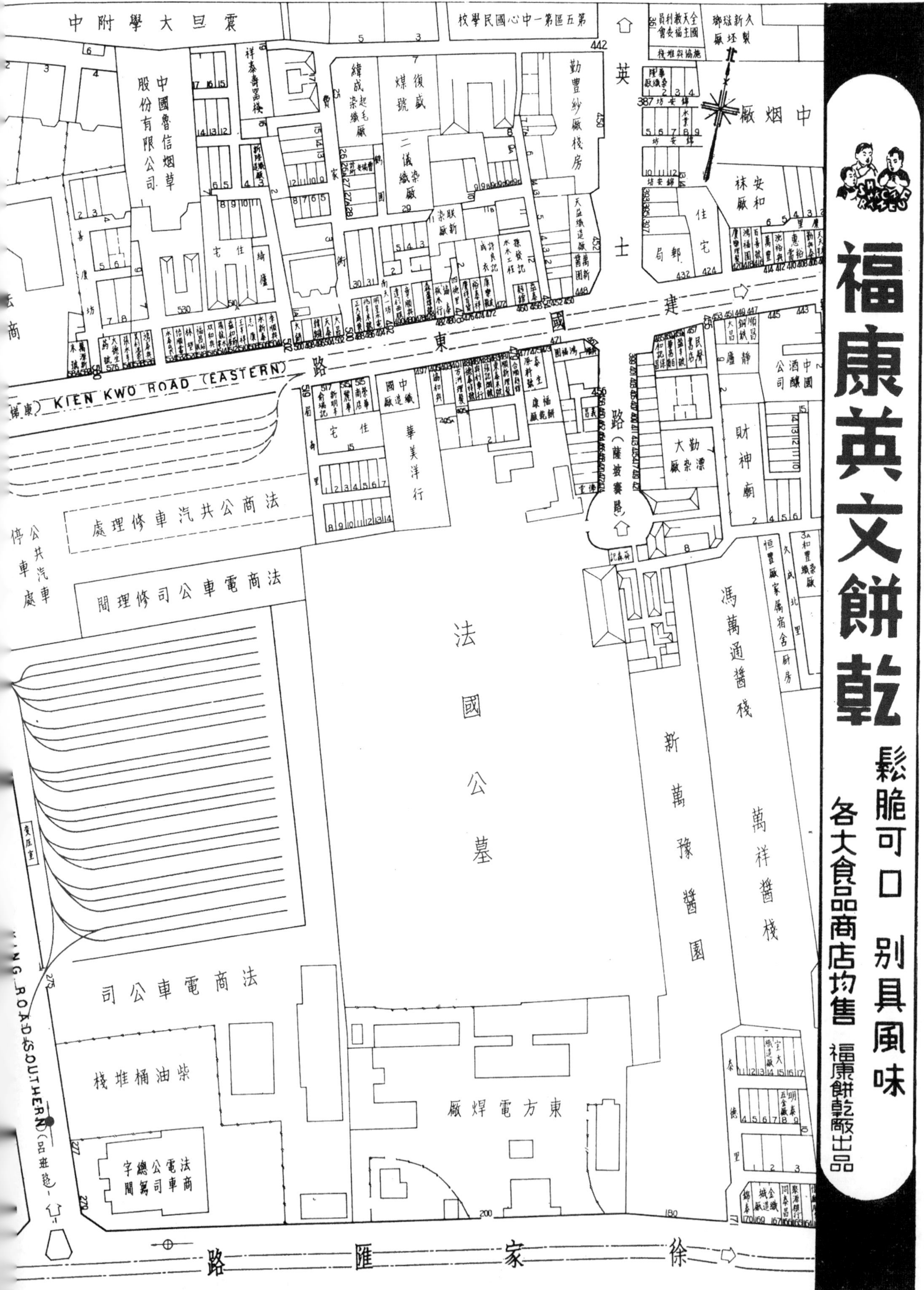
震旦大學附中
第五區第一中心國民學校
中國魯信烟草股份有限公司
英士路
中烟廠
國東路
KIEN KWO ROAD (EASTERN)
建國東路
路(薩坡賽路)
法商公共汽車修理處
法商電車公司修理間
公共汽車停車處
法國公墓
新萬豫醬園
萬祥醬棧
馮萬通醬棧
法商電車公司
柴油桶堆棧
東方電焊廠
法商電車公司總公司寫字間
徐家匯路
KING ROAD (SOUTHERN)
華美洋行
財神廟
勤豐紗廠棧房
安和襪廠
郵局
住宅
二儀織染廠
復盛煤號
緯成染織起毛廠
中國織造廠
康福餅乾廠
大勤漂染廠
中國酒釀公司
恒豐廠家屬宿舍

第五十二圖

58	53	
59	52	48
60	51	

第五十二圖

震旦大學

上海市保安警察第一總隊第一大隊第一中隊部

上海市清毒調烟所

醫院

思南路

建德路

上海地方法院看守所

上海地方法院檢察處

上海市工務局建國東路營造廠

上海公共交通公司修造廠籌備委員會技術組

上海市衛生局清潔總隊車間

法商自來水廠

華南棧房

建國中路

KIEN KWO ROAD (CENTRAL)

薛華立路

重慶

大來棉織廠

勤工染織廠

上海市公用局南區倉庫

上海市工務局機料處材料總庫建國東路分庫

法華貿易公司

中小學

化學

上海市法商水電公司產業公會

法商水電公司

慶餘棧房

和豐堆棧

順昌翻砂廠

新昌染坊

匯昌花邊公司漂染廠

嘉昌機器廠

久新琺瑯廠

二宜絲織廠

中央糖廠

中一糖廠

華慶染織廠

麗來肥皂廠

昌興紡織印染公司

竺永興竹棧

空地

西三合里

永新染織廠

國光實業廠

大富染織廠

義興染織廠

久新棧房

SZE NAN ROAD

(馬斯南路)

ZI-KA-WEI R

比例尺

10 0 10 20 30 40公尺

經營倉庫駁運卡車

•總寫字間•

黃浦路一四九號　電話・四二一三一・四二八二二

第一倉庫・機廠街二一二號

第二倉庫・閔行路六七號

第三倉庫・楊樹浦路一六九〇

第四倉庫・浦東周家渡

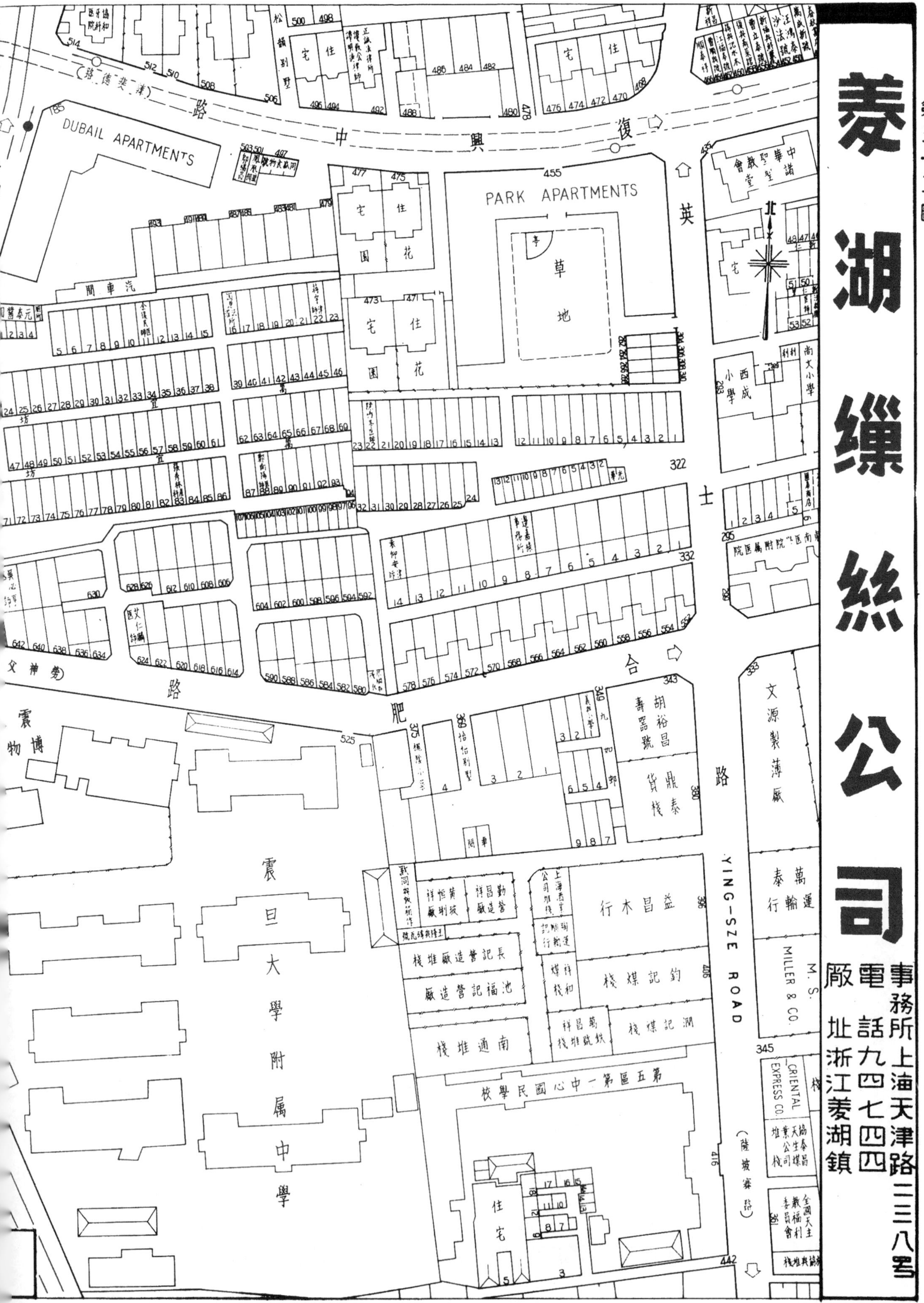
第五十三圖
菱湖繅絲公司
事務所上海天津路二三八號
電話九四七四四
廠址浙江菱湖鎮
復興中路
DUBAIL APARTMENTS
PARK APARTMENTS
草地
住宅
花園
汽車間
英士路
合肥路
YING-SZE ROAD
中華聖教會
西成小學
震旦大學附屬中學
第五區中心國民學校
文源製薄廠
萬泰運輸行
M. S. MILLER & CO.
ORIENTAL EXPRESS CO.
益昌木行
胡裕昌壽器號
鼎泰貨棧
長記營造廠堆棧
池福記營造廠
鈞記煤棧
潤記煤棧
南通堆棧
萬昌祥鐵號堆棧
勤昌祥營造廠
黃恒祥板刷廠

第五十三圖
57 54 47
58 53 48
52
復興中路
FU SHING ROAD CENTRAL
思南路
SZENAN ROAD
（馬斯南路）
南路
CHUNG KING ROAD SOUTHERN
曉星小學
劉兩蒼診所
偉達坊
公利醫院
教室
磐石小學運動場
草地
味增爵會墳地
門房
伯多祿教堂
足球場
震旦大學運動場
圖書館
廣慈醫院
花棚
比例尺
利達文具製造廠
出品大小日記日曆紀念冊照相簿西信箋信封等
地址：安慶路三九六弄五號
電話：四二七五九
電業機器廠
地址：江西中路四六〇弄三號
電話：一四一二二號轉

上海
百宋鑄字印刷局
精美
印
完備
刷
印刷最精
字体最美
設備最完
花式最備
·各界委印·竭誠歡迎·
總店 浙江中路六八九號
電話 九二九八八八號

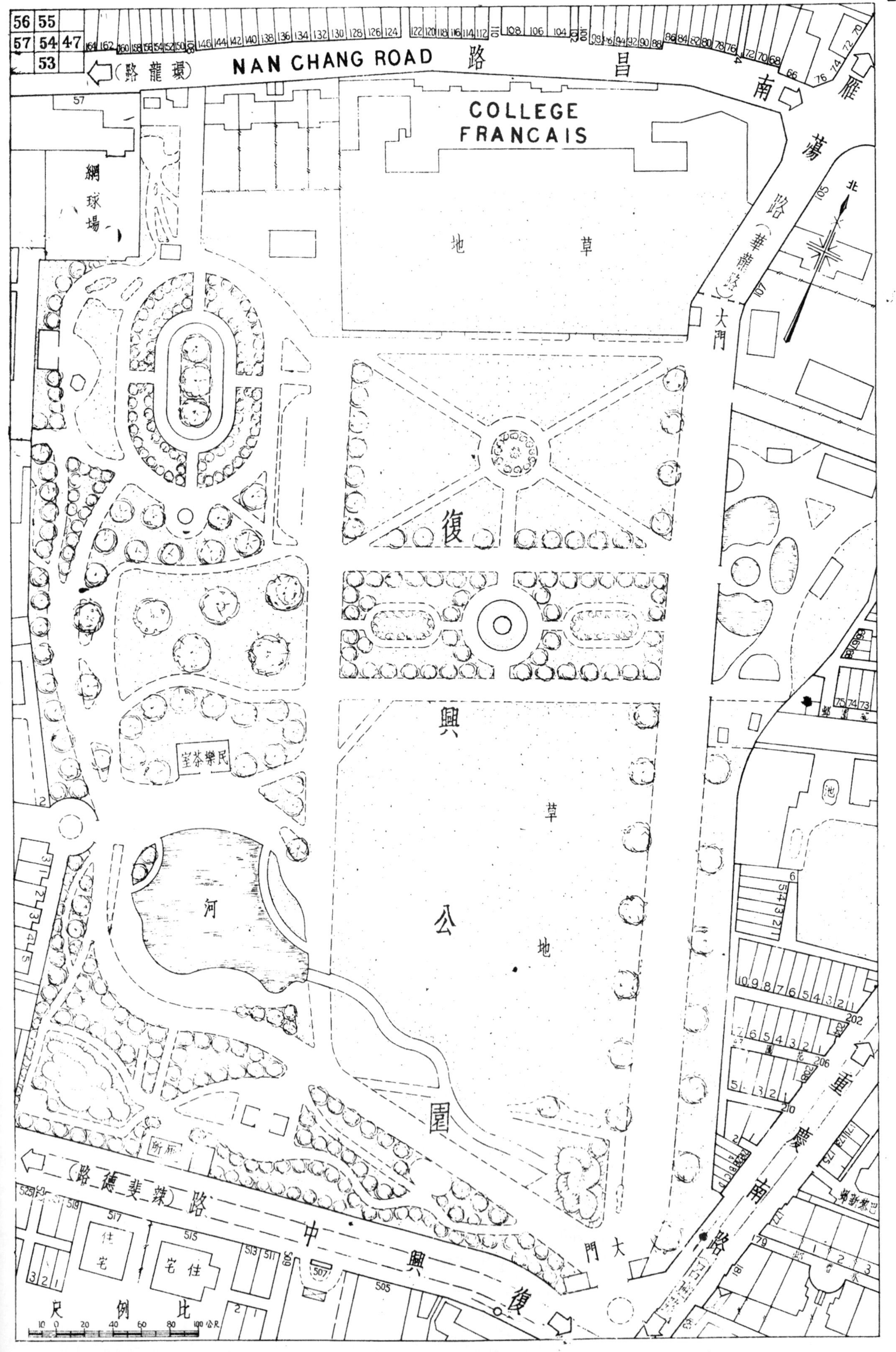

NAN CHANG ROAD
南昌路
(環龍路)
COLLEGE FRANCAIS
網球場
草地
雁蕩路
(華龍路)
北
大門
復興公園
民樂茶室
河
草地
廁所
重慶南路
復興中路
(辣斐德路)
住宅
住宅
大門
比例尺
10 0 20 40 60 80 100公尺

大華檯燈

銷路最廣　式樣最新

天明商標

上海大華實業工廠出品

浙江北路一七一號七浦路口　電話　四二九八〇號

大中電器廠股份有限公司

大中牌

註冊商標

平涼路五〇九弄
三六一四〇
廣東路六四號
大中電器廠

大中牌

世界汽車保險公司
地址：北蘇州路三七六號
電話：四二〇六一號
第五十五圖
林森中路
LING SEN ROAD (CENTRAL)
(霞飛路)
YEN TANG ROAD
(華龍路)
雁蕩路
南昌路
(環龍路)
復興公園
安路
都成
巴黎大戲院
衛廬
教室
操場
青年中學
中華職業教育社
國泰書社
濟院
四明銀行
康綏公寓
中華職業學校宿舍
愛群女子中學
李務小學
震旦女子文理

第五十五圖

重慶北路（自湖北路）

重慶中路

長樂路

金陵西路

中正東路

中正中路

成都南路

CHENG TU ROAD (SOUTHERN)

CHANG LO ROAD

嵩山路

蒲石路

鉅鹿路

（福煦路）

（愛多亞路）

（貝禘鏖路）

（西門路）

（巨籟達路）

觀音禪寺

蓮花禪寺

同義小學

民治中小學

逸隱庄

安廬

泳森紗號

立達煤號

中國茶葉協會

汪裕泰茶號總棧

九星大戲院

光華大戲院

大昌陶器協棧

美孚汽油公司服務站

加油站

住宅

空地

墳地

比例尺

10 0 10 20 30 40公尺

興業實業工程公司

電報掛號 510080 SCHENEYCO

製造廠
上海凱旋路一三八二號
電話：二〇六二二轉

營業所
上海江西路四二一號
電話：一九六二〇

本公司專門製造機械電機並代客設計裝置及修理或改善各種機械暨電機工程歷史悠久經驗豐富如蒙惠顧竭誠歡迎

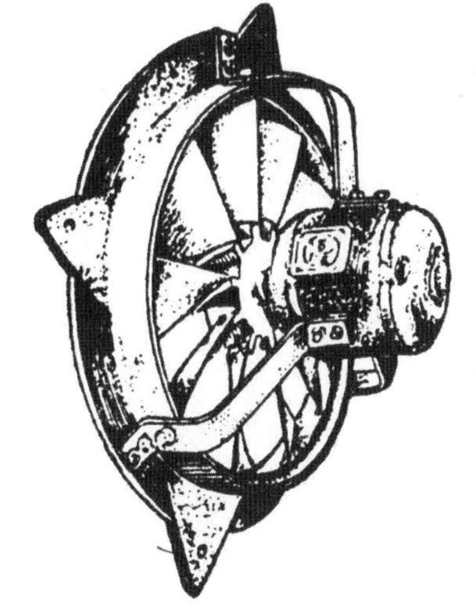

出品種類

旋轉式噴霧機
油開關
布機開關
空氣調節風扇
柴油燃燒機
配電板
馬達

彈毛機
毛紡鋼絲機
自動紡毛機
自動梳毛機
自動併線機
毛紡經線車
雙梭箱毛織機

提花織字機
煑呢機
吸水機
電壓機
和花缸
單程清棉機
單雙頭筒子車

自動着水機
自動織布機
小打包機
自動絞線機
筒管製造車
燙皮輥機
括板壓氣箱

榮譽出品之一

各大工廠採用本公司出品機器及設計裝置等工程摘錄

廠名	採用機器種類	設計及裝置工程種類
申新第一廠	噴霧機油開關等	設計H&B粗紗機克拉區工程
申新第二廠	各種電機及紡織機件等	
申新第四廠	噴霧機等	改造大牽伸工程
申新第五廠	各種電機及紡織機件等	
申新第六廠	噴霧機油開關布機開關等	
申新第九廠	粗細紡機件及筒子車等	
寅豐毛紡織公司	各種毛紡織機及電機等	電氣裝置等
統益紗廠	單程清棉機等	設計及裝置電氣
怡和紡織公司	毛紡電壓機噴霧機等	電氣裝置
元豐毛紡織廠	各種毛紡織機等	電氣裝置
鴻豐紡織公司	開棉機及油開關等	
中紡第二毛紡廠	毛紡經線車等	
中紡第十五紡織廠	毛紡經線車等	
中紡第十七紡織廠	噴霧機及排氣風扇等	設計裝置等

本公司創設十年承各大工廠惠顧客戶繁多不及備載為歉

第五十六圖

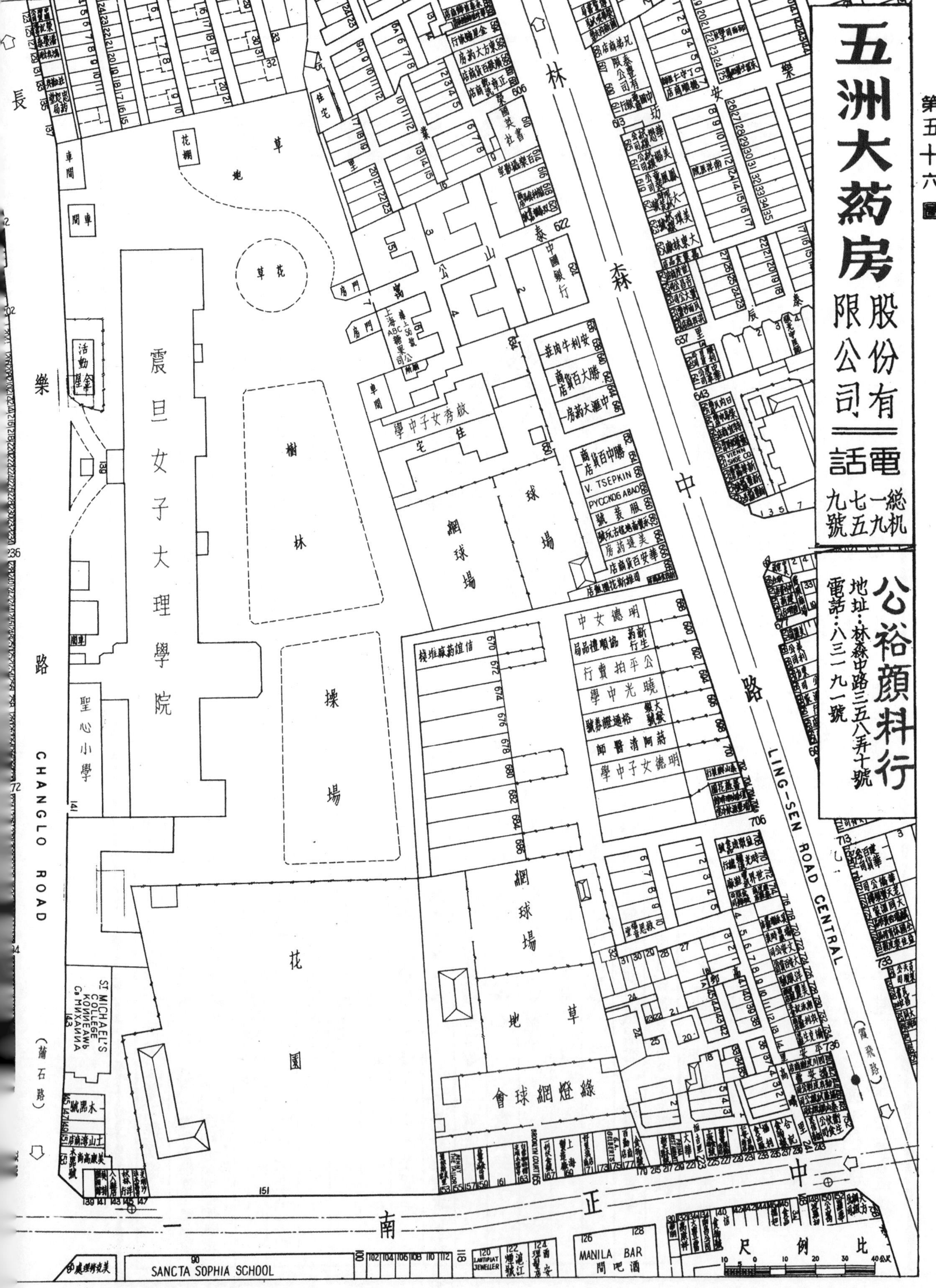

五洲大葯房股份有限公司
電話 總机一九七五九號
公裕顏料行
地址：林森中路三五八弄十號
電話：八三一九一號
林森中路
LING-SEN ROAD CENTRAL
（霞飛路）
長樂路
CHANGLO ROAD
（蒲石路）
中正南一
震旦女子大理學院
聖心小學
樹林
操場
網球場
花園
草地
綠燈網球會
啟秀女子中學
明德女子中學
曉光中學
中國銀行
ST. MICHAEL'S COLLEGE
SANCTA SOPHIA SCHOOL
MANILA BAR 酒吧間
比例尺

興業印鐵製罐廠
廠址：虬江路廣東街一三七號
電話：九二九四〇
發行所：龍門路六號
中正中路
CHUNG-CHENG ROAD CENTRAL
KULU ROAD
CHUNG-CHENG ROAD SOUTHERN
九星大戲院
信誼化學製藥廠
振豐染織廠
仁社
花房
草地
空地

第五十六圖

美商

協豐洋行

CHINA PAPER CO. FEDRAL INC.,
U. S. A. SHANGHAI CHINA

經營進出口

專營歐美各種上等紙張
文具印刷機器及印刷材料等

福州路三〇號匯豐銀行大樓一二二室
電話：一六九〇六至七　一四五三九

中美

鐘表眼鏡公司

名表最多　售價最廉

南京東路四六七號
電話　九〇七七〇

怡康行

經營報關運輸業務

地址　廣東路十七號四〇一室A
電話　一六五四二　一七六五六

亞美斯古香料廠出品

各種著名亞美斯古(AMESCO)牌

品質最優

香煙調味香精
汽水飲料香精
糖果食品香精
牙膏香皂香精
製藥調味香料

種類最多

亞美斯古香料廠無限公司

地址：上海愚園路八八四號　電話：二一〇九〇號

萬國橡皮物品機器工廠

萬國牌

龔穀機用橡皮滾筒・印刷機用橡皮滾筒
印染機用橡皮滾筒・造紙機用橡皮滾筒
各種實心橡皮車輪・其他橡皮膠木另件

本廠創辦迄今歷廿餘載為我國橡皮滾筒之創造者規模宏大設備完善交貨迅速負責保用其出品素為本外埠中外廠商暨大江南北一帶產米區域樂於採用如蒙　惠顧定能保證滿意・

廠址：上海虹口庫倫路長興里四十號　電話　五一一九九

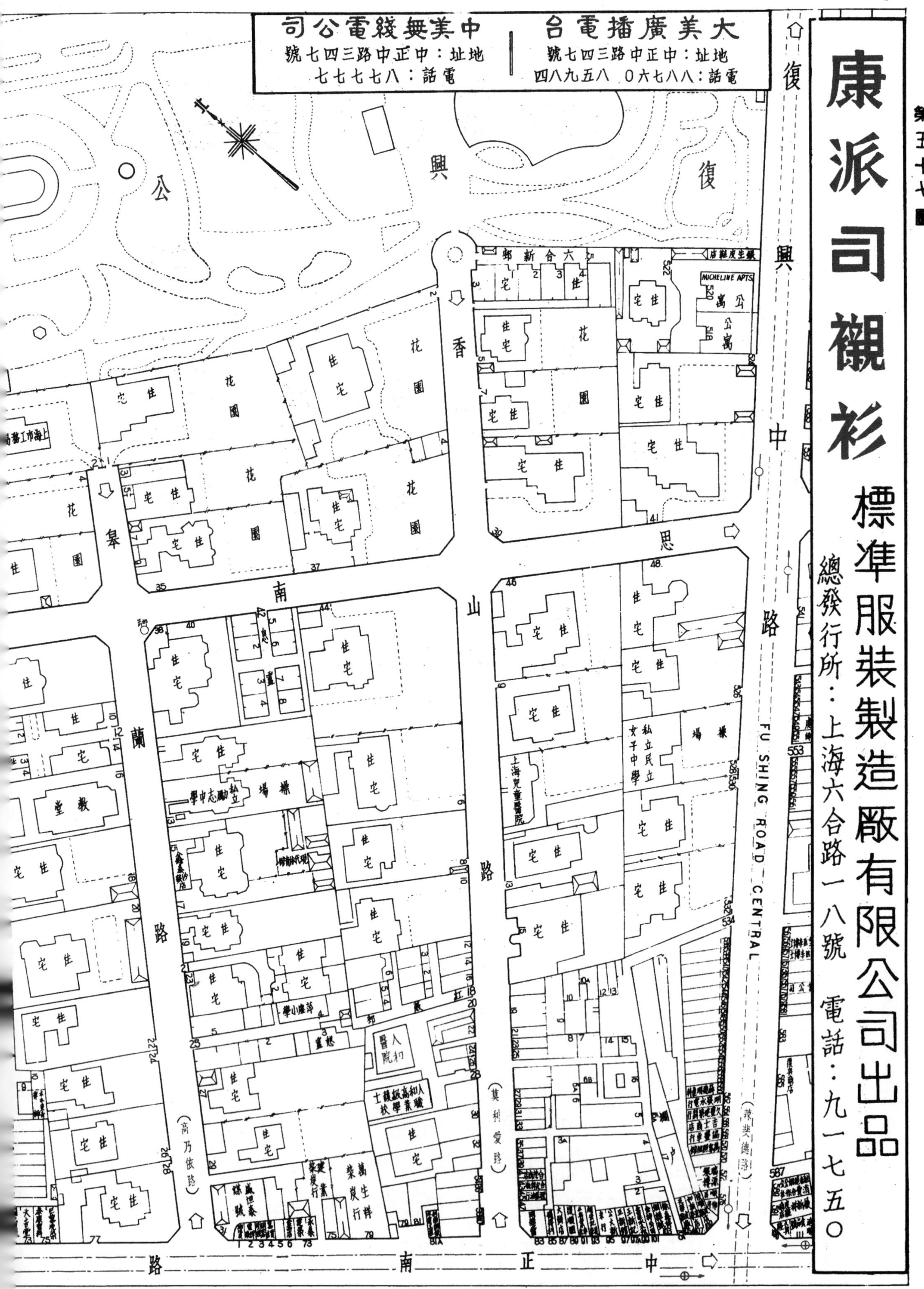

大美廣播電台
地址：中正中路三四七號
電話：八八七六〇 八五九八四
中美無綫電公司
地址：中正中路三四七號
電話：八七七七七
康派司襯衫
標準服裝製造廠有限公司出品
總發行所：上海六合路一八號 電話：九一七五〇
復興公園
復興中路
FU SHING ROAD CENTRAL
(諫斐德路)
思南路
香山路
皋蘭路
山路
(莫利愛路)
(高乃依路)
中正南路
MICHELINE APTS
公寓
六合新邨
私立民立女子中學
上海兒童醫院
私立勵志中學
上海市工務局
教堂
標場

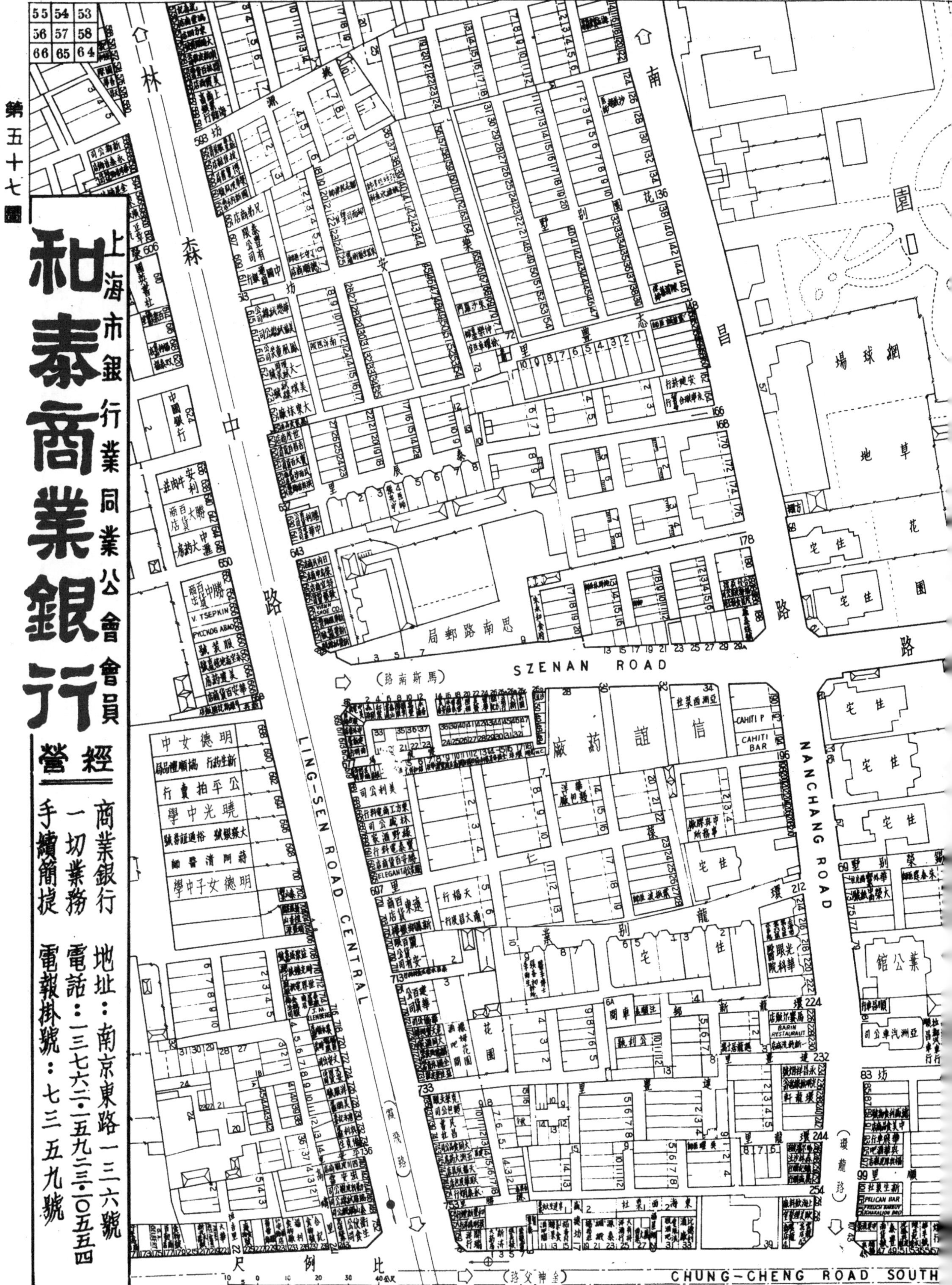

第五十七圖
和泰商業銀行
上海市銀行業同業公會會員
經營
商業銀行
一切業務
手續簡捷
地址：南京東路一三六號
電話：一三七六二・一五九二三・〇五五四
電報掛號：七三五九號
林森中路
LING-SEN ROAD CENTRAL
SZENAN ROAD
(馬斯南路)
思南路郵局
南昌路
NANCHANG ROAD
CHUNG-CHENG ROAD SOUTH
(金神父路)
霞飛路
環龍路
信誼藥廠
網球場
草地
花園
住宅
業公館
中國銀行
V. TSEPKIN
CAHITI BAR
BARIN RESTAURANT
PELICAN BAR
比例尺

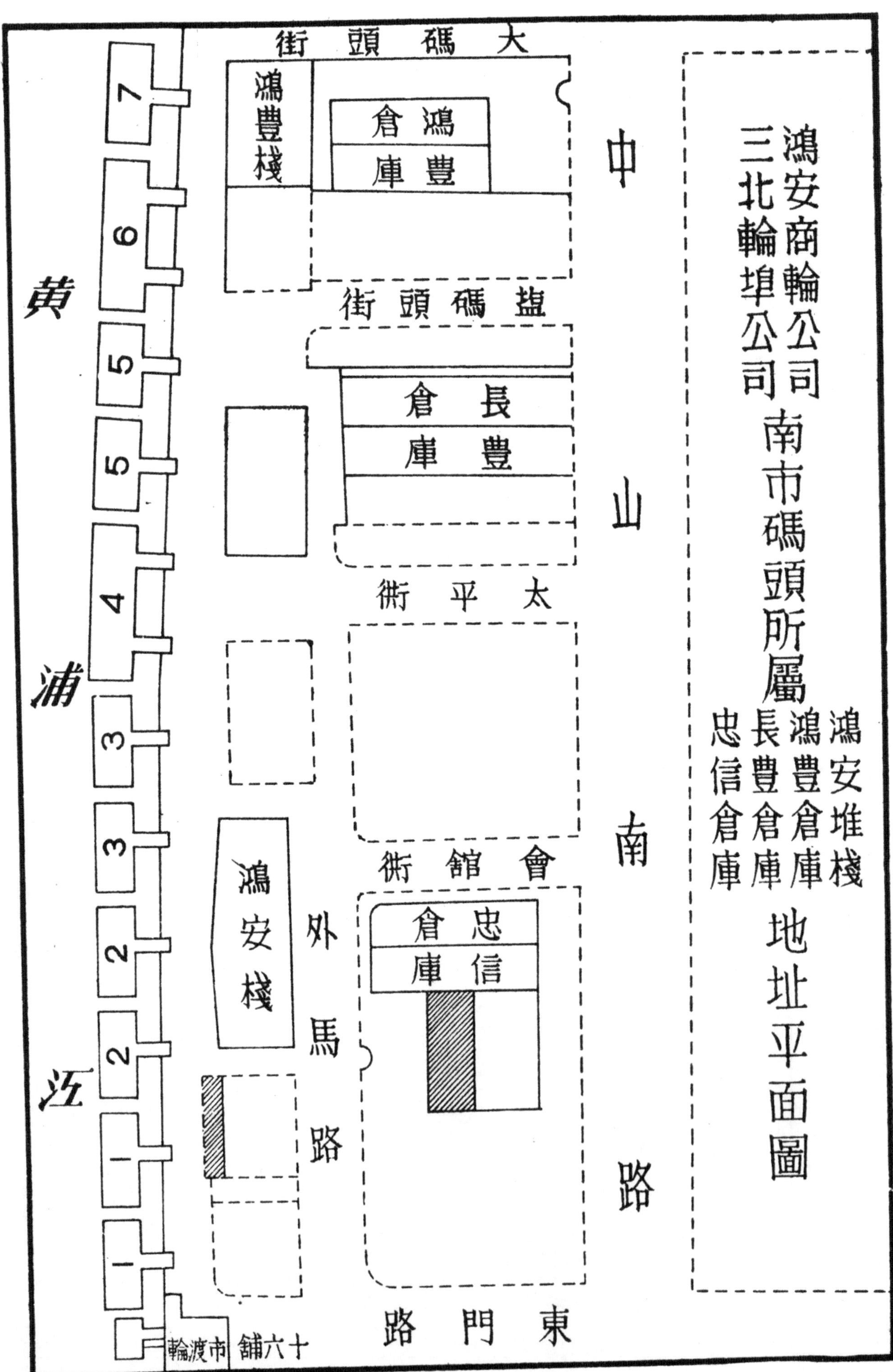

鴻安商輪公司
三北輪埠公司
南市碼頭所屬
鴻安堆棧
鴻豐倉庫
長豐倉庫
忠信倉庫
地址平面圖
大碼頭街
鴻豐棧
鴻豐倉庫
盐碼頭街
長豐倉庫
太平街
會館街
鴻安棧
忠信倉庫
外馬路
中山南路
東門路
黃浦江
7
6
5
5
4
3
3
2
2
1
1
市渡輪
十六舖

上海市公共交通公司
——籌備委員會——

行車路線 遍佈全滬

為市民解決

行的問題

如有洽詢，請投函六六六號信箱

達成堆棧捷運股份有限公司

DAH CHENG EXPRESS & STORAGE CO., LTD.

P. O. Box 2172
Tel. 11905

ROOM 104
150 KIUKIANG ROAD
SHANGHAI, CHINA.

Cable Address
"DACESCO"

九江路一五〇號新康大樓一〇四室 電話 一一九〇五

備有關棧 招堆客貨 服務週到 取費低廉

Custom Clearance & Freight Brokers
Warehouse, Lighters,
Packing Transportation, Forwarding.
Insurance & Commission Agents

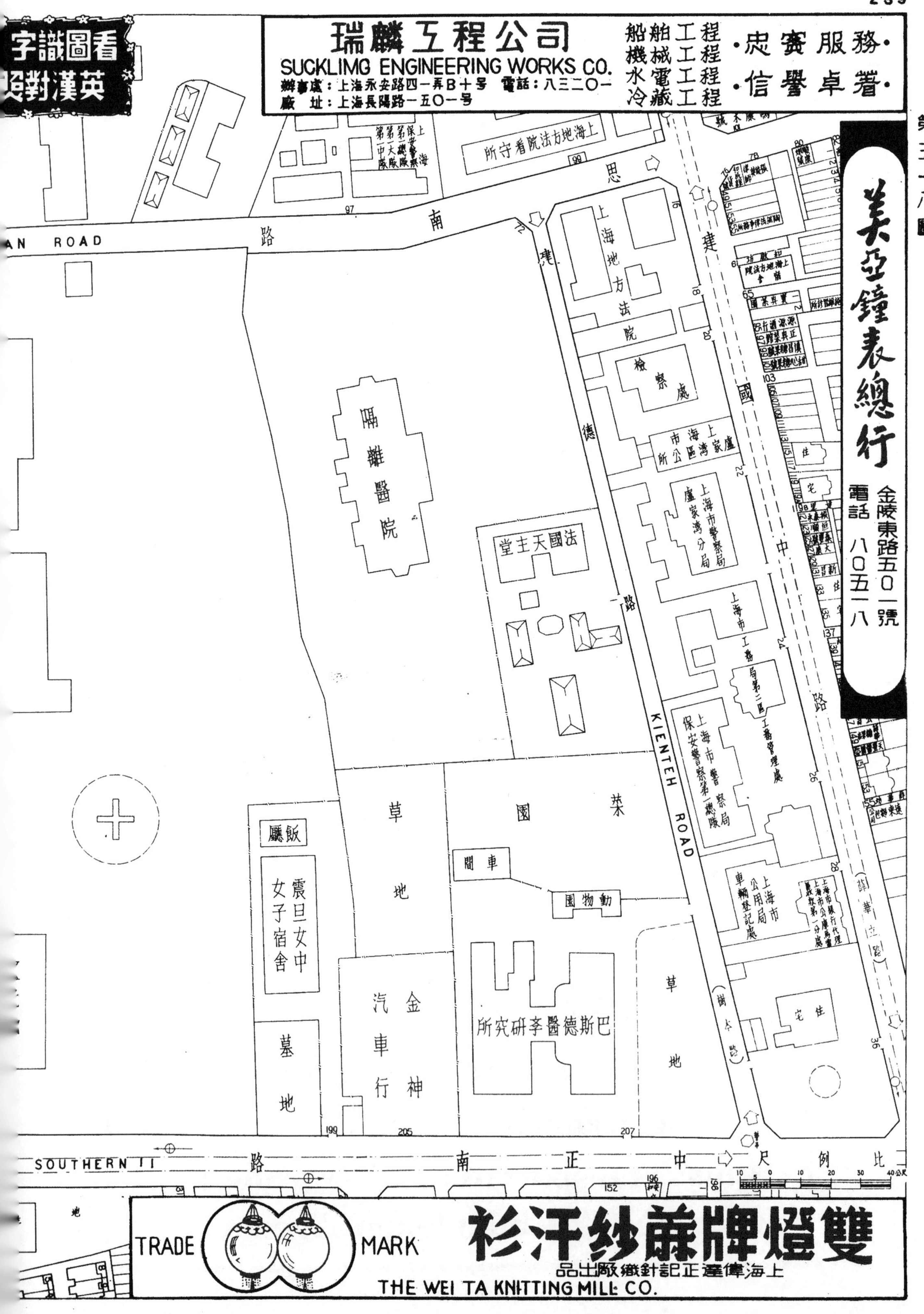
看圖識字
英漢對照
瑞麟工程公司
SUCKLIMG ENGINEERING WORKS CO.
辦事處：上海永安路四一弄B十号 電話：八三二〇一
廠址：上海長陽路一五〇一号
船舶工程
機械工程
水電工程
冷藏工程
·忠實服務·
·信譽卓著·
美亞鐘表總行
金陵東路五〇一號
電話 八〇五一八
思南路
AN ROAD
上海地方法院看守所
上海地方法院
檢察處
上海市盧家灣區公所
上海市警察局盧家灣分局
上海市工務局第二區工務管理處
上海市警察局保安警察第一總隊
上海市公用局車輛登記處
建國中路
建德路
KIENTEH ROAD
隔離醫院
法國天主堂
草地
菜園
車間
動物園
飯廳
震旦女中女子宿舍
墓地
金神汽車行
巴斯德醫學研究所
住宅
中正南路
SOUTHERN
比例尺
TRADE
MARK
雙燈牌蔴紗汗衫
上海偉達正記針織廠出品
THE WEI TA KNITTING MILL CO.

用英語
一無基礎
保証學會
上海福州路三二八
啟明書局
震旦大學
廣慈醫院
花房
飯廳
急診部
盧灣衛生事務所
復興中路
思南路
(馬斯南路)
中正南路
(金神父)
CHUNG-CHENG
花園
住宅
花園坊
飛達牌
棉毛內衣
衛生絨衫
蔴紗汗衫
上海偉達正記針織廠出品
FLIT
TRADE MARK
註冊商標

中興輪船公司

經營國內外航運

★搭客★裝貨★

直屬海輪

中興輪　景興輪　魯興輪　昌興輪　銘興輪　平興輪　永興輪　啓興輪　鼎興輪

地址：上海四川中路二六一號

電話：一 三八七•一二八七〇轉接各部

電報掛號・五三〇〇

分公司：天津　青島　連雲港　南京　基隆　台北

益祥輪船股份有限公司

E-HSIANG STEAMSHIP CO., LTD.
SHANGHAI CHINA

總公司　上海廣東路四十三號

Head office:-43 cantonRoad. Shanghai Telephones14452,18852

分公司　Branch office:

天津，營口，烟台，福州，台灣，青島，汕頭，廣州，香港及長江各埠。

業務Business:—經營輪船運輸，買賣，代理，保險等。

輪船:—利民，福民，惠民，福南，福祥，建元。

第五十九圖

建德路
ROAD
上海地方法院
檢察處
上海市警察局
盧家湾分局
上海盧湾區公所
上海地方法院檢察處
思南路
建國中路
ROAD CENTRAL
和玫坊
宿舍
發達里
和平里
久華綢廠
草地
康福織造廠
海華製革廠第二廠
鑑臣香粉材料公司
堆棧
中國美術紙廠堆棧
天味精廠
天然
精益製革廠
亞美化學股份有限公司
永明瓶
海華製革
晒場
天然味精廠
合豐帽廠
志成
西三合里
竺永與竹棧
空地
昌興紡織印染公司
振新針織廠
眉壽里
祥華染織廠
寶安里
永新染織廠
國光實業廠
斯南邨
大富染織廠
勤工染織廠
和豐露天堆棧
麗來肥皂廠
SZENAN ROAD
(馬斯南路)
泰康路
ROAD
福華烟草公司
比例尺

第五十九圖

花園草地
KIENT
(樹本路)
建德路
上海市警察局
警察第一總隊
上海市工務局
建國西路堆棧
上海市度量衡
住宅
花草
上海市公用局
車輛登記處
建國中路
(薛華立路)
KI
中正南路
遠東麵包公司
薛華坊
住宅
野別賢群
小學
勇義
榮昌紹酒棧
興中中小學
東華化學廠
勤樂邨
國華化學社
華豐堆棧
興利糖行
共和織襪廠
成里
天成小學
樂善堂
天成里
平原邨
又一邨
筆廠
泰康路
(西愛義路)
西林里
同心堂國藥號
聯華工業社
許厚鈺律師
同大藥號
章國
永隆米號
永泰木號

台灣航業有限公司

上海分公司

TAIWAN STEAMSHIP NAVIGATION CO., INC.
SHANGHAI BRANCH

31 Chung Shan Road Eastern 1
Cable Address 05306

經營滬台及南北洋運輸業務

總　公　司　台灣基隆合同廳港務局大樓
上海分公司　上海中山東一路三十一號
電報掛號　〇五三〇六　電話　一八二一九

中國航運股份有限公司

CHINESE MARITIME TRUST, LIMITED.

經營長江沿海及遠洋航業

電話 一二二五七（三線轉接各部）一八七四九

電報掛號 四九一一 "FIDES"

地址：上海中山東一路十二號

鴻安商輪公司
三北輪埠公司

客貨運輸
穩妥迅速

總公司
上海廣東路九十五號
電話 一二九五〇 一三一三一

第六十圖

泰康路

徐家滙路

ZIKAWEI ROAD

HSIA ZI ROAD

斜徐路

比例尺 0 10 20 30 40公尺

華福煙草公司

中國美術紙廠

天一針織廠

同濟織綢廠

大康印染廠

永沅漂染廠

圓桶作

住宅

昇昌翻砂廠

大有祥織布帶廠

光漢小學

操場

新華琺瑯廠

乾康醬棧

上海鉛筆廠

海普化學製藥廠

公大製釘廠

合豐織布廠

邵萬生煤號

新華琺瑯廠

華新五金鑛廠

合記

信益里一街

信益里二街

信益里三街

上海市衛生局清潔總隊

上海市工務局徐家滙路柏油軋石工場

四明煤炭柴行

義興彈花廠

寅記廠

廁所

空地

建新營造廠堆棧

順記營造廠

陳茂興煤棧

民三工廠

工務局第七工段斜徐路工場

工務局

入壽國民學校

第六十圖

泰康路 (TAIKANG)
中正南二路
徐家滙路
打浦橋
新新里
新北里
新南里
日暉里
銘德里
福興坊
西林里
東林里
豐里
同
打浦
惠榮里
工業坊
唐寅記切紙廠
大中堆棧
乾康醬園
協成織綢廠
光明織綢廠
金城工業社
雲林綢廠工場
新新染廠
景福織造廠
衛生局清潔總隊第三中隊
勤餘織造廠
天翔織造廠
美泰化學工業廠
私立江南區小學校
堆料場

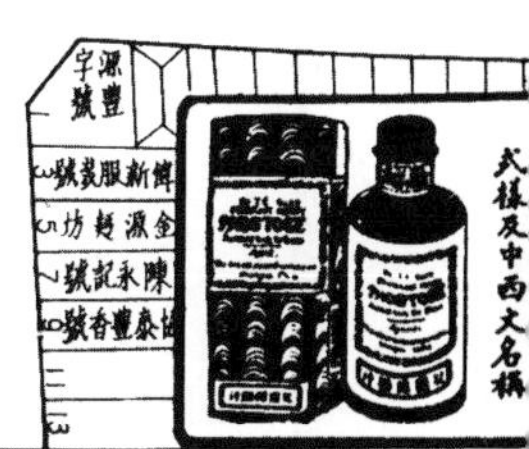

京滬鐵路註冊華盛義運輸公司

和興運輸公司

麥家圈昭通路五十八號

電話九四二一一六號

股份有限公司

進口報關　迅速簡便

堆棧卡車　服務週到

分公司 天津 漢口 重慶 西安 宜昌

電話 一二六四四

總公司 上海江西中路三一六號

電報 七五七九

新新印刷廠

經營印刷業務

彩色照相製版

上海衛海威路五〇二弄卅一號

電話三四八九四

第六十一圖

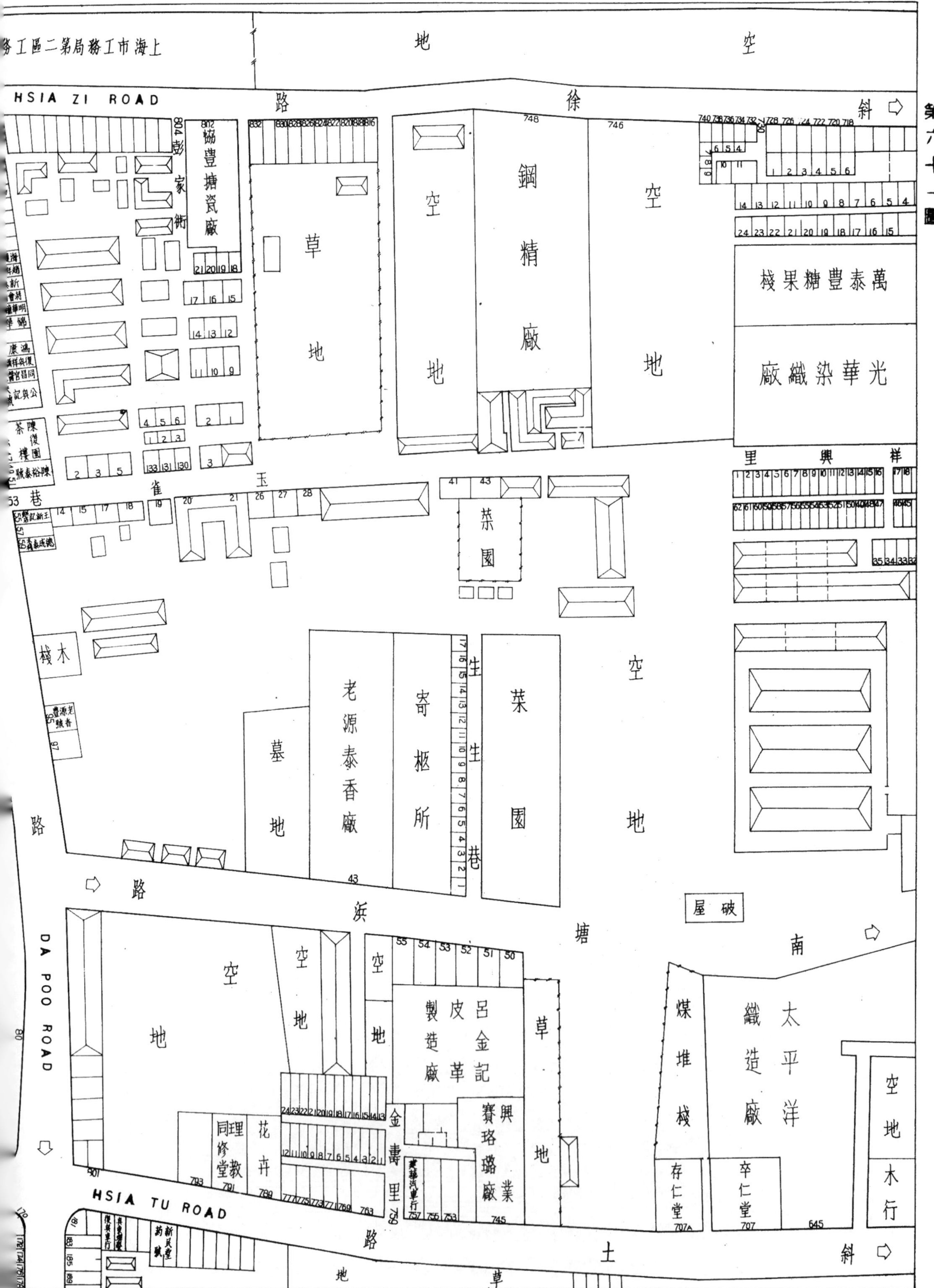
上海市工務局第二區工務
地
空
HSIA ZI ROAD
路
徐
斜
彭家街
協豐搪瓷廠
草
地
空
地
鋼
精
廠
空
地
萬泰豐糖果棧
光華染織廠
祥
興
里
雀
玉
巷
茶
園
木
棧
豐源老號香
墓
地
老源泰香廠
寄柩所
生
生
巷
菜
園
空
地
屋破
路
浜
塘
南
DA POO ROAD
空
地
空
地
空
地
呂金記皮革製造廠
草
地
煤堆棧
太平洋織造廠
空
地
木
行
同理修堂教
花卉
金壽里
興業賽璐璐廠
存仁堂
卒仁堂
HSIA TU ROAD
路
土
斜
地
草

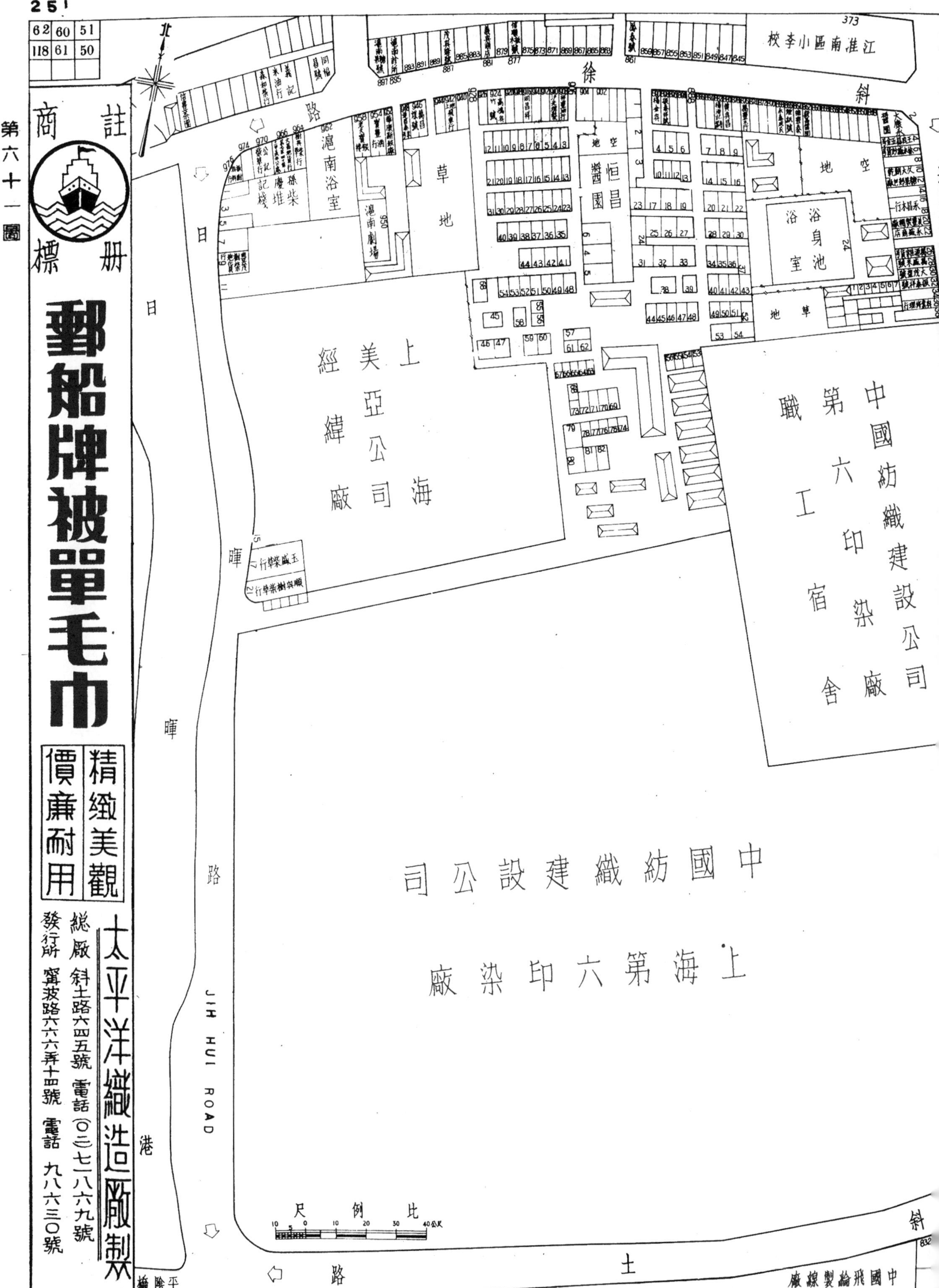
第六十一圖
62 60 51
118 61 50
註冊商標
鄭船牌被單毛巾
精緻美觀
價廉耐用
太平洋織造廠製
總廠 斜土路六四五號 電話（〇二）七一八六六九號
發行所 寧波路六六六弄十四號 電話 九八六三〇號
北
徐
斜
路
日
暉
港
日暉路
JIH HUI ROAD
土
路
江淮南區小李校
373
滬南浴室
滬南劇場
草地
恒昌醬園
空地
浴身池
浴室
草地
上海美亞公司經緯廠
中國紡織建設公司第六印染廠職工宿舍
中國紡織建設公司上海第六印染廠
玉盛柴草行
順興柴草行
比例尺
10 5 0 10 20 30 40公尺
平陰橋
中國飛輪製線廠
832

第六十二圖

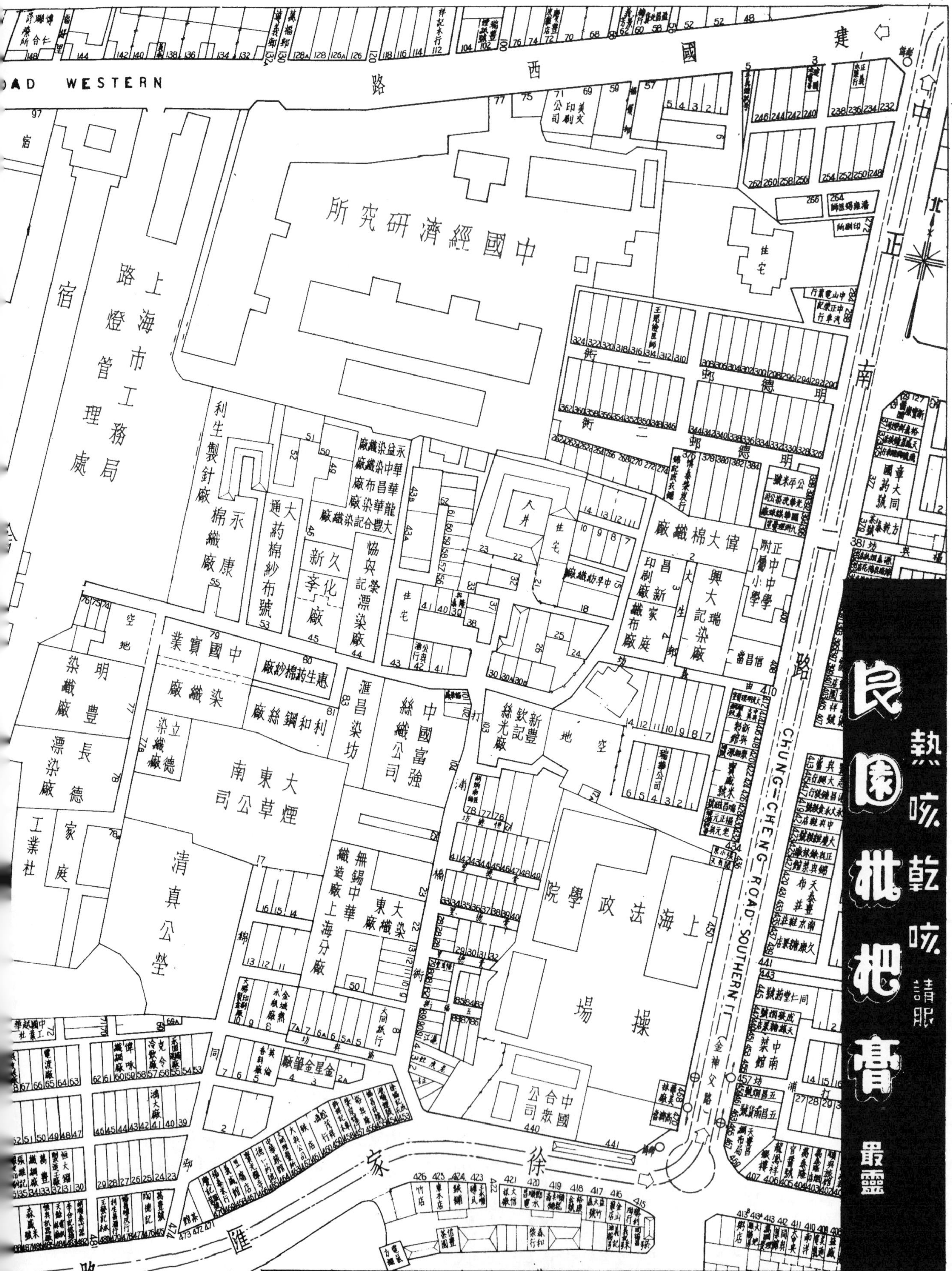

建國西路
WESTERN ROAD
中正南路
CHUNG-CHENG ROAD SOUTHERN
徐家匯路
金神父路
中國經濟研究所
上海市工務局路燈管理處
宿
住宅
明德邨
利生製針廠
永康棉織廠
大通藥棉紗布號
久新化學廠
協興榮記漂染廠
偉大棉織廠
正中中學附屬小學
昌新印刷廠
大生家庭織布廠
瑞大興記染廠
大井
中國實業
惠生藥棉紗廠
染織廠
利和鋼絲廠
明豐染織廠
長德漂染廠
立德織廠
家庭工業社
大東南煙草公司
清真公堂
滙昌染坊
中國富強絲織公司
新豐欽記絲光廠
空地
無錫中華織造廠上海分廠
大東染織廠
上海法政學院
操場
中國合眾公司

第六十二圖
朱怡昌軋邊廠
地址：成都北路七二弄四七号
電話：三一六六〇号
福興印鐵製罐廠
地址 成都北路七二弄三三号
電話 三一六六七号
建國西路
(福履理路)
KIEN K
中華汽水廠股份有限公司
步高里
工務局花園
空地
安廸汽車行
萬豐絲光染廠事務所
聚昌協和機器廠
李玉記貨棧
延生染織廠
空地
陝西南路
SHENSI ROAD SOUTHERN
萬隆醬棧
協成油行
上海市工務局第三區工務管理處陝西南路堆棧
交通部上海電信局建國西路發信台
上海市工務局第三區工務管理處
上海市工務局第三苗圃
上海市工務局機械處材料總庫
陝西南路分庫
住宅
住宅
遠東精酒廠
茂雄機器漂染廠
美固利汽水酒廠
美固利
滙達煙廠
厚生絲光廠
沙南墓地
潔新記兄弟牙刷廠
清真公墓
空地
達生絲光染廠
清真公墓
德福布廠
(亞爾培路)
空地
清真別墅
大成玻璃廠
慶豐醬園
上海絲鉄廠
亞東精煉化學工業廠
義興泰煤球廠
徐家滙路
ZIKAWEI ROAD
比例尺
10 5 0 10 20 30 40公尺

第六十三圖
北
紹興路
SHAOHING ROAD
中正南路
建國西路
警察博物館
中華學藝社
墓園
上海市度量衡檢定所
上海市工務局建國西路堆棧
巴斯德醫學研究所
中國經濟研究所
祥記木行
萬福
空地
草地
花園
住宅
公寓
金谷邨
達義邨
群賢別墅
安和商店
江一平律師事務所
美文印刷公司
更生鉄工廠
工務局路燈

第六十三圖

大威電機廠
專製各式大小馬達及電机
事務所
北京東路一五一號一〇一六室
良園枇杷膏
傷風咳嗽
請服
最靈
康樂烟廠
地址：中正東路六〇七號
電話：八一二五四號
惠豐呢絨公
陝西南路
SHENSI ROAD SOUTHERN
紹興路
KIEN KWO ROAD WESTERN
路
球場
空地
工務局花圃
九福里
元豐染織廠
立文小學暨幼稚園
博文幼稚園
上海市工務局第三區工務管理處
上海市工務局第三苗圃
宿舍
比例尺

華豐工業原料

股份有限公司

價格低廉

專營

服務忠誠

HWA FOONG INDUSTRIAL SUPPLY CO.

工業原料　化學藥品

事務所　上海金陵東路三三號

電話　八一〇五〇　八七七一三

電報掛號　〇三〇〇

OFFICE NO.33 KINLING ROAD(E.) SHAI.

TEL. 81050　87713

CABLE ADDRESS 0300 "HFINTETRAD"

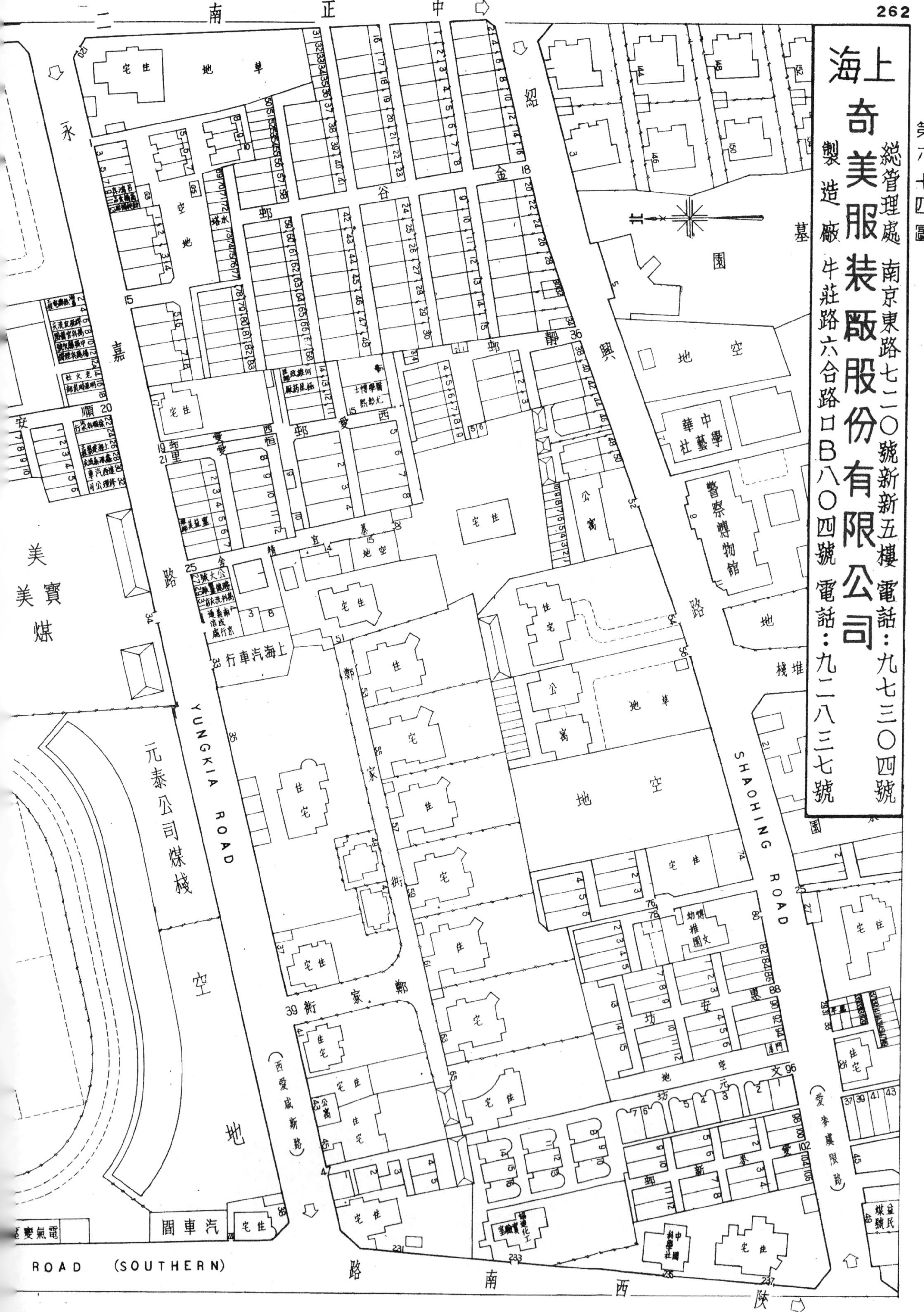
第六十四圖
上海
奇美服裝廠股份有限公司
総管理處 南京東路七二〇號新新五樓 電話：九七三〇四號
製造廠 牛莊路六合路口B八〇四號 電話：九二八三七號
二 南 正 中
永 嘉 路
YUNGKIA ROAD
紹 興 路
SHAOHING ROAD
陝 西 南 路
ROAD (SOUTHERN)
金谷邨
靜邨
鄭家衖
西愛咸斯路
愛麥虞限路
墓園
空地
草地
中華學藝社
警察博物館
元泰公司煤棧
美寶煤
上海汽車行
汽車間
電氣變
住宅
公寓
堆棧
幼稚園
文元坊
惠安坊
愛麥新邨

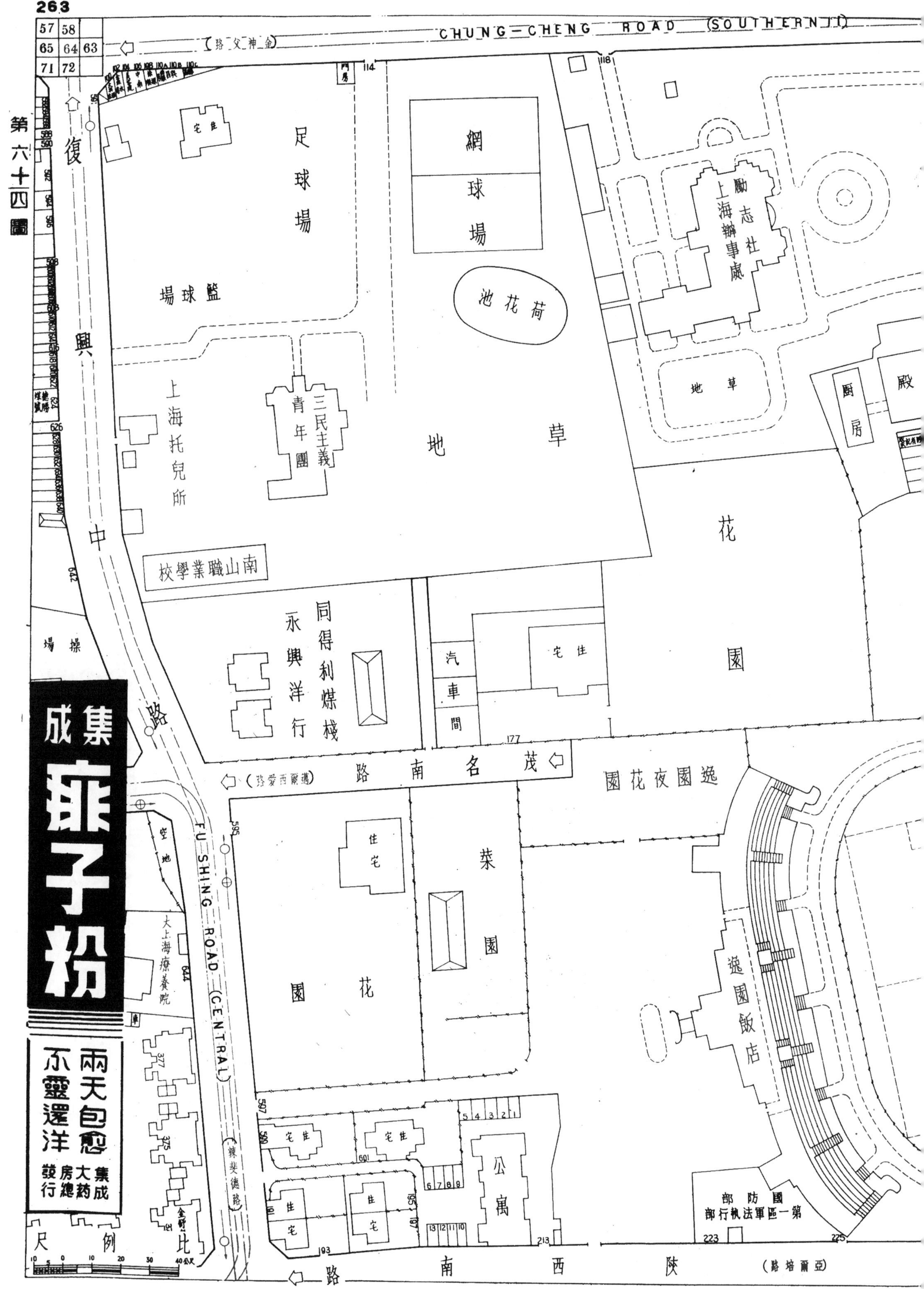
第六十四圖
CHUNG-CHENG ROAD (SOUTHERN II)
(金神父路)
足球場
網球場
藍球場
荷花池
勵志社上海辦事處
上海托兒所
三民主義青年團
草地
南山職業學校
同得利煤棧
永興洋行
汽車間
住宅
花園
操場
茂名南路
(邁爾西愛路)
逸園夜花園
復興中路
FU SHING ROAD (CENTRAL)
(辣斐德路)
空地
大上海療養院
菜園
逸園飯店
公寓
國防部
第一區軍法執行部
陝西南路
(亞爾培路)
殿
廚房
集成痱子粉
雨天包愈
不靈還洋
集成大藥房總發行
比例尺
40公尺

同康工業原料行

DONG KONG INDUSTRIAL SUPPLY CO.

70 CHAOTUNG RD. SHANGHAI

TEL 92855

營業範圍

工業原料
化學藥品
純粹試藥
礦產油脂
塗料染料
以及有關
業務進出
口貿易等

上海交通路七七號
電話九二八五五號

金星工業原料行

營業範圍

工業原料
化學藥品
純粹試藥
礦產油脂
塗料染料
以及有關
業務進出
口貿易等

上海交通路二七號

電話九二七三九、九五一七三　電報掛號五〇三二二

第六十五圖

中 森 林

南 昌 路

中 正 南 路

CHUNG CHENG ROAD (SOUTHERN I)

皋 蘭 路

香 山 路

中 興 復

(金神父路)

ALLIED BAR

GEORGE'S 攝影社

公寓

草地

空地

瑞豐輸運公司棧房

庫房

花園

菜園

工場

德勝煤號

民義大藥房

源亨汽車修理行

人和醫院

人和高級護士職業學校

萬生祥柴炭行

恆泰煤號

慈型小學

比 例 尺

第六十五圖

70 66 56
71 65 57
64 58
中華銀行
中華民國元年創立
經營一切銀行業務
兼办各種儲蓄存款
總行 上海北京東路二九〇號 電話 一三一七三 一六一九〇 一九一三四
支行 上海林森中路九二九號 電話：七四八一五
分行 蘇州觀前街二〇三號 電話：一二四〇
LING-SEN ROAD (CENTRAL)
(路飛霞)
陝西南路
SHENSI ROAD (SOUTHERN)
(亞爾培路)
南昌路
(環龍路)
茂名南路
MOWMING ROAD (SOUTHERN)
(蒲石路)
FU SHING ROAD (CENTRAL)
(路德斐辣)
NANCH
霞飛坊
來德坊
中國畫會
上海文藝作家協會
上海市立美術館
上海市体育館
逸園飯店
中華化學工業社
新華汽車有限公司
車祥公生司汽
滬江療養院
上海大療養院
教誠小學
操場
花園
網球場
恒興公寓
公寓
草地
空地
住宅
DOMINO CAFE
CHIKI HAI BAR
AUDITORIUM STONE
MR. R.V. DENT
A.D.K
THE SIBERIAN
P. MARI SHOES CO.
YAR 西餐飯店
ASTRID 公寓
DALTO
PRUNAS CLUB
PRODUCT CO. EVROPEAN
SHORE PRESS
CONFORDIA
金舒白醫師

大昌工業原料行

各種原料
化學藥品
應有盡有
品質高尚
成份準確
價格克己

如有詢問
自當詳細奉答
尚蒙惠顧
無不盡心效勞

上海廣東路三五二弄四號
電話九四六三八號
電報掛號六三二三

華福工業原料行

營業範圍

工業原料
化學藥品
純粹試藥
礦產油脂
塗料染料
以及有關
業務進出
口貿易等

昭通路五十五號
電話 九一三三〇 九五四七四 九五三三八
電報掛號 五三〇〇九六

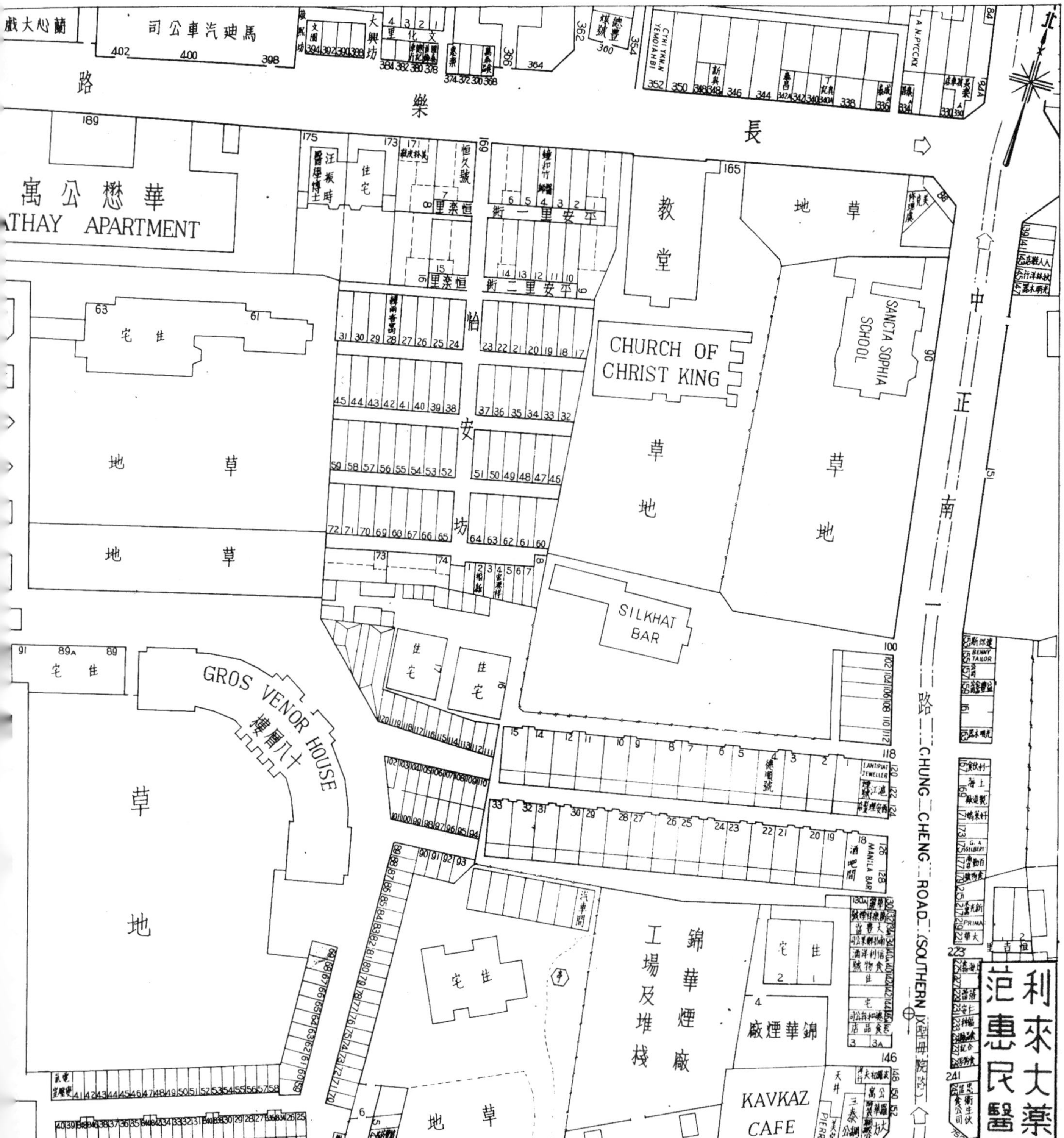

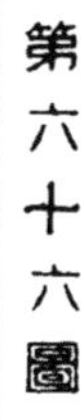
第六十六圖

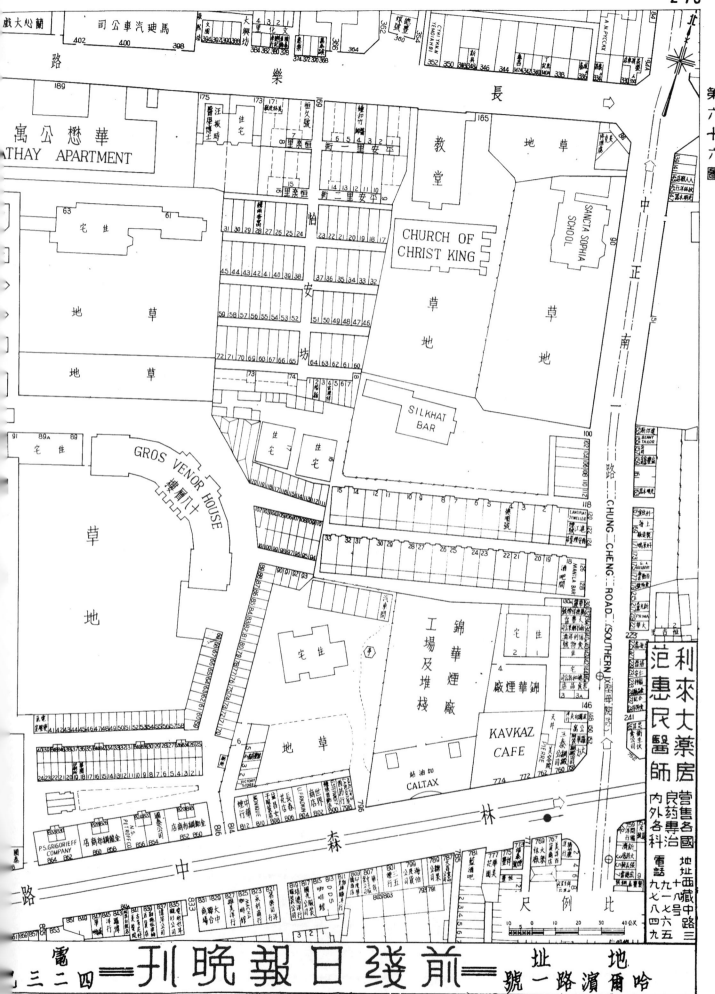

蘭心大戲
馬迪汽車公司
長樂路
華懋公寓
CATHAY APARTMENT
平安里一街
平安里二街
恒荼里
教堂
草地
怡安坊
CHURCH OF CHRIST KING
SANCTA SOPHIA SCHOOL
住宅
SILKHAT BAR
GROS VENOR HOUSE
十八層樓
中正南一路
CHUNG CHENG ROAD (SOUTHERN)
MANILA BAR
錦華煙廠工場及堆棧
錦華煙廠
KAVKAZ CAFE
加油站
CALTAX
林森中路
P.S. GRIGORIEFF COMPANY
比例尺

第六十六圖

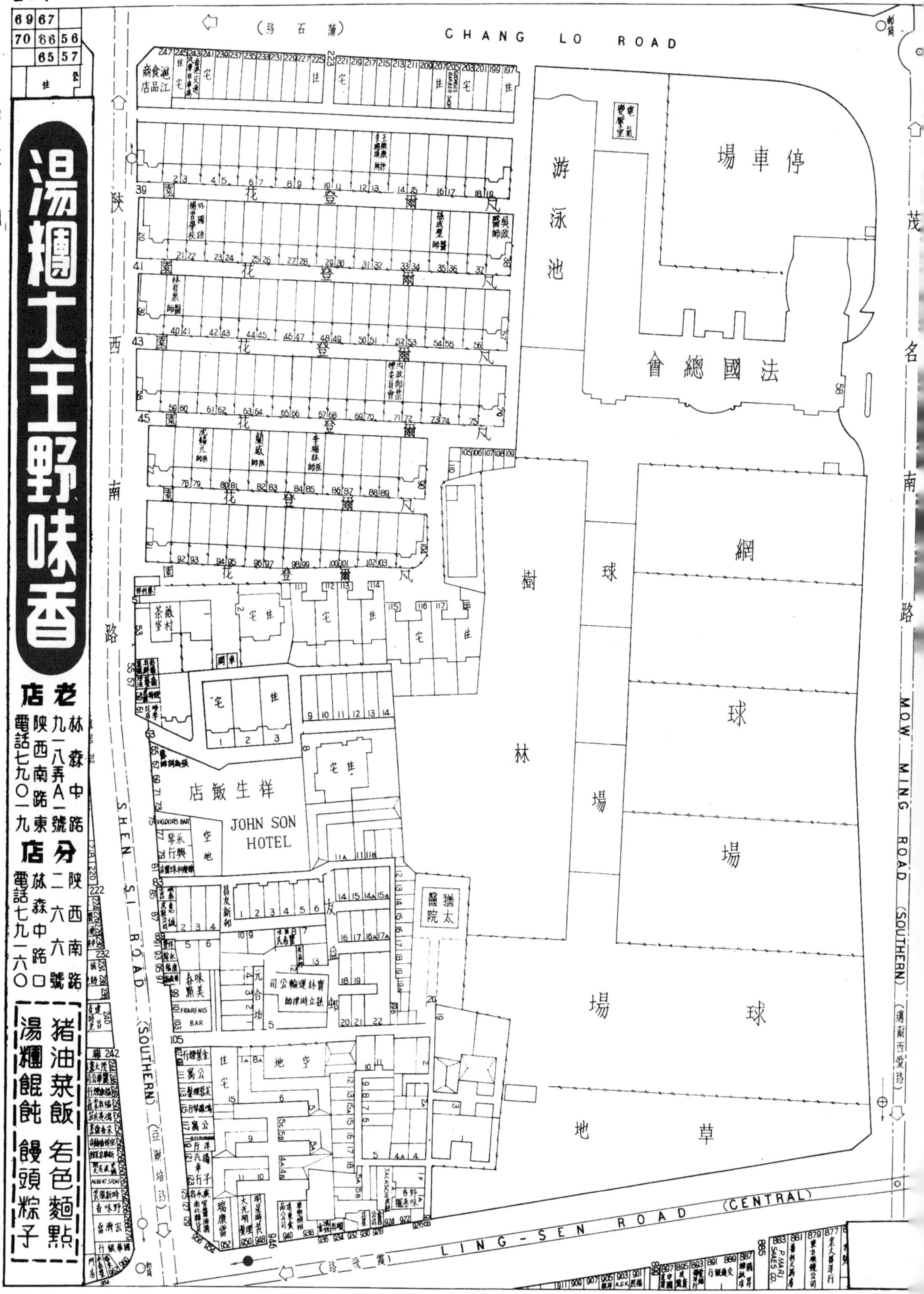

CHANG LO ROAD（蒲石路）

陝西南路

SHEN SI ROAD (SOUTHERN)（亞爾培路）

茂名南路

MOW MING ROAD (SOUTHERN)（邁爾西愛路）

LING-SEN ROAD (CENTRAL)（霞飛路）

凡爾登花園

法國總會

停車場

游泳池

樹林

網球場

球場

草地

祥生飯店

JOHN SON HOTEL

貓太醫院

茶薇村室

VIGDORS BAR

FRARENIS BAR

ALBERT STOH

JACKSON

P. MARI SHOES CO.

春味點美

空地

International Ghemical Works. Ltd.

萬國化學工業社股份有限公司

固齒靈牙膏廠

(Oxygen Dental Cream Mfy.)

出品

固齒靈牙膏
固齒靈牙粉
防蛀牙膏
美光牙膏
牙醫師牙膏

總發行所：中正北一路七四號
電話：三一二一三 三二八一九
第二發行所：金陵東路一四一號六四室
電話：八一五三八 八九二五六
電報掛號：三三六〇

商標

象牌

麗華化學工業廠

專製
油墨漆用顏料
銘明矾

廠址：江寧路一〇八〇弄一五五號
電話：三九七五四號
事務所：福州路八九號四二二—三室
電話：一二二六三號

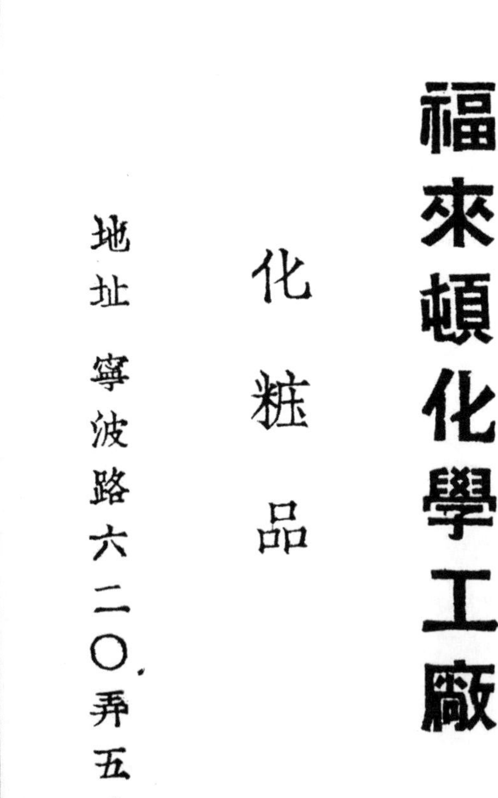

廠址：徽寧路一八三号 電話(〇二)七一八七三
發行所：泗涇路廿二号 電話：一二〇八六 一六四九九
電報掛号 五三〇〇九九

天山工業股份有限公司

出品

膠木部：各色電木粉　各種電木製品

塑型部：各種名貴不碎玻璃物品

橡膠部：各種實用橡膠製品

公司地址：上海江西路一四一號
電話號碼：一九九三七
電報掛號：九五八七

工廠地址　上海西康路四七一號
電話號碼　三七四一二

中光化工廠

專門製造

1. 漂白粉（30%）
2. 合成鹽酸（19Be.）
3. 液體燒碱（30%）

● 品質精良　度份準確 ●
● 如蒙賜顧　無任歡迎 ●

廠址　華山路1520弄75號
事務所　滇池路119號78室電話12664號

第六十七圖

中正中路
ROAD (CENTRAL)
茂名南路
邁爾西愛路
巨鹿路
進賢路
長樂路
CHANG LO ROAD
中正南一路
聖母院路
MARKL MOODY
聯合汽車股份有限公司
大生汽車製造廠
中國手業中汽車公司 A.B.C.
美昌洋行
美通汽車公司
汽車間
美通汽車公司零件部
東南汽車股份有限公司
上海復興汽車行
慶泰祥布號
大德里
集美里
GOLD DRAGON APTS.
大同煤號
聖達里
培元小學校
張利昌鋼鐵工場
西泉浴室
其昌棧
理教普緣善堂
合衆貿易公司
汽車修理處
MARKL MOODY
SERVICE STATION
馬廸汽車公司
蘭心大戲院
教堂
草地

第六十七圖

中正中路
CHUNG-CH
(福煦路)
陝西南路
SHENSI ROAD (SOUTHERN)
鉅鹿路
KULU RO
普恩濟世路
TSINSIEN ROAD
亞爾培路
長樂路
北
信通公司樓子間
信通汽車公司
金門大戲院
恒通汽車公司修理處
教育館
上海市
大東醫園
廚房
門房
車間
花房
住宅
草地
花園
時代公司
德明里
海記成衣店
中國科學儀器公司及印刷部
花房
花草
中同小學義
公寓室
上海兒科療養院
煤棧
金鼎汽車行
樹木
華信汽車修理間
四成里
長壽里
上海福幼醫院
科學印鉄廠
志成興煤號
順昌油漆作
華通汽車材料行
車棚
汽車間
海上新華汽車駕駛學校
大安坊
SMARTLAND
M.W. PEDRO AND CO.
小學春
國泰產物保險公司代理處
華隆汽車股份有限公司
立信會計專科學校
仁和煤號
景朱小學
世界紅十字會會員宿舍
RICHARDS AUTO WORKS
力士汽車行
力士汽車間
SALE AND SERVICE
BAR
AUTO PALACE
明德坊
油公司
空地
車場
比例尺
10 5 0 10 20 30 40 公尺

上海美泰化學工業廠

美字牌 註冊商標

炭酸鈣 鋅養粉

出品精良 質料純粹

徐家滙路三一四號
電話七七四八九一號

上海大仁化學工業社

發行所河南中路五0五号三0一室

電話九三六八五号

中國酸鹼廠

股份有限公司

步梅50度(62%) 步梅60度(78%)

步梅65度(90%) 步梅66度(95%)

硫酸

度數準確 品質純潔

售價公道

本國資本 本國勞力 本國原料

公司地址：江西路452號403室
電　話：18090—6號分機
工廠地址：軍工路酸鹹廠路
電　話：(02) 50495號

—Evening in New York—

夜紐約霜

美式裝璜 香味第一

用美國原料
在中國製造

到貨有售

紐約家用化学廠

上海中正北二路四一弄七四号 電話：三二九八四

愛儷園
威海衛路
ROAD (CENTRAL)
中正中路
模範邨
萬國汽車修理行
全昌汽車行
陝西南路
巨鹿路
(亞爾培路)
襄陽北路
比例尺
住宅
花園
空地
草地

上海電車公司
北
銅仁路
愛儷園
中正中路
CHU
福煦路
富民路
四明邨
足球場
網球場
花園
住宅
地草
荷花池
鉅鹿路
巨籟達路
古拔路
美軍住宅
泰隆汽車修理行
K

白雄鷄
晨雪
MORNING SNOW
VANISHING CREAM
VANISHING CREAM
MORNING SNOW
MORNING SNOW
上海老北門晏海路計家弄七〇弄二號
雪花膏 香粉
牙膏 胭脂
及一切
化粧品
新光化學工業廠
222
喜鵲牌 金孔雀牌
COLOUR 195
新光線廠
COLOUR 123
各種綉花線及十字線
上海老北門晏海路計家弄七〇弄二號

第六十九圖

鉅鹿路

陝西南路

長樂路

新樂路

襄陽北路

SHEN SI ROAD (SOUTHERN) (亞爾培路)

SIANG YANG ROAD (NORTHERN) (勞爾東路)

中西療養院

蒲石汽車行

蒲石運輸行

麗安電氣公司

春草小學校

操場

花園

草地

空地

汽車間

振昌廠

振昌廠工場

沈公館

怡和醫院

門診室

廚房

福培里

福壽坊

蒲石邨

蒲園

慶祥里

秀德坊

康樂村

別墅

吉祥坊

利亨坊

亨利坊

世界杜

比例尺

10 5 0 10 20 30 40公尺

第六十九圖

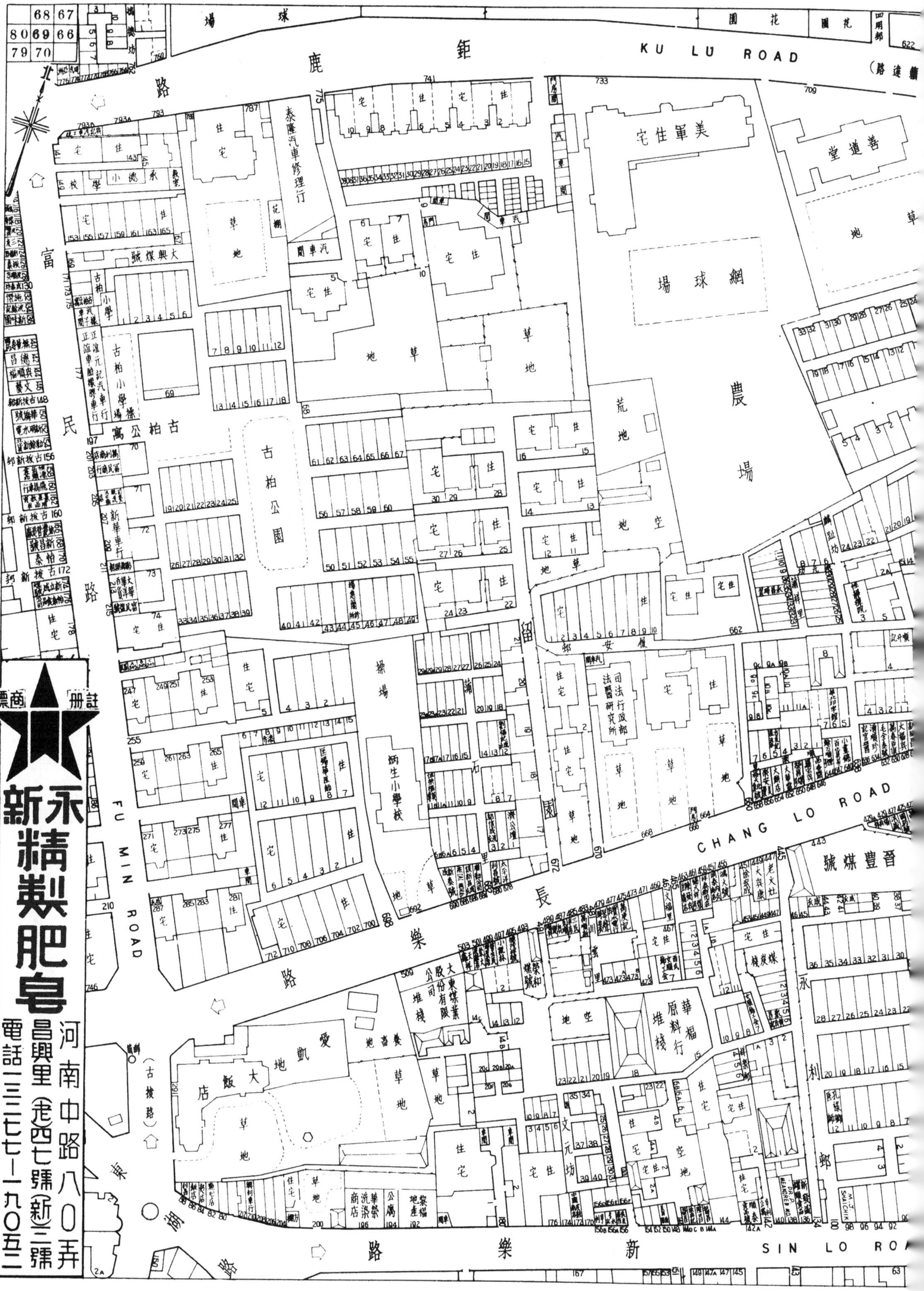

巨鹿路 KU LU ROAD
富民路 FU MIN ROAD
長樂路 CHANG LO ROAD
新樂路 SIN LO ROAD
東湖路
(古拔路)

球場
花園
美軍住宅
善道堂
網球場
農場
荒地
空地
草地
古柏公園
古柏公寓
古柏小學
古柏小學操場
泰隆汽車修理行
承德小學校
大興煤號
司法行政部法醫研究所
炳生小學校
操場
晉豐煤號
愛凱地大飯店
大東煤業股份有限公司堆棧
華原料行福堆棧
文元坊
復安郵
利永郵
正誼汽車行
新華車行

亞美化學品股份有限公司

OLMA CHEMICALS, LTD.

製造油漆噴漆

供應社會建設

中華國貨

出品概要

噴漆類
- 汽車噴漆
- 工業噴漆
- 皮帶噴漆
- 草帽噴漆
- 飛機噴漆
- 熱水瓶噴漆
- 打底漆
- 香蕉水

油漆類
- 各種磁漆
- 有光調合漆
- 防銹漆
- 船底漆
- 烘光漆
- 縐紋漆
- 黑板漆
- 地板漆

凡立水類
- 清凡立水
- 黑凡立水
- 烘光凡立水
- 避電凡立水
- 紙箋凡立水
- 金水油
- 燥頭水

雜類
- 厚漆
- 漆油
- 填泥配合漆
- 紅丹調合漆
- 水羅松
- 木料防腐油
- 去漆藥水
- 去銹藥水

商標註册

"Olma" 亞美牌　"Temple" 天壇牌　"Bridge" 石橋牌　"Pagoda" 寶塔牌

廠址上海泰康路二百號

電報掛號 "OLMANUFCO"　電話七五四三六至七

第七十圖

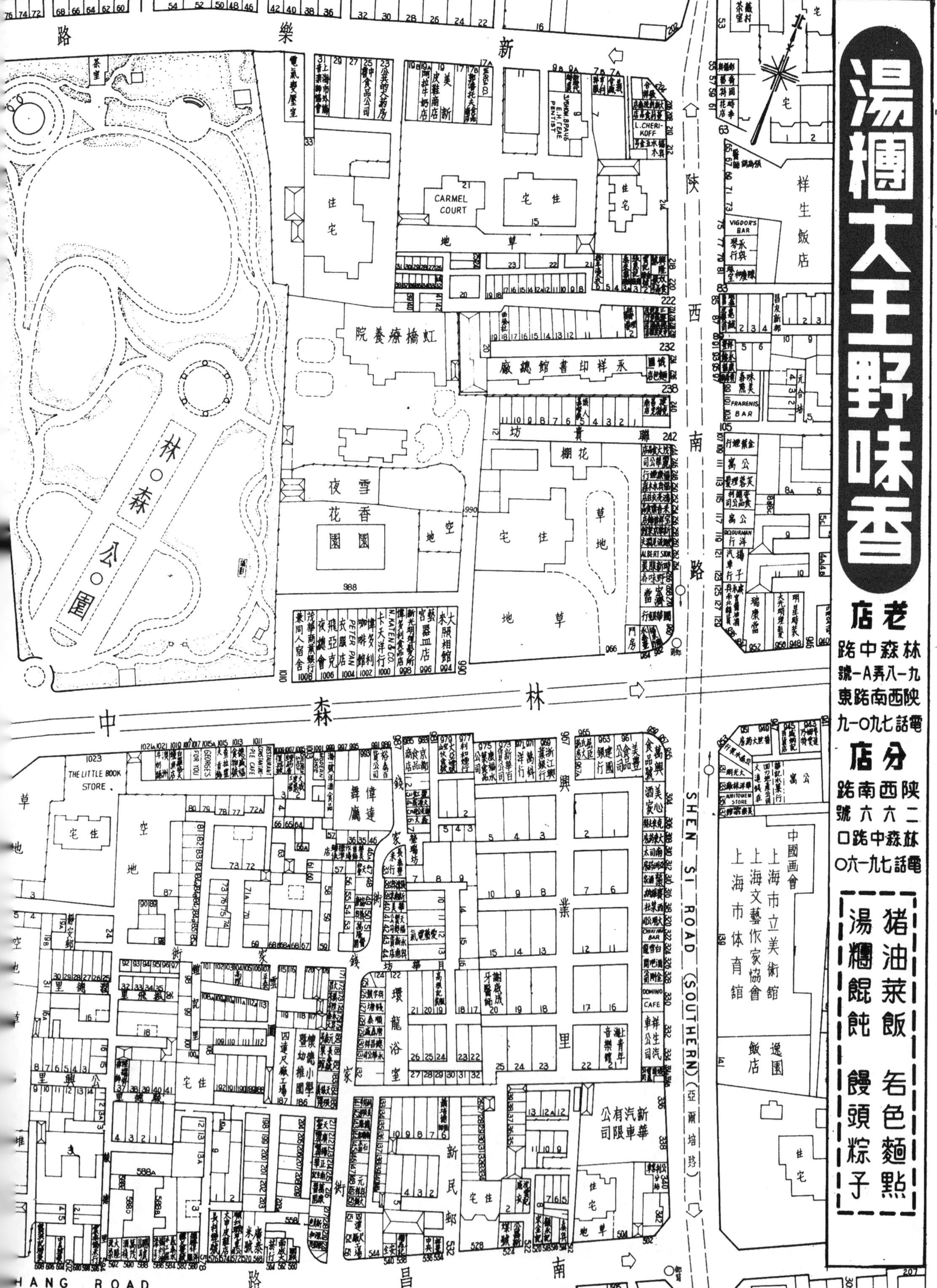
新樂路
陝西南路
林森中路
SHEN SI ROAD (SOUTHERN)
(亞爾培路)
HANG ROAD
昌南路
林森公園
虹橋療養院
永祥印書館總廠
聯貴坊
雪香夜花園
CARMEL COURT
THE LITTLE BOOK STORE
偉達舞廳
環龍浴室
新民邨
新華汽車有限公司
錢家街
興業里
中國畫會
上海市立美術館
上海文藝作家協會
上海市体育館
祥生飯店
逸園飯店
湯糰大王野味香
老店
林森中路九一八弄一A號
陝西南路東
電話七九〇一九
分店
陝西南路二六六號
林森中路口
電話七九一六〇
猪油菜飯
各色麵點
湯糰餛飩
饅頭粽子

第七十圖

新樂路
SIN LO ROAD
東湖路
TUNG HU ROAD
杜美大戲院
ROUTE DOUMER
DOUMER APARTMENT
LING-SEN ROAD (CENTRAL)
汾陽路
海關宿舍
猶太總會
比例尺

瑞泰源顏料靛青號

SAY TAI YUEN & CO.,

九 瑞

經銷

註冊商標

各種顏料靛青製茶顏料及油漆雜貨

Dyestuffs & Indigo.

Tea, Colours. Paints & sundries

上海九江路四六五號

電報掛號 SAYTAIYUEN

電話九二五八四·九〇二三七 Tels. 92584 90237

465 Kiukiang Road Shanghai

華成行

HWA CHEN HONG

DEALERS OF INDUSTRIAL CHEMICALS DYESTUFFS INDIGO & ETC

TRADE MARK

快樂商標

顏料靛青 工業原料

上海福建中路一四〇弄十六號

電話 九五一四八 九八六八〇

電報掛號 二七五六

咸昌永顏料靛青號

工業原料 顏料靛青 化工助劑

上海北蘇州路五二〇弄一一九號

同昌顏料靛青行

DONG CHONG DYES & LNDIGO CO.

金表　註冊商標

最高貴原料　最低廉售價

鮮艷美麗　经久不褪

经售陰丹士林納夫及其他各種顏料一應俱全

童窗牌　獅王牌　五龍牌　金橋牌　銀橋牌　金表牌

和平神　五亮得　寶發財　大發財　大富貴　大路牌

上海民國路四九六至八號　電話八九二九六　八四六七七　電報掛號〇二二五二

同豐泰顏料號

DONG FOONG TAI DYES CO

—專營—

靛青顏料

工業原料

地址北蘇州路五二〇弄十一號

電話四六五一二

同甡來顏料公司

經售　歐美各種鮮明顏料　靛青及工業原料

地址　上海北蘇州路520弄7號

電話　四一三六一　四七一八二

註冊商標　美滿圖

盈豐染織廠

自染自織專出各種府綢被單布及男女各式線呢防雨布細布斜紋布士林布等·

廠　址：徐家滙鎮南街海星光里A廿號

發行所：新閘路四四五弄三號

電　話：六一〇四一

第七十一圖

NAN CHANG ROAD 南昌路

SHING ROAD (CENTRAL) 復興中路

SHEN SI ROAD (SOUTHERN) 陝西南路 (亞爾培路)

嘉善路

甘世東路

上海市第二十六區第十四保辦公處

百靈洋行

教堂

私立裕民小學

私立桃園中小學

中興當

公昌興煤棧

新利印刷公司

環龍四邨街

環龍三邨街

環龍二邨街

環龍一邨街

德化小學

國民汽車行

永安壽器棧

趙祥記

聯華汽車行

VOGUE LADIES TAILOR

A. MARINARO TAILOR

DOUGLAS MOTORS

上海大戲院

上海市立比德小學

上海慈幼教養院

教室

機械實習工場

辦公室

國立上海高級機械職業學校

宿舍

宿舍

操場

協泰興煤號

大華香煙公司

仁雲堂

比例尺

男廁所

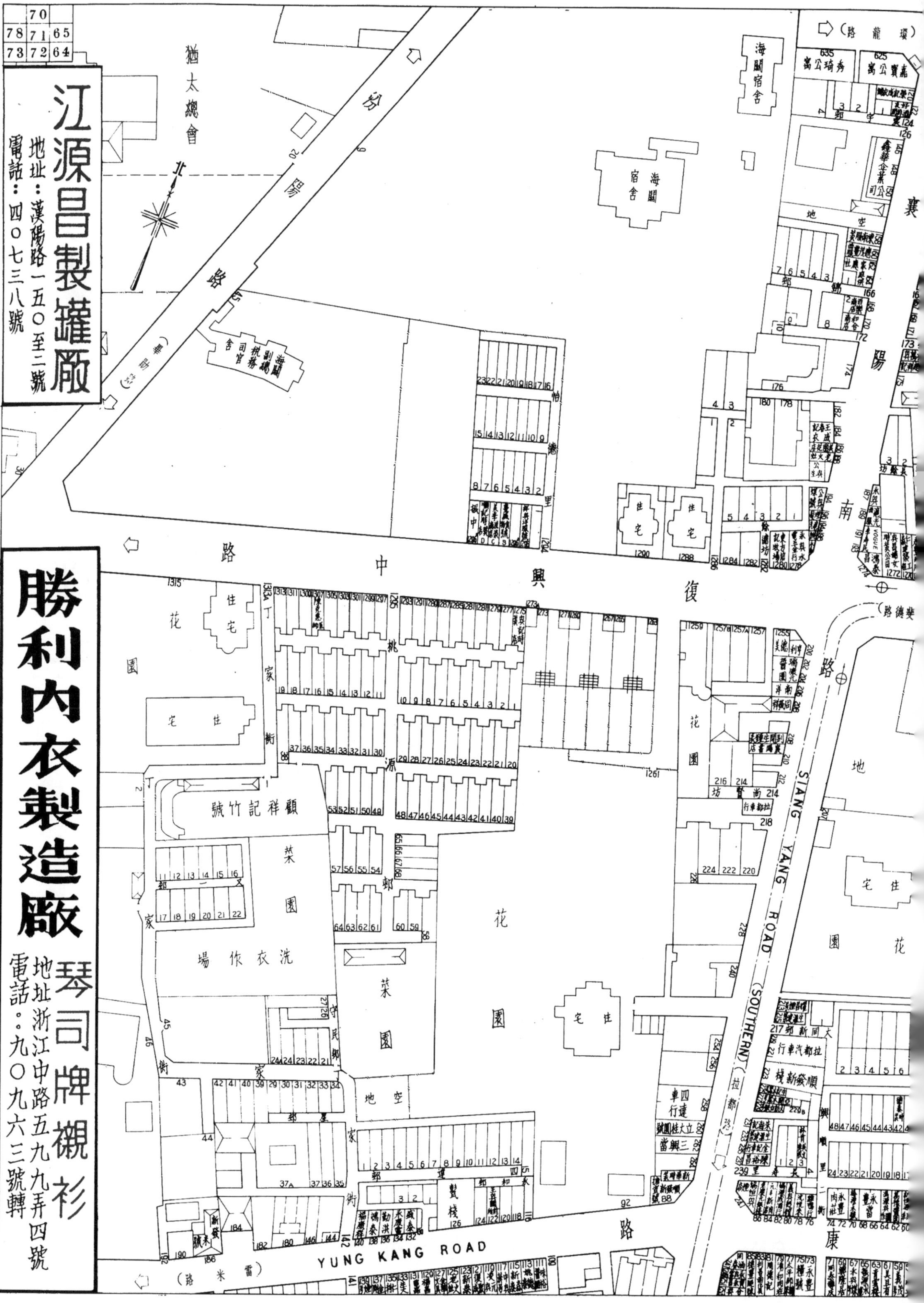

	70	
78	71	65
73	72	64

第七十二圖

汾陽路

猶太總會

海關副稅務司官舍

海關宿舍

復興中路

襄陽路

南昌路

SIANG YANG ROAD (SOUTHERN)（拉都路）

YUNG KANG ROAD 永康路（雷米路）

環龍路

斐德路

顧祥記竹號

洗衣作場

菜園

花園

住宅

空地

國貨老牌
TRADE MARK
25 NEEDLES NO. 1 MADE IN CHINA
TRADE MARK
BEST STEEL NEEDLE No 1 MADE IN C
OVAL
BETWEENS No. 1 DIAMOND DRILLED
NE PLUS ULTRA BETWEENS No. 1 DIAMOND DRILLED
SHARPS No. 1
DIAMOND DRILLED NEEDLES
BEST STEEL NEEDLES No. 1
BEST NEEDLES No. 1 DIAMOND DRILLED EYE MADE IN CHINA
ImperialBest No. 1
ROYAL IMPROVED EYES
SILVER STEEL CAST SHARP

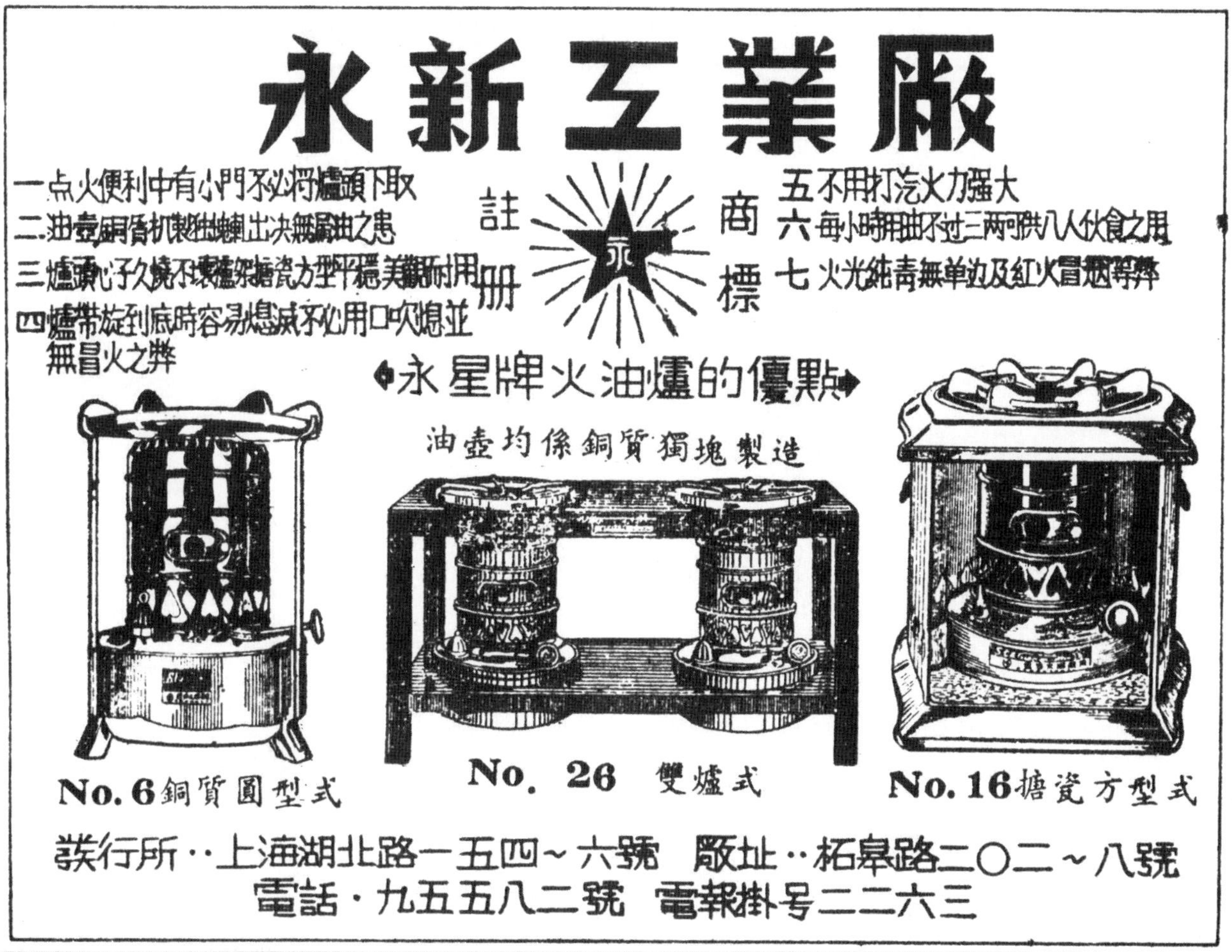

永新工業廠

一点火便利中有小門不必將爐頭下取
二油壺銅質机製独塊軋出決無漏油之患
三爐頭心子久燒不壞爐架搪瓷方型平穩美觀耐用
四爐帶旋到底時容易熄滅不必用口吹熄並無冒火之弊

註册

商標

五不用打汽火力强大
六每小時用油不过三两可供八人伙食之用
七火光純青無单边及紅火冒烟等弊

◆永星牌火油爐的優點◆

油壺均係銅質獨塊製造

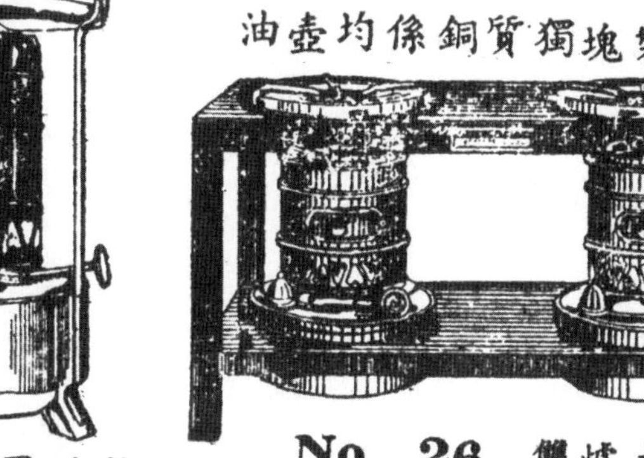

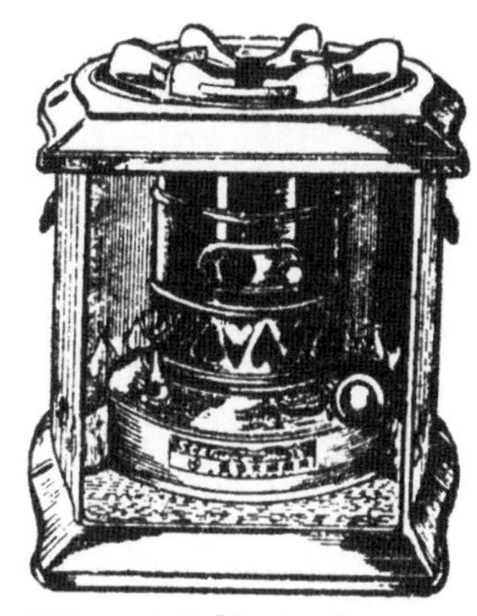

No. 6 銅質圓型式　No. 26 雙爐式　No. 16 搪瓷方型式

發行所：上海湖北路一五四～六號　廠址：柘皋路二〇二～八號
電話：九五五八二號　電報掛号二二六三

皇后大戲院

專映首輪中外名片

西藏中路二九〇號
電話九七七七七號

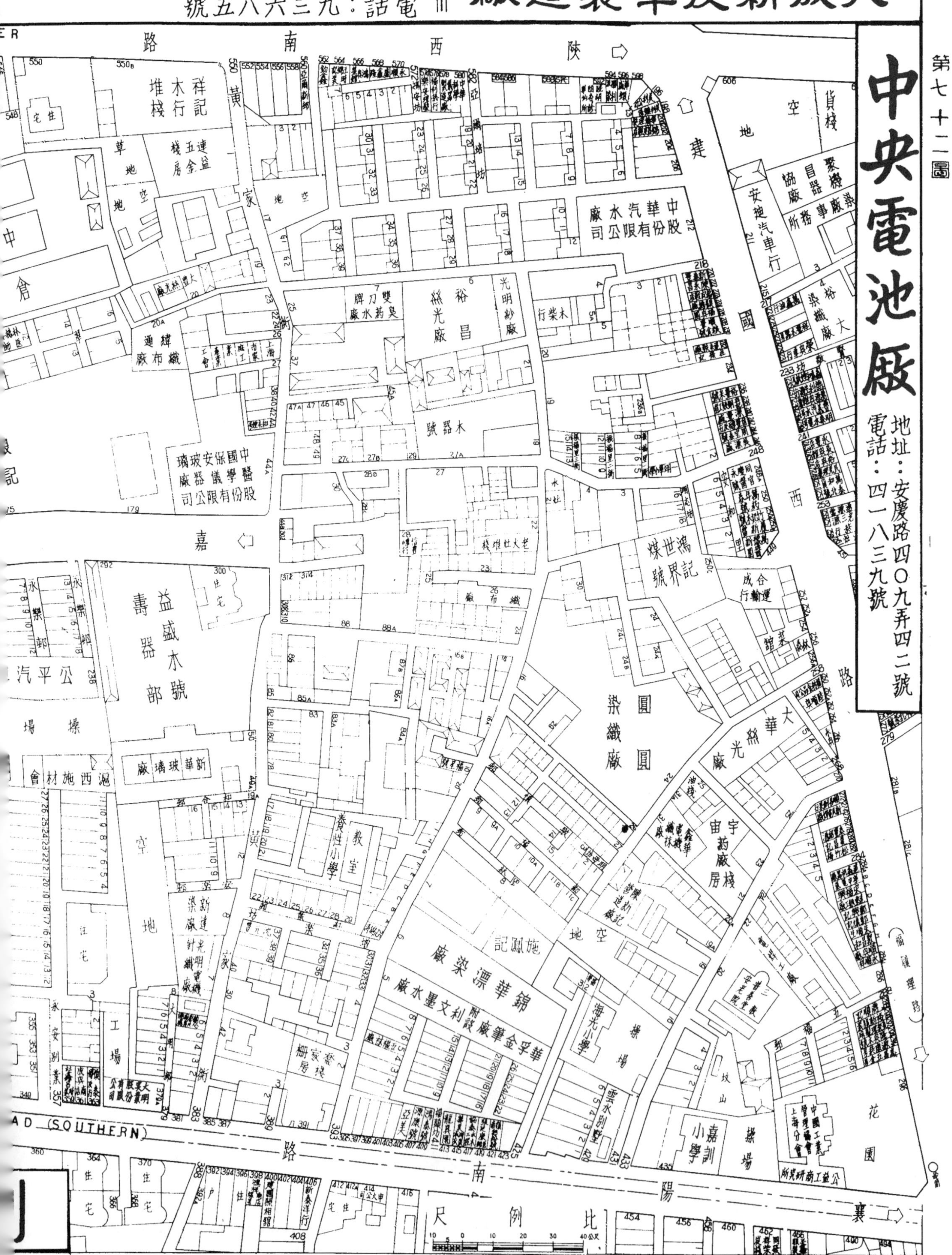

第七十二圖
中央電池廠
地址：安慶路四〇九弄四二號
電話：四一八三九號
西南陝路
建國西路
嘉
黃家
南陽路 (SOUTHERN) ROAD
福履理路
比例尺
祥記木行堆棧
連益五金房棧
中華汽水廠股份有限公司
安迪汽車行
聚器協昌廠事務所
裕光絲廠
昌明紗廠
雙刀牌臭藥水廠
木器號
中國保安醫學儀器廠股份有限公司
鴻世界記煤號
合成運輸行
圓圓染織廠
大華絲光廠
宇宙藥廠棧房
益盛木器號
公平汽
新華玻璃廠
滬西施材會
操場
空地
養性小學
教室
施鳳記
錦華漂染廠
附設利文墨水廠
華孚金筆廠
海光小學
嘉訓小學
中國工業管理協會上海分會
公益工商研究所
花園
住宅
工場

第七十二圖

陝西南路
SHENSI ROAD
(亞爾培路)
中國合眾蠶桑改良會
中法大學
國立上海高級機械職業學校
宿舍
教室
操場
空地
正風中學小學幼稚園
永嘉路
私立中國小學
嘉善路倉庫
花園
新新修理汽車行
德孚洋行堆棧
KASHAN ROAD
(甘世東路)
YUNGKIA ROAD
(西愛咸斯路)
永康路
(雷米路)
農園
公廬
泰豐木器廠
襄陽南路
(拉都路)
SIANGYA

第七十三圖

南陽路
建國西路
太原路
KIEN KWO ROAD (WESTERN)
福履理路
工場
大明邨
黃家衖
華錦漂染廠
墨水廠
附設文利華金筆廠
華光小學
操場
勤奮毛紡織整染廠
嘉訓小學
中國工業管理協會上海分會
公益工商研究所
花園
華生建築臨時工場
和樂坊
新方大邨
上海百佳公司製藥廠
空地
汪裕泰茶棧
合群坊
周寶珠產科
住宅
門房
中央影片公司
第二工場
醒華小學
醒華小學操場
恒社
草地
新中建築工場
大成新邨
晉華煤號
浙江煤號
勵志社
第三招待所
加油站

第七十二圖

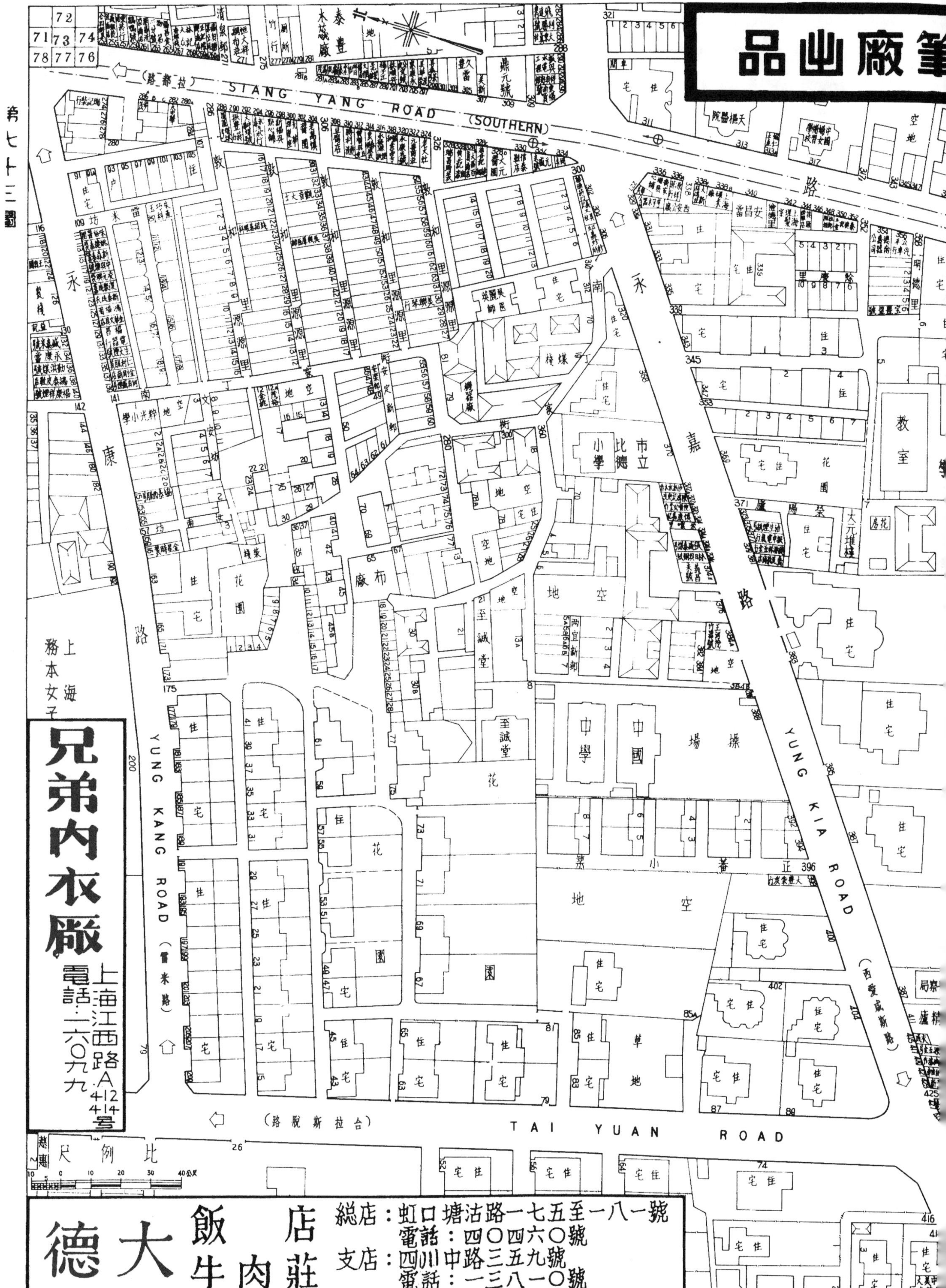

筆廠出品
SIANG YANG ROAD
(SOUTHERN)
(拉都路)
永康路
YUNG KANG ROAD
(雷米路)
永嘉路
YUNG KIA ROAD
(西愛威斯路)
TAI YUAN ROAD
(台拉斯脫路)
市立比德小學
中國中學
操場
上海務本女子
至誠堂
布廠
天福醫院
比例尺
兄弟內衣廠
電話：一六〇九九
上海江西路A412 414号
德大飯店
牛肉莊
総店：虹口塘沽路一七五至一八一號
電話：四〇四六〇號
支店：四川中路三五九號
電話：一三八一〇號

華新印鉄製罐廠股份有限公司

製造各種
精美罐聽

註册商標

專門印刷
五彩鉄皮

地址 廣西北路十二弄(永安坊)三號 電話 九六四九〇

興泰印鐵製罐廠

註册商標

本廠自運外洋原料專製各式方圓凹凸油漆聽罐香烟罐餅乾聽熱水瓶以及藥房化裝用品瓶蓋盒罐等製法精美光耀奪目出品精良與衆不同交件迅速定期不誤倘荷各界惠顧無任歡迎

虹口東餘杭路溧陽路口一七八弄三二至三六號

本廠辦事處 電話··五一七四七號

協昌

金屬印刷製罐廠

精印五彩金屬
承製各種罐聽
出貨精良迅速
定價特別克己

地址：唐山路六九六弄一七至二五號
電話：五二五二一號

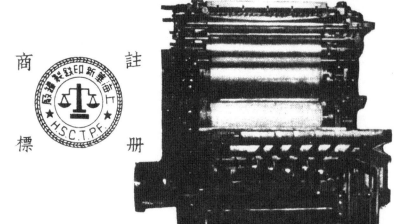

魯興隆印鐵機器製罐廠

本廠專製印色新舊馬口鐵方圓
罐頭糖果餅乾咖啡味精聽以及
藥房化裝品盒皮鞋油盒油墨火
油箱油漆大小方圓介倫聽顏料
茶葉方圓刷光漿聽針聽香煙罐
各種大小縲絲瓶蓋定價克己物
美約期不誤各界惠顧無任歡迎
定貨請打電話當派員接洽不誤

廠址：上海東餘杭路五四〇號通州路口
電話 五〇八八五號

第七十四圖

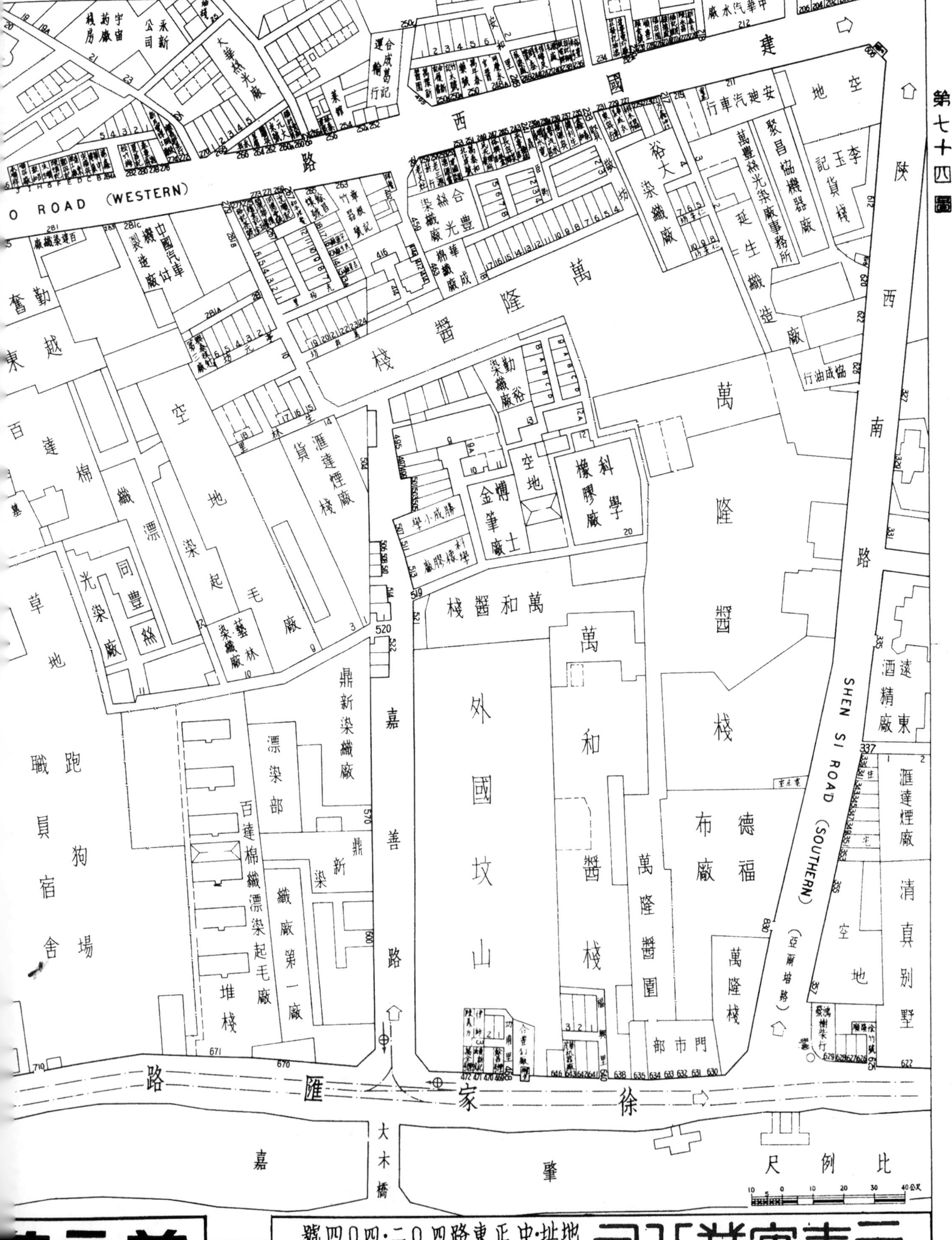

建國西路
O ROAD (WESTERN)
陝西南路
SHEN SI ROAD (SOUTHERN)
(亞爾培路)
嘉善路
徐家匯路
大木橋
外國坟山
萬隆醬園
萬隆醬棧
萬和醬棧
萬和醬園
德福布廠
匯達煙廠
清真別墅
遠東精酒廠
空地
李玉記貨棧
協昌機器廠
萬豐絲光染廠事務所
延生織造廠
裕大染織廠
安迪汽車行
中華汽水廠
合成萬記運輸行
大華絲光廠
中國汽車製造廠
勤奮
越東
百達棉織漂染起毛廠
同豐絲光染廠
藝林染織廠
匯達煙廠貨棧
科學橡膠廠
博士金筆廠
科學橡膠廠
勤裕染織廠
合絲光染織廠
豐華棉織廠
鼎新染織廠
鼎新染織廠第一廠
漂染部
百達棉織漂染起毛廠堆棧
跑狗場職員宿舍
草地
門市部
協成油行
嘉
肇
比例尺
10 5 0 10 20 30 40公尺

第七十四圖

大百萬金
中國華明烟公司出品
國建西路
陽南路
SIANG YANG ROAD (SOUTHERN)(拉都路)
太原路
TAI YUAN ROAD (台拉斯脫路)
徐家匯路
ZI KA WE
TEXACO
汪裕泰茶棧
花園
空地
華民小粉作
興和染織廠
人和藥廠
鑑臣香精廠
正英小學
太康油棧
貽慶煤號堆棧
滬豐染織廠
華茂煤棧
華一煤號
利民煤號
西園
萬昌煤棧
上海殯儀館
堆棧
茂泰祥
製盒廠
整染廠
發行所

合興泰印鐵製罐廠

專製各種五彩方圓罐聽瓶蓋

發行所　上海六合路三六街十三號

電話　九〇三一五

第一廠　浙江中路二二九街十七號

第二廠　新疆路三二七號

周東記製罐廠

專製各式方圓聽

各種瓶蓋

兼造劍星牌鋼筆

以及另物

廠址：東餘杭路一〇五一弄二八號

接洽處：南京東路二〇九號二樓四室

陸興發

印鐵製罐廠

獅球商標

專門

火油空聽大小五彩罐盒

本廠特備新式機器專製火油空聽方圓各種罐盒出品精良交貨迅速

廠址：上海浙江北路新街門後面　七浦路五一七號

電話：四七二一七號轉

第七十五圖

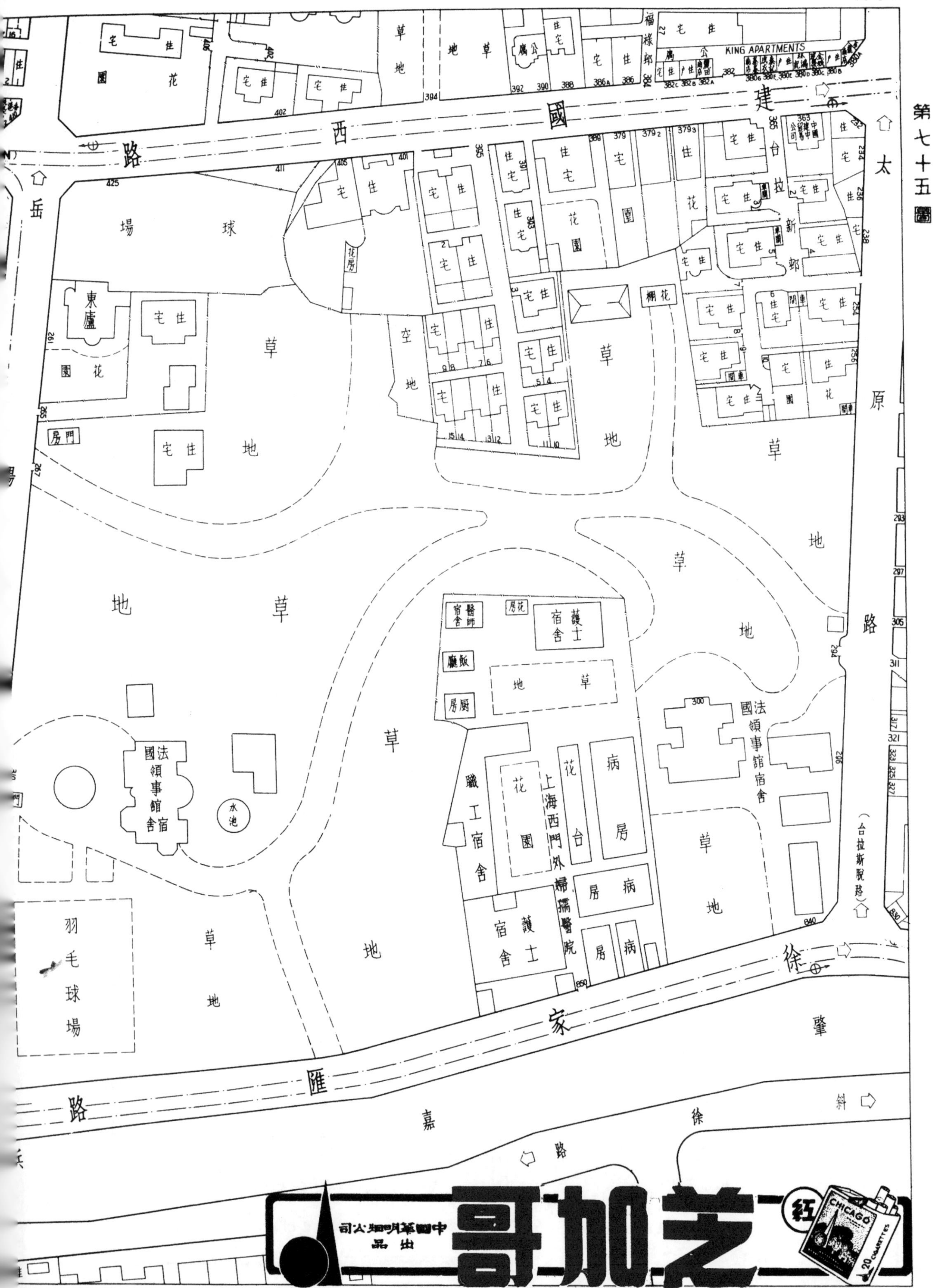

國西路
建國西路
太原路
岳陽
徐家匯路
嘉
徐
路
肇
斜
KING APARTMENTS
公寓
福祿邨
台拉新邨
中國工程公司
球場
東廬
花園
草地
空地
花棚
門房
法國領事館宿舍
水池
羽毛球場
醫師宿舍
花房
護士宿舍
飯廳
廚房
職工宿舍
上海西門外婦孺醫院
病房
花台
花園
法國領事館宿舍
(台拉斯脫路)
住宅
芝加哥
紅
中國華明烟公司出品
CHICAGO
20 CIGARETTES

第七十五圖

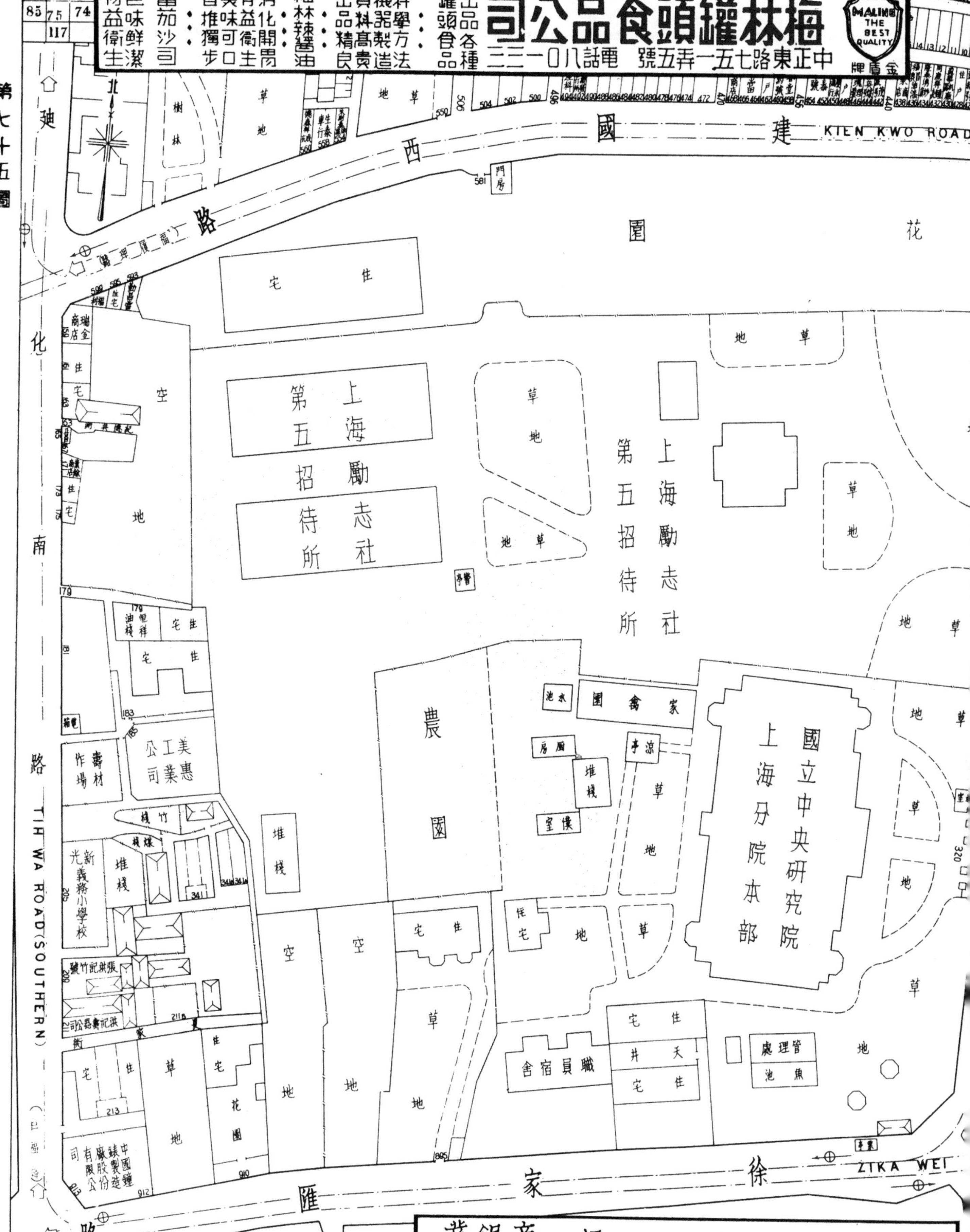

梅林罐頭食品公司
中正東路七五一弄五號 電話八〇一一三三
MALING THE BEST QUALITY
金盾牌
出品各種罐頭食品
科學方法 機器製造 質料高貴 出品精良
消化開胃 有益衛生 美味可口 首推獨步
梅林辣醬油 蕃茄沙司 色味鮮潔 有益衛生
建國西路
KIEN KWO ROAD
北
門房
花園
住宅
上海勵志社第五招待所
草地
警亭
迪化南路
TIH WA ROAD (SOUTHERN)
空地
美惠工業公司
壽材作場
竹棧
新光義務小學校
堆棧
農園
家禽園
水池
涼亭
廚房
僕室
國立中央研究院上海分院本部
職員宿舍
天井
管理處
魚池
花園
中國鐘錶製造廠股份有限公司
徐家匯路
ZIKA WEI
比例尺
復華銀行
經營一切商業銀行業務
行址廣東路一三七號 電話一三九八三 電報掛號六七三二

嘉茂合記製罐廠

本廠精製各種油箱油漆听顏料听食品罐藥品罐化粧品罐盒等品質優良定價低廉交貨迅速約期不誤如蒙賜顧竭誠歡迎

五茄侖箱拾斤油箱油桶保險蓋常備現貨大量供應電話賜顧當日送達

廠址：浙江北路一八二號

電話：四四〇〇〇號轉

製罐權威 交貨迅速

元發製罐廠

上海七浦路五八三號

電話四六五一〇

沈德昌製罐廠

SUN TAH CHONG

TIN PRINTING FACTORY

本廠特備新式機器專造各種花聽各式罐頭方圓大小依樣照做定期不誤承蒙賜顧定價從廉

LANE NO:776 HOUSE 18
NORTH SOOCHOW ROAO
SHANGHAI TELEPHONE 40605

中華勸工銀行
專營商業儲蓄信託業務
地址：南京東路三二八号
電話：九八五一三至五号
信託部地址：淮安路五号
電話：三一二七三号
第七十六圖
太原路
TAI YUAN ROAD
岳陽路
YO YANG ROAD
建國西路
永嘉路
DAUPHINE APARTMENTS
KING APTS.
天主教全國教務委員會

第七十六圖
311
環球化学領襯衫
保証使君滿意
環球内衣織造廠出品
廠址
上海 北京西路六〇五弄 B五號
電話 六〇二九一 一七六七六
Universal
註冊商標
YUNG KAI ROAD
永嘉路
永嘉新邨
交通銀行宿舍
廸化南路
T-I-H-W-A-ROAD (SOUTHERN)
KIEN KWO ROAD (WESTERN)
建國西路
建業里
總弄
水塔
荒地
花園
草地
住宅

★星星工業社
★科學儀器
工程儀器
1.溫度計
2.濕度計
3.比重計
4.壓力計
5.流速計
6.流體壓力計
9.測量儀器
實驗用具
1.天平及砝碼
地址 上海
電話：
全安航運公司
經营輪船運輸業務
總公司 上海江西中路一七〇號五〇九室
電話 一〇四七五 電報掛號 五一〇九八
分公司 宜昌 重慶
第七十七圖
汾陽路
岳陽路
太原路
永嘉路
畢勳路
上海猶太醫院
SHANGHAI JEWSH HOSPITAL
三德堂
中西第二小學
操場
水塔
比例尺

83	78	
84	77	73
	76	

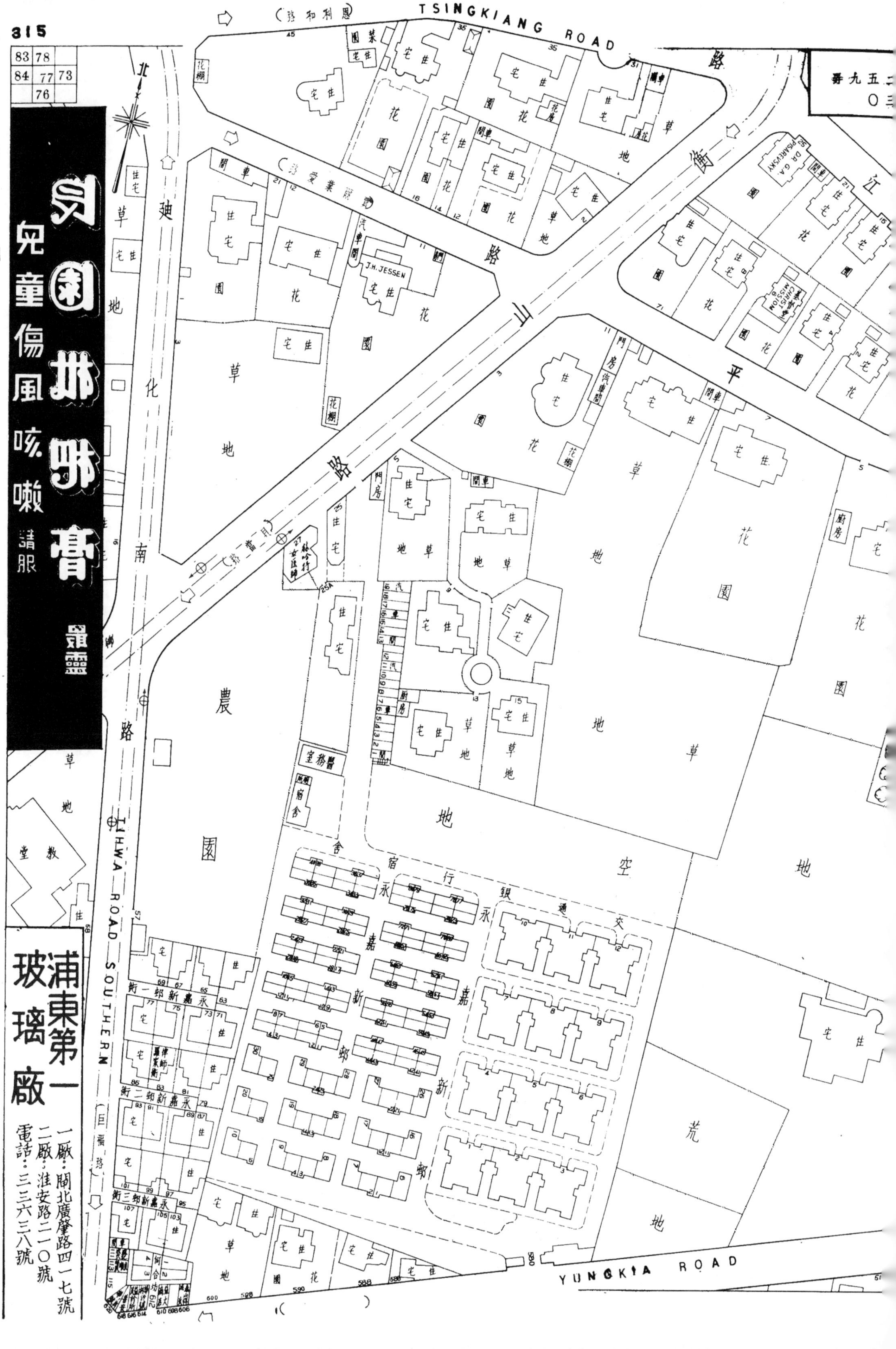

第七十七圖

黃三泰製罐廠

廠址中正東路九九六號

電話八九七〇九

本廠專製各種五彩印花方圓罐頭糖菓餅乾咖啡味粉聽及藥房應用藥膏盒等及化粧品盒鞋油盒各類鋼精羅絲瓶蓋以及火油箱油漆方圓介侖聽顏料聽等定價克己日期不誤承蒙各界賜顧無任歡迎

陳德興南記製罐廠

本廠耑製各種花式罐盒及顏料聽螺絲蓋出品迅速定期不誤承蒙惠顧無任歡迎

地址　北浙江路天潼路老唐家弄一一五六弄九號

電話四一七〇一

周泉記洋鐵製罐廠

本廠專製印色新舊馬口鐵方圓罐頭以及火油箱油漆大小方圓介倫聽等定價克己物美約期不誤各界惠顧無任歡迎

廠址上海五馬路六二九號平望街對面

電話九七七四三號

大中華車輪胎

雙錢牌橡膠鞋

註冊商標

創立於民國十七年

各種出品奉

经濟部頒發証書証

明確實國貨

大中華橡膠廠興業股份有限公司

汽車胎

人力車胎

三輪車胎

自由車胎

橡膠套鞋

橡膠靴

球鞋

跑鞋

橡皮管

橡皮線

第七十八圖

ROAD (CENTRAL) 路中森林
花園
住宅
池
花棚
猶太總會
草地
比駐滬總領事署
汾陽路
海關宿舍
海關稅務司官舍
ROAD (CENTRAL)
路中興復
上海電話公司
王惠記營造廠
顧祥記竹號
聯美烟草公司堆棧
福華烟公司
洗衣作場
空地
上海市立務本女子中學學校
上海市立滬西補習學校
操場
江蘇監
襄陽南路
NG KANG ROAD 路康永
比例尺
商標註冊
汽車用
輪船用
配司登令
PISTON RING
減省燃料
增加馬力
中國汽車機件製造廠
上海建國西路二八一號丙
電話：七八六六〇

第七十八圖

中森林路 LING
寶慶路 PAO KING ROAD
中興路
復興中路 FU
靖江路
東平路
汾陽路
太原路
常熟路分局
上海市警察保安部隊
籃球場
花園
東華體育會
體育場
上海市常熟區民代表大會會場
HELM HOUSE
CAFE SALENTINE
CLEMENTS APARTMENTS
ROUTE POTTIER
國立北平圖書館
上海太醫院
空地
菜地

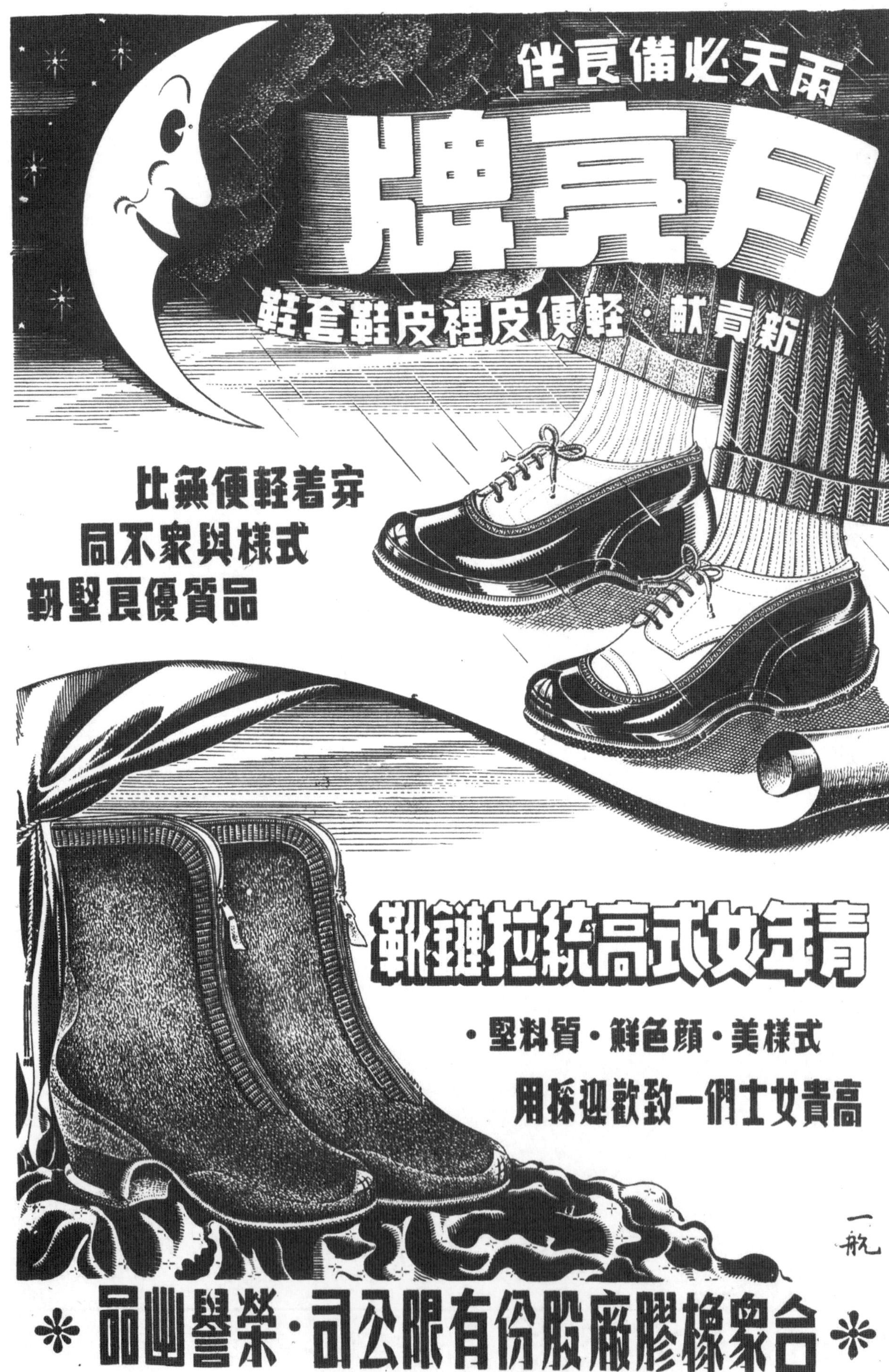

雨天必備良伴
月亮牌
新貢獻·輕便皮裡皮鞋套鞋
穿着輕便無比
式樣與衆不同
品質優良堅韌
青年女式高統拉鏈靴
式樣美·顏色鮮·質料堅·
高貴女士們一致歡迎採用
一航
合衆橡膠廠股份有限公司·榮譽出品

高尚仕女一致愛用

T.T. RUBBER FACTORY 回力 Warrior

回力牌

WARRIOR BRAND

套鞋・球鞋

品質兼優 高人一等

下列各項均為本廠著名出品

人力車内外胎 機械膠帶

三輪車内外胎 膠皮電線

自由車内外胎 固力鞋底

正泰信記橡膠廠

發行所：上海中正東路五五号 電話：八一五〇九号 廠址：上海大連灣路 電話：五〇一一〇号

註冊商標

統一

統一牌

歡迎来樣定製
各種橡膠另件

高壓橡皮管
化学橡皮管
自來水橡皮管

華孚橡膠廠榮譽出品

事務所・南京東路慈淑大樓五樓五三五号 電話 九四九二四

廠　址・徐家滙裕德路九八弄三七号 電話 (〇二)七五〇五八

第七十九圖

久章染織廠
地址：海防路三九一弄一八一一號
電話：三四九七三號
遠東化工廠
註冊 商標
出品 紡織印染工業主要上漿原料
各種澱粉—六角粉菱粉生粉等
黃糊精白糊精大英膠透明漿粉
事務所河南中路四七五弄十二號
電話：九六七九六號
製造廠徐家匯裕德路底
無錫北門外麗新路
長樂路
富民路
新樂路
東湖路
延慶路
杜美路
林森中路
ROAD (CENTRAL)
永存坊
滬江別墅
聖喬琪夜花園
愛凱地大飯店
杜美大戲院
浦東中學
大利貨棧
祥生汽車公司
COLUMBIA APARTMENTS
碧蘿飯店
大福里
I.S.S. GASCOGNE APARTMENTS
GRESHAM APARTMENTS
公寓
住宅
草地
空地
花園
車間
門房
SHELL

第七十九圖

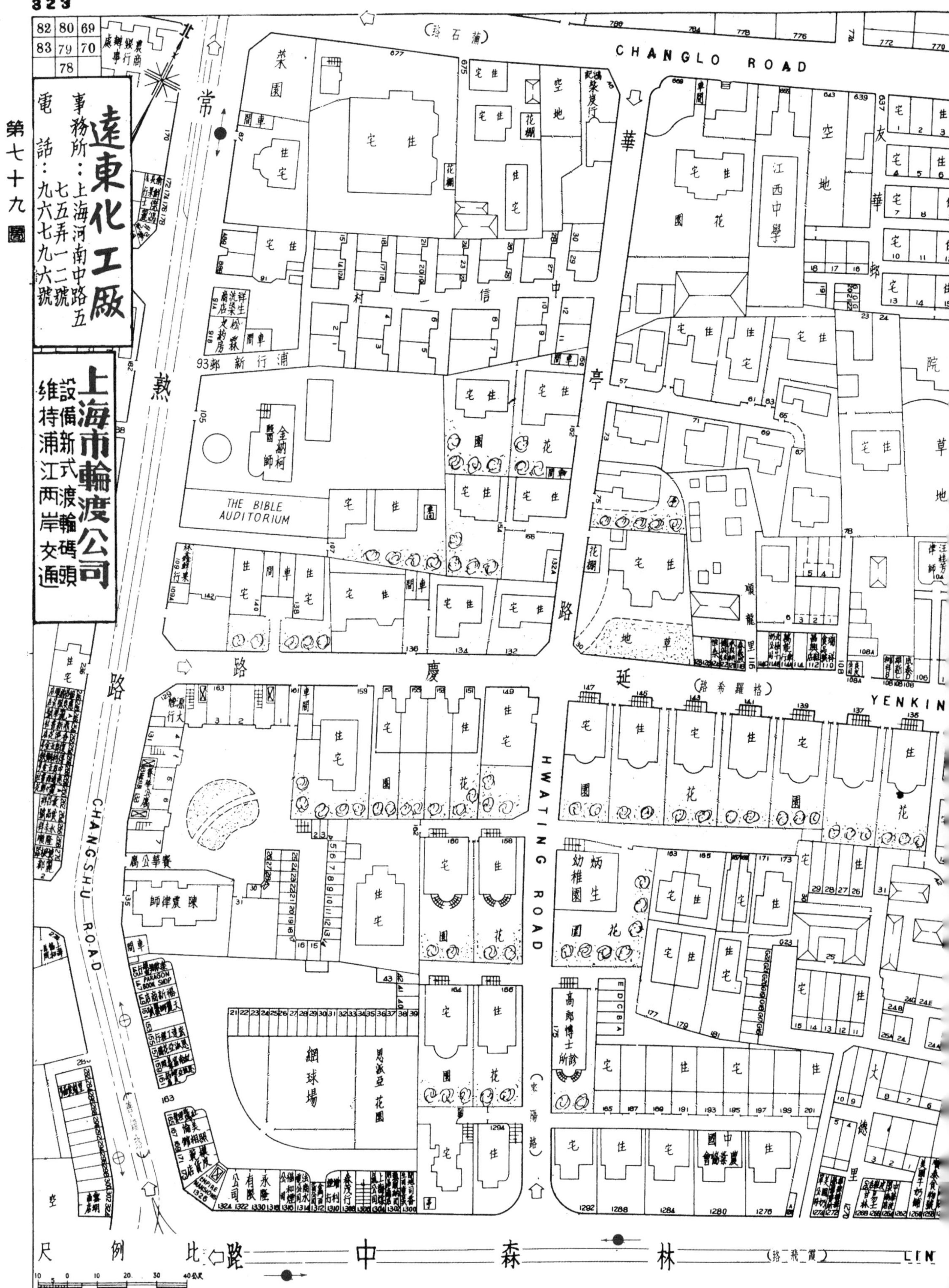
CHANGLO ROAD
(蒲石路)
YENKIN
(格羅希路)
HWATING ROAD
CHANG-SHU ROAD
常熟路
華亭路
延慶路
林森中路
(霞飛路)
LIN
THE BIBLE AUDITORIUM
江西中學
幼稚園
網球場
遠東化工廠
事務所：上海河南中路五七五弄一二號
電話：九六七九六號
上海市輪渡公司
設備新式渡輪碼頭
維持浦江兩岸交通
比例尺

禾字牌
橡膠套鞋
到處有售
質料純粹　經久耐穿
中禾橡膠物品製造廠出品
總發行所　上海金陵路國澤街承志里四號　電話八五一九一
電報掛號五七五八

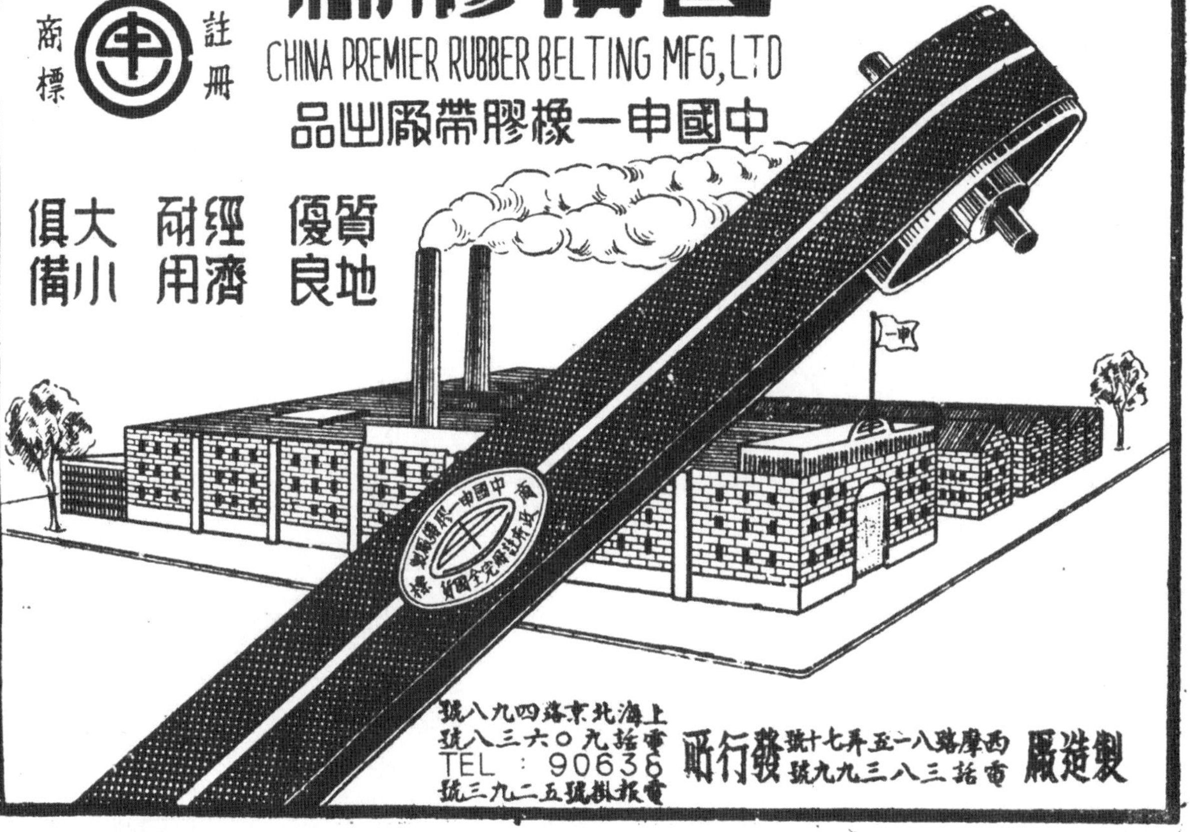

上海

振華橡膠廠

事務所 北京東路四九八號 電話九〇六三八

製造廠 長寿路五七一號 電話二二八六二

製造各种球鞋套鞋時髦女鞋橡膠物品工精料佳經久耐用色不断底包不脫膠

上海安遠路一九〇號 民生橡皮廠出品 電話二三二五三

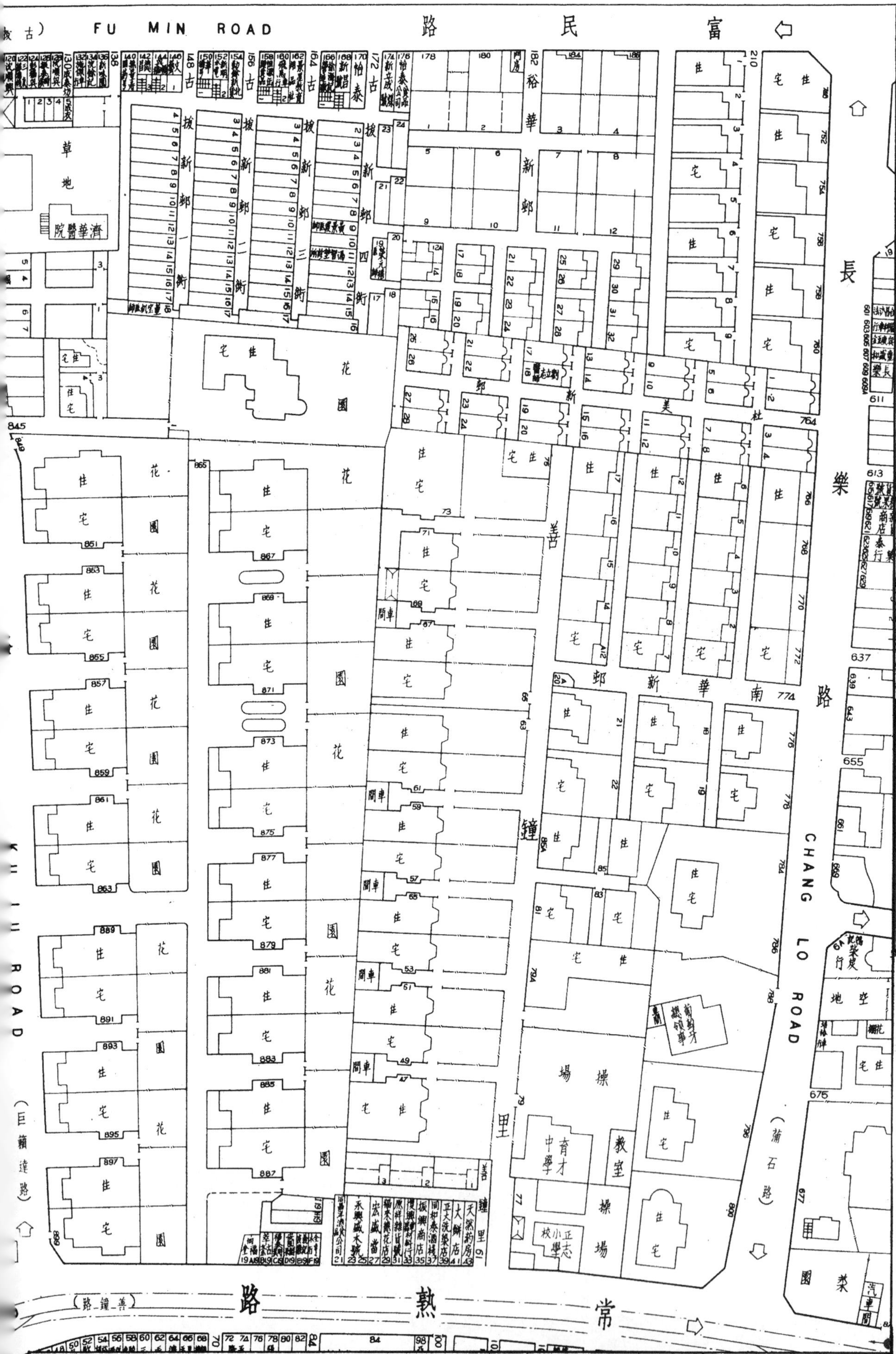

FU MIN ROAD 富民路

長樂路 CHANG LO ROAD（蒲石路）

常熟路（善鐘路）

KU LU ROAD（巨籟達路）

濟華醫院　草地

拔新邨一街　拔新邨二街　拔新邨三街　拔新邨四街

裕華新邨　杜美新邨　南華新邨　善鐘里

育才中學　正志小學　教室　操場

第八十圖

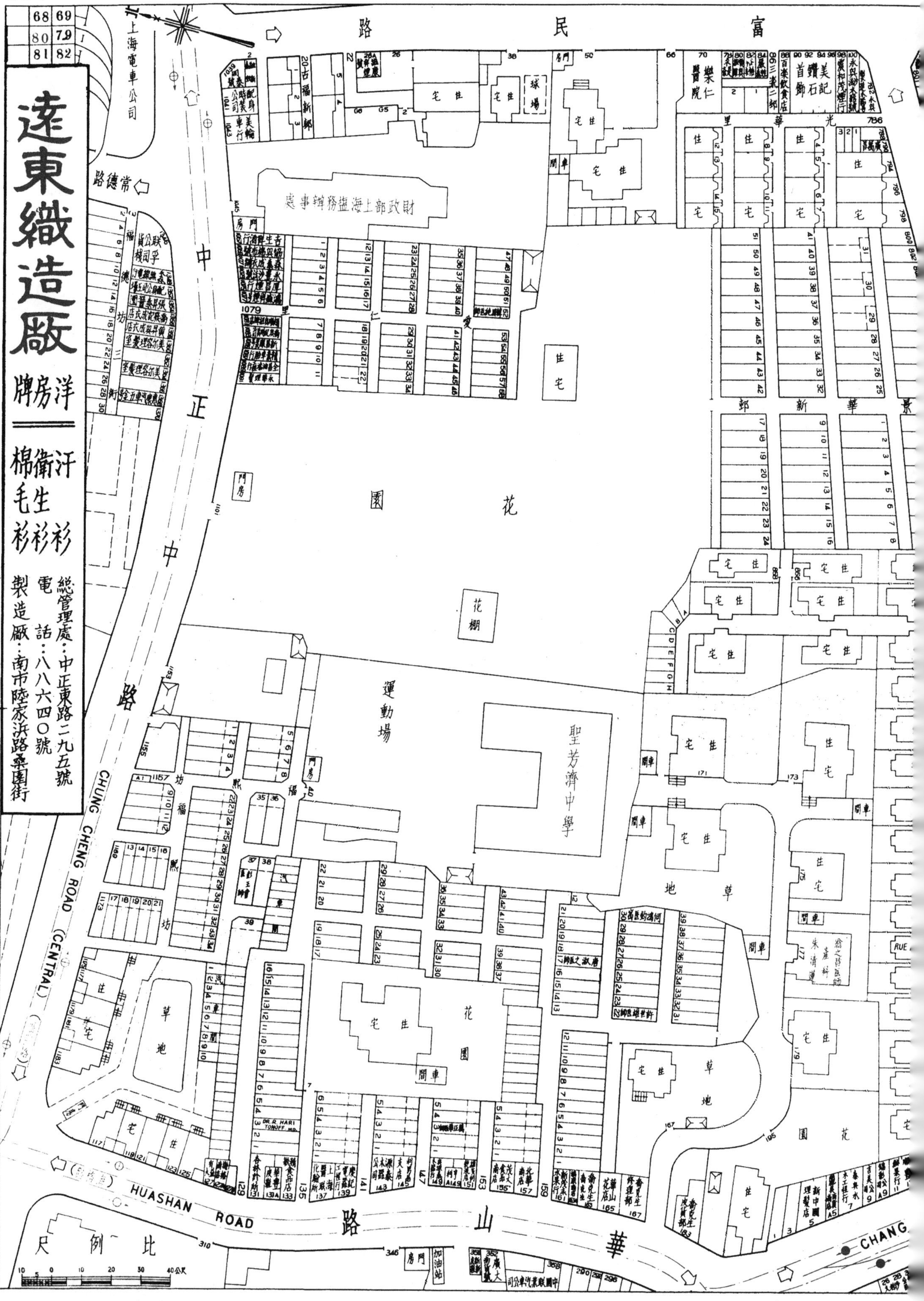

富民路
常德路
上海電車公司
中正中路
CHUNG CHENG ROAD (CENTRAL)
華山路
HUASHAN ROAD
CHANG
財政部上海鹽務辦事處
花園
花棚
運動場
聖芳濟中學
光華里
景華新邨
樂仁醫院
首飾
鑽石
美記
百樂飲食店
球場
住宅
草地
車間
門房
加油站
中國聯業汽車公司
新中國理髮店
比例尺
10 5 0 10 20 30 40公尺

飛馬牌
商標
註冊
经久耐用
品質優良
式樣新穎

華成橡膠廠出品

廠址‥康定路六〇三弄一三〇　電話 六二五〇一號

實生橡膠廠

生字牌

經久耐穿。與衆不同
生
上海
實生橡膠廠
出品各種橡膠套鞋球鞋

事務所　上海四川路甯波路二〇號　水大大樓三二一號

電話：一七七六二號

廠　地　徐家滙同仁街七十九號電話(〇二)七五一四三號

註冊商標
百吉牌
各種橡膠鞋
★公司商店均有出售★
上海市橡膠製品工業同業公會會員
大豐橡膠廠
荣誉出品
事務所
上海河南南路中滙大樓四二九號

國華商業銀行
办理一切商業銀行業務兼营儲蓄信託事項
總行北京東路河南中路口　電話九二三二〇號
第八十一圖
正　西　路
中　正
華　山
路
迪　化　中　路
TIH WA ROAD (CENTRAL)
HAN ROAD
HAIG COURT
常熟路
麥琪路
美國海軍總部
廣播處
禮拜堂
網球場
友誼網球會
上海意大利商務總會
上海肺病療養院
中國汽車聯業公司
中國青年建國協會
同濟大學醫學院
比例尺
草地
花園
住宅
車間
樹林
藍球場
宿舍

第八十一圖

中正西路
CHUNG-CHENG ROAD
華山路
長樂路
(蒲石路)
體育場
中央電影企業股份有限公司
上海市青年館
中國銀行貨押担保部
華星化工廠
美華廠
恆源木行東棧
上海市工務局第四區工程管理處
美國學校
CATHEDRAL GIRLS' SCHOOL
排球場
網球場
悅流公寓
BROOKSIDE APARTMENTS
三北公司花園
中美聯合印刷所
宏恩醫院
COUNTRY HOSPITAL
立第六醫院
紅十字會第一醫院
病房
高級護士學校
私立改進小學
農田
樹林
荒地
草地
花園
住宅
宿舍
廚房
空地

中孚橡膠廠

三輪車
人力車

自由車
內胎

各處均售

註冊商標

黑貓牌

各種跑鞋
風行全國

事務所：黃陂北路三十一號 電話三八一七一三三號
廠 址：徐家滙裕德路九十八弄四十一號

註冊商標

YELLOW GOLD YELLOW GOLD

TRADE MARK

上海科學成記橡膠廠

高等橡皮圈

大興橡膠製昌廠股份有限公司

輕快便捷　堅固耐用

新新牌　双洋牌　奇異牌

價格低廉

出品精良

各式｜大平靴・布面膠鞋・球鞋

男女｜長統靴・拉練靴・特製球鞋

廠址・許昌路七六〇弄一二號

總管理處・民國路四八二至四號

電話 八二四九四號

大新興記橡膠廠

斷底脫膠　包退包掉

質高工巧　美觀堅牢

總管理處：上海福建中路二〇四弄七號

電話：九一四一五

廠址・上海中正西路陶家宅A一〇五號（西法華鎮口）

電話　二三八五〇

同安膠鞋車胎行

地址：漢口路六三二號

電話：九五八一五號

常熟路
善鐘路
安福路
AN FU ROAD
(巨潑來斯路)
五原路
WU YUAN ROAD
迪化中路
TIH WA ROAD (CENTRAL)
和明里
郁華里
華春里
麥其里
草地
球場
花園
住宅
車間
花房
空地
菜園
青華中小學
安福劇場
農商聯行辦事處
五原路憲兵區隊

第八十二圖

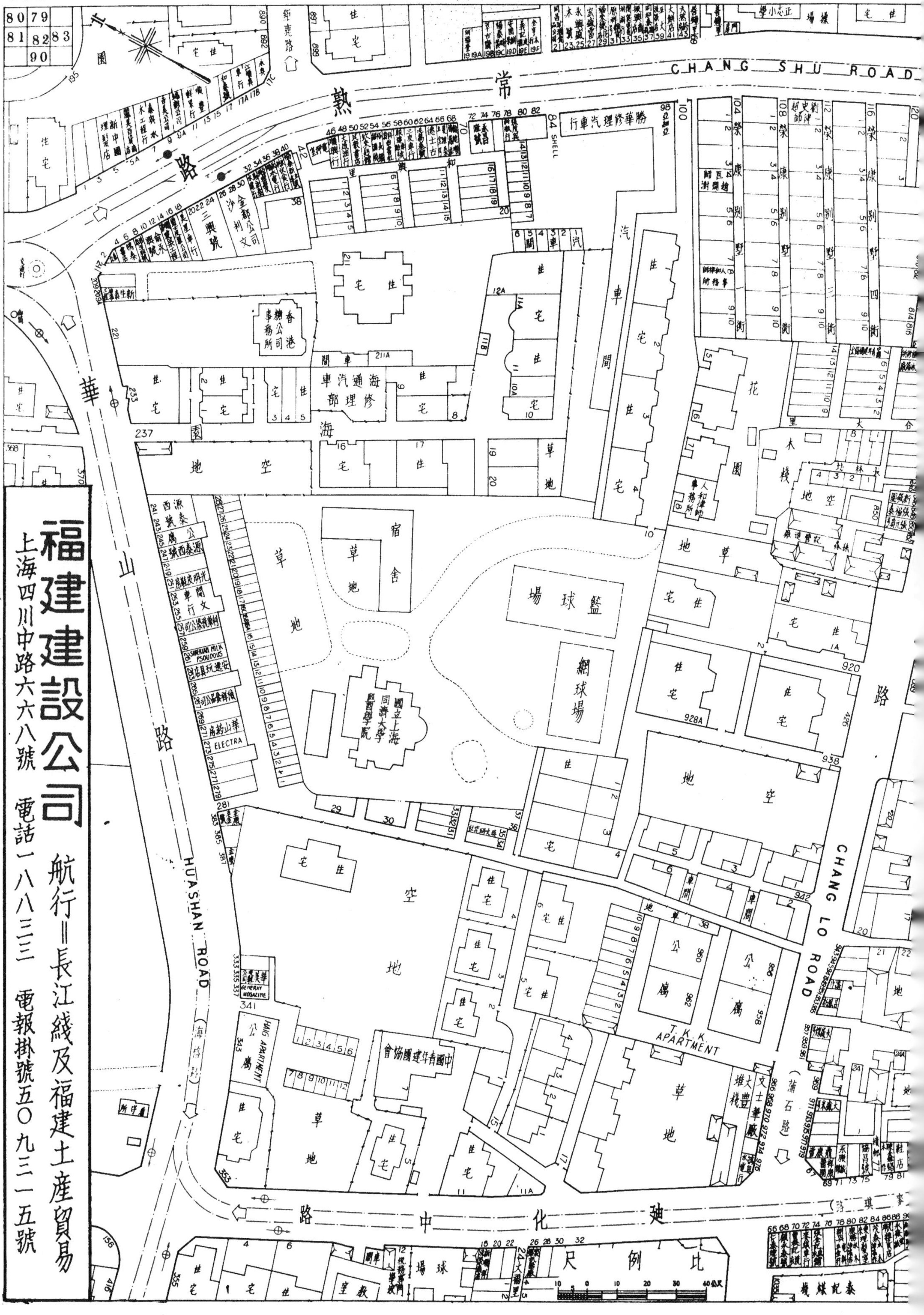

常熟路
CHANG SHU ROAD
華山路
HUASHAN ROAD
長樂路
CHANG LO ROAD
迪化中路
蒲石路
海格路
衡山路
汽車間
香港公司事務所
海通汽車修理部
勝華修理汽車行
SHELL
榮康別墅
海園
花園
空地
草地
宿舍
籃球場
網球場
國立上海同濟大學醫學院
中國青年建國協會
T.K.K. APARTMENT
HAIG APARTMENT
公寓
ELECTRA
GENERAY MAGAZINE
比例尺
10 0 10 20 30 40公尺

第八十三圖

五原路
ROAD
常熟路
林森中路
復興中路
(辣斐德路)
寶慶路
寶建路
靖江路
空地
花園
住宅
操場
中華聖公會救主堂
愉園
上海市常熟區公所
肇光中學
國立北平圖書館
CAFE SALENTINE
PARAGON BOOK SHOP
EAGLESON & COMPANY
SHIRT MAKERS
SHANGHAI
EAGLESON
Shirt
振華襯衫
EAGLESON
Shirt
振華襯衫廠
南京西路一〇三七至九號
電話：三五八三七號

第八十三圖

良園枇杷膏
喉啞咳痰不暢請服
最靈
福華內衣廠
地址：江西中路四一二號二樓
電話：一六〇九九
五原路
永福路
FU SHING ROAD WESTERN
西路
迪化中路
TIHWA ROAD CENTRAL
LING SEN ROAD CENTRAL
迪化南
YAFA COURT
THE ALOISTERS
WILLOW COURT
衛樂公寓
皮佛華公寓
友良 APTS.
游泳池
花園
空地
草地
上海新邨
比例尺
WUY

金星牌
自來水筆

久寫不壞
永遠保用

上海文誼筆廠出品

地址泰康路（賈西義路）二四八弄十一号　電話六八〇〇一

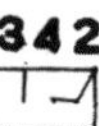

第八十四圖

衡山路
HENG SHAN ROAD
南化
永嘉路
YUNG KIA ROAD
(西愛咸斯路)
(貝當路)
高安
SHANGHAI AMERICAN SCHOOL
法國體育會
網球場
球場
游泳池
体育會辦公室
自由車停放處
腳踏車停放處
健身房
教堂
花園
草地
空地
住宅
菜園
竹棧
柴棧
電氣間
太平洋交通公司
木工室
永康新邨
天津汽號洋服店 CHANG KEE NAVAL TAILOR

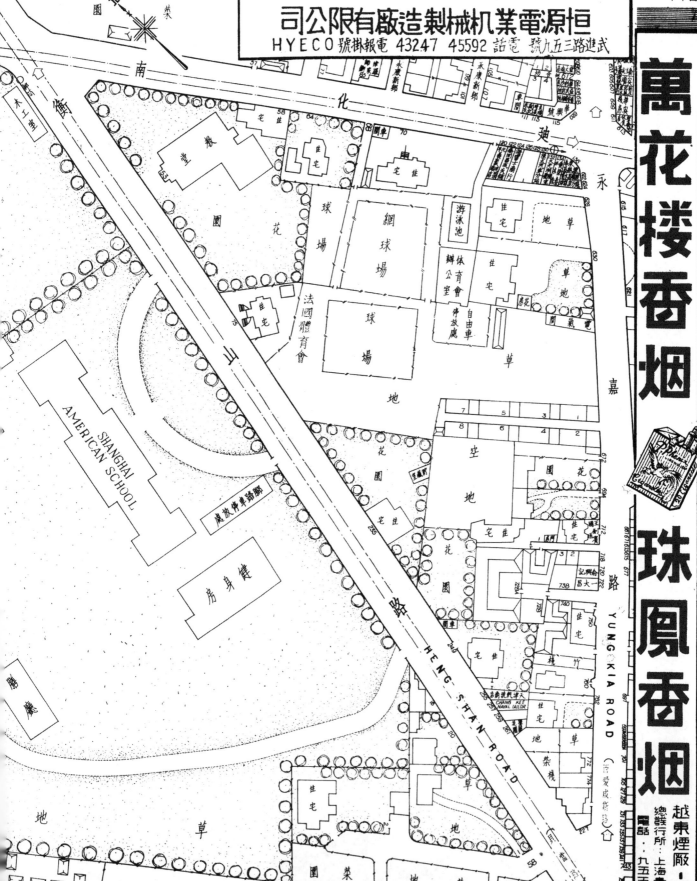

第八十四圖
聖露
止咳潤肺
防癆鎮喘
中蘇葯廠
文誼筆廠
泰康路248弄11號
電話六八〇〇一
TIH WA ROAD (SOUTHERN)
林森中路
LING SEN ROAD (CENTRAL)
CULTY DAIRY CO. LTD.
可的牛奶棚
上海新邨
KAO AN ROAD
高恩路
比例尺

THE BEST
BETA
QUALITY INK
BETA
INK
5 902
202
MADE IN C
ROYAL
BETA INK
59

詩文良伴
書寫愛侶
Red man's
紅人牌
墨水之王
請用紅人牌上等墨水料製造品質優良絕對勝過一切舶來品敬希一試便知
Red man's
INK
上海美克墨水公司出品
發行所：漢口路九十三號 電話一七一六二〇
製造廠：南市黃家闕路九二號 電話(〇二)七〇三四五
電報掛號五二〇〇三三號

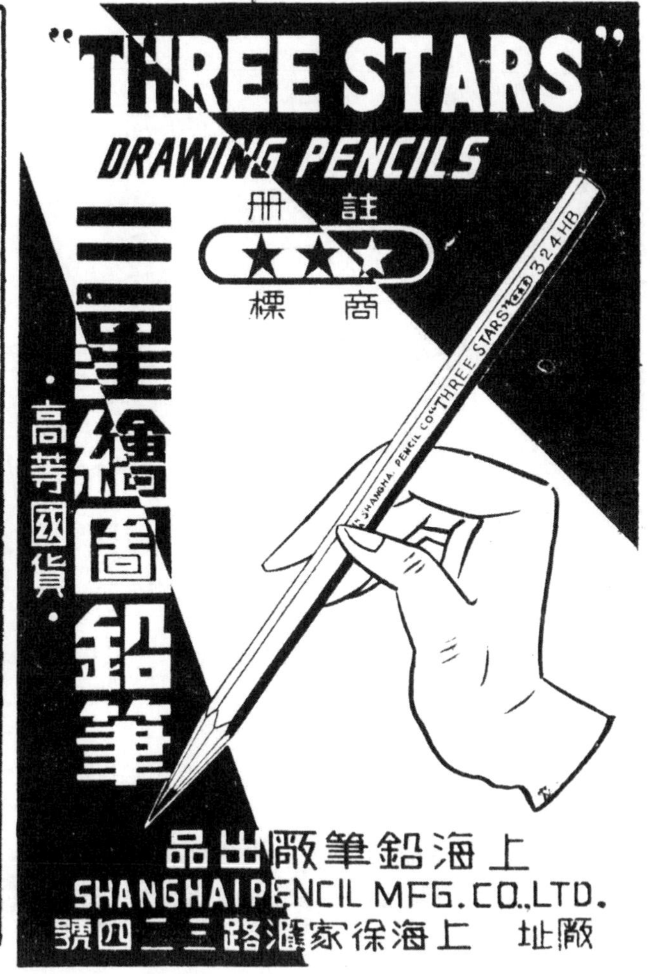
"THREE STARS"
DRAWING PENCILS
註冊
商標
三星繪圖鉛筆
·高等國貨·
THREE STARS 324 HB
SHANGHAI PENCIL CO.
上海鉛筆廠出品
SHANGHAI PENCIL MFG. CO., LTD.
廠址 上海徐家匯路三二四號

恒源
武進路三五九號
中一染料廠股份有限公司
各色染料 硏化元青
第八十五圖
南化路
夏家衖
徐家滙路
ZI KA WEI ROAD
國西路
KIEN KWO ROAD
高安路
上海市工務局堆棧
利源協記工場
大西洋公司
中國孚中實業股份有限公司
大華毛織公司製造廠
景福衫襪織造廠股份有限公司
中聯印刷所
中國鐘錶製造廠股份有限公司
黃德泰記機器廠
機器布廠
仲明工廠
康昌鐵廠
亞偉速記學校
久記木棧
新光義務小學
陳涇廟
正德法律事務所
陳涇第一小學
肇嘉浜
天字科學墨膏
汲水 舔墨 立可 揮毫
上海四達實業公司出品
草地

第八十五圖

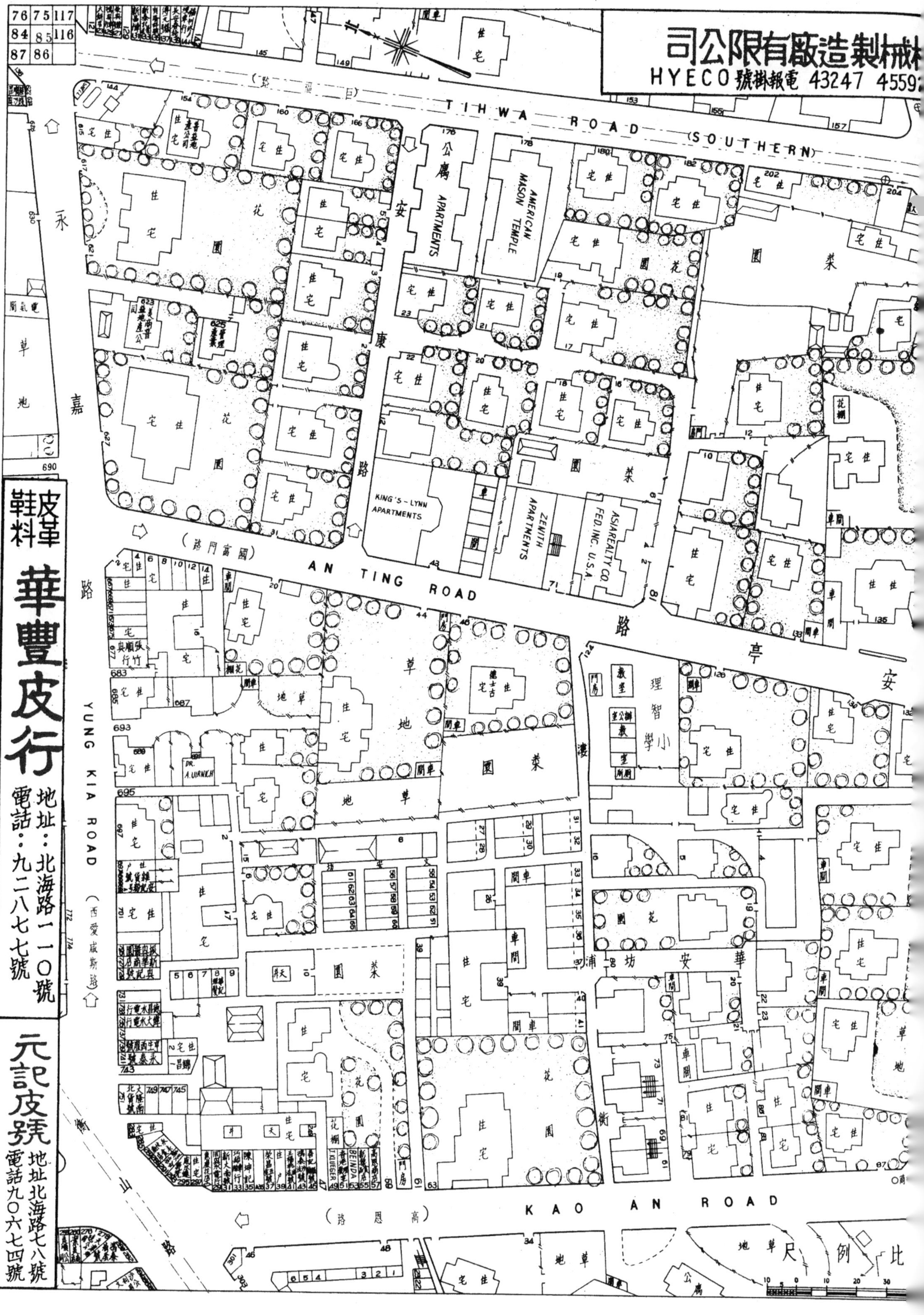

TIHWA ROAD (SOUTHERN)
(迪化路)

AN TING ROAD
(國富門路)
安亭路

安康路

永嘉路
YUNG KIA ROAD
(西愛咸斯路)

KAO AN ROAD
(高恩路)

衡山路

華安坊

公寓 APARTMENTS

AMERICAN MASON TEMPLE

KING'S-LYNN APARTMENTS

ZENITH APARTMENTS

ASIA REALTY CO. FED. INC. U.S.A.

DR. A. UIRNICH

理智小學

BEINDA

住宅
花園
菜園
草地
車間

比例尺

門市部：上海北京東路石路口
印製廠：上海廈門路四十五號
電話 92920 95581

中國標準紙品公司

•自設印廠大量生產所以定價最廉•集中人材專門設計所以出品最好•

標準帳簿

朱秉璋氏編訂 王思方 朱公言會計師校訂

中式帳簿 毛邊海月大小均全

西式帳簿 布面燙金•內附圖解

活頁帳簿 活絡搖夾改頁首創

行莊帳簿 獨家編訂首先發行

報表憑單 各業通用門類最全

—樣張目錄價單函索即寄—

上海紙廠股份有限公司

總公司：上海四川中路33號408室　電話19528

總　廠：上海霍山路1202號　電話51228

堆　棧：上海霍山路1182—6號

上海齊齊哈爾路880號

製造各種精美紙張

歡迎各埠直接訂購

上海市

國貨工廠聯合會會員工廠

紙商業同業公會會員工廠

製造卡片油墨婚書請帖及文房紙品等

兼售各種紙貨卡紙色卡及印刷材料等

馬頭牌

註冊商標

粹華卡片廠

總批發處 上海福建中路一二七弄七號

及發行所 電報三六五一 電話九三一九二

總製造廠 閘北北寶興路

分製造廠 浙江中路二二九弄

華新儀器文具廠
事務所 福州路四二〇街八號
電話 九六六六六 九五三三三
工廠 徐家匯路一〇〇〇號
電話 七六二一四號
上海市警察局機動大隊部宿舍
福理履路
建國西路
教室
住宅
草地
空地
菜園
花園
上海市警察局機動車大隊部
常熟路分局建國西路派出所
燕平小學校
材料室
廚房間
會客室
幼稚園
花棚
吳興路
WUHING ROAD
信友交通服務社
大陸機器廠
大豊化學工業造廠
瀛洲染織布廠
久安染織布廠
美亞第九織綢廠
網球場
華新儀器文具廠 華联乒乓球製造廠
車間
門房
高安路
(高恩路)
徐家匯路
國禾醬場
華強織造廠
豊龍電焊廠
煙紙號
國木工場
嘉
肇
華联乒乓球製造廠
事務所 福州路四二〇街八號
電話 九六六六六·九五三三三
比例尺

第八十六圖

第八十六圖

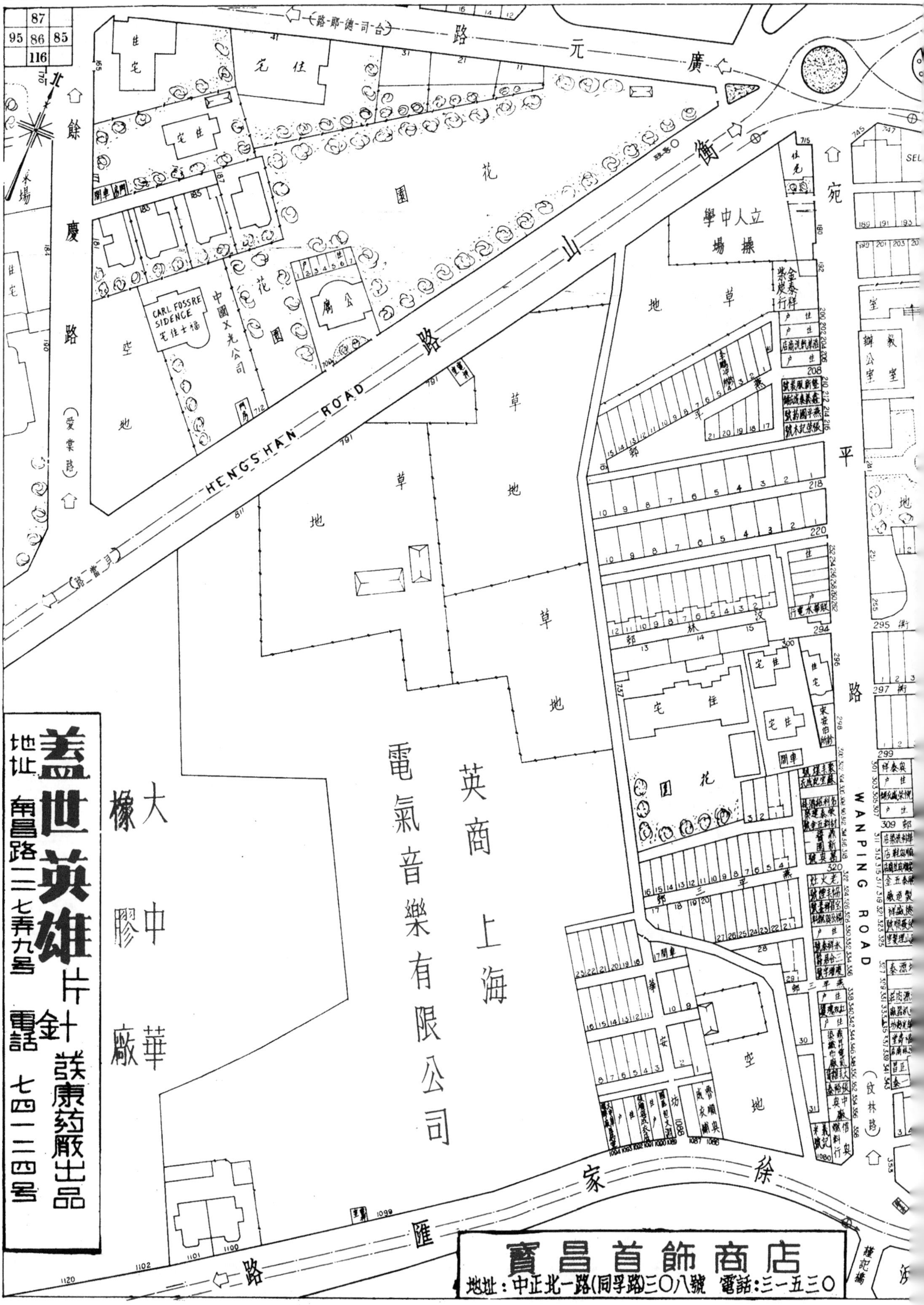

87
95 86 85
116
北
餘慶路
(愛棠路)
廣元路
(台司德耶路)
衡山路
HENGSHAN ROAD
(貝當路)
宛平路
WANPING ROAD
(汶林路)
徐家匯路
花園
住宅
公廟
中國X光公司
CARL FOSSRE SIDENCE
立人中學操場
草地
空地
英商上海電氣音樂有限公司
大中華橡膠廠
平一邨
平三邨
汶林邨
華安坊
蓋世英雄片針
蘇康葯廠出品
地址 南昌路二三七弄九号
電話 七四一二二四号
寶昌首飾商店
地址：中正北一路(同孚路)三〇八號 電話：三一五三〇

精良出品
透明三角板
半园規
繪畫曲線板
放大格
各種測量儀器
繪畫儀器
忠正
華新儀器文具廠
發行所：上海汕頭路廿五号・電話九六六六六

華聯公司

ROOSTER

惠爾康

WELCOME

PING PONG BALLS

雄雞牌乒乓球

HWA LEI FACTORY

MANUFACTURED

PING PONG BALL & CELLULOID GOODS

發行所 福州路四二〇美八號

電話九五三三三號 電報掛號九六六六六

OFFICE: 25 SWATOW ROAD

SHANGHAI

TEL. 95333 TA. 96666

乒乓球

賽璐珞製品

HWA LEI FACTORY 上海華聯公司出品

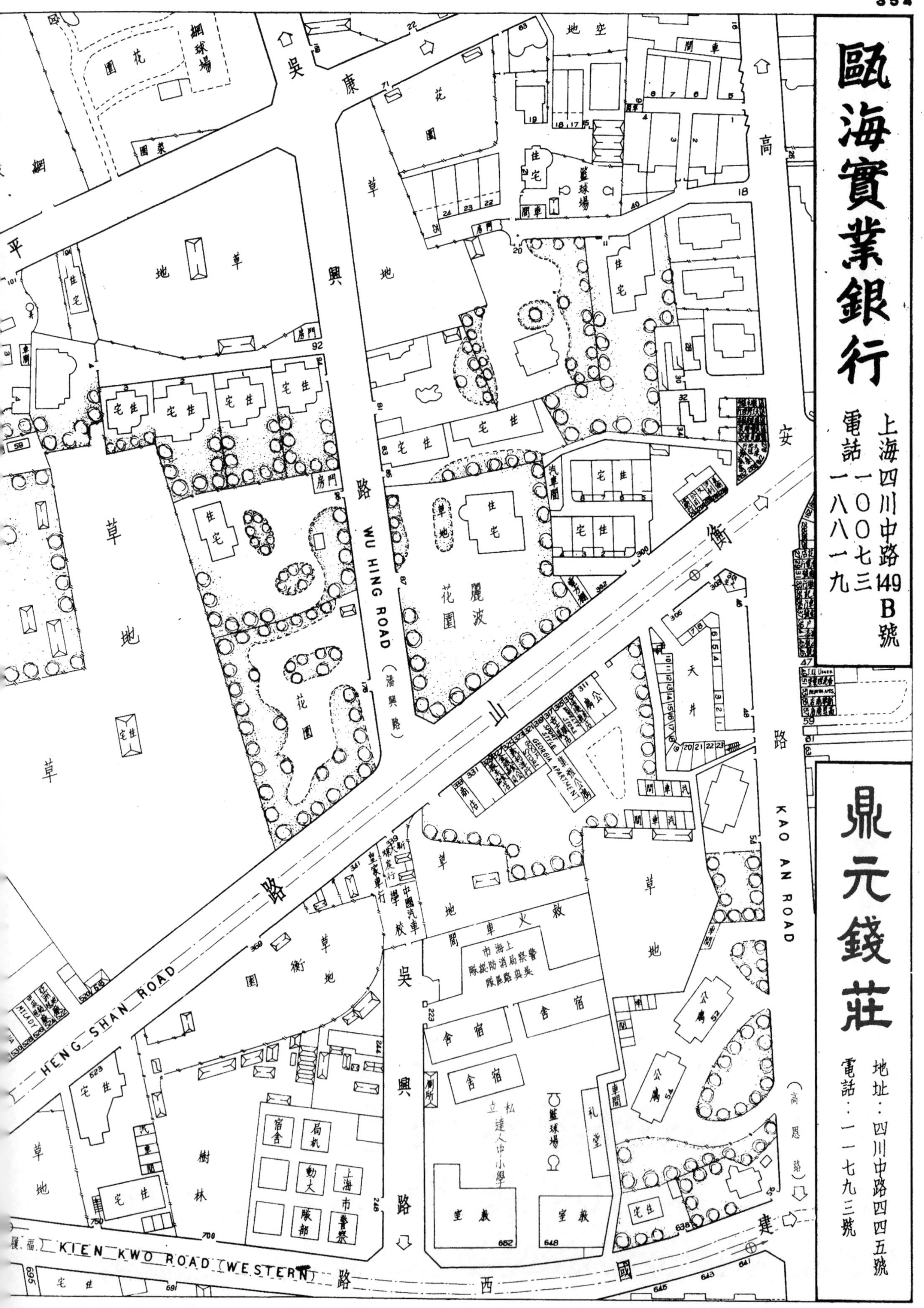

甌海實業銀行
上海四川中路149B號
電話一〇〇七三
一八八一九
鼎元錢莊
地址：四川中路四四五號
電話：一一七九三號
HENG SHAN ROAD
衡山路
WU HING ROAD
(潘興路)
吳興路
KAO AN ROAD
(高恩路)
高安路
KIEN KWO ROAD (WESTERN)
建國西路
麗波花園
網球場
花園
籃球場
草地
住宅
車間
汽車間
上海市警察局衡山路消防隊
救火車間
宿舍
私立達人中小學
教室
禮堂
上海市警察大隊部
機動局
樹林
公寓
GEORGIA APARTMENT
中國汽車學校
衡園
天井
空地

第八十七圖

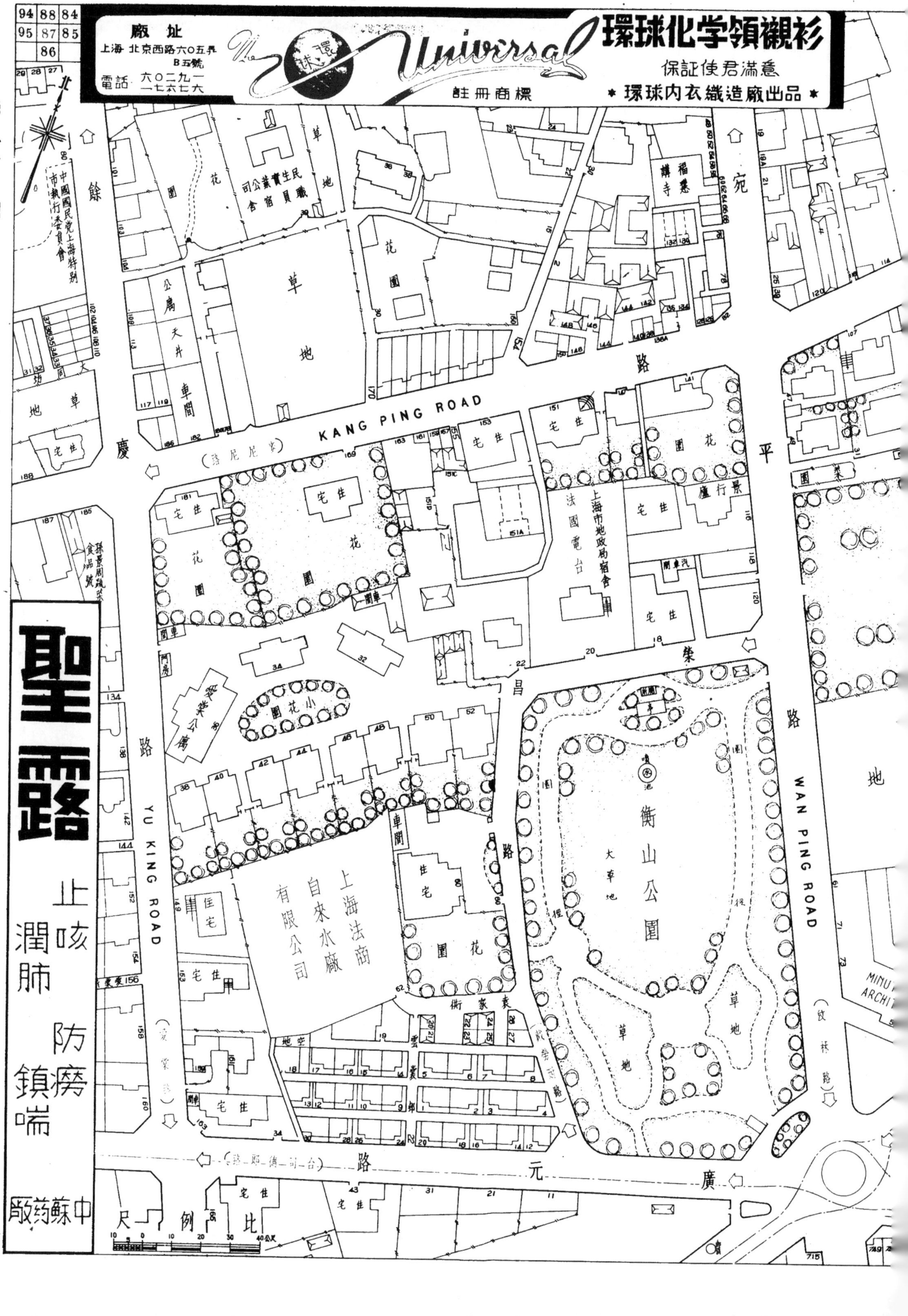

94	88	84
95	87	85
	86	

第八十七圖

上海風琴廠

風琴界泰斗

雙鳳牌風琴

註册商標

SLH

·製造精良·勝與舶來·

·音聲響亮·音韻正確·

國民政府特許運銷內地沿途關卡

槪免重征運銷國外免納一切稅釐

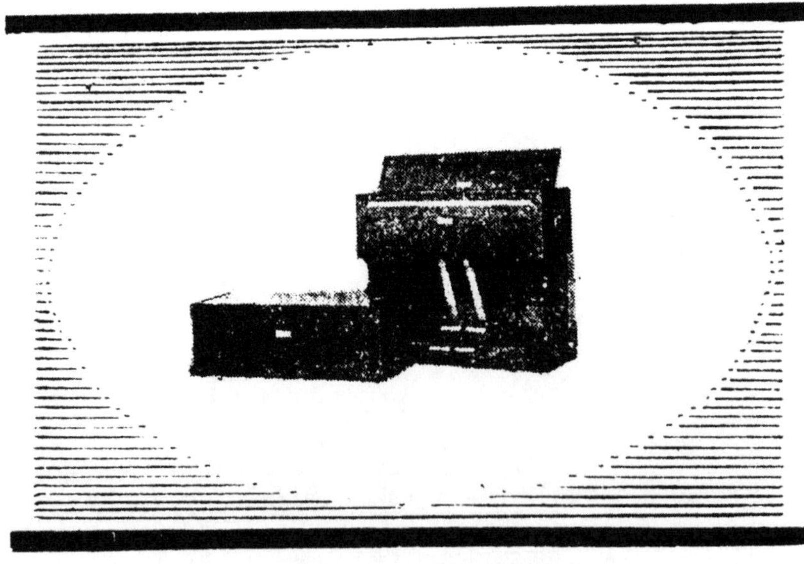

廠址：山西北路五四二弄一號

電話：四五九八五號

皇后口琴
音調準確
吹奏省力
發音宏亮
質料堅固
售價低廉
風行全球
國貨之光

本廠另有小快樂音王玩具口琴及特級皇后高級皇后等各種口琴歡迎試用

全國各大公司琴行書局文具商店均有出售

華懋口琴廠最新榮譽出品

發行所 上海四川中路五〇號　電話 一七二六八號

廠址 浦東北護塘路二號　電報掛號 MECALO

郵政信箱七八九號

藍鳳金城金錫包海王
中國友利振記煙廠出品
廠址：濟南路一號
電話：八〇八一六
中森林
吳興路
WU HING ROAD
（潘興路）
高安路
KAO AN ROAD
（高恩路）
東平路
ROAD
中南新邨
湖南路
南洋苗種公司
南光中學
藍球場
棒球場
排球場
網球場
黃園
C.C.K.
蒲石汽車公司
比例尺
10 5 0 10 20 30 40公尺

第八十八圖

第八十八圖

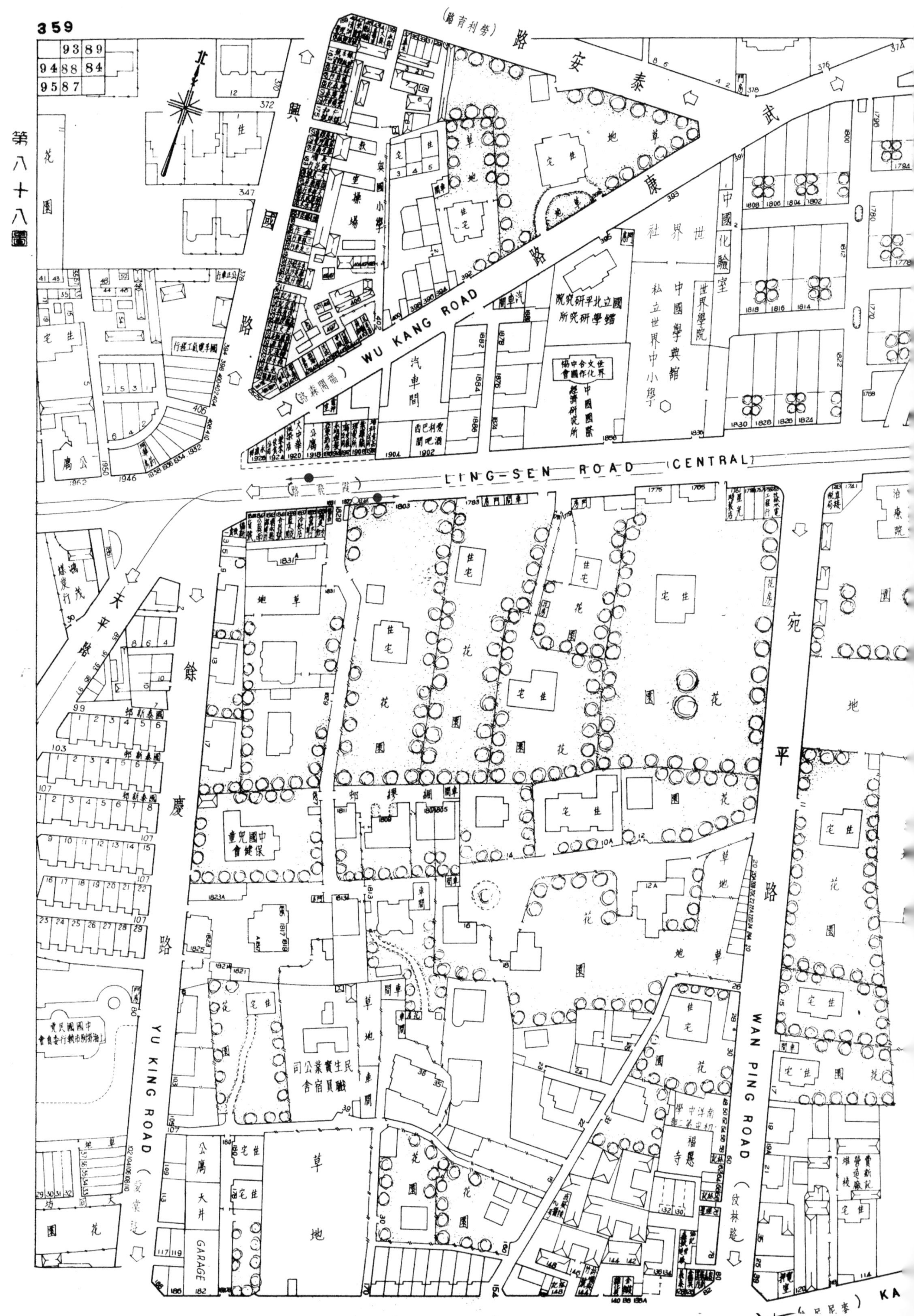

93 89
94 88 84
95 87
北
WU KANG ROAD
武康路
(福開森路)
泰安路
(勞利育路)
興國路
LING-SEN ROAD (CENTRAL)
(霞飛路)
YU KING ROAD
餘慶路
(愛棠路)
WAN PING ROAD
宛平路
(汶林路)
天平路
中國化驗室
世界社
國立北平研究院
鐳學研究所
中國學典館
私立世界中小學
世界學院
世界文化合作中國協會
中國國際經濟研究所
汽車間
中華國兒童保健會
民生實業公司
職員宿舍
中國國民黨上海特別市執行委員會
國泰新邨
南洋中學初中部
福慧寺
治療院
操場
住宅
花園
草地
公寓
大井
GARAGE
KA

協興運動器具廠

商標 註冊

本廠榮譽出品

本廠出品

籃球用具 排球用具

足球用具 田徑用具

健身器械 網球器具

游泳用具 應有盡有

本廠出品

第七屆全運會審定指用此球

地址：普安路卅三衖十一號　電話：八一四〇九　電報掛號：五八一四一九

白貓牌

乒乓球

到處有售！

是：讓爲第一！

上海新光乒乓球廠榮譽出品

管理處　河南北路二四四弄十號

電話　四一六八七　電報　五九二二三六

瑞麟工程有限公司

SUCKLING ENGINEERING WORKS CO.

承接下列各項修造工程

船舶設計
冷藏裝置
水電設備
航海儀器
電焊冷作
木工油漆
輪船機器

忠實服務　信譽卓著

事務所：永安路四一弄B十號

電話：八三二〇一

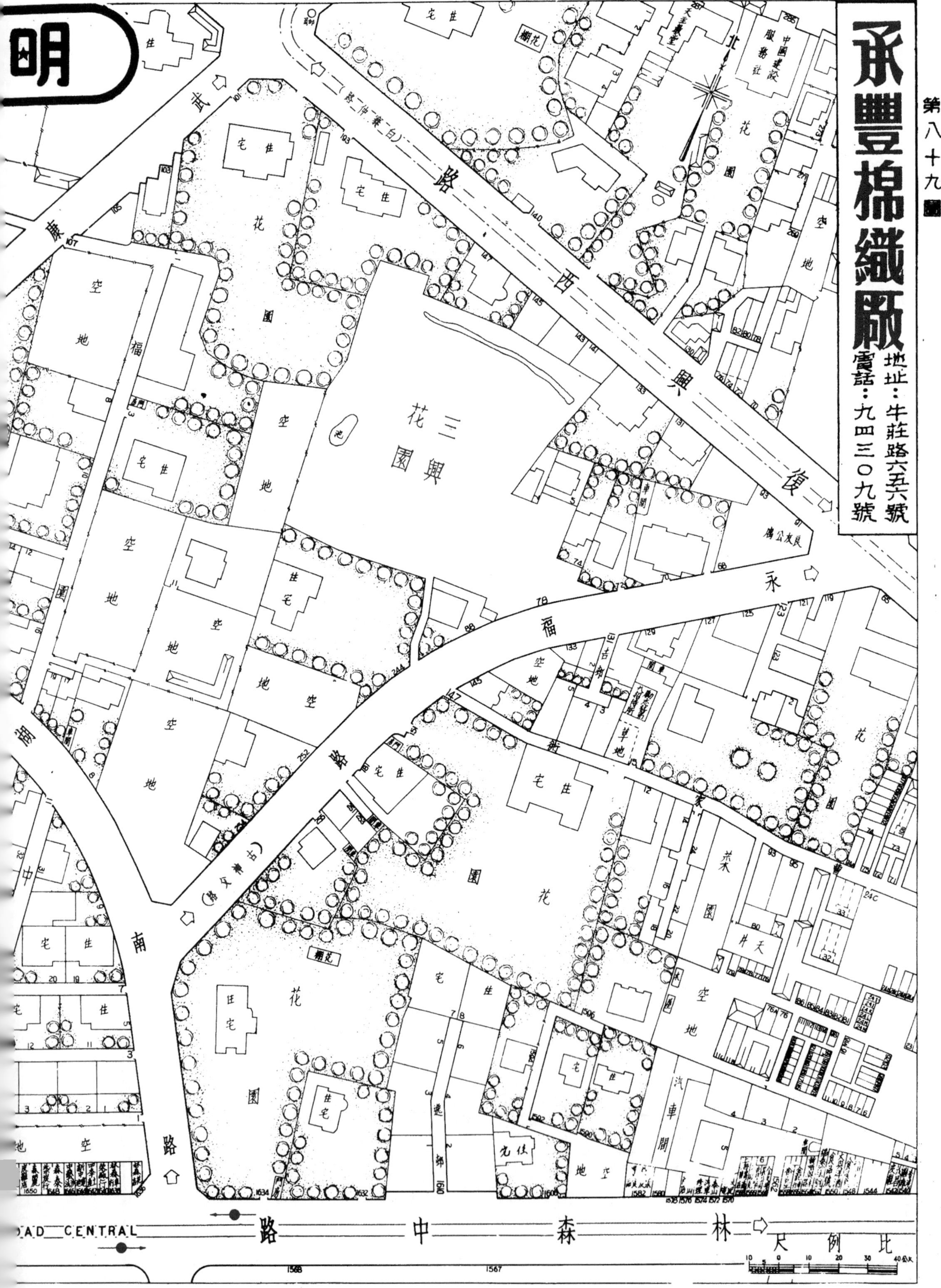
承豐棉織廠
地址：牛莊路六五六號
電話：九四三〇九號
第八十九圖
明
武
康
路
西
興
復
永
福
路
南
路
林森中路
OAD CENTRAL
比例尺
三興花園
良友公寓
中國建設服務社
天主教堂
住宅
花園
空地
菜園
天井
汽車間
花棚
池
北

92		90
93	89	83
88	84	

第八十九圖

南湖路
(居爾典路)
武康路
(福開森路)
WUKANG ROAD
HUNAN ROAD
林森中路
(霞飛路)
LING
中國新社會事業建設協會
上海兒童教養所
球場
公寓
CPTOWN APTS.
可怡園
花園
南洋種苗公司
中國化驗室
南光中學
住宅
草地
空地
車間

褚掄記營造廠

上海市工務局甲等登記

承包一切建築房屋橋樑駁岸碼頭公路

上海天平路二四六F

南京中山東路二三號

裕記成營造廠

承造各種土木建築工程

總廠：上海延平路四十六號

電話三一四〇八號

事務所：北京東路顧家衖八十八號三樓八室

電話九四二七八號

電報掛號〇三六五

九一九七

南京分事務所：中正路中央商場南部三樓

新利記營造廠

承造各種土木建築工程

事務所：上海太倉路八十八號

電話八四九八七號

廠址：南市小木橋路二〇五號

代客設計　建築工程

地產買賣　服務週到

如蒙委託　毋任歡迎

第九十圖

五原路
WU YUAN ROAD
永福路
(古神父路)
復興西路
武康路
LIBERTY APARTMENT
YAFA COURT
THE ALDISTERS
私立誠孚紡織專科學校
籃球場
金蘭網球會
上海網球會
天主教堂
中國建設服務社
游泳池

第九十圖

TIHWA ROAD (CENTRAL)
華山路
HUA SHAN ROAD
長樂路
CHANG LO ROAD
(蒲石路)
三北公司花園
高級護士學校
藍球場
教室
學生宿舍
空地
排球場
草地
網球場
校舍
CATHEDRAL BIRLS' SCHOOL
忱流公寓
BROOKSIDE APARTMENTS
中國銀行上海分行
質押担保品
中央電影企業公司
產科醫院
神經科
病房
菜園
花園
住宅
光華營業股份有限公司
光華建築師事務所·建築設計·房屋代
營買賣估價·經租管理·代理保險·
地址天津路三一四号 電話九八三六六
比例尺
0 10 20 30 40公尺

茂利炉灶廠

總　廠：北京西路八一九號

分　廠：威海衛路九三六至九三八號

電話：39196

專家設計中西炉灶　供應各種熱水鍋爐

勞英鵬

中西爐灶專家

備有各式新型爐灶歡迎選購

代為設計解決熱水便利問題

地址：上海廣東路二〇七號

電話一一八〇四

信大磚瓦廠

本廠用新式機器經科學研究製造紅磚紅瓦脊瓦質料堅韌耐壓備有大批現貨供應售價低廉

新大工業社管理**信大磚瓦廠**

廠　址：閔行吳涇鎮

總管理處：江西中路四二一號二樓

電　話：一五七七二

請用

金鼎牌油漆

出品精良

風行全國

上海

大明油漆廠股份有限公司

事務所：北京東路八百號　電話：九四八六四

廠　址：中正西路七二號　電話：二二四六五

電報掛號：六七九八

全國各大五金號漆號均有經售

第九十一圖
中正西路
CHUNG-CHENG ROAD (WESTERN)
地政局
上海市地政局地價稅核算處
社會局特殊兒童輔導院
測量總隊
上海市清潔總隊第八中隊
上海市工務局第四區工程管理處
體育場
華星化工廠
空地
上海市立第十區第二中心國民學校
辦公室
醫務室
花園
住宅
華山路
武康路
APARTMENT
海格路
草地
比例尺
良園枇杷膏
消痰治咳
請服

第九十一圖

江蘇省農民銀行
電話 一一八五三・一七一七七 一六八〇五・一六八〇七
址 路三五號
中正西路
大西路
北
HUBERTUS COURT
產婦醫院
潤豐橡膠廠
空地
江蘇路
KIANGSU ROAD
開明小學
信誼化學製藥廠
安樂坊
紅十字會醫院
裕華化學工業公司
萬安殯儀館
萬安殯儀館
阿林總匯廠
同德織綢廠
大中央製帽廠
菜園
住宅
華山路
HUA SHAN ROAD
興國路
上海市錢商業同業公會會員錢莊經營商業銀行一切業務
存款匯兌利息優厚手續便利
元順錢莊
地址：南京東路三五三弄四至十號 電話 九六一四七號
上海票據交換所 交換行號 231

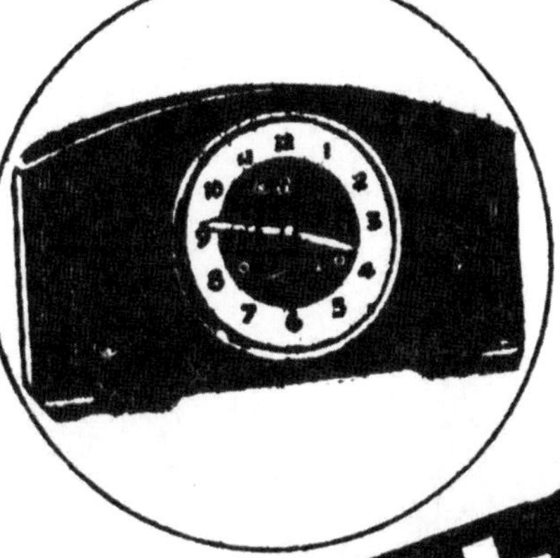

555

三五牌時鐘

中國鐘表廠出品

發行所 南京路慈淑大樓三樓三一八室

電話：九二二九四號

美益工程行

MAYEE & CO

Importers & Exporters

Engineer & Contractors

HEATING PLUMBING

& EIECTRICAL INSTALLATIONS

Address: 535 Chung Cheng Road
(Central)
Telephone 76581
Cable Address: "MAYEECO"

專家設計承裝

開設二十餘年
工程遍滿全國
暖汽衛生
電氣工程
材料齊備
服務迅速

上海中正中路(舊福煦路)五三五號
電話七六五八一

福星時鐘

首創國貨

惟我獨尊

上海造鐘廠出品

上海江陰路一百五十號 電話三五九七五

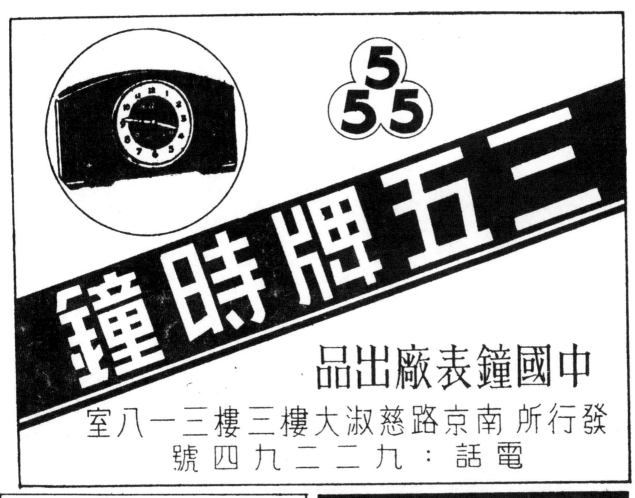

第九十二圖

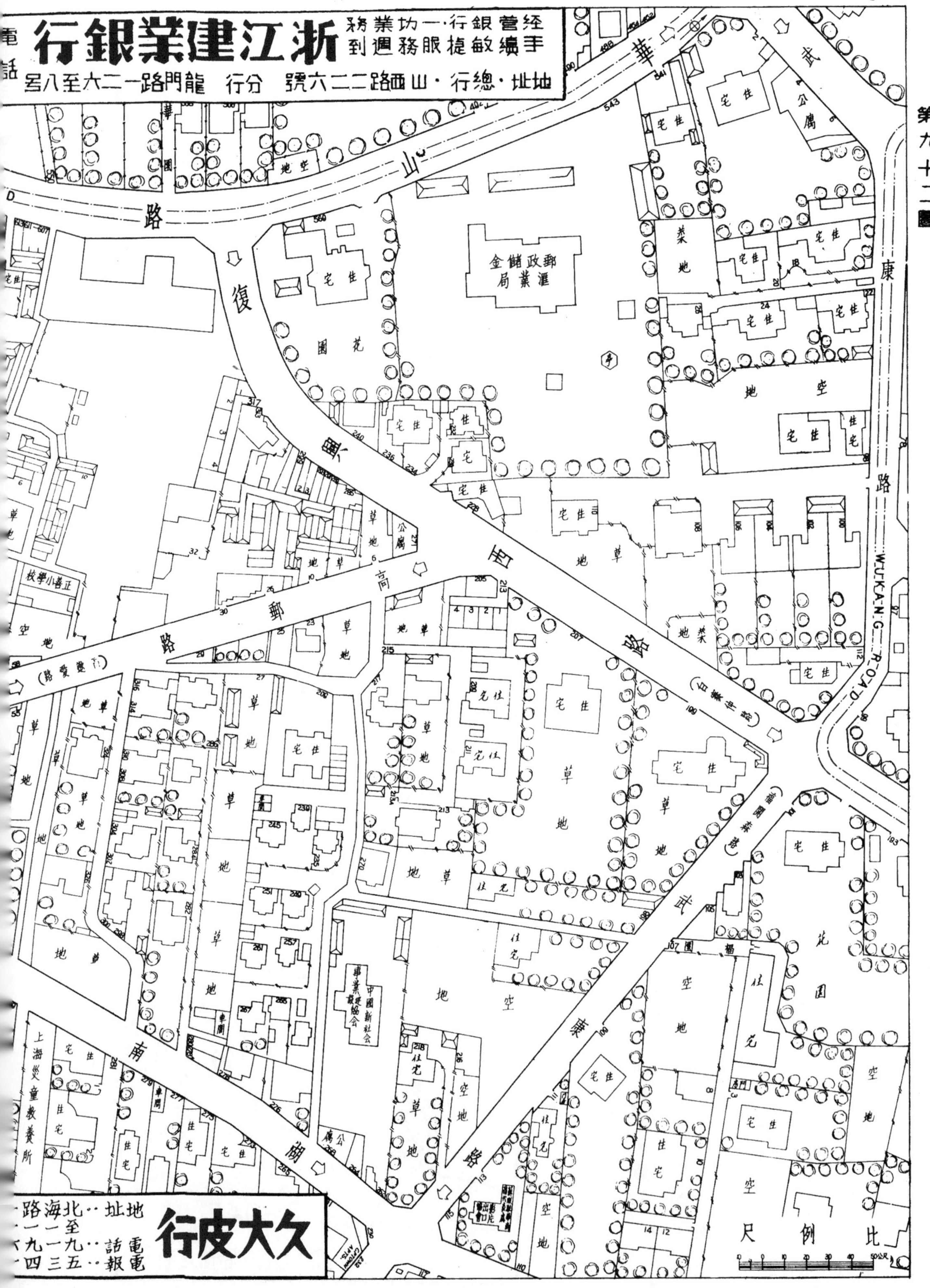

浙江建業銀行
經營銀行·一切業務
手續簡捷服務週到
地址·總行·山西路二二六號　分行　龍門路一二六至八号
電話
華山路
復興西路
高郵路
武康路
湖南路
郵政儲金匯業局
花園
住宅
公寓
空地
草地
菜地
正善小學校
上海兒童教養所
中國新社会事業建設協会
WU KANG ROAD
比例尺
久大皮行
地址：北海路
電話
電報

第九十二圖

91 90
100 92 89
93
五九三一九·四五
六五七三九·二二
七四八三九·八八
五七一二八·三三
阿根廷夜總會
花園
範園
華山路
(海格路)
HUASHAN
興國路
(雷上達路)
HINGKWO ROAD
湖南路
(居爾典路)
HUNAN ROAD
草地
住宅
時代廣播電台住宅
空地
大不同皮革製品公司
西藏中路三九六號
電話：九五九八九

绞盤牌
MEDIUM STRENGTH
CAPSTAN
Navy Cut
CIGARETTES
W. D. & H. O. WILLS
BRISTOL & LONDON
頤中烟公司
馳名遐邇

另有十枝及二十枝装

美麗

有美皆備

無麗不臻

華成煙公司出品

第九十三圖

HUNAN ROAD
湖南路
WUKANG ROAD
武康路
泰安路
上海兒童教養所
中國新聞事業建設協會
CITOWN APTS
公寓
球場
住宅
草地
空地
花園
汽車間
比例尺
公尺

第九十三圖

湖南路

華山路

HUASHAN ROAD

興國路

TAI AN ROAD

球場

空地

花園

住宅

草地

衛樂園

中華書局同人宿舍

國化小學

平等庵

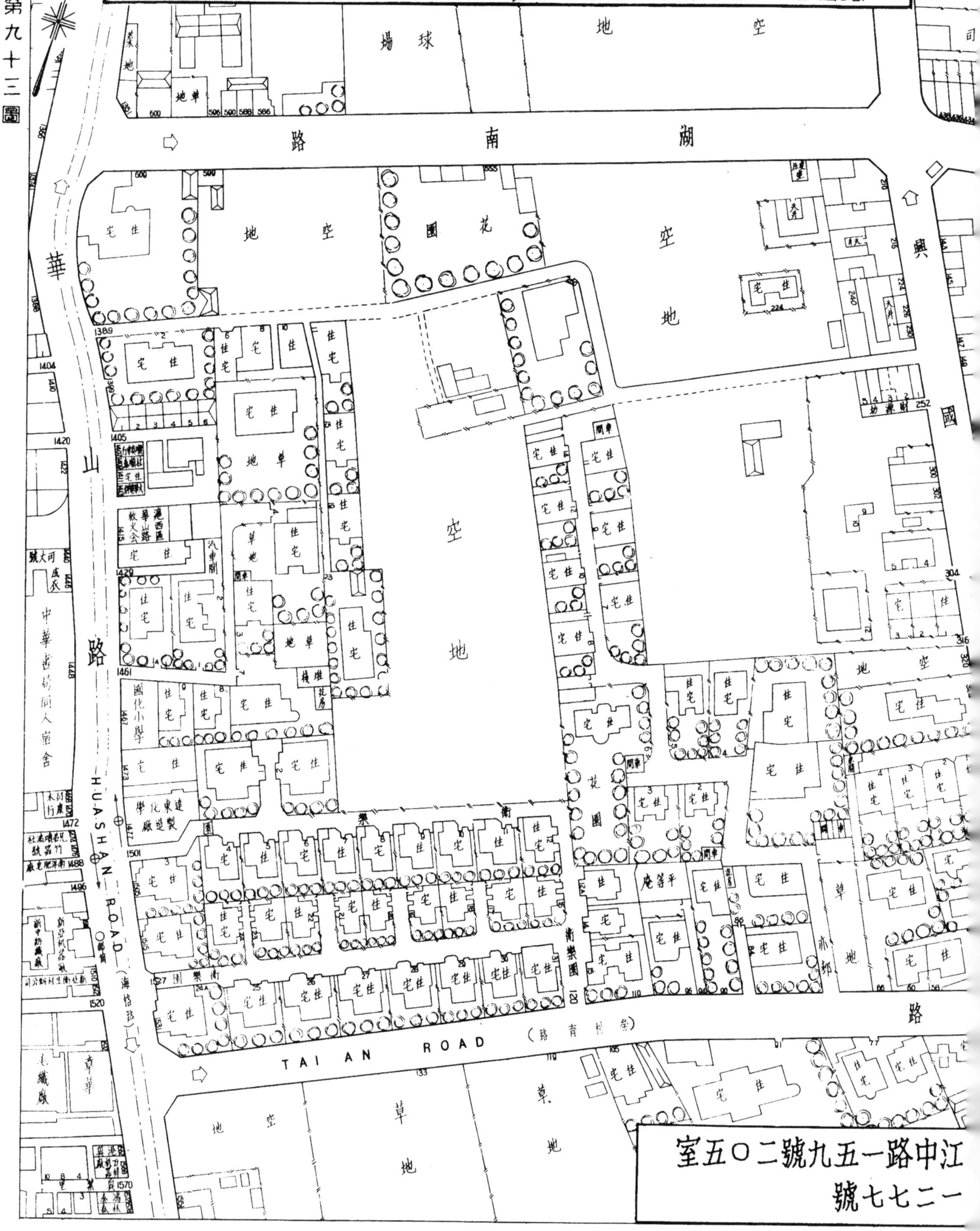

白蘭地
声誉第一
烟味第一
MAGNUMS
THE CIGARETTES
VIRGINIA
THE BRANDY
20 CIGARETTES
TRADE MARK
DAH TUNG NAN TOB CO.
大東南
烟公司出品

煙中奇葩
黃葉牌
香煙
YELLOW LEAF
Virginia
Silk Cut
CIGARETTES
上海晉中煙廠出品

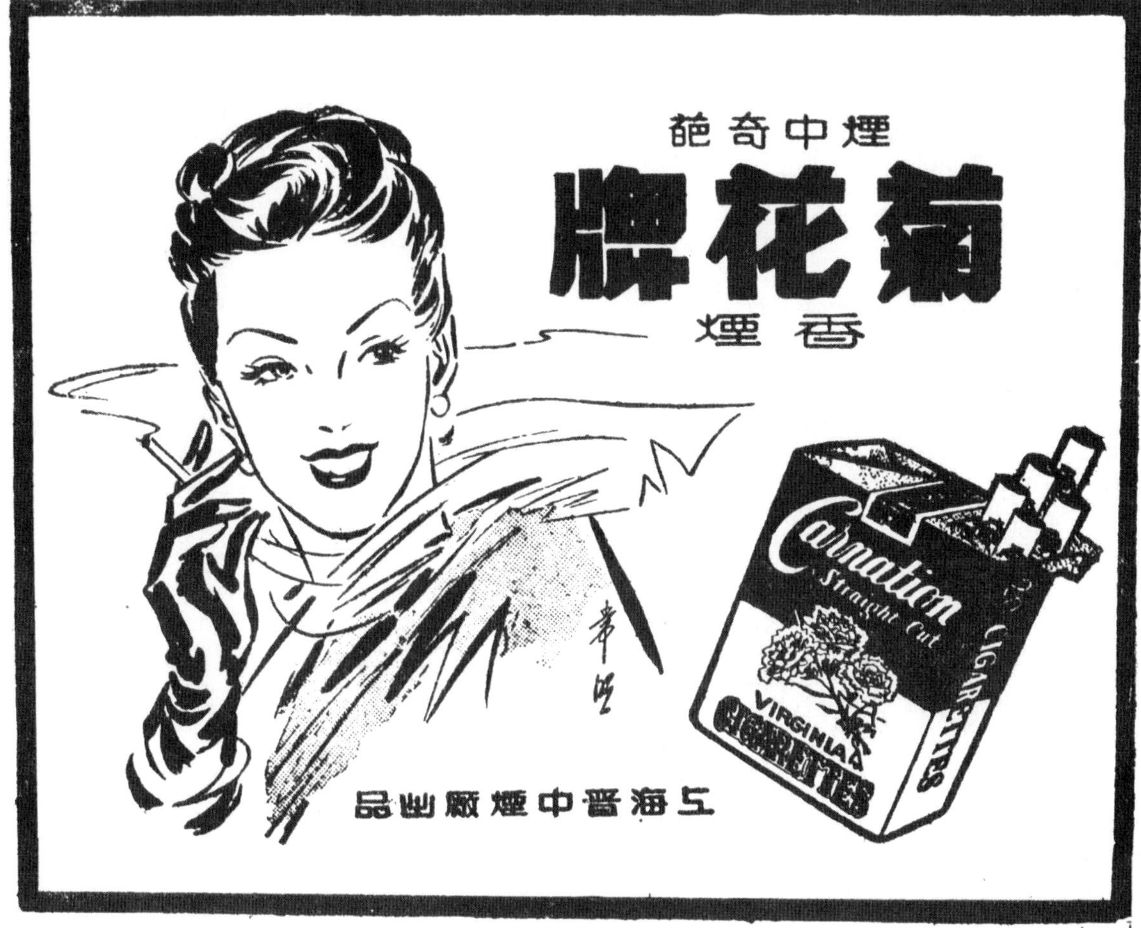
煙中奇葩
菊花牌
香煙
Carnation
Straight Cut
VIRGINIA
CIGARETTES
CIGARETTES
上海晉中煙廠出品

第九十四圖
ING ROAD
路 慶 餘
康 平 路
(麥尼尼路)
平 天
T-I-E-N-P-I-N-G-R-O-A-D
山 路 華
中國兒童保健會
中國國民党上海特别市執行委員會
成義中學体育場
國泰新邨
茂齡新邨
南洋模範幼稚園
南洋模範中學
南洋模範中學男生宿舍
南洋模範中學女子部
大德醫院分院
海關稅務司
徐家匯警察分局
豊盧
体育場
花園
草地
住宅
GARAGE
天井
公廁
復興木行
加油站
浜
PROSPER APARTMENT

第九十四圖

久新製革廠
發行所：北海路五〇号
電話：九七六三九号
廠址 法華鎮敦惠路一八二号
國興路
(雷上達路)
安泰路
(勞利育路)
林森中路
華山路
HAU SHAN R
(海格路)
R. CALDER MARSHALL
住宅
公寓
上海電影實驗工場
陳家巷
汽車間
林泰隆廠
安泰行堆棧
木棧
空地
草地
菜地
天井
比例尺

民衆粹記煙廠出品

煙中極品

THE "GREYS"

SECOND TO NONE

MAJOR DRAPKIN & CO
LONDON

大克雷斯

玉人所爱焉
名煙是三貓

三貓牌
香煙

元華煙草公司出品

滙冢烟公司出品

三六牌
双烟牌
美金牌
國芳牌
紀念牌
施威牌

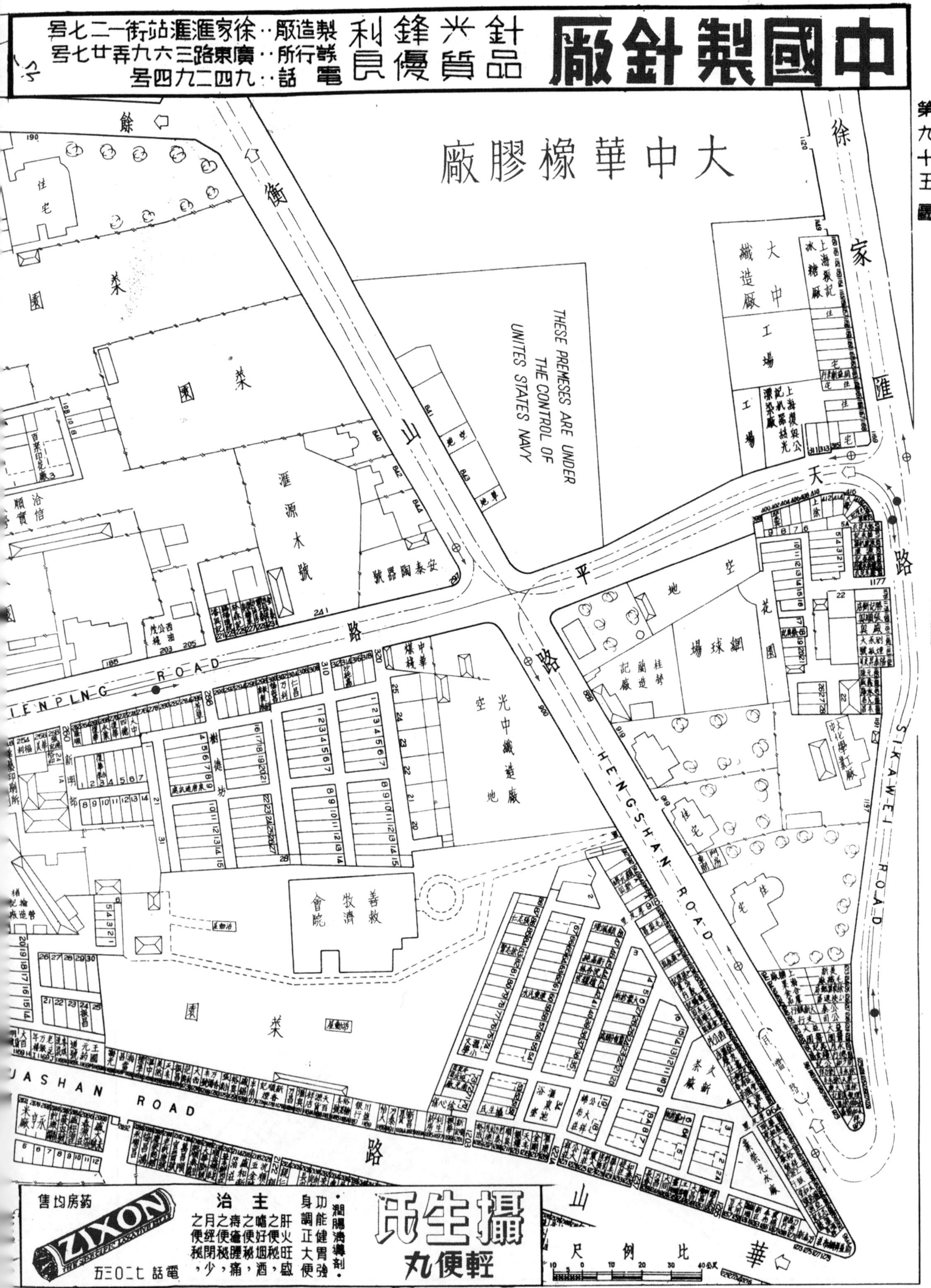

中國製針廠
針光鋒利
品質優良
製造廠：徐家滙站滙街一二七号
發行所：廣東路三六九弄廿七号
電話：九二四九四号
大中華橡膠廠
THESE PREMESES ARE UNDER THE CONTROL OF UNITES STATES NAVY
衡山路
HENGSHAN ROAD
天平路
ROAD
徐家滙路
SIKAWEI ROAD
華山路
SHAN ROAD
菜園
滙源木號
安泰陶器號
光中織造廠
空地
善牧濟救會院
網球場
花園
住宅
大中織造廠
工場
比例尺
攝生氏輕便丸
主治
肝火旺盛之便秘
嗜好烟酒之便秘
痔瘡腫痛之便秘
月經閉少之便秘
功能健胃強身調正大便
潤腸清導劑
藥房均售
ZIXON
電話七二〇三五

87	86	116
94	95	115
98	97	96

第九十五圖

YUKING ROAD

KWANGYUAN ROAD

BARTHELEMY TCHANG

廣元路

康平路

天平路

華山路

虹橋路

（台司德耶路）

（姚主教路）

（海格路）

（古恩局路）

孫景周糖菓食品號

愛棠新邨

福開森路

新邨

花園

空地

草地

網球場

菜園

園丁室

花棚

池亭

花房

車間

小學

小教學英

住宅

公寓

中學小學

張順興竹木行

安泰陶窯棧

仁德竹木公司

張順興竹棧

餘興煤炭棧

立豐木號

恰怡邨

胡嘉師

建築事務所

永利建築記

虹橋浴室

餘興煤號

天佑里

南洋模範小學

教室

福民煙廠上海發行所

上海貴州路十九號電話九五五七四

國光火柴廠股份有限公司南市俞家弄一四一號

國豐企業公司投資管理上海貴州路十九號電話九五五七四

可長保肌膚嫩白

永遠嬌艷如花

裝潢美麗　品質純粹　贈送人愛　益顯情重

方九霞昌記銀樓出品

南京路大新公司對面　電購‥九四四五〇

龍華烟廠
出品

地址‥西藏南路五二九弄一〇六號
電話〇二·七一七二九

第九十六圖

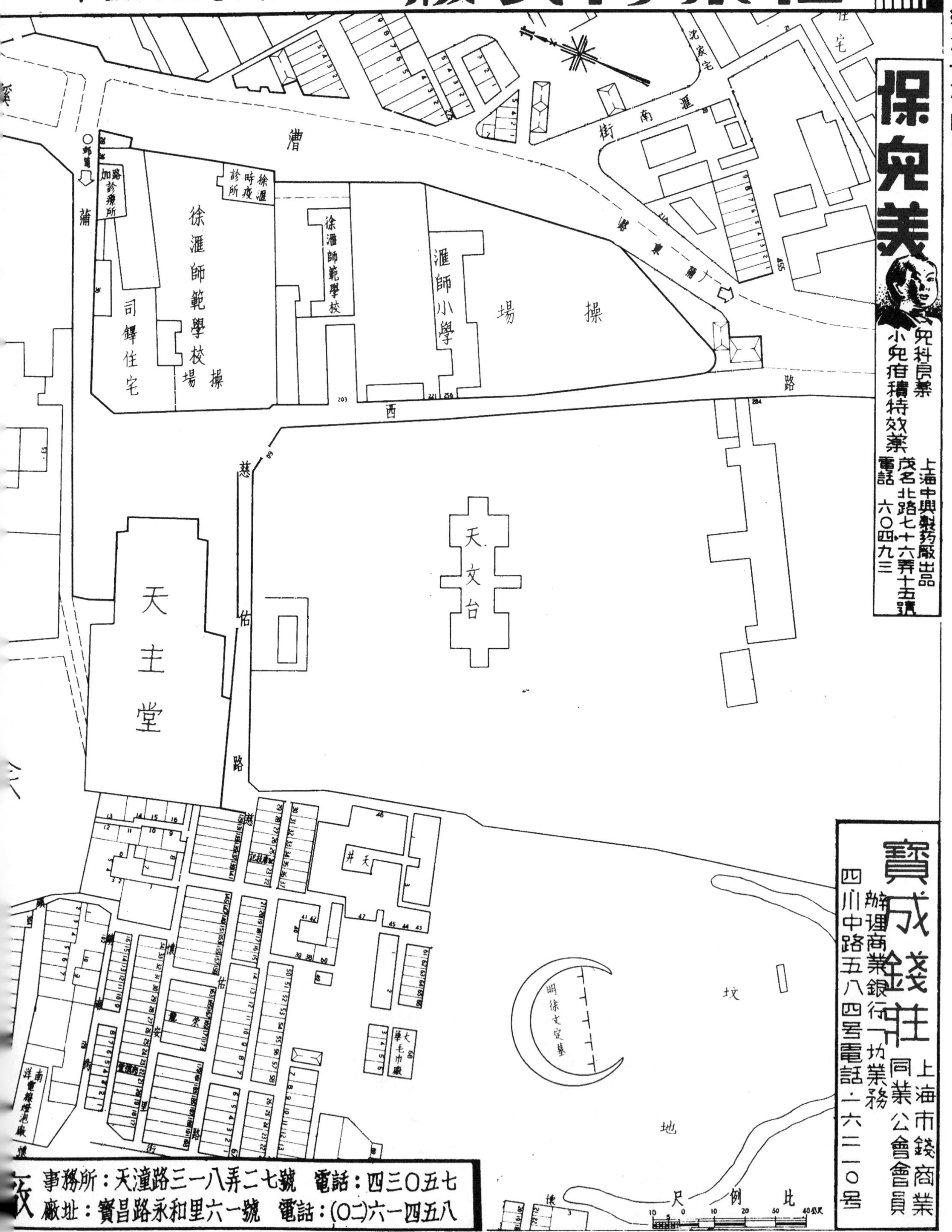
漕
蒲
西
路
慈
佑
路
南滙街
沈家宅
徐滙師範學校
徐滙師範學校
滙師小學
操場
司鐸住宅
徐滙時疫診所
路加診療所
天主堂
天文台
天井
明徐文定墓
坟地
大華毛巾廠
南洋電線燈泡廠
比例尺

第九十六圖

政府嘉獎特准獨家專利

科藝雙光

四十以上
人人必戴
遠近兩用
工作便利

科藝公司

上海南京東路一九〇號　電話一七一〇七號

電報掛號　五二〇九六一號

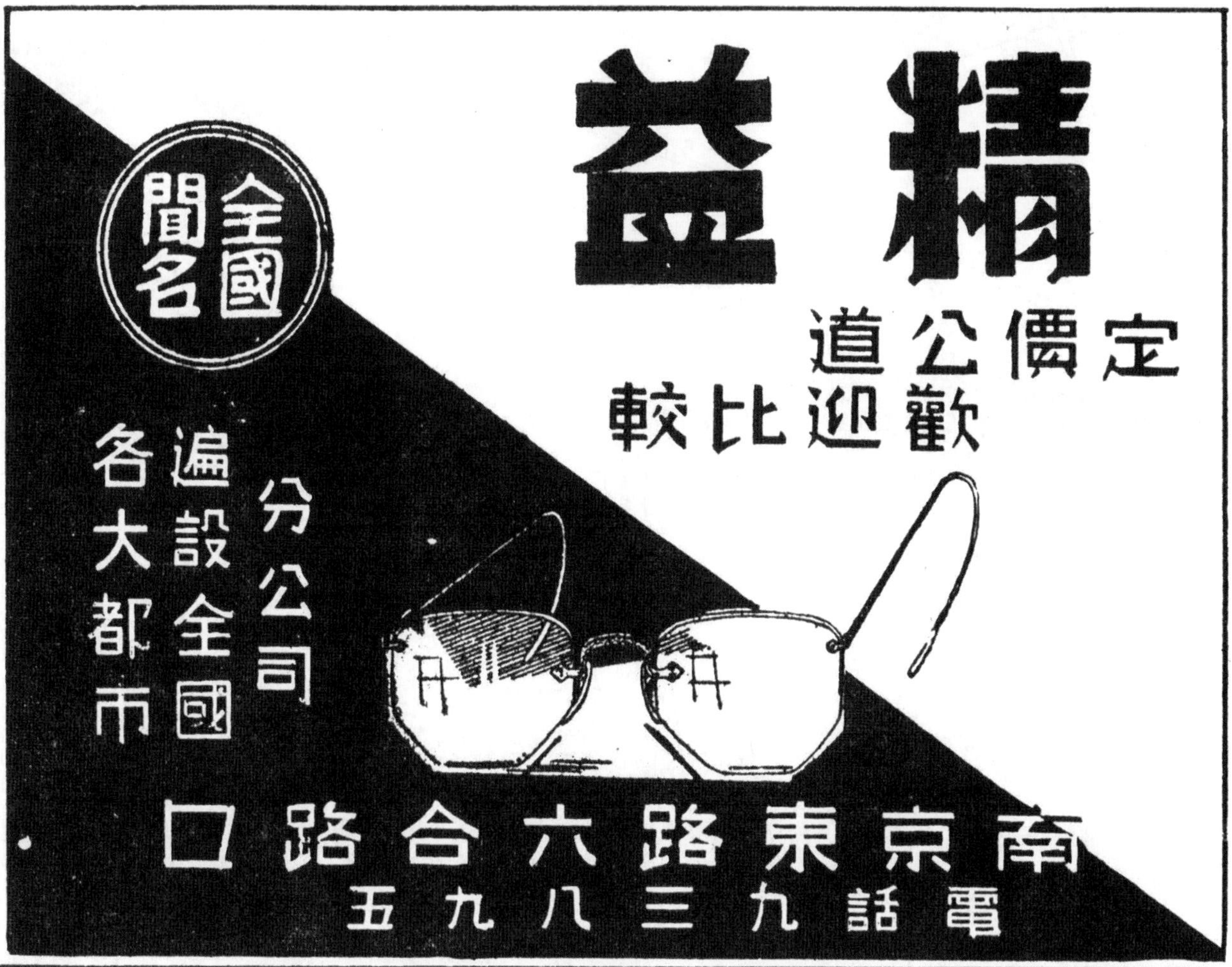
精益
定價公道
歡迎比較
全國聞名
分公司
遍設全國
各大都市
南京東路六合路口
電話九三八九五

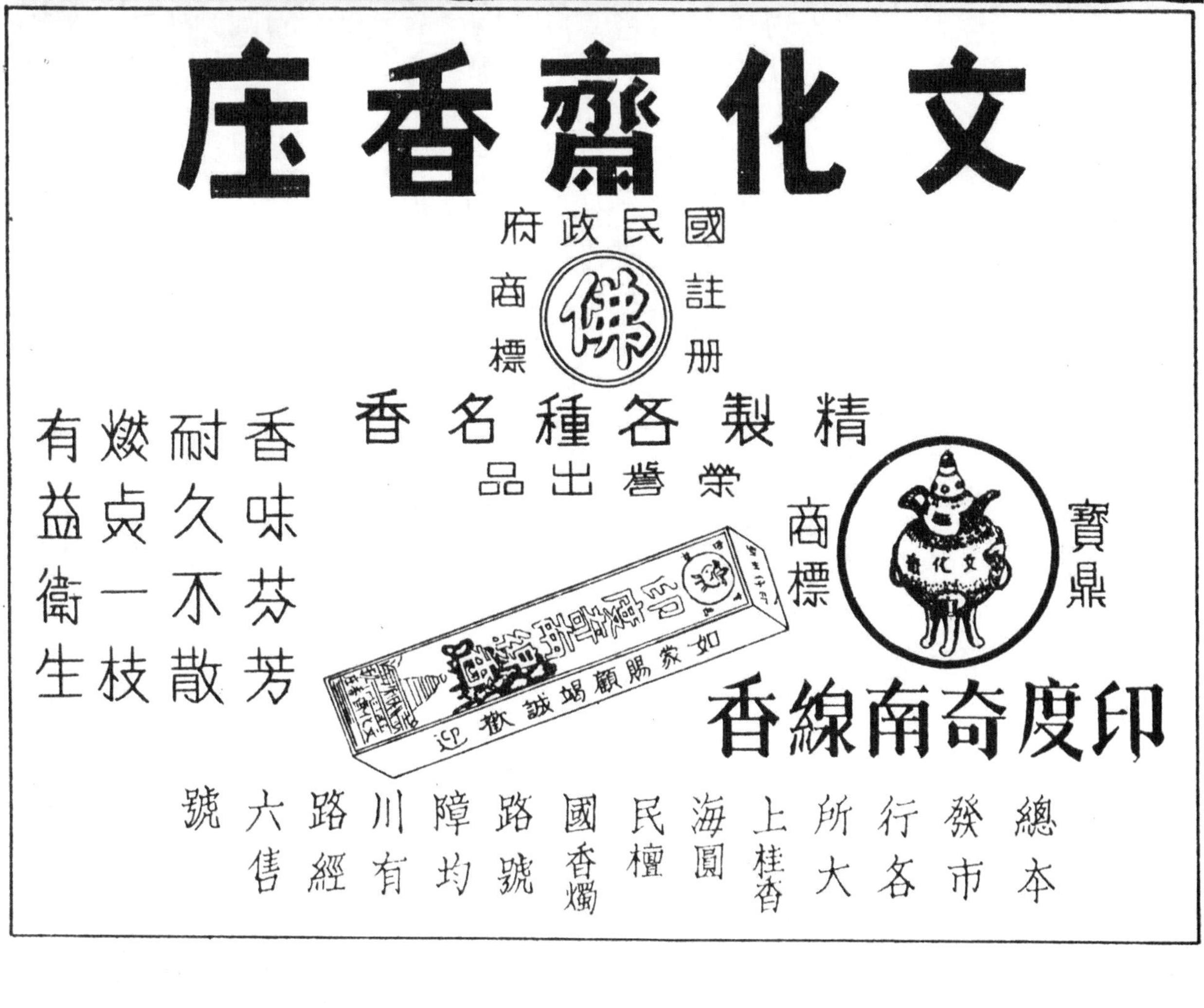
文化齋香庄
國民政府
註冊
商標
佛
精製各種名香
榮譽出品
香味芬芳
耐久不散
燃点一枝
有益衛生
寶鼎
商標
文化齋
印度奇南線香
總發行所上海民國路障川路六號
本市各大桂香圓檀香燭號均有經售

第九十七圖

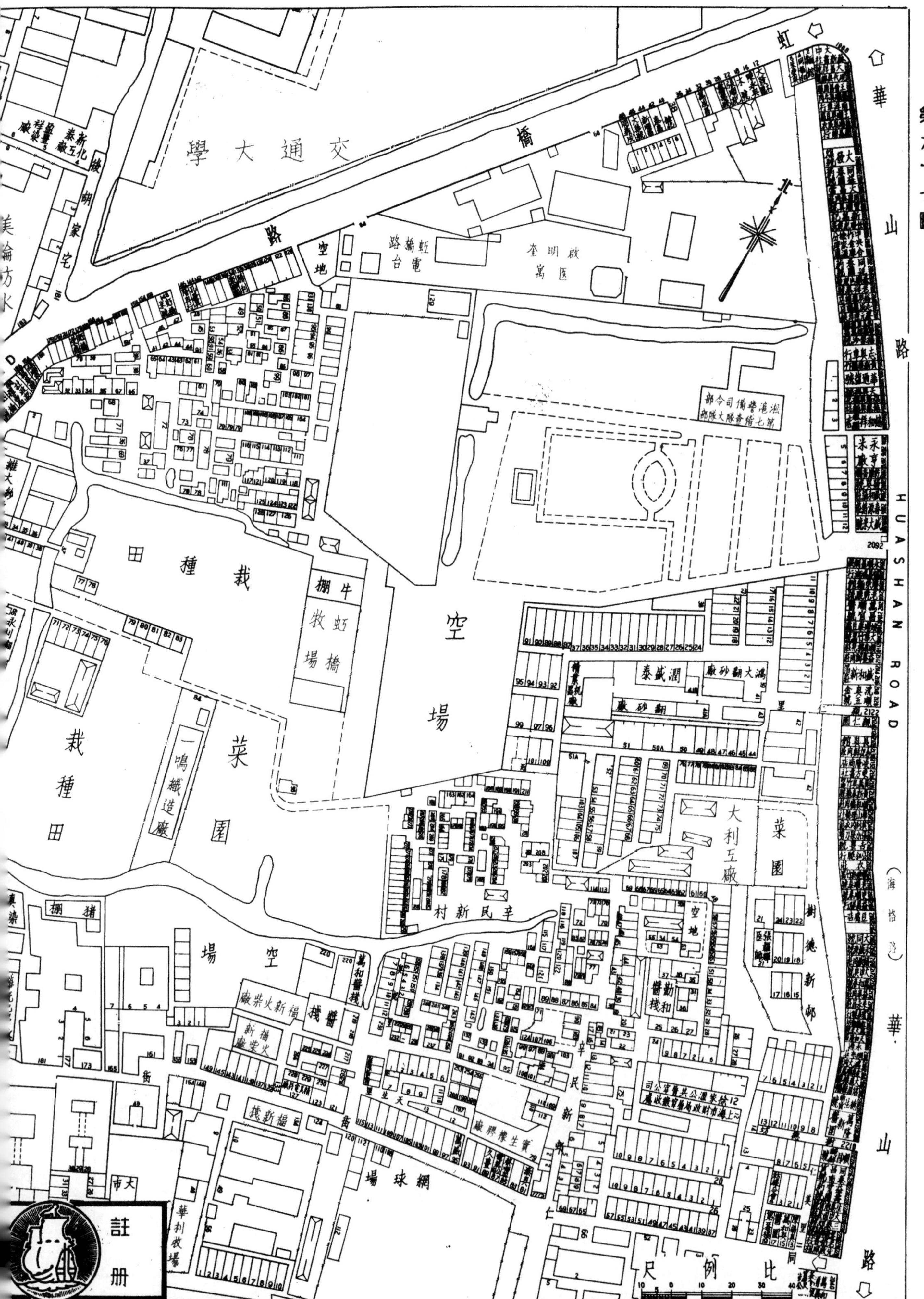
交通大學
虹橋路
華山路
HUASHAN ROAD
(海格路)
空地
虹橋路電台
啟明瓷廠
淞滬警備司令部第七縮查隊大隊部
空場
牛棚
虹橋牧場
栽種田
菜園
一鳴織造廠
大利工廠
辛民新村
猪棚
空場
福新火柴廠
福新火柴廠
萬和醬棧
勤和醬棧
鴻大翻砂廠
潤盛泰
翻砂廠
張醫師
樹德新邨
上海市財政局營業稅徵收處
實生橡膠廠
福新棧
網球場
大市
華利牧場
比例尺
註冊

第九十七圖

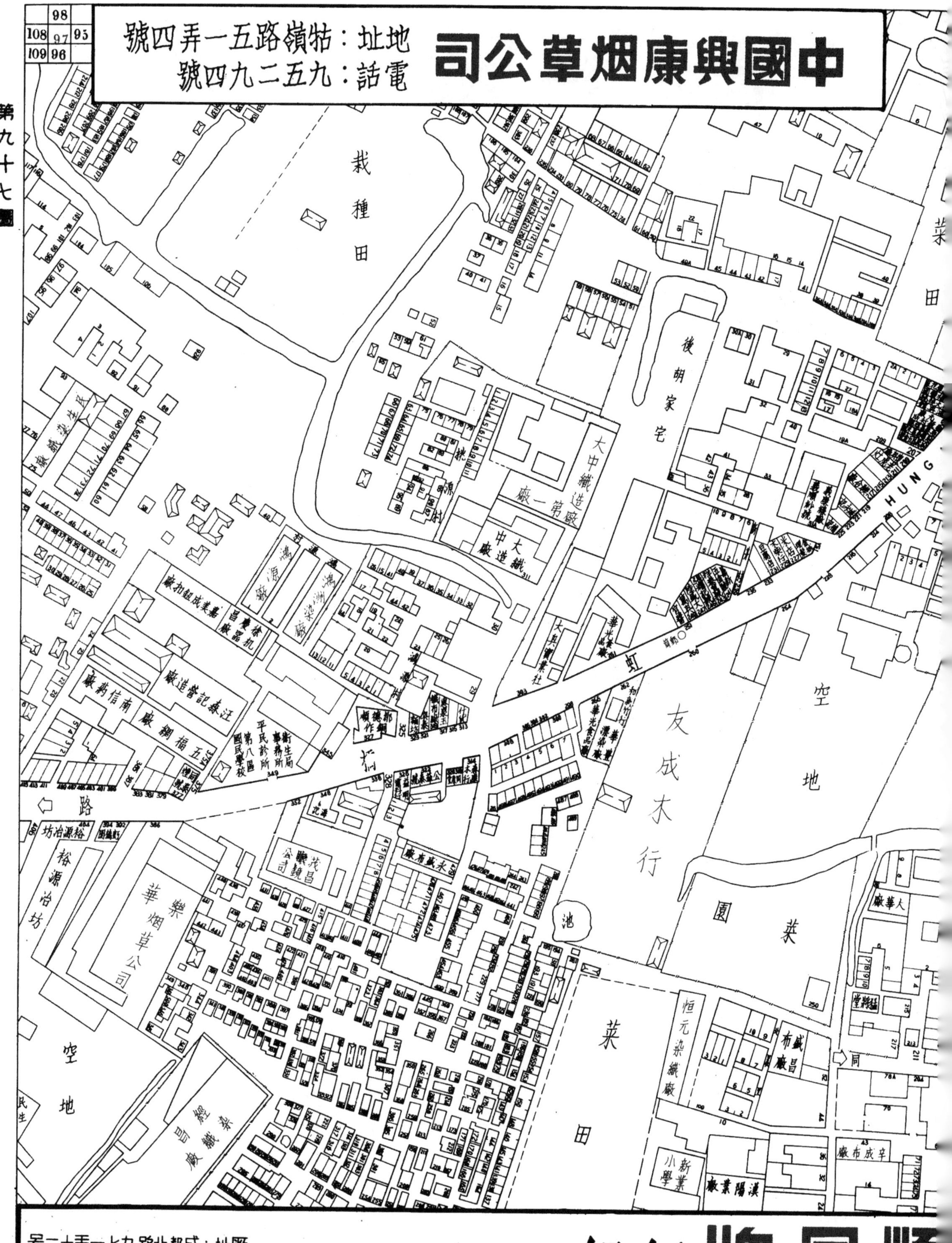

中國興康烟草公司
地址：牯嶺路五一弄四號
電話：九五二九四號
栽種田
後胡家宅
大中織造廠第一廠
大中織造廠
鴻源廠
鴻源染織廠
昌泰機器廠
嘉業成鈕扣廠
汪森記營造廠
南信綢廠
五福綢廠
衛生局事務所
平民診所
國民學校
第八區
友成木行
空地
菜田
裕源冶坊
華樂烟草公司
茂昌眼鏡公司
永茂布廠
池
恒元染織廠
昌盛布廠
新業小學
漢陽業廠
辛成布廠
大華廠
空地
昌經染織廠
虹
HUNG
路

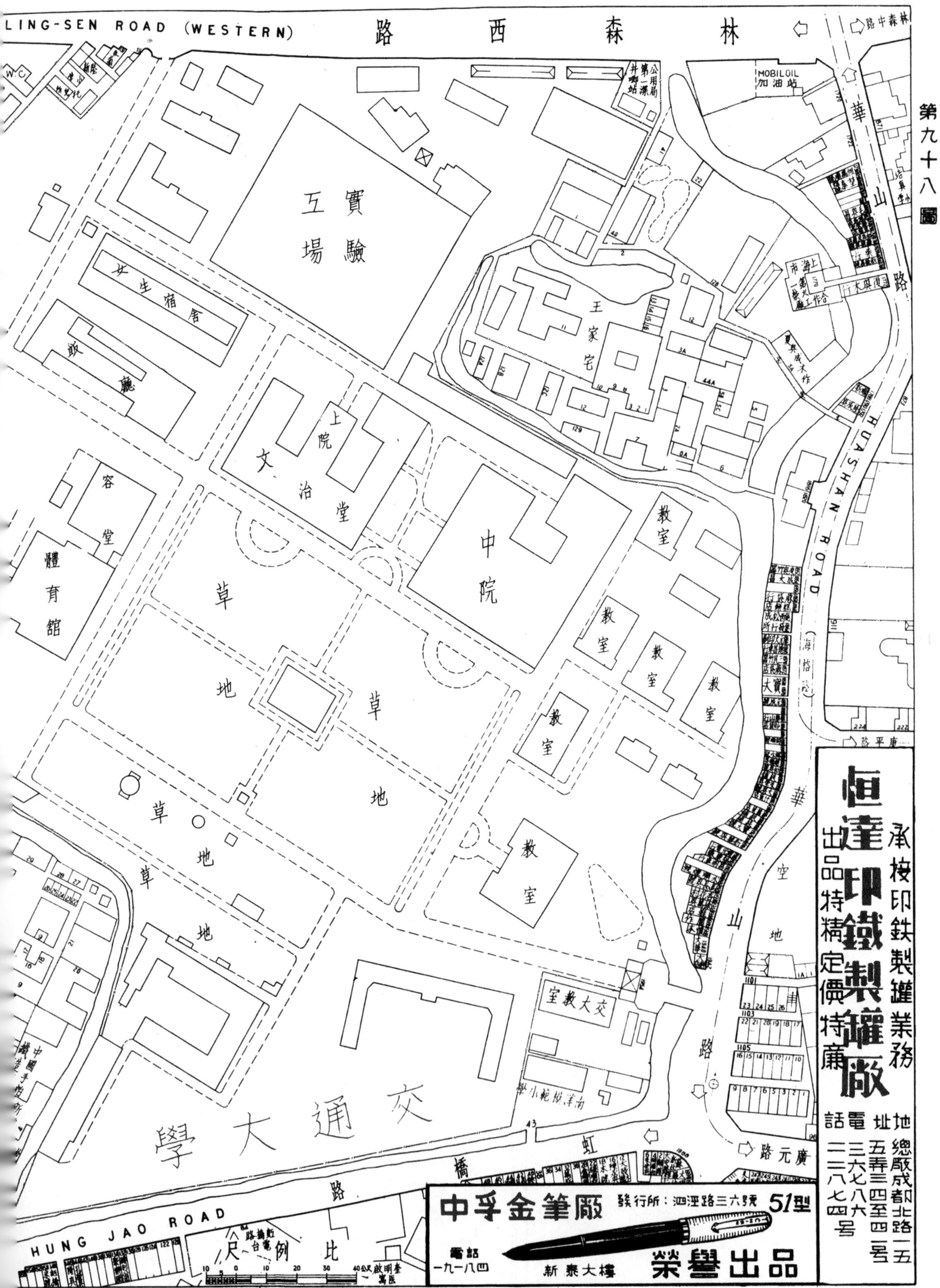

第九十八圖
LING-SEN ROAD (WESTERN)
林森西路
林森中路
MOBILOIL 加油站
公用局第一源井站
實驗工場
女生宿舍
飯廳
容堂
體育館
上院
文治堂
中院
王家宅
教室
草地
交大教室
交通大學
南洋模範小學
虹橋路
HUNG JAO ROAD
華山路
HUASHAN ROAD
華山空地
廣元路
廣平路
比例尺
恒達印鐵製罐廠
承接印鉄製罐業務
出品特精定價特廉
地址 總厰成都北路一五五弄三四至四号
電話 三六七八六 三三八七四号
中孚金筆廠
發行所：泗涇路三六號
51型
電話 一九一八四
新泰大樓
榮譽出品

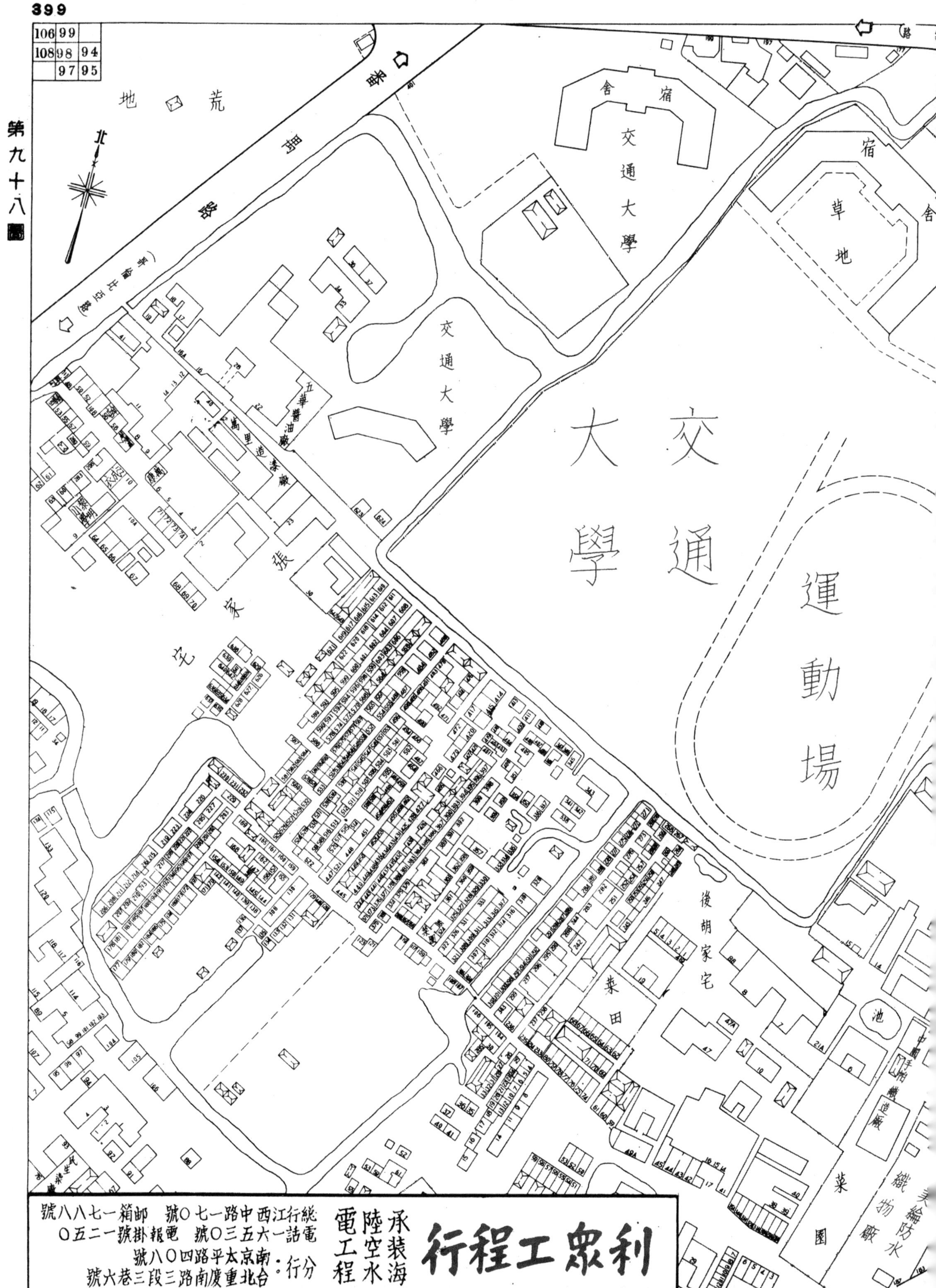

106 99
108 98 94
97 95
荒地
北
交通大學
宿舍
草地
運動場
張家宅
後胡家宅
菜田
池
菜園
萬里造漆廠
美綸防水織物廠

請勿隨地吐痰

▲咯痰如炸彈．殺人不用刀▼

虹橋療養院

林森中路九九〇號

電話：七〇〇〇六

本院每日施行星期上午照常

心肺科：：：

醫學博士 **丁惠康醫師** 主任

診時上午十時至十二時

健康檢查
保障健康
無病防病
有病治病

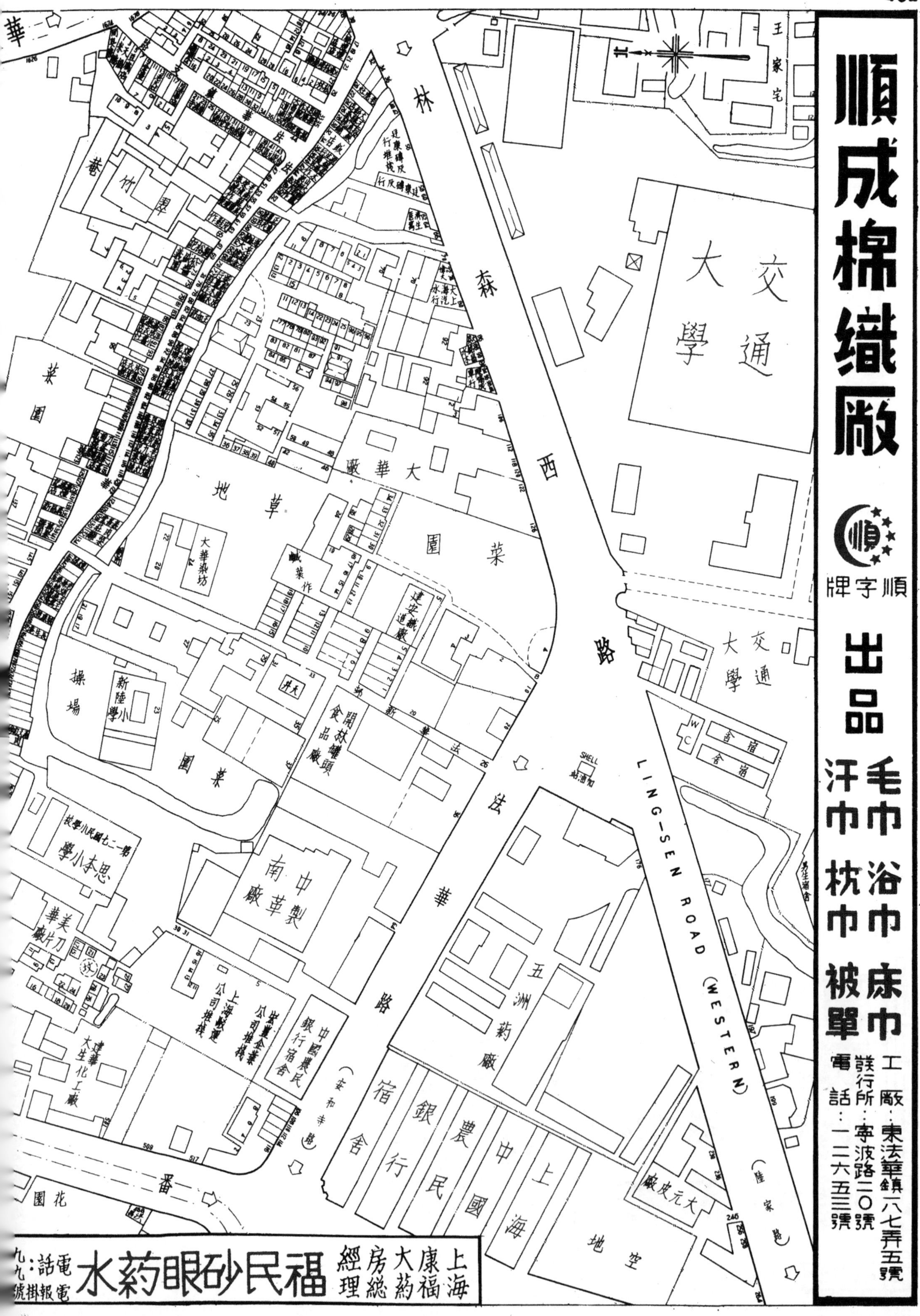
林森西路
LING-SEN ROAD (WESTERN)
法華路
交通大學
王家宅
大華廠
菜園
草地
大華染坊
建安織造廠
開林罐頭食品廠
新陸小學
操場
思本小學
五洲藥廠
中國農民銀行宿舍
上海中國農民銀行宿舍
大元皮廠
空地
花園
SHELL
安和寺路
陸家路
順成棉織廠
順字牌
出品
毛巾 浴巾 床巾
汗巾 枕巾 被單
工廠：東法華鎮一八七弄五號
發行所：寧波路二〇號
電話：一二六五三號
上海康福大藥房總經理
福民砂眼藥水
電話：九九
電報掛號

第九十九圖

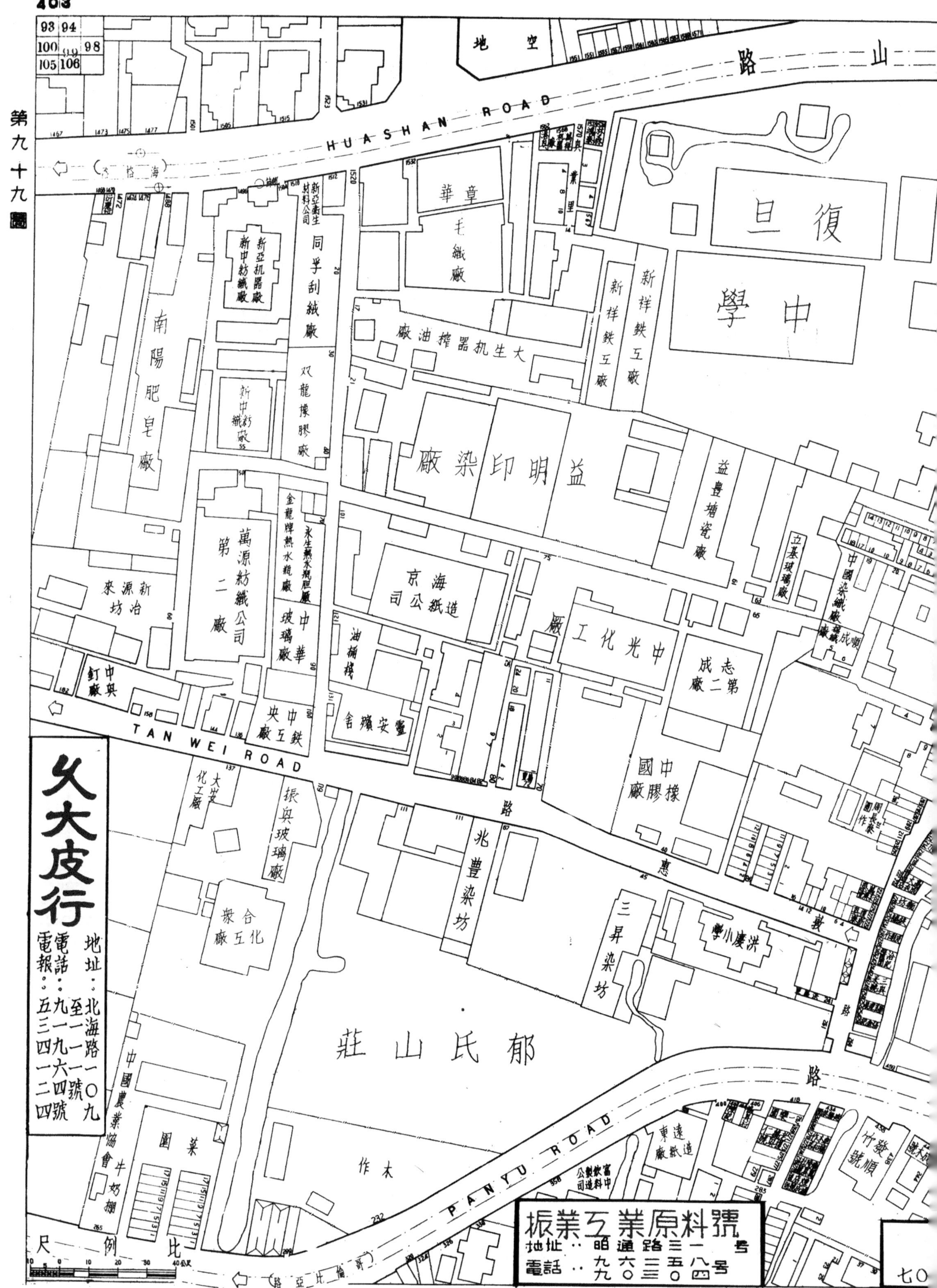
第九十九圖
HUASHAN ROAD
山路
空地
復旦中學
章華毛織廠
新亞机器廠
新中紡織廠
同孚刮絨廠
南陽肥皂廠
大生机器榨油廠
新祥鉄工廠
双龍橡膠廠
新中紡織廠
益明印染廠
益豐塘瓷廠
金龍牌熱水瓶廠
永生熱水瓶胆廠
萬源紡織公司第二廠
海京造紙公司
立基玻璃廠
中國染織廠
新源冶坊
中華玻璃廠
中光化工廠
志成第二廠
中興釘廠
中央鉄工廠
油桶棧
豐安殯舍
TAN WEI ROAD
大安化工廠
振興玻璃廠
中國橡膠廠
惠路
兆豐染坊
合衆化工廠
三昇染坊
洪慶小學
郁氏山莊
中國農業協會牛奶棚
菜圃
木作
PANYU ROAD
東遠造紙廠
富中飲料製造公司
竹發順號
比例尺
久大皮行
地址：北海路一〇九至一一一號
電話：九一九六四
電報：五三四一二四號
振業工業原料號
地址：昭通路三一号
電話：九九〇三五〇八四号

中心製藥廠榮譽出品

高血壓新藥

中心絡通片

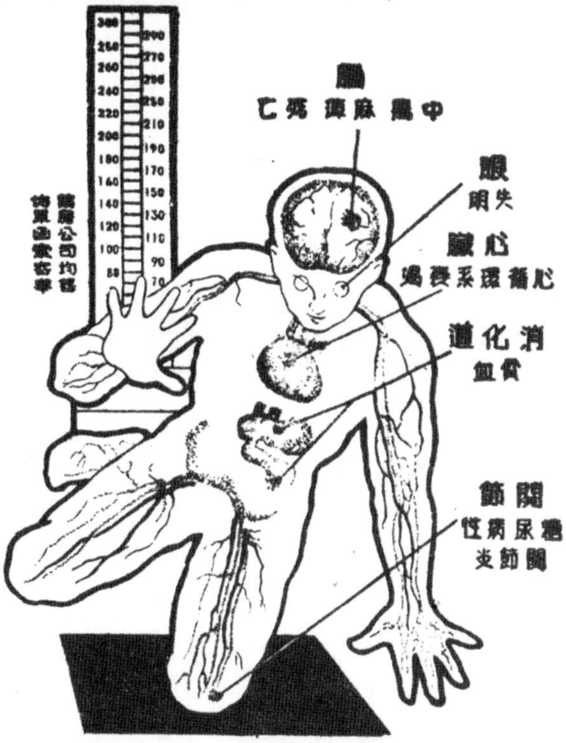

腦 中風麻痺死亡

眼 失明

心臟 心循環系衰竭

消化道 貧血

關節 糖尿病性關節炎

高血壓或血管硬化症，在腦部可發生中風，麻痺，甚至死亡；在眼部易致失明；在心臟可致心循環系衰竭；於消化道而成貧血；於關節致糖尿病性關節炎。中心絡通片 可以治療及預防因高血壓或血管硬化症所引起之一般病症。

廠址：江灣西體育會路一一〇二號

業務處：中山東一路一(外灘)號三室

電話：〇二·五〇四八一 一三〇三二

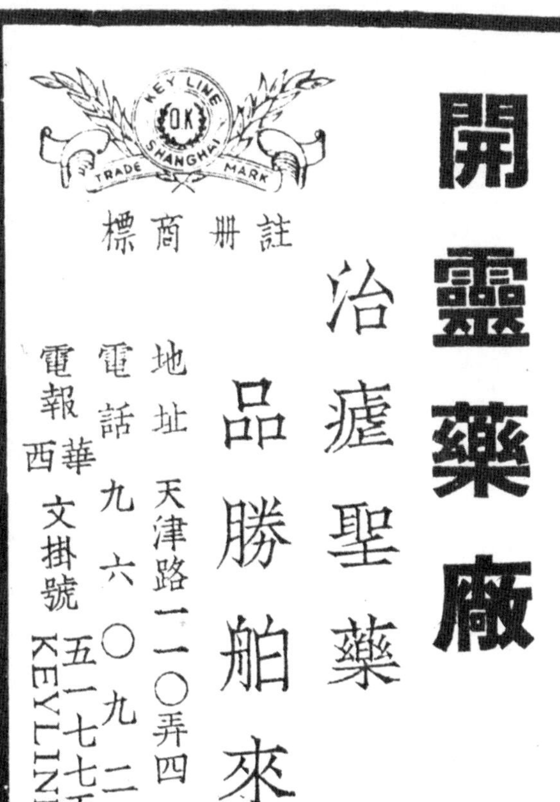

美商

金鷹大藥房有限公司

THE EAGLE DRUG COMPANY, FEDERAL INC. U. S. A.

TELEPHONE 17097 641 SZECHUEN ROAD

MANUFACTURING PHARMACISTS

WHOLESALE & RETAIL DRUGGISTS

SHANGHAI, CHINA

經營各國西藥

配方送藥

地址 上海四川中路六四一號

電話 一七〇九七

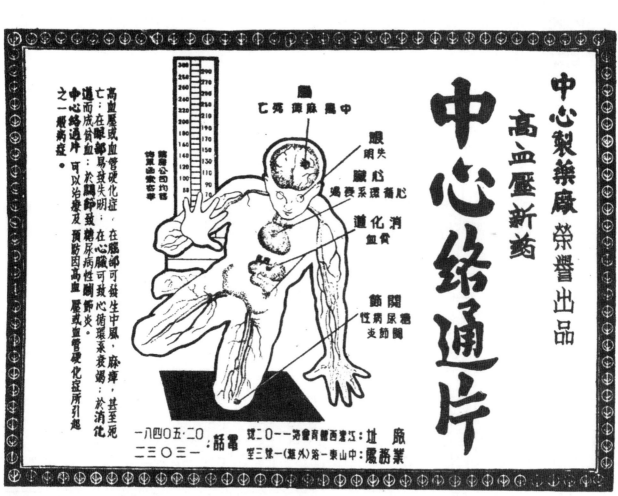

安吉塘
第一〇〇圖
華山路
幸福邨
空地
中華書局同人宿舍
南陽肥皂廠
新亞衛生材料股份有限公司
同孚刮絨廠
雙龍橡膠廠
新中紡織廠
章華毛織廠
大生機器榨油廠
益染明織廠
科學化工廠股份有限公司
萬源紡織公司第二廠
永生熱水瓶廠
金龍牌熱水瓶廠
中華機製玻璃廠
海京造紙股份有限公司
油桶棧
靈安殯舍
豐源新冶坊
中興釘廠
久新皮作
中央鐵工廠
中央印上紙廠
侯家宅
惠敘路
大安化工廠
振興玻璃廠
廣州製革廠
五州廠
普義坊
空地
與業染織廠
合衆化學廠
郁氏山莊
中央印製廠
中央印製廠宿舍
花園
牛奶場
中國農業協會
菜園
番禺路
(哥倫比亞路)
比例尺

91	92	93
101	100	99
	103	105

第一〇〇圖

HUASHAN ROAD (海格路) 路
空地
菜地
中國殯儀館
住宅
泰昌染織廠
翻砂廠
榮豐
菜地
魏順泰煤號
永安製帽廠
金星噴漆製造廠
友福公司
瑞記製帽廠
菜園
平武路
瀛昌染織廠
一大布廠
汪順興竹號
PAN YU
番禺路

楊妹九年不食之謎？

楊妹九年不食，傳爲奇談，婦女月經閉塞，久婚不育，同樣爲生理問題．前者是謎，不日當可揭曉，後者是病，而今己有特效靈藥．

千金湯

爲婦科唯一靈藥
是健康美的創造者

主治

經期錯亂
行經腹痛
經來色淡
超前落後
面黃肌瘦
久不生育

總發行：種玉大藥房
上海南陽橋東台路榮生里
電話八六七一七 電報三九九一

兒科良藥

福兒片

主治

蛔蟲病
食積
便秘
腹脹

捷興大藥房出品

上海林森中路七十九號 電話八二〇四七

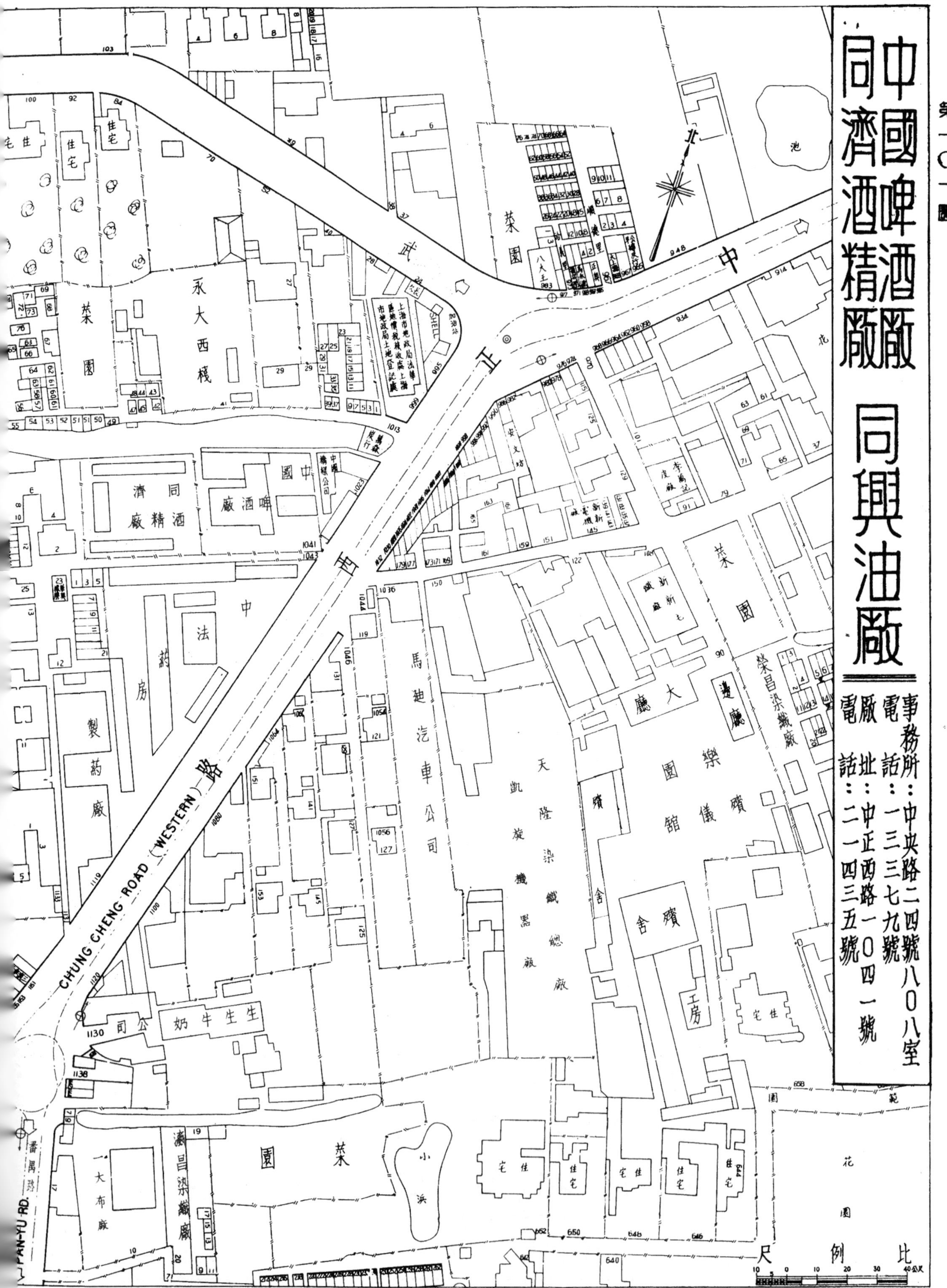

第一〇一圖
中國啤酒廠
同濟酒精廠
同興油廠
事務所：中央路二四號八〇八室
電話：一三三七九號
廠址：中正西路一〇四一號
電話：二一四三五號
中正西路
CHUNG CHENG ROAD (WESTERN)
武
中
永大西棧
中國啤酒廠
同濟酒精廠
中法藥房
製藥廠
馬廸汽車公司
天隆染織總廠
凱旋機器廠
新新織廠
大廳
樂園
殯儀館
殯舍
工房
榮昌染織廠
生生牛奶公司
大布廠
瀛昌染織廠
番禺路
PAN-YU RD.
菜園
住宅
池
小浜
花園
SHELL
比例尺

第一〇一圖

WU YI ROAD 路

上海牛奶公司

金華棧

永康製華廠

大西染織廠
益生第二染織廠

上海雨衣廠

菜地

菜園

新華製帽廠

皮作

中國僑華煙公司

第一分廠

黎明火柴廠

新豐油脂廠

偉大染織廠

日新鈕扣廠

竹棧

鄭興泰汽車機件製造廠

中正西路

私立上海工業專科學校

美國鄉下總會

PETER ZARIANKOS TRAINING & RIDING ENTRANCE ACADEMY

馬廊

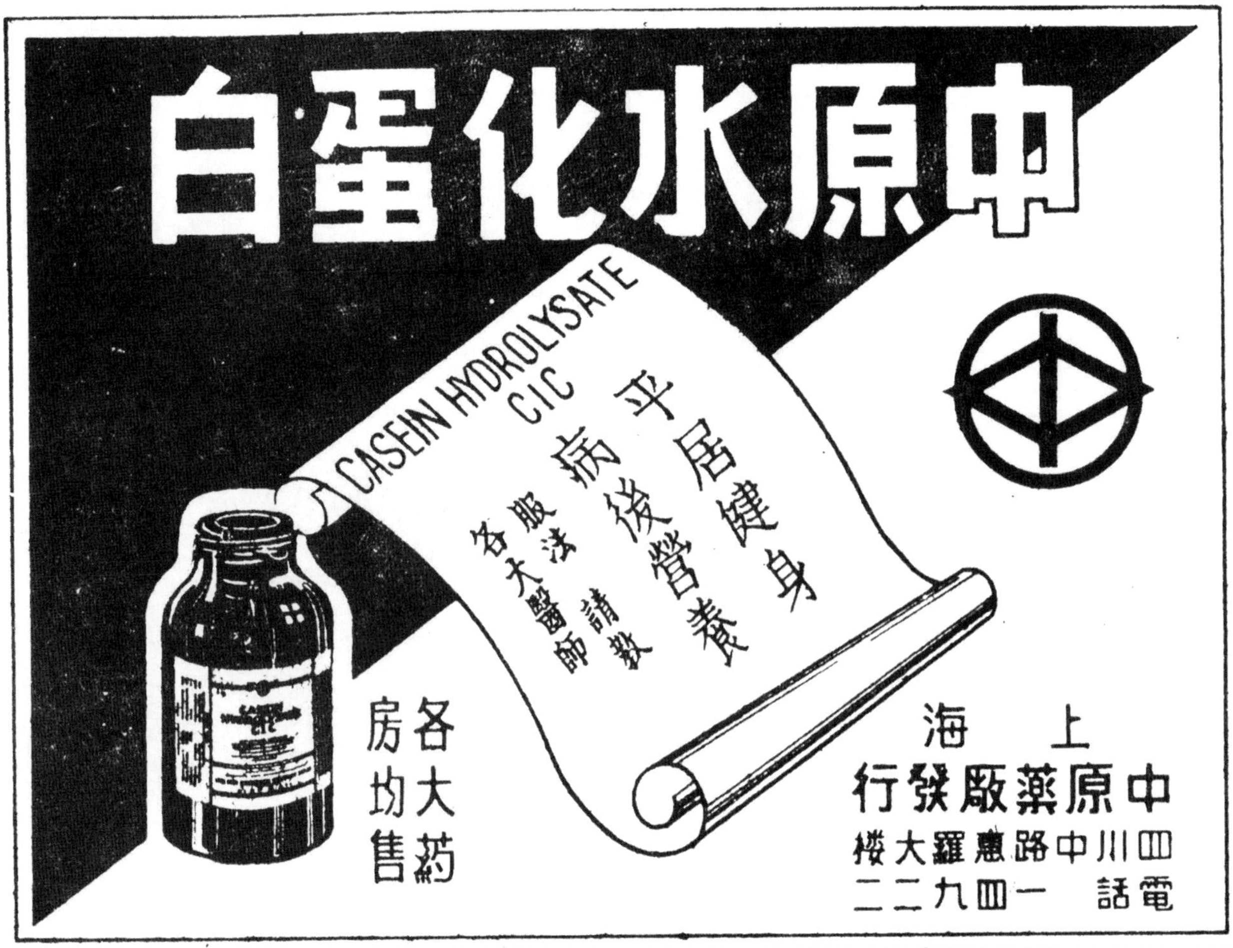

中原水化蛋白
CASEIN HYDROLYSATE
CIC
平居健身
病後營養
服法請教
各大醫師
各大葯房均售
上海
中原藥廠發行
四川中路惠羅大樓
電話 一四九二二

婦寧
婦女病特效藥
衛生署化驗許可
衛生署登記給証
李復光醫師監製
調經
補血
FDIRIN
華中大藥廠出品
發行所 上海乍浦路天潼路口乍浦里十八号
電話 四七二九二

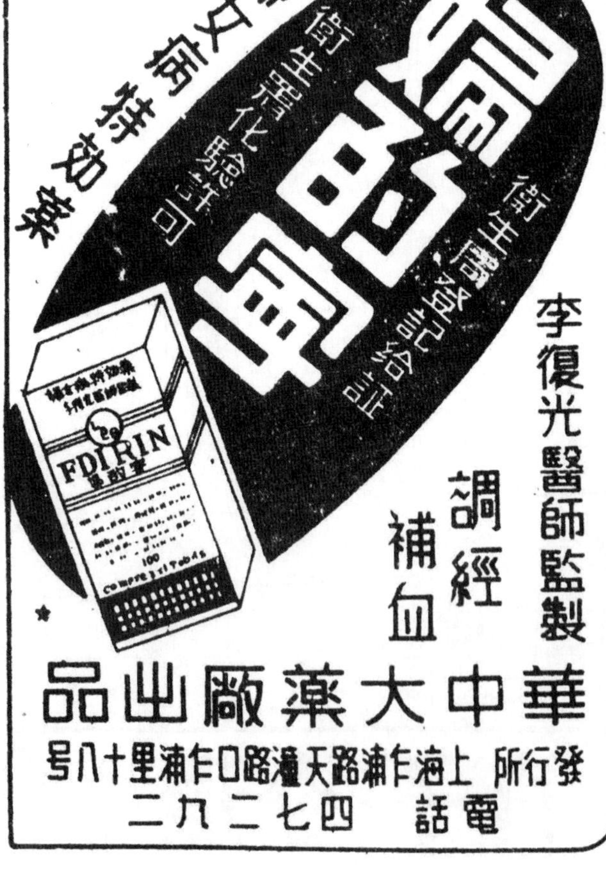

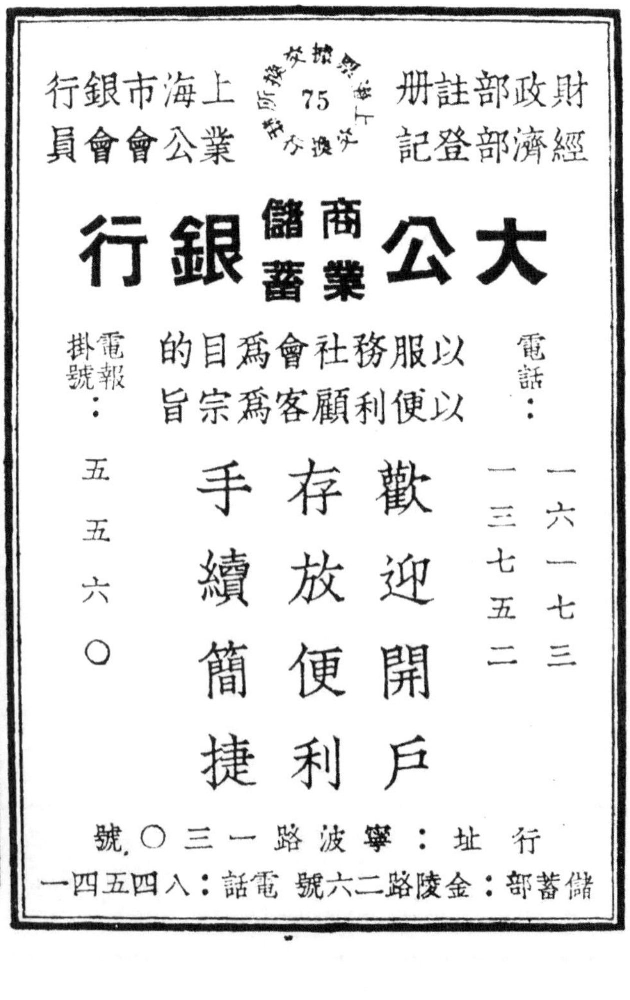

財政部註冊
經濟部登記
上海市銀行業公會會員
75
大公商業儲蓄銀行
以服務社會為目的
以便利顧客為宗旨
電話：一六一七三 一三七五二
電報掛號：五五六〇
歡迎開戶
存放便利
手續簡捷
行址：寧波路一三〇號
儲蓄部：金陵路二六號 電話：八四五四一

註冊商標 新生電器
地址：山
第一〇二圖
YUYI ROAD (傳信路) 東路
武
菜園
中華木炭廠
富南運輸公司停車處
金華棧
上海牛奶公司
麗園農場
住宅
菜園
金華棧
藝華工業廠
菜園
華章造紙廠
新昌
手帕廠
玻璃廠
蝦粉場
菜園
住宅
大西別墅
空地
國華窑業廠
程明記兩宜玻璃廠
大陸化工廠
豐裕牛油廠
中國聯合工業社
大統染織廠
大統染織廠
住宅
中
正
西
路
ROAD WESTERN (大西路)
中法油脂化學製造廠
GREAT EASTERN FATS & OILS PRODUCTS CO. LTD
石灰棧
住宅
荒
新中華
住宅
上海

第一〇二二圖

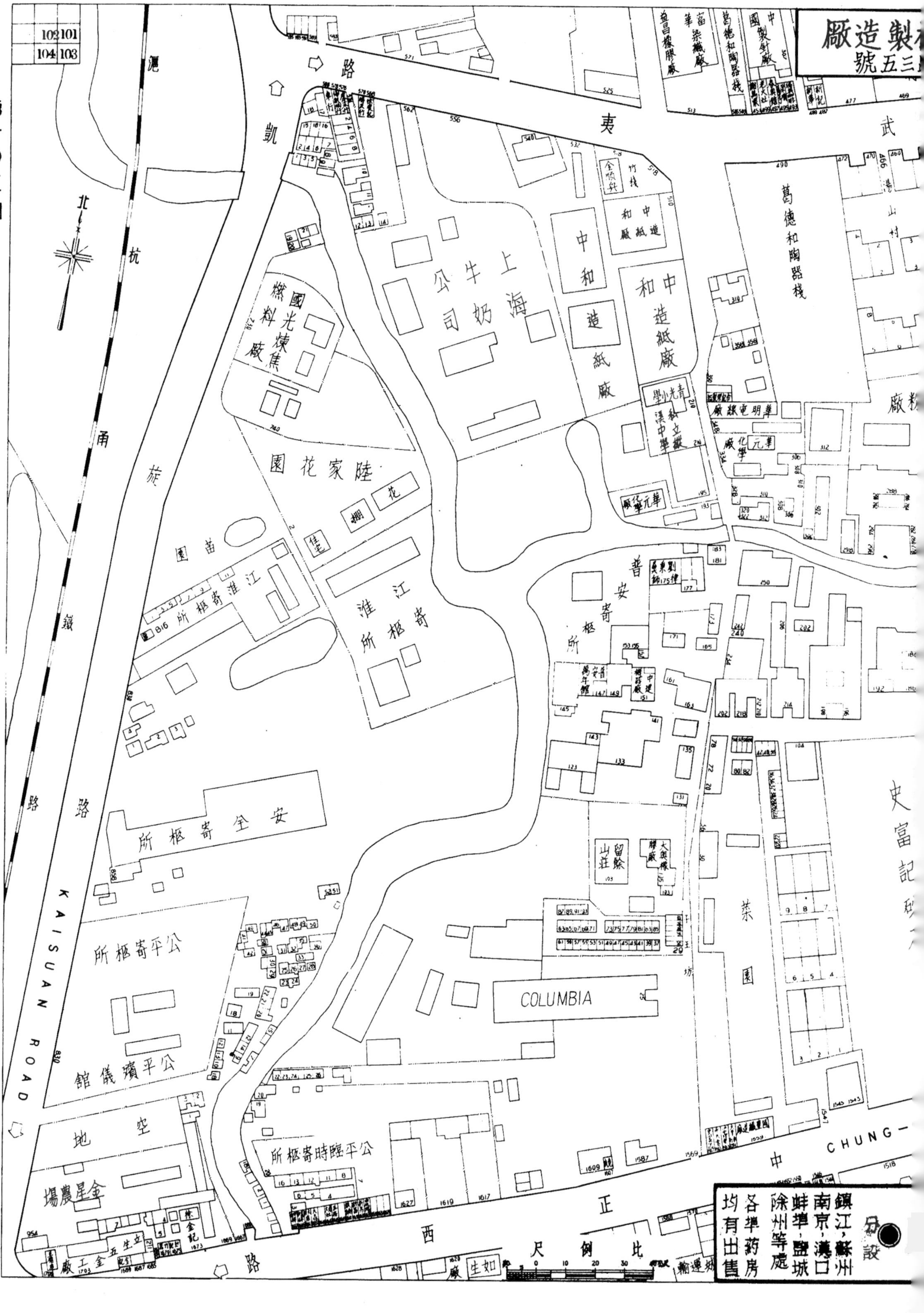

102 101
104 103

滬杭甬鐵路

凱旋路

KAISUAN ROAD

夷路

武

中正西路

CHUNG-

北

國光煉焦燃料廠

上海牛奶公司

中和造紙廠

中和造紙廠

和中造紙廠

全順兴

竹棧

富華染織廠

益昌機服廠

葛德和陶器棧

中國製針廠

葛德和陶器棧

華明電線廠

青光小學

私立漢中中學

華元化學廠

華元化學廠

陸家花園

花棚

佳宅

苗園

江淮寄柩所

江淮寄柩所

普安寄柩所

安全寄柩所

公平寄柩所

公平殯儀館

空地

金星農場

公平臨時寄柩所

五生金工廠

金記

如生廠

留餘山莊

大興橡膠廠

COLUMBIA

萊園

史富記

比例尺

0 10 20 30

製造廠
三五號

分設

鎮江，蘇州
南京，漢口
蚌埠，鹽城
徐州等處
各埠藥房
均有出售

長城牌熱水瓶
各大公司商店均有經售
白銅包口
晶質瓶胆
特製銅底
長城牌三十六年型五磅515熱水瓶

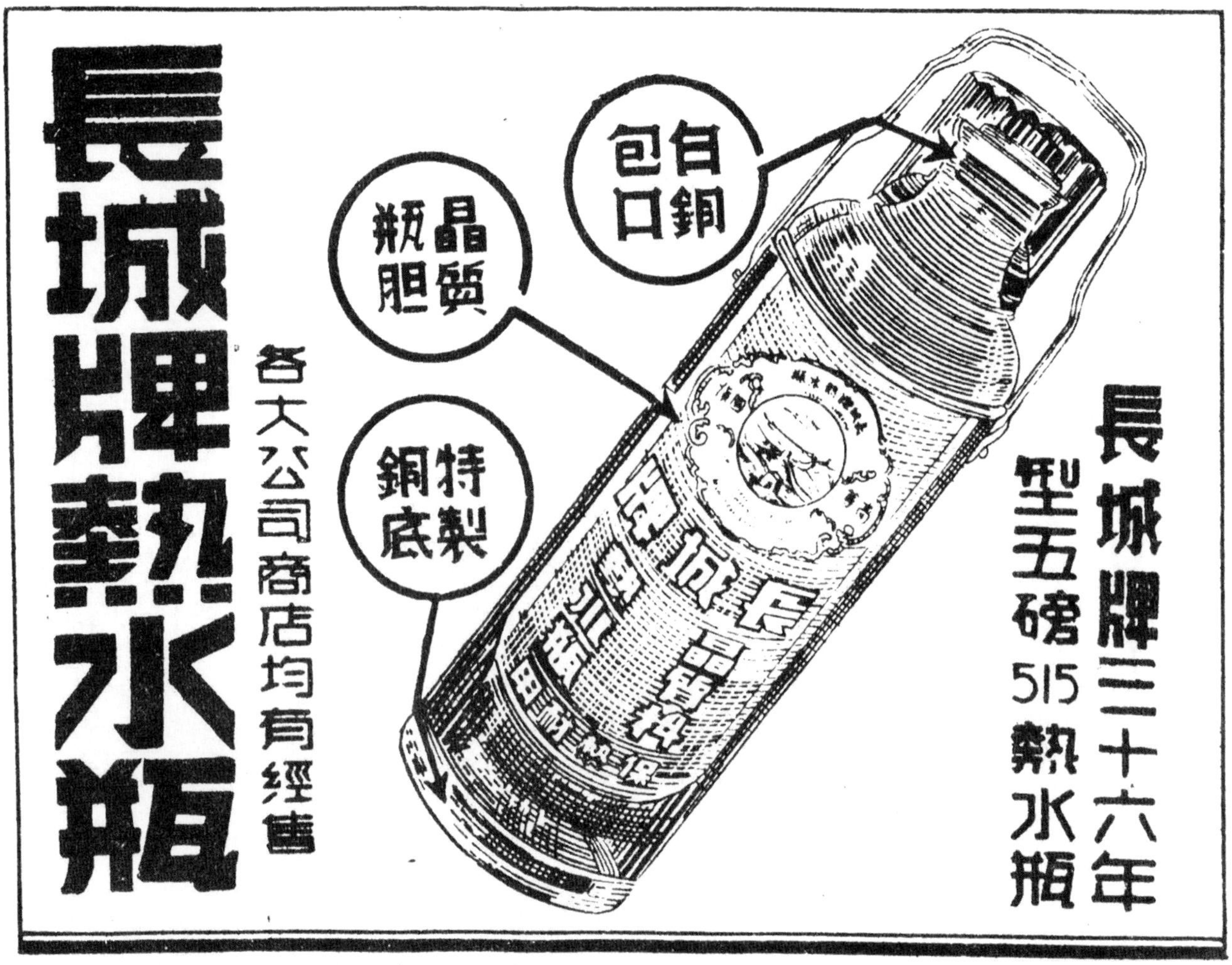

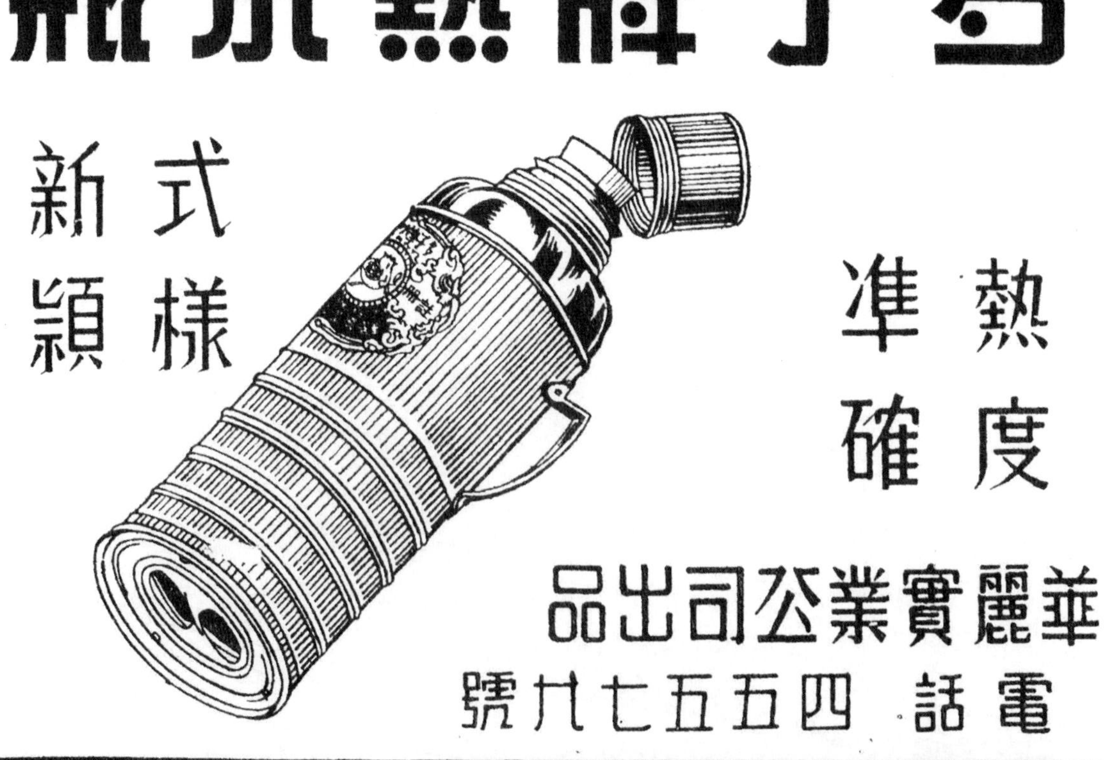

名子牌熱水瓶
式樣新頴
熱度準確
華麗實業公司出品
電話 四五五七九號

第一〇三圖
中正西路
STERN 路（大西路）
番禺路
PANYU ROAD
（哥倫比亞路）
上海工業專科學校
美國鄉下總會
COLUMBIA COUNTRY CLUB
A.F. RUNDELL
大中鐵工廠
住宅
PETER ZARIANKOS TRAINING & RIDING ENTRANCE ACADEMY
新華製帽廠
棧房
空地
網球總會
菜田
織昌新廠
海龍造紙廠
浜
花廠
橋
牛棚
德泰染坊
正始中學

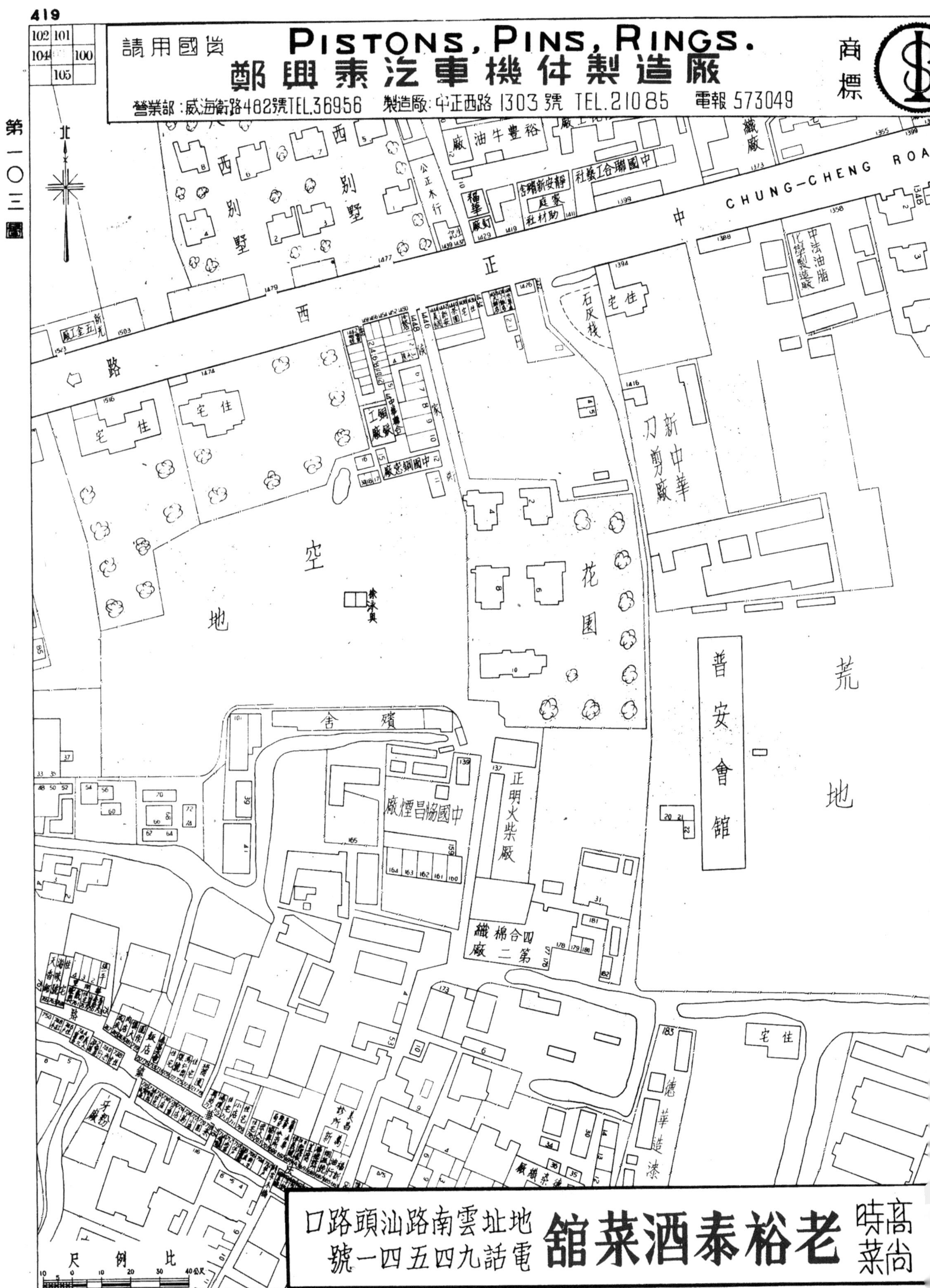

請用國貨
PISTONS, PINS, RINGS.
鄭興泰汽車機件製造廠
營業部：威海衛路482號TEL.36956 製造廠：中正西路1303號 TEL.21085 電報 573049
商標
中正西路
CHUNG-CHENG ROAD
裕豐牛油廠
中聯合工藝社
靜安新村
普安會館
荒地
空地
花園
殯舍
中國協昌煙廠
正明火柴廠
四合棉織第二廠
新中華刀剪廠
中法油脂化學製造廠
石灰棧
德華漆
住宅
別墅
比例尺
地址雲南路汕頭路口
電話九四五四一號
老裕泰酒菜館
高尚時菜

南華肥皂

質料高貴
價廉物美
經久耐用
家庭必備

南華製皂廠

鳳陽路五七一弄二六號　電話三八四三六

柔輭耐用

拔萃超衆

中國萃衆製造公司出品

發行所：上海南京路慈淑大樓三二〇號　電話：九五九八八

新西湖毛巾

原料優美　質料堅牢　色澤潔白

花樣文靜　風景幽雅　絨圈調勻

用用軟熟　處處美滿　人人歡喜

西湖花巾是西湖毛巾後的又一傑品，美麗如花十分可愛

三友實業社啓

電話購買：請撥九七〇八八

史敦各種機油

品質優良　全國各地

售價低廉　普遍採用

Sole Agents for China
CHINA PETROLEUM CO., LTD.

史敦公司出品

中國總經理

中華煤油股份有限公司

上海滙豐大樓三樓　電話一四六一八　一六一〇六

利民溥利　溥利利民

利民火油

設備最新　度数最足
提煉最精　燃点最亮
用油最省　出品最白
銷路最廣　定價最廉

利民火油有限公司

事務所　福州路(廣西路口)六六六號二樓
電話・九五〇二五號　電報掛號五三〇五一九
廠址閘北潘家灣路(東渡碼頭口)一七一號

法華路
凱旋路
KAISUAN ROAD
益化學廠
天
荒地
豐化學廠
華
第一分場
生生牧場
空地
菜地
梅泉別墅
住宅
新光化工廠
祥興紗花棧
中國製革廠
中國化學製造廠
中國貿易公司堆棧
華元化學廠堆棧
大中美藥廠
天星藍靛廠
公泰布廠
隆義麥粉廠
比例尺

第一〇四圖

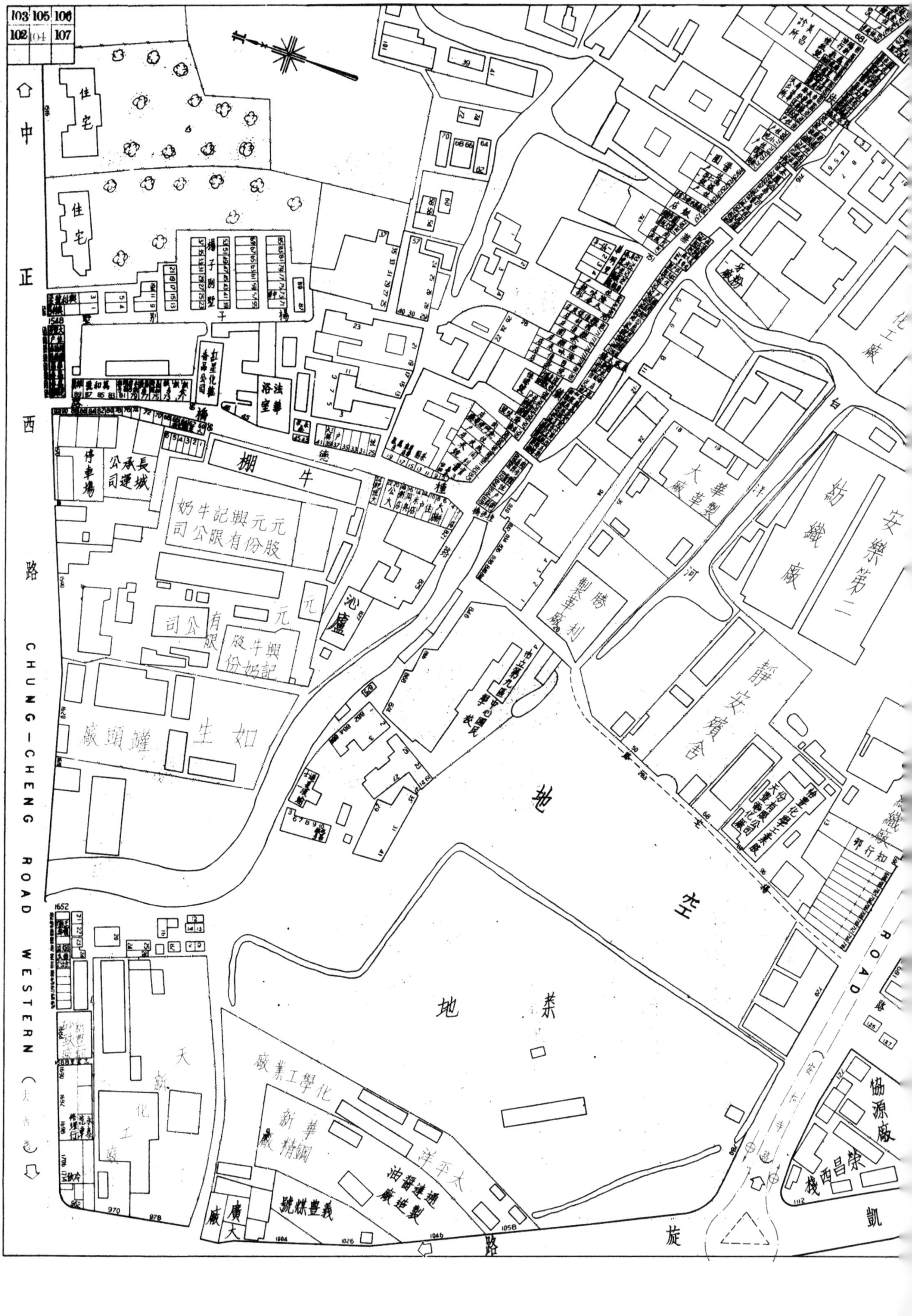
中正西路
CHUNG-CHENG ROAD WESTERN (大西路)
住宅
住宅
楊子別墅
紅星化學香品公司
法華浴室
長城運承公司
停車場
牛棚
元元與記牛奶股份有限公司
元與記牛奶股份有限公司
如生罐頭廠
滬沁
大華製革廠
勝利製革廠
安樂第二紡織廠
靜安殯舍
牙粉廠
化工廠
空地
菜地
化學工業廠
新華精鋼廠
太平洋
義豐煤號
天新化工廠
協源廠
榮昌西棧
ROAD
凱旋路

晉華油廠

礦油

總經理 陳慶甫

地址 福州路八九號二樓二三四室

電話 一〇五四八

鑽石牌

科學油爐

特點

八根爐帶 更換便利

火焰碧綠 始終如一

爐身低矮 安全穩妥

無須修理 永遠保用

科学油爐廠榮譽出品

發行所：四川中路一四九號

電話：一九二五六

第一〇五圖
振文教育用品社
專營：文具批發
地址：上海(13)永安路永安坊十一號
電話：八七七六六
電報掛號五五五二一三
美國鄉下總會
海龍造紙廠
牛橋
染廠
空場
德泰染坊
晒場
空地
番禺路
住宅
牛奶場
中國農業協會
菜園
聯益染織廠
源茂染坊
天益罐頭廠
兆豐染織廠
美豐織造廠
培蒙小學
遠東造紙廠
金星漂染坊
鑫泰
金新記皮廠
寶興里
發順竹號
PANYU ROAD
華
法
比例尺
咳舒鈣
治咳聖藥
效力

第一〇五圖

北
中國協昌煙廠
四合棉織第二廠
德華造漆廠
荒地
校舍
正始中學
操場
江南染織廠
同德染織廠
元豐漂染廠
興建第二小學
菜園
大元花廠
強華織物廠
花廠
香花橋
康記運輸公司
空地
錦泰花廠
華法路
FA HWA RO
華豐化學廠
益天化學廠
住宅
荒地
草地
空地

欲謀生産增加請用
鷹球牌機用皮帶
TRADE MARK
HWA FOONG
WATERPROOF
華豐榮記皮革廠
上海中正北二路四一弄八四號 電話三〇五八二 電報掛號五七〇一一六
精製
毛紡車 前紡車 後紡車 經紗車
皮板
各大廠商 一致公認 品質高超 堅韌耐久
紡織廠用皮帶及各種皮件一應俱全

第一〇六圖

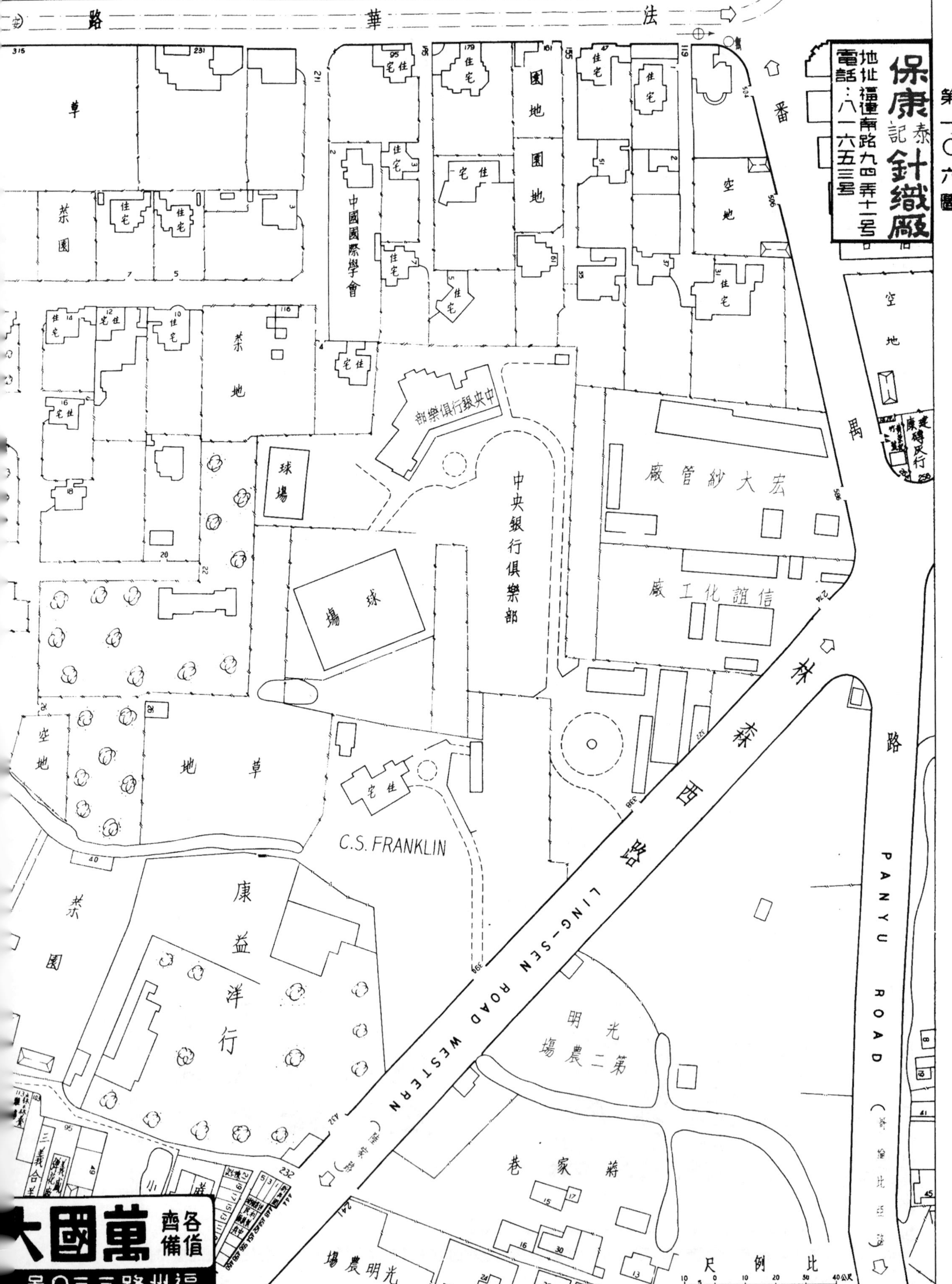

法華路
番禺路
PANYU ROAD
林森西路
LING-SEN ROAD WESTERN
中央銀行俱樂部
中國國際學會
宏大紗管廠
信誼化工廠
C.S. FRANKLIN
康益洋行
光明第二農場
光明農場
蔣家巷
球場
草地
菜園
空地
住宅
比例尺

第一〇六圖

法華路
FA HWA ROAD
住宅
花園
荒地
花園
空地
草地
空地
空地
荒地
高粱地
池
公使館
瑞典國駐華公使館
生生牧場
空地
荒
地
菜地
高粱地
小浜
左家宅
空地
公餘料染坊
東信皮棍廠
皮作
花棚
王合興第二製香廠
凌雲化工廠
恒昌玻璃廠
利民製鐵
大中華軋鐵廠
華倫造紙廠

地址
北海路一〇九至一一一號
久大皮行
皮
專營名廠出品
軟硬皮革 鞋料五金
電話九一九六四 電報掛號五三四一二四

永民製革廠
無敵牌
紗廠皮
白皮
司惠皮
黃黑牛皮
毛底皮
地址 北京東路三八四号二〇一室

上海
天成玻璃廠
TIE CHEN GLASS FACTORY
承製出品
第一廠 通北路六五九號
第二廠 昆明路一〇六二號
醫療藥用
玻璃料瓶
桅燈燈罩
水杯瓶芯
電話
五二〇八五號
九三七八六號
發行所：牛莊路七三二號

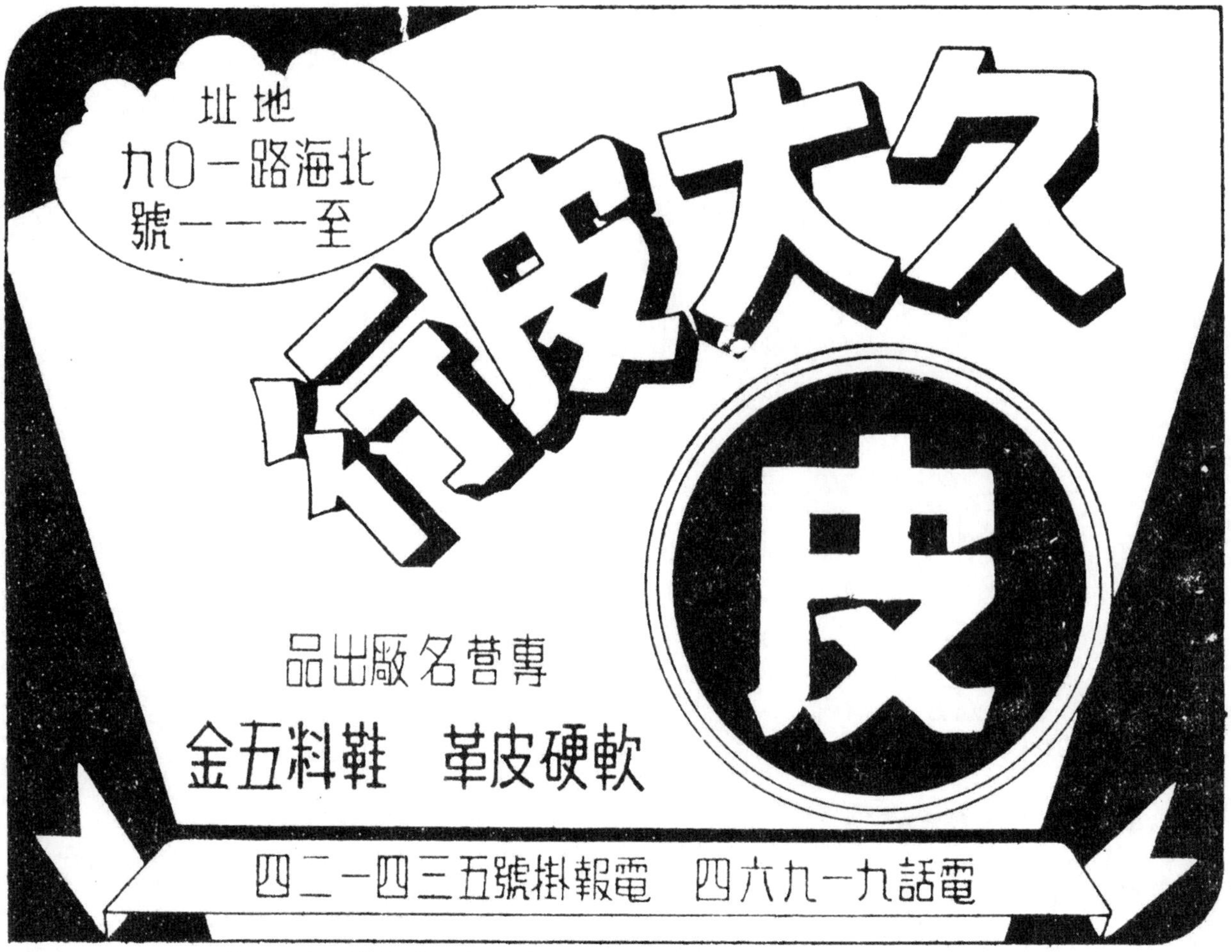

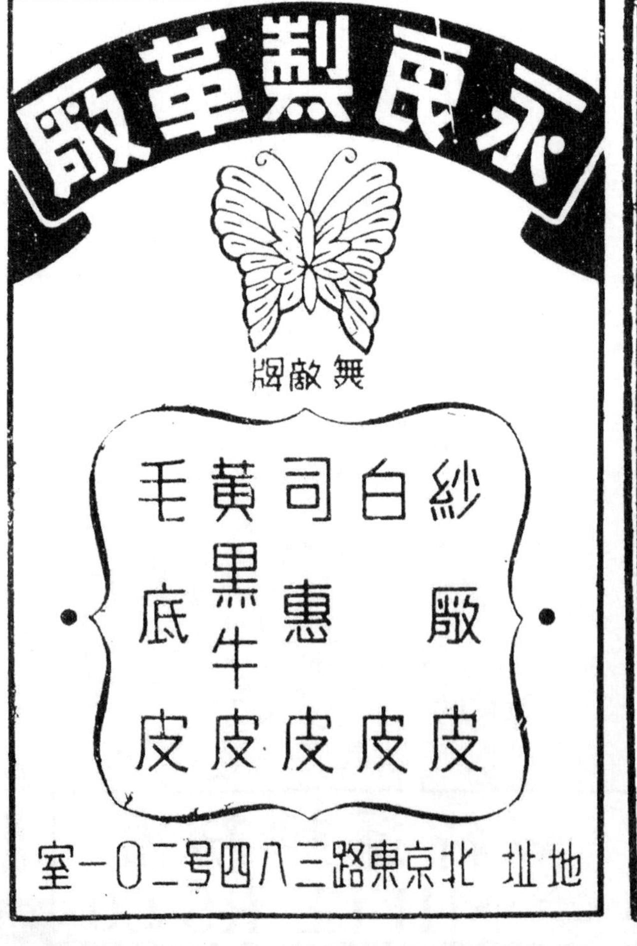

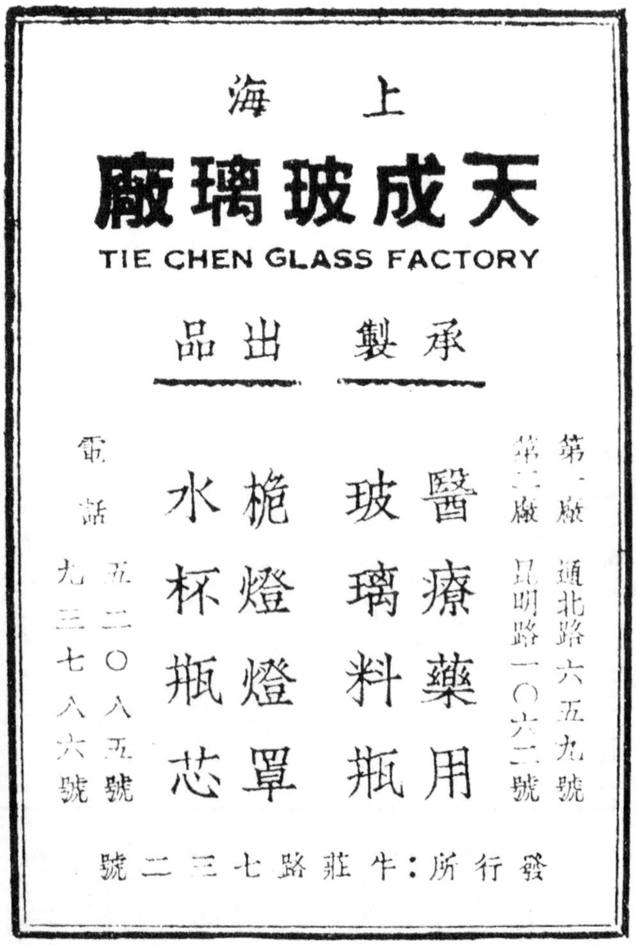

中匯玻璃製造廠

暨附屬

元利玻璃廠

出品新穎　交貨準期

精製玻璃

料瓶　水杯　器皿　文具　瓶芯

總管理處：上海河南北路四十八號　電話四〇八三三　四六七〇六

電報掛號四二七八

——備有價單　承索即寄——

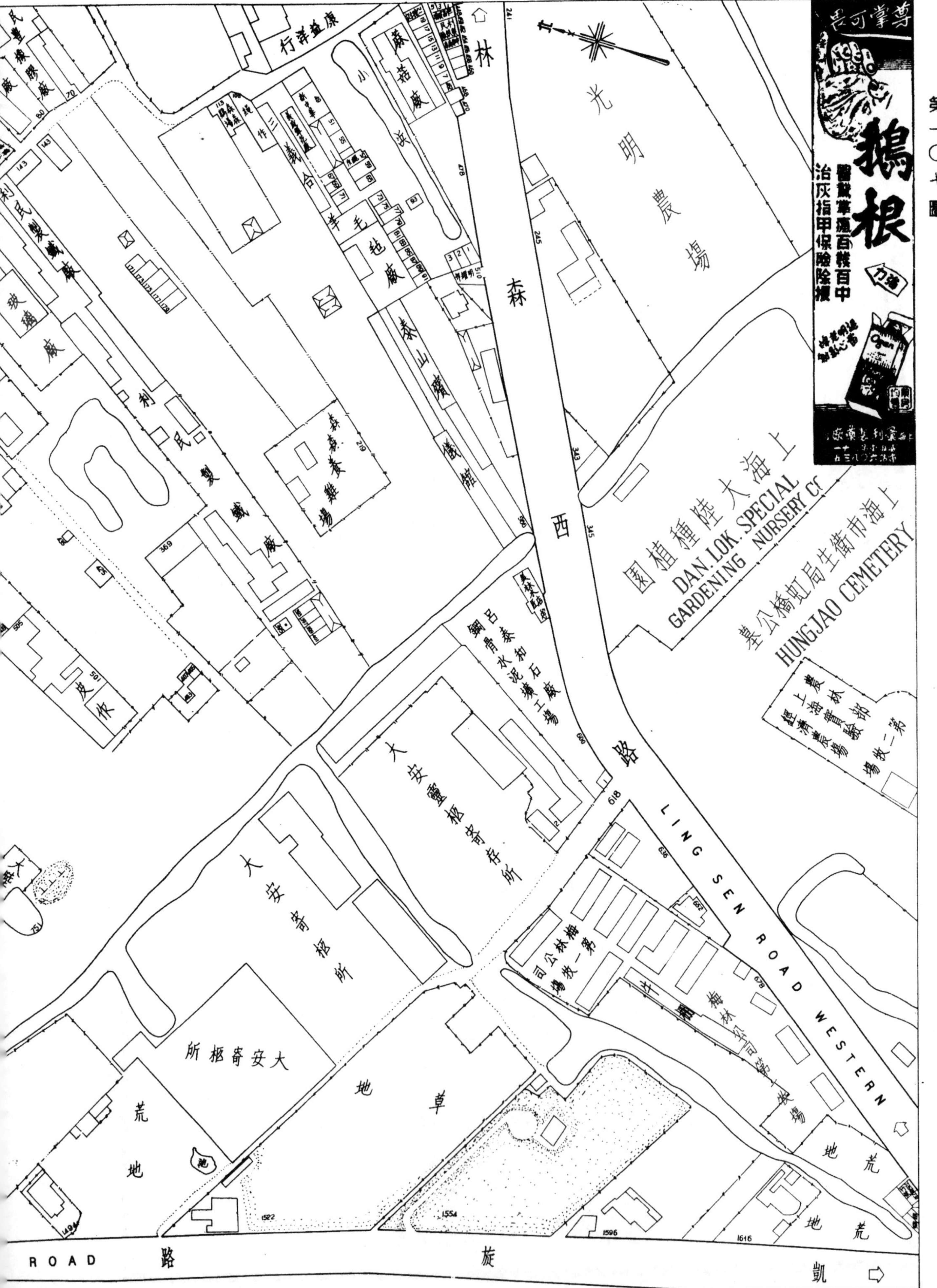
林森西路
LING SEN ROAD WESTERN
虹橋路
ROAD
凱旋路
光明農場
上海大陸種植園
DAN. LOK. SPECIAL GARDENING NURSERY Co.
上海市衛生局虹橋公墓
HUNGJAO CEMETERY
大安寄柩所
大安靈柩寄存所
泰山殯儀館
康益洋行
利民製氈廠
毛毡廠
小浜
荒地
草地
梅林公司第一牧場
梅林公司第二牧場
尊掌可喜
鵝根
治灰指甲保險除根
醫囊藥瘋百發百中

園
菜地
荒地
生生牧場
生生牧場第一分場
生生牧場第二分場
大中華軋鐵廠
華倫造紙廠
中國製革廠
華光化學廠
大昌搪瓷廠
公泰布廠
興業實業工程公司
晉濟寄柩所
孔裕隆皮坊
荒地
晉安寄柩所
太乙麥精粉廠
凱旋路
KAISU
比例尺

上海

秦祥興瓷器號

ZING HSIANG SHING PORCELAIN CO.,

SHANGHAI

專營國產 粗細名瓷
推銷全球 各大商埠
承接粧奩 禮品壽碗
定價低廉 交貨迅速
零躉批發 特別克己
如蒙賜顧 無任歡迎

金陵東路四二五：二七號 浙江南路東首
電話八一四六二號 電報掛號二六八〇號
總店民國路新北門外西首四八一號

DEALING IN ALL KINDS OF ROUGH AND FINE PORCELAIN WARES AND GLASS WARES. EXPORTERS TO ALL PARTS OF THE WORLD. MARRIAGE PORTIONS, BIRTHDAY CELEBRATION BOWLS, ETC. ACCEPTED AT MODERATE PRICES. ORDERS DELIVERED QUICKLY AND PUNCTUALLY. RETAIL AND WHOLESALE AT REASONABLE RATES. YOUR ORDER WILL BE WELCOMED. CURIO AND ANTIQUE DEPARTMENT AT FIRST FLOOR.

HEAD OFFICE: 481, MIN KUO ROAD,
(WEST OF NEW NORTH GATE.)
BRANCH OFFICE 425-7, KIN LING ROAD (EASTERN)
TELEPHONE No. 81462

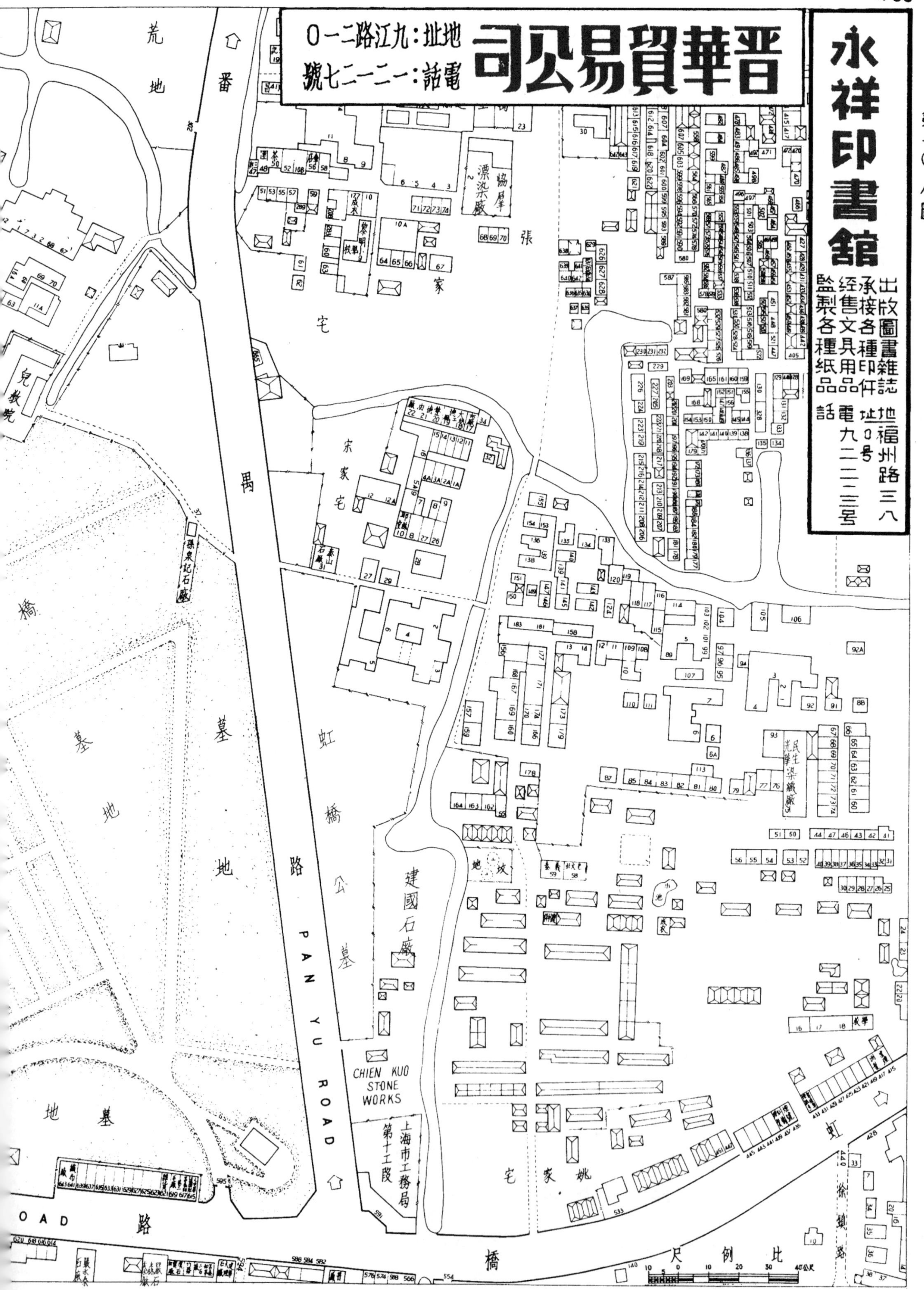
晋華貿易公司
地址：九江路二一〇
電話：一一二一二七號
永祥印書館
出版圖書雜誌
承接各種印件
經售文具用品
監製各種紙品
地址福州路三八〇号
電話九二二三三
荒地
番禺路
PAN YU ROAD
張家宅
宋家宅
漂染廠
虹橋公墓
建國石廠
CHIEN KUO STONE WORKS
上海市工務局第十工段
姚家宅
墓地
孫泉記石廠
泰山石廠
小池
虹
徐鎮路
ROAD
路
橋
比例尺
10 5 0 10 20 30 40公尺

第一〇八圖

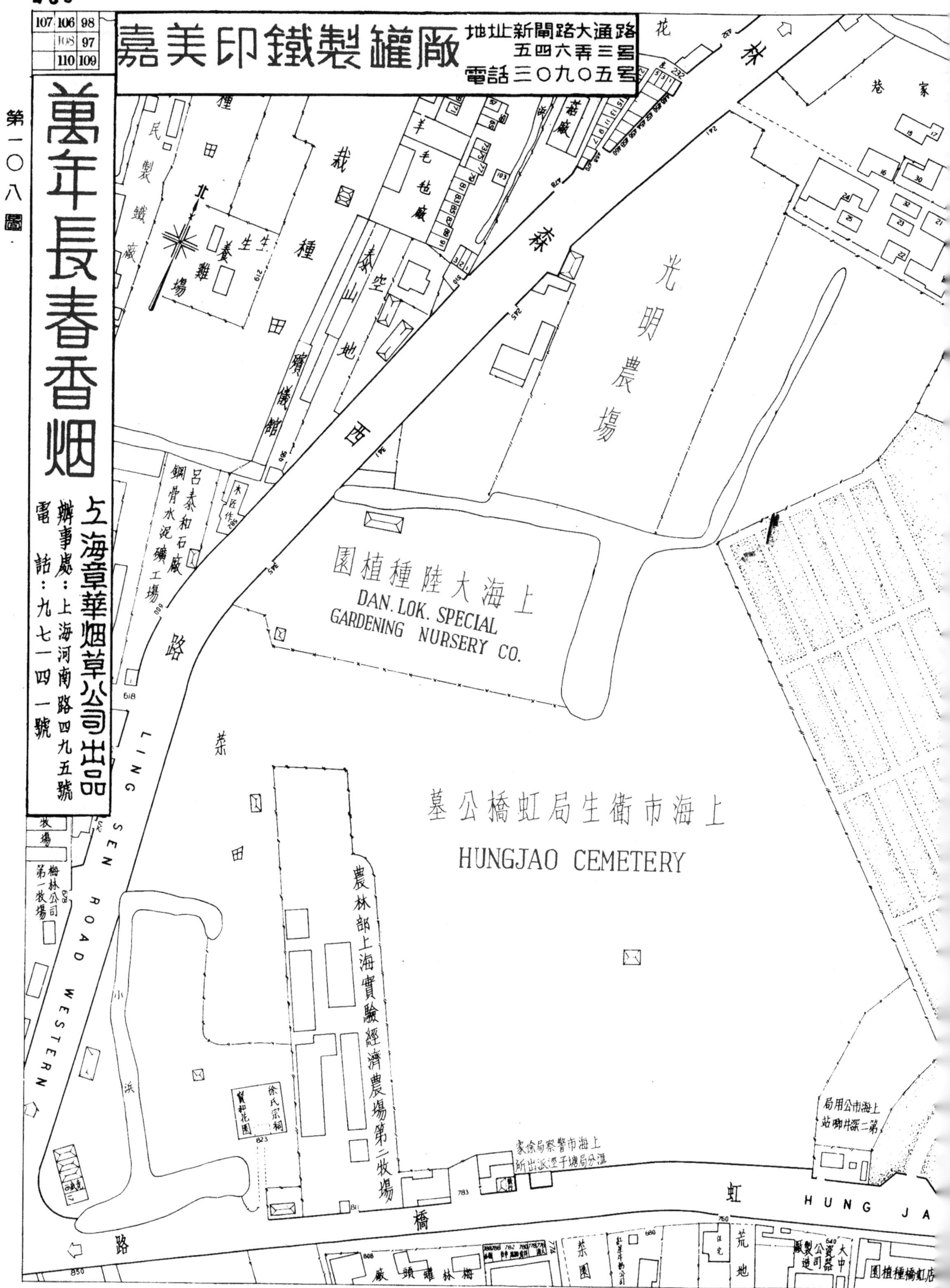
嘉美印鐵製罐廠
地址新閘路大通路五四六弄三號
電話三〇九〇五號
萬年長春香烟
上海章華烟草公司出品
辦事處：上海河南路四九五號
電話：九七一四一號
光明農場
上海大陸種植園
DAN. LOK. SPECIAL
GARDENING NURSERY CO.
上海市衛生局虹橋公墓
HUNGJAO CEMETERY
農林部上海實驗經濟農場第二牧場
徐氏宗祠
寶和花園
上海市警察局徐家匯分局塘子涇派出所
上海市公用局
呂泰和石廠
鋼骨水泥磚工場
木匠作
殯儀館
春山空地
羊毛毯廠
生生養雞場
民製鐵廠
栽園
種田
菜田
小浜
梅林公司第一牧場
林森西路
LING SEN ROAD WESTERN
虹橋路
HUNG JA
梅林罐頭廠
菜園
荒地
大中華瓷器公司製造廠
虹橋種植園
家巷
北

上海

泰祥興  瓷器號

ZING HSIANG SHING PORCELAIN CO.,

SHANGHAI

專營國產　粗細名瓷　推銷全球　各大商埠　承接粧奩　禮品壽碗　定價低廉　交貨迅速　零躉批發　特別克己　如蒙賜顧　無任歡迎

福民路八八號至九二　福佑路二二九號

電話八八二五八號

總店民國路新北門外西首四八一號

DEALING IN ALL KINDS OF ROUGH AND FINE PORCELAIN WARES AND GLASS WARES. EXPORTERS TO ALL PARTS OF THE WORLD. MARRIAGE PORTIONS, BIRTHDAY CELEBRATION BOWLS, ETC. ACCEPTED AT MODERATE PRICES. ORDERS DELIVERED QUICKLY AND PUNCTUALLY. RETAIL AND WHOLESALE AT REASONABLE RATES. YOUR ORDER WILL BE WELCOMED. CURIO AND ANTIQUE DEPARTMENT AT FIRST FLOOR.

HEAD OFFICE: 481, MIN KUO ROAD,
(WEST OF NEW NORTH GATE.)
FO MING ROAD 88-92, FO YU ROAD 229,
TELEPHONE No. 88258

中美軍用標幟公司

NATIONAL DECORATION COMPANY

1260 NANKING RD. (WESTERN)
(WEST OF SEYMOUR RD.)
SHANGHAI, CHINA.
TEL. 31756

上海：南京西路一二六〇號
(西摩路西)
電話三一七五六

第一〇九圖

樂華烟草公司
昌茂明鏡公司
經昌染織廠
恒元染織廠
昌織布廠
新業小學
漢陽工業廠
國光工業廠
成業染織廠
中國布廠
鴻順布廠
順餘布廠
華成布廠
有安布廠
新新漁網廠
信義織造廠
綸新廠
徐匯公學
大成絲光廠
華元化學廠
亞光手帕廠
盛泰昌糖果作
大華金廠
人豐布廠
匯昶米號
協興和染坊
協盛染織坊
寶泰染坊
寶康布廠
鳳裕布
天綸織造廠
家庭工業社棧房
宗祠
永豐泰織布廠
泰康染織廠
菜園
池
空地
柳園
徐虹路
匯西街
小浜
海星里
懷安街
明朝徐文定墓地
比例尺

第一〇九圖

正興電筒電池廠
發行所重慶中路二三弄一三号
廠址金陵西路八五至八七号
電話 八二一八六号
註冊商標
順風牌飯鍋
聖業祥五金鋼精廠
廠址：成都北路九七一弄十三号
電話：三九七〇八号
HUNG JAO ROAD
虹橋路
上海大理石廠
大德里
空地
池
牧場
榮康地産公司
南京東路慈淑大樓五三一號
電話：九五一〇四

製造廠曲阜路一七二弄二十一號 電話四三三八七

門市部西藏中路一百八十五號 電話九五四六五

電報掛號五七四一九五

唯一徽章專家

大同徽章廠

歡迎外埠特約經理　手續簡便

精製軍警勳章︰校徽銅牌︰浮雕獎章︰領章肩章︰紀念指戒

上海　廠址：南市文廟路中華路口(民立女中對面)
　　　營業部：西藏中路一〇五號(大世界朝北遠東飯店對面)

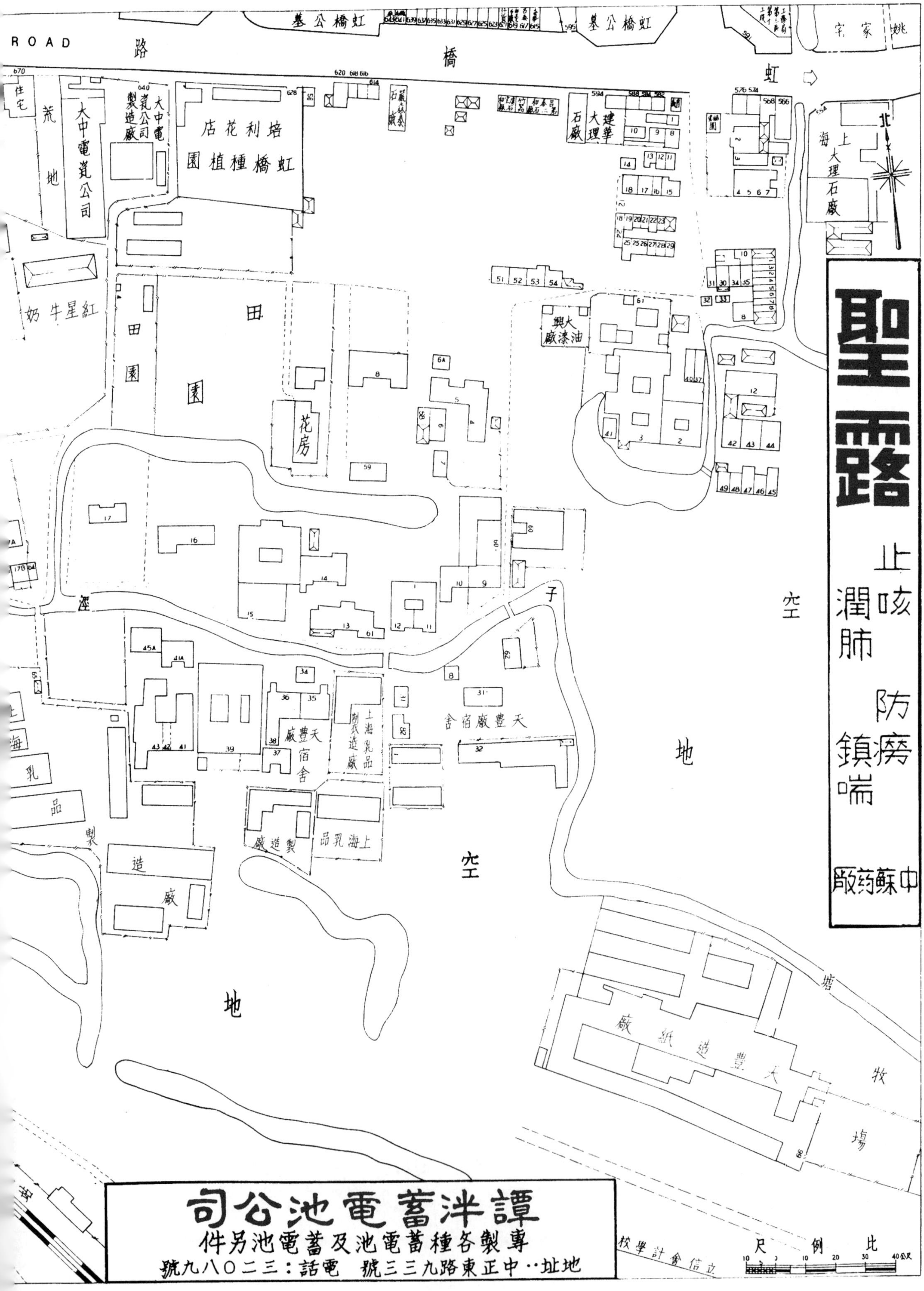

第一一〇圖

虹橋公墓

ROAD 路 虹橋

姚家宅

培利花店
虹橋種植園

大中電瓷公司製造廠

荒地

大中電瓷公司

建華大理石廠

上海大理石廠

紅星牛奶

田園

花房

大興油漆廠

天豐廠宿舍

上海乳品製造廠

天豐宿舍

空地

天豐造紙廠

牧場

塘

立信會計學校

比例尺

10 0 10 20 30 40公尺

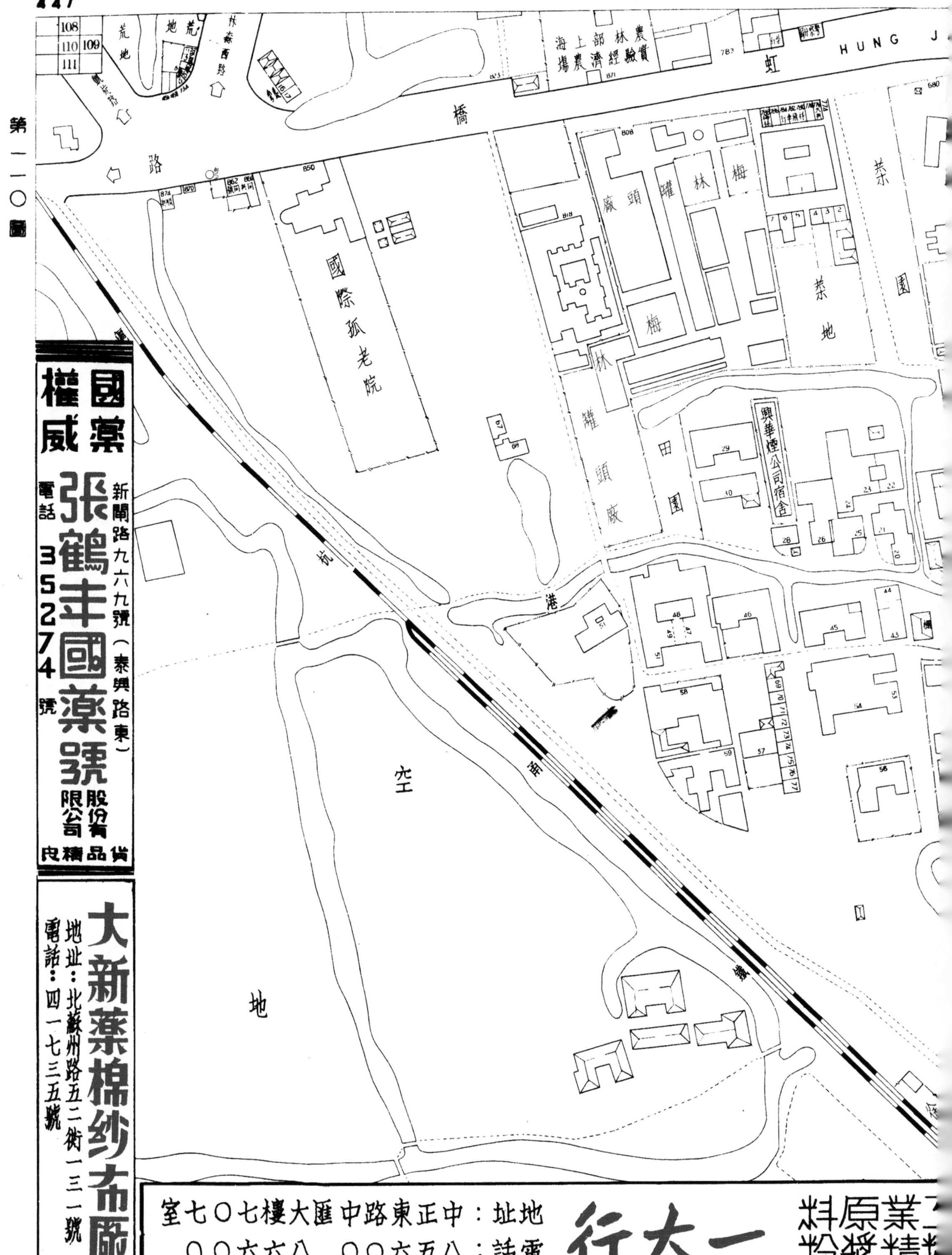
第一一〇圖
HUNG J
虹橋路
林森西路
凱旋路
荒地
農林部上海實驗經濟農場
國際孤老院
梅林罐頭廠
菜園
菜地
興華煙公司宿舍
田園
港
空地
國藥權威
張鶴丰國藥號股份有限公司
新聞路九六九號（泰興路東）
電話35274號
貨品精良
大新藥棉紗布廠
地址：北蘇州路五二街一三一號
電話：四一七三五號
一大行
地址：中正東路中匯大樓七〇七室
電話：八五六〇〇 八六六〇〇
工業原料
精漿粉

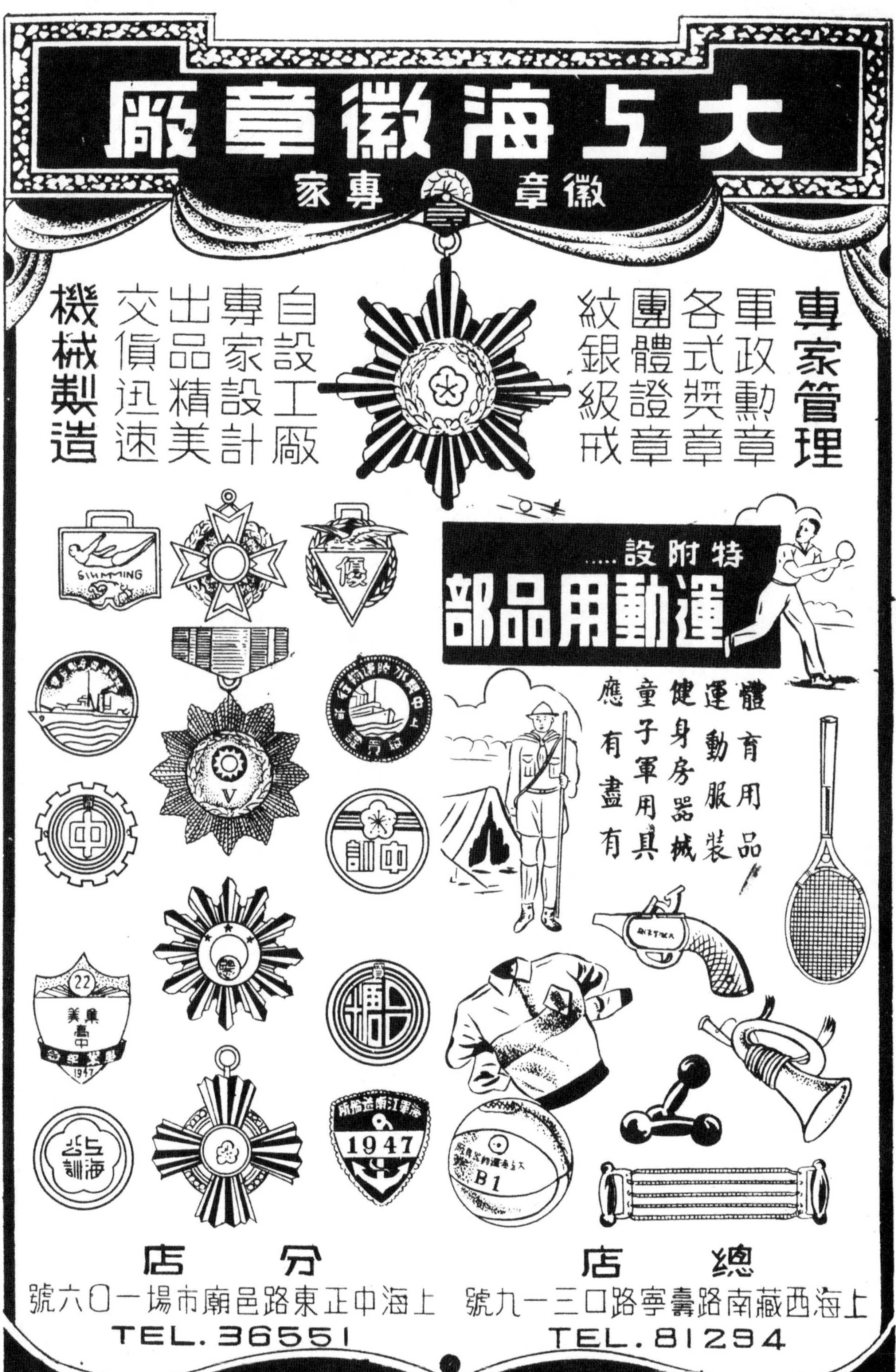

大上海徽章廠
徽章專家
專家管理
軍政勳章
各式獎章
團體證章
紋銀級戒
自設工廠
專家設計
出品精美
交貨迅速
機械製造
特附設……
運動用品部
體育用品
運動服裝
健身房器械
童子軍用具
應有盡有
1947
B1
總店
上海西藏南路壽寧路口三一九號
TEL. 81294
分店
上海中正東路邑廟市場一〇六號
TEL. 36551

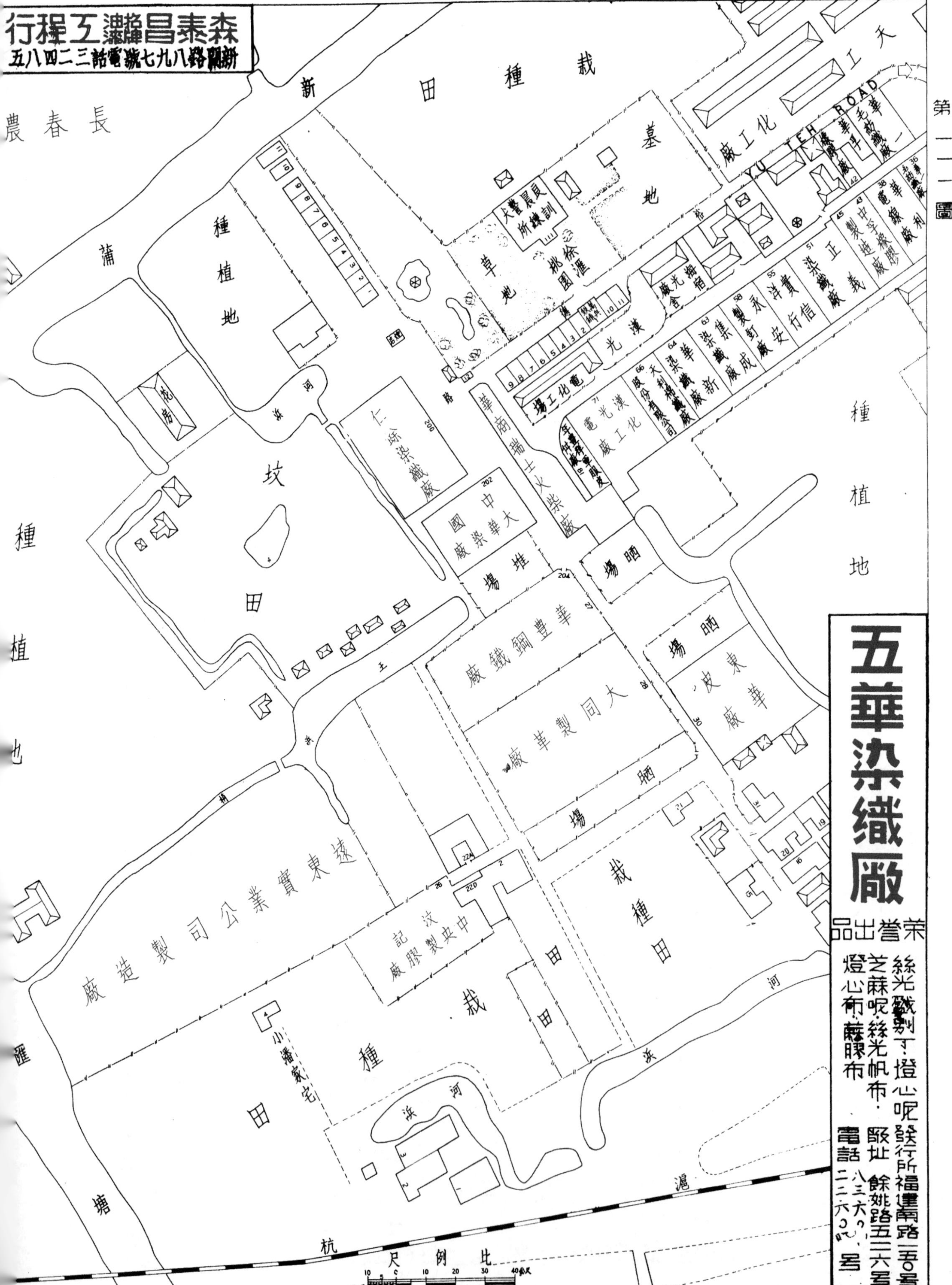

森泰昌記營造工程行
新閘路八九七號電話三二四八五
第一一二圖
五華染織廠
荣誉出品
絲光纖剌子·燈心呢發行所福建南路一五〇号
芝蔴呢·絲光帆布· 廠址 餘姚路五二六号
燈心布·蔴膠布 電話 八三六〇一、二二六〇四 号
長春農
新田種栽
天工化工廠
YU TEH ROAD
墓地
草地
徐匯桃園
仁泰染織廠
中國大華染廠
華南瑞士火柴廠
漢光化工廠
漢光宿舍
正義染織廠
實信洋行
永安製釘廠
集成染織廠
新華染織廠
電化工場
華豐鋼鐵廠
大同製革廠
東華皮廠
曬場
堆場
遠東實業公司製造廠
中央製膠廠
汶記
小潘家宅
種植地
種植地
種植地
墳田
栽種田
栽種田
滬杭
比例尺

109	112	
110	111	113

第一一一圖

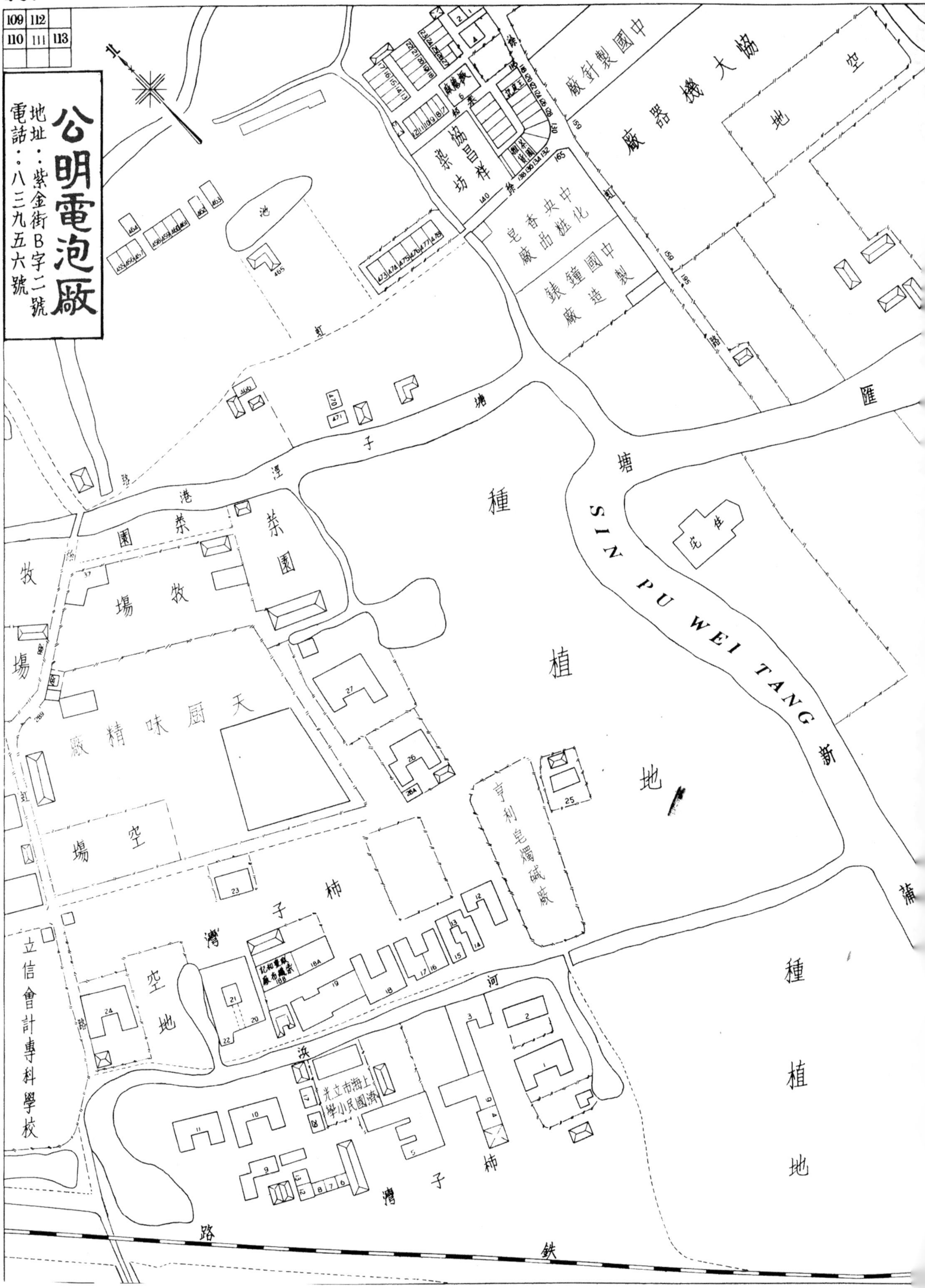

公明電泡廠
地址：紫金街B字二號
電話：八三九五六號

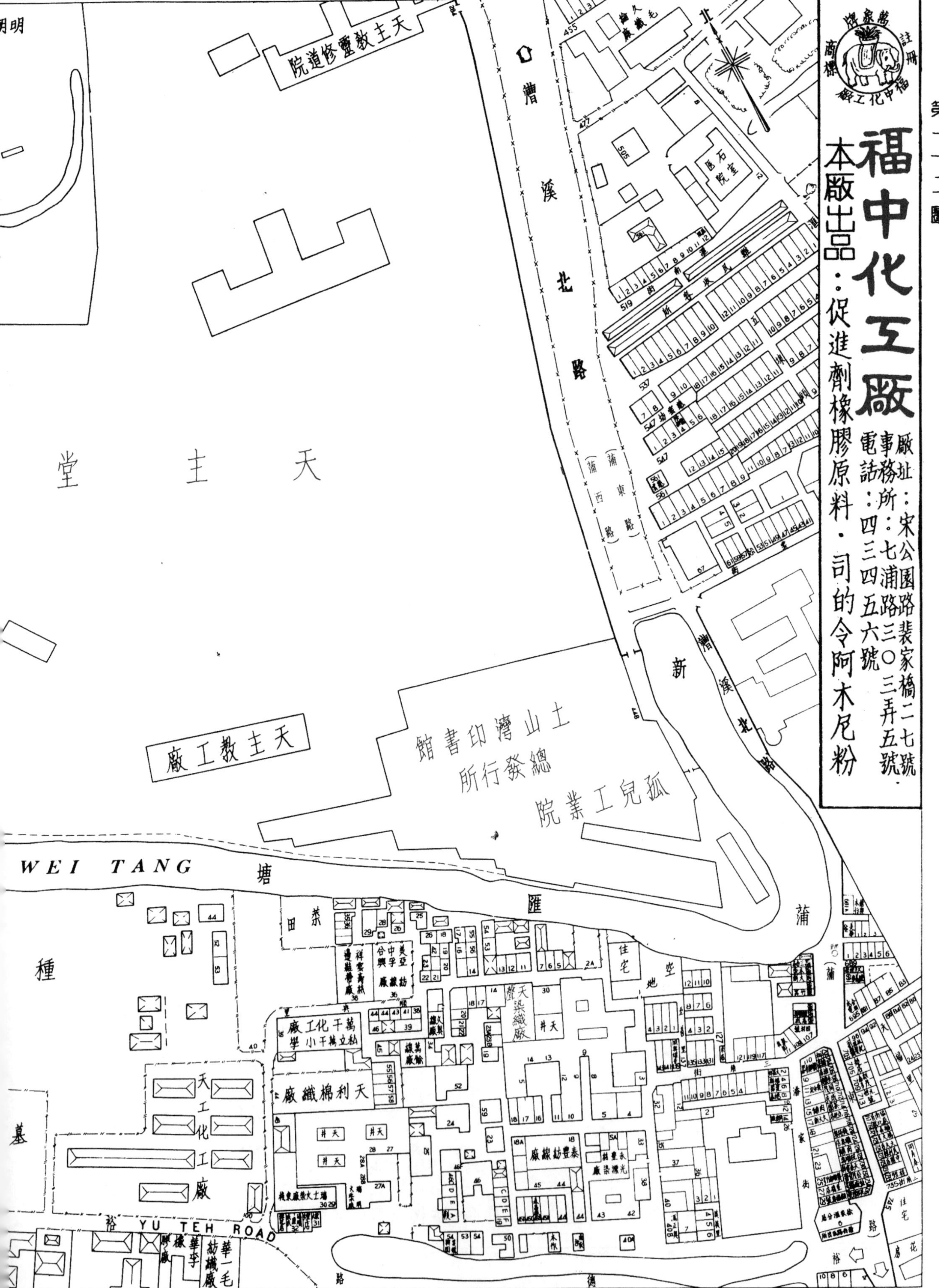
萬象牌
註冊商標
福中化工廠
福中化工廠
本廠出品：促進劑橡膠原料．司的令阿木尼粉
廠址：宋公園路裴家橋二七號．
事務所：七浦路三〇三弄五號．
電話：四三四五六號
天主教靈修道院
天主堂
天主教工廠
土山灣印書館
總發行所
孤兒工業院
漕溪北路
新漕溪北路
蒲東路
蒲西路
WEI TANG
塘
匯
蒲
種
墓
天工化工廠
天利棉織廠
萬千化工廠
私立萬千小學
天聲染織廠
泰豐紡綫廠
佳宅
空地
裕
YU TEH ROAD
華一毛紡織廠
路

第一一二圖

109	96		
		112	114
111	113		

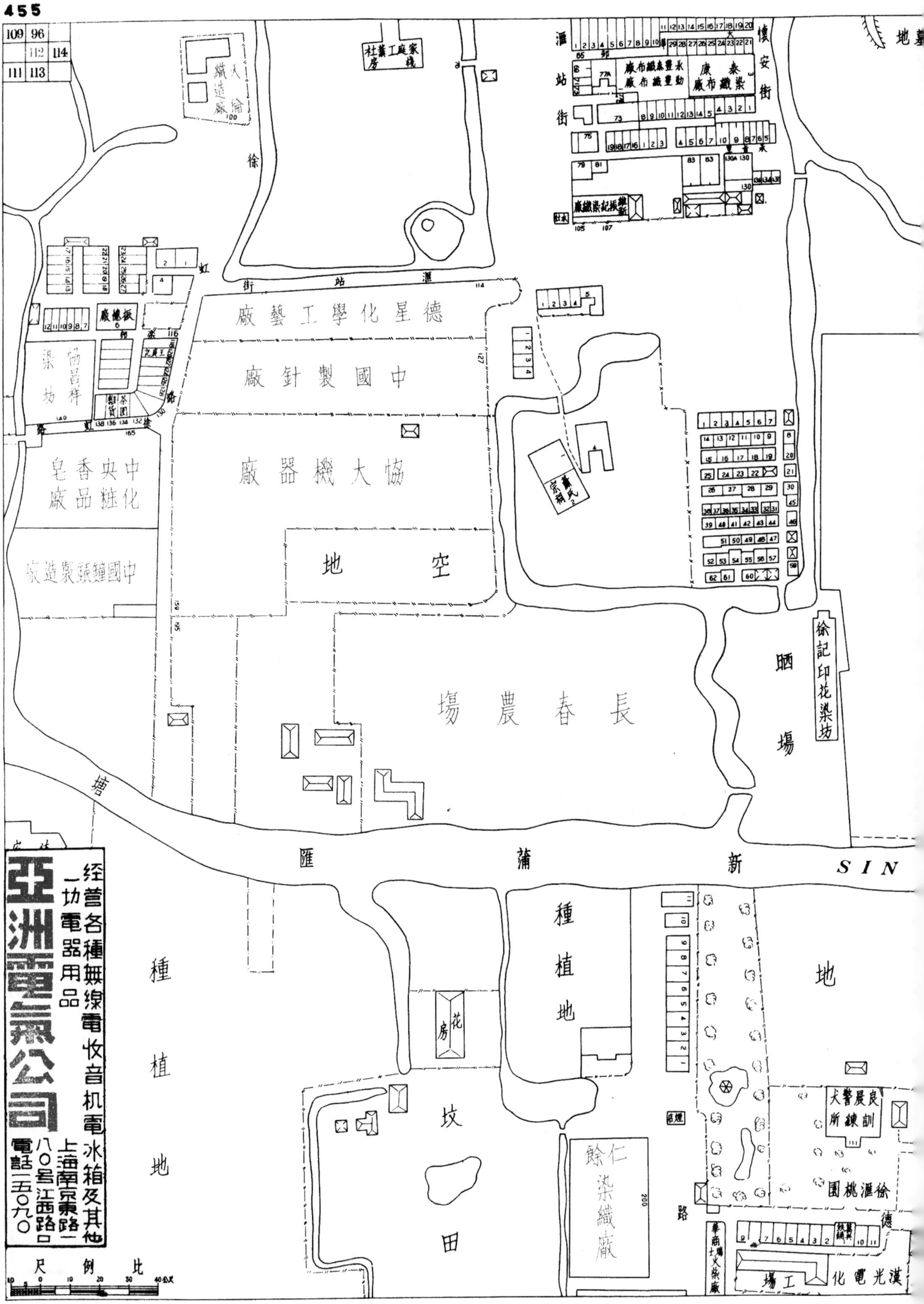

比例尺

10 0 10 20 30 40公尺

和平日報

全國最精彩的報紙

全國十二社同時出版
規模第一・精美第一

總管理處：南京富厚崗卅五號
上海社：南京路一六六號
南京社：中山北路二十五號
重慶社：李子壩正街六十七號
漢口社：中山路十二號
蘭州社：林森路一六八號

上海

中央日報

擁有大衆讀者
廣告效力最宏

地址：上海(11)河南路三〇八號 電話：一五一四三號

風行華北西南　擁有廣大讀者

益世報

歷史悠久　言論公正

歡迎定閱　刊登廣告　效力宏大

上海版

言論　為民喉舌
新聞　報導翔實
小品　大衆必讀
通訊　觀察透澈
譯作　譯筆流暢

地址：上海山東路二九〇號
電話：九一五六九　九五五一二

東南日報

內容豐富
遐邇風行
體育新聞
譽滿全國

總社：上海南京路三七七號
電話：九一二四三
分社：杭州衆安橋
電話：一五九二

第一一三圖
天工化工廠
營業所
漢口路一一五号三〇四室電話一三三五八
電報掛号
TKCHEMICKS
製造廠
一廠 徐家匯潘家宅九十号 電話（〇二）七五〇一七
二廠 徐家匯裕德路一〇〇号 電話（〇二）七五〇四五
三廠 徐家匯陳家宅九十号
四廠 徐家匯站街二四号
五廠 徐家匯潘家宅四十号 電話（〇二）七五〇二八
德浜河
中棉織染廠股份有限公司
鴻興染織廠
住宅
樹園
田園
茶園
空地
種植地
農場
漕溪北路
溪東路
漕溪路
TSAO HSI ROAD
中山西路
百聖宮
耕陶小學

第一一三圖

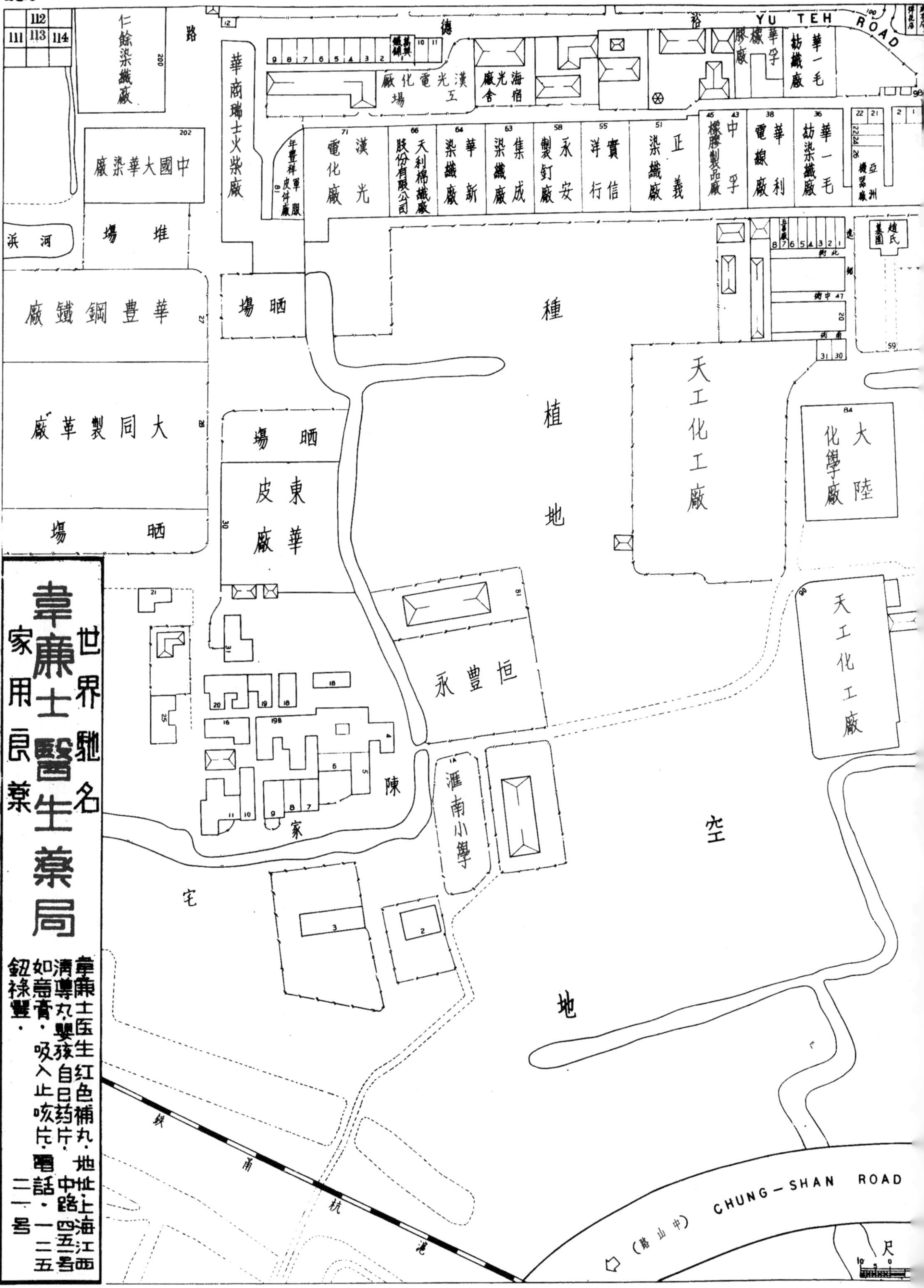

YU TEH ROAD 裕德路

仁餘染織廠

中國大華染廠

華商瑞士火柴廠

漢光電化廠五場

海光宿舍

華孚橡膠廠

華一毛紡織廠

豐祥皮件廠 軍服

漢光電化廠

天利棉織廠股份有限公司

華新染織廠

集成染織廠

永安製釘廠

寶信洋行

正義染織廠

中孚橡膠製品廠

華利電線廠

華一毛紡染織廠

亞洲機器廠

趙氏墓園

河浜

堆場

華豐鋼鐵廠

大同製革廠

晒場

晒場

晒場

東華皮廠

種植地

天工化工廠

大陸化學廠

天工化工廠

恒豐永

滬南小學

陳家宅

空地

滬杭甬鉄

CHUNG-SHAN ROAD (中山路)

尺

華菲烟草公司
河南中路五一〇一二號
電話
一〇六一五 一〇七六四

華英企業公司
進出口商
香港路四十號
電話一七二三四

鴻豐麪粉廠股份有限公司
江西中路三八三號
電話
一七一二四 一〇三〇四

寶山造紙廠股份有限公司
事務所：中正東路一四五四號五〇七室
電話：六二三七五號
廠址：上海武夷路二〇二號
電話：二三八八九號

請吸一枝・
馬上交運・
大鴻運香烟
上海錦華烟草公司出品

中國投資管理股份有限公司
地址：上海江西路一七〇號漢弥登大楼六楼六〇七室至六一〇室
電話：一四六七四 一九八一五

大成雪記製糖廠
南市方斜路四六〇號
電話：八三九八七號

雙福老牌套鞋球鞋
福福 註册商標
式樣美觀 堅固耐穿
大陸橡膠廠出品 營業所 福建中路三五二弄三號 電話 九八六五六 九六八四二

薄利傾銷 歡迎批發
壽記亞洲糖果廠
廠址南市關桥老白渡街一二〇號

允中股份有限公司
九江路一一三號大陸大樓六一二室
電話
一七六〇八 一四二〇九

中國利興烟草公司
榮譽出品
一字牌 可開牌 大乾坤牌
塘沽路一〇二二號
電話四二八六七

振興糧食有限公司
九江路二一〇號四〇一A室
電話一三八四二號
特約倉庫
新閘桥南堍沿河天祥倉庫內
電話六〇一九四轉

大來照相材料公司
南京東路五五號 電話一六六三三
南京東路二二號 電話一四七七七

大同㐂禮品局
上海九江路四八二號
電話九三七一三

合衆西藥行
北京路四十一號
電話一二三七六

徐重道國藥號
北京西路一〇一號
電話三三一九九

華昌無線電器材製造廠
上海威海衛路三五七弄七十八號
電話三六二五七

中國道德油廠
寧海東路一五八 一六四號
電話
八一〇一七 八四八八五

海光鐘錶行
南京西路十三號
電話九七五八四

中英大藥房
專營
各國新藥 工業原料 化粧用品 医療器械 自製良藥 日夜配方
南京路七四八號貴州路口
電話九三三六六（三線）

ADK
雨衣
永新漢記雨衣廠
總發行所
上海成都路四六四號
南京發行所
太平路二〇三號楊公井口

華利電綫廠
厦門路七六弄二四號
電話九四八五八

婦科李復光
乍浦路乍浦里一八號
電話四七二九二

茂林香精原料股份有限公司
九江路二一〇號四〇五室
電話一二三五四

朱小南医師
北京西路九六號
電話
九七八二三 三三六七五

光化製藥廠股份有限公司
虎丘路一二八號五三三室
電話一八二三一
常德路二六四弄五號
電話六一九八九

新安電机廠
事務所南京西路八九三號
電話六〇〇九〇
廠址常德路八〇〇號
電話三五七五三

中化工廠
上南閔裡耒六三
海市桥華街十號

福新藥廠
南京西路一〇二五弄一四號
電話：三六六九六

佑慈藥廠股份有限公司
上海廣東路九三號
電話一六六七四

第一一四圖
若瑟院
菜園
住宅
新星牧場
天主堂聖地
草地
空地
天鑰橋路
TIEN YA CHIAO ROAD
斜土路
HSIA TU ROAD
陳錦記營造廠
滬星線廠
汪祠
上海更新廠
殷家
草園
菜園
金葉牌香烟
烟中冠軍
時代高品
VIRGINIA
Cigarettes
益利烟公司出品
辦事處：永安街永安坊十号電話：八一三九一
廠址：武定路三三五弄十六号電話：三七三四四
光華電業製造廠
事務所：江西中路四二一號三〇七室
電話：一〇〇七一號
廠址長甯路一五五一號
雲

第一一四圖

	112	96
113	114	115

土山灣印書館總發行所

孤兒工業院

肇嘉浜

聖衣院

北三角街

爐冶小學

新光絲光染廠

時代實業社

聯華攝影場

中美織布廠

啟明染織廠

味清軒

花房

農場

大陸絲線廠

殷家角

土路

斜土路

比例尺 0 10 20 30 40公尺

第一一五圖

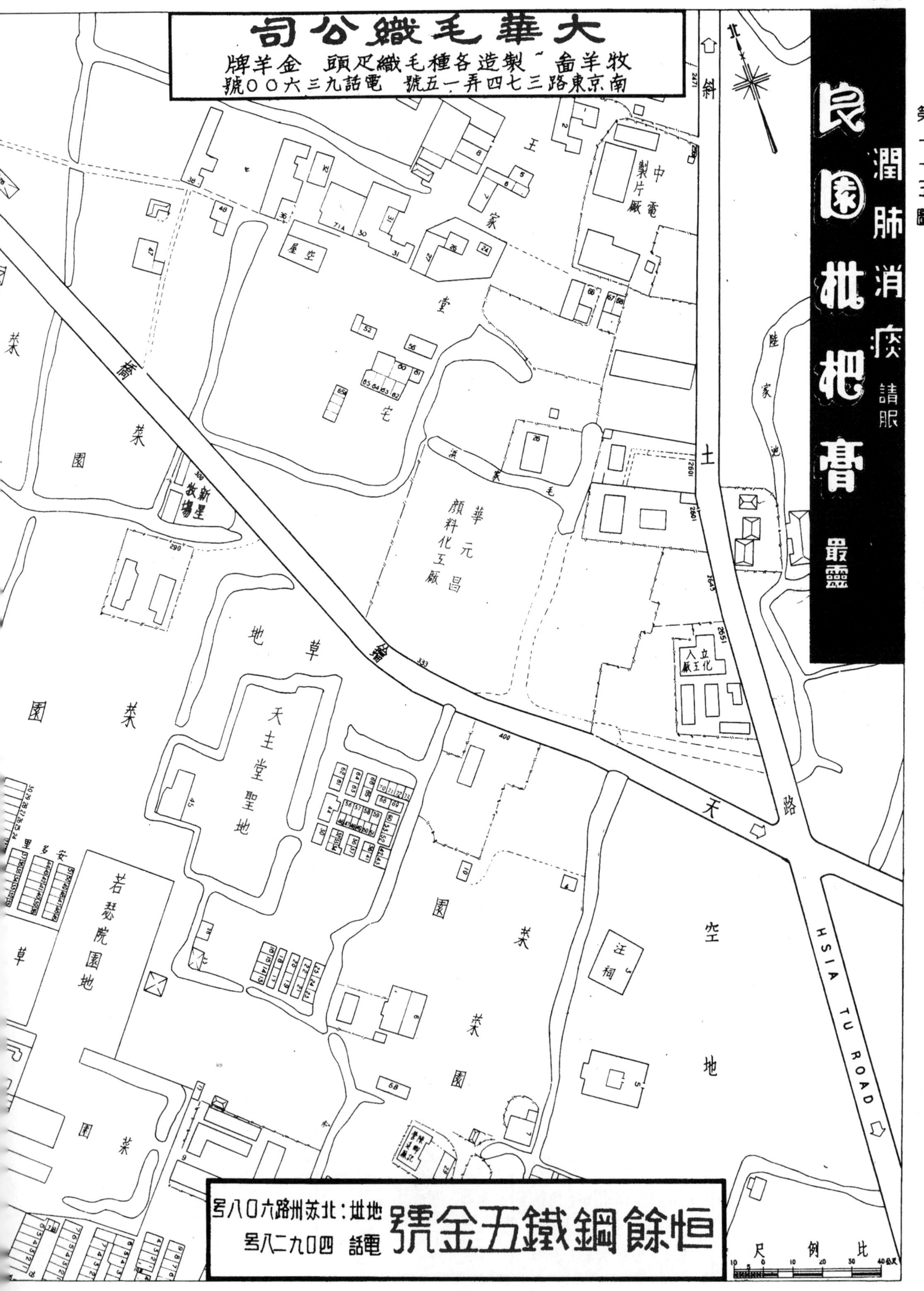
大華毛織公司
牧羊畜〃製造各種毛織足頭 金羊牌
南京東路三七四弄一五號 電話九三六〇六〇號
良園枇杷膏
潤肺消痰
請服
最靈
恒餘鋼鐵五金號
地址:北蘇州路六〇八號
電話 四〇九二八號
王家堂宅
中電製片廠
華元昌顏料化工廠
毛家浜
新星牧場
天主堂聖地
若瑟院園地
立人化工廠
汪祠
陸家池
空地
菜園
草地
斜土路
天鑰橋
HSIA TU ROAD
比例尺

第一一五圖

TIEN YA CHIAO ROAD
路
肇嘉浜
啟明女中
啟明女校
益豐醬園棧
草地
菜園
漕溪北路
徐匯女中
孤兒院
育嬰堂
徐匯公學
PU SI ROAD
蒲西路
徐匯師範學校操場
徐匯師範學校
匯師小學
操場
天主堂
天文台
永大針織廠
五同織造廠
馬家宅
沈園
正本小學
空地
住宅

魏文記
魏律師事務所
海鷹輪船公司
中國海損理算事務所
海興產物保險公司
地址 九江路一〇三号
電話 一〇一三八
一〇二五六

中和運輸公司
地址：天目路一八九號
電話：四〇七五八號

美通
航業有限公司
四川北路八六七號
一楼
電話 四六二五六
四一九八三

德和輪船公司
九江路一一三號
四一〇室
電話一八三二四

南豐實業公司
地址：四川中路二一〇號
一楼一一八室
電話：一六四二〇號

民生實業公司
地址：東大名路三七八號
電話：五一八一六號
地址：中山東一路九號
電話：一三五五五號

維明
貿易有限公司
電器染料
河南路五〇五錦
興大楼二〇七室
電話九七四四九

利濟實業
股份有限公司
香港路一二二號
電話一三五五六

太平洋輪船公司
地址：東大名路三七八號
電話：五一八一六號

永泰豐
船務报関行
中山東二路黄楝
路十五號
電話八二三四〇

四川合家
輪船公司
北京東路一九〇
号三楼十八室
電話一三七三〇

回生貿易公司
進出口業
南京東路二三三號
二〇二一五室
電話：一四九三五

興記花號
棉花進口
寧波路四〇
号二〇七室
電話：一一三七一
一一三七二

三興仁企業公司
地址：江西南路B字一号
電話：八一二四七
八四二五〇號

瑞和行
進出口業
圓明園路一四九
号西五楼
電話一八八九七
一一九〇六

中南輪船實業
股份有限公司
陽朔路四五號
電話八一二五七

榮豐實業信託公司
地址：天津路二四四號
電話：九八五五五
九二七八七號

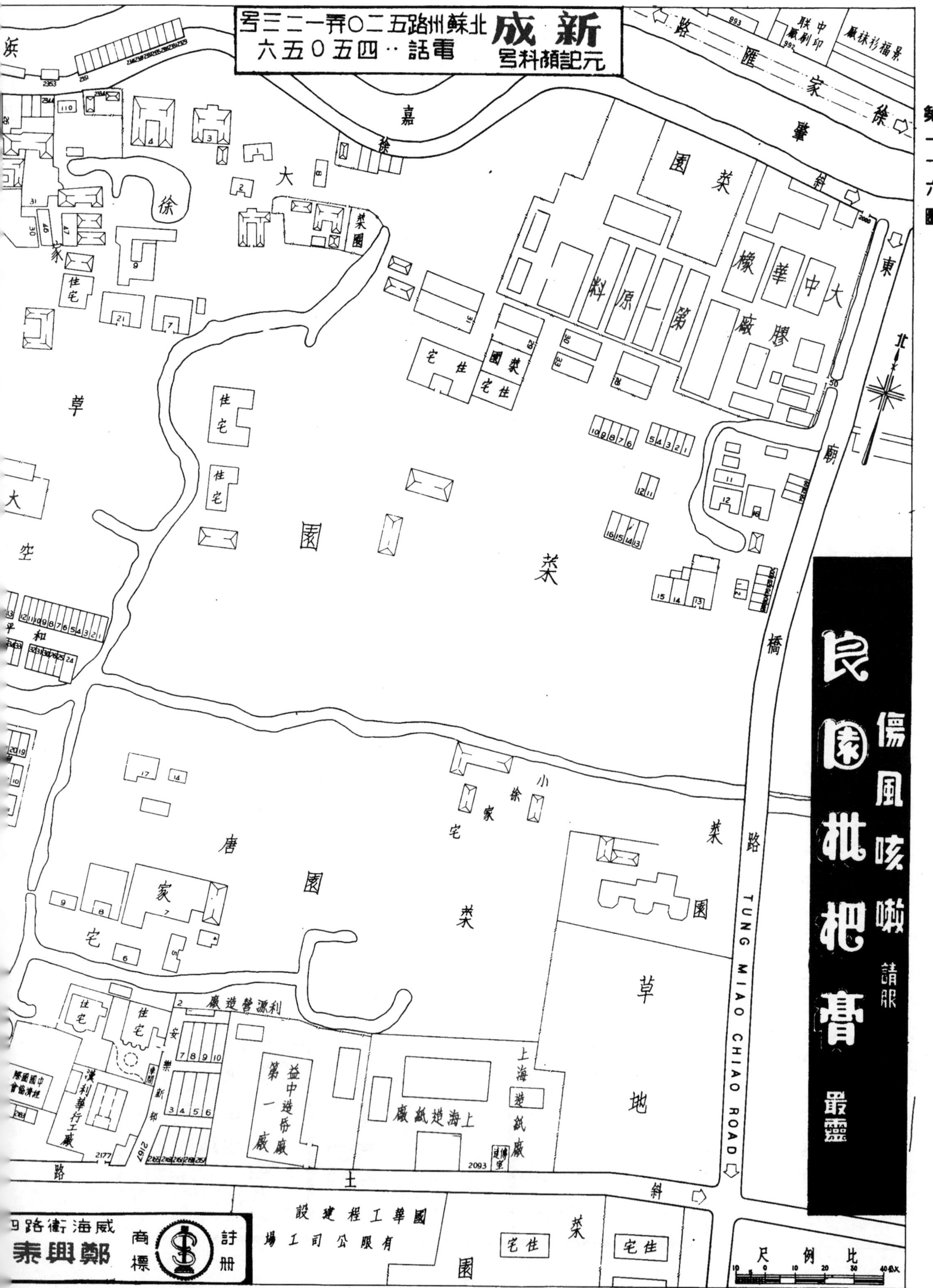
新成
元記顏料号
北蘇州路五〇二弄一二三号
電話：四五〇五六
景福衫襪廠
中联印刷廠
徐家匯路
大中華橡膠廠
第一原料廠
菜園
東廟橋路
TUNG MIAO CHIAO ROAD
唐家宅
菜園
小徐家宅
草地
利源管造廠
益中造瓷第一廠
上海造紙廠
漢利華行工廠
安樂新邨
斜土路
國華工程建設有限公司工場
住宅
比例尺
良園枇杷膏
傷風咳嗽
請服
最靈
威海衛路四
鄭興泰
商標
註冊

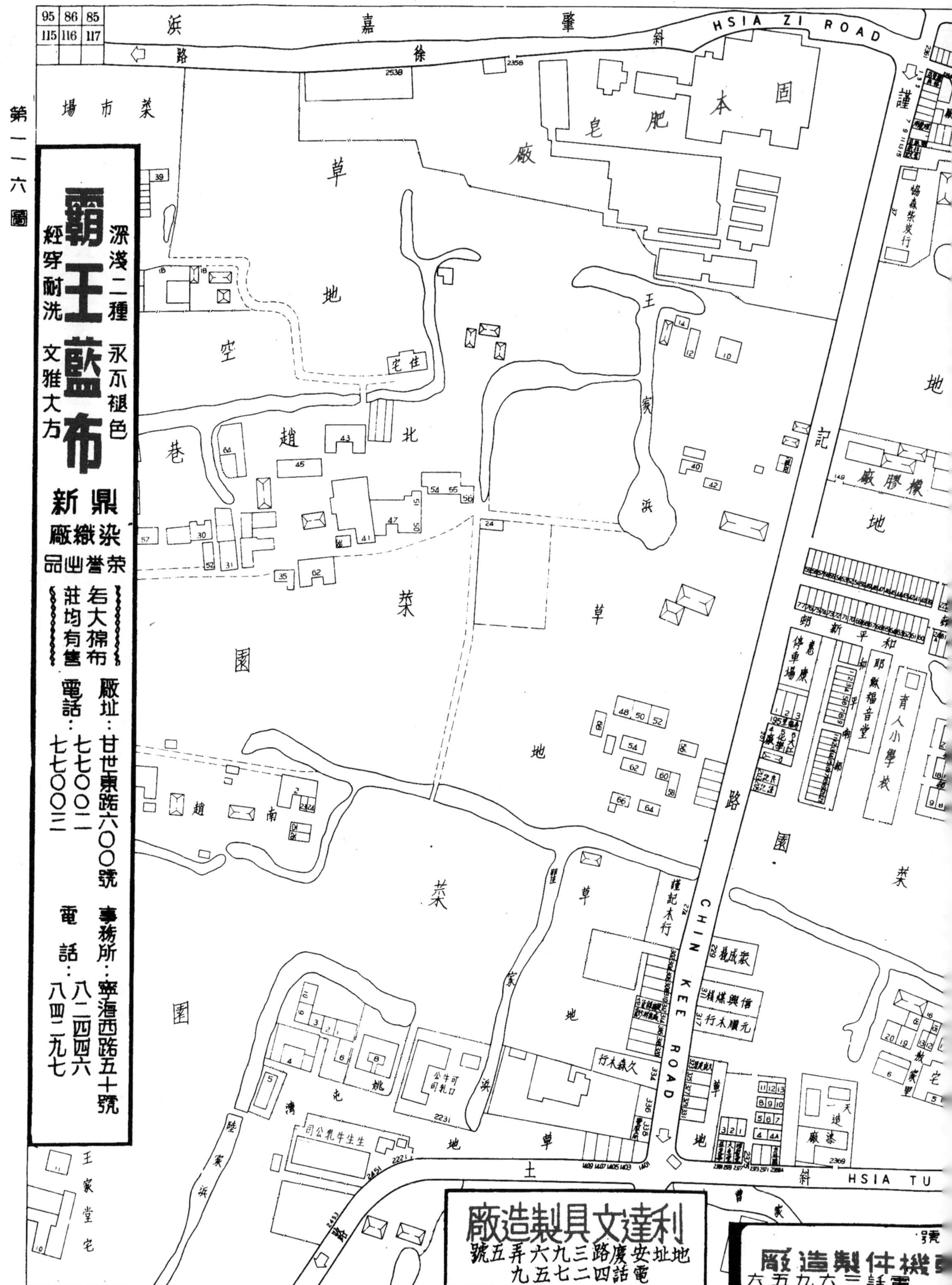

95 86 85
115 116 117
肇嘉浜
斜徐路
HSIA ZI ROAD
菜市場
固本肥皂廠
謹記路
協森柴炭行
草地
空地
住宅
北趙巷
王家浜
橡膠廠
地
菜園
草地
和平新邨
惠康停車場
耶穌福音堂
育人小學校
南趙
謹記木行
CHIN KEE ROAD
義成家
信興煤號
元順木行
久森木行
可口牛乳公司
生生牛乳公司
姚屯灣
陸家浜
王家堂宅
天進漆廠
曹家
斜土路
HSIA TU
霸王藍布
深淺二種 永不褪色
經穿耐洗 文雅大方
鼎新染織廠 榮譽出品
石大棉布莊均有售
廠址：甘世東路六〇〇號
電話：七七〇〇二 七七〇〇三
事務所：寧海西路五十號
電話：八二四四六 八四二九七
利達文具製造廠
地址安慶路三九六弄五號
電話四二七五九
機件製造廠
電話三六九五六

美商中國營業公司
業務：經租地產
地址：四川中路二九〇號
電話：一五四一〇號

絅記經租賬房
地址：青海路四四號
電話：三八〇〇八號

新華地產公司
地址：圓明園路一三三號四〇七室
電話：一五一〇六號

禮益地產公司
竭誠服務社會
協助置產建設
地址：四川中路四一六號一七室
電話：一七六六五號

可成房地產公司
地址：圓明園路一三三號二一二室
電話：一〇四〇七號

昌業地產公司
地址：河南中路四九五號三〇三室
電話：九六九七四號

祥興營業公司
地址：江西中路三九一號
電話：一一一六九號

泰安經租號
地址：南京東路哈同大樓B三二五號
電話：一七一五七號

真裕地產公司
業務：房地產
地址：南京東路六六號四樓
電話：一四八四九號

大業房地產事務所
地址：南京東路哈同大樓B字三二五室
電話：一七一五七號

聯益房產商行
業務：房地產
地址：南京東路一三三號哈同大樓三〇七室
電話：一三二三四號

東南建築行
地址：九江路一一三號八一一室
電話：一二八五六・一二八五七・

義生昌公記倉庫
地址：泗涇路一三五弄九號
辦事處：金陵東路一四九號
電話：八二四一二號

大隆倉庫
地址：上海北蘇州路一〇〇號
電話：四一八九四 四二四一二

復昌倉庫
廣東路一三一弄二〇至二一
電話 一三六七四 一七六〇六

家孚倉庫
中山東二路A九號
電話八〇〇三三號

恒大永記堆棧
地址：武昌路五十八號
電話：四一三七五號

永興倉庫有限公司
地址：上海中正東路一六〇號
電話：一六七九四 一七〇一六

駿發堆棧
地址永安路九號
電話八六三五一轉

信餘堆棧
民國路八六一八八號
陽朔街八一號

立新倉庫
地址：四川路八六一號

中國油輪公司
地址：上海江西中路一一五號
電話：一五八七五 八八〇一九

安記堆棧
浦東楊家渡三號
電話一八五七二轉

滬豐堆棧
莫干山路三八號
電話：一二八九〇 三四三九〇

漢愼華行
上海四川中路一二六弄二七號

錦章號倉庫
上海江西中路一三五弄十一號
電話：九〇九一七號

華富堆棧
地址東長治路三三〇號
辦事處電話九七七二七

徐家匯路
肇嘉浜路
PANG
小木橋路
HSIAO MU CHIAO ROAD
斜土路
TU ROAD
市政
學
醫
上海殯儀館
華茂煤棧
裕濼染廠
裴王記
恒新營造廠
滬南堆棧
大東菸葉堆棧
鼎新堆棧
球場
坟山
田園
交通部上海電台發訊台
交通部民用航空局電訊台總台
花園
油棧
上海市公用局
門房
職員宿舍
海軍部司令部
廁所
草地
菜園
成賢村
住宅
西
變壓室
天生棉織廠
蘇造廠
新利記營造廠
中
毛家宅
東
食品作場
堆棧
製罐廠
泰康食品公司第一廠
工房
倉庫
宿舍
培林餅乾公司
錦芳食品廠
警察所
球場
金星自來水股
偉記木行
空地
田
菜

第一二七圖

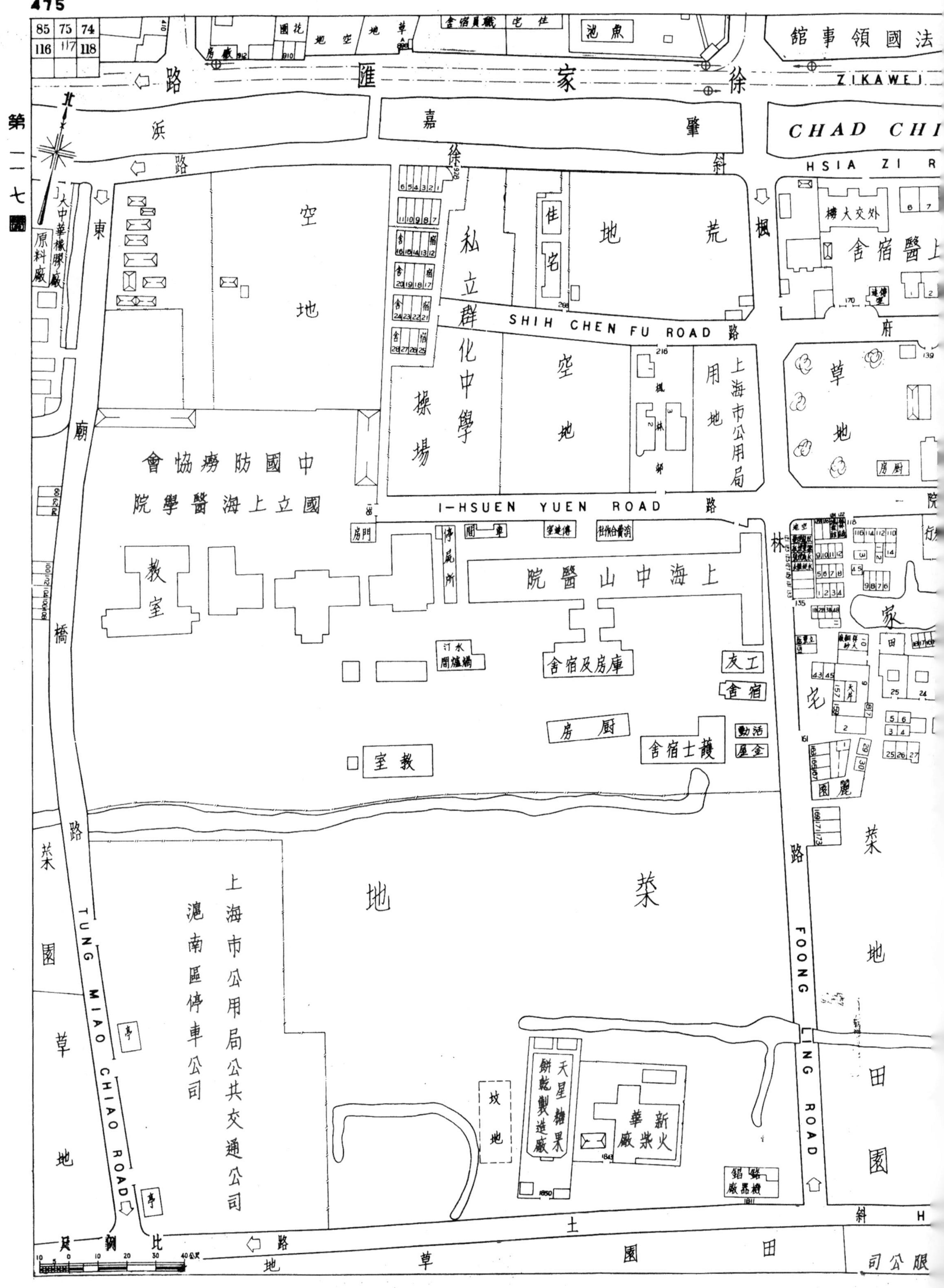

法國領事館
ZIKAWEI
徐家匯路
肇嘉浜
CHAD CHI
HSIA ZI R
斜徐路
東廟橋路
TUNG MIAO CHIAO ROAD
大中華橡膠廠
原料廠
空地
私立群化中學
操場
住宅
荒地
SHIH CHEN FU ROAD
上海市公用局用地
楓林邨
外交大樓
上醫宿舍
草地
中國防癆協會
國立上海醫學院
I-HSUEN YUEN ROAD
門房
車間
停屍所
消費合作社
上海中山醫院
教室
水汀鍋爐間
庫房及宿舍
工友宿舍
廚房
護士宿舍
教室
麗園
FOONG LING ROAD
菜地
菜園
草地
亭
上海市公用局公共交通公司
滬南區停車公司
墳地
天星糖果餅乾製造廠
新華火柴廠
土路
田園
草地

新大陸輪船公司
瑞安商輪公司
地址：中正東路中滙大樓二二室
電話：八五〇三七號

公益實業公司
地址：天津路一〇七號
電話：九八四六二號

長安輪船公司
地址：江西中路三二六號
電話：一六〇三四號

直東輪船公司
地址：中正東路三九号三樓一六四—六号
電話：八三〇四四號
八一九九〇

協隆運輸公司
地址：江西中路四五三號
二〇五至六八號
電話：一三三三二
一四三六二號

鼎泰輪船行
地址：中正東路九号十二室
電話：八四二〇九號

德利運輸公司
地址：廣東路六十四號
電話：一六四〇七
一〇六五三號

第一堆棧運輸公司
地址：江西中路四五二號
電話：一一五一〇號

大公輪船公司
地址：圓明園路五五號
電話：一〇四五八號

新華航務局
地址：江西中路一七〇號
一四七室
電話：一四二四〇號

吳金記運輸公司
地址：福州路八九號二〇九室
電話：一八九七七
五三一一五號

安通運輸公司
地址：廣東路一五三號
電話：一〇三三〇
一六七一九號
八三七一〇

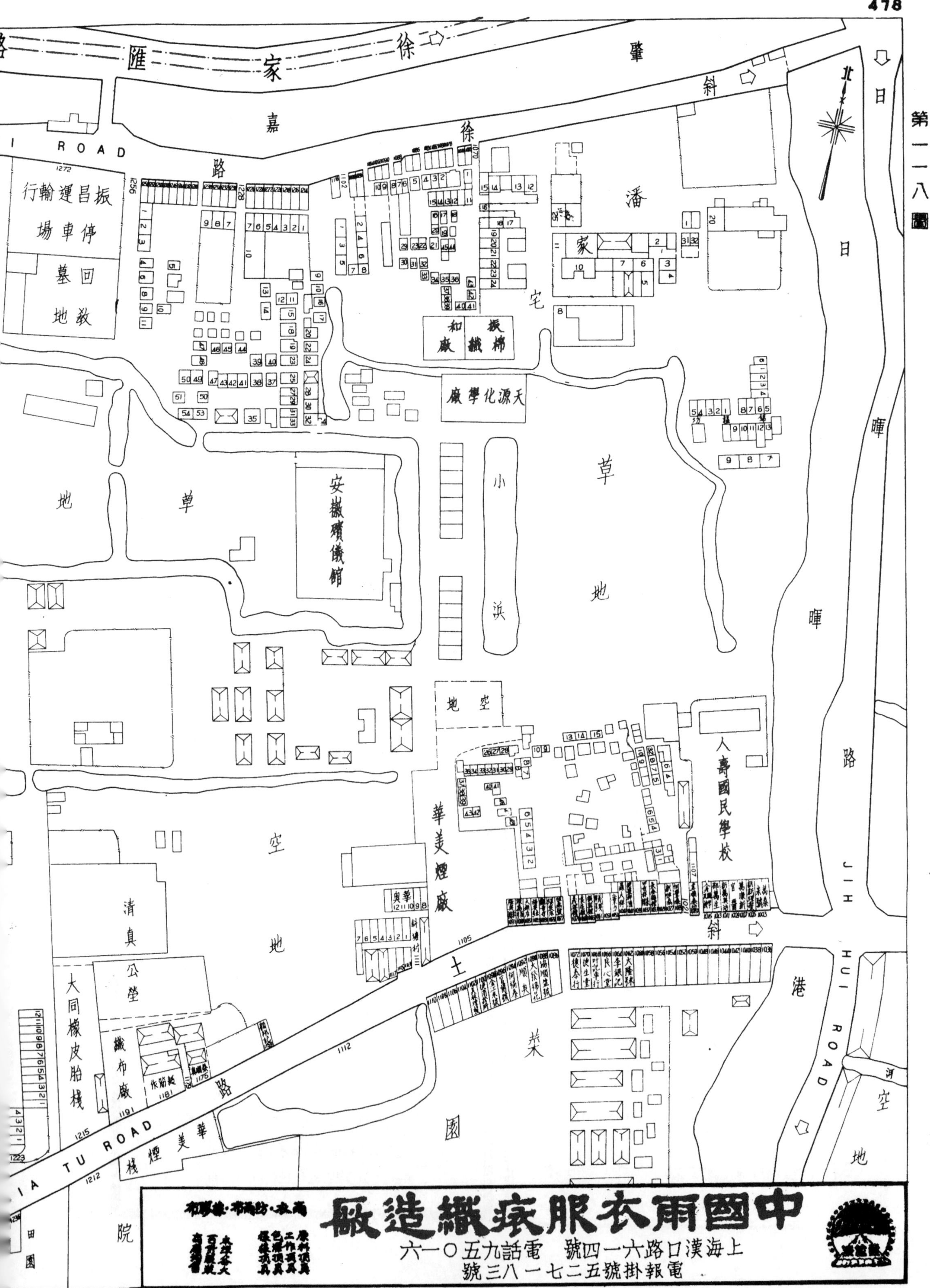
徐家匯路
肇嘉路
斜徐路
ROAD
振昌運輸行
停車場
回教墓地
振和棉織廠
天源化學廠
潘家宅
北
安徽殯儀館
小浜
草地
日暉港
日暉路
JIH HUI ROAD
空地
華美煙廠
人壽國民學校
清真公墓
大同橡皮胎棧
織布廠
斜土路
IA TU ROAD
華美煙棧
菜園
空地
田園
院
中國雨衣服裝織造廠
上海漢口路六一四號　電話九五〇一六
電報掛號五二七一八三號

第一一八圖

CHAD CHIA PANG
浜
HSIA
斜
徐
大
木
橋
路
TA MU CHIAO ROAD
鼎新煤棧
住宅
華茂機器廠
上川小學校
勝小學校
成
利生製衣宿舍
普利橡膠廠
清真公墓地
協興漂染廠
國泰攝影公司
製片廠
草地
球場
坟山
承裕染織廠
油棧
煤堆棧
東毛家浜
家宅
住宅
田園
空地
振興廠堆棧
振興球場
草地
菜園
振興毛絨工廠
華豐油木堆棧
辦事處
河浜
家宅
和豐染光絲廠
華鑫針織廠
順風布廠
草地
土路
比例尺
中

大通紡織股份有限公司

出品

大飛艇牌

各種粗細棉紗

總公司：上海江西路四〇六號
電話：一六〇二二號

廠址：崇明南堡鎮

富安紡織公司

金塔牌 鷹球牌

十四支至卅二支棉紗

總公司：上海北京東路二八〇號
電話一三三五九

廠址：崇明南堡鎮

為全滬唯一最高尚之浴室

浴池寬大
房间精緻
毛巾消毒
清潔衛生
裝修全新
富麗堂皇
招待週到
訂價低廉

地址：天津路四七九號
電話：九〇七〇九

ERY WORKS

FACTORY EQUIPMENT
YUEN ROAD SHANGHAI

餅乾機器專家

MASING MACHI

SPECIALISTS IN BISCU

169 YUEN MIN

美星機器

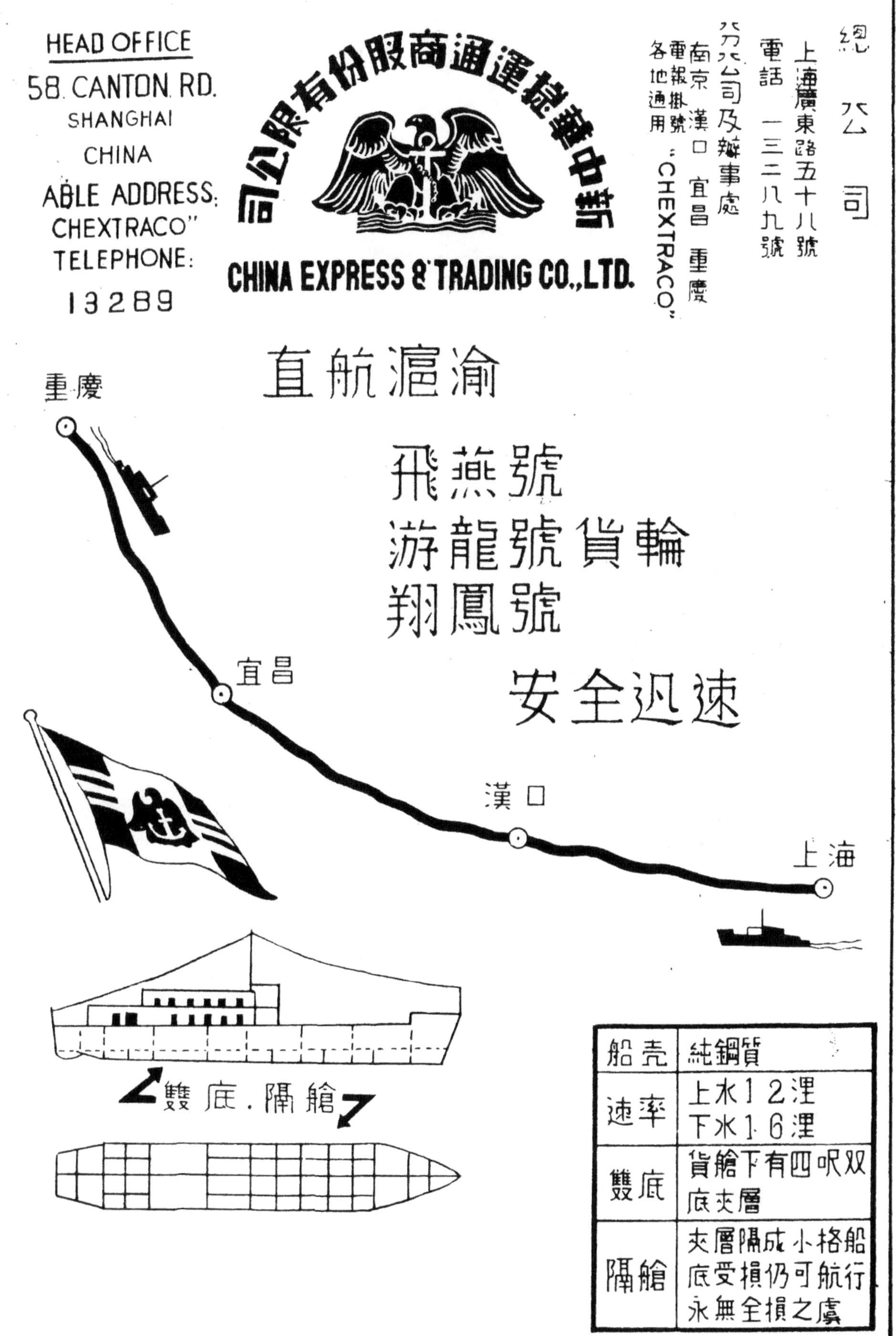

船殼	純鋼質
速率	上水12浬 下水16浬
雙底	貨艙下有四呎双底夾層
隔艙	夾層隔成小格船底受損仍可航行永無全損之虞

廣達螺丝廠

出品優良

本廠專製
各種螺絲
鍋釘·華水
螺絲帽
支頭螺絲
機器螺絲
鋼肖子等

歡迎選購

上海⑪北京東路八三一號　電話九二六九三
電報掛號五一六三六七

民華汽車材料廠

廠址新閘路六三八弄B二〇七號　電話三三〇五八

鳳凰牌電線

電線

1/20 – 1/8

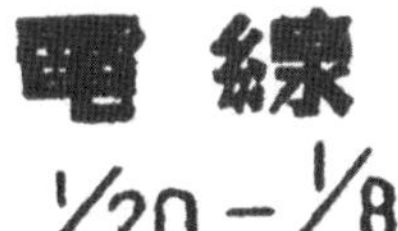

91/14 – 91/12

7/[illegible] – 7/12

19/18 – 19/12

127 – 12

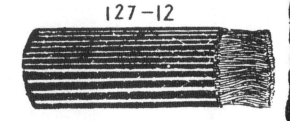

37/18 – 37/12

61/16 – 61/12

花線 16/38

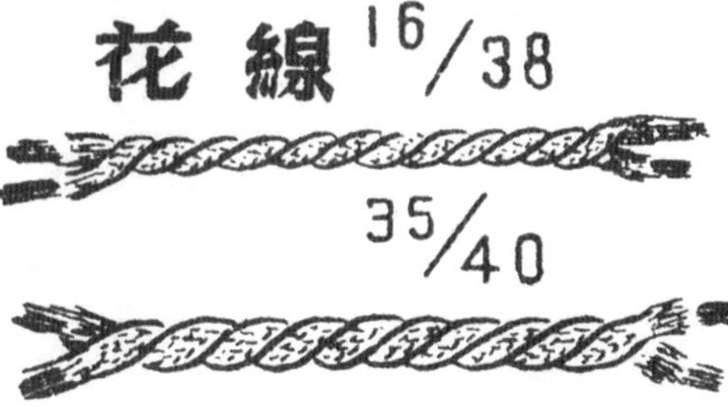

35/40

上海培成電業廠出品

鳳陽路二二八弄七號 電話九六三〇三 電報掛號八九三四

大明速印機

政府特許專利

一九四七年新21型

機關學校團体企業紛紛採用

發展業務增進效能唯一利器

大明實業廠股份有限公司出品

上海襄陽南路三七九號

中華民國三十八年三月 再版

上海市行號路圖錄 下册

精裝一册定價

（外埠酌加運費匯費）

監製人 張震西

發行人 葛福田

測繪 鮑士英

編輯 顧懷冰 沈禹鐘 陶樂勤 鮑士英

總發行所 福利營業股份有限公司 地址 上海武昌路三二二號 電話 四一三八九號

印刷者 百宋鑄字印刷局 地址 上海浙江路六八九號 電話 九二九八八號

新新製版印刷公司 地址 威海衛路五〇二衖三一號 電話 三四八九四號

中國

機器堅固　**阮耀記**　負責保用

製造縫紉機器廠

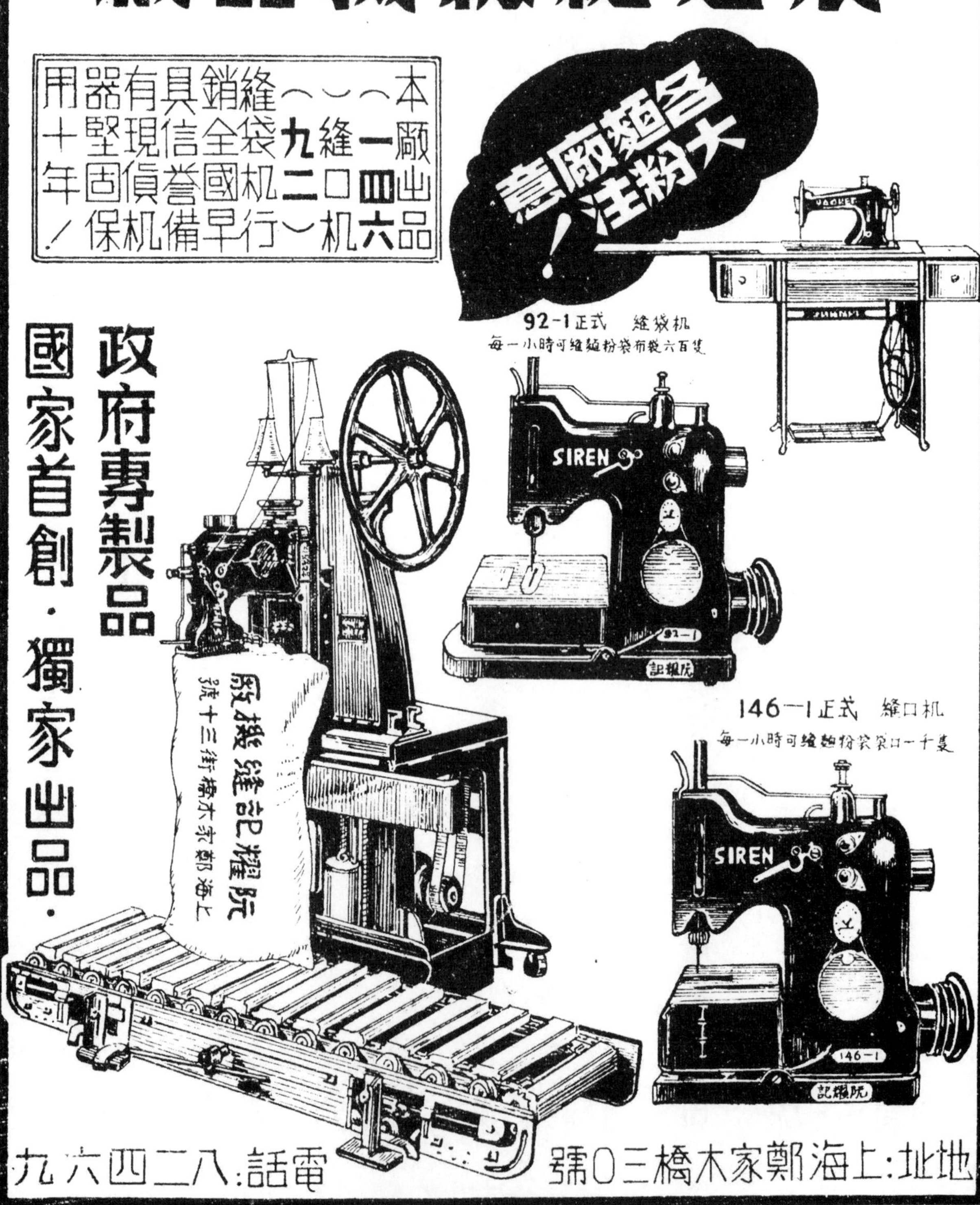

圖書在版編目（CIP）數據

中國近代建築史料匯編. 第三輯, 上海市行號路圖録: 全四册/中國近代建築史料匯編編委會編. -- 上海 : 同濟大學出版社, 2019.10

ISBN 978-7-5608-7166-0

Ⅰ. ①中… Ⅱ. ①中… Ⅲ. ①建築史—史料—匯編—中國—近代 Ⅳ. ①TU-092.5

中國版本圖書館CIP數據核字(2019)第224092號

中國近代建築史料匯編（第三輯）

——上海市行號路圖録（第四册）

中國近代建築史料匯編編委會 編

責任編輯 姚建中 高曉輝
裝幀設計 陳益平
責任校對 李 傑

出版發行 同濟大學出版社 www.tongjipress.com.cn
地 址 上海市四平路1239號 郵編：200092 電話：（021-65985622）
經 銷 全國各地新華書店、建築書店、網絡書店
印 刷 上海安楓印務有限公司
開 本 889mm×1194mm 1/16
印 張 140.25
字 數 4488 000
版 次 2019年10月第1版 2019年10月第1次印刷
書 號 ISBN 978-7-5608-7166-0
定 價 6800.00元（全四册）